高等学校水利学科教学指导委员会组织编审

普通高等教育"十五"国家级规划教材

高等学校水利学科专业规范核心课程教材·水文与水资源工程

全国水利行业"十三五"规划教材(普通高等教育)

"十二五"江苏省高等学校重点教材(编号: 2014-1-135)

水文预报(第5版)

主　编　河海大学　包为民

·北京·

内 容 提 要

本书是高等学校水利类专业的通用教材，同时也是高等学校水利学科专业规范核心课程教材。主要介绍了水文预报基本原理、方法与实际应用中可能遇到的问题及解决方法，主要包括流域产流、流域汇流、河道流量演算与洪水预报、流域水文模型、实时洪水预报、枯季径流与旱情分析预报、水库水文预报、冰雪融水径流与冰情预报、泥沙预报、水文预报结果评定等。

本书为高等院校水文与水资源专业的教学用书，亦可供水文、水利、水保、水电、航运及水环境等领域的教学、科研、设计与工程管理人员使用参考。

图书在版编目（CIP）数据

水文预报 / 包为民主编. -- 5版. -- 北京 : 中国水利水电出版社, 2017.8(2023.12重印)
普通高等教育“十五”国家级规划教材 高等学校水利学科专业规范核心课程教材. 水文与水资源工程 全国水利行业“十三五”规划教材（普通高等教育） “十二五”江苏省高等学校重点教材
ISBN 978-7-5170-5650-8

Ⅰ. ①水… Ⅱ. ①包… Ⅲ. ①水文预报－高等学校－教材 Ⅳ. ①P338

中国版本图书馆CIP数据核字(2017)第168718号

书　　名	普通高等教育“十五”国家级规划教材 高等学校水利学科专业规范核心课程教材・水文与水资源工程 全国水利行业“十三五”规划教材（普通高等教育） “十二五”江苏省高等学校重点教材 **水文预报**（第5版） SHUIWEN YUBAO
作　　者	主编　河海大学　包为民
出版发行	中国水利水电出版社 （北京市海淀区玉渊潭南路1号D座　100038） 网址：www. waterpub. com. cn E-mail：sales@mwr. gov. cn 电话：（010）68545888（营销中心）
经　　售	北京科水图书销售有限公司 电话：（010）68545874、63202643 全国各地新华书店和相关出版物销售网点
排　　版	中国水利水电出版社微机排版中心
印　　刷	清淞永业（天津）印刷有限公司
规　　格	184mm×260mm　16开本　24印张　569千字
版　　次	1986年10月第1版第1次印刷 2017年8月第5版　2023年12月第3次印刷
印　　数	9001—12000册
定　　价	**62.00**元

凡购买我社图书，如有缺页、倒页、脱页的，本社营销中心负责调换

高等学校水利学科专业规范核心课程教材

编 审 委 员 会

水文与水资源工程专业教材编审分委员会

总 前 言

随着我国水利事业与高等教育事业的快速发展以及教育教学改革的不断深入，水利高等教育也得到很大的发展与提高。与1999年相比，水利学科专业的办学点增加了将近一倍，每年的招生人数增加了将近两倍。通过专业目录调整与面向新世纪的教育教学改革，在水利学科专业的适应面有很大拓宽的同时，水利学科专业的建设也面临着新形势与新任务。

在教育部高教司的领导与组织下，从2003年到2005年，各学科教学指导委员会开展了本学科专业发展战略研究与制定专业规范的工作。在水利部人教司的支持下，水利学科教学指导委员会也组织课题组于2005年底完成了相关的研究工作，制定了水文与水资源工程，水利水电工程，港口、航道与海岸工程以及农业水利工程四个专业规范。这些专业规范较好地总结与体现了近些年来水利学科专业教育教学改革的成果，并能较好地适用不同地区、不同类型高校举办水利学科专业的共性需求与个性特色。为了便于各水利学科专业点参照专业规范组织教学，经水利学科教学指导委员会与中国水利水电出版社共同策划，决定组织编写出版“高等学校水利学科专业规范核心课程教材”。

核心课程是指该课程所包括的专业教育知识单元和知识点，是本专业的每个学生都必须学习、掌握的，或在一组课程中必须选择几门课程学习、掌握的，因而，核心课程教材质量对于保证水利学科各专业的教学质量具有重要的意义。为此，我们不仅提出了坚持“质量第一”的原则，还通过专业教学组讨论、提出，专家咨询组审议、遴选，相关院、系认定等步骤，对核心课程教材选题及其主编、主审和教材编写大纲进行了严格把关。为了把本套教材组织好、编著好、出版好、使用好，我们还成立了高等学校水利学科专业规范核心课程教材编审委员会以及各专业教材编审分委员会，对教材编纂与使用的全过程进行组织、把关和监督。充分依靠各学科专家发挥咨询、评审、决策等作用。

本套教材第一批共规划52种，其中水文与水资源工程专业17种，水利水电工程专业17种，农业水利工程专业18种，计划在2009年年底之前全部出齐。尽管已有许多人为本套教材作出了许多努力，付出了许多心血，但是，由于专业规范还在修订完善之中，参照专业规范组织教学还需要通过实践不断总结提高，加之，在新形势下如何组织好教材建设还缺乏经验，因此，这套教材一定会有各种不足与缺点，恳请使用这套教材的师生提出宝贵意见。本套教材还将出版配套的立体化教材，以利于教、便于学，更希望师生们对此提出建议。

高等学校水利学科教学指导委员会

中国水利水电出版社

2008年4月

第5版前言

《水文预报》（第5版）是高等学校水利类专业的通用教材，同时也是高等学校水利学科专业规范核心课程教材。

本教材在前4版的基础上，根据教学要求，并结合近代水文预报技术发展和研究成果编写。教材中一些内容间接或直接引用了国内外的一些成果，特别是长江水利委员会主编的《水文预报方法》、庄一鸰和林三益合编的《水文预报》（第1版）教材、林三益主编的《水文预报》（第2版）等教材。

本教材第2版由四川大学林三益主编，河海大学朱华、包为民和水利部长江水利委员会水文局葛守西参编。其中第3、9、10章由包为民编写，第6章由朱华编写，第5章由葛守西编写，第1、2、4、7、8、11章由林三益编写，并对全书进行统稿和修改。葛守西高级工程师对第2版教材还提出了许多宝贵的修改意见和建议，在此谨致谢意。

本教材第3版和第4版由河海大学包为民主编，河海大学李致家、李杰友和李琼芳参编。其中第4、8章由李致家编写，第5、10章由李杰友编写，第3、7章由李琼芳编写，其余由包为民编写。全书由南京水利科学研究院院长张建云教授主审。

本教材在第3版和第4版的基础上做了一些调整。考虑到水文业务需要，增加了流域泥沙一章，结合旱情研究进展，修改和增加了一些旱情研究的方法和应用成果介绍，其他章节也做了一些修改。第1章1.4节介绍了水文预报研究思路与方法内容，考虑到过去教材一般不涉及此内容，所以这部分内容打上了星号（*），可以不作教学要求，供学生自学用。第8、9和13章内容，由于不同学校教学大纲要求差异和教学学时不同，可以三章全选，也可以选其中两章。这样可以满足不同教学大纲、不同学时和不同学校的需求。

本教材由河海大学包为民主编，李致家、李琼芳、瞿思敏、李杰友和张行南参编。其中第4、8章由李致家编写，第3、7章由李琼芳编写，第10章由瞿思敏编写，第 5、11 章由李杰友编写，其中张行南对第 5 章进行了一些修改，其余由包为民编写。瞿思敏对全书进行了通稿检查。

由于编者水平有限，书中难免有不足之处，恳请读者批评指正。

包为民

2016 年 12 月

第1版前言

本书根据1982年4月原水利部主持召开的高等学校陆地水文专业“水文预报”教学大纲编写，共有10章，以系统介绍短期洪水预报方法为主，讲课总时数是65学时。

本书由庄一鸰（华东水利学院）和林三益（成都科学技术大学）两同志合编。韩承荣（长江流域规划办公室水文局）主审。其中第1、2、6、9、10章由林三益编写，其余各章由庄一鸰编写。

书中部分章节内容及预报方案实例取材于《中国湿润地区洪水预报方法》（华东水利学院编）。部分示例引用了各地交流材料。在此谨向有关作者致谢。

本书第8章主要参考及取材于张书农教授（华东水利学院）所著《环境水力学》（即将出版）等教材，张教授对本章的编写给予了帮助及指导，在此谨致谢意。

由于编者水平有限，加上编写时间仓促，书中定有不少错误及缺点，恳请读者批评指正。

编者

1984年12月

目 录

第1章　绪　　论

1.1　水文预报概念

水文预报（hydrologic forecasting）就是据已知的信息对未来一定时期内的水文状态作出定性或定量的预测[1]。已知信息，广义上指对预报水文状态有影响的一切信息，最常用的是水文、气象要素与流域下垫面信息，如降水、蒸发、流量、水位、冰情、气温和含沙量等观测信息，流域植被、地貌等特征信息。预报的水文状态变量可以是任一水文要素也可以是水文特征量，不同的状态量预报要求的已知信息不同、预报方法不同、预见期也不同。目前通常预报的水文要素有流量、水位、泥沙、冰情和旱情等。

水文预报方法以水文基本规律、水文模型研究为基础，结合生产实际问题的需要，构成具体的预报方法或预报方案，服务于生产实际。一般水文预报研究的重点和关键有两部分：①共性规律研究，即具有一定普遍性的水文基本规律模拟方法和流域水文模型研究；②个性问题研究，对反映具体问题的特征、方法进行了解，构成具有解决各种具体实际问题的、具有较高预报精度的预报方案。

1.2　水文预报作用

水文预报在防汛、抗旱、水资源开发利用、流域治理、国民经济建设和国防等领域都有广泛的应用，经济效益巨大，应用单位众多。

洪水预报是应用最广泛、产生经济效益最巨大的水文预报方法之一。1949年以前，由于防灾减灾手段少、技术落后，洪旱灾害频繁、灾害范围广、死亡人数多、损失惨重。而新中国成立后，党和政府高度重视水旱灾害防治和水资源的开发利用，一方面进行了大规模的水利基本建设，其中对防洪起到骨干性调控作用的大型水库就建了442座，表1.1是新中国成立以来建设的部分重要的防洪骨干性大型水库；另一方面从中央到流域机构和各地方省市都成立了水文监测、预报和管理机构，全方位地研究、监控、预报和管理洪旱灾害，从非工程措施角度防治和减轻灾害损失。据统计，1901—2000年全国发生的最严重的30次大灾害中，16次是由洪水引起、7次由干旱引起，其余为4次地震、1次风暴潮、1次鼠疫和1次人为灾害（花园口决口），表1.2是20世纪全国最严重的30次大灾害统计[2,3]。其中，1949年前的49年间共发生22次大灾害，洪灾有13次占59.1%，而新中国成立后的51年共发生8大灾害，洪灾3次，只占37.5%。洪灾频率大大降低，洪灾损失大大减少，其中洪水预报的作用功不可没。据《中国水利年鉴2004》统计，仅2003年全国水文情报预报减灾效益就达180亿元[4]。

表 1.1 防洪骨干性大型水库

水库名称	库容/亿 m^3	所在河流	水库名称	库容/亿 m^3	所在河流
潘家口	24.03	滦河	安康	25.9	汉江
桃林口	20.83	青龙河	湖南镇水库	19.5	乌溪江
密云	41.45	潮白河	新安江水库	198.0	新安江
官厅	41.6	永定河	紧水滩水库	30.0	龙泉溪
龙羊峡	247.0	黄河	水口水库	26.0	闽江
刘家峡	57.0	黄河	岩滩	33.8	红水河
小浪底	126.5	黄河	西津	30.0	郁江
漳河	20.23	沮漳河	新丰江	139.8	新丰江
丹江口	208.9	汉江	松涛	33.5	南渡江
东江	91.48	湘江	镜泊湖	18.2	牡丹江
柘溪	35.65	资水	丰满	107.8	第二松花江
五强溪	42.0	沅水	白山	59.1	第二松花江
万安	22.16	赣江	红山	16.2	西辽河
柘林	79.2	修水	二龙山	17.6	东辽河
陈村	26.9	青弋江	大伙房	21.9	浑河
花凉亭	23.98	皖河支流长河	观音阁	21.7	太子河
宝珠寺	25.5	白龙江			

表 1.2 灾 害 统 计

年份	灾害类型	年份	灾害类型
1906	长江中下游地区洪水灾害	1935	长江、黄河大洪水灾害
1910	长江中下游洪水灾害	1937	四川干旱灾害
1911	长江沿江所有省份洪水灾害	1938	黄河花园口决口（人祸）
1910—1911	东北三省鼠疫灾害	1939	海河洪水灾害
1915	珠江流域洪水灾害	1942	中原干旱灾害
1917	海河大水洪水灾害	1943	广东干旱灾害
1920	华北干旱灾害	1947	两广洪水灾害
1920	甘肃隆德和静宁大地震	1954	长江、淮河大洪水灾害
1921	淮河大洪水灾害	1959—1961	干旱灾害（三年自然灾害）
1922	汕头风暴潮灾害	1966	邢台地震灾害
1928—1930	西北、华北干旱灾害	1976	唐山地震灾害
1931	长江、淮河大洪水灾害	1987	大兴安岭森林大火
1932	哈尔滨大洪水灾害	1991	长江、淮河大洪水灾害
1933	黄河大洪水灾害	1998	长江、松花江、嫩江洪水灾害
1934	长江中下游干旱灾害	1999	台湾地震灾害

水文预报在生产上的应用领域十分广泛。主要有流域或区域性洪水与旱情预测，河道、水库、湖泊等水体的封冻、开冻状况及冰凌等冰情预测，积雪、冰川的融雪径流预报，水利工程施工期的施工预报，水库运行管理要求的入库水流过程预报，河道航运要求的沿程水位变化预报等。

在我国应用水文预报方法开展业务的单位众多。不仅从中央到各大流域机构和地方省市都有开展水文预报业务的专门机构，而且还有数百座大型水库、水电站和1000余座水文站也在开展水文预报业务[5]。

1.3 水文预报研究现状[6]

水文预报研究具有漫长的历史，最早可以追溯到公元前3500年，那时人们为了生存、为了防御洪水就开始观测和研究了。例如文明古国的埃及人，通过观测尼罗河水的涨落、记载分析年水位变化等。表1.3记载了早期水文规律研究方面的一些成果与年代进展。

表1.3　水文规律研究成果与年代进展[6]

年份	成果
公元前3500—前300	埃及人开始观测尼罗河水位，记载发生的洪水
公元前4500—前350	Plato 和 Aristotle 提出水文循环的初步概念
公元前27—前17	Vitruvius 提出完整的水文循环概念
公元前100	Hero 提出流量计算公式
200	中国开始设置雨量站观测雨量
1610	Santorio 设计了第一台流速仪
1663	Wren 设计了第一个自记雨量站
1674	Perrault 提出 P-R 相关概念和产流计算公式：$Q=P/6$
1687—1715	Halley 做了蒸发观测试验
1738	Bernoulli 提出压力与流速的关系
1775	谢才（A. de Chézy）提出河道流速公式（谢才公式）
1851	Mulvaney 提出汇流时间概念和暴雨成因公式 $Q=CIA$
1856	达西（Darcy）提出地下水流理论
1932	Sherman 提出单位线汇流方法
1933	Horton 提出下渗理论与下渗计算公式
1935	McCarthy 提出马斯京根河道洪水演算方法
1945	Clark 提出储蓄理论和相应的汇流方法
1951	Kohler 和 Linsley 提出合轴相关图
1955	Lighthill 和 Whithmat 提出动力波理论
1956	系统分析理论与方法应用于水资源研究

续表

年 份	成 果
1957	Nash提出瞬时单位线概念、理论与方法
1958	加里宁和米留柯夫提出特征河长方法
1958	美国陆军工程兵团研制了第一个概念性流域水文模型
1959	Linsley和Grawford把数字计算机应用于流域水文模拟研究
1962	赵人俊提出马斯京根法多河段连续演算概念与方法
1963	赵人俊等提出蓄满产流概念、理论与方法
1965	国际水文十年开始

纵观水文规律研究，根据其研究内容和成果的复杂性大致可划分为古代萌芽状态发展时期、经验研究和简单水文规律或单因素规律研究时期，以及综合性规律的现代水文研究时期。

第一个时期是从公元前3500—1500年，该时期的研究思想和概念都是很朦胧的，方法是很简单的，观测很少有仪器，只凭眼睛和自然条件，凭经验计算与估计。

第二个时期是从1500—1953年，该时期在概念、实验研究和量测工具、经验相关方法、简单水文机制的实验模拟等方面都有很大的进展，在这时期内无论是研究的内容、形成的概念、理论与方法都有大的发展，其规模与现代研究相差不大。特别巴利西（Palissy）提出了水文循环概念，桑托利（Santorio）、卡斯特（Castelli）、霍克（Hooke）、巴斯卡（Pascal）等先后提出了使用流速仪、测雨仪、雨量计、机械计算机等，卡斯特还证实了希罗（Hero）在公元前100年左右据经验提出的流量计算公式，还有哈雷（Halley）的蒸发试验、伯努利（Bernoulli）的水压与水流的关系研究、谢才（A. de Chézy）的河道流速公式、达西（Darcy）的地下水流理论、马尔凡尼（Mulvaney）的暴雨成因公式、麦克瑟（G. T. McCarthy）的马斯京根河道流量演算方法、霍顿（Horton）的下渗计算公式等。

第三个时期是从1954年至今，高速、大容量计算机的发展与应用，使得人们对水文规律的综合性研究、利用复杂模型对水流的模拟成为可能，使水文预报能解决许多生产上的实际问题，流域或区域性大范围的洪水、旱情预测研究才得以进行。

当前，水文预报研究主要还存在基本规律研究和误差修正两方面的问题。基本规律研究涉及机理研究的进一步深入、规律描述方法的物理化和综合性。误差修正主要是与修正效果有关的研究，包括修正方法、修正利用信息[10]、修正内容等方面的研究。

1.4 水文预报研究思路与方法*

水文预报方法研究以规律描述方法研究（如流域水文模型）为核心，形成了具有特色的和一定先进性的思路与方法，总结、掌握和了解这些思路与方法，对水文预报研究和课程学习都具有重要意义。

1.4.1　分解研究

分解研究就是把复杂的系统、自然规律和事件分解为相对简单的、独立的、更易为人们所认识的子系统、简单规律和事件来研究。通常的分解有系统分解、线性化分解、空间因素分解和时间过程分解等。

系统分解就是把一个复杂的系统划分为几个相对独立的子系统。这种分解可根据研究的物理量特性划分，也可根据空间、时间因素条件或其他划分条件进行。水文规律研究中最常用的是按物理量特性分解，如泥沙模型可分水流和泥沙模拟两个子系统，并且水流子系统还可进一步细分为蒸发、产流、分水源、汇流等子系统，类似地泥沙也可进一步细分为产沙、汇沙等。

线性化分解就是把一个复杂的非线性的关系分解为几个线性化的结构来模拟。例如流域坡面汇流分为三水源用三个线性水库来模拟就是典型的例子。

空间因素分解就是按照空间变化的影响因素特点对模型结构进行分解。例如新安江模型中的分单元计算产流、分坡面和河道进行汇流等。

时间过程分解就是按照时间变化的影响因素特点对模型结构进行分解。如高寒地区的流域分冬季蒸发和夏季蒸发、产流分融雪产流和降雨产流计算等。

1.4.2　概化研究[9]

概化研究就是把复杂的自然规律概化为简单的、易于研究的、与实际规律较接近的关系来研究。这一概化，一般以影响其规律的因素分析为基础，据实际情况，抓住主要的因素、忽略次要的因素，提出假设条件和简化的数学关系，使得用这概化关系去模拟自然规律误差不大或满足生产实际需要。

1.4.3　规律描述方法的物理化研究

水文预报方法研究是一个从简单到复杂、从经验相关到物理概念模型直至物理模型的一个发展过程。这过程可概化为如图 1.1 所示的四个步骤。

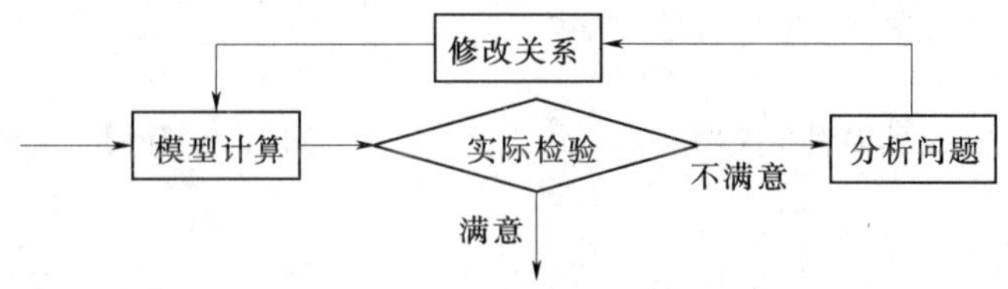

图 1.1　规律研究物理化框图

第一步提出描述水文规律的概化模型。其思路与概化研究思路接近，主要是据实际情况分析影响因素，得出与实际情况近似的概化模型。

第二步将提出的模型用实际问题的观测资料系列进行模拟检验，分析比较模型计算结果与实际观测之间的差异，通过误差分析寻找问题、分析问题，进而确定模型结构可能存在的问题。

第三步分析引起模型计算误差与影响因素之间的因果关系，存在问题解决应进一步考虑的因素，提出进一步修改的模型结构关系。

第四步把实际检验发现问题并进一步完善的规律关系纳入到模型中，构成结构更加完善、考虑因素更加符合实际问题、更加物理化的模型，再回到第二步进行实测资料模拟检验。如此依次循环，不断地分析检验、不断地发现问题和分析问题，不断地解决问题并提出更加完善的模型，直到满足实际问题要求或最终达到物理化的模型结构获得为止。

这样的研究例子很多。例如产流量预报，最早发现的主要影响因素是降雨，提出的关系是降雨与径流量的函数或相关图关系。但在大多数流域应用发现效果不满意，点出的相关图点据比较散乱，如图 1.2 所示。分析其原因，发现相同的降雨不同的土壤湿润程度产生的径流量差异很大，而土壤湿润程度受前期的降雨、日照、温度等气象因素影响。这说明前期流域气候状况对产流量是个重要的影响因素，必须考虑。由此引进描述前期气候因子的特征量 P_a 来反映次洪前期的气候状况，把每次洪水的 P_a 特征量标注到 $P-R$ 关系图中，变成了如图 1.3 所示的相关关系。这关系在大多数湿润地区流域应用获得了较满意的结果，但在干旱地区流域却不满意，又进行误差原因、影响因素分析，发现了雨强因素对干旱地区流域产流的影响，又提出了降雨、雨强、前期气候影响因子与径流量的关系等。

水文预报方法或模型研究，从经验相关到目前的物理概念性模型，最终必然要发展为物理模型，这是科学研究发展的必然趋势。例如，流量公式就是从平均水深与过水量经验关系发展为现在的流速、过水断面面积与流量关系物理公式的。

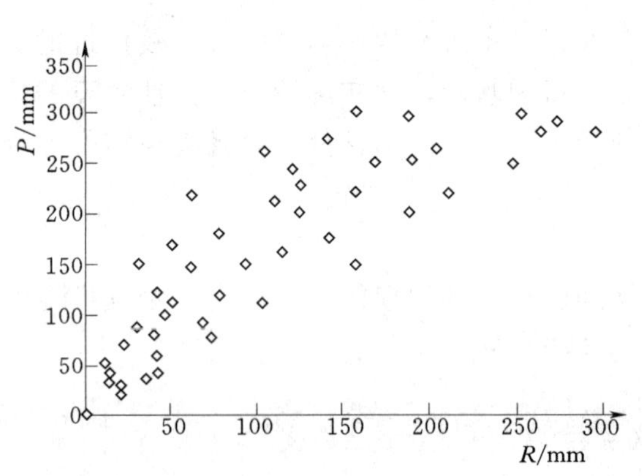

图 1.2　降雨径流单因素相关图

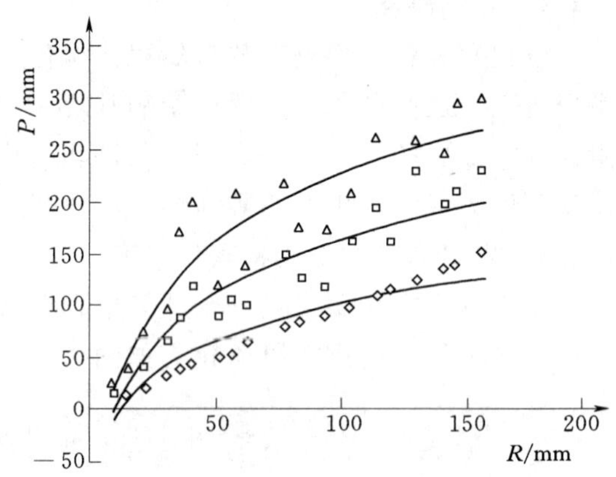

图 1.3　降雨径流两因素相关图

1.4.4　相似性研究[7,8]

自然规律间存在着许多惊人的相似，这包括自然规律本身的相似及其模拟方法的相似。利用这相似性进行科学研究或知识学习，使研究者容易抓住问题本质、可以简化思路、明确重点、加深内容理解、促进机理研究深入、启迪其创造性，进而加快科学研究发展。

相似性研究的思路与方法是科学研究的重要方法，在科学研究方法论中都有大量介绍，这里只简单地介绍与水文预报关系密切的一些思路与方法。

1.4.4.1　相似性概念

任何事物都具有特性，当事物间存在共有特性，而刻画其特性的特征量有差别时，则称事物间共有特性为相似性。例如，两个不同边长的等边三角形间存在着如三个角相等、都有三条边、都是三角形等共有特性，边长是反映等边三角形特性的特征量之一，除边长不同外都相同，所以属两个相似的图形。

相似性是自然界中广泛存在的。例如，人与人之间、动物与动物之间、植物与植物之间、人与动物之间都具有相似性。几乎所有自然界间的事物、规律都具有相似性。

任何事物的相似都不是绝对的，而是有条件的，即两个相对于某些特定特性而言可是相似的而相对于另外的一些特性可是不相似的，因此一般说的相似都是特定条件下的条件相似。例如，人与植物在研究养分获得的方式上是相似的，因为人通过血红素与空气中的氧和二氧化碳起作用而获得养分，而植物类似的也是由叶绿素与空气中的氧和二氧化碳起作用而获得养分，但在外貌形状、生命生存条件等的许多方面却是不相似的。

1.4.4.2 相似性关系

相似性事物间存在着相似性关系，事物间客观存在的相似性关系可以为科学规律研究所利用，可以大大启迪研究者的创造性。例如有些事物的规律相对于另外的一些相似事物的规律容易被发现、容易研究，那么这相似性事物间的相似性关系就可被利用来研究那些难以研究的事物规律；不同问题、学科方向或领域的科学研究经常是参差不齐的，有些发展会快些、研究得成熟些、理论体系上完善些，而许多问题间会存在着相似的规律，那么成熟问题的研究思路、技术路线和规律性的描述方法可以类似地用到不成熟的问题研究中去；科学研究总是从简单的问题、单一的学科方向到复杂问题、几个相关的学科方向或跨学科综合研究这样发展的，在这发展研究过程中，无论是多方向还是跨学科或任一发展过程环节，相似性关系的方法论都会大大加快科学研究的进程、快速产生大量的创造性成果。

自然界和科学研究中存在的相似性关系很多，水文预报研究通常遇到的相似性关系种类有以下几方面。

1. 时变与时不变的相似关系

描述自然规律的模型或方法许多情况都是时变的，但直接研究时变模型或方法往往十分困难或根本无法进行，而时不变的研究就会简单多，通常先研究时不变规律或时变因素在某一特定条件下的相对时不变规律，然后再把这些时不变或相对时不变条件下获得的规律推广应用到时变规律的描述中。

研究污染物在水体中的扩散、混合和迁移规律时，常涉及分子扩散通量的表达，在水流静止时，污染物质在水体中的分子扩散通量容易通过实验获得表达公式，而水流运动时就很难直接获得表达公式。通常把静止水流的分子扩散通量直接应用到运动水流中；水文预报模型研究，经常会遇到模型参数随一些时变因素而时变的问题。通常是先限定时变因素在某一状态或条件下率定模型的参数，再改变时变因素的状态或条件，获得不同时变因素状态或条件下的参数值，最后建立参数与时变因素的关系。水文规律的研究中，这种时变规律是广泛存在的，时变参数的两步确定法也被广泛采用。例如马斯京根法的河段水流传播时间是个时变汇流参数，常随洪水大小而改变，实际中经常对不同的洪水级别确定其值，然后建立洪水级别与参数值之间的关系。那么实际预报中就可据洪水的量级采用不同的河段水流传播时间参数值。

2. 描述规律间的相似关系

水文预报模型中，描述的规律间具有许多的相似性。例如，描述空间因素影响的特征量分布规律有土壤蓄水容量、下渗能力、流域水利工程和坑坑洼洼截流能力、土壤抗侵蚀能力、面污染源等的空间分布规律。这些特征量有以下共同特点：

（1）受空间分布因素影响。

（2）空间变化关系唯一。

（3）无法获得空间变化的物理模型。

（4）具有很相似的空间变化统计分布。

因此，这些特征量描述具有相同的构造思路、采用相同的分布曲线线型，不同的是曲线变量物理意义、表示曲线特征的参数物理意义和参数值。

3. 不同尺度的相似关系

尺度对水文规律的影响还是一个有待进一步研究的问题，不同尺度间规律的相似性不仅可为这问题的解决提供研究方法，更可为一般研究提供有效的方法手段。尺度有宏观与微观之分，也有大尺度、中尺度与小尺度之分，流域水文研究中常用的是后者。小流域或小尺度的试验区域水文规律与大流域或一般尺度的区域间具有相似性。所以研究大流域水文规律时，常会选小流域作为指示流域进行研究，再把这个指示流域的研究结果推广应用到相似的区域中去。

4. 表面现象与内在的相似关系

表面现象容易被发现、规律容易研究，内在的问题就要难得多，有时几乎就不可能。因此表面现象与内在问题间的相似性关系是非常有用的手段与方法工具。

1.4.4.3　相似性思维

利用相似性进行研究的思路方法很多，总结一些并形成具有相似性特色的思维效果会更好。相似性思维主要分相似分类、相似分析、相似求证三阶段。

相似分类就是根据基本的相似原理和关系把要研究的内容区分为一定的相似类，相似类的划分根据研究的内容和所希望利用的相似性关系不同而千差万别，如研究问题相似类、影响因素相似类、描述规律相似类等。假如研究的内容对研究者来说是个全新的领域，那么就要区分为研究问题的相似类，通过分析问题相似类的共同特点和联想相似类的描述方法获得问题规律描述的方法。例如研究水流运动的人去研究泥沙在水体中的运动规律，可把水流运动、泥沙运动、气体运动等与流体运动有关的问题分为一类，再通过相似性分析得出水流中的泥沙运动与水流规律最相似，进而可通过相似推断获得与水流规律描述方法类似的或相同的模型。假如研究的问题十分复杂，影响因素众多，那么应该把影响因素区分为相似类，再通过相似分析在这相似类中找出主要影响因素和通过相似推断获得相应的表达自然规律的描述方法。流域蒸发模式就是典型的一例，因为影响流域蒸发的因素有气象要素（风速、温度、空气湿度、水面蒸发等）、土壤因素（土壤密度、土壤空隙率、土壤粒径等）、植被因素（植被种类、植被季节变化、植被覆盖率等）、前期气候因素四种相似类，而气象要素类中水面蒸发能反映所有其他气象要素的综合性影响，所以水面蒸发是这类因素的主导因素，可由水面蒸发来表征气象类要素对流域蒸发的影响。

相似分析就是对划分的相似类进行相似性分析比较，通过相似性关系研究归纳共同特征、找出主要矛盾，提出新的假设和推断。相似性分析以相似关系研究为基础，如问题相似类的分析主要研究问题与问题相似类中的其他问题间是否存在相似性关系、与哪个问题间的共同特征最多、相似性关系最为密切等。

相似求证对相似分析提出的假设和推断进行计算机模拟检验、实验室实验求证或野外试验流域分析论证。水文预报研究中的相似求证主要方法见 1.4.5 节介绍。

1.4.5　模拟实验研究[9,10]

模拟实验研究是水文预报研究的关键环节和重要手段。水文预报模型或方案，通常有许多假设，其中有许多参数需要用具体流域的水文资料分析确定，模拟实验研究就是要通过对实际流域水文资料的模拟计算，检验模型结构的合理性、分析参数值估计是否反映具体流域特点、评估建立预报方案用于实际问题的有效性。

模型参数估计一般是首先确定目标准则、寻找参数值、用模型模拟实测结果，比较计算与实测的结果，看是否满足目标准则，如果满足那么寻找的那组参数值就是流域模型参数值，如果不满足就要重新寻找使模拟计算效果更好的一组参数值，依次循环重复，直到满足准则的一组参数值获得为止。由这一参数估计过程可见，模型参数的估计相当依赖于实测资料系列，如果实测资料系列能包含流域发生的各种不同特点情况的样本，那么率定的参数值在流域中就具有广泛的代表性，模型可用于预报或外延估计问题；如果实测资料系列代表性不好或不能反映有些具有一定代表性特点的情况，模型应用就会导致大的外延误差。因此，资料系列的代表性对预报方案的建立十分重要。例如选择洪水资料，如果选择的洪水在量级上包含大、中、小，在发生时间上有汛初、汛中和汛末，发生时前期气候条件上有湿润和干旱，产生洪水的暴雨类型上有对流雨、锋面雨等，洪水资料选择的代表性就较好；如果只选择大洪水，用于预报小洪水时就会产生系统误差，如果只选择一场洪水率定模型参数，那这误差就会更大，原则上不能在实际洪水预报中应用。

用水文资料分析法确定模型参数值还会受资料观测误差影响。据观测资料误差统计特性研究，资料观测误差系列一般具有零均值、常方差和独立性三个统计特性，只有当样本系列趋于无穷大时，这观测误差的影响才会消失。实际问题中要获得样本容量无穷大的资料系列是不可能的，据实际条件选择尽可能大的样本容量是可能的；根据流域水文规律的复杂程度不同，样本容量也可有大有小，但一般不能太短。

模型结构的合理性检验和模型效果的评估，一般是把观测资料系列分为率定和检验两个时期，原则上检验期的样本与率定期一样要有各种代表性。先用率定期的样本确定模型参数值，再用模型和确定的参数值模拟检验期的结果，比较检验期计算和观测结果的差异，分析合理性和评估效果。

特别要强调的是，一个新的水文预报模型由提出到推广应用，必须做充分的结构合理性检验和模型效果的有效性评估。其检验要求的代表性，除流域内的代表性要求外，还要适用范围内不同特点流域的代表性。如新安江模型，需要在湿润地区选择具有不同产流和水文特点的流域，而垂向混合产流模型，就要在更广泛的地区选择不同水文规律特点的流域检验，而且特别要多选择不同产流机理特点的流域，包括湿润地区、干旱地区和干旱半干旱地区流域。另外，对于一个新模型的结构合理性分析、效果评估，还要特别强调样本容量。这是因为一个概念模型或经验模型，或多或少地提出了一些假设和概化，这些假设条件和概化关系能否接近实际情况，近似程度如何，假设条件的不同，又可有很不同的模型结构，都需要通过对实测资料系列模拟检验来确定。假如样本系列过短，虽然模型模拟的效果会非常满意，但由于信息不充分，不足以检验结构和评估效果，其间即使有问题，也暴露不出来。这信息不充分情况的模型或参数估计是没有意义的。例如，数学中在坐标系内过点拟合曲线方程，如果平面内过一个点拟合曲线方程，即样本容量为一，那么过点可以作直线、圆、抛物线或双曲线等任意的曲线，而且任意的方程去模拟点都不会有误差，精度达到百分之百；如果有100个点，要用100个参数以上的任意方程或模型去模拟才会无误差，如果用2个、3个参数的函数去模拟，不可能任意的函数都是无误差的，而且不同的函数结构误差也不同，可以选择一个误差最小的函数，这样就比一个点时提供了更多的参数值估计和函数结构选择信息，选择的函数也会更接近于实际情况。一般样本容量越大、提供的信息量就越大，选择的结构和估计的参数就会越接近于实际情况，而且当样本容量大到一定程度后，就不可能任意的函数或模型都可获得满意的模拟结果。水文预报模型的模拟检验也类似，小样本容量情况下检验的模型结构合理性或评估的模拟效果不可信。所以在水文预报情报规范中要规定模型参数率定要满足最低的资料系列长度要求。

水文模型结构提出一般有三种途径：①实验室实验法，根据试验目的和要求设计实验方案，通过对实验资料的分析，提出规律关系；②野外试验法，通过野外试验小区或试验小流域的资料，分析相关关系，提出一些规律表述的关系结构；③水文分析法，通过物理成因机理和因果关系分析，直接提出假设而构成较为完整的模型结构，然后用实际流域的水文观测资料进行模拟分析检验。实验研究中通常要把实际条件进行简化，使得复杂的规律变为简单关系，从实验数据中可直接获得。这种研究方法的优点是提出关系比较直接、获得的关系结构任意性比较小，但缺点是研究成本较高、设计的实验方案难度大、有些实验获得的关系还会与实际流域出入较大。因此实验获得的关系一般还需要实际流域的模拟检验。而实际流域的水文分析法，没有从概化规律入手，而是根据流域实际情况、构造尽可能符合实际的完整模型，再用实际流域的观测进行模拟检验。这种研究方法的优点是研究成本较低、方法比较灵活而且构造的模型如果通过实际流域检验效果好，就可以直接应用，这对于已有大量实际流域观测资料的水文学研究来说，是一条可行的研究途径。缺点是直接构造复杂规律的难度大，而且由于出发点不同、考虑问题的角度差异，即使研究的同一水文规律，不同的人可提出不同结构的模型，存在着一定的任意性和结构误差风险。野外试验的优缺点介于两者之间。这三种研究方法，应该说各有优缺点，其研究成果的科学性或学术地位基本等价，不应该厚此薄彼。而且水文分析法研究简单易行，其研究思路和技术手段目前情况下容易展开研究，容易走具有自己特色的研究道路。

参　考　文　献

[1] 水文科学编辑委员会. 中国大百科全书：水文科学［M］. 北京：中国大百科全书出版社，1987.

[2] 夏明方，康沛竹. 20世纪中国灾变图史（上）［M］. 福州：福建教育出版社，2001.

[3] 夏明方，康沛竹. 20世纪中国灾变图史（下）［M］. 福州：福建教育出版社，2001.

[4] 《中国水利年鉴》编纂委员会. 中国水利年鉴2004［M］. 北京：中国水利水电出版社，2004.

[5] 水利部水文司. 中国水文志 [M]. 北京：中国水利水电出版社，1997.

[6] 包为民. 模型参数估计研究 [D]. 河海大学博士学位论文，1989.

[7] 周美立. 相似工程学 [M]. 北京：机械工业出版社，1998.

[8] 包为民. 从相似性谈启发式教学 [J]. 河海大学高等教育学报，1991 (1)：23-25.

[9] 包为民. 黄土地区流域水沙模拟概念模型与应用 [M]. 南京：河海大学出版社，1995.

[10] 包为民. 洪水预报信息利用问题研究与讨论 [J]. 水文，2006 (3).

[11] Weimin Bao, Qian Li, Simin Qu, Efficient calibration technique under irregular response surface [J]. Journal of Hydrologic Engineering, 2013, 18 (9): 1140-1147.

第2章 流域产流[1]

降雨产流量计算是以降雨径流形成理论和坡地产流基本规律为基础，由降雨量计算流域出口断面的径流深。一个小流域，洪水汇流时间短，用河段洪水计算方法常不能满足防洪对预见期的要求。由降雨量直接计算流域出口断面的径流量，可以增长预见期。在预见期较长的河段洪水计算中，也常需用降雨产流量计算方法处理区间入流的问题。常用的流域水文模型，为了简化模型结构，也常把降雨到形成流域出口断面流量的过程分为产流和汇流两种机制（阶段）。一些调节库容大的水库，通常只需计算一场降雨形成的洪量或一段时间的降雨产流量，就可进行防洪与兴利的调度了。因此，降雨产流量计算，既是生产实际的需要，也是研制流域水文模型的重要组成部分。

2.1 概述

流域产流量计算是一个水量平衡问题。若把流域视作一个系统，降雨量作为系统的输入，蒸散发量和出口断面流量为其输出，而流域蓄水量的变化调节降雨的损失量和无雨期的蒸散发量。若是一个不闭合流域，还存在与邻近流域的水量交换，交换导致流域水量增加的为输入，反之为输出。跨流域引水的流域，水量平衡方程还应考虑引出或引入的水量。因此，流域产流量计算的水量平衡方程可表示为

$$R = P - E - W_P - W_S - \Delta W \pm R_{交} \pm R_{引} \pm R_{其他} \tag{2.1}$$

式中 P——流域降雨量，mm；

R——流域产流量，mm；

E——流域蒸散发量，mm；

W_P——植物截留量，mm；

W_S——地面坑洼储水量，mm；

ΔW——土壤蓄水量的增量，mm；

$R_{交}$——流域不闭合的径流交换量，mm；

$R_{引}$——跨流域引水量，mm；

$R_{其他}$——其他因素引起的水量增减，mm。

天然流域，地面坑洼滞蓄量不大，变动也较小。据研究[4]，在中等或平缓山坡上，填洼量一般在5～15mm之间，耕地在10～40mm之间，对平整的土表面，常小于10mm。若流域上的塘、坝、水库等的水利工程设施多，则地面滞蓄量有时就相当大。植物截留同植物种类、植被覆盖密度关系密切，其变幅较大。对一般流域的植被条件下，一次降雨过程中被截留的量常小于10mm。但发育完好的森林地区，植物截留量可达次洪降雨量的15%～25%。由于植物截留量和地面坑洼蓄水与耗于蒸散发的土壤蓄水一样，对降雨产流

来讲都是一种损失，只不过各种滞蓄（例如：植物截留，土壤滞蓄，坑洼填蓄等）对产流引起的影响机制与消耗机制各不相同。但对于一般的天然流域，如果其植物截留量和地面坑洼蓄水量不大，常把这三种蓄量合并作为土壤蓄水量来处理。如果研究的是闭合流域，且无大的跨流域引水工程和其他影响流域水量增减的因素，则式（2.1）可简化为

$$R_t = P_t - E_t + W_t - W_{t+1} \tag{2.2}$$

式中　W_t、W_{t+1}——t 与 $t+1$ 时刻的土壤蓄水量，mm。

用式（2.2）计算流域产流量，一般只已知降雨量 P_t 和初始土壤蓄水量 W_t，要求解其方程，还需两个方程、关系或模式，才能获得方程的定解。在产流量计算中，一般利用蒸发计算模式和降雨-径流的关系先推求 E_t 和 R_t。本章 2.3 节和 2.5～2.8 节中将进行具体介绍。

顺便指出，由于流域的地理、气候等特征的差异，导致流域降雨产流机制的不同。通常为模型结构的简化把降雨产流过程概化为蓄满产流和超渗产流两种基本模式，如何在水文预报中应用，本章 2.5～2.7 节中将分别论述。

2.2 产流机制分析

精确描述流域降雨径流过程是十分困难的，实际工作中，在建立系统数学模型或概念性模型时，常据流域的自然地理与气候特征，对复杂的流域产流物理过程作必要的概化描述，以便于数学构造和模拟计算。对于一个特定的研究流域，其产流方式是在建立产流计算模型前必须首先论证的，以使建立的产流计算模式既简单又接近于实际。

2.2.1 流量过程线分析

超渗产流和蓄满产流，最本质的差别是前者在一次洪水过程中没有或基本没有地下径流（不包括地表土层中的水流），而蓄满产流的地下径流比例较大。地面径流与地下径流向流域出口断面的运动过程中，因流经介质和路径不同，所受的流域调蓄作用也不同，则反映在流域出口断面流量过程线的涨落特征上有明显的差异，这为流域产流方式的论证提供了信息。

当降雨强度大于下渗率时，产生地面径流，并沿坡面汇集，经河网汇流到达流域出口断面。其运动路径短，汇集速度快，受流域的调蓄作用小，流量过程线呈陡涨陡落，对称性好。渗入地面以下的降雨量在满足土壤缺水量后，形成地面以下径流。其水流汇集过程运动于土壤孔隙中，流速小，受调蓄作用大，形成的流量过程线呈缓涨缓落变化，时间上迟后于地面径流。例如，浙江龙泉溪的紧水滩站，集水面积为 2761km^2，地面径流一般在 1～2 天内就基本退尽，而地下径流消退长达 3～5 个月。

图 2.1 和图 2.2 是实测洪水过程线。其中图 2.1 是以地面径流为主，图 2.2 是地面径流与地下径流均占一定比例。为了定量描述洪水过程线的对称性，把实测过程转化为总量为 1.0 的比例过程线，如图 2.3 和图 2.4 所示。用式（2.3）计算形状不对称系数。

$$C_S = \sum q_t (t - t_B)^3 / [\sum q_t (t - t_B)^2]^{3/2} \tag{2.3}$$

式中　C_S——不对称系数；

q_t——比例过程线纵坐标；

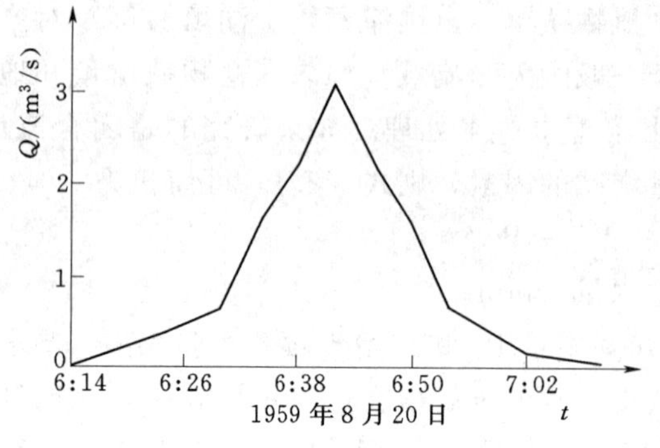

图 2.1 团园沟流域洪水过程线

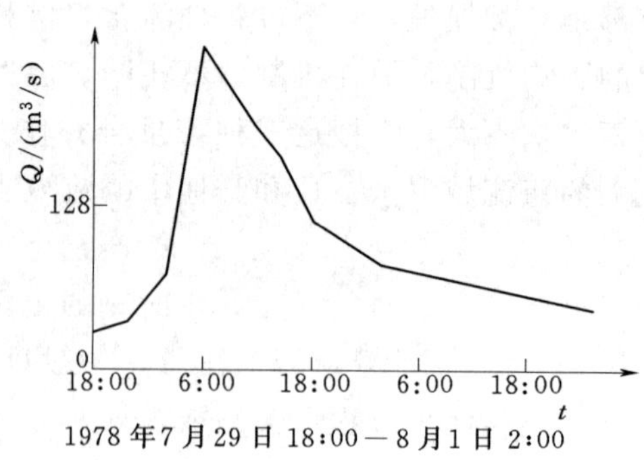

图 2.2 孙水关流域洪水过程线

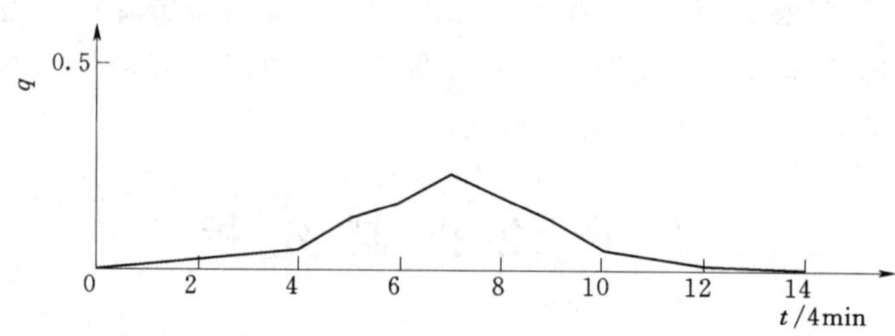

图 2.3 团园沟流域洪水比例过程线

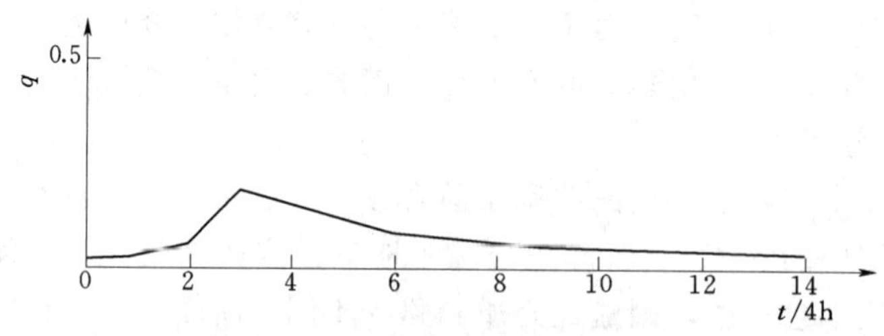

图 2.4 孙水关流域洪水比例过程线

t ——时间；

t_B ——过程线重心时间。

用式（2.3）算得该两流域过程线的不对称系数分别为－0.0099和0.700。由此可知，不对称系数绝对值越小，洪水过程的地下径流比例也越小。这种定量描述判别只适合于对孤立洪水的分析，复式洪水不合适。

2.2.2 气候、地理和下垫面特征分析

气候与产流机制密切关联。长年气候干燥的流域，因蒸发量大，使土壤缺水量大，土壤一般不易蓄满形成地下径流，一场洪水常以超渗产流形成地面径流。气候湿润地区，土壤缺水量少，一场降雨的产流方式多属蓄满产流。

下垫面特征，除土壤含水量外，还包括土壤物理特性、土层结构、植被条件、地形以及地下水等因素。若土壤颗粒细小、结构密实、植被度差、地下水位埋深大，因下渗率小，多以超渗方式产生径流。如果土壤颗粒大、结构疏松、植被度高、地下水位高，则多属蓄满产流方式。

根据我国的情况，气候呈明显的地带性[3]。长江以南的绝大部分地区，长年湿润多雨，多年平均降雨量在1000mm以上，年径流系数大于0.4，年蒸发量不大，属典型的蓄满产流区。在西北干旱地区的内陆河流域，年平均降雨量小于400mm，年蒸发量很大，属典型的超渗产流区。其余的地区，年平均降雨在400～1000mm之间，年径流系数约为0.2～0.4（如东北诸河、海滦河、黄河的绝大部分、淮河流域北侧和金沙江等），属混合产流区。表2.1和表2.2列出了全国各主要河流、各省、自治区、直辖市典型站点的水文特征值。

表2.1　　中国主要河流降雨径流特征表

地理区划或江河名	流域	河名	流域面积/km²	年均降水量/mm	年均径流量/mm	年径流系数
东北	黑龙江	黑龙江①	888502	486.0	133.0	0.27
	图们江	图们江①	22861	577.3	223.1	0.39
	辽河	辽河②	219014	476.1	66.1	0.14
	大凌河	大凌河	20285	508.2	97.7	0.19
	鸭绿江	鸭绿江①	32466	933.2	493.0	0.53
华北	滦河	滦河	54412	556.0	109.0	0.20
	海河	海河③	264617	556.0	87.9	0.16
黄河	黄河	黄河	752443	461.0	83.2	0.18
淮河	淮河	淮河	269150	894.0	239.0	0.27
	史河	史河	6850	1206.0	532.8	0.44
	涡河	涡河	15890	734.4	107.0	0.15
长江	长江	长江④	1808500	1050.0	513.0	0.49
	金沙江	金沙江	490546	672.0	315.0	0.47
	赣江	赣江	80948	1559.6	815.5	0.52
	汉江	汉江	168851	937.0	340.0	0.36
浙、闽	钱塘江	钱塘江④	41700	1685.0	916.0	0.54
	瓯江	瓯江④	17960	1720.0	1090.0	0.63
	闽江	闽江	60992	1702.0	957.0	0.56
	九龙江	九龙江	14741	1712.0	997.9	0.58
珠江	珠江	珠江①	442585	1480.0	783.0	0.53
	东江	增江	2866	2065.0	1339.0	0.65
藏南滇西	红河	元江⑤	75428	1195.9	534.3	0.45
	澜沧江	澜沧江	164766	972.0	421.0	0.43
	怒江	怒江	134882	676.0	474.0	0.70
	雅鲁藏布江	雅鲁藏布江	240480	644.3	573.9	0.89
	伊洛瓦底江	伊洛瓦底江	20334	1582.4	1125.5	0.71
西北内陆河	塔里木河	叶尔羌河	73352	197.5	88.6	0.45
	塔里木河	阿克苏河	48561	277.5	163.4	0.59
	伊犁河	伊犁河	60248	495.5	276.5	0.56
	疏勒河	疏勒河	174100	94.5	11.3	0.12

① 该流域所列为国内数据。

② 包括内流地区面积，未包括绕阳河。

③ 包括陡骇河、马颊河。

④ 年径流未进行还原。

⑤ 元江面积为元江、李仙江、盘龙河的国内部分面积之和。

表 2.2　　各省、自治区、直辖市典型站降水量、蒸发量特征统计

省（自治区、直辖市）	县市	站名	年平均降水量/mm	最大年降水量/mm	最小年降水量/mm	年平均蒸发量/mm	蒸发器皿型号	折算为 E601 的蒸发量/mm
黑龙江	哈尔滨	哈尔滨	545.0	1014.9	340.5	1327.5	ϕ20cm	1048.7
吉　林	长　春	长　春	617.1	970.5	411.5	1489.1	ϕ20cm	1037.9
辽　宁	沈　阳	沈　阳	702.0	1064.5	341.1	1377.3	ϕ20cm	922.8
内蒙古	赤　峰	赤　峰	363.1	569.4	215.9	1931.2	ϕ20cm	1351.8
河　北	阜　平	阜　平	679.8	1158.9	282.0	2258.3	ϕ20cm	1287.3
北　京	怀　来	官　厅	674.3	1406.0	242.0	1979.1	ϕ20cm	1167.6
山　西	太　原	兰　村	445.6	738.7	216.1	1099.4	ϕ80cm	1099.4
陕　西	澄　城	洑　头	508.2	795.5	270.7	1610.6	ϕ80cm	1610.6
宁　夏	盐　池	郝家台	323.7	520.3	214.5	2215.4	ϕ20cm	1395.7
甘　肃	安　西	安　西	41.1	105.5	6.4	3153.9	ϕ20cm	2050.0
青　海	格尔木	格尔木	108.2	174.1	57.5	2564.5	ϕ20cm	1505.3
新　疆	哈　密	哈　密	34.1	66.3	9.6	3065.5	ϕ20cm	1992.6
山　东	淄　博	镇　后	731.2	1454.1	466.9	1425.9	ϕ80cm	1283.3
江　苏	宜　兴	宜　兴	998.7	1621.3	448.0	960.2	E601	960.2
上　海	青　浦	青　浦	1141.9	1659.3	709.2	1013.1	ϕ80cm	1013.1
安　徽	阜　阳	阜　阳	853.9	1616.3	447.1	1131.4	ϕ80cm	1131.4
河　南	高　丘	高　丘	701.6	1186.4	307.8	1721.1	ϕ20cm	1308.0
湖　北	武　汉	东　湖	1242.2	2057.9	576.4	1222.2	ϕ80cm	1222.2
四　川	彭　山	彭　山	1005.1	1375.6	714.9	849.2	E601	849.2
西　藏	江　孜	江　孜	302.4	498.0	183.8	2543.2	ϕ20cm	1907.4
浙　江	杭　州	杭　州	1454.2	2374.4	941.1	967.2	ϕ80cm	909.2
福　建	古　田	古　田	1714.3	2401.6	1088.7	1039.0	20m^2	
江　西	南　昌	南　昌	1682.9	2628.2	1044.2	1900.9	ϕ20cm	1254.6
湖　南	湘　潭	湘　潭	1401.8	2081.0	1029.4	1328.3	ϕ80cm	
贵　州	遵　义	乌江渡	1017.7	1249.1	679.7	843.4	ϕ80cm	
广　东	广　州	广　州	1681.1	2864.6	1107.2	1681.4	ϕ20cm	1277.9
海　南	海　口	海　口	1573.7	2475.5	702.1	1915.7	ϕ20cm	1455.9
广　西	南　宁	南　宁	1328.9	2055.3	952.9	1241.5	ϕ80cm	
云　南	昆　明	海　口	907.3	1147.0	615.2	1209.2	ϕ80cm	
台　湾	台　北	台　北	2109.0			1278.6	ϕ20cm	

2.2.3　综合分析

一个流域的产流方式不是绝对的，也很难以简单的指标作定量化描述，常需作综合性分析。表 2.3 列出了产流方式对比分析的内容。

表 2.3 产流方式对比分析

编号	对比分析内容	蓄满产流	超渗产流
1	多年平均降雨量	>1000mm	<400mm
2	多年平均径流系数	>0.4	<0.2
3	流量过程线不对称系数	大	小
4	降雨强度对产流影响	小	大
5	影响产流因素	初始土湿和降雨量	初始土湿和降雨强度
6	表层土质结构	疏松，不易超渗	密实，易超渗
7	缺水量	小，易蓄满	大，不易蓄满
8	地下径流	比例大	比例小
9	产流与降雨特征的关系	与降雨量关系密切	与降雨强度关系密切

表 2.3 中 1、2 两行内容属定量指标，一般比较容易分析判断，3～5 行属定性的判断指标，6～9 行构成综合性的分析内容。如前所述，1～5 行内容分析之后，有时还不能判定流域的产流方式，应继续进行综合性分析。

综合分析内容中，6～8 行主要提供不同产流方式的一些定性信息，第 9 行内容常可通过统计相关分析，提供统计意义上的定量指标。从影响产流量的主要因素看，降雨开始时的土壤湿度对各种产流方式影响都较大。除此之外，降雨量是蓄满产流的主要因素，降雨强度是超渗产流的控制因素。因此，也可通过分析产流量与降雨量、降雨强度间的相关关系来分析产流方式，如果一个流域，有一组洪水的产流与降雨强度关系密切，另一组洪水与降雨量关系密切，或者两者均介于密切与不密切之间，则可认为是混合产流。表 2.4 和表 2.5 是两个流域的资料。表中 P 是一次洪水的降雨量，R 是一次洪水的径流深，表 2.4 中的 i 为最大 5min 平均降雨强度，表 2.5 中的 i 为最大 15min 平均降雨强度。相关分析得团山沟降雨量与径流深的相关系数为 0.234，而降雨强度与径流深的相关系数为 0.632；姜湾径流站的相关系数分别为 0.980 和－0.104。图 2.5 和图 2.6 分别是团山沟与姜湾的降雨径流相关关系图。从这些结果看，团山沟流域属超渗产流，姜湾流域为蓄满产流。

表 2.4 子洲径流站团山沟降雨径流资料

日期/(年-月-日)	P/mm	R/mm	i/(mm/min)
1967-08-26	29.9	7.8	1.30
1967-09-05	32.2	0.7	0.10
1968-07-15	29.0	14.8	2.80
1968-07-25	41.0	7.1	1.72
1986-10-06	51.4	0.2	0.07
1968-10-08	41.2	0.2	0.08
1969-05-11	52.4	15.1	2.76
1969-08-09	45.5	3.0	0.44
1969-09-24	52.3	0.6	0.25

注 选自文献 [3]。

表 2.5 姜湾径流站降雨径流资料

日期/(年-月-日)	P/mm	R/mm	i/(mm/min)
1962-05-14	64.9	41.4	0.65
1962-06-18	120.1	94.3	2.51
1962-06-23	61.5	42.0	0.30
1962-08-06	53.6	21.3	0.39
1962-08-18	58.2	24.5	1.45
1962-09-05	229.7	216.7	0.43
1963-04-26	93.7	71.9	1.02
1963-05-09	56.3	51.6	0.59
1963-06-27	106.9	103.5	0.77
1963-07-29	30.4	0.5	1.11
1963-09-11	345.8	262.3	0.72

注 选自文献 [3]。

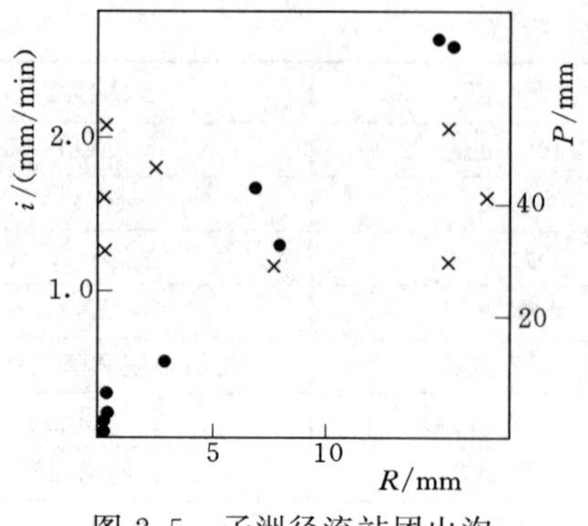

图2.5 子洲径流站团山沟降雨径流关系

●—雨强-径流；×—雨量-径流

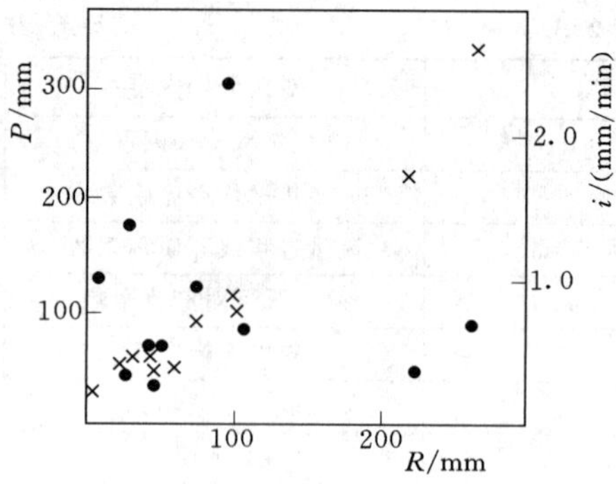

图2.6 姜湾径流站降雨径流关系

●—雨强-径流；×—雨量-径流

2.3 流 域 蒸 发

流域蒸散发量计算是产流计算的重要内容，特别对于长时期的产流量估计，蒸发常是决定性因素，如果一个流域某特定时期始末的土壤含水量很接近，可忽略该特定时期土壤含水量变化对径流量的影响，则水量平衡计算式可简化为

$$\sum_{i=1}^{n} R_i = \sum_{i=1}^{n} P_i - \sum_{i=1}^{n} E_i \tag{2.4}$$

式中 P、E、R——降雨量、蒸发量和径流量；

n——该特定时期内的计算时段数。

对于一次洪水的产流量，其计算式与式（2.2）相同，有洪水期产流计算：

$$R_t = P_t - E_t + W_t - W_{t+1} \tag{2.5}$$

无雨期蒸发消耗：

$$W_{t+1} = W_t - E_t \tag{2.6}$$

显然，蒸散发决定了无雨期土壤含水量的消耗量，也影响降雨期的产流量。

流域蒸散发量很难由直接观测资料确定，常通过模型计算获得。

2.3.1 蒸发与影响因素概化[11]

在天然流域上，蒸散发主要包括土壤蒸发 E_S、植物散发 E_{PL} 和水面蒸发 E_W，其中最主要的是土壤蒸发。

土壤蒸发的主要影响因素有气象因素、土壤供水条件和土壤结构。可由以下形式表示：

$$E_S = E_S(\text{气象因素，土壤供水条件，土壤结构}) \tag{2.7}$$

其中土壤结构类因素主要是与土壤颗粒机械组成有关的因素，它随时间的变化不大，可以忽略不计，则式（2.7）可简化为

$$E_S = E_S(\text{气象因素，土壤供水条件}) \tag{2.8}$$

值得指出的是，式（2.8）中把流域土壤结构因素看作时不变因素，简略了土壤结构对蒸发的影响关系，并未忽略其作用，其影响由蒸发量公式中的常参数来反映。对不同流域，

因土壤结构不相同，这些参数值也互有差异，但公式结构不变。

影响蒸发的气象类因素主要包括热能供给和水汽转换的气象条件，如温度、日照、风速和湿度等。这些因素的作用很复杂，难以直接建立关系，一般通过水面（或蒸发器皿的）蒸发量 E_0 来反映这类因素的综合影响。

土壤供水条件主要指土壤中可供蒸发的水量，通常用含水量 W 来反映，这种特征量直接影响着蒸发量的大小。

因此，式（2.8）可表示为

$$E_S = E_S(E_0, W) \tag{2.9}$$

在土壤供水充分的条件下，土壤蒸发量达到最大，称为土壤蒸发能力 E_P。显然，蒸发能力只与土壤充分供水时的气象因素有关，可表示为

$$E_P = f(\text{气象因素}) = f(E_0) \tag{2.10}$$

由式（2.9）和式（2.10）可得

$$E_S = E_S(E_P, W) \tag{2.11}$$

2.3.2 蒸发能力的确定

水面（或器皿）蒸发量与流域蒸发能力都反映气象要素对蒸发的影响，两者的主要差别在于：水面与器皿蒸发水体是整体的，系敞开式的自由蒸发；流域蒸发能力受土体的影响，其水体存在于土粒介质的孔隙中，是不完整的，并与周围环境的热交换条件也与水面蒸发不同。由于流域蒸发量观测困难，精度也不佳，只是通过对大量的实测资料的检验分析，发现流域蒸发能力 E_P 与水面蒸发 E_0 间可粗略概化为如下的线性关系：

$$E_P = K_C E_0 \tag{2.12}$$

式中　K_C——蒸发折算系数。

蒸发折算系数 K_C 包括：反映水面与陆面蒸发的差异 K_1，水面与陆面所在地理位置的差异 K_2；如果 E_0 是器皿蒸发量，还反映器皿（与类型有关）与水面的蒸发差异 K_3。经分析得知，K_1 和 K_3 常为互补，特别当使用一些 E601 或 ϕ 80cm 器皿的蒸发量时，$K_1K_3 \approx 1.0$。但 K_2 主要反映流域与蒸发站所在地气象条件的差异，变化较大。当两者高程（流域用平均高程表示）差别大时，因气象条件差异（如气温垂向变率约为 0.4～0.6℃/100m）使 K_2 也随高程而变化。图 2.7 表示蒸发量折算系数 K_C 随高程变化关系。图中 K_1' 与 K_2' 分别为高程 Z_1 与 Z_2 时的蒸发量折算系数。据部分资料分析，可得近似的关系：

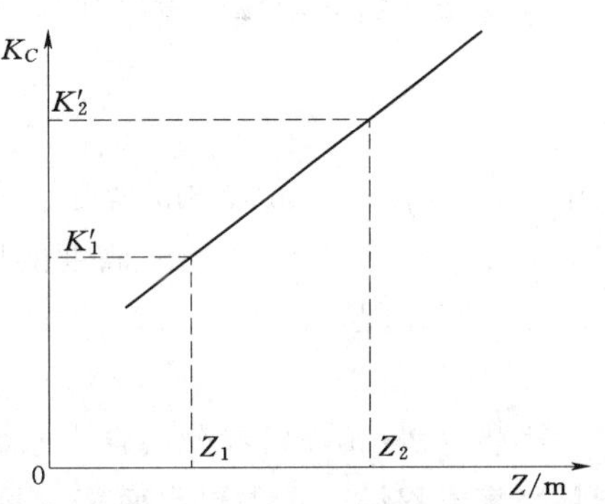

图 2.7　蒸发折算系数随高程变化示意图

$$\frac{K_2' - K_1'}{Z_2 - Z_1} = \frac{0.1}{100}$$

2.3.3 水面蒸发量估计

在水文预报日常工作中或研制水文预报模型时，水面蒸发量 E_0 通常由蒸发皿实测资料而得。当没有实测资料时，则根据一些常用公式计算求得。

1. 水库水量平衡法

一个水库，若有入流、出流、库水位变化等资料，其蒸发量可由如下水量平衡公式计算

$$E_0 = I - O + P + H_1 - H_2 \tag{2.13}$$

式中 P——库水面平均降雨量，mm；

I、O——水库的入流量和出流量，分别以水库水面径流深表示，mm；

H_1、H_2——计算时段始、末水库平均水深，mm。

由于入流、出流、库水位观测及库容曲线等的误差，按上式计算的水面蒸发量 E_0 误差常较大，且时段越短，其相对误差越大。因此，式（2.13）一般只能用于估算月、年或多年的水面蒸发量。实际工作中，常用此计算结果来检验分析一些其他水面蒸发量公式的合理性和有效性。

2. 空气动力学法

据 Dalton 的研究，从空气动力学角度可得蒸发量表达式为

$$E_0 = f(u_d)(e_0 - e_d) \tag{2.14}$$

式中 e_0——相应于近水面空气温度的饱和水汽压，in；

e_d——水面以上一定高度的水汽压，in；

u_d——水面以上一定高度的风速，mile/d；

$f(u_d)$——经验函数关系，常表示为

$$f(u_d) = a + bu_d \tag{2.15}$$

或

$$f(u_d) = cu_d \tag{2.16}$$

式中 a、b、c——常数。

如文献[31]中提出空气动力学法计算水面蒸发量的公式

$$E_0 = 0.0030u_4(e_0 - e_2) \tag{2.17}$$

或

$$E_0 = 0.00241u_8(e_0 - e_8) \tag{2.18}$$

式中 e_2、e_8——2m 和 8m 高度空气温度的饱和水汽压，in；

u_4、u_8——4m 和 8m 高度的风速；

E_0 的单位是 in/d。

3. 彭曼公式

彭曼（Penman）对薄层自由水面，在忽略水体热储蓄条件下，把空气动力学方程与能量平衡方程结合，得出水面蒸发量估计方程

$$E_0 = \frac{1}{\Delta + \gamma}(Q_n\Delta + \gamma E_d) \tag{2.19}$$

式中 Δ——温度-饱和水汽压曲线中气温 T_0 值处的斜率；

γ——湿度计算常数，常取为 0.66；

Q_n——以蒸发单位表示的净辐射；

E_d——由式（2.11）和式（2.12）结合，在气温等于水温条件下求得的蒸发量。

彭曼公式以空气动力学方程和能量平衡方程为基础，考虑因素较全面，计算结果精度较高，需要的观测资料也较易获得，是早期应用较多的蒸发量计算公式，在我国也有较多

的应用研究。例如，文献［32］中得出彭曼公式变量关系为

$$Q_n=(1-\alpha)Q-F \tag{2.20}$$

$$Q=R_A\left(0.18+0.55\frac{n}{N}\right) \tag{2.21}$$

$$F=\sigma T_0^4(0.56-0.092\sqrt{e_d})\left(0.1+0.9\frac{n}{N}\right) \tag{2.22}$$

式中 α——反射率，可取0.05；

Q——总辐射；

F——有效辐射；

R_A——天文理论辐射值；

n——实际日照时数；

N——可能日照时数；

σ——斯蒂芬-玻尔兹曼常数；

T_0——气温。

根据国内外经验，计算总辐射的经验公式改为

$$Q=Q_0(a+bn/N) \tag{2.23}$$

式中 Q_0——晴天可能总辐射；

a、b——待定参数。

文献［32］据实测资料，用地理位置内插法得都昌蒸发站的 Q_0 值月平均变化和季节变化的参数值，见表2.6和表2.7。并应用最小二乘法得到总辐射的年平均计算式

$$Q=Q_0(0.195+0.805n/N) \tag{2.24}$$

表2.6 都昌站 Q_0 月平均值变化

月份	1	2	3	4	5	6
Q_0/(mm/d)	6.19	7.85	8.83	10.48	11.46	12.20
月份	7	8	9	10	11	12
Q_0/(mm/d)	11.62	10.67	9.63	8.06	6.91	5.75

注 选自文献［32］

表2.7 都昌站各季的 a、b 值

季节	月份	a	b
冬	11—次年2	0.165	0.835
夏	5—8	0.250	0.750
春，秋	3、4，9、10	0.235	0.765

注 选自文献［32］。

类似地还可得道尔顿公式：

$$E_d=f(u_{150})(e_0-e_d) \tag{2.25}$$

其修正式：

$$E_d=K\left(1+\frac{u_{150}}{100}\right)(e_0-e_d) \tag{2.26}$$

式中 K——常系数；

u_{150}——蒸发面上空1.5m处的风速。

利用彭曼公式和观测资料得 K 的月份变化[32]：1—2月为0.28；3—7月为0.03；8—12月为0.50。

2.3.4 流域蒸发量推求

一般情况下，流域蒸发量主要取决于土壤蒸发量。经对裸土的试验分析发现，在一定

的气象条件下，裸土含水量从饱和到干燥的蒸发过程，大体呈现如图 2.8 所示的三个阶段的特征。从图中可看出，蒸发随土壤含水率 θ 的变化关系可概化为

$$\left.\begin{array}{ll}\theta \geqslant \theta_{c_1} & E_S/E_P = 1.0 \\ \theta_{c_1} \geqslant \theta \geqslant \theta_{c_2} & E_S/E_P = f(\theta) = \alpha\theta \\ \theta < \theta_{c_2} & E_S/E_P = C\end{array}\right\} \tag{2.27}$$

式中 θ_{c_1}、θ_{c_2}——第一、第二临界点土壤含水率；

E_S——土壤蒸发量；

E_P——流域蒸发能力；

C——蒸发扩散系数；

α——系数。

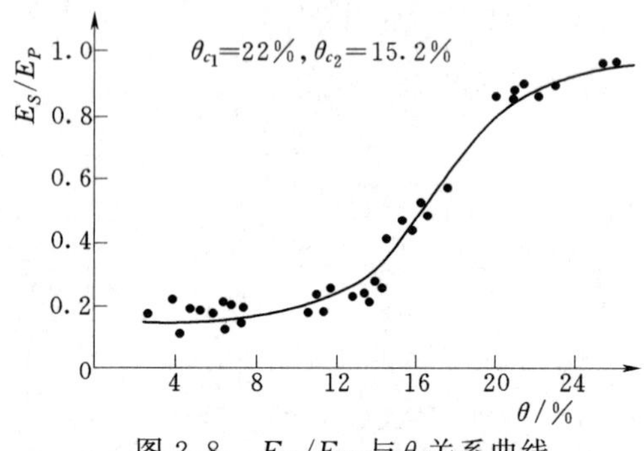

图 2.8 E_S/E_P 与 θ 关系曲线

对土壤蒸发三阶段现象分析后认为，当土壤含水率达到或超过 θ_{c_1} 时，蒸发主要发生在土壤表层，在这阶段内，表层土壤含水量因蒸发而减少的水量通过毛水管形式由下层得到充分补充。所以，这阶段的蒸发主要取决于气象因素，蒸发量等于流域蒸发能力。随着土壤含水率因蒸发减小到一定值以后，上层土壤毛管水开始断裂，下层土壤水对上层的供水速率开始降低，并且随着土壤含水率的降低，毛管水断裂程度越严重，下层对上层的供水速率也越慢。因此，这阶段的蒸发量除受气象因素影响外，还受土壤含水率的影响。当土壤含水率值进一步减小到 θ_{c_2} 后，土壤水分只能以水汽扩散的形式由地下水慢慢向上运动，其量主要取决于气象因素和地下水的埋藏深度。

式（2.27）表示了蒸发与土壤含水率的关系。由于土壤含水率不宜直接用于水量平衡式（2.2）的产流量计算，常把蒸发与土壤含水率的关系转化为与土壤含水量的关系。国内目前常用的有三层蒸发计算模式，即

$$\left.\begin{array}{ll}\text{上层蒸发量} & E_U = E_P \\ \text{下层蒸发量} & E_L = E_P \cdot WL/WLM \\ \text{深层蒸发量} & E_D = C \cdot E_P \\ \text{总蒸发量} & E = E_U + E_L + E_D\end{array}\right\} \tag{2.28}$$

式中 E_P——流域蒸发能力，mm；

WL——下层土壤含水量，mm；

WLM——下层土壤含水容量，mm；

C——蒸发扩散系数。

三层蒸发模式按照先上层后下层的次序，具体分以下四种情况计算：

(1) 当 $WU + P \geqslant E_P$ 时

$$E_U = E_P\ ,\ E_L = 0\ ,\ E_D = 0$$

(2 当 $WU + P < E_P$，$WL \geqslant C \cdot WLM$ 时

$$E_U = WU + P\ ,\ E_L = (E_P - E_U)WL/WLM\ ,\ E_D = 0$$

(3) 当 $WU + P < E_P$，$C(E_P - E_U) \leqslant WL < C \cdot WLM$ 时

$$E_U = WU + P\ ,\ E_L = C(E_P - E_U)\ ,\ E_D = 0$$

(4) 当 $WU + P < E_P$,$WL < C(E_P - E_U)$ 时

$$E_U = WU + P\ ,\ E_L = WL\ ,\ E_D = C(E_P - E_U) - E_L$$

式中 WU ——上层土壤含水量,mm;

P ——降雨量,mm。

上述蒸发模式在国内被广泛应用。表 2.8 是三层模式蒸发量计算的一个例子,选用的参数为:$WUM = 20$mm,$WLM = 60$mm,$WDM = 40$mm,$C = 1/6$。其中:WUM、WLM、WDM 分别为上层、下层和深层的土壤含水容量。计算结果,可用式(2.2)水量平衡方程校核:

$$\sum R = \sum P - \sum E + W_{初} - W_{末}$$

$$0 = 8.8 - 25.9 + 54.9 - 37.8$$

在生产实际中,为方便计算,还有简化应用的。如南方湿润地区,上层和下层的土壤含水量丰沛,深层蒸发很少发生,故可采用二层蒸发模式:

$$\left.\begin{array}{ll} \text{上层土壤蒸发量} & E_U = E_P \\ \text{下层土壤蒸发量} & E_L = E_P \cdot WL/WLM \\ \text{土壤总蒸发量} & E = E_U + E_L \end{array}\right\} \tag{2.29}$$

在早期,还有采用一层蒸发模式的,即

$$E = E_P \cdot W/WM \tag{2.30}$$

二层、一层模式算例见表 2.9。该表计算中,降雨量、蒸发能力同表 2.8,二层蒸发模式参数为 $WUM = 20$mm,$WLM = 60$mm;一层蒸发模式参数为 $WM = 80$mm。

从表 2.8 与表 2.9 计算结果看,三层蒸发模式计算的蒸发量最大,二层次之,一层最小。从上列模式的计算结构和蒸发物理机制看,二层模式简化了深层结构,忽略了植物根系对土壤水分的扩散作用,导致蒸发量计算值比三层模式蒸发量减少;在久旱之后,当 WL 很小且继续无雨,这时用二层蒸发模式算出的蒸发量常是偏小的。一层蒸发模式中,既没有考虑深层蒸发与植物根系扩散作用,也没有考虑充分供水时应按蒸发能力蒸发,使得计算的蒸发量偏小更多。

应当指出,不论三层模式或二层、一层模式,都是对蒸发物理过程的近似概化,在具体应用中,要注意结合流域的实际情况选用模式,以计算结果优劣确定之。

表 2.8 **三层模式蒸发量计算** 单位:mm

日期 /(年-月-日)	P	E_P	E_U	E_L	E_D	E	WU	WL	WD
1970-08-08		7.9		2.0		2.0		14.9	40.0
1970-08-09		7.4		1.6		1.6		12.9	40.0
1970-08-10	0.8	5.9	0.8	1.0		1.8		11.3	40.0
1970-08-11		6.1		1.0		1.0		10.3	40.0
1970-08-12		6.2		1.0		1.0		9.3	40.0
1970-08-13	0.2	5.8	0.2	0.9		1.1		8.3	40.0
1970-08-14		5.0		0.8		0.8		7.4	40.0
1970-08-15		5.2		0.9		0.9		6.6	40.0

续表

日期 /(年-月-日)	P	E_P	E_U	E_L	E_D	E	WU	WL	WD
1970-08-16		5.4		0.9		0.9		5.7	40.0
1970-08-17		6.9		1.2		1.2		4.8	40.0
1970-08-18		6.7		1.1		1.1		3.6	40.0
1970-08-19	0.3	4.1	0.3	0.8		1.1		2.5	40.0
1970-08-20		5.8		1.0		1.0		1.7	40.0
1970-08-21		4.0		0.7		0.7		0.7	40.0
1970-08-22		4.3			0.8	0.8		0.0	40.0
1970-08-23	7.4	5.9	5.9		0.0	5.9			39.2
1970-08-24	0.1	4.2	1.6		0.4	2.0	1.5		39.2
1970-08-25		6.3			1.0	1.0	0.0		38.8
Σ	8.8		8.8	14.9	2.2	25.9			

表 2.9　**二层和一层模式蒸发量计算**　单位：mm

日期 /(年-月-日)	P	E_P	二层模式					一层模式	
			E_U	E_L	E	WU	WL	E	W
1970-08-08		7.9		2.0	2.0		14.9	1.5	14.9
1970-08-09		7.4		1.6	1.6		12.9	1.2	13.4
1970-08-10	0.8	5.9	0.8	1.0	1.8		11.3	1.0	12.2
1970-08-11		6.1		1.0	1.0		10.3	0.9	12.0
1970-08-12		6.2		1.0	1.0		9.3	0.9	11.1
1970-08-13	0.2	5.8	0.2	0.8	1.0		8.3	0.8	10.2
1970-08-14		5.0		0.6	0.6		7.5	0.6	9.6
1970-08-15		5.2		0.6	0.6		6.9	0.6	9.0
1970-08-16		5.4		0.6	0.6		6.3	0.6	8.4
1970-08-17		6.9		0.6	0.6		5.7	0.7	7.8
1970-08-18		6.7		0.6	0.6		5.1	0.6	7.1
1970-08-19	0.3	4.1	0.3	0.3	0.6		4.5	0.3	6.5
1970-08-20		5.8		0.4	0.4		4.2	0.5	6.5
1970-08-21		4.0		0.2	0.2		3.8	0.3	6.0
1970-08-22		4.3		0.3	0.3		3.6	0.3	5.7
1970-08-23	7.4	5.9	5.9		5.9		3.3	0.9	5.4
1970-08-24	0.1	4.2	1.6	0.1	1.7	1.5	3.3	0.6	11.9
1970-08-25		6.3		0.3	0.3	0.0	3.2	0.9	11.4
Σ	8.8		8.8	12.0	20.8			13.2	

2.4 实测径流分析

流域降雨产流量关系的建立是以实测资料为依据，常用的资料有降雨量、蒸发量和流量，具体应用中还需作变换计算。例如，把一次洪水流量过程转换计算为一次洪水的径流深，或计算次洪的直接径流深和地下径流深等。为此，需进行实测径流的分析计算。

2.4.1 退水曲线分析

图 2.9 为常见的流域出口断面的实测流量过程和流域平均降雨量过程，流量过程呈现前后洪水首尾相接。流域出口断面流量由不同水源的径流成分组成，并因其运动路径和受流域调蓄作用的不同，使出口断面流量过程特征上互有差异。地面径流由坡面直接汇入河网，运动速度快，形成的流量过程呈陡涨陡落，是涨洪和洪峰附近流量过程的主体成分；地下径流是由渗透到潜水面的水流缓慢流出，运动速度慢，汇流时间长，变化平缓，是洪水退水尾部段流量的主体成分，且常延续至后继洪水过程中（图 2.9）；壤中流出流过程的特征介于上述两者之间。在降雨产流量计算和流域汇流水源划分中，有时把壤中流进一步划分为两部分：快速部分壤中流与地面径流合成一起，称为直接径流；而慢速部分则与地下径流合并，统称地下径流。

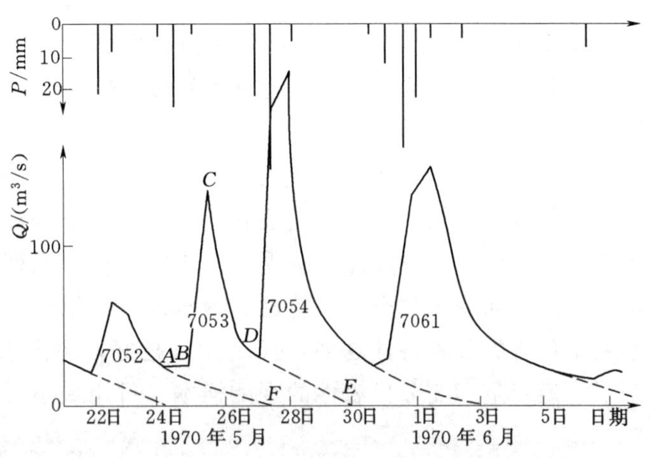

图 2.9 实测流量过程和流域平均降雨量过程示意图

地下水退水的滞延性强，历时长，在分割复式洪水过程以计算次洪总径流深或分割洪水的地下径流时，为确定流域退水曲线，都要深入分析流域的退水特性和退水规律。

1. 退水指数方程

退水曲线常用以下指数方程表示：

$$Q_t = Q_0 e^{-\frac{t}{K}} \tag{2.31}$$

式中 Q_0、Q_t——起始退水流量和 t 时刻的流量；

K——常数，由下式定义：

$$W_t = KQ_t \tag{2.32}$$

式中 W_t——t 时刻的蓄量。

式（2.32）表明，当泄流流量恒定为 Q_t，K 是泄完蓄水量 W_t 所需的时间。由于蓄量分布在流域上，距出口断面的距离远近不同，汇集时间大小不等，其平均汇集时间应等于 K。从这意义上讲，K 又可解释为流域水流平均汇集时间。

如把式（2.31）表达为递推形式（$\Delta t = 1$）：

$$Q_{t+1} = e^{-\frac{1}{K}} Q_t \tag{2.33}$$

记
$$C_g = e^{-\frac{1}{K}} \tag{2.34}$$
则
$$K = -1/\ln C_g \tag{2.35}$$
式中 C_g ——常系数，反映退水速率的快慢，又称流量消退系数。

由式（2.33）知，消退系数 C_g 可直接由计算时段（$\Delta t=1$）始末的两个实测退水流量来确定，即

$$C_g = \frac{Q_{t+1}}{Q_t} \tag{2.36}$$

由于实测流量资料存在观测误差、资料代表性误差等，若只用一组观测值（Q_t，Q_{t+1}）来确定消退系数，会引起较大的参数估计误差。为尽量消除这影响，常选择 n 组观测值：

$$(Q_{1,1}, Q_{1,2}), (Q_{2,1}, Q_{2,2}), \cdots, (Q_{n,1}, Q_{n,2}) \tag{2.37}$$

上例样本中第一个脚标是观测序号，第二个脚标为前后时段序号。这观测样本系列要求有一定的容量，以消除观测误差的影响。样本系列选择时还要考虑各种情况，如引起退水过程的不同降水时空分布特性、退水发生在汛初、汛中和汛末的不同代表性等等。样本系列中包含的各种特性越多，代表性就越好，率定求得的消退系数越接近流域实际情况。有了一定容量和充分代表性的观测样本，可用最小二乘法来估计消退系数，即

$$\hat{C}_g = \frac{\sum_{i=1}^{n} Q_{i,1} Q_{i,2}}{\sum_{i=1}^{n} Q_{i,1}^2} \tag{2.38}$$

表2.10是浙江省密赛流域8次实测退水过程的时段值，用表2.10资料按式（2.38）估计得该流域消退系数为0.969，平均汇集时间 K 为27.4时段。如果在消退曲线中只选一个（组）观测资料，如（92.1，81.6），（67.4，67.0），按式（2.36）计算，分别得消退系数为0.886和0.994，相应的值 K 为8.3时段和168时段，显然缺乏代表性。

表2.10 退 水 过 程 资 料 单位：m^3/s

时段 \ 洪号	78919	79813	79916	79919	80730	81602	82718	82729
0	138	92.1	239	90.3	92.1	81.6	96.5	132
1	129	81.6	221	89.1	86.9	73.5	90.3	127
2	120	77.4	204	88.0	81.8	69.3	85.9	125
3	112	74.8	186	86.9	76.7	65.1	83.3	122
4	105	73.8	169	85.6	71.6	60.9	79.5	118
5	99.4	68.7	166	84.3	67.5	58.3	77.0	115
6	93.7	65.3	162	83.0	64.6	55.7	75.8	112
7	90.1	63.4	158	81.7	62.5	53.1	72.9	108
8	88.7	59.7	153	80.4	60.3	50.5	70.0	103
9	87.3	57.5	147	79.1	58.1	48.8	67.1	98.4
10	85.9	56.6	141	77.8	56.0	57.7	65.8	93.6

续表

时段 \ 洪号	78919	79813	79916	79919	80730	81602	82718	82729
11	84.5	55.3	137	76.5	53.8	46.6	63.1	90.9
12	83.0	53.9	132	75.5	51.6	45.5	60.4	88.2
13	80.8	52.6	127	74.4	49.5		58.5	85.5
14	78.1	51.8	125	73.3	47.3		57.4	83.6
15	77.8	50.0	123	72.8	45.1		56.9	82.4
16	74.1	47.4	121	72.3	44.7		55.9	
17	71.7	46.1	119	71.8	44.2		54.9	
18	69.8		117	70.9	43.8		53.1	
19	68.6		115	69.9	43.4		52.5	
20	67.3		114	68.9	42.9		50.8	
21	64.6		112	68.4	42.5		49.0	
22	60.7		110	67.9	41.7			
23	59.4		109	67.4	40.8			
24	58.2		107	67.0	39.9			
25	56.9		106	66.5				
26	55.7		105	66.1				
27	54.1		103	65.6				
28	52.8		101	65.1				
29	51.0		98.5	64.7				
30	49.9		95.9	64.2				
31	48.8		93.2	63.7				
32			92.6	63.2				
33			92.0					
34			91.4					

2. 相邻时段流量关系图

地下水消退系数还可用前后时段流量相关图来确定。图 2.10 是将若干次峰后无降雨的洪水退水过程的前后时段流量点绘在图上（时段长一致），把各次退水过程的相关点分别连成一条曲线。从图 2.10 可发现：关系线的上部是分散的曲线簇，弯曲程度不同，这主要是由于退水流量的水源比例不同引起的；关系曲线下部，各线趋于重合，且接近于直线，表明消退系数稳定，为常数，反映了地下径流退水特性；曲线与直线的切点反映壤中流消退终止点，取上部分散曲线的平均曲线与下部直线构成流域平均退水曲线。按直线段的坡度可求得地下水消退系数，即

$$\tan\alpha = Q_{t,0}/Q_{t+1,0} = 1/C_g \tag{2.39}$$

则

$$C_g = Q_{t+1,0}/Q_{t,0} = \cot\alpha \tag{2.40}$$

由图 2.10 的地下水退水曲线和流域平均退水曲线，可转化为如图 2.11 所示的退水曲线图，供次洪径流量计算分析用。

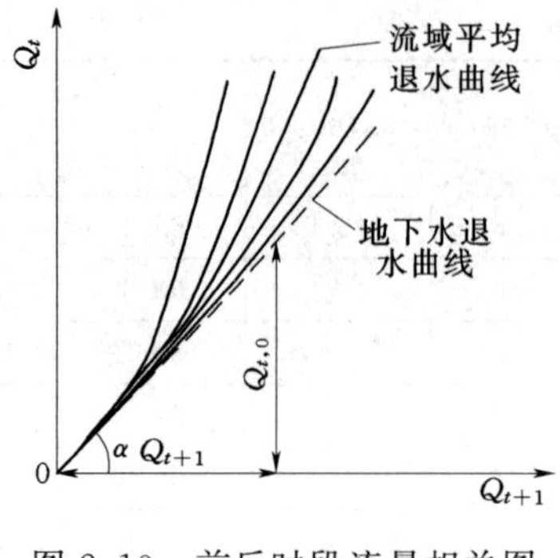

图 2.10 前后时段流量相关图

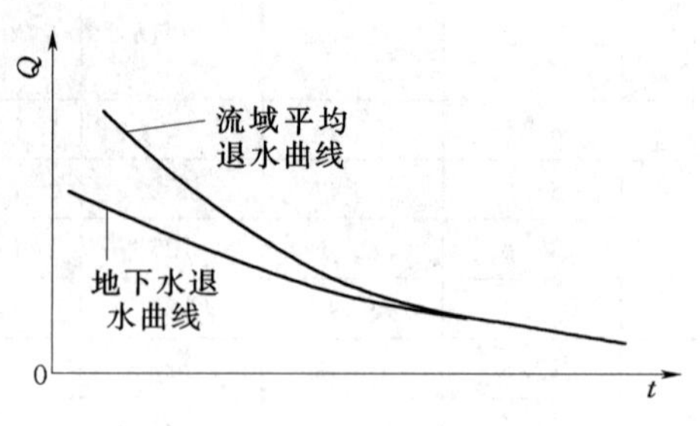

图 2.11 退水曲线示意图

3. 组合退水曲线

因退水规律接近指数变化，故可用半对数坐标纸作图，呈直线，便于定线。具体步骤如下：

(1) 先将各次洪水的退水过程点绘在半对数坐标纸上。

(2) 再用透明的（半对数）坐标图纸，作左右水平移动，把原半对数纸上的过程线逐次绘于透明纸上，移动位置以各次退水尾部段尽可能重合为准，由此可得组合退水曲线，如图 2.12 (a) 所示。

(3) 从图 2.12 (a) 可知，低水部重合的直线即为地下水退水曲线，此直线可适当向两端延长。若对上部的各分叉线取其平均线（多呈折线状），即构成流域平均退水曲线。

(4) 实用中，图 2.12 (a) 的组合退水曲线常与 $Q_t=f(Q_m, t)$ 退水曲线结合使用，后者如图 2.12 (b) 所示。

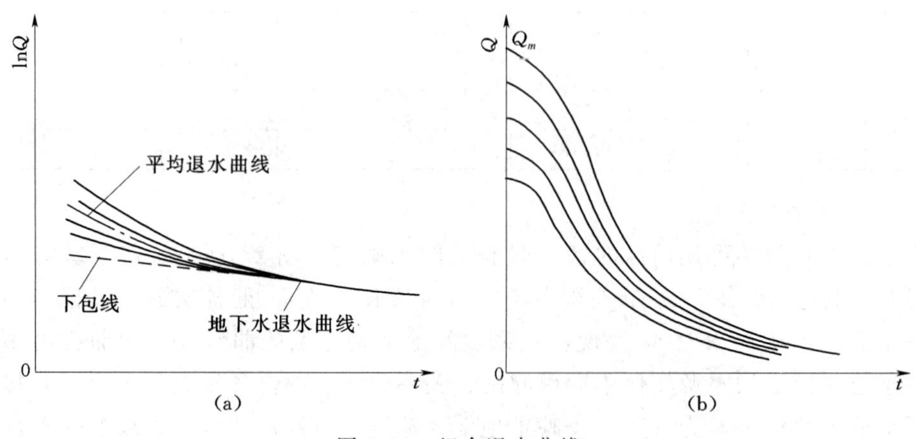

图 2.12 组合退水曲线

2.4.2 次洪径流深计算

在制作了流域退水曲线后，即可用于分割各次洪水过程线，计算次洪总径流深。

一次洪水的总径流深应是如图 2.13 所示的由 $ABCDEFA$ 包围的面积，其中，CD 段是按退水曲线由 BC 段外延确定。计算次洪总径流深的流量过程可以是日平均流量，也可以是瞬时流量过程，视预报方案的需要而定。一般来说，集水面积大的流域，可用日平均流量过程。常用的次洪总径流深计算方法有平割法和蓄泄关系法。

1. 平割法

如果待分割洪水的起涨流量小于后继洪水的起涨流量时，可先用流域平均退水曲线将退水过程延长到与起涨流量相等值，如图 2.13 中所示的 D 点，则量取 $ABCDEFA$ 面积作为本次洪水的径流量，其径流深 R_0 计算式为

$$R_0=\sum_{i=1}^{n-1}3.6Q_i\Delta t/A \tag{2.41}$$

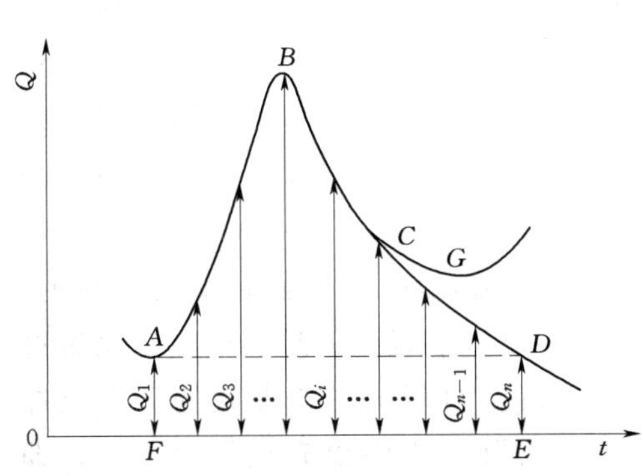

图 2.13　次洪径流深平割法计算

式中　Q_i——流量，m^3/s；

Δt——时段，h；

A——集水面积，km^2；

R_0——实测径流深，mm。

2. 蓄泄关系法

蓄泄关系法的基本内容是建立退水段流量与相应的退水径流深（图 2.14 的 Q_0 与 R_e）之间的相关关系，点绘成如图 2.15 所示的关系曲线，然后用下式计算次洪径流深：

$$R_0=3.6\Delta t\left(\sum_{i=2}^{n-1}Q_i+\frac{Q_1+Q_n}{2}\right)/A+R_{e末}-R_{e初} \tag{2.42}$$

式中　$R_{e末}$——本次洪水退水流量所相应的退水径流深；

$R_{e初}$——前次洪水退水流量所相应的退水径流深。

$R_{e初}$ 和 $R_{e末}$ 都由图 2.15 的 Q_0-R_e 关系曲线上查得。

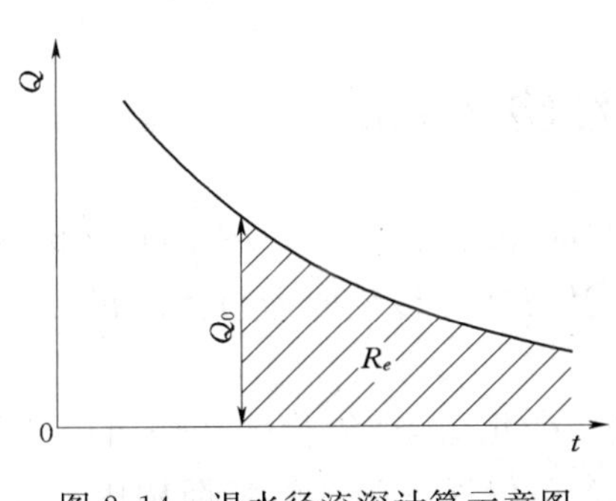

图 2.14　退水径流深计算示意图

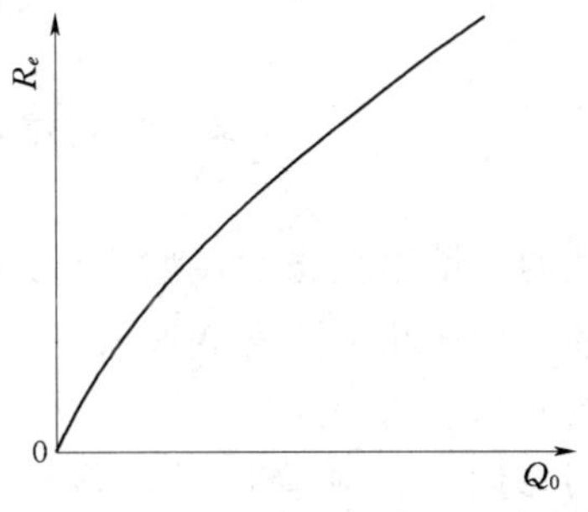

图 2.15　Q_0-R_e 关系示意图

3. 次洪分割中的问题

由上述可知，不论平割法还是蓄泄关系法，都用相同的流域平均退水曲线划分洪水过程，即认为所有洪水的退水规律相同。当本次洪水的起涨点（前次洪水退水）流量的退水规律与本次洪水退水的退水规律不相同时，会导致较大误差。例如，前次洪水退水段的地下径流比重小，退水快，而本次洪水退水段的地下径流比重大，退水慢，若采用相同的平均退水曲线分割，会使次洪径流深计算值偏小；反之，会使径流深偏大。为避免这类误差，在编制降雨产流量预报方案时，尽量选择一些前后起涨点都低、流量相差不大的洪

水，或对起涨点高的复峰洪水不作分割，作为复式洪水处理。也可采用图 2.12（b）的退水曲线划分洪水过程。

2.4.3 径流成分划分

实际工作中，除研究一次降雨量与相应的径流深之间定量关系外，往往还需分析、研究径流深的不同径流成分及其组成比例，为此，要进行不同径流成分的划分。最基本、最常用的是分割直接径流和地下径流。

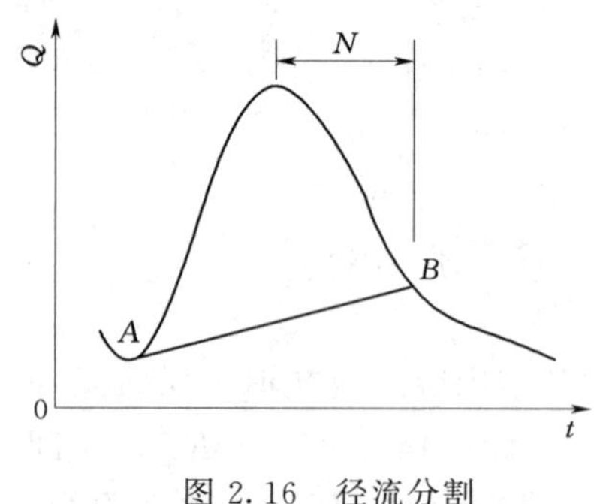

图 2.16 径流分割

用实测流量过程线分割水源，最常用的是斜线分割法。该法的基本概念是先寻找洪水过程的直接径流终止点，如图 2.16 中的 B 点，然后用斜线连接起涨点与终止点，则认为斜线 AB 上部为直接径流，下部为地下径流。

直接径流终止点可用流域地下水退水曲线来确定：水平向移动如图 2.11 的退水曲线，使退水曲线与流量过程线退水尾部重合，而流量过程与退水曲线的分叉点即视为直接径流终止点。实际工作中也有用经验方法，即通过对实测资料的分析后，确定洪峰时间（或主雨停止时刻）到直接径流终止点的时距 N（图 2.16），并且认为同一流域的 N 值为常数。显然，N 值与流域面积、下垫面产流与汇流特性以及降雨分布等有关，当 N 与这些因素的关系不稳定时，该法的效果不及退水曲线方法。

需强调指出，次洪径流深分割和径流量计算是与流域降雨径流计算模型有密切关系。例如，蓄满产流模型（本章 2.6 节）与 API 模型（本章 2.5 节）的次洪径流深计算内容不同，对洪水过程的分割与径流深计算方法就有差异。

2.5 降雨径流经验相关法

通常说的前期雨量指数模型（Antecedent Precipitation Index Model）又称 API 模型，由五变数降雨径流相关图发展形成，其实用的表达形式是传统的降雨径流相关图，故又称降雨径流经验相关法。

用前期雨量指数和降雨量计算产流量始于 20 世纪 40 年代。1969 年，西纳（Sittner）[12] 等提出了模拟地下径流方法的建议，配合单位线（第 3 章）即构成了可模拟流域降雨径流过程的“连续 API 模型”。API 属多输入、单输出静态的系统数学模型，主要用于一次洪水径流量计算，我国在 70 年代前应用甚广，目前也还有一些应用，且该模型的合轴相关图作图方法具有特点，本节对该模型及作图方法作简要介绍。

2.5.1 相关图的建立

API 模型是以流域降雨产流的物理机理为基础，以主要影响因素作参变量，建立降雨量 P 与产流量 R 之间定量的相关关系。常用的参变数有前期雨量指数 P_a（反映前期土湿）、季节（或用月份、周次，反映洪水发生时间）和降雨历时 T（或降雨强度）等，也有采用反映雨型、暴雨中心位置等因素，即

$$R=f(P, P_a, T, \text{季节}) \tag{2.43}$$

和

$$R=f(P, P_a, T) \tag{2.44}$$

生产上较早用的是如图 2.17 所示的三变数相关图：

$$R=f(P, P_a) \tag{2.45}$$

该图的特征是：① P_a 曲线簇在 45°直线的左上侧，P_a 值越大，越靠近 45°线，即降雨损失量越小；②每一 P_a 等值线都存在一个转折点，转折点以上的关系线呈 45°直线，转折点以下为曲线；③ P_a 直线段之间的水平间距相等。

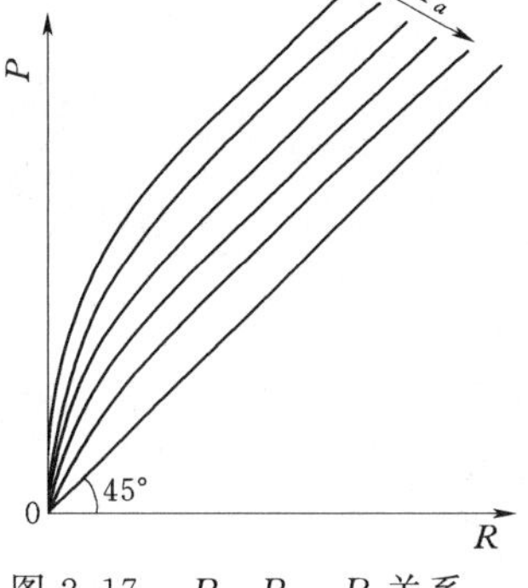

图 2.17　$P-P_a-R$ 关系曲线示意图

由上述可知，P_a 对降雨径流关系的影响最大。

参数 P_a 一般用经验公式计算：

$$P_{a,t}=kP_{t-1}+k^2P_{t-2}+\cdots+k^nP_{t-n} \tag{2.46}$$

式中　$P_{a,t}$ —— t 日上午 8 时的前期降雨指数；

n ——影响本次径流的前期降雨天数，常取 15d 左右；

k ——常系数，一般可取 0.85 左右。

为便于计算，式 (2.46) 常表达为递推形式如下：

$$\begin{aligned}P_{a,t+1}&=kP_t+k^2P_{t-1}+\cdots+k^nP_{t-n+1}=kP_t+k(kP_{t-1}+k^2P_{t-2}+\cdots)\\&=kP_t+kP_{a,t}=k(P_t+P_{a,t})\end{aligned} \tag{2.47}$$

对无雨日：

$$P_{a,t+1}=kP_{a,t} \tag{2.48}$$

三变数相关图的制作简单，即按变数值（P_i，R_i）的相关点绘于坐标图上，并标明各点子的参变量 P_a 值，然后根据参变量的分布规律以及降雨产流的基本原理，绘制 P_a 的等值线簇即可，如图 2.17 所示。

绘制四变数、五变数的相关图要复杂些，常用图形为合轴相关图，作图时采用主变量移轴法。如绘制 $R=f(P, P_a, T)$ 四变数关系图，一般将应变量 R 置于第一象限横轴，主变量 P 置于纵轴，根据实测资料在第一象限点绘 P_a 等值线。此时，由于 $P-R$ 关系中，P_a 尚不足较充分反映其间的关系，不少 P_a 点值与等值线之间有偏差，经分析，还需考虑降雨历时 T 的影响。如图 2.18 的 a 点（$P_a=10$），先经第二象限的 45°直线将原纵轴的 P 值移轴到第二象限横轴上，如 a 点的降雨量 P'_a。此时，纵轴无物理量，可取消。当考虑 T 的影响时，横轴上的 R'_a 和 P'_a 不能改变，a 点只能作上下垂直移动，例如第一象限中上移到 a'点，则第二象限中经 45°线也向上移等距到 c 点，并标注 T 值（$T=3$）。同理，b 点（$P_a=80$）下移到 b'位置，第二象限中也相应地等距下移到 d 点，标注 T 值（$T=12$）。把所有实测点据经此移动后，在第二象限中可定出 T 的等值线。在多数情况下，初定 T 等值线后，又会改动 P_a 的等值线，最终使合轴相关图上的等值线与实测点据之间的误差最小，且等值线的分布符合降雨产流规律为止。

倘若还需考虑其他因素，则可在第三象限和第四象限中绘制这些参变数的等值线，绘制原则相同。需注意的是：各影响因素要按其作用大小依次在第一、第二和第三等象限中，这样，合轴相关图的精度有保障。

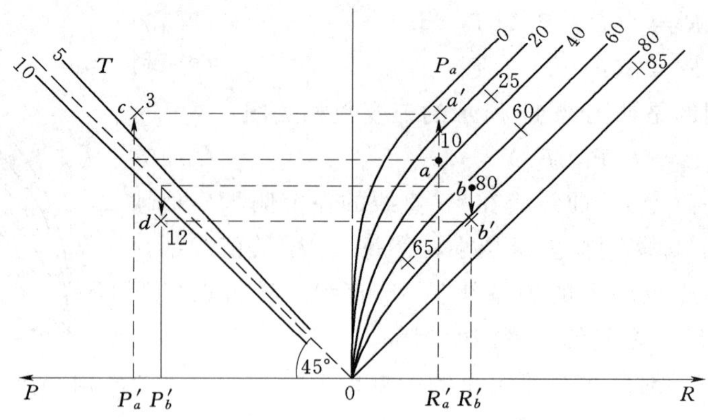

图 2.18 绘制四变数相关图示意图

2.5.2 相关图讨论

相关图以时不变的降雨径流关系为基础，方法具有经验性。建立相关图需要有足够数量和充分代表性的观测资料（这对建立其他水文模型也需要）。这里的代表性包括：

(1) 洪水量级代表性。即选取大、中、小不同量级的洪水，大洪水可以适当多选。

(2) 洪水发生季节代表性。以选取主汛期洪水为主，还应考虑非主汛期的一些洪水，高寒地区流域，特别要考虑春夏秋冬四个季节的代表性洪水，以反映封冻、融雪等因素对水流的影响。

(3) 雨型代表性。选取的洪水要包括由各种降雨特性所形成的。如锋面雨、台风雨、雷雨，以及不同雨强、不同降雨历时、不同降雨中心位置、全流域降雨或局部降雨等。

(4) 前期条件代表性。选择一些洪水不仅要有主汛期的，也要包括汛初、汛末和非汛期的，还要考虑前期连续降雨、前期干旱等的各种前期气候条件。

点绘相关图时常会发现部分点据经调整后仍偏离相关线，这时要仔细分析其原因，不可轻易舍弃。一般，首先要检查点据的原始资料是否有误，包括雨量、蒸发和流量观测，特别蒸发要注意观测器皿前后是否一致、流量要注意观测位置和水位流量关系线精度等；其次要检查水文要素值（如 P 、P_a 、R 等）的分析计算是否合理，有无错误，例如 P_a 计算中的常系数 k 和影响天数 n 的选择是否合适、径流分割方法是否妥当，流域退水曲线是否稳定等；第三要分析采用的相关因素是否都有效，如果分析发现影响不大，一定要舍弃该因子后重新制作相关图；最后还要分析是否还受其他因素的影响，如果发现有新的重要影响因子也一定要引进，使相关图关系更加符合实际预报效果更好。

2.5.3 相关图的应用与发展

上述相关图是一次降雨量与一次洪水径流总量之间的定量关系。在实际应用中，不仅要计算一次降雨所产生的洪水径流总量，为配合汇流计算，还需求出逐时段的净雨量。利用上述相关图推求时段净雨量的具体步骤如下。

(1) 求本次降雨开始时的 $P_{a,0}$。

(2) 按逐时段累积降雨量在关系图上查得累积径流量（图 2.19）。

(3) 由相邻时段的累积径流量之差得时段净雨量。

在应用过程中，要注意在时段划分时使时段内降雨强度尽可能均匀，尤其对最大强度的时段雨量不要人为地划分到两个时段内，以免因改变降雨强度带来的误差。另外，在相关图中，如还含有降雨历时或雨强等参变量，且影响灵敏，则用这类降雨径流相关图推求时段净雨量，往往会带来一些误差，参变量越灵敏，可能带来的误差越大。

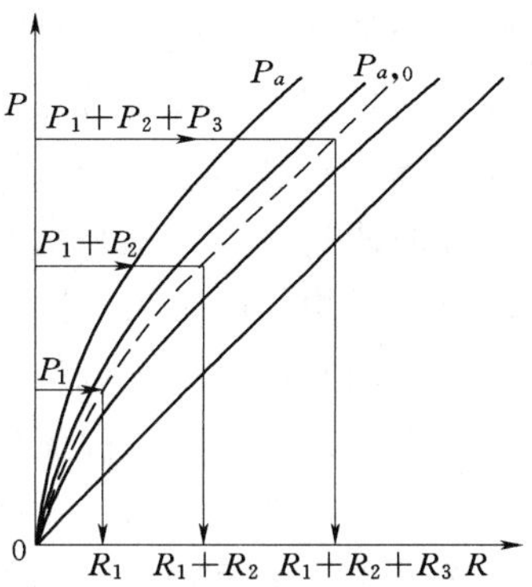

用降雨径流相关图计算径流量，方法简单，易掌握使用。在长期的生产实践中，不少生产部门作了许多改进和发展。例如，考虑到各月蒸发条件和蒸发能力不同，改进了 P_a 的计算方法，折算系数 k 按月变化，即

$$k = 1 - \overline{E_P}/I_M \tag{2.49}$$

式中　$\overline{E_P}$ ——月平均蒸散发能力，mm；

I_M ——最大初损值，mm。

考虑到 P_a 计算中未扣除产流量影响，限制 $P_a \leqslant I_M$ 。

图 2.19　时段净雨量推求

2.6 蓄 满 产 流

本节着重介绍我国湿润地区普遍采用的一种产流计算模式，有些内容将在第 5 章中讨论。

本章 2.3 节讨论了流域蒸散发量的计算，由式（2.51）可知，还需建立一个辅助关系才能计算产流量。蓄满产流模型的核心是通过建立流域水文模型途径，提供湿润地区的 $P_t - W_t - R_t$ 关系和降雨产流量的估计。

2.6.1 蓄满产流关系

2.6.1.1 基本概念

由上述已知，影响流域降雨产流量的主要因素之一是土壤含水量 W 。土壤含水量可由水量平衡方程逐时段递推计算，即

$$W_{t+1} = W_t + P_t - E_t - R_t \tag{2.50}$$

在湿润地区用 $R = f(P, W)$ 相关图作降雨产流量计算，经大量的实践发现，W 曲线簇的上段均接近 45°直线，若点绘成 $PE + W$ 与 R 关系（PE 是扣除雨期蒸发后的降雨量），则呈现如图 2.20 所示的关系。由图中可知，$PE + W$ 有一个临界值，当一次洪水的降雨量 PE 与初始土壤含水量 W 之和小于该临界值时，呈一组 W 曲线簇；当 $PE + W$ 超过临界值时，$PE + W$ 与 R 关系为一条 45°直线。即大于该临界值的降雨量全部产生径流，表明全流域的土壤含水量已蓄满。由此形成蓄满产流概念。根据蓄满产流的基本概念，蓄满产流模型的产流量计算式可表达为

$$R = PE + W - WM \tag{2.51}$$

式中　WM ——流域平均蓄水容量，mm。

2.6.1.2 蓄水容量曲线

蓄满产流是产流机制的一种概化。其基本假设为：任一地点上，土壤含水量达蓄满（即达田间持水量）前，降雨量全部补充土壤含水量，不产流；当土壤蓄满后，其后续降

雨量全部产生径流。这种产流机制比较接近或符合土壤缺水量不大的湿润地区。在该类地区，一场较大的降雨常易使全流域土壤含水量达蓄满。倘若一场降雨不能使全流域蓄满，或一场降雨过程中，全流域尚未蓄满之前，流域内也观测到有径流，这就是图 2.20 中的下部曲线簇情形。这是由于前期气候、下垫面等的空间分布不均匀性，导致流域土壤缺水量空间不均匀的结果。因为，在其他条件相同情况下，缺水量小的地方降雨后易蓄满，先产流。因此，一个流域的产流过程在空间上是不均匀的，在全流域蓄满前，存在部分地区蓄满而产流。一般可由流域蓄水容量曲线表征土壤缺水量空间分布的不均匀性。

流域蓄水容量曲线是将流域内各地点包气带的蓄水容量，按从小到大顺序排列得到的一条蓄水容量与相应面积关系的统计曲线，如图 2.21 所示。图中纵坐标 WM' 为各地点包气带蓄水容量值，WMM 为其中最大值，一般都以 mm 表示；横坐标 α 为面积的相对值 f/F，F 是全流域面积，f 为流域内包气带蓄水容量小于或等于 WM' 的面积，曲线所围的面积 WM 为全流域平均的蓄水容量。

包气带含水量中有一部分水量在最干旱的自然状况下也不可能被蒸发掉，因此上述的包气带蓄水容量是包气带中实际可变动的最大含水量，即包气带达田间持水量时的含水量与最干旱时含水量之差，也等于包气带最干旱时的缺水量，因此，流域蓄水容量曲线也反映了流域包气带缺水容量分布特性。

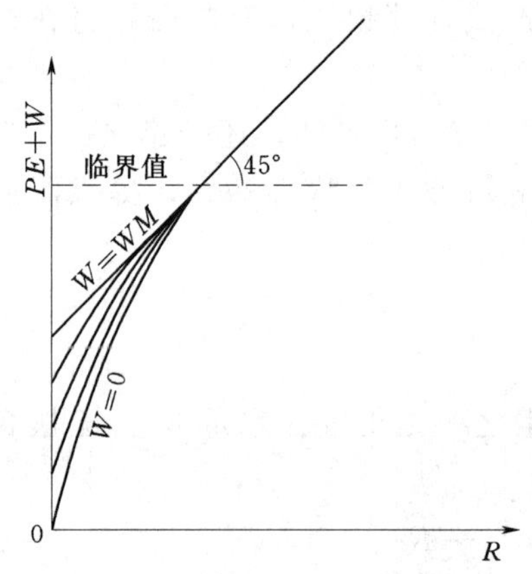

图 2.20　$PE+W$ 与 R 关系示意图

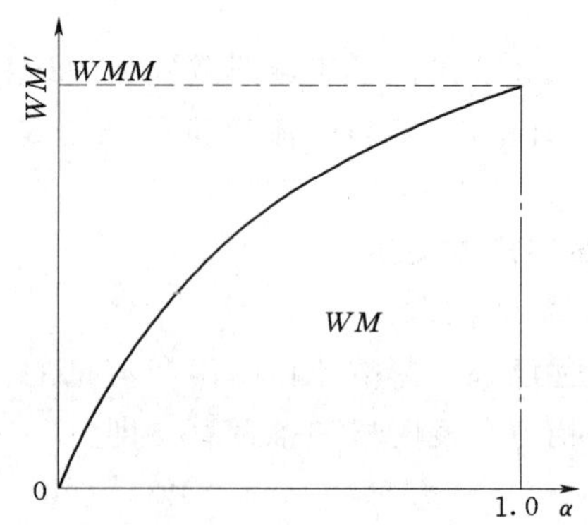

图 2.21　包气带蓄水容量曲线

据大量经验分析，蓄水容量曲线可由以下指数方程近似描述：

$$\alpha = 1 - \left(1 - \frac{WM'}{WMM}\right)^b \tag{2.52}$$

式中　b——常数，反映流域包气带蓄水容量分布的不均匀性，b 值越小表示越均匀，当 $b=0$ 时表示流域内包气带蓄水容量均匀不变，而 b 值越大表示越不均匀。

据上式，流域平均蓄水容量 WM 为

$$WM = \int_0^{WMM} (1-\alpha)\mathrm{d}WM' \tag{2.53}$$

将式（2.52）代入式（2.53）并积分得

$$WM = \frac{WMM}{1+b} \tag{2.54}$$

2.6.1.3 降雨产流量计算

1. 初始土湿分布与计算

一般情况下，降雨前的初始土壤含水量不为零，这时，初始土壤含水量在流域上的分布直接影响降雨产流量值。各次降雨前的初始土壤含水量分布是不相同的，但从多次平均的统计角度，认为分布规律也符合式（2.52）的变化。如图 2.22 中斜线所示面积为流域平均的初始土壤含水量 W ，最大值为 a ，全流域中有比例为 α_0 的面积上已蓄满，降在该部分的面积上雨量形成径流，降在比例为 $1-\alpha_0$ 的面积上的降雨量不能全部形成径流，三者间满足：

$$\alpha_0 = 1 - \left(1 - \frac{a}{WMM}\right)^b \tag{2.55}$$

$$W = \int_0^a (1-\alpha)\mathrm{d}WM' \tag{2.56}$$

积分式（2.56）得

$$W = WM\left[1 - \left(1 - \frac{a}{WMM}\right)^{b+1}\right] \tag{2.57}$$

解式（2.57）得

$$a = WMM\left[1 - \left(1 - \frac{W}{WM}\right)^{\frac{1}{1+b}}\right] \tag{2.58}$$

如这时有扣除雨期蒸发后的时段雨量 $\mathrm{d}PE$（图 2.22），相应的产流量为 $\mathrm{d}R$ 、损失量为 $\mathrm{d}W$ 。当 $\mathrm{d}PE \to 0$ 时，可求得土壤含水量为 W 时的流域产流比例，即

$$\text{径流系数} = \left.\frac{\mathrm{d}R}{\mathrm{d}PE}\right|_{\mathrm{d}PE\to 0} = \alpha_0 = \text{产流面积}(\%) \tag{2.59}$$

2. 建立降雨径流关系

由图 2.22 可知，在初始土湿为 W 条件下，降雨量 PE 的产流量可由下列计算式求得：

在全流域蓄满前为

$$R = \int_a^{a+PE} \alpha \,\mathrm{d}WM' \qquad (a + PE \leqslant WMM)$$

积分上式得

$$R = PE - WM\left(1 - \frac{a}{WMM}\right)^{b+1} + WM\left(1 - \frac{PE + a}{WMM}\right)^{b+1}$$

由式（2.57），上式简化为

$$R = PE + W - WM + WM\left(1 - \frac{PE + a}{WMM}\right)^{b+1} \qquad (a + PE \leqslant WMM) \tag{2.60}$$

在全流域蓄满后为

$$R = PE - (WM - W) \qquad (a + PE > WMM) \tag{2.61}$$

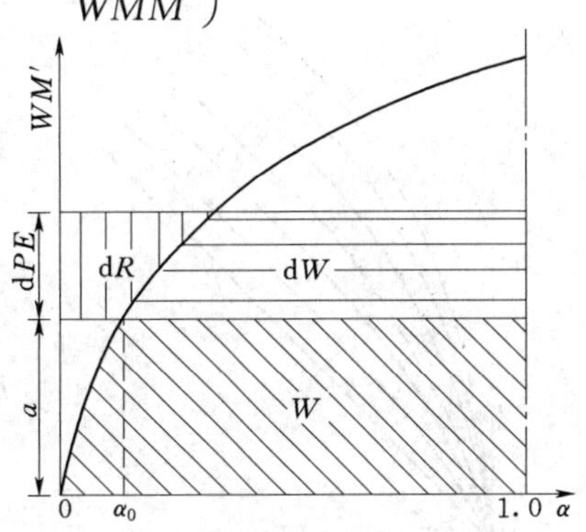

图 2.22 流域初始土湿分布与降雨产流量示意图

式（2.60）和式（2.61）是全流域蓄满前后的两个产流量计算公式。在手工作业计算情况中，为应用方便，常用降雨径流相关图表示。

如图 2.23 所示，设 $W=0$，第一时段降雨量为 PE_1，如果 $PE_1 < WMM$，表示全流域未蓄满，为局部产流，R_1 值可由式（2.60）算出（此时 $a=0$），根据水量平衡可得土壤水分补充量，反映在图 2.23（b）上，即为点 1（PE_1, R_1），该点与 45°直线的间距即为 ΔW_1。同理，设第二时段降雨量为 PE_2，相应的产流量 R_2 和土壤水补充量 ΔW_2［图 2.23（a）］，仍按式（2.60）计算产流量，由累计降雨量 PE_1+PE_2 算得产流量为 R_1+R_2，显然，R_2 系 PE_2 形成。这时，流域的土壤水分补充量为

$$\Delta W=\Delta W_1+\Delta W_2=PE_1+PE_2-R_1-R_2$$

在图 2.23（b）中是点 2。依此类推，可求得逐时段的 R 和 ΔW 值。当累计降雨量大于 WMM，全流域蓄满，土壤水分补充量为零，产流量按式（2.61）计算，反映在图 2.23（b）中呈平行于 45°的直线段，两线的间距即为 WM。类似地，对于不同初始土湿 W，可得以 W 为参变量的降雨径流关系曲线簇，如图 2.24 所示。绘制此关系曲线时，对于初始土湿 $W \neq 0$ 的曲线，先用式（2.58）求得 a，相应该 W 参数量曲线的转折点（45°直线段与曲线的切点）用下式计算：

$$PE=WMM-a$$

大于该 PE 的关系线呈 45°直线。

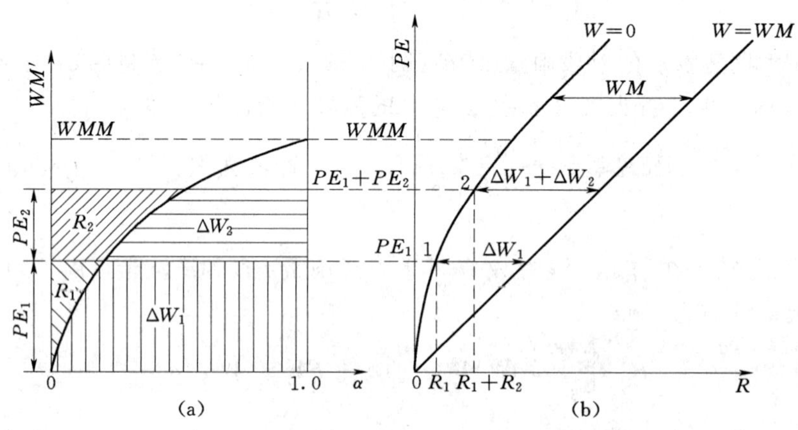

图 2.23 蓄水容量曲线转换为降雨径流关系示意图

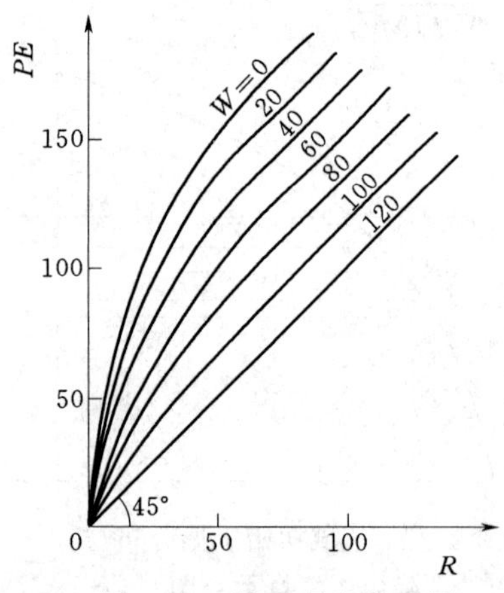

图 2.24 降雨径流关系图

3. 产流量计算

当有了 $R=f(PE, W)$ 关系曲线后，即可进行产流量计算，具体步骤如下。

（1）根据前期实测降雨量和蒸散发计算模式，推算得本次降雨初始时的流域土湿 W。

（2）计算本次降雨的流域平均值 P，扣除雨期蒸发后得 PE 值。

（3）查图 2.24 得产流量计算值 R。

由上述可知，降雨产流量计算过程中，同时分析计算了土壤蓄水量变化与流域蒸散发量，若流域蒸散发按三层模式计算时，产流量计算实例列于表 2.11。表中参数值

为：$WM=120$mm，$WUM=15$mm，$WLM=85$mm，$WDM=20$mm，$b=0.3$，蒸发折算系数 $K=0.95$，$C=0.14$。

表 2.11　　蓄满产流模型产流量计算示例　　单位：mm

t/日	P	E_0	E_P	E_U	E_L	E_D	E	PE	WU	WL	WD	W	R
11		5.6	5.3		0.8		0.8	−0.8	0.0	2.2	20.0	22.2	
12		7.2	6.8		1.0		1.0	−1.0		1.4	20.0	21.4	
13		6.8	6.5		0.4	0.5	0.9	−0.9		0.4	20.0	20.4	
14		8.2	7.8			1.1	1.1	−1.1		0.0	19.5	19.5	
15		7.6	7.2			1.0	1.0	−1.0			18.4	18.4	
16	3.0	7.4	7.0	3.0		0.6	3.6	−0.6			17.4	17.4	
17	4.2	6.8	6.5	4.2		0.3	4.5	−0.3			16.8	16.8	
18	10.3	6.4	6.1	6.1			6.1	4.2			16.5	16.5	0.2
19	15.1	6.0	5.7	5.7			5.7	9.4	4.0		16.5	20.5	0.5
20		6.2	5.9	5.9			5.9	−5.9	12.9		16.5	29.4	
21	63.2	3.0	2.8	2.8			2.8	60.4	7.0		16.5	23.5	7.5
22	56.8	2.7	2.6	2.6			2.6	54.2	15.0	44.9	16.5	76.4	17.6
23	23.5	3.4	3.2	3.2			3.2	20.3	15.0	81.5	16.5	113.0	13.3
24	1.2	4.2	4.0	4.0			4.0	−2.8	15.0	85.0	20.0	120.0	
25		5.8	5.5	5.5			5.5	−5.5	12.2	85.0	20.0	117.2	
26		7.4	7.0	6.7	0.3		7.0	−7.0	6.7	85.0	20.0	111.7	
Σ	177.3			49.7	2.5	3.5	55.7	121.6					39.1

校核：$\Sigma E=\Sigma E_U+\Sigma E_L+\Sigma E_D=49.7+2.5+3.5=55.7$；$\Sigma PE=\Sigma P-\Sigma E=177.3-55.7=121.6$；
$\Sigma R=\Sigma PE-(W_2-W_1)=121.6-82.5=39.1$

2.6.2　水源划分

在 2.4 节中已论述了流域坡地上的降雨产流量因产流过程的条件和运动路径不同，受流域的调蓄作用不同，各径流成分在流量过程线上的反应是不一样的。在实际工作中，常需按各种径流成分分别计算或模拟，因而要对产流量进行水源划分。

2.6.2.1　划分直接径流和地下径流

通过稳渗率 f_c 可划分产流量中的直接径流和地下径流。

根据 Darcy 的土壤水流运动定律[10]，垂向水流运动可表示为

$$q=k\frac{d\psi}{dZ}+k \tag{2.62}$$

式中　q——水流通量；

ψ——毛管势；

k——水力传导度。

当土壤含水量达饱和时，毛管势梯度值很小可以忽略；水流垂向运动通量主要取决于水力传导度，其值稳定于一个常数值，即稳定下渗率 f_c。

2.4 节介绍了实测流量过程的径流分割方法和次洪地下径流深 R_g 的计算方法。若已知次洪的净雨历时 T，则次洪的稳定下渗率 f_c 可用下式计算：

$$f_c = \frac{R_g}{T} \tag{2.63}$$

由于一次洪水的降雨和下垫面土壤含水量的时空变化，在全流域蓄满前，只有部分流域面积达蓄满，产生径流。在这产流面积上，如果时段降雨量小于稳定下渗率，雨量下渗率必小于稳渗值。因此，式（2.63）中净雨历时 T 的直接统计是很难的，实用中也就难以用式（2.63）来推求 f_c。

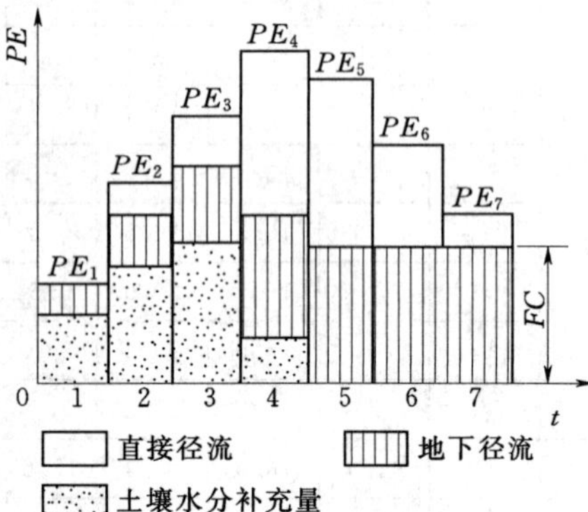

图 2.25　水源划分过程示意图

图 2.25 为一次洪水的降雨产流过程示意图。设该流域的实际稳渗值为 $FC(FC = f_c \Delta t)$，从图知：第一时段降雨量 PE 小于 FC，没有直接径流，该时段的降雨量除补充土壤水分外还产生了地下径流，即

直接径流
$$r_{s1} = 0 \tag{2.64}$$

地下径流
$$r_{g1} = r_1 = \frac{PE_1 r_1}{PE_1} = PE_1 \alpha_1 \tag{2.65}$$

显然，该时段的土壤水分增量为

$$\Delta W_1 = PE_1(1 - \alpha_1) \tag{2.66}$$

其中：α_1 是蓄满产流模式定义的第 1 时段降雨的产流面积，%；第 2 时段 PE_2 大于 FC，在产流面积 α_2 上的产流量为 $PE_2\alpha_2$，其水源分量为

地下径流

$$r_{g2} = FC\alpha_2 = FC \frac{r_2}{PE_2} \tag{2.67}$$

直接径流

$$r_{s2} = r_2 - r_{g2} = (PE_2 - FC) \frac{r_2}{PE_2} \tag{2.68}$$

土壤水分增量

$$\Delta W_2 = PE_2(1 - \alpha_2) \tag{2.69}$$

依此类推，可得第 3、第 4 时段降雨量的水源分量为

地下径流

$$r_{gi} = FC\alpha_i = FC \frac{r_i}{PE_i} \qquad (i = 3,\ 4) \tag{2.70}$$

直接径流

$$r_{si} = r_i - r_{gi} = (PE_i - FC) \frac{r_i}{PE_i} \qquad (i = 3,\ 4) \tag{2.71}$$

据图 2.25 的降雨过程所示，到了第 5、6、7 时段，全流域已蓄满，产流面积 $\alpha_i = 1.0$，PE_i 全部形成径流，$PE_i = r_{gi} + r_{si}$，即

地下径流

$$r_{gi} = FC \qquad (i = 5,\ 6,\ 7) \tag{2.72}$$

直接径流

$$r_{si}=r_i-r_{gi}=PE_i-FC \qquad (i=5,6,7) \tag{2.73}$$

由此可求得次洪的各水源分量为

总地下径流

$$RG=\sum_{\substack{i\\PE_i>FC}} FC\frac{r_i}{PE_i}+\sum_{\substack{i\\PE_i\leqslant FC}} r_i \tag{2.74}$$

总直接径流

$$RS=\sum_{\substack{i\\PE_i>FC}} (PE_i-FC)\frac{r_i}{PE_i} \tag{2.75}$$

由式（2.74）、式（2.75）可知，如选定不同的 f_c 值，算得的径流成分是不同的。因此，为了使计算的水源分量与相应的实测量相符，可按本章 2.4 节所述方法把实测的次洪地下径流深 RG 代入式（2.74），就可得该次洪水的 f_c 值。表 2.12 是一次洪水的降雨径流统计，次洪地下径流总量为 52.5mm。

首先设 f_c 变化范围为

$$3.9<f_c\leqslant 13.4$$

则利用式（2.74）可得

$$f_c=[52.5-(1.0+2.7+0.2+3.0)]/(0.73+0.96+1)=16.6\ (\text{mm/d})$$

表 2.12 **f_c 计算示例** $RG=52.5$mm

日期	PE/mm	r/mm	r/PE	设 f_c 范围/(mm/d)	计算 f_c 值/(mm/d)
6月4日	1.6	1.0	0.62	$3.9<f_c\leqslant 13.4$	16.6×
6月5日	13.4	9.8	0.73		
6月6日	39.1	37.7	0.96	$13.4<f_c\leqslant 25.2$	17.8√
6月7日	25.2	25.2	1.0		
6月8日	2.7	2.7	1.0		
6月9日	0.2	0.2	1.0		
6月10日	3.9	3.9	1.0		

计算所得 f_c 值与预设范围不符，需重新假设。

$$13.4<f_c\leqslant 25.2$$

$$f_c=[52.5-(1.0+9.8+2.7+0.2+3.9)]/(0.96+1)=17.8\ (\text{mm/d})$$

计算所得 f_c 值与预设的一致，则 f_c 为 17.8mm/d。

2.6.2.2 划分地面径流、壤中流和地下径流

地面以下的径流由多种产流机制形成，在流域出口断面流量的退水过程线上常呈现这些水源的退水特征。图 2.26 是长江上游支流孙水关流域 1980 年 7 月的一次洪水过程，其退水过程线从拐点 A 以后呈现明显的两个转折点 B 和 C，这三段（A 至 B，B 至 C，C 以后）的退水坡度互不相同，但每段内变化相对较小，退水坡度的变化反映了退水段径流受流域调蓄作用的差异。根据径流实验观测和径流形成原理，这三段退水的径流主要成分分

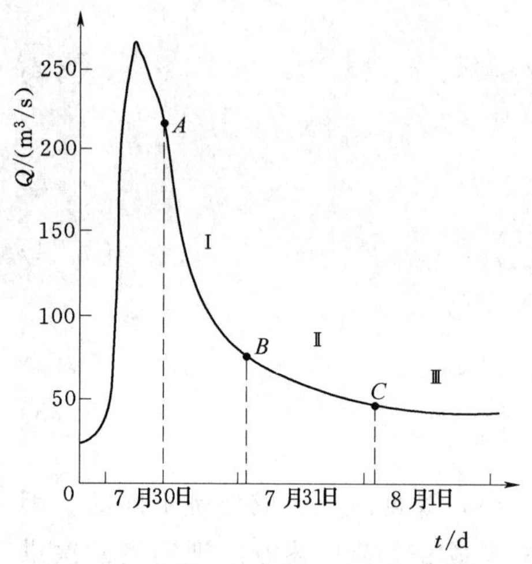

图 2.26 孙水关流域一次洪水过程

别为地面、壤中和地下三种水源。

如图 2.27 所示是经概化后的河槽一侧的土壤剖面结构图。图中的耕作层和植被根系作用层因受人类活动和风化等作用，土壤相对疏松，结构较均匀；在此层下部常有一相对密实的均匀土层，由径流形成原理可知，由于相对密实层的下渗率 FD 小于地面入渗率 FS，在耕作层与相对密实层的交界面上，形成自由水聚积，且沿界面坡度作横向流动。自由水蓄积量越大，横向水流量（即壤中流）越大，同时 FD 下渗水量（形成地下径流）也越大。显然，上述径流特性可用水箱概念模型来描述和分水源。图 2.28 是一个均匀水箱，其容量用深度 SM 表示，自由水蓄量为 S。产生的总径流量 R 首先进入自由水箱，若 $R+S>SM$，则产生地面径流 RS 为

$$RS=R+S-SM \tag{2.76}$$

而壤中流 RI 和地下径流 RG 分别为

$$RI=KI\cdot SM \tag{2.77}$$

$$RG=KG\cdot SM \tag{2.78}$$

当 $R+S\leqslant SM$ 时，地面径流、壤中流和地下径流分别为

$$RS=0 \tag{2.79}$$

$$RI=KI(R+S) \tag{2.80}$$

$$RG=KG(R+S) \tag{2.81}$$

式中 KI、KG——壤中流和地下径流的出流系数。

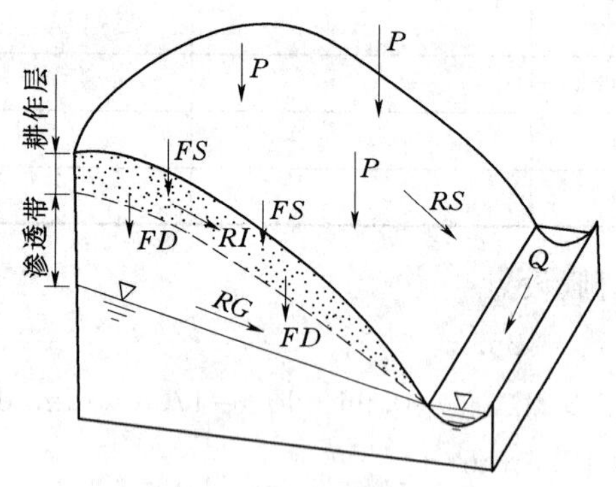

图 2.27 土壤剖面结构概化图

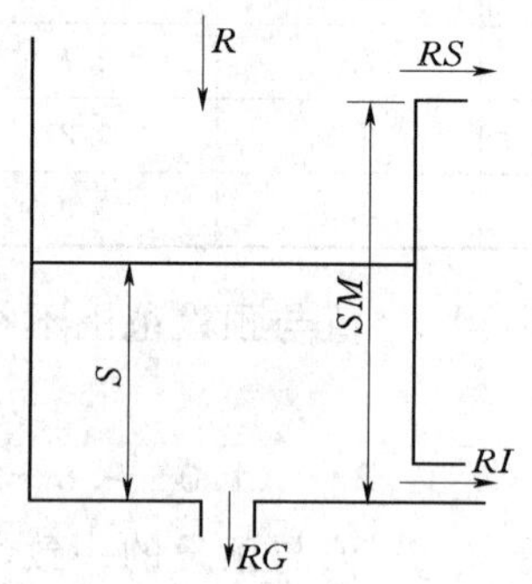

图 2.28 均匀水箱划分水源

与蓄满产流模型相类似，由于下垫面的不均匀性，自由水蓄量也存在空间分布不均匀性。因此，应考虑产流面积和自由水蓄量空间分布不均匀的影响，如图 2.29 所示。其分布特征采用式（2.82）的指数方程近似描述。

$$\alpha=1-\left(1-\frac{S}{S_{mm}}\right)^{EX} \tag{2.82}$$

式中 S_{mm}——流域最大自由水蓄量，mm；

EX——自由水蓄量分布曲线指数。

由前述可知，据式（2.82）可求得流域平均自由水蓄积容量关系：

$$S_m = \frac{S_{mm}}{1+EX} \tag{2.83}$$

设时段初始自由水蓄量为 S_1（图 2.30），其相应纵坐标为 AU，则

$$S_1 = \int_0^{AU}(1-\alpha)\mathrm{d}S = S_m - S_m\left(1-\frac{AU}{S_{mm}}\right)^{1+EX}$$

考虑到上时段和本时段产流面积不同的转换有

$$AU = S_{mm}\left[1-\left(1-\frac{S_1 \cdot FR_1/FR}{S_m}\right)^{\frac{1}{1+EX}}\right] \tag{2.84}$$

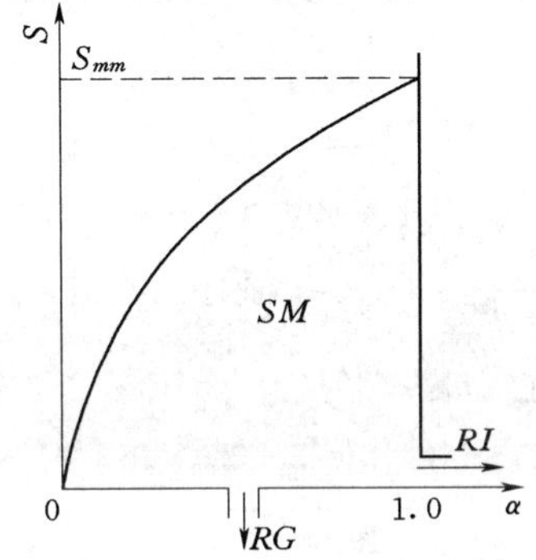

图 2.29 自由水蓄量空间分布

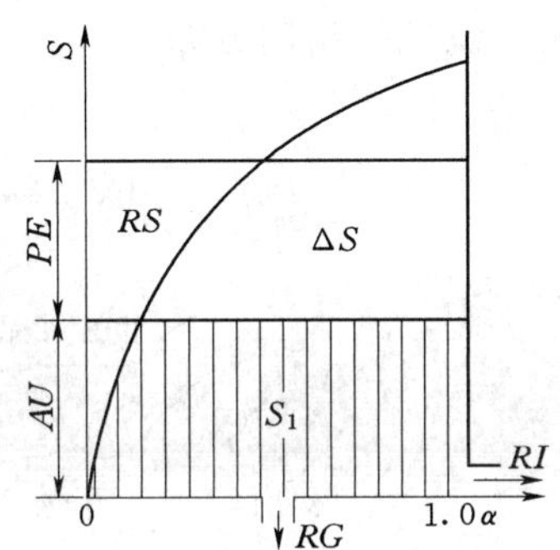

图 2.30 地面水源划分

有了上列计算式，即可划分水源。设扣除雨期蒸发后的降雨量为 PE，当 $PE+AU<S_{mm}$，地面径流 RS 为

$$RS = FR\left[PE + \frac{S_1 \cdot FR_1}{FR} - S_m + S_m\left(1-\frac{PE+AU}{S_{mm}}\right)^{EX+1}\right] \tag{2.85}$$

若 $PE+AU \geqslant S_{mm}$，则 RS 为

$$RS = FR\left(PE + \frac{S_1 \cdot FR_1}{FR} - S_m\right) \tag{2.86}$$

本时段的自由水蓄量为

$$S = \frac{S_1 \cdot FR_1}{FR} + \frac{R-RS}{FR} \tag{2.87}$$

相应的壤中流和地下径流为

$$\begin{aligned} RI &= KI \cdot S \cdot FR \\ RG &= KG \cdot S \cdot FR \end{aligned} \tag{2.88}$$

则本时段末即下一时段初的自由水蓄量变为

$$S_1 = S(1-KI-KG) \tag{2.89}$$

式中 FR_1、FR——上一时段和本时段的产流面积比例。

2.6.3 产流量计算模型建立

在有资料的流域，建立流域产流量计算模型之前，要先了解、分析流域的产流方式，

再选择适当的数学模型，然后准备建立模型所需的资料、参数确定和模型检验。不同产流方式反映的产流特性的差异在本章2.2节已详细讨论，模型结构选择在第6章实时洪水预报介绍中讨论，这里着重讨论蓄满产流模型在建模过程中需做的三大部分内容。

2.6.3.1 资料准备

流域内的水文、气象观测资料是建立产流模型的基础。据蓄满产流模型结构特征和水文、气象资料条件，常用的有日平均流量、日雨量和日蒸发量等资料。在上游地区，流量为流域出口断面的观测值。蒸发量尽量用流域内蒸发皿（必要时可借用邻近流域）的观测资料。降雨量一般取流域平均值，要求雨量站在流域上分布均匀，并有一定的密度；同时要考虑地形对降雨的影响和暴雨中心经常出现地区的雨量站，以能控制流域平均雨量的精度。对代表性不好的雨量资料要避免使用。由于降雨量是产流量计算的重要依据，对有些雨型复杂的流域，还需通过站网论证、模型模拟和检验分析来修改雨量站的选择。图2.31是浙江省紧水滩流域的站网分布。

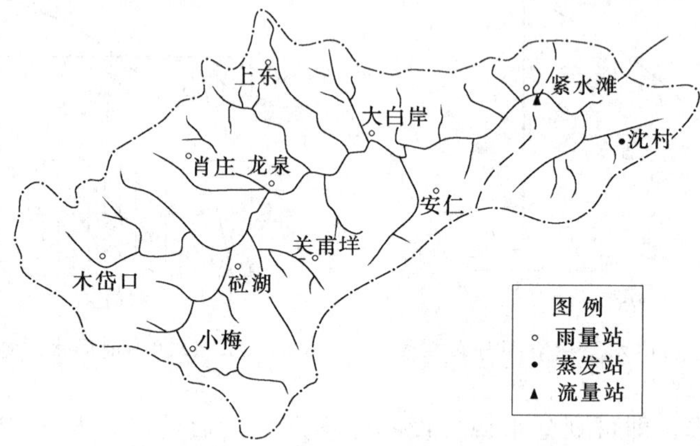

图2.31 紧水滩流域站网分布

建立产流模型所用的水文、气象资料通常分别用于率定期和检验期。率定期的资料用来确定模型参数，在我国南方湿润地区，一般选连续的5～10年为宜，并要求包含丰、平、枯水三种代表年份（规范要求包含丰、平、枯年份的至少10年资料）。检验期资料用来检验模型结构的合理性、有效性，以及分析外延误差等，一般选2～3年。表2.13是紧水滩流域所选年份的水文、气象特征统计，表中$\overline{P}$是流域平均年雨量，N是年内发生洪水次数。选率定期为1977—1986年的10年，检验期为1990—1992年，其中1978年、1979年、1985年和1986年为枯水年，1977年、1983年和1992年为丰水年，剩余的为平水年或较丰、较枯年份，率定期和检验期的代表性都较好。

表2.13 紧水滩流域年水文特征值统计

年份	$\overline{P}$ /mm	E /mm	R /mm	Q_{max} /(m^3/s)	Q_{min} /(m^3/s)	N /次	备注
1977	1816.6	819.2	1184.2	1344	6.2	4	率定
1978	1215.6	844.1	652.1	603	1.5	2	率定
1979	1360.2	858.0	563.6	519	1.2	2	率定
1980	1767.6	947.2	938.0	1340	5.2	4	率定
1981	1539.2	862.7	887.0	1090	9.2	2	率定

续表

年份	$\overline{P}$ /mm	E /mm	R /mm	Q_{max} /(m^3/s)	Q_{min} /(m^3/s)	N /次	备注
1982	1683.6	833.0	1000.8	3050	11.4	4	率定
1983	1917.1	820.8	1372.0	1360	8.5	8	率定
1984	1692.2	817.7	1054.0	1990	10.0	7	率定
1985	1376.8	855.2	830.9	952	12.0	4	率定
1986	1306.3	1019.3	640.1	1330	7.3	3	率定
1990	1739.4	1178.1	916.5	1580	7.9	3	检验
1991	1398.5	1277.6	648.7	783	2.3	2	检验
1992	1973.3	1204.3	1530.7	2410	10.0	9	检验

2.6.3.2 参数率定

主要简要介绍水文分析法与人工调试法。

1. 水文分析法

水文分析方法是根据模型参数的物理意义对水文观测资料作分析，并确定参数值。蓄满产流模型中，这类参数主要有 K 和 WM，现分述如下。

(1) 蒸发折算系数 K 的估计。由式 (2.2) 可知，时段蒸发量可表示为

$$E_t = P_t - R_t + W_t - W_{t+1}$$

对于 t_1 到 t_2 时期 T，蒸发量计算式为

$$\sum_{t=t_1}^{t_2} E_t = \sum_{t=t_1}^{t_2} P_t - \sum_{t=t_1}^{t_2} R_t + W_{t_1} - W_{t_2} \tag{2.90}$$

如果选择一个时期 T，能满足如下条件：

1) 该时期初和时期末时刻全流域均蓄满，即

$$W_{t_1} = W_{t_2} = WM$$

2) 该时期内的蒸发均发生在上层，按蒸发能力蒸发，即

$$\sum_{t=t_1}^{t_2} E_t = K \sum_{t=t_1}^{t_2} E_{0,t}$$

则式 (2.90) 可用来直接估计 K：

$$K = \frac{\sum_{t=t_1}^{t_2} P_t - \sum_{t=t_1}^{t_2} R_t}{\sum_{t=t_1}^{t_2} E_{0,t}} \tag{2.91}$$

如图 2.32 中所示的 T 时期内，有了观测的降雨量和蒸发量，即可直接累加求得总量；但累积时段产流量 $\sum_{t=t_1}^{t_2} R_t$ 不能直接获得。从流量过程线可知，由时期 T 内降雨引起的总产流量 SR (mm) 可以通过对流量过程线的分割计算获得。

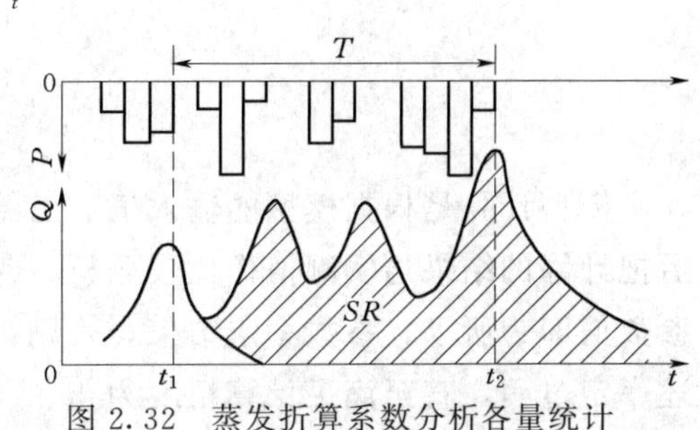

图 2.32 蒸发折算系数分析各量统计

因此，式（2.91）可改为

$$K=\frac{\sum_{t=t_1}^{t_2} P_t - SR}{\sum_{t=t_1}^{t_2} E_{0,t}} \tag{2.92}$$

用式（2.92）估计 K 值，会受资料观测误差影响。一般情况下，T 越短，相对误差越大。在应用中，还应选若干不同时期（月或季）作分析，取各分析的平均值作为 K 的估计值。

若所选的资料能较好地满足前述条件，且选择的 T 较长，分析的时期数多，则该分析法确定的 K 值代表性较好，精度较高。

（2）WM 的估计。参数 WM 反映流域平均的可能最大缺水量，表达式为

$$WM=\max_{t\in[0,+\infty)}\{W_t\}-\min_{t\in[0,+\infty)}\{W_t\} \tag{2.93}$$

据此物理意义，可从历史资料中选择一次前期十分干燥（土壤含水量很小，可略）的一场降雨引起大洪水的资料，直接用水量平衡方程估计 WM：

$$WM=W_{末}-W_{初}=P-E-R \tag{2.94}$$

式中　P、E、R——次洪的降雨量、蒸发量和径流总量。

但在湿润地区，一般年份土壤都较湿润，十分干燥年份很少，在很干燥时期后又发生全流域蓄满的大洪水更难发生。因此，根据有限的实测资料中，用不很干燥前提下的水文、气象值，按式（2.94）分析求得的 WM 值常常是偏小的。

2. 人工调试法

模型参数的率定过程一般可由图 2.33 描述。

从框图可以看出，模型参数率定过程包括四个基本步骤：①参数初值估计；②模型计算；③结果判别比较；④寻找新的参数值。

参数的初始值一般是据先验知识估计的，如前面讨论的水文分析法确定的参数值或移用相似流域采用的模型参数值作为初值等。

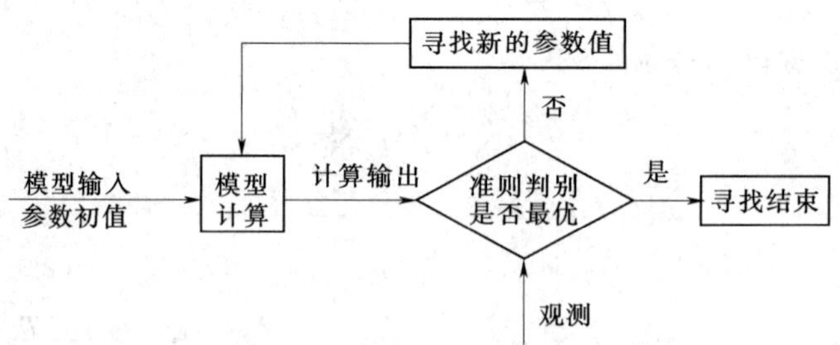

图 2.33　模型参数率定框图

模型计算是根据模型的输入值、已给的参数值和模型的程序，计算模型的输出值。然后把计算的结果与实测值作比较分析，判断是否满足计算要求。如果已符合要求，所给的参数值即为所求，参数率定结束，否则，根据计算结果和误差分析修改参数值继续重复上述率定过程，直至满足计算精度为止。

用人工调试法率定模型参数的过程中，关键是要据计算与实测的偏差，确定出使这偏差更小、更符合资料情况的参数值。这要求参数调试者充分理解参数的物理意义及其在模型结构中的作用，具体分析参数值改变对模型计算结果的影响和变化趋势，科学合理地调试参数值，不应盲目修改。

蓄满产流计算模型共有 6 个参数：K 、WM 、WUM 、WLM 、b 和 C 。其中，K 最灵敏，该参数值的改变，影响初始土壤含水量和雨期蒸发，导致计算产流量的改变。一般 K 值增大，蒸发量增大，产流量减少；K 值减小，蒸发量降低，产流量增大。见表 2.14 和表 2.15。其中，表 2.14 是年产流量计算，表 2.15 是次洪产流量计算。表中 RY 和 RCY

表 2.14　　不同 K 值的年产流量计算值

年份	1977	1978	1979	1980	1981	1982	1983	1984	1985	1986	合计
RY	1184.2	652.1	563.6	938.0	887.0	1000.8	1372.0	1054.0	830.9	640.1	9122.7
$RCY^{(1)}$	1176.4	697.6	738.4	967.6	827.0	1005.2	1378.3	1003.1	785.0	608.6	9187.2
$RCY^{(2)}$	1073.3	629.3	643.4	851.2	706.8	889.3	1290.8	897.7	678.1	515.3	8175.2

表 2.15　　K 值改变对次洪产流量计算的影响

序号	R_0	$RC^{(1)}$	$W^{(1)}$	$RC^{(2)}$	$W^{(2)}$	序号	R_0	$RC^{(1)}$	$W^{(1)}$	$RC^{(2)}$	$W^{(2)}$
1	54.2	57.0	137.0	54.7	135.1	22	86.3	96.8	137.2	90.4	130.4
2	66.0	64.5	138.0	59.2	132.9	23	67.5	62.4	125.5	57.8	121.1
3	87.7	88.4	139.0	86.5	138.0	24	21.2	33.9	139.4	20.3	120.0
4	36.7	31.1	98.7	19.1	79.7	25	74.5	76.7	136.0	72.3	130.6
5	131.9	145.8	140.0	145.2	140.0	26	120.4	119.8	140.0	117.7	137.0
6	40.5	46.6	135.0	38.2	127.4	27	89.8	91.0	140.0	89.8	140.0
7	34.5	35.5	138.1	31.9	134.7	28	62.2	68.2	140.0	67.6	140.0
8	35.2	41.9	138.0	39.7	136.7	29	76.6	68.3	138.0	60.5	129.3
9	265.2	245.9	137.0	237.0	128.8	30	80.7	77.9	105.5	63.5	89.9
10	200.5	212.6	131.0	206.3	125.1	31	136.4	124.1	140.0	123.4	140.0
11	57.5	61.8	139.0	55.6	131.7	32	68.2	63.0	138.0	56.1	131.9
12	39.5	39.2	140.0	36.6	136.6	33	40.3	48.9	136.5	44.0	131.0
13	75.1	76.3	129.0	70.5	122.5	34	18.5	20.3	116.8	9.2	105.8
14	68.5	72.7	139.9	71.0	139.0	35	28.6	34.1	136.0	30.8	133.0
15	66.9	75.8	124.6	72.0	120.7	36	57.0	53.0	138.5	50.4	135.5
16	77.1	74.1	140.0	71.5	138.1	37	113.6	106.4	135.4	101.3	130.7
17	74.7	88.1	140.0	87.0	140.0	38	39.4	33.5	121.6	25.8	112.2
18	73.0	78.8	140.0	77.5	140.0	39	73.5	71.2	120.2	62.6	110.4
19	75.8	78.0	140.0	74.9	135.9	40	118.7	115.4	134.1	111.5	131.7
20	90.0	88.3	125.9	82.7	120.4	Σ	3112.4	3144.5		2954.9	
21	88.5	87.2	137.0	82.8	133.4						

分别为实测的和计算的年径流深，R_0 和 RC 为实测和计算的次洪径流深，上标（1）为 $K=0.8$ 算得的结果，上标（2）为 $K=1.0$ 的结果。从表2.14和表2.15的结果看，不同 K 值对年径流影响比次洪径流大，前者改变为11.6%，后者为6.2%，分析其原因，是由于选作次洪径流计算的多为大、中洪水，小洪水未被选用，而大、中洪水的前期土壤含水量一般都较大，有些连续洪水的前期土湿已达或接近蓄满（如表2.15中第5、14、16、17、18、26、27、28、31号洪水），K 值改变只影响雨期蒸发，对产流量影响小。在年径流计算中包括了全年的各种洪水，有些洪水前期气候干燥，K 值对降雨前期的土湿影响大，使产流量的计算值变化大（如表2.15中的第4、30、34号洪水），因此，参数率定中也常以年径流深为标准。图2.34所示是 K 值改变对计算年径流深的影响：$K=0.8$ 时，点子均在45°直线附近；$K=1.0$ 时，计算值系统偏小；同理，若 $K<0.8$，计算结果会系统偏大。

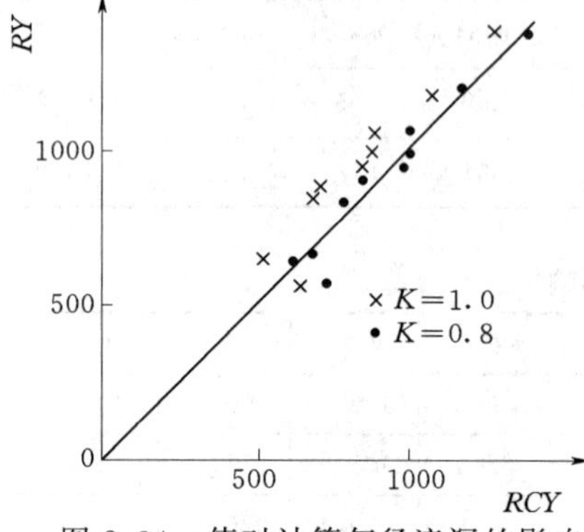

图2.34 值对计算年径流深的影响

流域土壤含水容量分布曲线指数 b 是反映流域下垫面不均匀程度的参数，b 值越大表示流域越不均匀。b 值的改变对雨初全流域已蓄满的洪水不影响；对雨初未蓄满但雨末蓄满的洪水，只影响产流的时程分配，不影响计算总量；对雨始与雨末均未全流域蓄满的小洪水，既影响时程分配又影响总量。表2.16和表2.17是两次洪水计算例子。表中上标（1）为 $b=0.5$ 计算的结果，上标（2）为 $b=0.05$ 计算的结果；SRC 为累计径流深。图2.35表示不同 b 值的影响，其中图2.35(a)、(b) 分别由表2.17和表2.16中的数据点绘得。从图可清楚地看出，b 值改变对蓄满前的产流累积过程都有影响，对蓄满后无影响，对次洪径流总量只涉及雨末未蓄满的洪水。总的说来，b 值改变时雨末蓄满的洪水影响小，对未蓄满洪水影响大。因此，作确定 b 值的合理性分析时，常选用雨末未蓄满的洪水。

WM 是个气候参数，代表流域内气候的干旱程度和影响土壤水分变化的土层深度。该参数在模型中不很灵敏，在水量平衡计算中起作用的是 ΔW。但 WM 值不能取得过小，以免计算中出现负值。该值在南方湿润地区约为100～150mm，半干旱地区约为140～200mm，干旱地区约200～300mm，视流域的具体情况而定。

表2.16 **b 值改变对不蓄满洪水的影响** 单位：mm

$t(\Delta t)$	P	$W^{(1)}$	$RC^{(1)}$	$SRC^{(1)}$	$W^{(2)}$	$RC^{(2)}$	$SRC^{(2)}$
1	5.0	98.7	0.7	0.7	98.7	0.1	0.1
2	5.0	100.1	0.9	1.6	100.6	0.2	0.3
3	7.0	101.8	1.7	3.3	103.1	0.3	0.6
4	6.0	104.8	1.9	5.1	107.5	0.3	0.9
5	5.0	107.8	1.8	7.0	112.0	0.4	1.3
6	0.0	110.6	0.0	7.0	116.3	0.0	1.3
7	3.0	110.4	1.1	8.1	116.1	0.2	1.5
8	5.0	112.0	2.0	10.1	118.6	0.4	1.9

续表

$t(\Delta t)$	P	$W^{(1)}$	$RC^{(1)}$	$SRC^{(1)}$	$W^{(2)}$	$RC^{(2)}$	$SRC^{(2)}$
9	0.0	114.7	0.0	10.1	122.9	0.0	1.9
10	0.0	114.5	0.0	10.1	122.7	0.0	1.9
11	2.0	114.3	0.8	10.9	122.5	0.2	2.1
12	3.0	115.3	1.2	12.1	124.1	0.3	2.4
13	0.0	116.8	0.0	12.1	126.5	0.0	2.4
14	0.0	116.6	0.0	12.1	126.3	0.0	2.4
15	4.0	116.3	1.7	13.8	126.0	0.4	2.8
16	5.0	118.4	2.3	16.1	129.4	0.6	3.4
17	4.0	120.9	1.9	18.0	133.6	0.6	4.0

表 2.17　　b 值改变对雨末蓄满洪水的影响　　单位：mm

$t(\Delta t)$	P	$W^{(1)}$	$RC^{(1)}$	$SRC^{(1)}$	$W^{(2)}$	$RC^{(2)}$	$SRC^{(2)}$
1	5.0	105.5	0.8	0.8	105.5	0.1	0.1
2	7.0	106.9	1.6	2.5	107.6	0.3	0.4
3	5.0	109.4	1.5	3.9	111.5	0.3	0.7
4	5.0	111.6	1.8	5.7	114.8	0.3	1.1
5	4.0	114.0	1.6	7.3	118.6	0.3	1.4
6	0.0	116.1	0.0	7.3	122.0	0.0	1.4
7	0.0	115.8	0.0	7.3	121.7	0.0	1.4
8	1.0	115.6	0.3	7.6	121.5	0.1	1.5
9	8.0	116.0	3.6	11.2	122.2	0.8	2.3
10	4.0	120.2	1.8	13.0	129.2	0.5	2.7
11	0.0	122.1	0.0	13.0	132.5	0.0	2.7
12	0.0	121.9	0.0	13.0	132.2	0.0	2.7
13	0.0	121.6	0.0	13.0	132.0	0.0	2.7
14	0.0	121.4	0.0	13.0	131.7	0.0	2.7
15	19.0	121.2	10.0	23.1	131.5	10.3	13.0
16	10.0	129.9	6.0	29.1	140.0	9.8	22.7
17	0.0	133.7	0.0	29.1	140.0	0.0	22.7
18	0.0	133.4	0.0	29.1	139.8	0.0	22.7
19	5.0	133.2	3.1	32.2	139.5	4.3	27.0
20	5.0	134.9	3.3	35.4	140.0	4.8	31.8
21	3.0	136.4	2.0	37.4	140.0	2.8	34.5
22	31.1	137.1	28.0	65.4	140.0	30.9	65.4
23	31.0	140.0	30.8	96.2	140.0	30.8	96.2

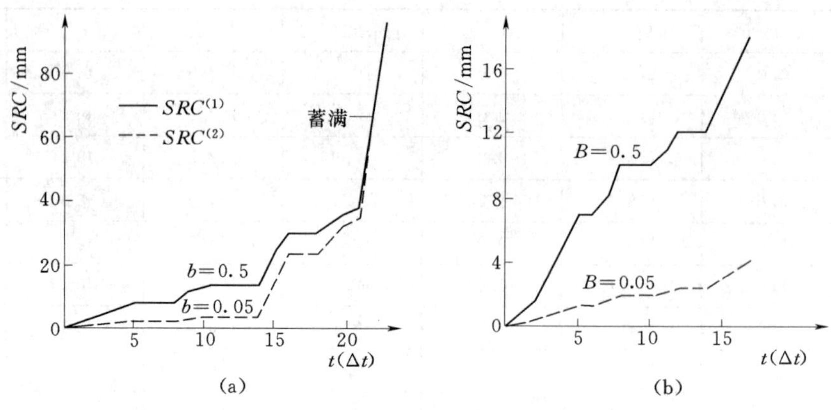

图 2.35 不同 b 值对累积产流量影响

WUM 与作物根系土层厚度有关，其值大多变化在 5～20mm 之间。*WLM* 与包气带的土层结构和物理特性有关，其值约在 60～90mm（湿润地区）之间，在许多情况下，南方湿润地区可用 *WUM*＋*WLM*＝100mm 来约束[8]，许多情况 *WUM* 和 *WLM* 可取 20mm 和 80mm，这两值的改变对蒸发量有一定的影响，一般 *WUM* 要比 *WLM* 灵敏些，*WUM* 增大蒸发量增大，反之亦然。

C 是反映深根植物作用的参数，决定深层散发。在南方湿润地区的湿润年份，该参数不起作用；遇干旱年份，因蒸发量有一定的增加，*C* 值作用增大。该参数在半干旱流域的作用要大些。据经验，*C* 值在 0.1～0.2 之间变化。

对无资料流域建立降雨产流量计算模型时，可按上述的分析，利用模型参数的区域性规律或邻近相似流域的水文、气象、地理等特征，经分析、移植确定参数值。

2.6.3.3 模型检验分析

在确定参数值后，还要对模型作应用前的检验分析。适用水文预报的水文模型大多属概念性模型，从结构的提出、观测资料样本的选择和模型数值确定，有许多的假定、简化和多种误差，这些会给模型应用带来多大影响，需作具体分析。

产流模型误差一般有资料误差、模型结构误差和参数确定误差三类。参数确定误差在参数率定中讨论，这里着重讨论资料误差和结构误差的检验分析。

资料误差包括原始资料误差和资料统计分析误差。前者主要指观测误差、资料整编误差和资料刊印、数据储存中的误差等，除了很明显的差错外，这项误差一般很难修正。资料统计分析误差主要有流域平均雨量和次洪实测径流深计算等误差。

流域平均雨量计算中，存在雨量站点的代表性误差和计算方法的误差。雨量站一般布设在人口较密集的沿河两岸，坡面上和近分水岭处稀少，这对地形变化剧烈的山区，常会带来较大的误差。图 2.36 是紧

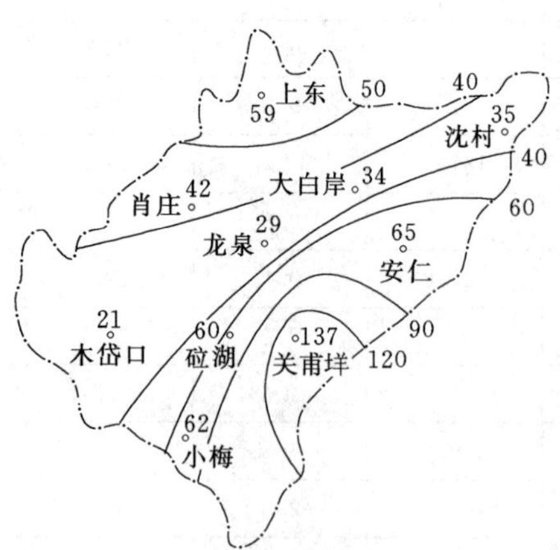

图 2.36 紧水滩流域 1983 年 6 月一场洪水的降雨量分布（单位：mm）

水滩流域 1983 年 6 月一场洪水的降雨量分布。该场降雨与高程分布十分密切，沟谷降雨量为 20～35mm，两侧沿坡逐渐增大，关甫垟站为 137mm，若缺关甫垟站雨量，会给面平均雨量带来约 15％的误差。

生产上计算面平均雨量，常用的方法有算术平均法、泰森多边形法和等雨量线法，等雨量线法应用不多。前两种方法的计算比较简单，但当降雨空间分布不均匀、雨型改变时，用固定的面积权重必然会有误差。相对而言，用等雨量线法计算较精确些。表 2.18 是黄河中游岔巴沟流域曹坪以上（面积 187km^2）的面平均雨量计算分析。该流域降雨空间分布很不均匀，故布设的雨量站点密度大，从中选择了 17 个代表性较好、分布较均匀、资料观测精度较高的站点（图 2.37），以等雨量线法计算值代表实际情况。表 2.18 中，泰森多边形法和算术平均法采用三川口、朱家阳湾和马虎焉 3 个雨量站求得（泰森多边形法的面积权重分别为 0.418、0.264 和 0.318）。由表可知，21 场降雨量累计的流域平均雨量，三者十分接近，表明选用的雨量站代表性较好。

表 2.18　　岔巴沟流域曹坪以上流域平均雨量计算误差分析

洪号	等雨量线法/mm	泰森多边形法/mm	相对差/%	算术平均法/mm	相对差/%
600702	4.2	6.2	−47.6	5.0	−19.0
600719	6.2	7.6	−22.6	7.8	−25.8
600731	6.2	3.3	46.8	3.8	38.7
600924	46.2	40.5	12.3	41.7	9.7
610721	18.6	16.6	10.7	14.2	23.6
610730	14.6	12.8	12.3	12.3	15.8
610731	6.7	7.0	−4.5	7.2	−7.5
620811	12.9	14.2	−10.1	13.9	−7.8
630603	11.4	11.5	−0.9	10.3	9.6
630826	28.2	29.3	−3.9	29.4	−4.2
630828	25.7	28.1	−9.3	28.6	−11.3
640429	5.0	6.2	−24.0	5.6	−12.0
640705	76.7	71.3	7.0	69.1	9.9
640714	11.5	8.5	26.1	8.0	30.4
640802	15.3	18.7	−22.2	17.9	−17.0
670717	30.0	33.1	−10.3	32.2	−7.3
670826	20.7	24.0	−15.9	24.8	−19.8
670831	16.0	18.1	−13.1	19.6	−22.5
680715	16.7	23.1	−38.3	20.6	−23.4
680725	9.2	4.6	50.0	3.7	59.8
680822	21.2	22.6	−6.6	23.7	−11.8
Σ	403.2	407.3	−1.0	399.4	0.94

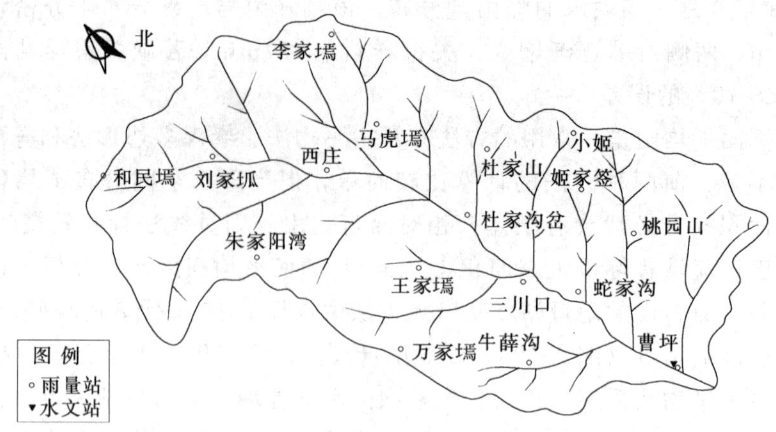

图 2.37 岔巴沟流域测站布设图

次洪径流深计算中的主要误差来自采用统一的退水曲线划分洪水，忽略了不同洪水退水段的径流组成成分间的差异。提高退水方案精度可减少次洪流深计算的误差。

影响模型结构误差的因素较多，主要是设计的模型结构与流域的实际产流过程和规律不完全相符。现以湿润地区蓄满产流模型作简略分析。

(1) 蒸散发规律的时变性影响。新安江模型采用的三层蒸发模式，蒸发折算系数等参数是时不变的，而实际中经常是变化的，通常夏季和冬季、汛期和枯季差异较大，特别高寒地区封冻期和非封冻期蒸发计算结构可以完全不同。

(2) 地表坑洼截流影响。新安江模型没有专门考虑地表坑洼、农业活动和水利工程引起的截流，而每个流域内都有一些水田、塘、坝和中小型水库甚至大型水库，在这些影响较大的流域，不考虑地表坑洼截流会引起大的误差。特别是我国的华南地区，有些流域农田占流域面积的比例大，春天插秧季节水田会拦截水流使产流模型计算偏大，而夏秋季节水稻成熟期水田又会排泄水流使产流模型计算偏小。对于黄河中游流域，不仅拦截水流的中小型水利工程多，还有许多水土保持工程措施，能拦截的水流量相当惊人，甚至超过年平均产流量。

(3) 超渗产流影响。有局部超渗产流时因与蓄满产流机制不同而造成误差（多发生在汛初和久旱后下大雨，计算值偏小）。

(4) 集总模型的不均匀产流设计模式同降雨分布很不均匀时的局部产流不相同。例如某流域 $WM=100$mm，全流域分甲、乙两区，面积相同，甲区降雨量 $P=130$mm，乙区 $P=10$mm，设初始土湿为 $W=60$mm，按全流域平均计算为全面积产流，得 $\overline{P}=70$mm，产流量 $R=30$mm。若按分区计算，甲区为全面积产流，$P=130$mm，$R=90$mm，乙区为局部蓄满产流，$P=10$mm，查 $P-W-R$ 关系图，得 $R=4$mm，则流域平均 $R=47$mm，大于集总模型计算值。由此例说明，在流域面积较大、降雨分布不均匀时，宜先划分计算单元，按单元计算产流量后再求流域平均径流深。这样，不仅可考虑降雨分布不均的影响，还可考虑下垫面因素不均匀的影响。

频繁的人类活动主要会影响下渗损失项。当流域内有一定数量的中小型水库，这些水库蓄泄运用以及水田用水、放水时都会影响产流计算。如久旱后的降雨量，因水库、农田的拦截蓄水，使实际产流量少于计算值；反之，久雨后降大雨，因水库泄水、农田放水使

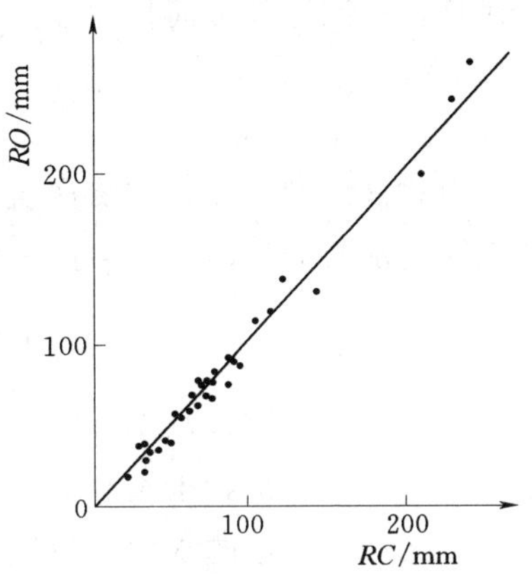

图 2.38 次洪产流计算系统偏差分析

计算值偏小。总之，在设计产流模型结构时，应尽力符合流域产流的实际状况，对模型结构的检验和修改要在大量计算、分析的基础上谨慎处理。

分析、检查次洪产流计算结果有无系统误差，可点绘实测值与计算值的关系，如图 2.38 所示的 $RO-RC$ 关系。若点子较均匀分布在关系线两则，正负偏差基本均衡，表示计算无系统偏差，否则要分析其原因。一般主要原因：①雨量站代表性不强；②流域不闭合，与相邻流域之间有水量交换；③参数值确定不合理。

产流量预报方案的评定标准见第 11 章。对误差较大的和不合格的点据要作具体分析。对属于观测资料误差的点子可以舍弃；如属于参数确定误差或模型结构误差，则应作相应修正。对检验期资料的模拟结果，还要作外延误差和参数值是否有时变性等分析。外延误差可以定量化表达为

$$\delta=\frac{\frac{1}{N}\sum_{j=1}^{N}|RO_j-RC_j|-\frac{1}{M}\sum_{i=1}^{M}|RO_i-RC_i|}{\frac{1}{M}\sum_{i=1}^{M}|RO_i-RC_i|}\times 100\% \tag{2.95}$$

式中 δ——相对外延误差；

M、N——率定期和检验期的洪水次数；

i、j——率定期和检验期的洪水序号；

RO、RC——实测和计算的次洪径流深。

外延误差值反映了外延期相对于率定期误差的百分比，其百分比值越大外延误差也越大，反之越小。

2.7 超 渗 产 流[2]

在干旱和半干旱地区，包气带土层厚，通常的土壤缺水量很大，经一场降雨后的补充不易达田间持水量，或很难全流域蓄满，降雨产流量主要由雨强超过土壤入渗率的地面径流 RS 组成，地下径流量 RG 很少，这种流域的产流方式即属超渗产流。

2.7.1 超渗产流模型原理

超渗产流模型可表达为

$$RS=\begin{cases}0 & (PE\leqslant F)\\ PE-F & (PE>F)\end{cases} \tag{2.96}$$

式中 RS——时段地面径流量；

PE——扣除蒸发后的时段降雨量；

F——时段下渗量，mm/Δt。

在干旱地区，一般降雨强度大，历时很短，其雨期蒸发量常可忽略不计，则 PE 可由

P 代替。产流计算可简化为

$$RS=\begin{cases}0 & (P\leqslant F)\\ P-F & (P>F)\end{cases} \tag{2.97}$$

由式（2.97）知，超渗产流计算的关键是地面下渗率的确定。根据土壤非饱和水流运动理论，水流的垂向运动可由一维水动力方程描述

$$\frac{\partial\theta}{\partial t}=\frac{\partial}{\partial z}D\frac{\partial\theta}{\partial z}+\frac{\partial K}{\partial z} \tag{2.98}$$

式中　θ——土壤含水率；

K——非饱和土壤水力传导度，LT^{-1}；

D——土壤的水力扩散度，L^2T^{-1}；

z——固定基面以上高程，L。

式（2.98）表明，非饱和土壤水力传导度与土壤的水力扩散度、土壤含水率间存在着非线性关系。因该式结构复杂，难以直接应用，水文预报工作中，常用下渗方程代替，不同形式的下渗关系形成了不同的超渗产流计算方法。

2.7.2　下渗曲线

通常说的下渗曲线为充分供水条件下的下渗率随时间的变化曲线，又称下渗能力曲线或下渗容量曲线。目前常见的下渗关系表示方式有物理概念公式、经验下渗方程和经验相关关系图等。

1. 物理概念公式

早在1911年，格林和安普特曾提出一个在充分供水条件下均质土壤的入渗关系[4]，并用有物理意义的量来表达，即

$$f=\frac{K(h+z_f+P_f)}{z_f} \tag{2.99}$$

归纳为

$$f=A+\frac{B}{z_f} \tag{2.100}$$

式中　f——入渗率；

h——地面积水深度；

z_f——饱和带的垂直厚度；

P_f——湿润锋面处的毛管压力；

K——饱和土壤导水率。

由于格林-安普特方程中的物理量，特别是毛管压力项很难测定，方程在早期很少被应用。随着科学技术的发展和对下渗机制的进一步认识，公式理论有了很大的发展。文献［2］在忽略了积水深度和空气余压力后，把格林-安普特公式简化为

$$f=K\left(1+\frac{H_K}{z_f}\right) \tag{2.101}$$

式中　H_K——以土壤最大毛管上升高度表示的水柱下端毛管弯月面的吸引力。

引进水量平衡方程：

$$D\mathrm{d}z_f = f\mathrm{d}t \tag{2.102}$$

式中 D ——以土层厚度的比例系数表示的土壤缺水率；

$D\mathrm{d}z_f$ ——由下渗形成的土壤饱和带 $\mathrm{d}z_f$ 内的水分补充量。

把式（2.101）代入式（2.102），得

$$\frac{\mathrm{d}z_f}{\mathrm{d}t} = \frac{K}{D}\left(1 + \frac{H_K}{z_f}\right) \tag{2.103}$$

据微分方程特解条件：

$$\begin{cases} z_f \big|_{t=0} = 0 \\ z_f \big|_{t=t} = z_f \end{cases}$$

可求解得

$$t = \frac{DH_K}{K}\left[\frac{z_f}{H_K} - \ln\left(1 + \frac{z_f}{H_K}\right)\right] \tag{2.104}$$

式（2.104）中，当 $\dfrac{z_f}{H_K}$ 值很小时

$$\ln\left(1 + \frac{z_f}{H_K}\right) = \frac{z_f}{H_K} - \frac{1}{2}\left(\frac{z_f}{H_K}\right)^2 + \frac{1}{3}\left(\frac{z_f}{H_K}\right)^3 - \cdots + (-1)^{i-1}\frac{1}{i}\left(\frac{z_f}{H_K}\right)^i + \cdots$$

$$\approx \frac{z_f}{H_K} - \frac{1}{2}\left(\frac{z_f}{H_K}\right)^2 \tag{2.105}$$

代入式（2.104）得

$$z_f = \sqrt{\frac{2KH_Kt}{D}} \tag{2.106}$$

则

$$f = K + \sqrt{\frac{KH_KD}{2t}} \tag{2.107}$$

由式（2.107）知，入渗率 f 随 t 的增大而减小，当 $t \to \infty$ 时，$f \to K$，按稳渗率概念，K 在数值上等于稳定下渗率。

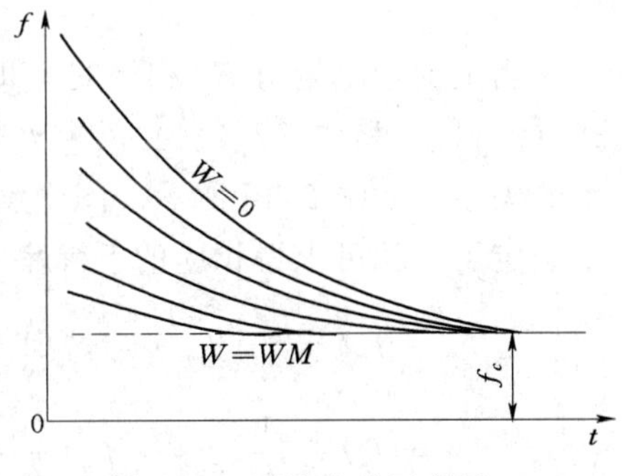

图 2.39 下渗曲线示意图

上述公式的前提是饱和的均质土壤。流域的实际情况是土壤物理性能各处不同，垂直分布也非均质，并受植被和土地利用情况影响，而且土壤中一般都有一定含水量，用 H_K 代表毛管吸引力也有误差。但对特定的流域，可以认为土壤特性不变，毛管吸引力 H_K 取决于土壤结构的孔隙大小，它与渗透系数 K 一样，不随时间变化。因此，下渗率 f 只是缺水率 D 和时间 t 的函数，D 反映初始土壤含水量的大小。因此，式（2.107）也可建立以土壤含水量为参变量的一组曲线族，如图 2.39 所示。

2. 经验公式

国内常用的下渗率公式有霍顿公式：

$$f_t = f_c + (f_M - f_c)\mathrm{e}^{-kt} \tag{2.108}$$

和菲利浦公式：

$$f_t = A + Bt^{-\frac{1}{2}} \tag{2.109}$$

式中 f_c ——稳定下渗率；

f_M ——最大下渗能力；

k、A、B ——常参数。

只要确定了式中各参数值，式（2.108）和式（2.109）就可用于产流计算。式（2.108）中的时间变量 t 是从 $f = f_M$ 为起点计算，即 $f|_{t=0} = f_M$。而每次降雨起始时刻的下渗率不等于 f_M，故其起始时间不一定为零。设降雨开始时刻的下渗率为 f_0，相应的 t_0 值为

$$t_0 = -\frac{1}{k}\ln\frac{f_0 - f_c}{f_M - f_c} \tag{2.110}$$

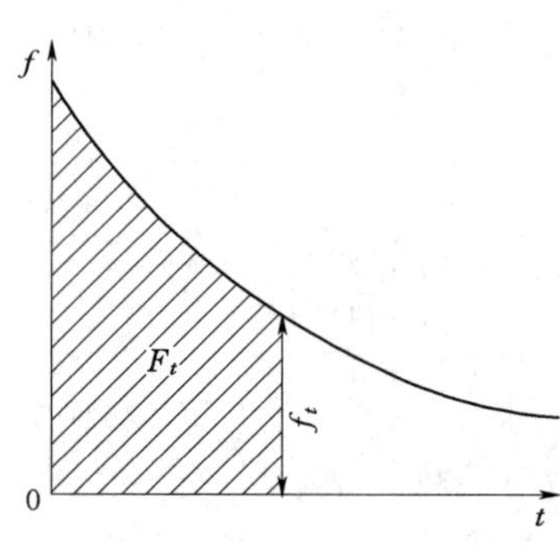

图 2.40　下渗率与土壤含水量关系示意图

同时由于下渗能力取决于土壤缺水量（即土壤含水量），而降雨过程的各时段降雨量不一定都大于下渗率，之间存在自然时序与下渗曲线时序的差异。如果时段降雨量大于下渗率，那么时段入渗水量使土壤缺水量减少而导致下渗能力减小，其下渗曲线时序相同于自然时序增加一个时段；如果时段降雨量小于下渗率，时段实际入渗水量补充土壤水分小于下渗能力引起的相应量，下渗能力的下降量就不足一个时段。此时下个时段开始下渗的时间 t 可由土壤含水量来反推确定。例如，霍顿下渗曲线的累积量为

$$F_t = \int_0^t [f_c + (f_M - f_c)e^{-kt}]dt = f_c t + \frac{1}{k} \times (f_M - f_c)(1 - e^{-kt}) \tag{2.111}$$

菲利浦公式的累积下渗量为

$$F_t = 2B\sqrt{t} + At \tag{2.112}$$

当土壤含水量与 F_t 相等时，即可由式（2.111）或式（2.112）求得 t 值。但是，由式（2.111）和式（2.112）反求 t 很麻烦，使用也不便，实用中常采用土壤含水量与下渗率的关系，如图 2.40 所示。图中斜线部分的下渗累积量视作土壤含水量，只要土壤含水量确定了，就可求得相应的下渗率 f，且是唯一的，若雨强大于 f 即产流。由式（2.111）

$$F_t = f_c t + \frac{1}{k}(f_M - f_c)(1 - e^{-kt}) = f_c t + \frac{1}{k}(f_M - f_c) - \frac{1}{k}(f_M - f_c)e^{-kt}$$

$$= f_c t + \frac{1}{k}(f_M - f_c) - \frac{1}{k}(f_t - f_c) = f_c t + \frac{1}{k}(f_M - f_t)$$

因此

$$t = \left[F_t - \frac{1}{k}(f_M - f_t)\right] / f_c \tag{2.113}$$

将式（2.113）代入式（2.108）得

$$f_t = f_c + (f_M - f_c)e^{(f_M - f_t - kF_t)/f_c} \tag{2.114}$$

同理，由式（2.112）可求得菲利浦的关系式

$$f_t = B^2(1 + \sqrt{1 + AF_t/B^2})/F_t + A \tag{2.115}$$

当把土壤含水量 W 代入式中的 F_t，即可求得 f_t。

表 2.19 是黑矾沟小流域 1964 年 8 月 2 日的一场洪水的产流量计算实例，下渗方程采用菲利浦公式，取 $A=0.1$，$B=5.6$，实测径流深为 9.1mm。从计算结果看，菲利浦下渗公式和所选的参数值对该次洪水的产流量计算是合适的。

表 2.19　超 渗 产 流 计 算　单位：mm

时间/(时:分)	P	W	f	ΔW	RS	时间/(时:分)	P	W	f	ΔW	RS
14:39		12.8				15:1	2.3	35.1	2.0	2.0	0.3
14:41	0.3	13.1	5.0	0.3		15:3	0.5	35.6	1.9	0.5	
14:43	0.6	13.7	4.9	0.6		15:5	0.5	36.1	1.9	0.5	
14:45	0.7	14.4	4.7	0.7		15:7	0.5	36.6	1.9	0.5	
14:47	2.7	17.1	4.5	2.7		15:9	0.5	37.1	1.9	0.5	
14:49	2.8	19.9	3.8	2.8	0.0	15:11	0.3	37.4	1.8	0.3	
14:51	3.4	23.2	3.3	3.3	0.1	15:13	0.3	37.7	1.8	0.3	
14:53	4.0	26.0	2.8	2.8	1.2	15:15	0.3	38.0	1.8	0.3	
14:55	4.0	28.6	2.6	2.6	1.4	15:17	0.1	38.1	1.8	0.1	
14:57	5.0	30.9	2.3	2.3	2.7	15:19	0.1	38.2	1.8	0.1	
14:59	5.0	33.1	2.2	2.2	2.8	Σ	33.9			25.4	8.5

国外常用的下渗关系还有霍尔坦公式：

$$f=a(WM-W)^n+f_c \tag{2.116}$$

式中　a、n——常参数。

此外，参考文献［11］据土壤含水量对毛管水压力的关系，在忽略地面滞水深对下渗的影响条件下，把格林-安普特下渗公式改进为

$$f=f_c\left(1+KF\frac{WM-W}{WM}\right) \tag{2.117}$$

式中　KF——渗透系数，反映土壤缺水量对下渗的影响。

这些公式直接建立 $f-W$ 关系，如图 2.41 所示，应用较方便。

3. 经验关系

据格林-安普特物理概念公式，设下渗水柱 z_f 内的累积下渗水量为 F_t，则有

$$z_f=F_t/D \tag{2.118}$$

式中　D——土壤起始缺水率。

据稳渗概念 $K=f_c$。与式（2.118）一同代入式（2.101）得

$$f-f_c=f_c\frac{H_K D}{F_t} \tag{2.119}$$

假定下渗可能影响的实际土层厚度与 z_f 相等，则根据 D 的定义有

$$D=\frac{WM-W}{z_f} \tag{2.120}$$

代入式（2.119）得

$$f-f_c=\frac{f_c H_K}{F_t z_f}(WM-W) \tag{2.121}$$

以式（2.121）为基础，应用水文观测资料，可以制作 $f-W-F_t$ 的经验关系图，如图2.42所示。

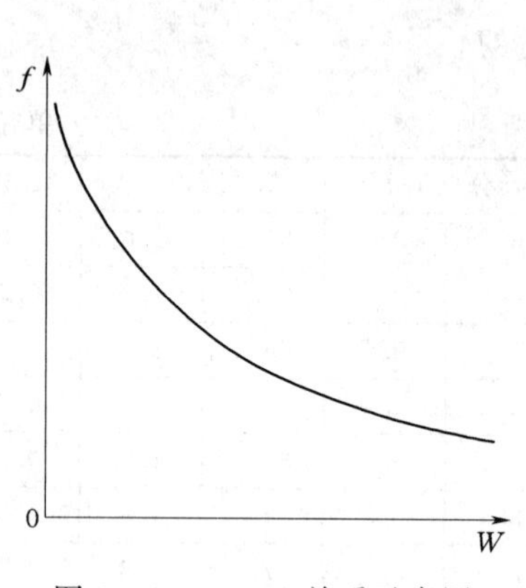

图2.41 $f-W$ 关系示意图

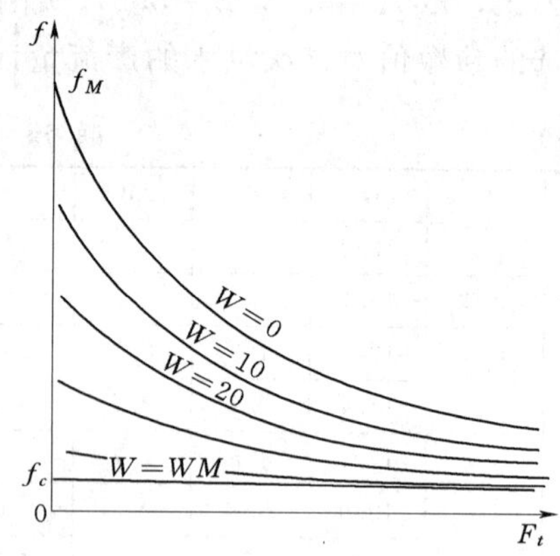

图2.42 $f-W-F_t$ 关系示意图

2.7.3 下渗曲线的制作

制作下渗曲线有手工与计算机两种计算分析方法，其基本原理相同。

1. 水量平衡法推求下渗曲线

对于小流域，气候条件、植被、土壤等比较均匀、一致，用流域平均的下渗曲线计算流域的降雨产流量有较好的代表性和实用价值。流域平均的下渗曲线可用降雨径流资料根据下列水量平衡方程分析求得

$$\sum_{t=1}^{T} P_t - \sum_{t=1}^{T} TR \cdot Q_t = \sum_{t=1}^{T} f_t \cdot \Delta t + WS_t \tag{2.122}$$

式中 Q_t ——流域出口断面流量，m^3/s；

TR ——把流量转换成径流深的单位转换系数，$mm \cdot s/m^3$；

WS ——流域地面与河槽的蓄水量，mm。

式（2.122）中，等号左边均为已知量，右边两项为未知。在计算中需先假设一条下渗曲线 $f-t$，再由式（2.122）得 WS_t 过程，点绘 $Q-WS$ 关系。据地面径流汇流机理分析，其蓄量与泄量间呈线性关系，$Q-WS$ 应满足如下线性方程，即

$$WS_t = KS \cdot Q_t \tag{2.123}$$

式中 KS ——地面径流平均消退时间。

假如点绘的 $Q-WS$ 关系接近一条直线，说明假设的下渗曲线合理，否则要重新假设下渗曲线，直到 $Q-WS$ 接近直线为止。

表2.20是团山沟流域1964年8月一场洪水的下渗曲线分析，该流域面积 A 为 $0.18km^2$，$\Delta t = 2min = 120s$，径流深转换系数：

$$TR = \frac{\Delta t}{A} = \frac{0.12}{0.18} = \frac{2}{3} \qquad (mm \cdot s/m^3)$$

表2.20中，第（5）栏 $\overline{R}$ 值由时段平均流量值乘 TR 而得。第（8）栏中，在14：45以前和15：03以后，降雨量小于下渗量，其下渗量等于降雨量；其他时段的降雨量大于

下渗能力，可用来分析下渗曲线。图 2.43 是该场洪水的 $Q-WS$ 关系与式（2.122）中各项的过程线。从 $Q-WS$ 关系图看，退水段的关系基本接近直线，计算中所假设的 $f-t$ 曲线即为所求。通过多次洪水分析，可综合求得流域平均的下渗曲线。

表 2.20 团山沟流域超渗产流计算下渗曲线分析

时间 /(时：分)	P /mm	ΣP /mm	Q /(m³/s)	$\overline{R}$ /mm	$\Sigma\overline{R}$ /mm	$\Sigma P-\Sigma\overline{R}$ /mm	$f\Delta t$ /mm	$\Sigma f\Delta t$ /mm	WS /mm
(1)	(2)	(3)	(4)	(5)	(6)	(7)	(8)	(9)	(10)
14：39	0.5	0.5	0	0	0	0.5	0.5	0.5	
14：41	0.5	1.0	0	0	0	1.0	0.5	1.0	
14：43	1.1	2.1	0	0	0	2.1	1.1	2.1	
14：45	1.9	4.0	0	0	0	4.0	1.9	4.0	
14：47	4.0	8.0	0.05	0.02	0.02	8.0	1.6	5.6	2.4
14：49	5.6	13.6	0.69	0.25	0.27	13.3	1.3	6.9	6.4
14：51	3.6	17.2	2.06	0.92	1.2	16.0	1.0	7.9	8.1
14：53	1.8	19.0	6.18	2.75	3.9	15.1	0.8	8.7	6.4
14：55	2.0	21.0	3.77	3.32	7.3	13.7	0.7	9.4	4.3
14：57	1.3	22.3	2.71	2.16	9.4	12.9	0.7	10.1	2.8
14：59	0.8	23.1	1.46	1.39	10.8	12.3	0.7	10.8	1.5
15：01	0.7	23.8	0.73	0.73	11.5	12.3	0.6	11.4	0.9
15：03	0.6	24.4	0.36	0.36	11.9	12.5	0.6	12.0	0.5
15：05	0.3	24.7	0.24	0.20	12.1	12.6	0.3	12.3	0.3
15：07	0.4	25.1	0.16	0.13	12.2	12.9	0.4	12.7	0.2
15：09	0.2	25.5	0.13	0.10	12.3	13.0	0.2	12.9	
15：11		25.5	0.10	0.08	12.4	12.9		12.9	
15：13		25.5	0.07	0.06	12.5	12.8		12.9	
15：15		25.5	0.03	0.03	12.5	12.8		12.9	

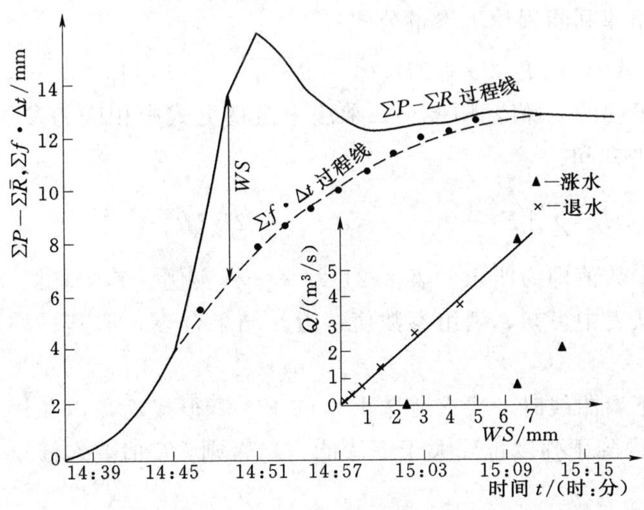

图 2.43 水量平衡法下渗曲线分析

水量平衡方程式推求下渗曲线，理论上较为严密，对任一下渗公式都适合。但用手工试错确定下渗曲线，计算工作量较大。有些流域因蓄泄关系呈非线性响应或特定洪水存在的一些误差，可能求不到 $Q-WS$ 关系线为单一直线的下渗曲线。

2. 菲利浦下渗曲线的分析计算

根据超渗产流的概念，由水文观测资料可以计算出各次洪水的累积下渗量和下渗历时 T，如图 2.44 所示。选择 n 次洪水，可得一组累积下渗量和相应的下渗历时：

$$F_t = P - RS \tag{2.124}$$

$$(F_{t_1},\ T_{F,1}),\ (F_{t_2},\ T_{F,2}),\ \cdots,\ (F_{t_n},\ T_{F,n})$$

以及总累积量和下渗历时：

$$F_i = W_{0,i} + F_{ti} \qquad (i=1,\ 2,\ \cdots,\ n) \tag{2.125}$$

$$T_i = t_{0,i} + T_{F,i} \qquad (i=1,\ 2,\ \cdots,\ n) \tag{2.126}$$

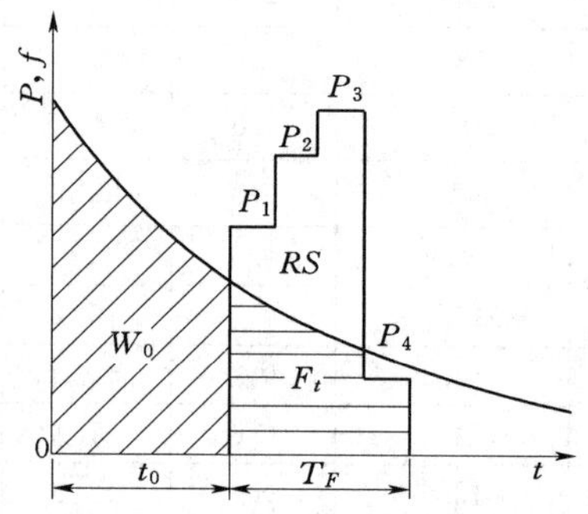

图 2.44　超渗量与下渗历时示意图

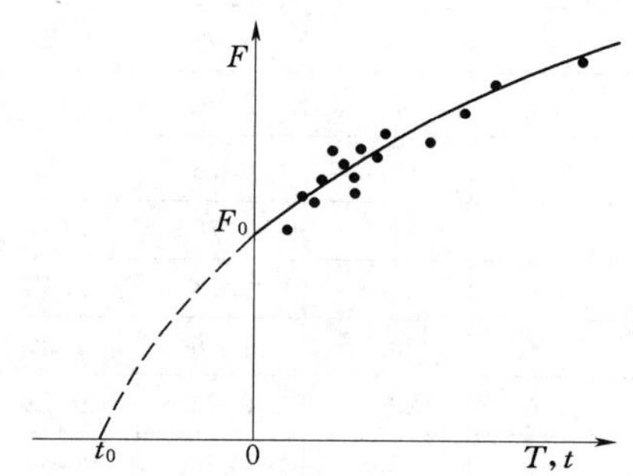

图 2.45　$F-t(T)$ 关系示意图

当选择的多次洪水的初始土壤含水量很接近，则 $t_{0,i}$ 也接近。把各次洪水的 F_i 与 T_i 点在图上，可得如图 2.45 所示的关系。图中的 T 是多次洪水以 $T|_{F_0=W_0}=0$ 为起点，如果该曲线下端外延到 $F=0$ 轴即可得 t_0，见图 2.45 虚线段。但由于 $F-t$ 是曲线，外延时任意性较大，可采用菲利浦累积下渗量公式：

$$F_i = A(t_0 + T_{F,i}) + 2B\sqrt{t_0 + T_{F,i}} \qquad (i=1,\ 2,\ \cdots,\ n) \tag{2.127}$$

分析推求。即假设不同的 t_0 值，用最小二乘法率定得上式中相应的参数 A 和 B。选择其中一个 t_0，使误差平方和：

$$E = \sum_{i=1}^{n}\left[F_i - \hat{A}(t_0 - T_{F,i}) - 2\hat{B}\sqrt{t_0 + T_{F,i}}\right]^2 \tag{2.128}$$

为最小，其相应的参数值即为所求。表 2.21 为一分析实例。其中把洪水按 W_0 分为两组，分别确定参数值。从表中可知，两组参数值接近，结果合理，取其平均，即为所求的下渗公式的参数。

用这方法分析下渗曲线时，要求所选洪水的 W_0 值很接近，以免因 t_0 不同带来误差；统计的下渗历时 T 内降雨强度也要大于下渗能力，否则，T 值要作修正（例如，忽略不计雨强很小的历时等）。

表 2.21　　　　　　　　　　菲利浦下渗曲线参数分析

日期/(年-月-日)	P/mm	R/mm	W_0/mm	t/mm	W/mm	参数	平均
1957-08-10	23.4	2.7	10.0	3	30.7	$t_0=3.5$	
1959-06-01	23.4	2.5	9.5	3	30.4		
1959-07-04	86.6	17.8	10.9	21	79.7	$\hat{A}=2.1$	
1959-08-05	14.4	1.4	12.9	3	25.9		
1959-08-07	45.4	5.8	9.2	12	48.8		
1960-09-03	23.6	1.2	11.0	4	33.4		$A=2.3$ $B=5.6$
1962-07-02	68.5	2.6	8.1	15	74.0	$\hat{B}=5.9$	
1956-07-25	27.8	10.0	19.7	5	37.5	$t_0=4.3$	
1959-08-08	48.8	11.5	24.2	12	61.5	$\hat{A}=2.5$	
1961-07-01	41.6	3.3	16.0	8	54.3	$\hat{B}=5.4$	
1961-07-02	35.0	0.5	19.0	9	53.5		

3. 经验下渗关系和霍顿下渗公式的分析计算

对一次降雨过程，可按实测径流深 R_0，用平割法得平均下渗率 $\overline{f}$，如图 2.46 所示，DE 线以上为次洪径流深 R_0，产流历时为 T，$\frac{1}{2}T$ 处的超渗累积下渗量为

$$F_t=\overline{F}_{\Delta t}+\frac{1}{2}\overline{F}_{\Delta t} \tag{2.129}$$

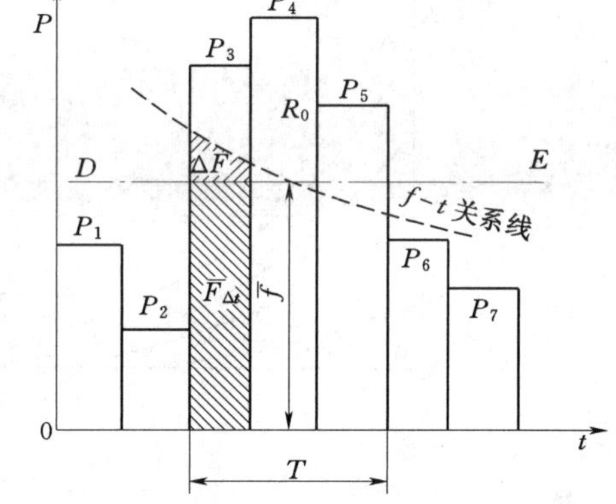

图 2.46　次洪平均下渗率推求示意图

超渗产流起始时的土湿为

$$W_0'=W_0+P_1+P_2 \tag{2.130}$$

对若干次的洪水，可得一组值：

$$(\overline{f_1},\ W_{01}',\ F_{t,1}),(\overline{f_2},\ W_{02}',\ F_{t,2}),\cdots,(\overline{f_n},\ W_{0n}',\ F_{t,n})$$

点绘 $f-W_0'-F_t$ 相关图，如图 2.47 所示，该经验下渗关系可直接用于产流计算。

利用图 2.47 关系，可确定霍顿下渗公式的参数。从图可得到 F_t、f_M、f_c 值，则据式 (2.114) 有

$$kF_t+f_c\ln\frac{f-f_c}{f_M-f_c}+f-f_M=0 \tag{2.131}$$

将图中数值 F_t、f_M、f_c 代入可率定得 k。

这方法的主要误差来自 F_t 计算，由图 2.46 可知，$\frac{T}{2}$ 处的 $\overline{f}$ 所相应的实际累积超渗下渗量 $F_t=\overline{F}_{\Delta t}+\Delta F+\frac{1}{2}\overline{F}_{\Delta t}$，比式 (2.129) 计算值多 ΔF 值。为减少这些误差，要选择降雨强度大、降雨历时短的资料进行分析计算。

4. 计算机率定下渗曲线参数

在本章 2.6 节（产流量计算模型建立）中已介绍了蓄满产流模型参数率定的方法步

骤。超渗产流下渗公式参数的计算机率定步骤原则上与此相同，只是参数不完全一致，故不再重复介绍。

建立了下渗公式或经验下渗关系后就可作产流量的分析计算。对时段 t 的初始土壤含水量为

$$W_t = W_{t-1} + P_{t-1} - R_{t-1} - E_{t-1} \tag{2.132}$$

其中蒸发量 E 由本章 2.3 节介绍的蒸发量计算模式估计。根据建立的 $f-W$ 关系由 W_t 值求得 f_t，再按式（2.97）即可计算产流量 R。框图 2.48 描述了超渗产流模型计算步骤。

用计算机计算产流量时，经验下渗关系图 2.47 需转换为 $f=f(W)$ 关系，对菲利浦下渗公式可用式（2.115）转换，霍顿下渗公式可用式（2.114）转换。

超渗产流模型的结构较简单，应用较方便，但实际使用的效果不是很好。分析其原因，除蓄满产流模型中已述的一些误差原因外，降雨量的时段均化、地面以下径流和下渗率的空间变化等因素常会给模型计算带来较大误差。

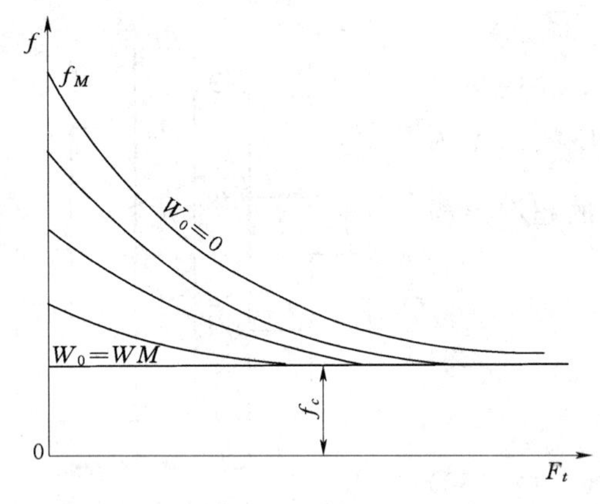

图 2.47　$f-W_0-F_t$ 经验关系示意图

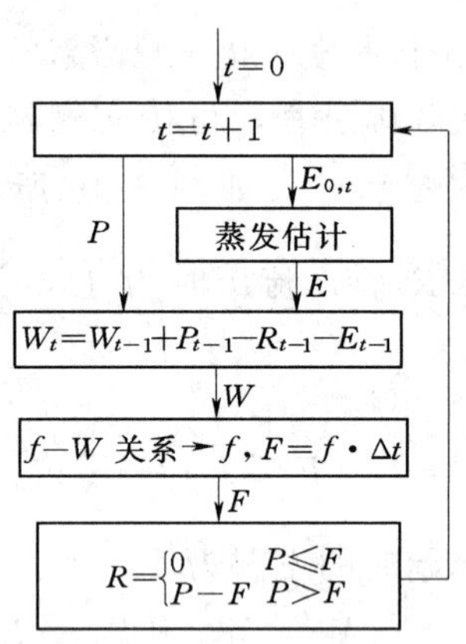

图 2.48　超渗产流计算框

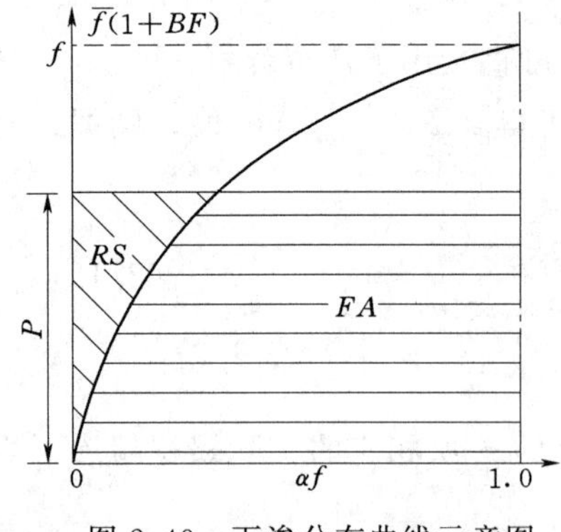

图 2.49　下渗分布曲线示意图

雨强是超渗产流的决定性因素，要求雨量的计算时段要短，若时段较长，会带来均化误差。例如，表 2.22 中为实测的一场降雨，下渗曲线采用菲利浦公式（$A=0.1$，$B=4.0$），取 1min 和 5min 两种时段，计算结果是产流量差别很大，均化后使产流量计算值偏小。时段越长，均化误差越大。

超渗产流机制只计超渗地面径流，不考虑地下径流，实际上在干旱和半干旱地区的许多流域，存在一定比例的地下径流，忽略地下径流会带来误差，这是超渗产流模型不完善之处。

下渗率的空间变化是由下垫面特征的空间不均匀引起的，包括土质、植被、土湿等因素。对较大流域面积采用流域平均的下渗曲线，常带来大的误差。参考文献［11］把这种变化用类似于蓄满产流模型中的蓄水容量分布曲线表示，可得如图 2.49 所示的下渗率分

布。图中纵坐标 f 是点下渗能力，FA 是实际下渗量，αf 为下渗率小于某定值 f 的面积比，$\overline{f}$ 为下渗分布曲线所围的面积，即流域平均下渗率，$\overline{f}(1+BF)$ 为流域最大的点下渗能力。图中的分布曲线采用如下函数近似表示：

表 2.22　时间均化误差分析　　单位：mm

时间/(时：分)	$\Delta t=1\text{min}$				$\Delta t=5\text{min}$			
	P	W	$f\Delta t$	RS	P	W	$f\Delta t$	RS
18：38		23.0				23.0		
18：39	1.0	24.0	1.0					
18：40	1.0	25.0	1.0					
18：41	1.0	26.0	1.0					
18：42	1.0	27.0	1.0					
18：43	1.0	28.0	1.0		5.0	28.0	5.0	
18：44	4.5	29.3	1.3	3.2				
18：45	1.1	30.4	1.1					
18：46	1.0	31.4	1.0					
18：47	1.0	32.4	1.0					
18：48	1.0	33.4	1.0		8.6	34.4	6.4	2.2
18：49	1.5	34.5	1.1	0.4				
18：50	1.5	35.6	1.1	0.4				
18：51	1.0	36.6	1.0					
18：52	1.0	37.6	1.0					
18：53	1.0	38.6	1.0		6.0	39.8	5.4	0.6
Σ	19.6		15.6	4.0	19.6		16.8	2.8

$$\alpha f=1-\left[1-\frac{f}{\overline{f}(1+BF)}\right]^{BF} \tag{2.133}$$

对时段降雨量 P ，实际时段下渗量为

$$FA=\begin{cases}\overline{f}\Delta t & [P\geqslant\overline{f}(1+BF)\Delta t]\\ \int_0^P(1-\alpha f)\mathrm{d}f & [P<\overline{f}(1+BF)\Delta t]\end{cases} \tag{2.134}$$

积分上式得

$$FA=\begin{cases}\overline{f}\Delta t & [P\geqslant\overline{f}(1+BF)\Delta t]\\ \left\{\overline{f}-\overline{f}\left[1-\frac{P}{\overline{f}(1+BF)}\right]^{BF+1}\right\}\Delta t & [P<\overline{f}(1+BF)\Delta t]\end{cases} \tag{2.135}$$

则时段产流量应为

$$RS=P-FA \tag{2.136}$$

表 2.23 为未考虑空间分布［用式（2.97）］的与考虑空间分布的超渗产流计算结果对比。表中 δR 是相对误差，CEF 为考虑下渗空间分布的计算结果相对于不考虑土壤空间

分布计算结果的有效性，定义为

$$CEF=\left(1-\frac{\delta R_{分布}}{\delta R_{平均}}\right)\times 100\% \tag{2.137}$$

从表 2.23 结果看，考虑下渗空间分布的效果是很明显的。

表 2.23　　下渗空间变化与不变化计算结果比较

流域	洪水次数	平均下渗		空间分布下渗		CEF/%
		合格率/%	δR/%	合格率/%	δR/%	
南窑沟	24	62.5	38.3	87.5	32.5	15.3
杨湾沟	15	86.7	78.2	93.3	52.0	38.6
裴家峁	59	86.4	50.8	93.5	33.7	33.6
王家沟①	16	56.3	57.0	87.5	25.2	55.8
桑坪则沟	19	57.9	57.0	78.9	40.6	28.7
王家沟②	20	75.0	45.6	85.0	39.7	12.9
韭园沟	22	77.3	51.3	77.3	45.5	11.2
水旺沟	12	58.3	47.6	91.7	27.4	42.5
蛇家沟	18	77.8	47.2	94.4	28.0	39.7
团山沟	28	78.6	37.1	78.6	27.2	26.7
团 3 号	17	70.6	40.1	76.5	39.0	2.8
团 7 号	12	58.3	54.6	83.3	33.1	39.3
团 9 号	20	95.0	34.8	95.0	33.6	3.2

①　榆林王家沟。

②　绥德王家沟。

需要指出的是，在干旱和半干旱地区流域，因降雨空间变化异常剧烈，要求雨量站密度大。但实际上，许多干旱和半干旱地区流域的雨量站稀少，且观测时段也较长，因此，雨量观测资料不足是目前超渗产流计算中最主要的误差来源。

2.8　混　合　产　流

蓄满产流模型和超渗产流模型是两种典型的产流模式。湿润地区降雨产流主要以蓄满产流方式为主，干旱地区主要以超渗产流方式为主。有些时候，同一流域的产流方式也会交叉出现，例如，一场洪水的前期是超渗产流，到后期呈蓄满产流。在较干旱地区，发生较长期连绵的低强度降雨后，其产流方式可呈蓄满产流。在较湿润地区，若久旱后遇雨强很大的暴雨，也会发生超渗产流。对多数流域而言，往往是两种产流方式并存，但其中一种产流方式是主要的，频繁发生的。

目前，尚未形成一套独立的混合产流模型，仅以蓄满产流和超渗产流两种模型为基础，开展混合产流计算方法研究。下面介绍两种混合产流量的计算方法。

(1) 面积比例法是混合产流量计算中的一种简单方法。该方法把流域划分为超渗产流面积和蓄满产流面积两部分，分别用超渗模型和蓄满模型计算产流量，然后按流域面积权重相加即为流域产流量。这个方法简单，概念直观，但实际应用效果不好，主要原因是超渗和蓄满的面积比例是随气候条件的改变而变化的，用固定比例值必然会影响计算精度。

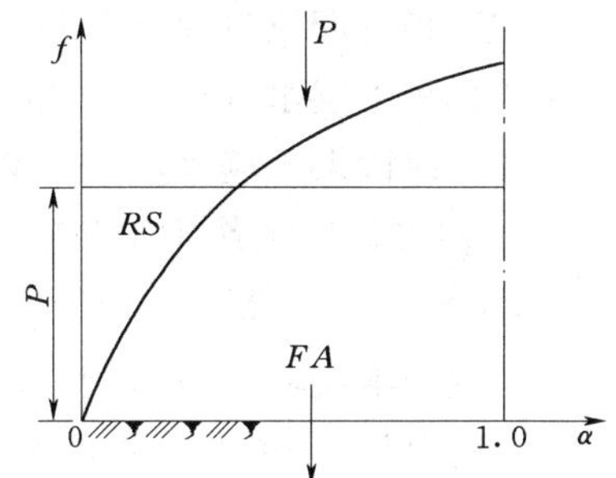

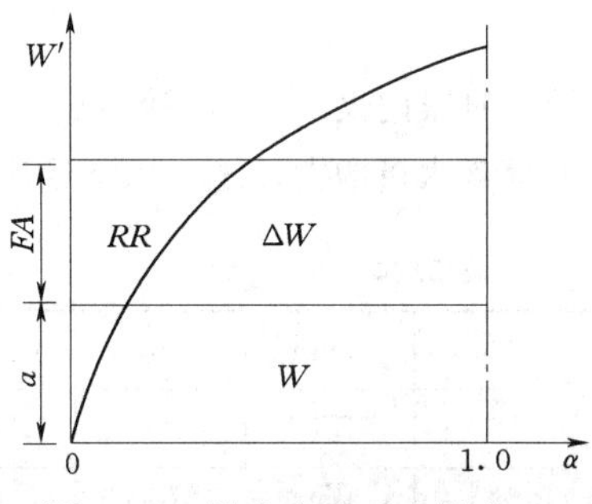

图 2.50 混合产流垂向混合

(2) 垂向混合法是把超渗产流和蓄满产流在垂向上进行组合的一种混合产流计算方法，如图 2.50 所示。雨量 P 到达地面，首先通过空间分布的下渗曲线，划分为地面径流 RS 和下渗水量 FA ，FA 在向下的运动过程中，在土壤缺水量大的面积上，补充土壤含水量，不产流；在土壤缺水量小的面积上，补足土壤缺水量后，产生地面以下径流 RR 。显而易见，垂向混合产流计算中，地面径流 RS 取决于雨强和前期土湿，可用超渗产流计算模式；地面以下径流 RR（包括壤中流和地下径流）取决于前期土壤含水量 W 和下渗水量 FA ，属蓄满产流计算模式。垂向混合产流中蓄满、超渗的流域面积比例是随前期土壤含水量 W 和下渗水量 FA 的变化而改变的，即

$$\alpha = 1 - \left(1 - \frac{FA + a}{W_{mm}}\right)^B \tag{2.138}$$

面积比例为 α 的部分为蓄满产流，剩余流域面积为超渗产流或不产流。

垂向混合产流计算模式可由下列公式组成：

$$RS = P - FA \tag{2.139}$$

$$FA = \begin{cases} \bar{f}\Delta t & [P \geqslant \bar{f}(BF+1)\Delta t] \\ \left\{\bar{f} - \bar{f}\left[1 - \dfrac{P}{\bar{f}(1+BF)}\right]^{BF+1}\right\}\Delta t & [P < \bar{f}(BF+1)\Delta t] \end{cases} \tag{2.140}$$

$$RR = \begin{cases} FA + W - WM & (FA + a \geqslant W_{mm}) \\ FA + W - WM + WM\left(1 - \dfrac{FA + a}{W_{mm}}\right)^{B+1} & (FA + a < W_{mm}) \end{cases} \tag{2.141}$$

$$R = RS + RR \tag{2.142}$$

【例题】 陡河水库流域面积为 519km^2，多年平均降雨量为 680mm 左右，年均径流系数约 0.2，已发生的洪水中，有些以蓄满产流为主，有些以超渗产流为主，因此，可采用混合产流模型。确定的模型参数为 WM=250mm，WUM=15mm，WLM=85mm，B=0.30 初始土壤含水量为 63.5mm，算例见表 2.24。

计算步骤如下：

1) 据式 (2.117) 由 W 求流域平均下渗能力 f 。

2) 按式 (2.135) 求流域时段下渗量 FA 。

3) 按式 (2.136) 求地面产流量 RS 。

4) 按式 (2.58) 由 FA 求 a 。

5) 据式 (2.141) 由 FA 求地下径流 RR 。

6）得总产流量 $R = RS + RR$ 。

7）求土壤水分补充量 ΔW ，$\Delta W = P - E - R$ 。

8）时段末土壤含水量为 $W + \Delta W$ ，再回到 1)，逐时段循环进行。

表 2.24 中，降雨初始流域缺水量大，遇大雨强时段，产流以地面径流为主（表 2.24 中第 4、5、8 时段）。本次降雨的地面径流占总径流的 90%以上，而地面以下径流不足 8%。说明本流域以超渗产流为主。第 4 时段系全流域产生地面径流，按式（2.138）计算产生地面以下径流的面积比例为

$$\alpha = 1 - \left(1 - \frac{7.6 + 70.2}{250 \times 1.3}\right)^{0.3} = 0.079$$

即该时段内仅 7.9%的流域面积为蓄满产流，约 92%的面积为超渗产流。随着降雨过程的继续，土壤含水量增大，地面以下径流比例有所增加，如第 24、25、26、27 等时段 $RR > RS$ 。

表 2.24 **混合产流计算示例**

t（Δt）	P/mm	E/mm	W/mm	f/(mm/Δt)	FA/mm	RS/mm	RR/mm	R/mm	ΔW/mm
1	1.7	0.1	63.5	7.7	1.6	0.1	0.1	0.2	1.4
2	1.8	0.1	64.9	7.7	1.7	0.1	0.1	0.2	1.5
3	1.7	0.1	66.4	7.6	1.6	0.1	0.1	0.2	1.4
4	22.3	0.1	67.8	7.6	7.6	14.7	0.6	15.3	6.9
5	19.5	0.1	74.7	7.3	7.3	12.2	0.6	12.8	6.6
6	0.9	0.1	81.3	7.1	0.9	0.0	0.1	0.1	0.7
7	9.1	0.1	82.0	7.0	6.2	2.9	0.6	3.5	5.5
8	15.9	0.1	87.5	6.9	6.9	9.0	0.7	9.7	6.1
9	5.5	0.1	93.5	6.6	4.4	1.1	0.5	1.6	3.8
10	0.8	0.1	97.3	6.5	0.8	0.0	0.1	0.1	0.6
11	2.6	0.1	97.9	6.5	2.3	0.3	0.3	0.5	2.0
12	0.7	0.1	99.9	6.4	0.7	0.0	0.1	0.1	0.5
13	3.5	0.1	100.4	6.4	3.0	0.5	0.3	0.8	2.6
14	3.8	0.1	103.0	6.3	3.2	0.6	0.4	1.0	2.7
15	0.6	0.1	105.8	6.2	0.6	0.0	0.1	0.1	0.4
16	0.4	0.1	106.2	6.2	0.4	0.0	0.0	0.1	0.2
17	5.1	0.1	106.4	6.2	4.0	1.1	0.5	1.6	3.4
18	3.7	0.1	109.9	6.0	3.1	0.6	0.4	1.0	2.6
19	1.2	0.1	112.5	5.9	1.1	0.1	0.1	0.2	0.9
20	1.3	0.1	113.4	5.9	1.2	0.1	0.2	0.2	1.0
21	2.5	0.1	114.4	5.9	2.2	0.3	0.3	0.6	1.8

续表

t（Δt）	P/mm	E/mm	W/mm	f/(mm/Δt)	FA/mm	RS/mm	RR/mm	R/mm	ΔW/mm
22	4.6	0.1	116.2	5.8	3.7	0.9	0.5	1.4	3.1
23	3.9	0.1	119.3	5.7	3.2	0.7	0.5	1.1	2.7
24	1.1	0.1	122.0	5.6	1.0	0.1	0.2	0.2	0.8
25	1.2	0.1	122.8	5.6	1.1	0.1	0.2	0.2	0.9
26	1.3	0.1	123.6	5.5	1.2	0.1	0.2	0.3	0.9
27	0.5	0.1	124.6	5.5	0.5	0.0	0.1	0.1	0.3
Σ	117.2	2.7	124.9	173.6	71.6	45.6	7.6	53.2	61.4

在垂向混合产流计算中，若取 $B=0$，即为超渗产流模式；同理，若取 $BF=0$，FC 取得足够大即属蓄满产流。过去，国内对混合产流模型研究不多，近几年有发展，是今后流域产流理论研究的一个重要方向。

参 考 文 献

[1] 林三益. 水文预报 [M]. 北京：中国水利水电出版社，2000.

[2] 长江水利委员会. 水文预报方法 [M]. 北京：水利电力出版社，1993.

[3] 华东水利学院. 中国湿润地区洪水预报方法 [M]. 北京：水利电力出版社，1993.

[4] Ray K. Linsely, et al. Hydrology for Engineers [M]. New York: McGraw-Hill Book Company, 1982.

[5] 芮孝芳. 水文学原理 [M]. 北京：中国水利水电出版社，2004.

[6] 包为民. 格林-安普特下渗曲线的改进应用 [J]. 人民黄河，1993 (9).

[7] M. J. 柯克比. 山坡水文学 [M]. 刘新仁，等. 译. 哈尔滨：哈尔滨工业大学出版社，1989.

[8] 赵人俊. 流域水文模型——新安江模型与陕北模型 [M]. 北京：水利电力出版社，1984.

[9] H. L. Penman. Estimation Evaporation [J]. Trans. Am. Geophys. Union. Vol. 37，1956.

[10] D. K. Todd. Groundwater Hydrology [M]. New York: Wiley，1980.

[11] 包为民. 黄土地区流域水沙模拟概念模型与应用 [M]. 南京：河海大学出版社，1995.

[12] W. T. Sittner, C. E. Schauss, J. S. Morno. Continuous Hydrograph Synthesis with an API—Type Hydrologic Model [J]. Water Resources Research. Vol. 5，No. 5，1969.

[13] 水利电力部水文水利管理司. 水文预报技术经验汇编 [M]. 北京：水利电力出版社，1978.

[14] 长江流域规划办公室. 水文预报论文集 [M]. 北京：水利电力出版社，1985.

[15] 文康，等. 流域产流计算的数学模型 [J]. 水利学报，1982 (8).

[16] Ven Te Chow. Handbook of Applied Hydrology [M]. New York: McGraw-Hill Book Company, 1964.

[17] 水利电力部南京水文水资源研究所. 水文水资源论文选 [M]. 北京：水利电力出版社，1987.

[18] 苏联水文气象委员会水文气象科学研究中心. 水文预报指南 [M]. 张瑞芳，等译. 北京：中国水利水电出版社，1998.

[19] 葛守西. 现代洪水预报技术 [M]. 北京：水利电力出版社，1989.

[20] 张恭肃，等. 洪水预报技术 [M]. 北京：水利电力出版社，1989.

[21] 芮孝芳. 河流水文学 [M]. 南京：河海大学出版社，2003.

[22] 芮孝芳. 径流形成原理 [M]. 南京：河海大学出版社，2004.
[23] R. 赫尔曼. 水文学导论 [M]. 北京：高等教育出版社，1985.
[24] 雷志栋，杨诗秀，谢森传. 土壤水动力学 [M]. 北京：清华大学出版社，1988.
[25] 李长兴，沈晋. 考虑土壤特性空间变异的流域产流模型 [J]. 水利学报，1989 (10).
[26] Kidanidis P. K., Brass R. L. Real-Time Forecasting with a Conceptual Hydrologic Model [J]. Water Resour. Res. 16 (6), 1980.
[27] 沈晋，王文焰，沈冰. 动力水文实验研究 [M]. 西安：陕西科学技术出版社，1991.
[28] 芮孝芳. 关于降雨产流机制的几个问题的讨论 [J]. 水利学报，1996 (9).
[29] 包为民，王从良. 垂向混合产流模型及应用 [J]. 水文，1997 (3)：18-22.
[30] M. A. Kohler, L. H. Parmele. Generalized Estimates of Free-Water Evaporation [J]. Water Resour. Res. Vol. 3, 1967.
[31] E. A. Anderson, D. R. Baker. Estimating Incident Terrestrial Radiation Under All Atmospheric Conditions [J]. Water Resour. Res. Vol. 3, 1967.
[32] J. E. Nash. A Unit Hydrologic Study with Particular Reference to British Catchments [J]. Pros. Inst. C. E. Vol. 17, 1960.
[33] 瞿思敏，包为民，张明，等. 新安江模型与垂向混合产流模型的比较 [J]. 河海大学学报，2003，31 (4)：374-378.
[34] 庄一鸰，等. 湿润地区地下水丰富流域降雨径流流域模型 [J]. 华东水利学院学报，1980 (2).

第3章　流　域　汇　流[1]

流域汇流是研究流域上地面径流、壤中流和地下径流如何汇集为流域出口断面的流量过程。第2章流域产流所介绍的一些概念和方法是本章汇流计算的基础。

3.1　概　　述

流域按照调蓄作用与模拟结构的差异，通常被划分为坡地和河网两个基本部分。降落在河流水面上的雨水直接通过河网汇集到流域出口断面；降落在坡地上的雨水，一般要从两条不同的途径汇集至流域出口断面：一条是沿着坡地地面汇入相近的河流，接着汇入更高级的河流，最后汇集至流域出口断面；另一条是下渗到坡地地面以下，在满足一定的条件后，通过土层中各种孔隙汇集至流域出口断面。值得一提的是，以上两条汇流途径有时可能交替进行，成为所谓串流现象。由此可见，流域汇流由坡地地面水流运动、坡地地下水流运动和河网水流运动所组成，是一种比单纯的明渠水流和地下水流更为复杂的水流现象。雨水降落在坡面上形成坡地地面水流（地面径流）和坡地地下水流（壤中水径流和地下水径流），经过坡地调蓄向河槽汇注，这一过程称为坡地汇流阶段。汇注入河槽的坡地水流和降落在河流水面上的雨水经过河槽调蓄，汇集至流域出口断面而形成出流过程，则称为河网汇流阶段。坡地与河网在汇流特性上有很大差别。在坡地汇流阶段，地面径流沿坡面向河槽汇注过程中，受到的地面阻力相对于河道水流要大些，因而流速较小，但其流程不长，常只有百米至数百米左右，所以地面径流汇流时间一般不长，大约只有几十分钟。坡地地下水流属于渗流，由于其流速一般比地面水流小得多，因此地下水流汇流时间总是比地面水流汇流时间长得多。在地下不同层次土层中产生的地下径流，在汇流时间上也是有差别的。浅层疏松土层中形成的壤中流，流速相对较大，视为快速地下径流；而在更深的土层中形成的地下径流，流速相对较慢，视为慢速地下径流，其汇流历时长，常以日、月计；壤中流的汇流时间则介于地面径流与地下径流之间。在河网汇流阶段，各种水源注入河槽后，受到相同的河槽水力条件的制约，但因注入河网的地点不同，流经河网所受的调蓄作用也不同，且由于干、支流洪水波之间的相互干扰，使河网汇流更为复杂。河网汇流路径长，因此，汇流历时常可达几小时、几天，视流域的大小而定。

由此可见，在流域汇流计算中，首先要区分水源，其次是要处理好各种水源因流速变化引起的非线性现象以及因降雨量和下垫面条件在面上分布不均导致各处水源入流不均对流域汇流的影响。在实际预报时，由于预报的对象及流域条件不同，方法的侧重面会有所不同。超渗产流的流域，以地面径流为主，但蓄满产流流域壤中流与地下径流丰富，水源问题突出。流域越大，降雨及下垫面的不均一性愈剧烈，对于小流域，有可能将流域作为整体进行计算，但对大流域，往往需划分单元以考虑其间的不均匀性。自电子计算机技术用于水文预报工作后，通过建立流域水文模型（第 5 章）使降雨产流量与流域汇流的计算处理得更细致，物理概念更清晰，计算方法日趋完善。总之，在水文预报实际工作中，在选择汇流计算方法和技术途径时，应视流域的条件和预报对象的具体情况而定。

3.2 单　位　线

3.2.1 单位线的定义

单位线的定义：在给定的流域上，单位时段内时空分布均匀的一次降雨产生的单位净雨量，在流域出口断面所形成的地面（直接）径流过程线，称为单位线，记为 UH。单位净雨量常取 10.0mm，单位时段长可任取，例如 1h、3h、6h、…。净雨历时趋于无限小（$\Delta t \to 0$）的单位线，称为瞬时单位线，记为 IUH。

当由实际降雨量和流量过程线分析推求 UH 时，因净雨过程既不是 1 个时段，也不是 1 个单位，故需作一些假定，可归纳为两点：

（1）如果单位时段内净雨深是 N 个单位，它所形成的出流过程的总历时与 UH 相同，流量值则是 UH 的 N 倍。

（2）如果净雨历时是 m 个时段，则各时段净雨量所形成的出流量过程之间互不干扰，出口断面的流量过程等于 m 个流量过程之和。

由以上假定，净雨 r_d、出流 Q_d 与 UH 纵标值 q 之间关系如下：

$$Q_{d,t} = \sum_{j=k_1}^{k_2} r_{d,j} q_{t-j+1} \tag{3.1}$$

式中　Q_d——流域出口断面时段末直接径流流量，m^3/s；

r_d——时段净雨量（用单位净雨量的倍数表示）；

q——单位线时段末流量，m^3/s；

t——直接径流流量时序，$t=1, 2, 3, \cdots, m+n-1$，其中 m 为净雨时段数，n 为时段单位线时段数；

k_1、k_2——累积界限，其取值分别取决于 t 与 n 和 m 的相对大小，其分段取值为

$$k_1 = \begin{cases} 1 & (t < n) \\ t-n+1 & (t \geqslant n) \end{cases}$$

$$k_2 = \begin{cases} t & (t < m) \\ m & (t \geqslant m) \end{cases}$$

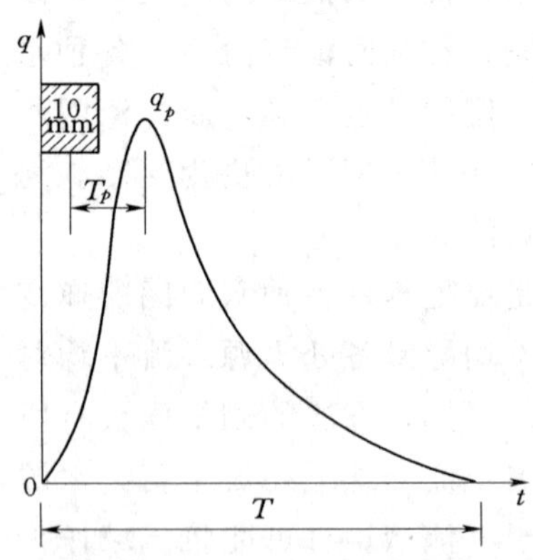

图 3.1　单位线的三要素示意图

控制单位线形状的指标有单位线洪峰流量 q_p、洪峰滞时 T_p 及单位线总历时 T，常称单位线三要素，如图 3.1 所示。

由式（3.1）可知，如果 UH 已知，即可由净雨转换为出流，计算十分简便。以上阐述了单位线法推求流域出口断面流量过程的原理。下面根据线性系统的理论进一步加以分析。

单位线法不考虑净雨与下垫面的不均匀性，将流域视为整体，并符合倍比性、叠加性条件，属线性时不变系

统，可用线性常系数微分方程来描述。根据系统响应函数的概念，由泛函数理论求解线性常微分方程，可导出线性系统的一种卷积方程表达形式为

$$Q_d(t)=\int_0^t u(0,\ t-\tau)r_d(\tau)\mathrm{d}\tau \tag{3.2}$$

式（3.2）表示系统的输出 $Q_d(t)$ 可由系统的输入 $r_d(t)$ 经过线性运算求得，运算的核函数 $u(0,\ t-\tau)$ 称瞬时单位线（或瞬时汇流曲线），记为IUH，即输入为瞬时脉冲时系统的响应。对比式（3.1）和式（3.2）可知，式（3.1）是式（3.2）的离散形式，其输入为矩形脉冲，UH是时段离散的汇流曲线，常称为时段单位线。

UH作为线性时不变系统的汇流曲线，是由输入、输出的实测资料反演的，并没有给出它的物理机制。因此，UH是“黑箱”模型，推求UH的唯一准则是输入通过UH转换得到的系统响应误差最小。

3.2.2 单位线的推求

3.2.2.1 时段单位线（UH）的推求

传统的时段单位线推求方法有分析法、图解法、试错法、最小二乘法等，这里只介绍常用的分析法和试错法。

推求单位线之前，先需做好下列准备工作：

（1）选择若干场历时较短的单峰降雨过程所形成的单峰洪水过程（最好是大中型洪水），点绘流量过程线后分割基流及前期洪水的退水，计算出本次洪水的直接径流深。

（2）计算时段 Δt 的确定，主要考虑洪水过程峰形的控制，以及与报汛时段的配合。一般取涨洪历时的1/4～1/3，与流域面积大小有关，且是报汛时段长或其倍数。

（3）根据 Δt 划分净雨及流量过程，要求：洪峰位于计算时间上，不漏此值；时段内雨强变化均匀，不破坏主要产流雨的雨型，如图3.2所示。

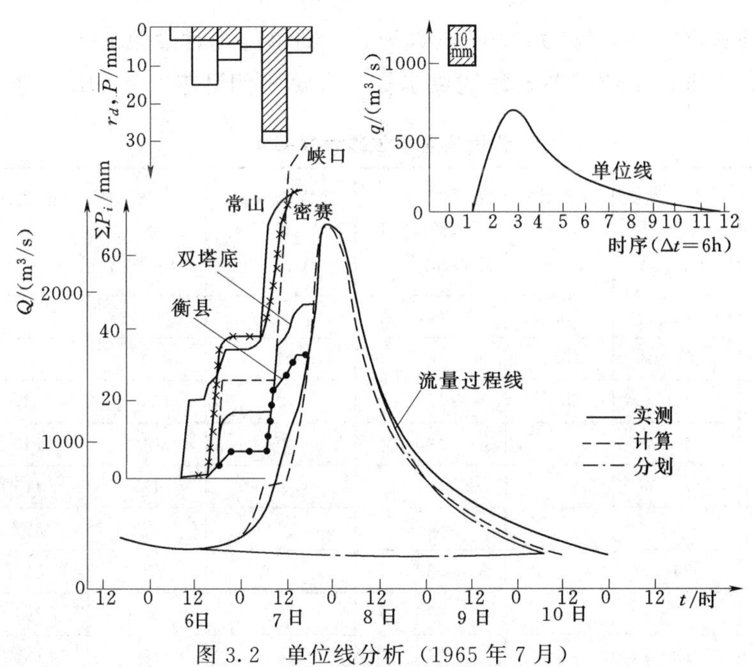

图3.2 单位线分析（1965年7月）

(4) 确定时段净雨量，并使净雨量等于直接径流深，若不相等，应分析误差来源，消除误差，同时，不能改变原来的雨型。

如果次洪净雨历时为1个时段，据单位线假定，只需将 Q_d-t 各时序纵坐标除以 r_d（注：表示为10mm的倍数，下同），即得UH。

多时段净雨，可用下面介绍的方法推求UH。在求出单位线后，还须检查单位线的径流量是否为10mm，一般要求计算误差小于或等于0.1mm。

1. 直接代数解（又称分析法）

由式（3.1）可知

$$Q_{d,1}=r_{d,1}q_1 \tag{3.3}$$

$$Q_{d,2}=r_{d,1}q_2+r_{d,2}q_1 \tag{3.4}$$

$$\cdots$$

因此式（3.1）为一个多元线性代数方程组，求解方程组可得未知坐标 q_1、q_2、…的数值。最简单的解法是逐一消去法。由式（3.3），$Q_{d,1}$、$r_{d,1}$ 已知，可解得 q_1：

$$q_1=\frac{Q_{d,1}}{r_{d,1}}$$

q_1 已知，代入式（3.4），可得 q_2：

$$q_2=\frac{Q_{d,2}-r_{d,2}q_1}{r_{d,1}}$$

如此递推而下，得

$$q_i=\frac{Q_{d,i}-\sum_{j=2}^{k_2}r_{d,j}q_{i-j+1}}{r_{d,1}} \quad (i=1,2,3,\cdots,n) \tag{3.5}$$

式中符号意义同式（3.1），若 Q_d 的时段数为 L，则单位线时段数 $n=L-m+1$。

依据上式，可求得单位线各时段的纵坐标。计算实例见表3.1和图3.3。

表3.1　分析法求单位线计算实例

时间 /(月.日 时：分)	地面径流量 $Q_{d,i}$ /(m³/s)	净雨 $r_{d,i}$ /mm	净雨15.7mm产生的径流 /(m³/s)	净雨5.9mm产生的径流 /(m³/s)	单位线纵高 q_i /(m³/s)	修正单位线 $q(t)$ /(m³/s)	单位线时段数 /($\Delta t=12$h)
(1)	(2)	(3)	(4)	(5)	(6)	(7)	(8)
9.24 9：00	0	15.7	0		0	0	0
9.24 21：00	120	5.9	120	0	76	76	1
9.25 9：00	275		230	45	146	146	2
9.25 21：00	737		651	86	415	415	3
9.26 9：00	1085		841	244	523	523	4
9.26 21：00	840		532	308	339	345	5
9.27 9：00	575		376	199	240	241	6
9.27 21：00	389		248	141	158	157	7

续表

时间 /(月.日 时：分)	地面径流量 $Q_{d,i}$ /(m³/s)	净雨 $r_{d,i}$ /mm	净雨 15.7mm 产生的径流 /(m³/s)	净雨 5.9mm 产生的径流 /(m³/s)	单位线纵高 q_i /(m³/s)	修正单位线 $q(t)$ /(m³/s)	单位线时段数 /(Δt = 12h)
9.28 9：00	261		168	93	107	110	8
9.28 21：00	180		117	63	75	73	9
9.29 9：00	128		84	44	53	52	10
9.29 21：00	95		63	32	40	42	11
9.30 9：00	73		49	24	31	37	12
9.30 21：00	55		37	18	24	31	13
10.1 9：00	40		26	14	17	26	14
10.1 21：00	29		19	10	12	21	15
10.2 9：00	19		12	7	8	16	16
10.2 21：00	12		7	5	5	10	17
10.3 9：00	6		3	3	2	5	18
10.3 21：00	1		0	1	0	0	19
10.4 9：00	0			0			20
合计					2271	2326	

注 1，2，3，…

说明：

从表 3.1 第（2）栏中，已知 $Q_{d,1}=120\text{m}^3/\text{s}$，$r_{d,1}=15.7\text{mm}$，因为 $Q_{d,1}=r_{d,1}q_1$，所以 $q_1=\dfrac{120}{15.7/10}=76\text{m}^3/\text{s}$，即单位线第一时段末的纵坐标值，写在第（6）栏。

又知 $r_{d,2}=5.9\text{mm}$，它在第二时段末所产生的部分径流量为 $r_{d,2}q_1=\dfrac{5.9}{10}\times 76=45\text{m}^3/\text{s}$，写在第（5）栏。因 $r_{d,1}q_2=Q_{d,2}-r_{d,2}q_1=275-45=230\text{m}^3/\text{s}$，写在

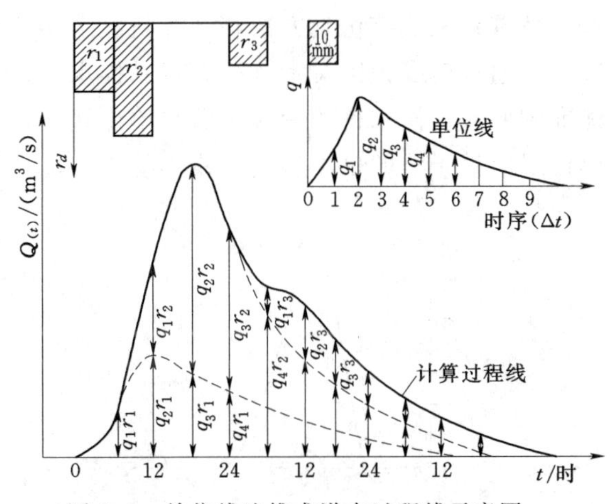

图 3.3 单位线法推求洪水过程线示意图

第（4）栏，故知 $q_2=\dfrac{Q_{d,2}-r_{d,2}q_1}{r_{d,1}}=230\times\dfrac{10}{15.7}=146\text{m}^3/\text{s}$。它是单位线第二时段末的纵坐标值，写在第（6）栏。如此类推，即可求得表中第（6）栏全部数值。

已知该流域面积是 10048km²，检查单位线的总量［第（6）栏各时段流量之和］是否是 10mm 净雨量，$r_d=\dfrac{1}{A}\sum q(t)t=\dfrac{1}{10048\times1000\times1000}\times 2271\times12\times60\times60=9.8\text{mm}$。因不足 10mm，故修正，其值列为第（7）栏。

此法虽较简便，但因估算净雨量的误差、流量测验的误差以及净雨量的时空变化等原因，常导致单位线后段的纵坐标出现锯齿形，有时甚至为负。这时要以单位线总量10mm、单峰和过程光滑为控制条件来调整锯齿形的纵标。

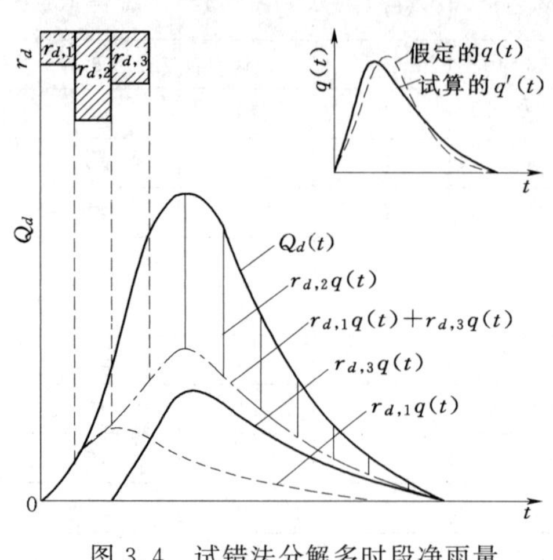

图 3.4 试错法分解多时段净雨量形成的单位线

2. 试错法

科林（W. T. Collins）曾提出一个具有迭代法含义的试错计算法，最适用于多时段净雨过程和有一个时段净雨量比较大的情况。首先将本流域中由一个时段净雨量分析得到的单位线作为第一次假定的单位线 $q(t)$ 所示，求出最大时段净雨量以外的各时段净雨量产生的部分地面径流过程，如图 3.4 中的 $r_{d,1}q(t)$、$r_{d,3}q(t)$ 所示，把它们错开时段叠加，与总地面径流过程相减，相差值就是最大时段净雨量 $r_{d,2}$ 所产生的部分地面径流过程 $r_{d,2}q(t)$，把它乘以 $\frac{10}{r_{d,2}}$，就得一条试算单位线 $q'(t)$。若与第一次假定单位线 $q(t)$ 接近，即为所求。否则将两条单位线相应的纵坐标平均值，作为第二次假定的单位线。重复上述步骤，直至假定单位线与试算单位线基本相符为止，计算实例参见图 3.4 和表 3.2。

随着系统数字仿真方法和计算机技术的发展，单位线被视作系统输入-输出的响应函数，可通过离线识别技术（第 5 章）推求之。由于系统理论只要求响应函数能满足系统最优准则要求，使求得的响应函数（单位线）常出现振荡甚至有负值的现象（图 3.5），这与单位线应呈光滑的单峰型过程线不符。为此，需加入约束条件[2] 进行约束。

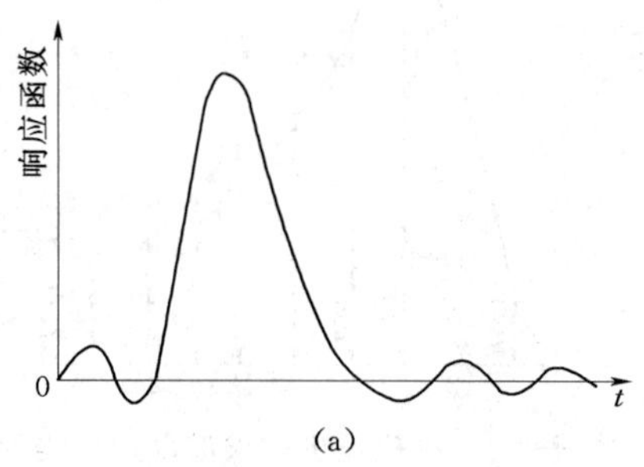

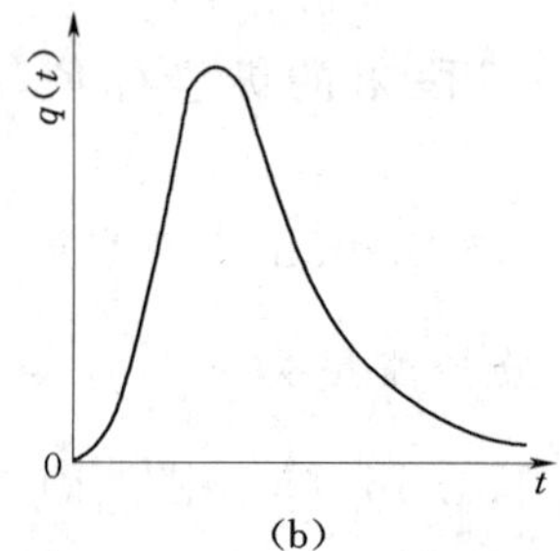

图 3.5 响应函数与单位线示意图

1973 年，托迪尼（Todini）在约束线性系统（CLS）模型[3] 中，建议在两个约束条件下识别系统响应函数。

（1）单位线纵坐标为非负值，即 $q_i \geqslant 0$，$i=0, 1, 2, \cdots, n-1$；

（2）净雨转换为径流时，总水量不变，即水量平衡。

满足上述两约束条件的响应函数最优解，有时会发生单位线纵坐标在正值区间内振荡（图 3.6），仍不符合 UH 的要求。

表 3.2 科林法求单位线计算实例（南河开峰谷站）

时段 Δt /6h	时间 t/(日 时:分)	时段净雨量 $r_{d,i}$ /mm	实测地面径流量 $Q_{d,i}$ /(m³/s)	1.8mm的径流量 $Q_{d,1}$ /(m³/s)	10.3mm的径流量 $Q_{d,2}$ /(m³/s)	3.4mm的径流量 $Q_{d,4}$ /(m³/s)	1.6mm的径流量 $Q_{d,5}$ /(m³/s)	各部分径流量之和 $\Sigma Q_{d,i}$ /(m³/s)	第(9)栏径流量的均值 /(m³/s)	14.7mm的径流量 $Q_{d,3}$ /(m³/s)	试算的UH $q'(t)$ /(m³/s)	假定的UH $q(t)$ /(m³/s)	平均的UH $q(t)$ /(m³/s)	调整的UH $q(t)$ /(m³/s)
(1)	(2)	(3)	(4)	(5)	(6)	(7)	(8)	(9)=(5)+(6)+(7)+(8)	(10)	(11)	(12)	(13)	(14)	(15)
0	2 11:00			0				0		0				
1	2 17:00	1.8		0	0			0	0	0	0			
2	2 23:00	10.3		54	0			54	0	0	0	0	0	0
3	3 5:00	14.7	230	162	309	0		471	262	−32	−22	0	−11	0
4	3 11:00	3.4	1120	65	927	0	0	992	732	388	264	300	282	380
5	3 17:00	1.6	1970	41	371	102	0	514	753	1217	828	900	864	1000
6	3 23:00		1340	31	237	306	48	622	568	772	525	360	443	340
7	4 5:00		843	23	175	122	144	464	543	305	207	230	219	190
8	4 11:00		600	18	134	78	58	288	376	224	152	170	161	140
9	4 17:00		440	14	103	58	37	212	250	190	129	130	130	110
10	4 23:00		320	11	82	44	27	164	188	132	90	100	95	90
11	5 5:00		230	7	62	34	21	124	144	86	59	80	70	70
12	5 11:00		180	5	41	27	16	89	106	74	50	60	55	50
13	5 17:00		140	4	31	20	13	68	78	62	42	40	41	30
14	5 23:00		110	2	21	14	10	47	58	52	35	30	33	20
15	6 5:00		80	0	10	10	6	26	36	44	30	20	25	10
16	6 11:00		50		0	7	5	12	19	31	21	10	16	0
17	6 17:00		40			3	3	6	9	31	21	0	11	0
18	6 23:00		20			0	2	2	4	16	11		6	
19	7 5:00		0				0	0	0	0	0		0	

1983 年，葛守西提出一种三约束条件的识别方法，即在上述两种约束条件下，增加一组无振荡约束条件，采用方柯（Fiacco）的松弛无约束极小化方法，提出了具体的数字仿真方法，取得满意的实用效果，详见第 7 章文献[2]。

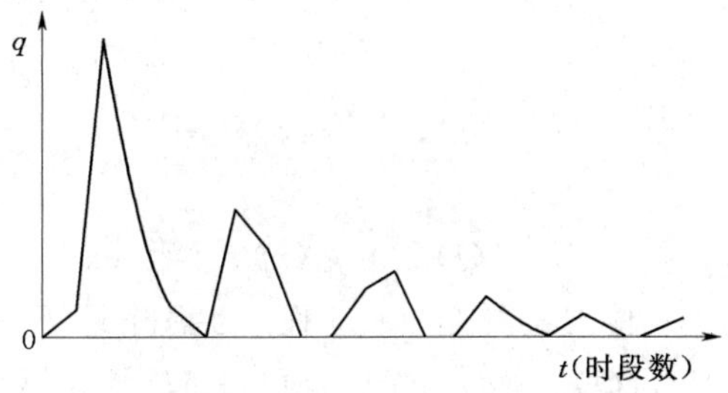

图 3.6 两约束条件识别的单位线示意图

3.2.2.2 瞬时单位线的推求

克拉克（C. O. Clark）于 1945 年提出了瞬时单位线（IUH）的概念，其后纳须（J. E. Nash）、杜格（J. C. I. Dooge）、周文德（T. V.

Chow)、加里宁等进一步发展了 IUH。目前，生产上应用较广的是纳须的 IUH 模型，因此，这里只讨论纳须瞬时单位线的推求方法。

纳须把流域看作是 n 个等效线性水库的串联，如图 3.7 所示。

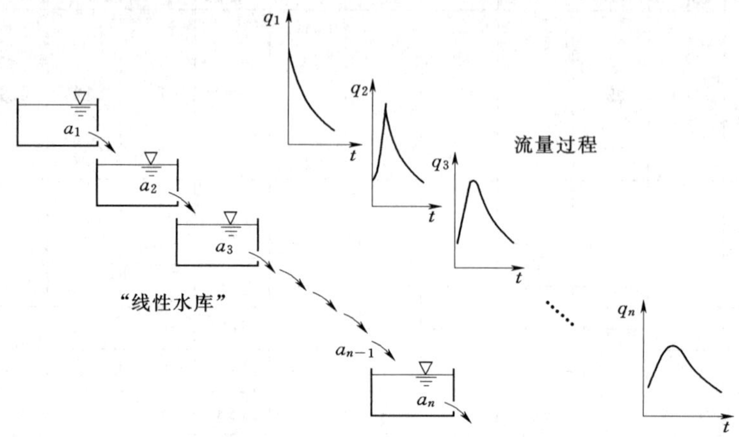

图 3.7　J. E. Nash 模型示意图

一个单位的瞬时入流通过串联的 n 个等效线性水库的调蓄，其出流就是瞬时单位线 IUH，可以推导出其数学表达式为

$$u(0,\ t)=\frac{1}{k\Gamma(n)}\left(\frac{t}{k}\right)^{n-1}\mathrm{e}^{-\frac{t}{k}} \tag{3.6}$$

当确定式中 n 和 k 两参数值后，IUH 即可求得。采用矩法，可求得瞬时单位线 $u(0,\ t)$ 的一阶原点矩和二阶中心矩分别为

$$M^{(1)}(u)=nk$$

$$N^{(2)}(u)=nk^2$$

联立求解上述两式即可求得 n 和 k

$$k=\frac{N^{(2)}(u)}{M^{(1)}(u)} \tag{3.7}$$

$$n=\frac{M^{(1)}(u)}{k} \tag{3.8}$$

且有

$$M^{(1)}(u)=M^{(1)}(Q)-M^{(1)}(r) \tag{3.9}$$

$$N^{(2)}(u)=N^{(2)}(Q)-N^{(2)}(r) \tag{3.10}$$

式中　$M^{(1)}(Q)$、$M^{(1)}(r)$、$M^{(1)}(u)$——流域出口断面流量过程 $Q(t)$、净雨量过程 $r(t)$ 和 IUH 的一阶中心矩（图 3.8）；

$N^{(2)}(Q)$、$N^{(2)}(r)$、$N^{(2)}(u)$—— $Q(t)$、$r(t)$ 和 IUH 的二阶中心矩。

根据实测 $Q(t)$ 过程（已割除地下水）和 $r(t)$ 过程资料求得 $M^{(1)}(Q)$、$M^{(1)}(r)$ 和 $N^{(2)}(Q)$、$N^{(2)}(r)$ 后，可得 $M^{(1)}(u)$ 和 $N^{(2)}(u)$ 值，再计算得 n 和 k；查专用表可求得 $S(t)$ 曲线，然后转换为时段单位线 UH。求矩计算实例见表 3.3 和表 3.4。

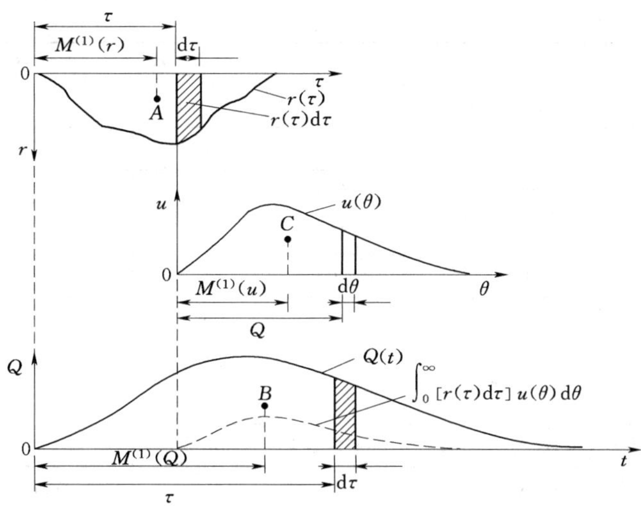

图 3.8　出流量过程、净雨量过程和 IUH 三者原点矩之间关系图

表 3.3　净雨量求矩计算示例

时间/(日 时：分)	r_i	t_i	r_it_i	$t_i-M^{(1)}(r)$	$[t_i-M^{(1)}(r)]^2$	$r_i[t_i-M^{(1)}(r)]^2$
2 8：00						
2 14：00	5.5	3	16.5	−10.3	106.1	583
2 20：00	13.5	9	122	−4.3	18.5	250
3 2：00	41.0	15	615	1.7	2.9	118
3 8：00	5.8	21	122	7.7	59.3	344
Σ	65.8		875.5			1295

注　r 单位为 mm，t 单位为 h。

表 3.4　出流量求矩计算示例

时间/(日 时：分)	Q_t	Q_i	t_i	Q_it_i	$t_i-M^{(1)}(Q)$	$[t_i-M^{(1)}(Q)]^2$	$Q_i[t_i-M^{(1)}(Q)]^2$
2 8：00	0						
2 14：00	1.0	0.5	3	1.5	−57	3249	1620
2 20：00	2.0	1.5	9	13.5	−51	2601	3900
3 2：00	29.0	15.5	15	232	−45	2025	31400
3 8：00	92.8	60.9	21	1280	−39	1521	92600
3 14：00	229	161	27	4350	−33	1089	175000
3 20：00	412	321	33	10600	−27	729	234000
4 2：00	540	476	39	18600	−21	441	210000
4 8：00	681	611	45	27400	−15	225	137000
4 14：00	753	717	51	36600	−9	81	58100
4 20：00	687	720	57	41000	−3	9	6480
5 2：00	578	633	63	39800	3	9	5700
5 8：00	470	524	69	36200	9	81	42400

续表

时间/(日 时：分)	Q_t	Q_i	t_i	$Q_i t_i$	$t_i - M^{(1)}(Q)$	$[t_i - M^{(1)}(Q)]^2$	$Q_i[t_i - M^{(1)}(Q)]^2$
5 14：00	359	414	75	31100	15	225	93200
5 20：00	242	301	81	24300	21	441	133000
6 2：00	175	209	87	18100	27	729	152000
6 8：00	131	153	93	14200	33	1089	167000
6 14：00	89.0	110	99	10900	39	1521	167000
6 20：00	61.0	75.0	105	7870	45	2025	152000
7 2：00	42.5	52.0	111	5770	51	2601	135000
7 8：00	27.1	34.8	117	4070	57	3249	113000
7 14：00	17.0	22.1	123	2720	63	3969	87800
7 20：00	10.5	13.8	129	1780	69	4761	65700
8 2：00	6.1	8.3	135	1120	75	5625	46700
8 8：00	0	3.1	141	437	81	6561	20300
Σ		5638		338454			2330800

注　Q 单位为 m^3/s，t 单位为 h。

$$M^{(1)}(r) = \frac{\sum r_i t_i}{\sum r_i} = \frac{875.6}{65.8} = 13.3(\mathrm{h})$$

$$M^{(1)}(Q) = \frac{\sum \overline{Q}_i t_i}{\sum Q_i} = \frac{338454}{5637.5} = 60(\mathrm{h})$$

$$N^{(2)}(r) = \frac{\sum r_i [t_i - M^{(1)}(r)]^2}{\sum r_i} = \frac{1295}{65.8} = 19.7(\mathrm{h}^2)$$

$$N^{(2)}(Q) = \frac{\sum \overline{Q}_i [t_i - M^{(1)}(Q)]^2}{\sum Q_i} = \frac{2330800}{5637.5} = 413(\mathrm{h}^2)$$

$$M^{(1)}(U) = M^{(1)}(Q) - M^{(1)}(r) = 60\mathrm{h} - 13.\mathrm{h} = 46.7(\mathrm{h})$$

$$N^{(2)}(U) = 413 - 19.7 = 393.3(\mathrm{h}^2)$$

根据表 3.3 和表 3.4 以及上述公式，求得

$$k = \frac{393.3}{46.7} = 8.42(\mathrm{h})$$

$$n = \frac{46.7}{8.42} = 5.55$$

3.2.3　单位线的转换

3.2.3.1　时段单位线 UH 的时段转换

在应用单位线进行汇流计算时，常常因净雨量时段长和单位线的时段长不一致而引起误差。例如净雨量时段短，所用的单位线时段长，则推算的洪峰偏低，反之偏高。解决的办法是用 S 曲线对原单位线进行时段转换。

S 曲线就是单位线 UH 各时段累积流量和时间的关系曲线，反映连续多时段单位净雨深所形成的出流量过程线，如图 3.9 所示。设原 UH 时段长为 Δt_0，现欲求时段长为 Δt

的 UH，可把两条 Δt_0 小时单位线的 S 曲线绘在同一图上，并错开欲求单位线的时段长 Δt，如图 3.10 所示，则两条 S 曲线间各纵距就是时段为 Δt 的净雨量所形成的出流量过程，其量为 $\dfrac{\Delta t}{\Delta t_0}$ 倍单位净雨深，故应把各时段纵坐标值乘以 $\dfrac{\Delta t_0}{\Delta t}$ 即为 Δt 时段 10mm 单位净雨量的 UH，其表示式为

$$q(\Delta t,\ t)=\frac{\Delta t_0}{\Delta t}[S(t)-S(t-\Delta t)] \tag{3.11}$$

算例见表 3.5 和图 3.10。

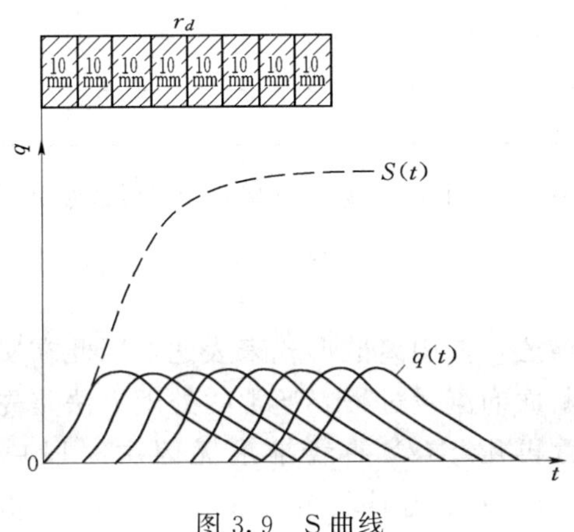

图 3.9 S 曲线

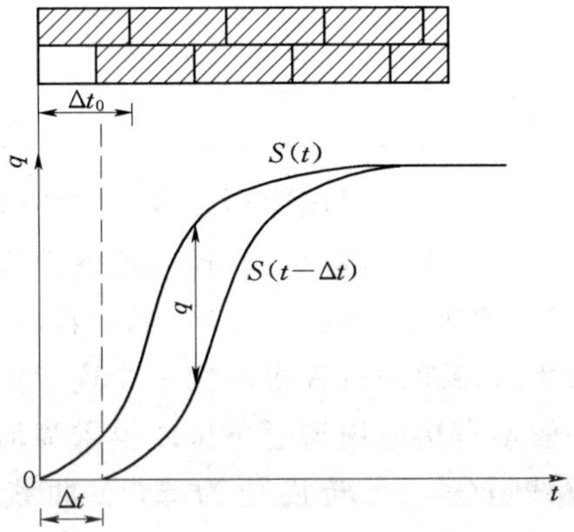

图 3.10 单位线时段转换示意图

表 3.5 **单位线时段转换计算表** 单位：m^3/s

时间/h	$q(t)$ ($\Delta t=2h$)	$\sum q(t)$ ($\Delta t=2h$)	$S(t)$ ($\Delta t=1h$)	1h 单位线 $q(1,t)$		3h 单位线 $q(3,t)$		
				$S(t-1)$	$q(1,t)=S(t)-S(t-1)$	$S(t-3)$	$S(t)-S(t-3)$	$q(3,t)$
(1)	(2)	(3)	(4)	(5)	(6)	(7)	(8)	(9)
0	0	0	0		0		0	0
1			80	0	80		80	27
2	130	130	260	80	180		260	87
3			700	260	440	0	700	233
4	550	680	1360	700	660	80	1280	427
5			1790	1360	430	260	1530	510
6	380	1060	2120	1790	330	700	1420	473
7			2380	2120	260	1360	1020	340
8	236	1296	2592	2380	212	1790	802	267
9			2750	2592	158	2120	630	210
10	147	1443	2886	2750	136	2380	506	169
11			2980	2886	94	2592	388	129

续表

时间/h	$q(t)$ ($\Delta t=2$h)	$\sum q(t)$ ($\Delta t=2$h)	$S(t)$ ($\Delta t=1$h)	1h单位线 $q(1, t)$		3h单位线 $q(3, t)$		
				$S(t-1)$	$q(1,t)=S(t)-S(t-1)$	$S(t-3)$	$S(t)-S(t-3)$	$q(3, t)$
12	85	1528	3056	2980	76	2750	306	102
13			3096	3056	40	2886	210	70
14	36	1564	3128	3096	32	2980	148	49
15			3128	3128	0	3056	72	24
16	0	1564	3128	3128		3096	32	11
17			3128	3128		3128	0	0
18		1564	3128	3128		3128		

由上述可知，时段净雨强度对单位线有影响，但用S曲线进行单位线时段转换时未能考虑雨强的作用，因此，转换时段的范围不宜超过原来时段长的一半。

3.2.3.2　瞬时单位线 $u(0, t)$ 的时段转换

由于直接净雨过程很难用一个连续函数来描述，常用离散形式来表达，因此在实际工作中一般不直接应用瞬时单位线推求流域出口断面的流量过程。通常的处理方法是先把瞬时单位线 $u(0, t)$ 转换化为 $S(t)$ 曲线，然后再用 $S(t)$ 曲线推求无因次时段单位线 $u(\Delta t, t)$，最后再把无因次时段单位线 $u(\Delta t, t)$ 转化为时段单位线 $q(\Delta t, t)$。借助时段单位线即可推求出流域出口断面流量过程。由瞬时单位线 $u(0, t)$ 推求时段单位线 $q(\Delta t, t)$ 的过程如下：

$$\left.\begin{aligned} u(\Delta t, t) &= S(t) - S(t-\Delta t) \\ S(t) &= \int_0^t u(0, t)\mathrm{d}t \\ S(t-\Delta t) &= \int_0^{t-\Delta t} u(0, t)\mathrm{d}t \\ q(\Delta t, t) &= \frac{F}{0.36\Delta t}u(\Delta t, t) \end{aligned}\right\} \tag{3.12}$$

式中　Δt——净雨时段，h；

$u(0, t)$——瞬时单位线；

$u(\Delta t, t)$——时段为 Δt 的无因次时段单位线；

$q(\Delta t, t)$——时段为 Δt 的时段单位线，m^3/s；

F——流域面积，km^2。

3.2.4　单位线综合

3.2.4.1　时段单位线的综合

实践表明，因受流域汇流系统时变非线性的影响，由各次降雨洪水资料分析求得的UH并不相同，有时差别还很大。因此，当建立流域汇流计算模型时，尚需对计算求得的UH作进一步的归纳和概化。当前生产工作中应用较广的有以下两种单位线综合法。

(1) 如果各次洪水求得的UH变化不大，则可取其平均线作为流域汇流计算所用的单

位线，如图 3.11 所示。但要注意的是 UH 峰值 q_p 和洪峰滞时 T_P 的确定要合理，由平均线计算得到的径流深应等于 10.0mm。

（2）如果各次洪水的 UH 变化较大，一般通过分析影响 UH 变化的主要因素，如降雨强度、暴雨中心位置、水源比例等，分类求得平均单位线用于流域汇流计算，算例见图 3.12 和图 3.13。

3.2.4.2 瞬时单位线综合

河网入流强度及河槽中水流流速变化等，均会影响蓄泄关系的非线性，实用中常用净雨强度反映非线性的影响。

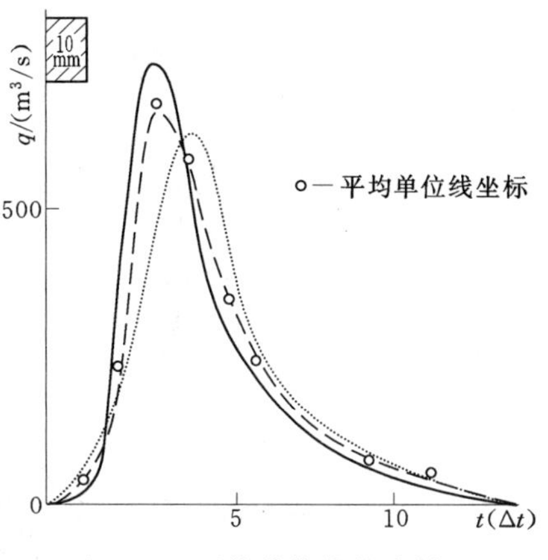

图 3.11 平均单位线的绘制

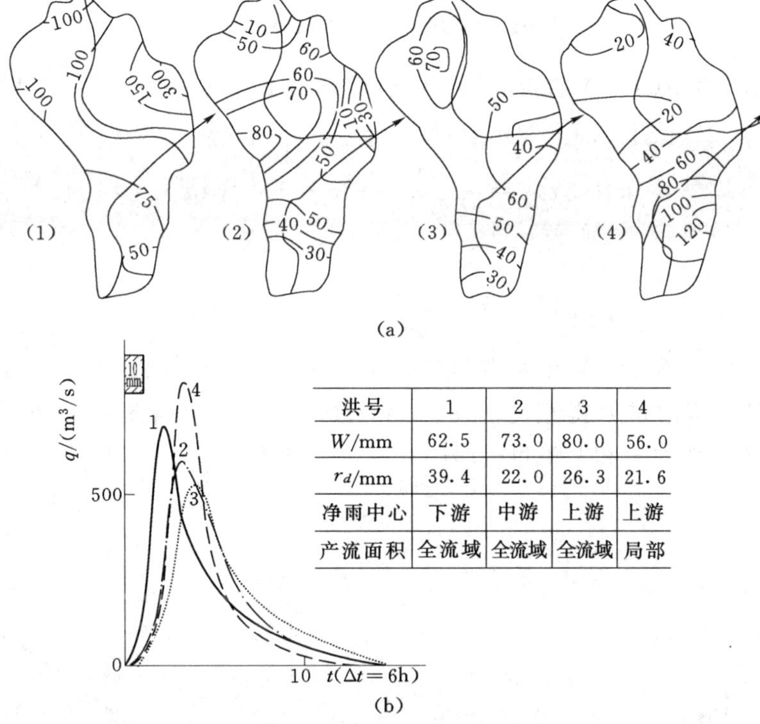

洪号	1	2	3	4
W/mm	62.5	73.0	80.0	56.0
r_d/mm	39.4	22.0	26.3	21.6
净雨中心	下游	中游	上游	上游
产流面积	全流域	全流域	全流域	局部

图 3.12 降雨分布不均匀时单位线的变化（衢县）

（a）降雨量线；（b）单位线

张恭肃[4] 建立 IUH 的滞时 $T_{L,0}$ 与时段净雨量 r 之间的关系如下：

$$T_{L,0}=C_t r^{-\alpha}$$

$$T_{L,0}=nk$$

式中 C_t——系数。

利用实测资料建立 $T_{L,0}$ 与 r 之间的经验关系曲线如图 3.14 所示，据此可推求不同净雨强度的 IUH。在一场降雨过程中多时段净雨量采用不同的 IUH 计算出流量过程，再线性叠加即为流域出流量。

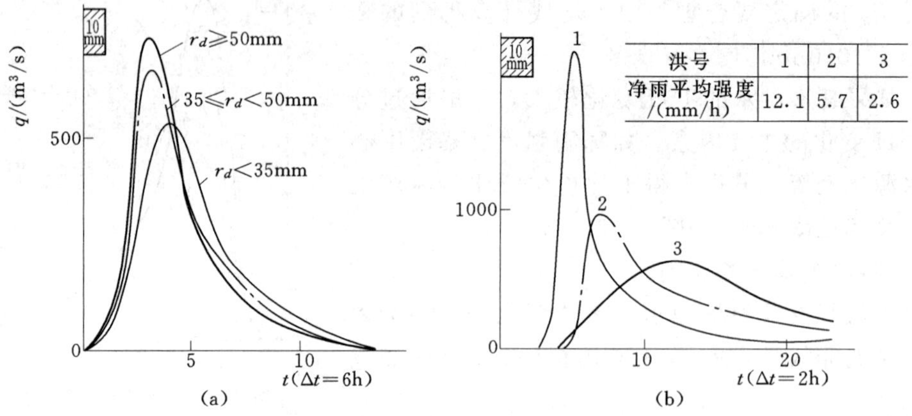

图 3.13 主雨强度和水源比重对单位线的影响

(a) 主雨强度（衢县）；(b) 不同水源比例（临沂站）

根据瞬时单位线 $u(0,\ t)$ 的表达式，可求得 IUH 的洪峰滞时 $T_{p,0}$ 和洪峰值分别为

$$T_{p,0} = (n-1)k \tag{3.13}$$

$$u(0,\ t)_p = \frac{1}{k\Gamma(n-1)}(n-1)^{n-1}\exp[-(n-1)] \tag{3.14}$$

由上两式可得

$$T_{p,0}u(0,\ t)_p = \frac{(n-1)^n}{(n-1)!}e^{-(n-1)} = f(n) \tag{3.15}$$

其关系曲线如图 3.15 所示。由实测资料建立 $T_{p,0} = f(r)$ 和 $u(0,\ t)_p = f(r)$ 关系后，在预报时，可由时段净雨量 r 得相应的 $T_{p,0}$ 和 $u(0,\ t)_p$ 值，由图 3.15 可得 n 值，由式 (3.13) 可得 k 值，按此 n 和 k 值可得净雨 r 值相应 IUH。

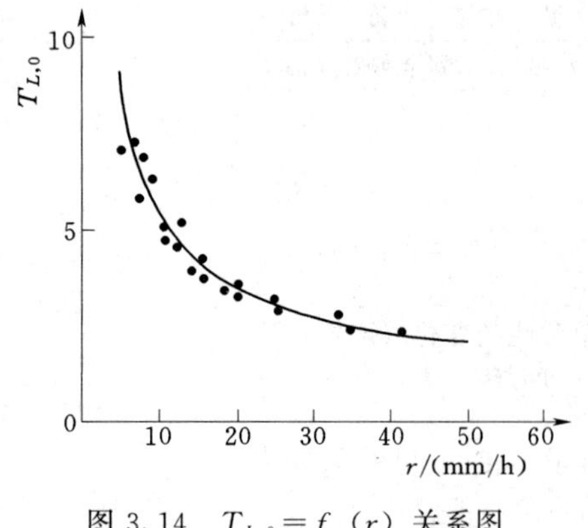

图 3.14 $T_{L,0} = f(r)$ 关系图

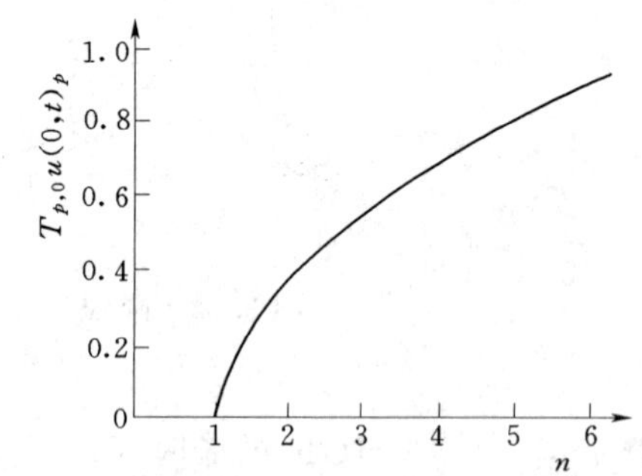

图 3.15 $T_{p,0}u(0,\ t)_p = f(n)$ 关系曲线图

对于具有足够多水文资料的流域，利用以上所述的原理和步骤即可求得推求流域出口断面流量过程线所需的单位线。但对于无资料地区，则必须通过其他途径获得汇流计算所需的单位线。由于流域的产流与汇流过程，除受气象因素作用外，与流域下垫面的自然地理特征之间也存在着一定的联系。因此，建立单位线的要素值与自然地理特征之间的相关

关系，将有助于无水文资料地区的流域汇流计算。20 世纪 30 年代末，施奈德（W. M. Snyder）提出了综合单位线的概念，不同流域或区域可以根据其自身的自然地理特征提出不同的综合时段单位线或综合瞬时单位线的经验公式，用于流域汇流计算。

3.3 等流时线法

3.3.1 基本概念和公式

假设流域中水流汇集速度分布均匀，则其中任一水滴流达出口断面的时间仅取决于它离开出口断面的距离。据此就可以绘制一组等流时线，如图 3.16 所示。相邻两条等流时线之间的流域面积称为等流时面积。按等流时线概念，瞬时降落在同一条等流时线上的水滴必将同时流达出口断面，而瞬时降落在等流时面积上的水滴将在两条相邻等流时线之间的时间流出流域出口断面。

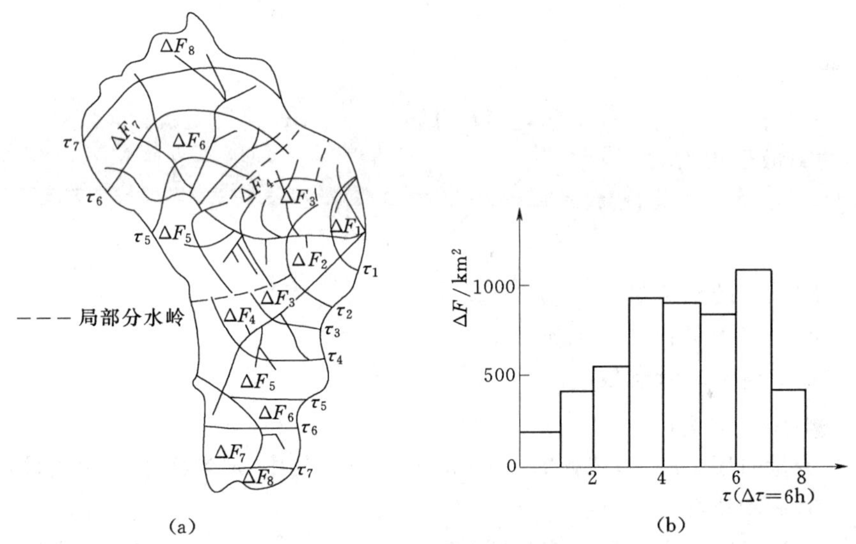

图 3.16 等流时线和时间-面积曲线（衢县）

（a）等流时线；（b）时间-面积曲线

如果以等流时面积为纵坐标，以其中水滴到达出口断面的时间为横坐标，则可建立等流时面积分配曲线，如图 3.17（a）所示，也可表示成图 3.17（b）的形式，通常称此为面积-时间曲线。设想等流时线时距 $\Delta t \rightarrow 0$，面积-时间曲线成为一连续曲线，见图 3.17（b）中的虚线。

由面积-时间曲线的物理意义可知，τ 时刻降水能对 t 时刻出流有贡献的等流时面积显然为 $dA(t-\tau)$，于是有

$$dQ(t)=r_d(i)dA(t-\tau) \tag{3.16}$$

或写成

$$dQ(t)=\frac{\partial A(t-\tau)}{\partial \tau}r_d(\tau)d\tau \tag{3.17}$$

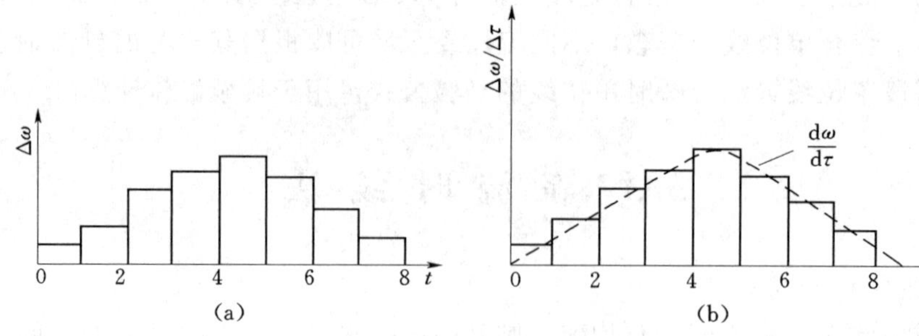

图 3.17　面积-时间曲线

式中　r_d——净雨强度；

A——等流时面积。

积分上式得

$$Q(t)=\int_0^t \frac{\partial A(t-\tau)}{\partial \tau} r_d(\tau)\mathrm{d}\tau \tag{3.18}$$

对比式（3.2）可知：

$$u(0,\ t)=\partial A(t-\tau)/\partial \tau$$

式（3.18）的离散形式为

$$Q_t=\frac{1}{\Delta t}\sum_{j=k_1}^{k_2} r_{d,\ j}\Delta A_{t-j+1} \tag{3.19}$$

式中　Q——时段末的出流量；

r_d——时段净雨量；

ΔA_i——第 i 块等流时面积；

Δt——单位时段长；

t——流量时序，$t=1,\ 2,\ 3,\ \cdots,\ m+n-1$，其中 m 为净雨量时段数，n 为等流时面积块数；

$k_1,\ k_2$——累积界限，它们的取值分别取决于 t 与 m 和 n 的相对大小，其分段取值为

$$k_1=\begin{cases}1 & (t<n)\\ t-n+1 & (t\geqslant n)\end{cases}$$

$$k_2=\begin{cases}t & (t<m)\\ m & (t\geqslant m)\end{cases}$$

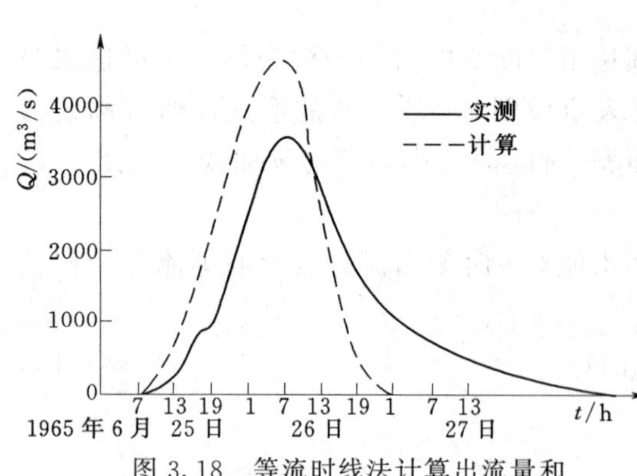

图 3.18　等流时线法计算出流量和实测出流量对比图（衢县）

等流时线法的要点是确定汇流速度 c，调整 c 值即可改变出流量过程。也可沿河网采用不同 c 值，即两条等流时线的间距 ΔL 不为常数，但 c 不随时间而变。由于涨落水都取同一值，且实际工作中多以洪峰附近的流速值为主要依据定 c 值，其计算结果往往是涨洪段偏大、提前，落洪段偏小、偏陡，退率大，如图 3.18 所示。造成这种系统误差的

主要原因是没有考虑河网槽蓄的调节作用。

等流时线法把流域内降雨的空间分布和流域形态同流域出口断面流量组成联系起来，表示了其间的成因关系，也有利于对降雨空间分布不均匀的处理。怎样处理槽蓄的调节作用是等流时线法能用于实际时需要解决的一个关键性问题。

3.3.2 克拉克（C. O. Clark）法[5]

1945年克拉克（C. O. Clark）提出流域调蓄作用可以分两步来模拟：首先按面积-时间曲线调节，然后再按单一线性水库调节，如图3.19所示。可见克拉克模型实际上是面积-时间曲线和单一线性水库串联而成的模型，它是对等流时线作调蓄改正的一种处理方法。由卷积公式不难求得克拉克模型的瞬时单位线为

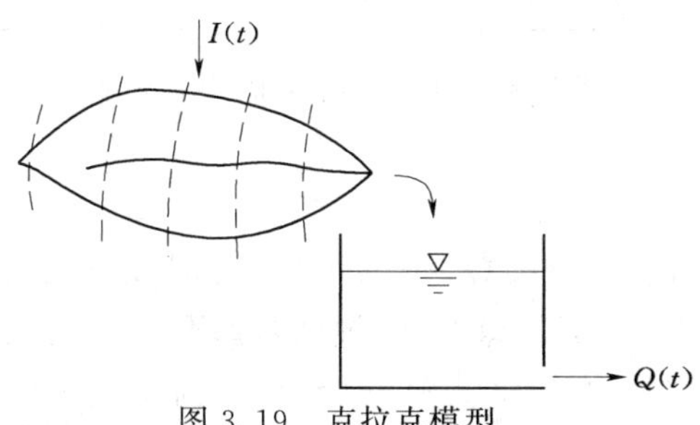

图3.19 克拉克模型

$$u(0, t)=\int_{0}^{t\leqslant\tau_m}\left(\frac{1}{k}\right)e^{\frac{-(t-\tau)}{k}}\frac{\partial A}{\partial\tau}d\tau \tag{3.20}$$

式中 k——线性水库蓄量常数；

$\frac{\partial A}{\partial t}$——面积-时间曲线；

τ_m——面积-时间曲线的底宽，相当于最大流域汇流时间。

式（3.20）表明，只要给出了面积-时间曲线的具体函数形式，就可以求出克拉克模型的瞬时单位线表达式。

【例题】 某流域如图3.20（a）所示。流域面积为250km^2，已求得其克拉克模型参数为τ_m=8h，k=7.5h。试确定该流域的1h10mm克拉克单位线。

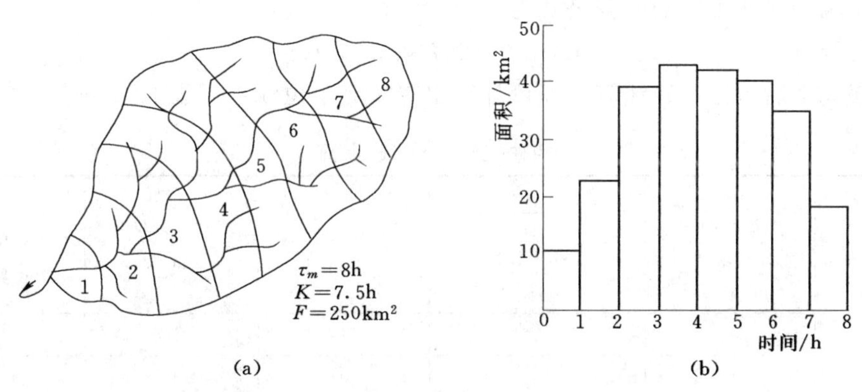

图3.20 等流时线和面积-时间曲线图
（a）等流时线图；（b）面积-时间曲线图

（1）取计算时段Δt=1h。这样就可以把流域分成8块等流域面积。

（2）量算每块等流时面积的大小，见表3.6。

（3）作流域的时间-面积曲线柱状图，如图3.20（b）所示。

（4）先计算1h10mm克拉克单位线。考虑时间一面积曲线的作用，得表3.7中第3栏

所示的过程线，由克拉克模型的结构知，此即为线性水库的入流过程，而线性水库的出流即为所求的1h10mm克拉克单位线。

表3.6 某流域各等流时面积

流域汇流时间/h	0~1	1~2	2~3	3~4	4~5	5~6	6~7	7~8
面积/km^2	10	23	39	43	42	40	35	18

由线性水库的时段水量平衡方程得：

$$\frac{I_1+I_2}{2}\Delta t-\frac{Q_1+Q_2}{2}\Delta t=W_2-W_1 \tag{3.21}$$

式中 I_1、Q_1——线性水库时段初的入流和出流；

I_2、Q_2——线性水库时段末的入流和出流；

W_1、W_2——线性水库时段始末的蓄量；

Δt——时段长。

但知 $W_1=k\,Q_1$，$W_2=k\,Q_2$，故上式可变为

$$Q_2=C_0\,I_2+C_1\,I_1+C_2\,Q_1 \tag{3.22}$$

其中

$C_0=0.5\Delta t/(k+0.5\Delta t)$，$C_1=0.5\Delta t/(k+0.5\Delta t)$，$C_2=(k-0.5\Delta t)/(k+0.5\Delta t)$

因此处入流用柱状图表示，故 $I_1=I_2=I$，而上式可简化为

$$Q_2=2C_0I+C_2Q_1 \tag{3.23}$$

在本例情况下，因 $k=7.5\text{h}$，$\Delta t=1h$，故得

$$C_0=0.5\times1/(7.5+0.5)=0.0625$$

$$C_2=(7.5-0.5)/(7.5+0.5)=7/8=0.875$$

于是本例中单一线性水库的演算公式为

$$Q_2=0.125I+0.875Q_1 \tag{3.24}$$

按上式对表3.7后3栏进行演算，即可计算出克拉克单位线，见表3.7中第（6）栏。

表3.7 克拉克单位线计算

时间/h	等流时面积/km^2	$I=\frac{10\times10^3}{3600}\times(2)=2.78\times(2)$ /(m^3/s)	0.125×(3) /(m^3/s)	0.875×(6) /(m^3/s)	Q=（4）+（5）=1h10mm单位线/(m^3/s)
(1)	(2)	(3)	(4)	(5)	(6)
0	0	0	0	0	0
1	10	27.8	3.5	0	3.5
2	23	63.9	8.0	3.1	11.1
3	39	108.4	13.5	9.7	23.2
4	43	119.5	14.9	20.3	35.2
5	42	116.8	14.6	30.8	45.4
6	40	111.2	13.9	39.6	53.5

续表

时间/h	等流时面积/km^2	$I=\frac{10\times10^3}{3600}\times(2)$ $=2.78\times(2)$ /(m^3/s)	$0.125\times(3)$ /(m^3/s)	$0.875\times(6)$ /(m^3/s)	$Q=(4)+(5)$ =1h10mm 单位线/(m^3/s)
(1)	(2)	(3)	(4)	(5)	(6)
7	35	97.3	12.1	46.8	58.9
8	18	50.0	6.2	51.4	57.6
9	0	0	0	50.5	50.5
10	0	0	0	44.1	44.1
11	0	0	0	59.6	39.6
12	0	0	0	34.6	34.6
13	0	0	0	30.2	30.2
14	0	0	0	26.4	26.4
15	0	0	0	…	…

3.4 地貌瞬时单位线法

3.4.1 概述

多少年来，水文计算都是建立在降雨与径流观测资料分析的基础上，即使引进一些地理因子（如河长、面积、坡度等），也只是用来作为建立某种经验公式的变量。然而，河流是气候的产物，河网的特征集中地反映了一个流域的水文情态，同时，水质点的汇集与流动又受到河网的约束。因此，水文工作者始终期望寻找一种新的途径来确定洪水过程与流域地貌因子之间的必然联系，从而将地貌信息转化为水文信息。地貌单位线理论正好可以实现水文工作者这一愿望。我国大部分地区没有或者缺少足够的降雨径流观测资料，在预报洪水时常采用传统的参数移植方法确定预报模型参数，具有一定程度的任意性，预报精度无法得到保证。因此，借助基于地貌特征和概率方法的地貌瞬时单位线来确定洪水过程无疑成为解决无资料地区洪水预报问题的有效途径。地貌瞬时单位线是近几十年来发展起来的一种有物理基础的流域汇流随机模型。

3.4.2 地貌瞬时单位线理论基础[6,7]

假定瞬时注入流域且分布均匀的净雨量 I_0 是由 n 个水质点组成的，若每一个水质点的体积为 u_0，则有 $I_0=nu_0$。又假定各水质点间呈弱相关性，即在统计上可认为是相互独立的，而且各水质点以相等的可能性降落在流域上。

若以 T_B^i 表示第 i 个水质点从其所在地到达流域出口所花费的时间（即在流域中滞留的时间），$i=1, 2, \cdots, n$，则对 t 时刻的出口断面流量有贡献的水质点是那些正好在 t 时刻流达出口断面的水质点，而滞留时间超过的水质点，虽对 t 时刻的出口断面流量无贡献，但却是 t 时刻流域蓄水量 $W(t)$ 的一部分，故有

$$W(t)=\frac{I_0}{n}\sum_{i=1}^{n}I_{(t,\ \infty)}(T_B^i) \tag{3.25}$$

式中 $I_{(t,\infty)}(T_B^i)$——指标函数，当 $T_B^i > t$，其值为1，否则为0。

由于 n 事实上无穷大，且 T_B^i 具有独立、等可能性，故根据大数定律，必有

$$\frac{1}{n}\sum_{i=1}^{n} I_{(t,\infty)}(T_B^i) = E[I_{(t,\infty)}(T_B^i)] = P\{T_B \geqslant t\} = 1 - P\{T_B < t\} \tag{3.26}$$

式中 $E[\cdot]$——求数学期望；

$P\{T_B \geqslant t\}$——事件 $\{T_B \geqslant t\}$ 发生的概率；

$P\{T_B < t\}$——事件 $\{T_B < t\}$ 发生的概率，即 T_B 的概率分布函数 $F_B(t)$。

将式（3.26）代入式（3.25），整理得：

$$W(t) = I_0[1 - F_B(t)] \tag{3.27}$$

对于仅在0时刻有净雨量瞬时注入流域的情况，根据流域汇流阶段的水量平衡方程：

$$I(t) - Q(t) = \frac{dW(t)}{d(t)} \tag{3.28}$$

可知：

$$\frac{dW(t)}{d(t)} = -Q(t) \qquad (t > 0) \tag{3.29}$$

将式（3.27）代入式（3.29），整理得

$$Q(t) = I_0 f_B(t) \qquad (t > 0) \tag{3.30}$$

式中 $f_B(t)$——滞留时间 T_B 的概率密度函数，$f_B(t) = \dfrac{dF_B(t)}{dt}$。

根据流域瞬时单位线的定义，由式（3.30），可得

$$u(t) = \frac{Q(t)}{I_0} = f_B(t) \tag{3.31}$$

式（3.31）揭示了一个重要的事实，即当组成净雨量的各水质点呈弱相关关系，并且具有等可能性时，流域瞬时单位线与水质点滞留时间的概率密度函数等价。因此，推求流域瞬时单位线的问题转化为确定水质点在流域中滞留时间的概率密度函数问题。

3.4.3 地貌瞬时单位线公式

1. 几个基本概念

在地貌瞬时单位线公式推导时，要用到一些基本概念。

（1）状态。水质点在流域上所处的空间位置，指某级坡面（r_i，$i=1, 2, \cdots, \Omega$，Ω 为流域级别）或某级河流（C_i，$i=1, 2, \cdots, \Omega$，Ω 为流域级别）。

（2）路径。由各状态按流域汇流的物理顺序组成的集合。它表明水质点在流达流域出口断面的过程中按顺序所经历的各种状态。

（3）状态转移。水质点由一个状态向另一个状态的转移。

（4）状态转移概率。水质点由一个状态向另一个状态转移的可能性大小。

2. 地貌瞬时单位线公式

降落在流域上某处的水质点可取不同的路径流达流域出口断面。若某路径 s 由状态 $x_1, x_2, \cdots, x_k$ 按流域汇流的物理顺序集合而成，记作 $s=(x_1, x_2, \cdots, x_k)$，且水质点在每个状态滞留时间为 T_{x_i}，$i=1, 2, 3, \cdots, k$，则水质点流经该路径到达流域出口

断面花费的时间 T_s 可表达为

$$T_s = T_{x_1} + T_{x_2} + \cdots + T_{x_k} \tag{3.32}$$

故

$$T_B = \sum_{s \in S} T_s I_s \tag{3.33}$$

式中 I_s——指标函数，当水质点选择路径 s 时，其值为 1，否则为 0；

S——所有路径的集合。

故

$$F_B(t) = P\{T_B < t\} = \sum_{s \in S} P\{T_s > t\} p(s) = \sum_{s \in S} F_s(t) p(s) \tag{3.34}$$

式中 $F_s(t)$——T_s 的概率分布函数；

$p(s)$——路径概率。

由于各状态之间相互独立，可导出

$$F_B(t) = \sum_{s \in S} F_{x_1} * F_{x_2} * \cdots * F_{x_k}(t) p(s)$$

$$p(s) = \pi_{x_1} p_{x_1 x_2} p_{x_2 x_3} \cdots p_{x_{k-1} x_k} \tag{3.35}$$

式中 $*$——卷积相乘；

F_{x_i}——T_{x_i} 的概率分布函数；

π_{x_i}——水质点处于初始状态的概率，简称初始概率；

$p_{x_{i-1} x_i}$——水质点从状态 x_{i-1} 转移到状态 x_i 的转移概率，$i=1, 2, \cdots, k$。

由式（3.35）可求得 $f_B(t)$ 为

$$f_B(t) = \frac{\mathrm{d}F_B(t)}{\mathrm{d}(t)} = \sum_{s \in S} f_{x_1} * f_{x_2} * \cdots * f_{x_k}(t) p(s) \tag{3.36}$$

式中 f_{x_i}——T_{x_i} 的概率密度函数。

式（3.36）即为导出的地貌瞬时单位线。

现以四级河流为例导出地貌瞬时单位线的具体计算公式[8]。

四级流域有 8 种可能的路径，各路径的概率分别为

$$p(s1) = \pi_{r_1} P_{C_1 C_2} P_{C_2 C_3} P_{C_3 C_4}$$
$$p(s2) = \pi_{r_1} P_{C_1 C_2} P_{C_2 C_4}$$
$$p(s3) = \pi_{r_1} P_{C_1 C_3} P_{C_3 C_4}$$
$$p(s4) = \pi_{r_1} P_{C_1 C_4}$$
$$p(s5) = \pi_{r_2} P_{C_2 C_3} P_{C_3 C_4}$$
$$p(s6) = \pi_{r_2} P_{C_2 C_4}$$
$$p(s7) = \pi_{r_3} P_{C_3 C_4}$$
$$p(s8) = \pi_{r_4}$$

假定式（3.36）中 $f_{x_i}(t) = \dfrac{1}{K_i} \mathrm{e}^{-t/K_i}$，若令 $k_i = 1/K_i$，则有 $f_{x_i}(t) = k_i \mathrm{e}^{-k_i t}$

$$\pi_{r_1} = R_B^3 / R_A^3$$

$$\pi_{r_2} = \frac{R_B^2}{R_A^2} - \frac{R_B^2}{R_A^3} \frac{2R_B^4 + 3R_B^3 - 2R_B^2 - 4R_B + 2}{4R_B^3 - 2R_B^2 - 2R_B + 1}$$

$$\pi_{r_3} = \frac{R_B}{R_A} - \frac{R_B}{R_A^2} \frac{R_B^2 + 2R_B - 2}{2R_B - 1} - \frac{R_B^3}{R_A^3} \frac{(R_B - 2)(R_B^2 - 1)}{4R_B^3 - 2R_B^2 - 2R_B + 1}$$

$$\pi_{r_4}=1-\frac{R_B}{R_A}-\frac{R_B}{R_A^2}\frac{R_B^2-3R_B+2}{2R_B-1}-\frac{R_B^2}{R_A^3}\frac{(R_B^2-3R_B+2)(R_B^2-1)}{4R_B^3-2R_B^2-2R_B+1}$$

$$P_{C_1C_2}=\frac{2}{R_B}+\frac{(2R_B-1)(R_B^2-2R_B)}{R_B^2(2R_B-1)+R_B(R_B^2-1)+(R_B^2-1)(R_B-1)}$$

$$P_{C_1C_3}=\frac{(R_B^2-1)(R_B-2)}{R_B^2(2R_B-1)+R_B(R_B^2-1)+(R_B^2-1)(R_B-1)}$$

$$P_{C_1C_4}=\frac{(R_B^2-1)(R_B-1)(R_B-2)}{R_B^3(2R_B-1)+R_B^2(R_B^2-1)+R_B(R_B^2-1)(R_B-1)}$$

$$P_{C_2C_3}=\frac{R_B-2}{2R_B-1}+\frac{2}{R_B}$$

$$P_{C_2C_4}=\frac{(R_B-1)(R_B-2)}{R_B(2R_B-1)}$$

式中 R_A——面积率；

R_B——霍顿河数率。

$$f_{x_1}*f_{x_2}*f_{x_3}*f_{x_4}=\frac{k_1k_2k_3k_4(e^{-k_1t}-e^{-k_4t})}{(k_1-k_2)(k_1-k_3)(k_4-k_1)}-\frac{k_1k_2k_3k_4(e^{-k_2t}-e^{-k_4t})}{(k_1-k_2)(k_2-k_3)(k_4-k_2)}+\frac{k_1k_2k_3k_4(e^{-k_3t}-e^{-k_4t})}{(k_1-k_3)(k_2-k_3)(k_4-k_3)}$$

$$f_{x_1}*f_{x_2}*f_{x_4}=\frac{k_1k_2k_4e^{-k_1t}}{(k_1-k_2)(k_1-k_4)}-\frac{k_1k_2k_4e^{-k_2t}}{(k_1-k_2)(k_2-k_4)}+\frac{k_1k_2k_4e^{-k_4t}}{(k_1-k_4)(k_2-k_4)}$$

$$f_{x_1}*f_{x_3}*f_{x_4}=\frac{k_1k_3k_4e^{-k_1t}}{(k_1-k_3)(k_1-k_4)}-\frac{k_1k_3k_4e^{-k_3t}}{(k_1-k_3)(k_3-k_4)}+\frac{k_1k_3k_4e^{-k_4t}}{(k_1-k_4)(k_3-k_4)}$$

$$f_{x_2}*f_{x_3}*f_{x_4}=\frac{k_2k_3k_4e^{-k_2t}}{(k_2-k_3)(k_2-k_4)}-\frac{k_2k_3k_4e^{-k_3t}}{(k_2-k_3)(k_3-k_4)}+\frac{k_2k_3k_4e^{-k_4t}}{(k_2-k_4)(k_3-k_4)}$$

$$f_{x_1}*f_{x_4}=\frac{k_1k_4}{k_4-k_1}(e^{-k_1t}-e^{-k_4t})$$

$$f_{x_2}*f_{x_4}=\frac{k_2k_4}{k_4-k_2}(e^{-k_2t}-e^{-k_4t})$$

$$f_{x_3}*f_{x_4}=\frac{k_3k_4}{k_4-k_3}(e^{-k_3t}-e^{-k_4t})$$

$$f_{x_4}=k_4e^{-k_4t}$$

把上述各式代入式（3.36），即可得到四级流域的地貌瞬时单位线计算公式。

3. 实例[8]

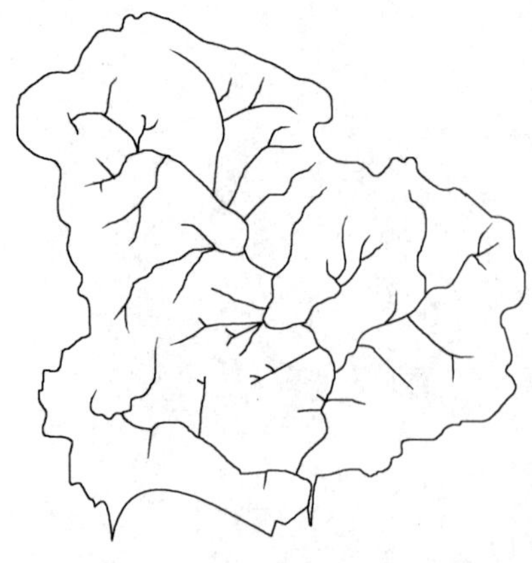

图3.21 长江三峡地区沿渡河流域

长江三峡地区沿渡河流域（图3.21），流域面积601km^2，由流域图可见，该流域为一个四级流域。由于该流域坡度陡峻（平均坡度为257‰）且比较均一，因此可以认为流速沿河长基本不变。根据流域出口断面沿渡河水文站若干场洪水涨洪段的平均流速，取其平均值可得到该流域的平均流速为2.0m/s，此即为本次验证中所采用的各级河流的平均流速。

表3.8 长江沿渡河以上流域的地貌参数

河流级别	N_i	$\overline{L_i}$ /km	$\overline{A_i}$ /km^2	R_B	R_L	R_A
1	27	2.966	15.002	3.047	2.057	3.460
2	7	6.938	59.937			
3	2	12.548	229.026			
4	1	10.182	601.266			

注 上表中R_B、R_L、R_A分别代表霍顿河数率、河长率和面积率。

将表3.8中的霍顿地貌参数代入前面推导出的公式，即可求得沿渡河流域的地貌瞬时单位线计算公式

$$u(t)=-0.0759e^{-2.4275t}+2.3932e^{-1.0378t}+5.9372e^{-0.5738t}-8.2184e^{-0.7071t} \quad (3.37)$$

4. 讨论

地貌瞬时单位线理论的建立有一个基本的假设，那就是各水质点之间呈弱相互作用，据此即可得出流域瞬时单位线就是水质点滞留时间概率密度函数这一重要结论。但是，事实上水质点之间并非弱相互作用，因此，完全借助于统计力学方法来分析流域汇流问题是值得进一步改进的。此外，水质点滞留时间概率密度函数的确定也是一个关键性问题。若流速在空间上分布均匀，则面积-时间曲线即为滞留时间概率密度函数。为了应用方便，滞留时间概率密度函数采用指数型函数。

尽管对地貌瞬时单位线的研究还不够完善，但其所具有的比较坚实的物理基础、严密的数学推导和便于应用等特点，还是值得我们重视的，其优点大致可归纳为：

(1) 地貌瞬时单位线将流域上水质点的运动与地形地貌等影响因素紧密地联系在一起，建立了具有比较坚实的物理基础的径流模型。

(2) 传统的单位线是线性时不变的，而地貌瞬时单位线则可以根据流域降雨特点的不同而改变，为解决汇流计算的非线性问题提供了一条途径。

(3) 地貌瞬时单位线在制作过程中放宽了对资料的要求，只要计算出流域的地形地貌参数和反映水质点动力特征的参数——流速，即可确定流域的地貌瞬时单位线，这就可以很方便地解决无资料地区和人类活动影响较大区域的汇流计算问题。

3.5 地下径流汇流计算

根据地下水流运动的基本微分方程可以导出地下水径流的流域汇流模型，但在应用这类模型时需要有足够的资料，包括地下水位及有关的水文地质和土壤特性等数据。这在一般流域上难以实现。常用的地下径流汇流计算方法是以水量平衡方程和线性水库的蓄泄关系为基础的水文学方法，即线性水库演算法。

3.5.1 线性水库演算法

由于地下水的水面比降很平缓，可以认为其涨落洪蓄泄关系相同，则地下径流的水量平衡方程和蓄泄关系可表示为

$$I_g - Q_g - E_g = \frac{dW_g}{dt}$$

$$W_g = k_g Q_g \tag{3.38}$$

式中 I_g、E_g——地下水库的入流量和蒸发量；

Q_g——出流量；

W_g——地下水库蓄水量；

k_g——蓄泄常数，反映地下水的平均汇集时间。

当已知（$I_g - E_g$）项，合解上两式，可得 Q_g 值。实际计算时，可将上式写为有限差形式的演算式。对某时段 Δt，有

$$Q_{g_2} = \frac{\Delta t}{k_g + 0.5\Delta t}(\overline{I_g} - \overline{E_g}) + \frac{k_g - 0.5\Delta t}{k_g + 0.5\Delta t} Q_{g_1} \tag{3.39}$$

式中 Q_{g_1}、Q_{g_2}——时段始、末地下径流出流量，m^3/s；

$\overline{I_g}$——时段内地下水库的入流量，m^3/s；

$\overline{E_g}$——时段内地下水库的蒸发量，m^3/s；

Δt——计算时段，h。

令 $KKG = \frac{k_g - 0.5\Delta t}{k_g + 0.5\Delta t}$，则 $\frac{\Delta t}{k_g + 0.5\Delta t} = 1 - KKG$，故式（3.39）可改写为

$$Q_{g_2} = (1 - KKG)(\overline{I_g} - \overline{E_g}) + KKG \cdot Q_{g_1} \tag{3.40}$$

若时段内的地下净雨深为 RG，则有

$$\overline{I_g} - \overline{E_g} = \frac{1000RG \cdot F}{3600\Delta t} = \frac{RG \cdot F}{3.6\Delta t} \tag{3.41}$$

式中 RG——时段内地下净雨深，mm；

F——流域面积，km^2；

其余符号意义同前。

把 $I_g - E_g$ 的表达式代入式（3.40），即可得到由 RG 推求 Q_g 的公式如下：

$$Q_{g_2} = RG(1 - KKG)U + Q_{g_1} \cdot KKG \tag{3.42}$$

其中

$$U = \frac{F\ (km^2)}{3.6\Delta t\ (h)}$$

式中 U——折算系数；

其余符号意义同前。

3.5.2 地下水分水源模型

对于下垫面稳渗率大，地下水丰富的流域，地下水径流的汇流呈非线性，不同水源的蓄泄系数值相差较大，应将地下水径流进行水源划分，分别按线性水库模拟计算。模型结构为线性水库的串联或并联。一般将地下水分为浅层地下水和深层地下水。杜格提出的地下水汇流结构是：①浅层地下水进入浅层地下水库，经调蓄后形成地下出流量；②深层地下水分成两部分，一部分进入深层地下水库经调蓄后流出，另一部分进入深层地下水库后，又串联一个浅层地下水库，分别经两级水库调蓄后流出，如图 3.22 所示。

参考文献［9］把地下水分为快、中、慢三种水源，每一种水源经垂向包气带和水平

向地下水库两级串联线性水库的调蓄，见图 3.23。图中，B_1、B_2 为三种水源的比重系数，K_a、K_b 为一级水库调蓄系数，K_q、K_m 和 K_s 为二级水库调蓄系数。根据对江西省花岗岩地区的验证，参数范围为：$K_a=1d$，$K_q=1\sim2d$，K_m 和 K_b 为 20d 左右，$K_s=100\sim150d$；快速、中速、慢速水比重分别为：10%～20%、30%～40%、50%～60%。

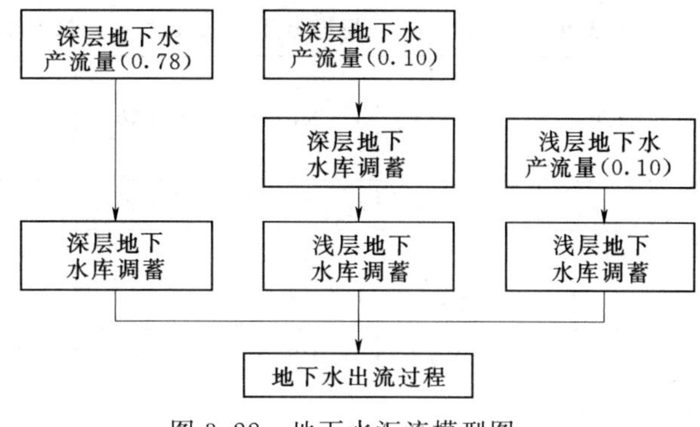

图 3.22　地下水汇流模型图

地下水流量过程线的具体计算方法如下：

以净雨深为第一级线性水库的入流，则经第一级线性水库调蓄所形成的出流为

$$Q_{g_{1,2}}=RG(1-KKG)U+Q_{g_{1,1}}\cdot KKG \tag{3.43}$$

式中　$Q_{g_{1,1}}$——第一级线性水库的时段初出流；

$Q_{g_{1,2}}$——第一级线性水库时段末出流；

其余符号意义同前。

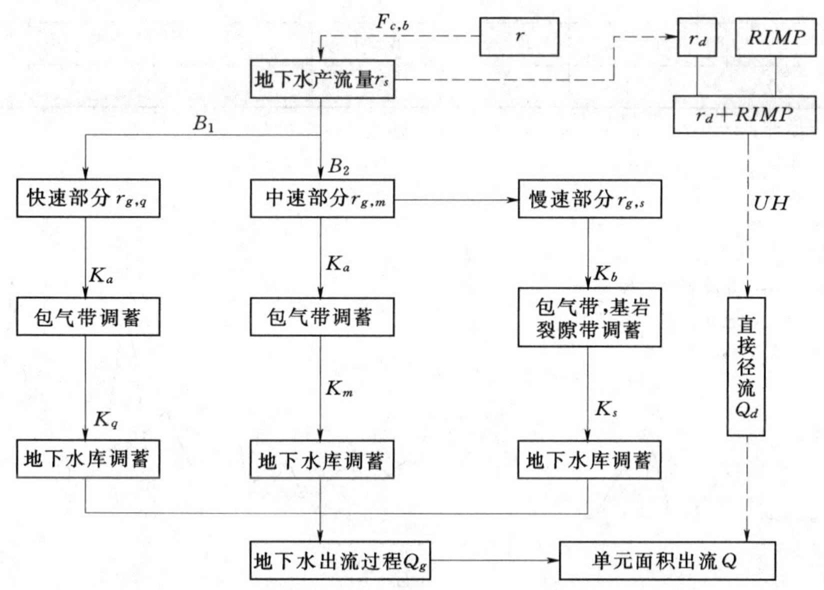

图 3.23　地下水水源模型图

以第一级线性水库的出流为第二级线性水库的入流，由前面的知识不难导出经第二级线性水库调蓄所形成的出流公式为

$$Q_{g_{2,2}}=\frac{1}{2}(1-KKG)(Q_{g_{1,1}}+Q_{g_{1,2}})+KKG\cdot Q_{g_{2,1}} \tag{3.44}$$

式中　$Q_{g_{2,1}}$——第二级线性水库的时段初出流，m^3/s；

$Q_{g_{2,2}}$——第二级线性水库时段末出流，m^3/s；

其余符号意义同前。

表 3.9 和图 3.24 为实例计算成果。

表 3.9　慢速地下水流量过程计算示例（石山站，1973 年）　单位：m^3/s

日期	I	$(1-KKG)I$	$KKG\cdot Qg_{1,1}$	$Qg_{1,2}$	$\frac{1}{2}(1-KKG)\cdot(Qg_{1,1}+Qg_{1,2})$	$KKG\cdot Qg_{1,2}$	$Qg_{2,2}$
5月4日				9.4			5.73
5月5日	17.8	0.4	9.6	0.09	5.67	5.76	
5月6日	5.9	0.1	9.4	9.5	0.10	5.70	5.80
5月7日	85.9	1.7	9.3	11.0	0.10	5.74	5.84
5月8日	37.0	0.7	10.8	11.5	0.11	5.78	5.89
5月9日	9.6	0.2	11.3	11.5	0.12	5.83	5.95
5月10日	91.7	1.8	11.3	13.1	0.12	5.89	6.01
5月11日	90.2	1.8	12.8	14.6	0.14	5.95	6.09
5月12日	14.1	0.3	14.3	14.6	0.15	6.03	6.18
5月13日	7.4	0.1	14.3	14.4	0.14	6.12	6.26
5月14日			14.1	14.1	0.14	6.20	6.34
5月15日			13.8	13.8	0.14	6.28	6.42
参数	$B_1/\%$	$B_2/\%$	K_a/d	K_b/d	K_q/d	K_m/d	K_s/d
数值	0.2	0.24	1	50	6	20	100

注　第一级地下水库：$\Delta t=1$，$KKG=0.98$，$K_b=50$，$Qg_{1,2}=0.02I+0.98Qg_{1,1}$。

第二级地下水库：$\Delta t=1$，$KKG=0.995$，$K_s=100$，$Qg_{2,2}=0.0025(Qg_{1,1}+Qg_{1,2})+0.995Qg_{2,1}$。

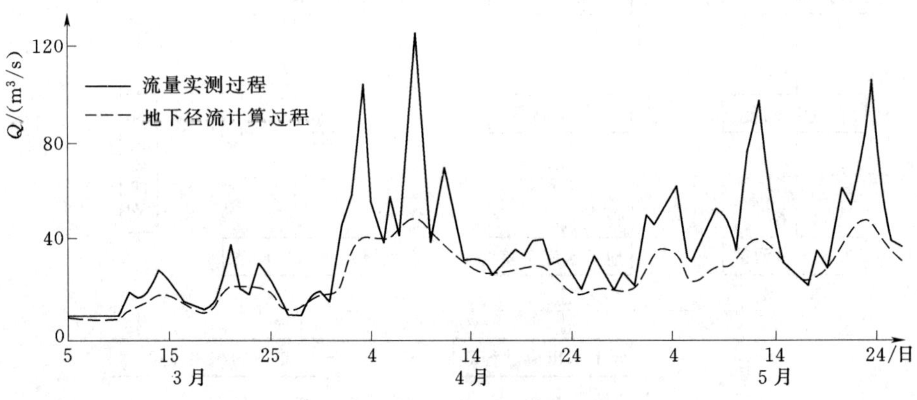

图 3.24　下水流量过程线计算成果（石口站，1973 年）

3.6　流域汇流的非线性问题

3.6.1　问题与处理思路

如果流域汇流系统是一个线性系统，则流域单位线应当不随入流强度而变化。但实际观测分析表明，即使降雨空间分布均匀，对同一种径流成分来说，流域单位线也并非固定不变，而是随降雨强度变化而变化。明歇尔（N. E. Minshaii）于 1960 年根据在流域面积为 0.109km^2 的流域上观测的资料求得相应于不同降雨强度的流域单位线（图 3.25）。由此图可知，雨强越大，单位线洪峰越尖瘦，峰现时间越早。有关研究表明单位线还有随水源比重变化而变化的问题。众所周知，地面径流与地下径流在汇流速度与调蓄作用方面均有很大差异。地下径流所占比例大的洪水，单位线十分平缓且洪峰滞后。而地面径流所占比例大时，则单位线尖瘦且洪峰提前。如图 3.13（b）所示。另外由于降雨分布和下垫面条件在空间上的不均匀性，常导致净雨量在空间上分布不均匀，对单位线具有显著影响。例如暴雨中心在上游时，流程长，受流域调蓄作用大，洪峰低，峰现时间迟后；如果暴雨中心在下游，流程短，受流域调蓄作用小，峰高形尖，峰现时间提前，如图 3.12 所示。

以上这些现象的存在说明流域汇流系统并不是一个严格的线性系统，而是一个非线性系统。流域汇流的非线性作用明显影响汇流计算成果时，必须根据具体情况对非线性问题进行处理。

当流域单位线明显随雨强而变化，应该根据流域上实测的降雨径流资料分析不同雨强条件下的流域单位线，如图 3.25 所示。这样在实际应用中，就可据雨强的变化采用不同的单位线汇流，以消除雨强对单位线汇流的影响。

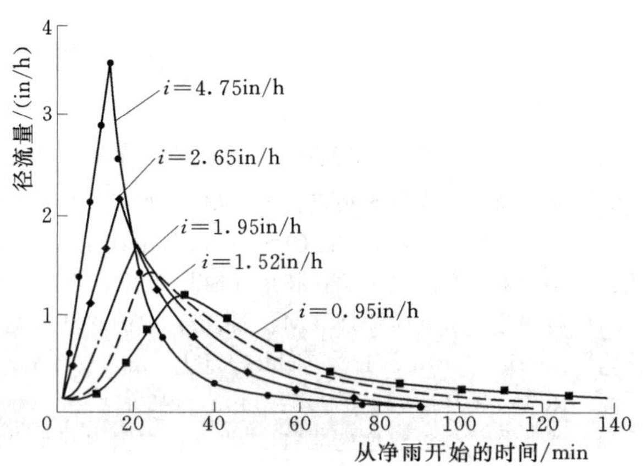

图 3.25　雨强对流域单位线的影响

当流域单位线受水源比重影响显著，应该进行水源划分，地表径流、壤中径流、地下径流分别采用不同的单位线进行汇流计算。

当流域单位线随净雨空间分布而变化时，应该将流域划分为若干块单元流域，分别对各子流域进行汇流计算。

3.6.2　分水源坡面汇流

在降雨径流流域模型中，水源划分是一个十分重要的环节。各种不同水源的径流，在汇流特性上差别很大。如果水源划分处理不当，将会给汇流计算带来很大困难。例如，误将较多的地下径流计入地面径流中，则求得的单位线就峰低底宽。实际上，如果水源划分处理好了，这种情况就可以避免。在包气带透水性能较好，雨强并不太大的流域，地下径流与壤中流的比重很大，可以达到 80%，因此，水源划分就显得十分重要。常见的水源划分模式有两种：①把水源分成地下径流与直接径流，即两水源；②把水源分成地面径流、壤中径流和地下径流，即三水源。各种水源按前面所讲的汇流计算方法进行汇流计算，求得其在出口断面的流量过程，并对不同径流成分的流量过程进行叠加，即可求得流域出口断面总的流量过程。详细的内容见第 5 章。

3.6.3　分单元汇流

流域汇流过程往往受到降雨分布不均和下垫面条件不一致的影响，尤其是在有大中型水库等人类活动影响的区域。为了消除这些影响，可将全流域分成若干块单元流域，然后对每个单元流域分别作产汇流计算，得出各单元流域的出口流量过程，再分别进行出口以下的河道洪水演算至流域出口断面，把同时刻流量相加即求得流域出口的流量过程。详细的内容见第5章新安江模型。

3.6.4 其他非线性影响

单位线假定单位时段内的净雨量是均匀分布的，但是如果单位时段取的过长，就很难满足这一假定条件，将会影响用实测降雨径流资料推求单位线，从而影响流域汇流的计算。

在选取单位线时段时除了要考虑上述要求，还必须考虑洪水过程的控制及实际雨型的保留。

参 考 文 献

[1] 林三益，等．水文预报［M］．2版．北京：中国水利水电出版社．2003.
[2] 葛守西．现代洪水预报技术［M］．北京：中国水利水电出版社，1999.
[3] Todini E. Martelli S. CLS：Constrained Linear Systerm. 1973.
[4] 张恭肃，等．洪水预报技术［M］．北京：水利电力出版社，1989.
[5] 芮孝芳．水文学原理［M］．北京：中国水利水电出版社，2004.
[6] Rodriguze-Iturbe I & Valdes. J B. The geomorphic Structure of Hydrologic response［J］. Water Resource Res，1979，15：1409－1420.
[7] 芮孝芳．产汇流理论［M］．北京：中国水利水电出版社，1995.
[8] 石朋．流域数字高程模型及其在地貌水文学中的应用［D］．南京：河海大学硕士学位论文，2001.
[9] 余晓珍，等．应用土壤模拟模型研究区域干旱［J］．水文，1995（5）.

第4章　河道流量演算与洪水预报[1,2,4]

本章主要讲授河道流量演算与洪水预报的原理和方法。河道流量演算是以圣维南（Saint-Venant）方程组为理论基础，利用上断面流量过程演算成下断面的流量过程。目前河道流量演算常用的水文学方法，是对圣维南方程组近似得到的水量平衡方程和槽蓄方程进行求解，如特征河长法、马斯京根法和滞后演算法等。直接求解圣维南方程组、其简化方程组或者数值解法即为水力学法，如扩散法等，为水文学提供了理论基础。求解圣维南方程组的数值解法，如特征线法、直接差分法、隐式差分法等方法，随着计算机技术的飞速发展，在河道洪水演算和预报中开始应用。

在集水面积较大流域的中、下游河段，其上游断面的来水量常比区间入流量大，上、下游断面的水位（流量）过程线相似性好，水力要素差异也不大，使上、下游断面同位相的水文要素值之间在定性和定量上存在着一定的变化规律，可建立其间的定量关系。河段洪水预报可以利用这种定量关系，根据上游断面出现的水位（流量）值预测下游断面未来的水位（流量）值，后者将发生的时间取决于洪水波在上、下游断面间的传播时间，此即为河段洪水预报的预见期，由此可见，进行河段洪水预报要解决好两个问题：上、下游断面同位相水文要素值之间的定量关系及其河段传播时间，由此即组成河段洪水预报方案。河段洪水预报的实质是以水文学途径近似求解河道非恒定渐变流。而且，对河段洪水波运动规律的探索，必定会给流域和河网的汇流研究从物理成因分析和数学推导论证等方面奠定良好的基础。

4.1　流量演算法的基本原理

4.1.1　圣维南方程组及其简化

4.1.1.1　概述

天然河道里的洪水波运动属于非恒定流。其水力要素随时间、空间而变化。最早描述非恒定流的基本方程组是法国 Barre′de Saint-Venant 于 1871 年提出的，即人们熟知的圣维南方程组。当无旁侧入流时其形式为

$$\frac{\partial A}{\partial t}+\frac{\partial Q}{\partial L}=0 \tag{4.1}$$

$$-\frac{\partial Z}{\partial L}=S_f+\frac{1}{g}\frac{\partial v}{\partial t}+\frac{v}{g}\frac{\partial v}{\partial L} \tag{4.2}$$

式中　A——过水断面面积，m^2；

Q——过水断面的流量，m^3/s；

L——沿河道的距离，m；

Z ——水位，m；

v ——断面平均流速，m^3/s；

g ——重力加速度，m/s^2；

S_f ——摩阻比降，用曼宁公式计算，通常表示为 Q^2/K^2，K 为流量模数。

式（4.2）中 $-\dfrac{\partial Z}{\partial L}$ 为水面比降，表示为河底比降（S_0）与附加比降（$S_\Delta=-\dfrac{\partial h}{\partial L}$，$h$ 是水深）之和。S_f 为摩阻项，表示沿程摩阻损失，克服阻力做的功。$\dfrac{1}{g}\dfrac{\partial v}{\partial t}+\dfrac{v}{g}\dfrac{\partial v}{\partial L}$ 为惯性项，说明流速随时间和沿程的变化，反映动能的变化。

式（4.1）称为连续方程，反映质量守恒，式（4.2）称为动力方程，是以牛顿第二定律为基础建立起来的，也反映能量守恒。

圣维南方程组属于一阶双曲型拟线性偏微分方程组，至今尚无法求其解析解。

4.1.1.2　动力方程的简化

由式（4.2）可知，天然洪水波运动与恒定流比降和附加比降有关。表 4.1 列举了我国几条大河一些代表性河段洪水期的动力方程中各项值，这些数据是根据 20 世纪 50 年代洪水涨洪期实测资料计算而得[5]。从一般河道洪水波水力特性的分析表明（表 4.1），惯性项仅占恒定流比降的 1%左右，故往往可以略去。而附加比降项占恒定流比降的百分之几或十分之几，其影响往往不可忽视。

表 4.1　　动力方程中各项值比较表

河名	站名	S_0	$S_\Delta=-\partial h/\partial L$		$S_l=\dfrac{1}{g}\dfrac{\partial v}{\partial t}$ /10^{-4}	$S_x=\dfrac{v}{g}\dfrac{\partial v}{\partial L}$ /10^{-4}	$(S_l+S_x)/S_0$ /%
			$S_\Delta/10^{-4}$	S_Δ/S_0/%			
长江	万县	2.7	0.32	11.9	0.0052	0.0063	0.4
长江	大通	0.19	0.006	3.2	0.0006	0.0024	1.6
黄河	陕县	6.7	0.54	8.1	0.015	0.012	0.4
淮河	息县	1.8	0.39	21.7	0.0044	0.0058	0.6
淮河	蚌埠	0.31	0.098	31.6	0.0009	0.001	0.6
松花江	哈尔滨	0.50	0.045	9.0	0.0007	0.0004	0.2
浦阳江	诸暨	3.5	0.50	14.3	0.0097	0.021	0.9

1. 扩散波

在动力方程中，对于一般的天然河道水流，惯性项较其他项要小两个数量级，通常忽略。流量演算的水文学方法都忽略惯性项，且常将动力方程简化为槽蓄方程，属于扩散波。其动力方程变为

$$Q=K\sqrt{S_0-\frac{\partial h}{\partial L}}=K\sqrt{S_0+S_\Delta} \tag{4.3}$$

或

$$Q=Q_0\sqrt{1+\frac{S_\Delta}{S_0}} \tag{4.4}$$

式中 Q_0——恒定流流量，m^3/s；

S_0——恒定流比降，一般可近似等于河底比降。

河道洪水在附加比降 S_Δ 的作用下扩散波具有以下特点：

(1) 水位流量关系为多值函数关系。在同一水位条件下，涨洪时附加比降 S_Δ 为正，流量大，落洪则相反。对于一次洪水而言，水位流量关系为绳套曲线。

(2) 洪水在传播过程中，既要位移，又要坦化。

(3) 洪水波波速 $u=\partial Q/\partial A$ 非单值。流量 Q 和过水断面面积 A 关系有绳套，故对应某一传播流量的波 速并非单值。

2. 运动波

在动力方程中，对于山区性的河道，河底比降较大，惯性项与附加比降项都可忽略。则运动波方程为[6]

$$\frac{\partial Q}{\partial t}+c_k\frac{\partial Q}{\partial L}=0 \tag{4.5}$$

其中
$$c_k=\frac{\mathrm{d}Q}{\mathrm{d}A}$$

其特点是；水位-流量、流量-过水断面面积、波速-流量关系均为单一线，在波速不变的条件下，流量在传播过程中只位移而不衰减。

必须指出：只有在陡坡的情况下，才有可能 $S_\Delta \ll S_0$，而满足运动波的条件。运动波的动力方程尽管与恒定均匀流一样，但本质上是有严格区别的，运动波是忽略附加比降项和惯性项，而不是不存在。

3. 动力波

动力方程中各项均不忽略所描述的洪水波为动力波。对于受潮汐、闸、坝等严重影响的河段要用动力波进行演算。

关于详细的推导和物理解释请参考文献［2］～［6］。

4.1.2 水量平衡方程和槽蓄方程

将式（4.1）、式（4.2）分别简化为水量平衡方程和槽蓄方程，然后求解，这就是常用的水文学流量演算方法。

4.1.2.1 水量平衡方程

式（4.1）实质上就是河段水量平衡式。若将连续方程沿河长积分，则得水文上常用的公式为

$$I-Q=\frac{\mathrm{d}W}{\mathrm{d}t} \tag{4.6}$$

式中 I、Q、W——河段的入流、出流和河段槽蓄量。

如果流量在时段内呈直线变化，则式（4.6）写成有限差的形式为

$$\frac{I_1+I_2}{2}\Delta t-\frac{Q_1+Q_2}{2}\Delta t=\Delta W=W_2-W_1 \tag{4.7}$$

式（4.7）中下标 1、2 分别表示时段始、末的情况。式（4.7）为无区间入流的河段水量平衡式，如图 4.1 所示。

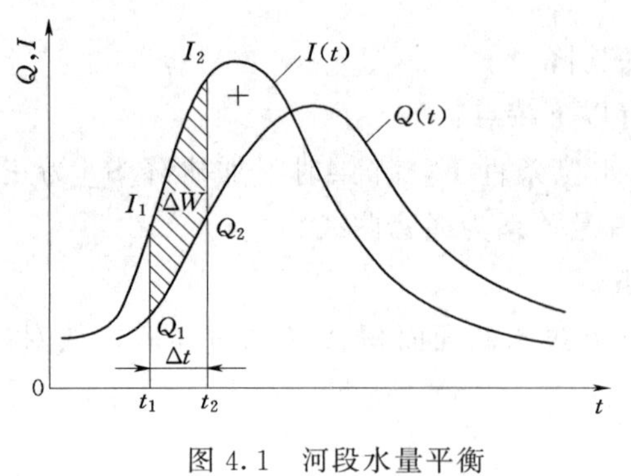

图 4.1　河段水量平衡

4.1.2.2　槽蓄方程

对无旁侧入流河段，忽略惯性项，式（4.2）可写为

$$-\frac{\delta Z}{\delta L}=\frac{Q^2}{K^2}=\frac{v^2}{C^2 R} \tag{4.8}$$

式中　C——谢才系数；

R——水力半径。

对浅宽型河槽，$R\approx h$，则上式可写为

$$v=C\sqrt{hS} \tag{4.9}$$

式中　S——水面坡度。

因

$$A=ah^m \tag{4.10}$$

而河槽蓄水量为

$$W=L\overline{A}=La\overline{h}^m \tag{4.11}$$

取河段平均流量为

$$\overline{Q}=\overline{v}\overline{A}=C\sqrt{hS}a\overline{h}^m=b\overline{h}^p \tag{4.12}$$

式中

$$b=aC\sqrt{S}\ ,\ P=m+\frac{1}{2}$$

把式（4.12）代入式（4.11）后得

$$W=\frac{aL}{b^{\frac{m}{p}}}\overline{Q}^{\frac{m}{p}} \tag{4.13}$$

可写成函数形式为

$$W=f(\overline{Q},\ S) \tag{4.14}$$

显然，式（4.14）就是式（4.2）的简化形式。当河段平均流量用入流量 I 和出流量 Q 表示，则

$$W=f(I,\ Q) \tag{4.15}$$

式（4.15）就是河段的蓄水量与流量之间的蓄泄关系，常表现为槽蓄曲线。

槽蓄曲线的表示形式很多，图 4.2 是河段的出流量 Q 与蓄水量 W 的关系，即

$$W=f(Q) \tag{4.16}$$

因受 S_Δ 作用，$W=f(Q)$ 关系可能成绳套状（顺时针向或逆时针向），也可能为单一线。图 4.3 是河段平均流量 $\overline{Q}$ 与蓄水量 W 的关系，即 $W=f(\overline{Q})$。由图可知，$W=f(\overline{Q})$ 关系呈顺时针绳套。

流量演算法联解式（4.6）和式（4.15），后者因不同洪水受附加比降 S_Δ 的影响各异，相应的蓄泄关系也不相同。如果蓄泄关系呈单值线性函数形式，流量演算可大为简化。因此，寻求槽蓄曲线呈单值线性函数是河道洪水演算水文学方法讨论的主要内容。

当已知河段入流量（包括区间来水量）过程，根据式（4.7）和槽蓄曲线，即可求解得 Q_2 值和 W_2 值。对河段预报而言，Q_2 即为预报值。若逐时段连续计算，可得河段下断面的出流量过程 $Q(t)$。在求解过程中，建立正确反映河段蓄泄关系是流量演算法的主要因

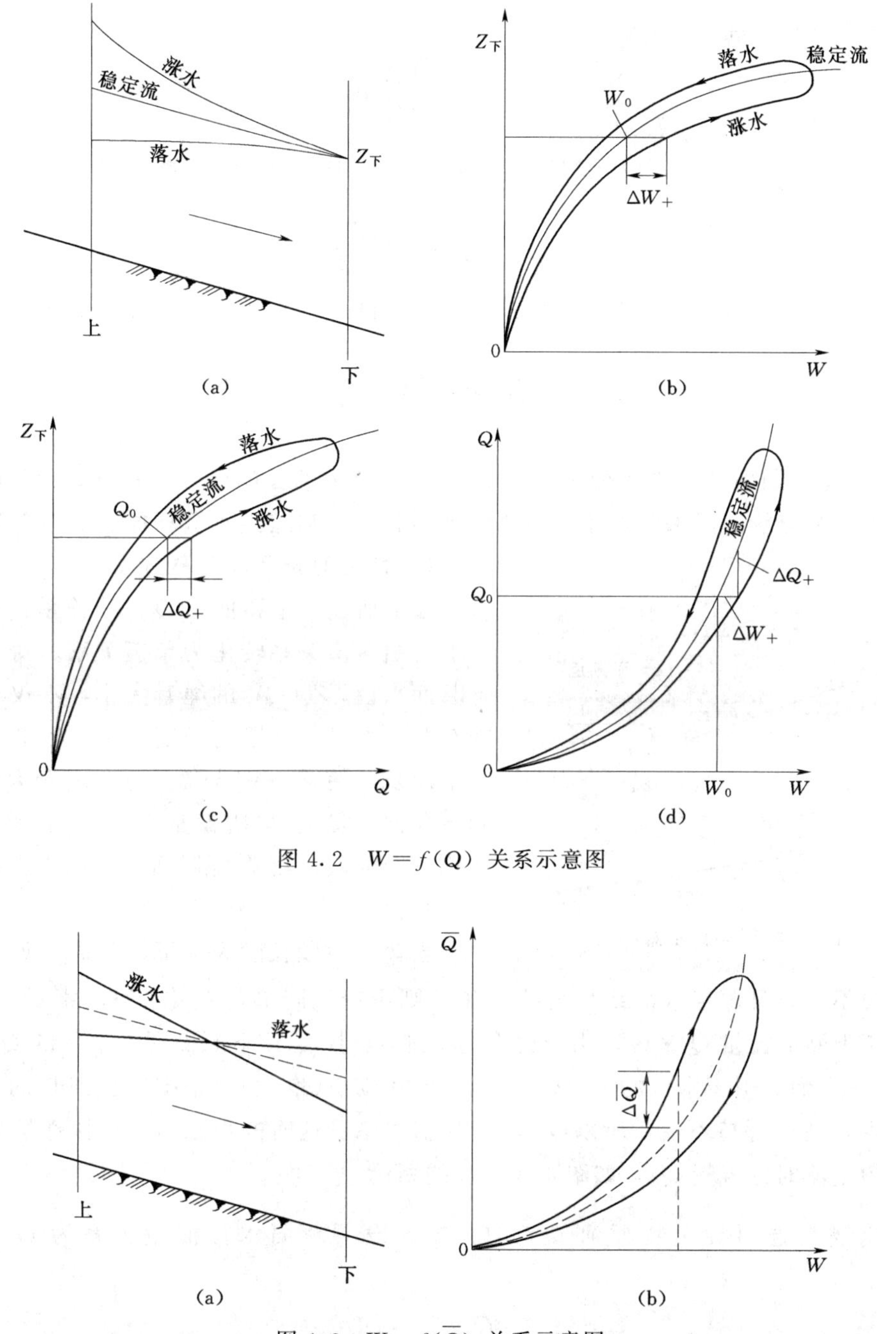

图 4.2　$W=f(Q)$ 关系示意图

图 4.3　$W=f(\overline{Q})$ 关系示意图

素。当区间入流量 q 较大时，q 的计算精度对流量演算结果也会起很大影响。

在洪水预报中，若单独使用流量演算法是没有预见期的，因为只有知道时段末的入流 I_2 后才能求得时段末的出流 Q_2。所以在实际应用中，常用于河系连续预报，或用降雨径流预报，先推算出上断面入流过程；在有较大区间径流的河段，需要用第 2、3 章介绍的方法来确定区间径流，然后进行流量演算。

对槽蓄曲线再作进一步分析。取微分河段 $\mathrm{d}L$，波速 $c=\partial Q/\partial A$（塞当公式）；则 $\mathrm{d}L$ 河段内的洪水传播时间 $\mathrm{d}\tau$ 应为

$$\mathrm{d}\tau=\frac{\mathrm{d}L}{c}=\frac{\partial A}{\partial Q}\mathrm{d}L \tag{4.17}$$

假定河段内 $\frac{\partial A}{\partial Q}$ 为常数，Q 用河段平均流量 $\overline{Q}$ 代表，则河段传播时间 τ 为

$$\tau=\int_0^L \frac{\partial A}{\partial Q}\mathrm{d}L=\frac{\partial W}{\partial Q} \tag{4.18}$$

式（4.18）表明，槽蓄曲线坡度就是河段的传播时间，这是槽蓄曲线的一个重要特性。

4.2 特 征 河 长 法

Г.П. 加里宁与 П.И. 米留柯夫于 1958 年提出特征河长的概念，并以此为基础导出河段汇流曲线，为分析河段槽蓄关系和应用特征河长进行河道洪水演算提供了理论依据。

4.2.1 特征河长及其槽蓄方程

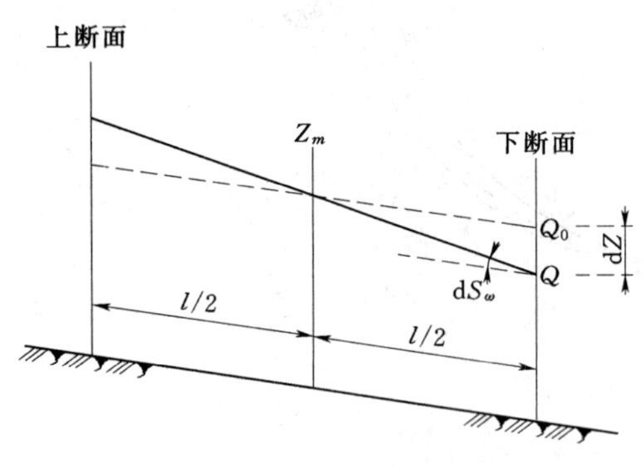

图 4.4　特征河长示意图

如上所述，槽蓄曲线 $Q-W$ 关系，在一定条件下可由多值关系转化为单值关系。对于固定的下断面来说，Z_l-W 的绳套大小，不仅与附加比降有关，而且与河段的长度有关。因此可以找到一个河长，使 Z_l-W 与 Z_l-Q 的绳套大小相当，则下断面流量 Q 与槽蓄量 W 之间有单值关系。故称这个河段长度为特征河长，用 l 表示，如图 4.4 所示。

当取一河段长度为特征河长时，如果河段的中断面水位不变，且假定水面线呈直线变化，则不论比降如何变化，河段蓄量 W 保持不变。而对于下断面流量 Q 来说，由于比降的增加(减小)，使下断面同一水位的 Q 增大(减小)。但另一方面，由于水位的下降(升高)，使 Q 减小(增大)。根据特征河长的定义，其增减值相等，使 Q 保持不变，所以 $Q-W$ 呈单值关系。这时的 Q 值就等于该蓄量 W 之下水流形成的恒定流时的流量 Q_0，如图 4.4 中虚线所示。

根据上述概念可导出特征河长 l 的公式。设下断面水位流量关系为 $Q=\dot{f}(Z,S_\omega)$，则

$$\mathrm{d}Q=\frac{\partial Q}{\partial S_\omega}\mathrm{d}S_\omega+\frac{\partial Q}{\partial Z}\mathrm{d}Z \tag{4.19}$$

式中　S_ω——水面比降。

根据上式 $\mathrm{d}Q=0$，又 $\mathrm{d}Z=-\frac{l}{2}\mathrm{d}S_\omega$，并应用谢才公式 $Q=K\sqrt{S_\omega}$ 代入上式，可得

$$l=\frac{Q_0}{S_\omega}\left(\frac{\partial Z}{\partial Q}\right)_0 \tag{4.20}$$

假定 $S_\omega \approx S_0$，并应用于任一断面，则

$$l=\frac{Q_0}{S_0}\left(\frac{\partial Z}{\partial Q}\right)_0 \tag{4.21}$$

式（4.21）中 Q_0、$\left(\frac{\partial Z}{\partial Q}\right)_0$ 表示某一断面在恒定流状态下的数值，可根据实测水文资料计算。在演算河段长等于特征河长时，又假定蓄量 W 和出流 Q 间存在线性关系，则槽蓄方程为

$$W=K_lQ \tag{4.22}$$

式中 K_l——常数，等于特征河长的传播时间。

式（4.21）表明：特征河长 l 与洪水波附加比降无关，这是近似简化结果，特征河长 l 随恒定流量 Q_0（或水位）的不同而变化。

4.2.2 流量演算方法

采用特征河长进行流量演算的方法有差分法和汇流曲线法。单一河段的汇流曲线法把式（4.6）和式（4.22）进行联合求解，可以得到常微分方程：

$$K_l\frac{\mathrm{d}Q}{\mathrm{d}t}+Q-I=0 \tag{4.23}$$

式（4.23）是一个线性水库，进行积分，可以得到单一河段的汇流曲线。

差分法是对式（4.6）和式（4.22）在时间上进行离散：

$$\frac{I_1+I_2}{2}-\frac{Q_1+Q_2}{2}=\frac{W_2-W_1}{\Delta t} \tag{4.24}$$

$$W_1=K_lQ_1,\ W_2=K_lQ_2 \tag{4.25}$$

联合求解可以得到

$$O_2=C_0(I_2+I_1)+C_2Q_1 \tag{4.26}$$

式中

$$C_0=\frac{0.5\Delta t}{0.5\Delta t+K},\ C_2=\frac{-0.5\Delta t+K}{0.5\Delta t+K} \tag{4.27}$$

采用式（4.26），知道了入流 I，就可以计算出单一河段的出流 Q。

一般预报河段的长度 L 远大于特征河长 l，按照特征河长河段划分为 n 段：

$$n=\frac{L}{l} \tag{4.28}$$

假定每个河段的蓄泄关系相同，且为式（4.22）。这样，河段的流量演算相当于把入流 I 演算 n 个特征河长。

采用汇流曲线方法可以制作成图表，易于手工计算，在20世纪80年代之前，由于计算机发展所限，大多采用汇流曲线进行河段洪水计算。差分法计算简单，而且容易编写计算程序，特别是长河段的连续演算，在80年代之后得到广泛应用。

4.2.3 参数推求

1. 计算特征河长 l

按式（4.21）求 l。现以沅水沅陵站至王家河站河段为例说明如下。

（1）根据沅陵、王家河两站测流资料，分别确定恒定流的水位-流量关系曲线。

（2）从水位-流量关系曲线上，分流量级摘取上、下游站相应的水位值，见表 4.2 中第（1）～（3）栏。

（3）分流量级计算恒定流比降 S_0 和上、下游站的 $\left(\frac{\Delta Z}{\Delta Q}\right)_0$ 值及其河段平均值 $\left(\overline{\frac{\Delta Z}{\Delta Q}}\right)_0$，见表 4.2 中第（4）～（7）栏。

（4）按式（2.21）计算 l 值。

由计算结果可知，l 随流量而变化。实用上常取 l 为常数，以便于汇流计算。

表 4.2　　沅陵-王家河河段的特征河长计算表（L =112km）

<table>
<tr><th>Q /(m³/s)</th><th>$Z_上$ /m</th><th>$Z_下$ /m</th><th>$S_0=\frac{Z_上-Z_下}{L}$</th><th>$\left(\frac{\Delta Z}{\Delta Q}\right)_上$ /(s/m²)</th><th>$\left(\frac{\Delta Z}{\Delta Q}\right)_下$ /(s/m²)</th><th>$\left(\overline{\frac{\Delta Z}{\Delta Q}}\right)_0$ /(s/m²)</th><th>l /km</th></tr>
<tr><td>(1)</td><td>(2)</td><td>(3)</td><td>(4)</td><td>(5)</td><td>(6)</td><td>(7)</td><td>(8)</td></tr>
<tr><td rowspan="2">3000</td><td rowspan="2">90.78</td><td rowspan="2">47.16</td><td rowspan="2">0.000390</td><td rowspan="3">0.000570</td><td rowspan="3">0.000735</td><td rowspan="3">0.000652</td><td rowspan="3">8.4</td></tr>
<tr></tr>
<tr><td rowspan="2">7000</td><td rowspan="2">93.06</td><td rowspan="2">50.10</td><td rowspan="2">0.000384</td></tr>
<tr><td rowspan="2">0.000437</td><td rowspan="2">0.000561</td><td rowspan="2">0.000499</td><td rowspan="2">11.8</td></tr>
<tr><td rowspan="2">11000</td><td rowspan="2">94.81</td><td rowspan="2">52.35</td><td rowspan="2">0.000380</td></tr>
<tr><td rowspan="2">0.000392</td><td rowspan="2">0.000488</td><td rowspan="2">0.000440</td><td rowspan="2">15.2</td></tr>
<tr><td rowspan="2">15000</td><td rowspan="2">96.38</td><td rowspan="2">54.30</td><td rowspan="2">0.000376</td></tr>
<tr><td rowspan="3">0.000368</td><td rowspan="3">0.000470</td><td rowspan="3">0.000419</td><td rowspan="3">19.1</td></tr>
<tr><td rowspan="2">19000</td><td rowspan="2">97.85</td><td rowspan="2">56.18</td><td rowspan="2">0.000372</td></tr>
<tr></tr>
</table>

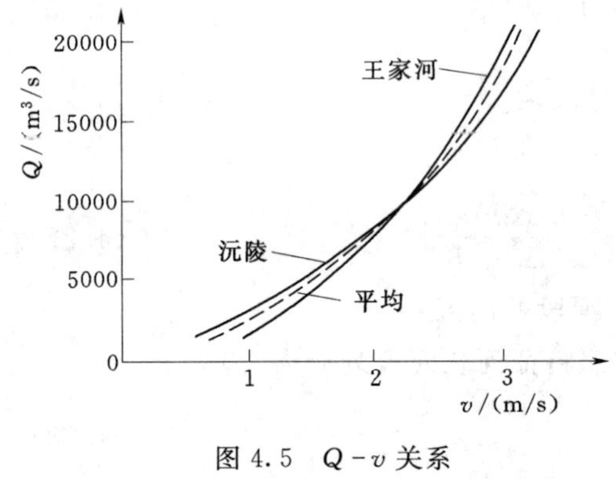

图 4.5　$Q-v$ 关系

2. 计算 n 和 K_l

当求得 l 值后，则

$$n=\frac{L}{l}$$

根据上、下游站实测的断面流量 Q 与断面平均流速 v 资料，建立河段平均的 $Q-v$ 关系（图 4.5），确定河段平均流速值 $\overline{v}_0$，再按断面形状用曼宁公式求波速。例如，沅陵、王家河两断面近似矩形，波速 $c=1.66\overline{v}_0$，则可计算 K_l 值：$K_l=l/c$

4.3 马斯京根法

马斯京根法是由 G. T. 麦卡锡于 1938 年提出，因首先应用于美国马斯京根河而得名。在河段流量演算中，我国广泛地应用此法。我国从 20 世纪 50 年代起对该法进行深入的研究，并逐步加以改进。1962 年华东水利学院提出马斯京根法有限差解的河网单位线，随后长江流域规划办公室水文处导出马斯京根法河道分段连续流量演算的通用公式及完整的汇流系数表[4,5]。1985 年华东水利学院提出了马斯京根非线性解以及矩阵解[8]。法国工程师康吉（Cunge）于1982年提出了马斯京根－康吉演算法[5]。

4.3.1　基本原理和概念

4.3.1.1　槽蓄方程

本章4.1节已经指出，在忽略惯性项的前提下，动力方程可简化为槽蓄方程，用式（4.29）表达，该式反映流量和水面比降对槽蓄量的影响。马斯京根法就是基于如下的槽蓄方程式

$$W = K[xI + (1-x)Q] = KQ' \tag{4.29}$$

式中　Q'——示储流量，m^3/s，$Q' = xI + (1-x)Q$；

K——蓄量流量关系曲线的坡度，hr，可视为常数；

x——流量比重系数。

由此可见，马斯京根法通过流量比重因素 x 来调节流量，使其与槽蓄量成单一关系，并以线性假定来建立槽蓄方程。若 $x=0$，式（4.29）就变为特征河段的槽蓄关系式。

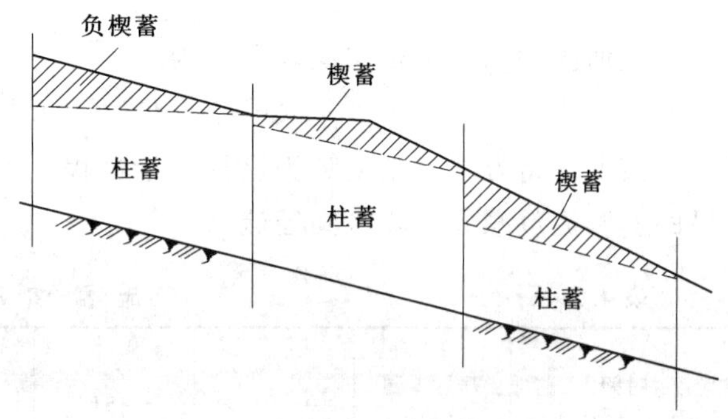

图4.6　河槽水面线与槽蓄量

一些著作认为 x 值的物理意义是反映河段"楔蓄"的作用（图4.6）。x 值随楔蓄作用的增大而增大。如湖泊、水库，入流影响可忽略，x 值接近于零。而如入流和出流影响相等，则 $x=0.5$。但是，在实际中发现，有些河段 x 值为负值；对于同一条河流，x 值常由上游至下游逐渐减小。这些现象是难以用"楔蓄"概念来解释，需要进一步分析和论证 x 的物理实质。

4.3.1.2　马斯京根法流量演算

1. 演算公式

对水量平衡方程（4.6）和马斯京根法的槽蓄方程（4.29）在第1、2时段差分并进行求解，可得流量演算方程式为

$$Q_2 = C_0 I_2 + C_1 I_1 + C_2 Q_1 \tag{4.30}$$

其中

$$C_0 = \frac{0.5\Delta t - Kx}{0.5\Delta t + K - Kx},\ C_1 = \frac{0.5\Delta t + Kx}{0.5\Delta t + K - Kx},\ C_2 = \frac{-0.5\Delta t + K - Kx}{0.5\Delta t + K - Kx} \tag{4.31}$$

以及

$$C_0 + C_1 + C_2 = 1 \tag{4.32}$$

对于一个河段，只要确定参数 K、x 值及选定演算时段 Δt 后，可以求出 C_0、C_1、C_2，根据上断面流量过程 $I(t)$ 及下断面起始流量计算出下断面的流量过程 $Q(t)$。

用式（4.30）进行演算无预见期，但当 $\Delta t = 2Kx$ 时，$C_0 = 0$，则

$$Q_2 = C_1 I_1 + C_2 Q_1 \tag{4.33}$$

式（4.33）计算更为简便，又能获得一个时段（Δt）的预见期。

2. 算例[4]

已知长江万县-宜昌河段的 $x=0.25$，$K=\Delta t=18h$，按式（4.31）求 C_0、C_1、C_2 值：

$$C_0=\frac{\frac{1}{2}\Delta t-Kx}{\frac{1}{2}\Delta t+K-Kx}=\frac{\frac{1}{2}\times 18-18\times 0.15}{\frac{1}{2}\times 18+18-18\times 0.15}=0.26$$

$$C_1=\frac{\frac{1}{2}\Delta t+Kx}{\frac{1}{2}\Delta t+K-Kx}=\frac{\frac{1}{2}\times 18+18\times 0.15}{\frac{1}{2}\times 18+18-18\times 0.15}=0.48$$

$$C_2=\frac{-\frac{1}{2}\Delta t+K-Kx}{\frac{1}{2}\Delta t+K-Kx}=\frac{-\frac{1}{2}\times 18+18-18\times 0.15}{\frac{1}{2}\times 18+18-18\times 0.15}=0.26$$

该河段的马斯京根法演算公式为

$$Q_2=0.26I_2+0.48I_1+0.26Q_1$$

按上式将万县流量演算为宜昌流量过程，见表 4.3、图 4.7。表 4.3 中第（7）栏为宜昌的实测流量减去河段区间径流。

表 4.3　　　　流 量 演 算 表　　　　单位：m^3/s

时间 t /(月．日 时：分)	万县实测入流量 I	$0.26I_2$	$0.48I_1$	$0.26Q_1$	宜昌演算出流量 Q_c	宜昌修正后的实测流量 Q_r	误差 $\Delta Q'$
(1)	(2)	(3)	(4)	(5)	(6)	(7)	(8)=(6)−(7)
7.1 14：00	19900				22800	22800	
7.2 8：00	24300	6320	9550	5930	21800	23100	−1300
7.3 2：00	38800	10090	11660	5670	27420	25400	2020
7.3 20：00	50000	13000	18620	7130	38750	36600	2150
7.4 14：00	53800	13990	24000	10080	48070	47500	570
7.5 8：00	50800	13210	25820	12500	51530	51400	130
7.6 2：00	43400	11280	24380	13400	49060	49200	−140
7.6 20：00	35100	9130	20830	12760	42720	42600	120
7.7 14：00	26900	6990	16850	11110	34950	35200	−250
7.8 8：00	22400	5820	12910	9090	27820	29000	−1180
7.9 2：00	19600	5100	10750	7230	23080	23900	−820
7.9 20：00	17900	4650	9410	6000	20060	20950	−890

4.3.2　参数的物理意义、参数和演算时段的确定

4.3.2.1　Q'、K 和 x 的物理意义

马斯京根法假定 K 和 x 都是常数，这就要 Q' 和槽蓄量 W 成单一线性关系，这只有在此槽蓄量下的 Q' 值等于该蓄量所对应的恒定流流量 Q_0 时才能满足这一要求，亦即 $Q'=Q_0$，这是 Q' 的物理意义。

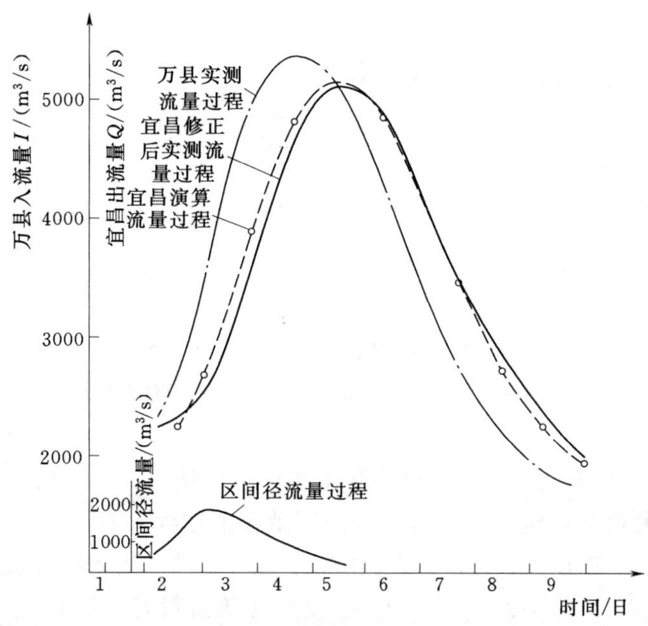

图 4.7 马斯京根法演算流量和实测流量比较图

K 值是槽蓄曲线的坡度，即 $K=\dfrac{\mathrm{d}W}{\mathrm{d}Q'}=\dfrac{\mathrm{d}W}{\mathrm{d}Q_0}$。由此可见，$K$ 值等于在相应蓄量 W 下恒定流状态的河段传播时间 τ_0，这是 K 的物理概念。显然 K 值随恒定流流量而变化，取 K 为常数是有误差的。

在建立槽蓄曲线时，马斯京根法引进了流量比重系数 x 的概念，而特征河长法引进了特征河长 l 的概念，两者都是为了实现槽蓄关系的单值化，必然有内在联系。现试以 x 值与特征河长 l 的关系式来分析说明。

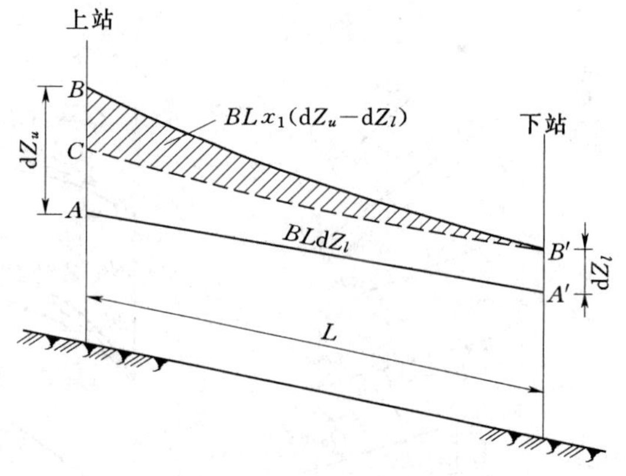

图 4.8 柱蓄和楔蓄示意图

设某河段的长度为 L，其初始时刻的水面线为 AA'，经短时间后水面线为 BB'，上、下站的水位变化分别为 $\mathrm{d}Z_u$、$\mathrm{d}Z_l$，如图 4.8 所示。相应的蓄量增量为 $\mathrm{d}W$，即图中的 $AA'B'B$ 部分。可以认为 $\mathrm{d}W$ 包括两部分：一部分为柱蓄增量，即图中 $AA'B'C$ 部分，其值为 $BL\mathrm{d}Z_l$；另一部分为楔蓄增量，即图中 CBB' 部分，其值为 $BLx_1(\mathrm{d}Z_u-\mathrm{d}Z_l)$，即得

$$\mathrm{d}W=BL\mathrm{d}Z_l+BLx_1(\mathrm{d}Z_u-\mathrm{d}Z_l) \tag{4.34}$$

式中 B——河宽，m；

x_1——反映水面曲线形状的参数。

经分析推导，最后可得

$$x = x_1 - \frac{l}{2L} \tag{4.35}$$

如水面为直线，则 $x_1 = 1/2$，上式可写成

$$x = \frac{1}{2} - \frac{l}{2L} \tag{4.36}$$

由此可见，x 由两部分组成：①x_1 代表水面曲线的形状，反映楔蓄的大小；② $\frac{L}{l}$ 即河段按特征河长所分成段数 $n = \frac{L}{l}$，反映河段的调蓄能力。

一些学者通过不同的方法，都推导出式（4.36）的 x 值理论公式，如杜格（Dooge）根据圣维南方程线性扩散波解和康吉（Cunge）将线性运动波方程采用差分法均得到同样的结论。

天然洪水的 x_1 一般接近于 1/2，故实际工作中一般使用式(4.36)。通常上游河道的河底比降比下游河道大得多，所以 l 值自上游向下游逐渐增大。对于同一河流，上游的 x 值最大，但不大于 0.5。当 $L < l$ 时，x 为负值；当 $x = 0$ 时，演算河段长度即为特征河长。由特征河长概念可知，$l = f(Q_0) = f(z)$，它是恒定流流量 Q_0 的函数。因此，x 值随恒定流流量 Q_0(或水位) 的变化而变化，原来假定 x 是常数，是不够严密的。

流量演算中的各种参数，如 K、x、l 等，集中反映了河道的水力特性，为进一步认识 x 的物理意义和帮助分析解决实际问题，现列举 4 个不同的河段加以说明，见图 4.9。所列 4 个河段的河长、断面形状和大小都相同，河段的入流过程 $I(t)$ 也一样，但河底比降由（1）到（4）逐渐变小，图中的实线表示洪水时实际水面线，虚线为恒定流的水面线。

图 4.9 分析表明，随着河道比降的变化，参数 K、x、l 及河段的槽蓄曲线也相应发

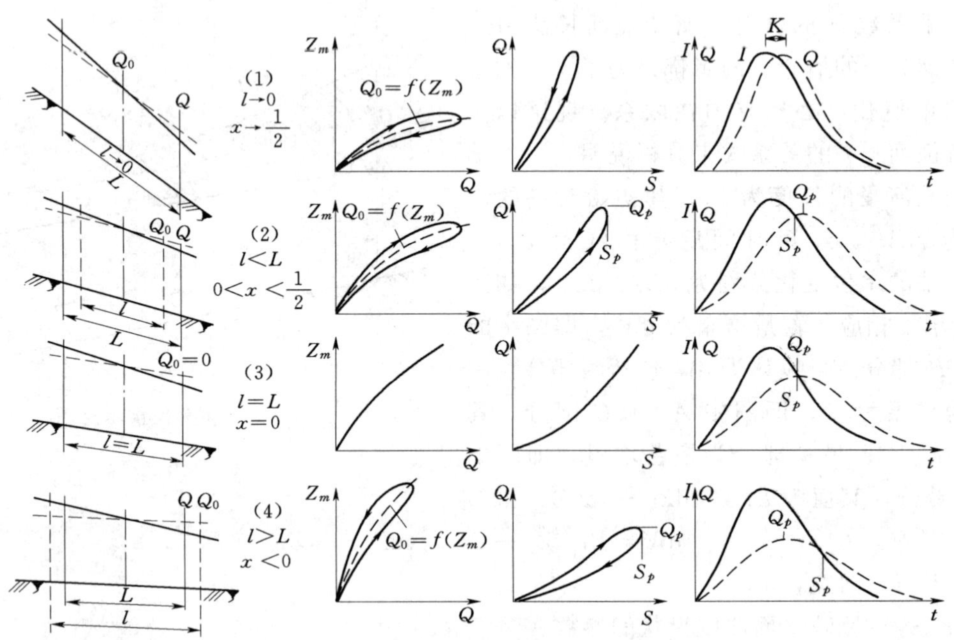

图 4.9　河道水力特性与各参数间的关系

生变化。当河道比降逐渐减小时，x 不断减小，K、l 逐渐增大，洪水波变形逐渐加大，也就是河槽调蓄作用增加。显然 x 是反映河槽调节作用的一个指标，即反映洪水传播过程坦化的程度。当 $l \to 0$，$x=0.5$，若取 $\Delta t=K$，则演算得到的出流过程等于相应的入流过程，表明传播流量不衰减，即为运动波解。因此，通过上、下站流量过程线的分析可以约估 x 值，供实际推求 x 值时参考。

4.3.2.2 试算法确定 K、x

用长江万县-宜昌河段一次洪水的实测流量资料为例，说明试算法确定 K、x，见表 4.4 及图 4.10。

表 4.4　　试算法确定参数计算表　　流量单位：m^3/s

时间 t /(月.日 时:分)	万县实测入流量 I	宜昌出流量 Q	区间径流量 q	修正后的实测出流量 $Q_r=Q-q$	$\Delta Q = I-Q_r$	$\overline{\Delta Q}$	S /(m^3/s·18h)	$Q'=Q_r+x(I-Q_r)$		
								$x=0.10$	$x=0.25$	$x=0.15$
(1)	(2)	(3)	(4)	(5) = (3) − (4)	(6) = (2) − (5)	(7)	(8)	(9)	(10)	(11)
7.1 14:00	19900									
7.2 8:00	24300	23700	600	23100	1200	7300	0	23220	23400	28230
7.3 2:00	38800	27000	1600	25400	13400	13400	7300	26740	28750	27410
7.3 20:00	50000	37800	1200	36600	13400	9850	20700	37940	39950	38610
7.4 14:00	53800	48400	900	47500	6300	2850	30550	48130	49080	48450
7.5 8:00	50800	51900	500	51400	−600	−3200	33400	51340	51250	51310
7.6 2:00	43400	49600	400	49200	−5800	−6650	30200	48620	47750	48330
7.6 20:00	35100	43000	400	42600	−7500	−7900	23550	41850	40730	41480
7.7 14:00	26900	35600	400	35200	−8300	−7450	15650	34370	33130	33960
7.8 8:00	22400	29300	300	29000	−6600	−5450	8200	28340	27350	28010
7.9 2:00	19600	24200	300	23900	−4300		2750	23470	22830	23260
7.9 20:00		21300	200	21100						
Σ	385000	391800	6800	385000						

注　第（2）、（3）栏入流量、出流量为实测值，作为一次完整洪水应注意起、止流量基本相等；第（4）栏区间径流量是以一次洪水区间总量为控制的推算值。

宜昌实测流量中包括河段区间径流量，应扣除区间来水以消除它对参数确定的影响，如表中第（5）栏为相应入流过程的出流过程。根据水量平衡式（4.6）计算槽蓄量值 W，根据 $Q'=xI+(1-x)Q_r=Q_r+x(I-Q_r)$ 假定几个不同的 x 值，作出这次洪水的 Q'-W 关系的坡度即为 K 值。图 4.10 是用表 4.3 第（9）～（11）栏与第（8）栏点绘的关系线。当 $x=0.15$ 时 Q'-W 关系近似为直线。取 $x=0.15$，其坡度 $K=\dfrac{\Delta W}{\Delta Q'}\approx 18\text{h}$。

为保证确定参数的可靠性，使用试算法时应注意下列几点：

（1）用本法确定的参数，有时因所取计算时段不同而有差别，宜作分析比较。

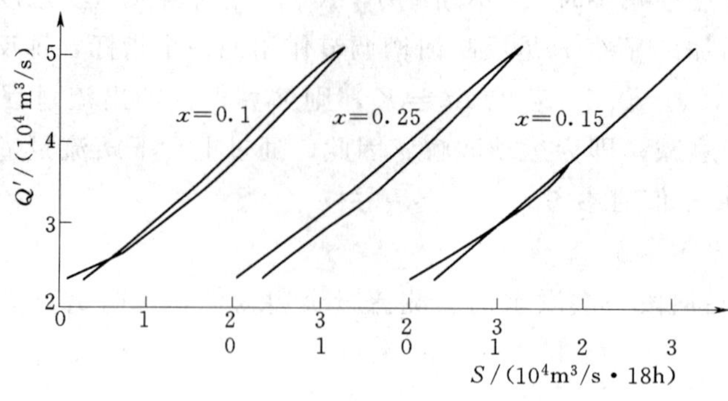

图 4.10　参数 K、x 试算图

（2）应选择区间径流尽可能少的洪水作为分析对象，以减小区间水对参数确定的影响。

（3）作为一次完整洪水，应注意始、末流量基本相等。

（4）在计算区间洪水总量时，应考虑河段汇流时间。在具体处理时可参照洪峰传播时间或其他方法进行估算。

（5）在区间来水分配时，应考虑河段区间面积汇流特性。本例区间来水是以单位线为基础进行分配，是比较合理的。

经过多次洪水的分析，最后确定河段演算参数 K、x 值。由于试算法是根据上、下游实测流量资料推求参数的，故求出的 K、x 值能较好地反映该河段的汇流特性，实用效果较好。但有时也不尽然，其原因较为复杂，有的是由实际问题所引起，例如区间径流的处理，计算时段的选定等；另外，马斯京根槽蓄曲线的线性假定与河段实际情况也不相符合。试算法的缺点是试算较繁，且因试算次数较少，不一定能确定参数的最优值。因此，在假定 K 和 x 均为常数的条件下，可用最小二乘法直接推求 K 和 x 值。

4.3.2.3　分析法确定 K、x 值

根据前面介绍的概念，马斯京根法参数可按其物理意义由下式确定：

$$x=\frac{1}{2}-\frac{l}{2L} \tag{4.37a}$$

$$K=\frac{L}{u} \tag{4.37b}$$

特征河长 l 、波速 u ，都能根据恒定流一些相应水力特征值计算，具体方法参考本章 4.2 节的有关部分。

当上、下站不同时具备实测水文资料或实测资料缺乏时，可按水力学公式，用分析法估算 K、x 值 。分析法确定参数的另一优点是确定参数不受区间水处理的影响。但在实际应用中，分析法所需数据若与河段实际情况不符时，则计算的参数值就不能较好地反映整个河段的汇流特性。因此，在有资料的河段，试算法与分析法应互相论证，以便较好地确定参数值。

4.3.2.4　演算时段 Δt 的确定

由上述可知，马斯京根法采用线性有限差解，要求 I、Q 在时段 Δt 内及流量沿河长呈

直线变化，因此，在选取演算时段 Δt 时应注意满足这一条件，以提高演算精度。

由水量平衡式可知，时段平均流量是用时段始、末流量的平均值来代替，这就要求上、下站流量在时段 Δt 内呈直线变化。时段 Δt 越小，越与实际情况接近。但若 Δt 太小，一方面由于计算时段的增加，大大加重了计算工作量；另一方面若 Δt 很小，时段始末会出现洪峰与波谷在河段中间的现象，显然这就不能满足流量及水位沿程呈直线变化的要求，也就不能满足槽蓄曲线线性关系的假定，以致出现较大的演算误差。为满足上述条件，应取 $\Delta t=K$ 或 Δt 接近于 K，如图 4.11 所示。

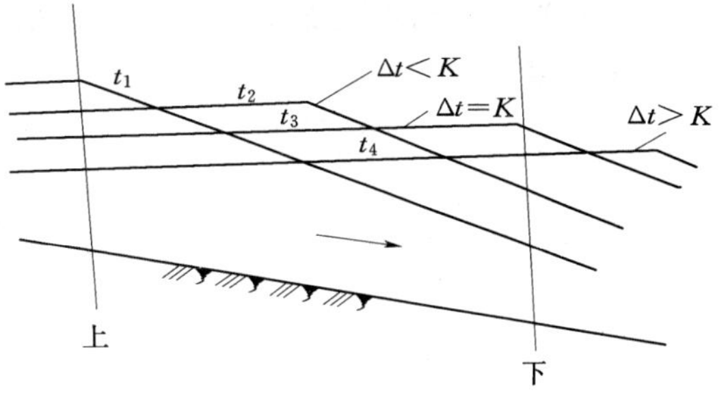

图 4.11 河段洪水运动与 Δt 关系示意图

另外，Δt 值的确定应考虑汇流曲线的合理性，根据式（4.31）、式（4.32），单一河段的马斯京根法应为光滑的单峰曲线，要满足这一条件，C_0、C_2 值必须大于或等于零。因此，演算时段 Δt 应满足下列不等式

$$2Kx \leqslant \Delta t \leqslant 2K(1-x) \tag{4.38}$$

因为 $x<0.5$，当 $\Delta t=K$ 时，式（4.38）自然成立。Δt 按上式取值能保证计算成果的合理性。

由此可见，马斯京根法对演算时段 Δt 选取的限制，常与实际情况产生一定的矛盾。如当演算河段很长时，Δt 必然取得大，则对于波形较陡的洪水演算如闸坝放水以及山区性涨落较陡的洪水等，演算误差较大。如果 Δt 取得小些，则演算出流涨洪初期会出现负值这种不合理现象。这种矛盾的产生，与马斯京根法的基本假定有关。

4.3.3 马斯京根分段流量演算法

将演算河段划分为 n 个单元河段，用马斯京根法连续进行 n 次演算，以求得出流过程。在实际应用中，20 世纪 70 年代之前由于计算机的限制，常用汇流系数直接推求出流过程。现在直接采用计算公式编程计算。

1. 参数 K_l、x_l 和 n 值的确定

（1）当已知预报河段的 K、x 以及河长 L 时。先选定 Δt 值，令 $K_l=\Delta t$ 则

$$n=\frac{K}{K_l}=\frac{K}{\Delta t} \tag{4.39a}$$

$$L_l=\frac{L}{n} \tag{4.39b}$$

由式（4.36）可知：

$$x_l=\frac{1}{2}-\frac{l}{2L_l}$$

且

$$l=(1-2x)L=(1-2x)nL_l$$

则

$$x_l=\frac{1}{2}-\frac{n(1-2x)}{2} \tag{4.39c}$$

（2）当预报河段无 K 值和 x 值时。根据河道断面的实测流速资料或水力特性资料，确定波速 c 值，则

$$L_l = c\Delta t$$

$$n = \frac{L}{L_l}$$

$$x_l = \frac{1}{2} - \frac{l}{2L_l}$$

并取

$$K = \Delta t$$

特征河长可以采用式（4.21）进行计算。

2. 马斯京根分段连续演算的河槽汇流系数公式

实际工作中常利用汇流曲线直接由 $I(t)$ 计算河段出流量过程 $Q(t)$。马斯京根分段连续演算的汇流曲线由赵人俊教授于 1962 年推导得出。

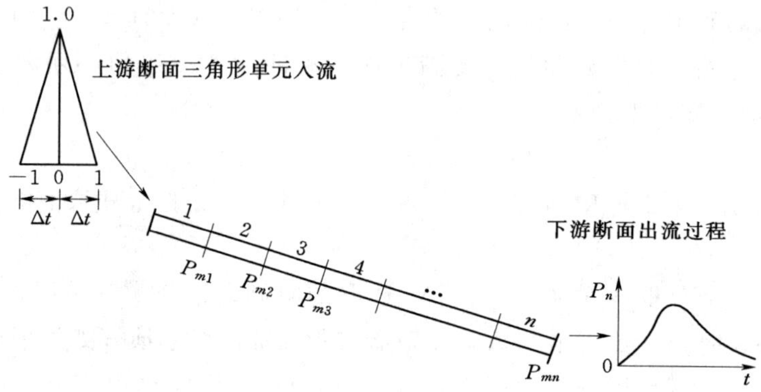

图 4.12　河段划分及汇流系数示意图

设预报河段长 L，划分成 n 个单元河段，其长度为 $L_l = \frac{L}{n}$；假定各单元河段的 K_l 和 x_l 都相等。设在零时刻，预报河段上游断面有一单位入流量，其余时刻入流量为零，即入流量过程呈三角形（图 4.12）。按式（4.30），可求得第一个单元河段的出流量并作为第二个单元河段入流，同样按式（4.30）可求第二个单元河段出流量过程为

$$P_{0,2} = C_0^2 \qquad (m=0)$$

$$P_{1,2} = 2C_0(C_1 + C_0C_2)$$

$$P_{2,2} = 2C_0C_2(C_1 + C_0C_2) + (C_1 + C_0C_2)^2$$

$$\vdots$$

$$P_{m,2} = 2C_0C_2^{m-1}(C_1 + C_0C_2) + (m-1)C_2^{m-2}(C_1 + C_0C_2)^2 \qquad (m=1, 2, 3, \cdots)$$

以此类推，可求得第 n 个单元河段出流量过程：

$$P_{0,n} = C_0^n \qquad (m=0)$$

$$P_{m,n} = \sum_{i=1}^{n} B_i C_0^{n-i} C_2^{m-i} A^i \qquad (m>0, m-i \geqslant 0) \tag{4.39d}$$

其中

$$A = C_1 + C_0C_2$$

$$B_i=\frac{n!(m-1)!}{i!(i-1)!(n-i)!(m-i)!}$$

上式为马斯京根法的河槽汇流系数。

3. 马斯京根分段连续演算的一般方法

设河段分为 n 个子河段，相应的参数为 K_l、x_l，时段为 Δt，河段数用 i 表示，$i=1,\cdots,n$，时段数用 j 表示，$j=1,\cdots,m$，m 为总时段数。在时段 $j-1$、j 对水量平衡与槽蓄方程进行差分

$$\frac{I_{j-1}+I_j}{2}-\frac{Q_{j-1}+Q_j}{2}=K\frac{W_j-W_{j-1}}{\Delta t} \tag{4.40}$$

$$W_{j-1}=K[xI_{j-1}+(1-x)Q_{j-1}] \tag{4.41}$$

$$W_j=K[xI_j+(1-x)Q_j] \tag{4.42}$$

对式（4.40）～式（4.42）进行联解，可得流量演算方程式为

$$Q_j=C_0I_j+C_1I_{j-1}+C_2Q_{j-1} \tag{4.43}$$

其中

$$\left.\begin{aligned}C_0&=\frac{0.5\Delta t-K_lx_l}{0.5\Delta t+K_l-K_lx_l}\\C_1&=\frac{0.5\Delta t+K_lx_l}{0.5\Delta t+K_l-K_lx_l}\\C_2&=\frac{-0.5\Delta t+K_l-K_lx_l}{0.5\Delta t+K_l-K_lx_l}\end{aligned}\right\} \tag{4.44}$$

以及

$$C_0+C_1+C_2=1 \tag{4.45}$$

对于长河段流量演算，采用上述公式进行计算机编程非常方便，只要演算 n 次就行了。

4. 计算实例

以沅水沅陵至王家河河段 1968 年 7 月一次洪水为例，用试算法确定 $K=9h$，$x=0.45$。则计算步骤如下：

（1）根据实际需要及沅陵流量过程线形状，确定计算时段 $\Delta t=3\text{h}$。

（2）令 $K_l=\Delta t=3\text{h}$，由式（4.39a）算得单元河段数 $n=\frac{K}{K_l}=\frac{9}{3}=3$。单元河段长 $L_l=\frac{L}{n}=\frac{112}{3}=37.3\text{km}$。

（3）按式（4.39c）算得 $x_l=\frac{1}{2}-\frac{n(1-2x)}{2}=\frac{1}{2}-\frac{3\times(1-2\times0.45)}{3}=0.35$。

（4）根据 $x_l=0.35$、$n=3$、$\Delta t=3h$，根据式（4.39d）可计算出汇流系数 P_{mn}，见表 4.5a。

（5）根据线性迭加原理进行演算，见表 4.5b。

表 4.5a　　沅水沅陵至王家河河段汇流系数表

$\frac{t}{\Delta t}$	0	1	2	3	4	5	6	7	Σ
P_{mn}	0.002	0.039	0.229	0.491	0.181	0.046	0.010	0.002	1.000

表 4.5b　　沅水沅陵至王家河河段演算结果

时间 t /(日 时：分)	沅陵实测入流量 I_t	汇流系数 P_{mm}	I_1P_{mm} I_9P_{mm} ⋮	I_2P_{mm} $I_{10}P_{mm}$ ⋮	I_3P_{mm} $I_{11}P_{mm}$ ⋮	I_4P_{mm} $I_{12}P_{mm}$ ⋮	I_5P_{mm} $I_{13}P_{mm}$ ⋮	I_6P_{mm} $I_{14}P_{mm}$ ⋮	I_7P_{mm} $I_{15}P_{mm}$ ⋮	I_8P_{mm} $I_{16}P_{mm}$ ⋮	王家河计算出流量 /(m^3/s) ⋮	王家河实测出流量 /(m^3/s) ⋮
(1)	(2)	(3)	(4)	(5)	(6)	(7)	(8)	(9)	(10)	(11)	(12)	(13)
12 24：00	2300	0.002	5	(5)	(23)	(106)	(416)	(1129)	(527)	(90)	(2300)	
13 3：00	2340	0.039	90	5	(5)	(23)	(106)	(416)	(1129)	(527)	(2300)	
13 6：00	2400	0.229	527	91	5	(5)	(23)	(106)	(416)	(1129)	(2300)	
13 9：00	2480	0.491	1129	536	94	5	(5)	(23)	(106)	(416)	(2310)	2400
13 12：00	2520	0.181	416	1149	550	97	5	(5)	(23)	(106)	(2350)	2430
13 15：00	2600	0.046	106	423	1178	568	98	5	(5)	(23)	(2410)	2480
13 18：00	2700	0.010	23	108	434	1218	577	101	5	(5)	(2470)	2500
13 21：00	2810	0.002	5	23	110	448	1237	596	105	6	2530	2520
13 24：00	2900		6	5	24	114	456	1277	618	110	2610	2640
14 3：00	3010		113	6	5	25	116	470	1325	643	2700	2740
14 6：00	3190		664	117	6	5	25	120	489	1380	2810	2820
14 9：00	3350		1424	689	124	7	5	26	124	509	2910	2940
14 12：00	3600		525	1478	731	131	7	5	27	129	3030	3060
14 15：00	4500		133	545	1566	767	140	9	5	28	3190	3200
14 18：00	6000		29	138	577	1645	825	175	12	6	3410	3300
14 21：00	7000		6	30	147	606	1768	1030	234	14	3840	3500
14 24：00	7520		15	6	32	154	651	2210	1374	273	4710	4550
15 3：00	8100		293	16	6	34	166	814	2946	1603	5880	5900
15 6：00	8800		1720	316	18	7	36	206	1086	3437	6830	6820
15 9：00	9300		3690	1854	343	19	7	45	276	1267	7500	7700
15 12：00	9500		1360	3980	2015	362	19	9	60	322	8130	8380
15 15：00	9700		346	1465	4320	2130	370	19	12	70	8730	8950
15 18：00	9700		75	372	1593	4565	2175	378	19	14	9190	9310
15 21：00	9650		15	81	405	1683	4660	2220	378	19	9460	9600
15 24：00	9550		19	16	88	428	1720	4760	2220	376	9630	9700
16 3：00	9430		372	19	18	93	437	1755	4760	2210	9660	9700
16 6：00	9250		2188	368	18	19	95	446	1755	4740	9630	9650
16 9：00	9100		4690	2160	361	18	19	97	446	1746	9540	9600
16 12：00	9070		1730	4630	2120	355	18	19	97	444		
16 15：00	9000		440	1705	4540	2083	353	18	19	96		
⋮	⋮		⋮	⋮	⋮	⋮	⋮	⋮	⋮	⋮	⋮	⋮

注　括号内数字是按入流量 2300m^3/s 作基流看待推算的。

4.3.4 马斯京根法非线性流量演算

本节前面介绍的马斯京根法是线性的，实际上，圣维南方程组描述的河段汇流属于非线性系统。河槽洪水波的传播与河道断面、比降、糙率等因素有关，河槽调蓄作用随着这些因素的变化而变化，代表洪水平移和坦化作用的马斯京根法中两个参数 K、x 不是常数，应考虑用非线性演算。马斯京根法非线性演算的实质是槽蓄曲线的非线性化。非线性演算常用方法可分两类：① 寻求槽蓄关系中 K、x 的变化规律，建立非线性槽蓄方程，与水量平衡联解进行演算，此法称为变动参数法；② 将槽蓄关系配成曲线方程，然后求解方程式，其中参数可为常数。称此类方法为非线性槽蓄曲线法。由于篇幅所限，只简单介绍第一种方法。赵人俊教授提出了非线性解法[7]：

根据下列两式

$$x = \frac{1}{2} - \frac{l}{2L} = \frac{1}{2} - \frac{l(Q')}{2L} \tag{4.46}$$

$$K = \frac{\mathrm{d}W}{\mathrm{d}Q'} = \frac{\mathrm{d}W}{\mathrm{d}Q_0} = \frac{L}{C_0(Q')} \tag{4.47}$$

可以求得参数 K、x 随 Q_0 而变的数学物理方程。这时，基本方程成为

$$I - Q = \frac{\mathrm{d}W}{\mathrm{d}t} \tag{4.48}$$

$$\mathrm{d}W = K(Q')\mathrm{d}Q' = K(Q')\mathrm{d}\{x(Q')I + [1 - x(Q')]Q\} \tag{4.49}$$

对于具体河段，$l = l(Q')$ 与 $C_0 = C_0(Q')$ 都可根据水文站实测资料求得，这样非线性方程组式（4.48）与式（4.49）就可解了。但这些是隐式方程，要用差分迭代步骤求解。

如河段 $l - Q'$ 关系和 $K - Q'$ 关系都是线性的，假定：

$$l = E + FQ' \tag{4.50}$$

$$K = C - DQ' \tag{4.51}$$

式中　E、F、C、D——依据 $l - Q'$ 关系与 $K - Q'$ 关系拟定的参数。

将河段分为 N 段作演算，则每段的 K、x 为

$$K = \frac{C - DQ'}{N},\quad x = 0.5 - AN - BNQ' \tag{4.52}$$

这里

$$A = \frac{E}{2L},\quad B = \frac{F}{2L} \tag{4.53}$$

对式（4.48）、式（4.49）进行迭代计算就可以求解。

4.3.5 马斯京根法的矩阵解法[8]

朱华提出了一种能适用于线性及非线性汇流系统的马斯京根向量方程的解法。

设预报河段被划分为 n 段，每个子河段的演算参数 K_i 和 x_i 可以不相等，并随时间变化。对第 i 个子河段，马斯京根方程为

$$\left.\begin{aligned} &W_i^{t+1} - W_i^t = \frac{\Delta t}{2}(I_i^{t+1} + I_i^t + q_i^{t+1} + q_i^t) - \frac{\Delta t}{2}(Q_i^{t+1} + Q_i^t) \\ &W_i = K_i[x_i(I_i + q_i) + (1 - x_i)Q_i] \end{aligned}\right\} \tag{4.54}$$

式中　t——时间序号；

I_i、Q_i——第 i 个子河段的入流与出流；

q_i——第 i 个子河段的区间或支流入流量；

W_i——该子河段的槽蓄量；

K_i、x_i——该子河段的演算参数。

对式（4.54）求解，得

$$a_iQ_i^{t+1}+b_iI_i^{t+1}=c_iQ_i^t+d_iI_i^t+d_iq_i^t-b_iq_i^{t+1}$$

其中

$$a_i=K_i^{t+1}(1-x_i^{t+1})+\frac{1}{2}\Delta t$$

$$b_i=K_i^{t+1}x_i^{t+1}-\frac{1}{2}\Delta t$$

$$c_i=K_i^t(1-x_i^t)-\frac{1}{2}\Delta t$$

$$d_i=K_i^tx_i^t+\frac{1}{2}\Delta t$$

若将预报河段上断面流量 I_i 并入 q_i 中，并以 4 个子河段为例，上述可写成下列向量形式：

$$\begin{bmatrix}a_1 & & & \\ b_2a_2 & & & \\ & b_3a_3 & & \\ & & & b_4a_4\end{bmatrix}\begin{bmatrix}Q_1^{t+1}\\Q_2^{t+1}\\Q_3^{t+1}\\Q_4^{t+1}\end{bmatrix}=\begin{bmatrix}c_1 & & & \\ & d_2c_2 & & \\ & & d_3c_3 & \\ & & & d_4c_4\end{bmatrix}\begin{bmatrix}Q_1^t\\Q_2^t\\Q_3^t\\Q_4^t\end{bmatrix}+\begin{bmatrix}d_1q_1^t-b_1q_1^{t+1}\\d_2q_2^t-b_2q_2^{t+1}\\d_3q_3^t-b_3q_3^{t+1}\\d_4q_4^t-b_4q_4^{t+1}\end{bmatrix}$$

经推导后得向量方程为

$$\begin{bmatrix}Q_1^{t+1}\\Q_2^{t+1}\\Q_3^{t+1}\\Q_4^{t+1}\end{bmatrix}=\begin{bmatrix}c_{2,1} & & & \\ c_{3,2} & c_{2,2} & & \\ c_{0,3}c_{3,2} & c_{3,3} & c_{2,3} & \\ c_{0,4}c_{0,3}c_{3,2} & c_{0,4}c_{3,3} & c_{3,4} & c_{2,4}\end{bmatrix}\begin{bmatrix}Q_1^t\\Q_2^t\\Q_3^t\\Q_4^t\end{bmatrix}$$

$$+\begin{bmatrix}1/a_1 & & & \\ c_{0,2}/a_1 & 1/a_2 & & \\ c_{0,3}c_{0,2}/a_1 & c_{0,3}/a_2 & 1/a_3 & \\ c_{0,4}c_{0,3}c_{0,2}/a_1 & c_{0,4}c_{0,3}/a_2 & c_{0,4}/a_3 & 1/a_4\end{bmatrix}\begin{bmatrix}d_1q_1^t-b_1q_1^{t+1}\\d_2q_2^t-b_2q_2^{t+1}\\d_3q_3^t-b_3q_3^{t+1}\\d_4q_4^t-b_4q_4^{t+1}\end{bmatrix}$$

$$\left.\begin{aligned}C_{0,i}&=-b_i/a_i\\C_{1,i}&=d_i/a_i\\C_{2,i}&=c_i/a_i\\C_{3,i}&=C_{0,i}C_{2,i}+C_{1,i}\end{aligned}\right\}$$

在非线性系统中，K、x 随时间变化，需先确定演算参数与状态向量（如 I、Q）之间的函数关系。对无支流河段而言，可假定特征河长 l 是 Q' 的线性函数：

$$l(Q')=AQ'+B \tag{4.55}$$

同理

$$K=K(Q') \tag{4.56}$$

由式（4.29）和式（4.36）可得

$$Q' = Q + (L - l)(I - Q)/2L$$

把式（4.55）代入，得

$$Q' = \frac{2LQ + (I - Q)(L - B)}{2L + A(I - Q)} \tag{4.57}$$

根据预报河段的入、出流量资料，由式（4.57）可计算得相应的 Q' 值，按式(4.55)计算 l，按式(4.56)计算 K，再按式(4.36)求得 x 值，由此可建立 K、x 与状态向量之间的函数关系，即可进行非线性流量演算了。

对线性流量演算，即取各子河段的 K_i、x_i 相等且为常数，可推导得简化后的马斯京根向量方程为（仍以 4 个子河段为例）

$$\begin{bmatrix} Q_1^{t+1} \\ Q_2^{t+1} \\ Q_3^{t+1} \\ Q_4^{t+1} \end{bmatrix} = \begin{bmatrix} C_2 & & & \\ C_3 & C_2 & & \\ C_0C_3 & C_3 & C_2 & \\ (C_0)^2C_3 & C_0C_3 & C_3 & C_2 \end{bmatrix} \begin{bmatrix} Q_1^t \\ Q_2^t \\ Q_3^t \\ Q_4^t \end{bmatrix} + \begin{bmatrix} 1 & & & \\ C_0 & 1 & & \\ (C_0)^2 & C_0 & 1 & \\ (C_0)^3 & (C_0)^2 & C_0 & 1 \end{bmatrix} \begin{bmatrix} C_0q_1^{t+1} + C_1q_1^t \\ C_0q_2^{t+1} + C_1q_2^t \\ C_0q_3^{t+1} + C_1q_3^t \\ C_0q_4^{t+1} + C_1q_4^t \end{bmatrix}$$

其中

$$C_0 = -\frac{b}{a}$$

$$C_1 = \frac{d}{a}$$

$$C_2 = \frac{c}{a}$$

$$C_3 = C_0C_2 + C_1$$

4.3.6 马斯京根-康吉演算法[6]

运动波没有坦化只有平移，采用四点线性隐式差分格式，对运动波方程式（4.5）进行差分，取二阶近似就是扩散波方程。

四点线性隐式差分（图 4.13）：

$$\left.\begin{aligned} \frac{\partial Q}{\partial x} &\approx \frac{X(Q_j^{n+1} - Q_j^n) + (1 - X)(Q_{j+1}^{n+1} - Q_{j+1}^n)}{\Delta t} \\ \frac{\partial Q}{\partial x} &\approx \frac{Y(Q_{j+1}^{n+1} - Q_j^{n+1}) + (1 - Y)(Q_{j+1}^n - Q_j^n)}{\Delta x} \end{aligned}\right\} \tag{4.58}$$

式中　Q 的上标表示时间，下标表示断面位置，如 Q_j^{n+1} 就表示断面 j 在（$n+1$）时刻的流量；

X、Y——时间和空间的差分格式的权重系数，可能的取值范围是：$0 \leqslant X \leqslant l$，$0 \leqslant Y \leqslant 1$；

Δx——距离步长；

Δt——时间步长。

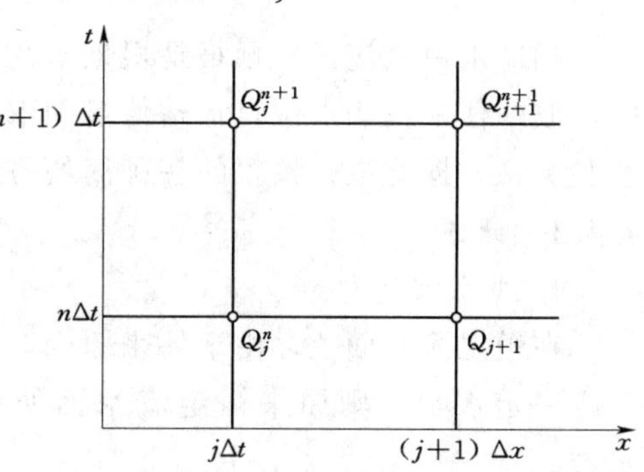

图 4.13　差分格式定义图

将式（4.58）代入式（4.5）便得到下列差分方程：

$$\frac{1}{C_k}\frac{X(Q_j^{n+1}-Q_j^n)+(1-X)(Q_{j+1}^{n+1}-Q_{j+1}^n)}{\Delta t}+\frac{\frac{1}{2}(Q_{j+1}^{n+1}-Q_j^{n+1})+\frac{1}{2}(Q_{j+1}^n-Q_j^n)}{\Delta x}=0 \tag{4.59}$$

在式（4.59）中，取 $Y=\frac{1}{2}$，令 $K=\frac{\Delta x}{C_k}$，并解出 Q_{j+1}^{n+1}，得

$$Q_{j+1}^{n+1}=C_0Q_j^n+C_1Q_j^{n+1}+C_2Q_{j+1}^n \tag{4.60}$$

式中

$$C_0=\frac{0.5\Delta t+KX}{K(1-X)+0.5\Delta t},\ C_1=\frac{0.5\Delta t-KX}{K(1-X)+0.5\Delta t},\ C_2=\frac{K(1-X)-0.5\Delta t}{K(1-X)+0.5\Delta t} \tag{4.61}$$

以及

$$C_0+C_1+C_2=1 \tag{4.62}$$

经过分析有

$$\mu=C_k\Delta x\left(\frac{1}{2}-X\right) \tag{4.63}$$

式中　μ——扩散系数。

式（4.60）表明，下断面 $n+1$ 时刻的流量由上断面 n 时刻的流量乘以系数 C_0，上断面 $n+1$ 时刻的流量乘以系数 C_1 和下断面 n 时刻的流量乘以系数 C_2 三部分所组成。而欲使该式能推算具有衰减特性的洪水波运动，其中的参数必须满足式（4.63）。式（4.60）和式（4.63）就是康吉演算法的基本关系式。式（4.61）和式（4.62）与马斯京根式形式相同。康吉演算法中 X 的物理意义，可从式（4.63）中解出 X：

$$X=\frac{1}{2}-\frac{\mu}{C_k\Delta x} \tag{4.64}$$

可见，X 与洪水波波速、洪水波扩散系数、河段长等因素有关。由于 μ 为正值，所以 X 总是满足 $X\leqslant\frac{1}{2}$。特别的，当 $\mu=0$ 时，$X=\frac{1}{2}$，所以 $X=\frac{1}{2}$ 相应于运动波的情况。

4.4　河道相应水位（流量）预报

相应水位（流量）预报是根据天然河道里洪水波运动原理，分析洪水波在运动过程中，波的任一位相水位自上站传播到下站时的相应水位及其传播速度的变化规律，寻求其经验关系，据此进行预报的一种简便方法。

4.4.1　概述

1. 洪水波运动

在恒定流水面上，由于外来原因，例如暴雨径流，水电站运行，闸坝放水等，突然被注入一定水量，则原来恒定流水面便因此受到干扰而形成一种不稳定波动，这就是洪水波。

洪水波的特征可用附加比降、波速等物理量来描写。天然棱柱形河道里洪水波运动是

一种渐变非恒定流。当洪水波沿河道自上游向下游演进时，由于存在着附加比降，引起不断变形，表现为两种形态：洪水波的推移和坦化，且在传播过程中连续地同时发生。洪水波的演进，引起河道断面水位的涨落变化：波前阶段经过断面时水位不断上升，而波后阶段经过断面时，水位则下降，图 4.14 就表示洪水波与河段上、下站水位过程线之间的关系，反映了附加比降的变化是洪水波变形的主要因素。至于河道断面边界条件的影响则是固定的。例如当河段内有开阔滩地，到某一高水位即行漫滩，洪水波加剧坦化，波高明显衰减，致使下站洪峰水位降低，洪水历时增长。如果下游比上游断面狭窄时，则受壅水作用，使下游断面的波高比上游的大。此外，区间来水、回水顶托及分洪溃口等外界因素，有时对洪水波变形也有很大的影响。

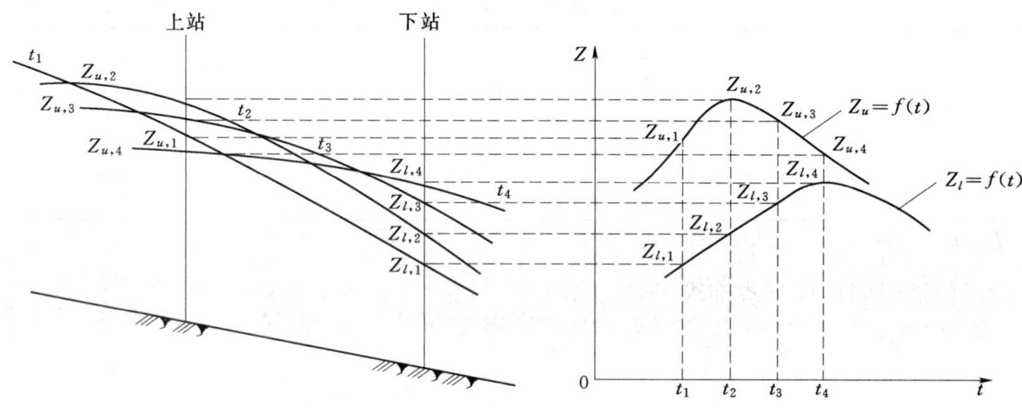

图 4.14 洪水波与上、下站水位过程关系示意图

2. 相应水位（流量）法的基本原理

相应水位（流量）是指河段上、下站同位相的水位（流量）。相应水位（流量）预报，简要地说就是用某时刻上站的水位（流量）预报一定时间（如传播时间）后下站的水位（流量）。

在天然河道里，当外界条件不变时，水位的变化总是由于流量的变化所引起的，相应水位的实质是相应流量，所以研究河道水位的变化规律，就应当研究河道中形成这个水位的流量的变化规律。

设在某一不太长的河段中，上、下站间距为 L，t 时刻上站流量为 $Q_{p,u,t}$，经过传播时间 τ 后，下站流量为 $Q_{p,l,t+\tau}$，若无旁侧入流，上、下站相应流量的关系为

$$Q_{p,l,t+\tau}=Q_{p,u,t}-\Delta Q \tag{4.65}$$

如在传播时间 τ 内，河段有旁侧入流加入，并在下站 $t+\tau$ 时刻形成的流量为 $q_{t+\tau}$，则

$$Q_{p,l,t+\tau}=Q_{p,u,t}-\Delta Q+q_{t+\tau} \tag{4.66}$$

式中 ΔQ ——上、下站相应流量的差值，它随上、下站流量的大小和附加比降不同而异，其实质是反映洪水波变形中的坦化作用。

另一方面洪水波变形引起的传播速度变化，在相应水位（流量）法中主要体现在传播时间关系上，其实质是反映洪水波的推移作用。

传播时间是洪水波以波速由上站运动到下站所需的时间，其基本公式为

$$\tau=\frac{L}{u} \tag{4.67}$$

式中　τ ——传播时间；

L ——上、下站间距；

u ——波速。

在棱柱形河道里洪水波波速 u 与断面平均流速 $\overline{V}$ 间的关系为

$$u=\lambda\overline{V} \tag{4.68}$$

式中　λ ——断面形状系数，或称波速系数，它取决于断面形状和流速计算公式，不同断面形状和流速公式的 λ 值见表 4.6。

表 4.6　波速系数数值表

断面形状	曼宁公式 $v=\frac{1}{n}R^{2/3}S^{1/2}$	谢才公式 $v=C\sqrt{RS}$
矩形	1.67	1.50
抛物线形	1.44	1.33
三角形	1.33	1.25

注　表中 R 为水力半径，S 为水面比降。

所以传播时间可按下式推求：

$$\tau=\frac{L}{\lambda\overline{V}} \tag{4.69}$$

上述式（4.65）及式（4.69）是河道相应水位（流量）预报的基本关系式。$q_{t+\tau}$ 可用其他方法预报（第 2 章）。

在无旁侧入流的天然棱柱形河道中，洪水波在运动中变形随水深及附加比降不同而异。所以式（4.65）、式（4.66）中的 ΔQ 及式（4.69）中的 τ，是水位和附加比降的函数，即 $Q_{p,l,t+\tau}$ 和 τ 值均依 $Q_{p,u,t}$ 和比降的大小等因素而定。但在相应水位（流量）法中，不直接计算 ΔQ 值和 τ 值，而是推求上站流量（水位）与下站流量（水位）及传播时间近似函数关系，即

$$Q_{p,l,t+\tau}=f(Q_{p,u,t},\ Q_{p,l,t}) \tag{4.70}$$

或
$$Q_{p,l,t+\tau}=f(Q_{p,u,t}) \tag{4.71}$$

又
$$\tau=f(Q_{p,u,t},\ Q_{p,l,t}) \tag{4.72}$$

或
$$\tau=f(Q_{p,u,t}) \tag{4.73}$$

式（4.70）～式（4.73）中，流量 Q 用水位 Z 代换，意义相同。

4.4.2　相应水位（流量）法

根据上节所述，相应水位（流量）法预报要解决两个问题：①已知上站水位（流量）在下站所形成的相应水位（流量）值；②上下站间的传播时间，即上站水位传播到下站所需的时间。

4.4.2.1　洪峰水位（流量）预报

对于区间来水比例不大，河槽稳定的河段，若没有回水顶托等外界因素影响，那么影响洪水波传播的因素较单纯，上、下站相应水位过程起伏变化较一致，则在上、下站的水

位（流量）过程线上，常常容易找到相应的特征点：峰、谷和涨落洪段的反曲点等，如图 4.15 所示。利用这些相应特征点的水位（流量）即可制作预报曲线图。

1. 相应洪峰水位（流量）相关法

从河段上、下站实测水位资料，摘录相应的洪峰水位值及其出现时间（表 4.7），就可点绘相应洪峰水位（流量）关系曲线及其传播时间曲线，如图 4.16 所示，其关系式为

$$Z_{p,l,t+\tau}=f(Z_{p,u,t}) \tag{4.74}$$

$$\tau=f(Z_{p,u,t}) \tag{4.75}$$

式中 $Z_{p,u,t}$ ——上站 t 时刻洪峰水位；

$Z_{p,l,t+\tau}$ ——下站 $t+\tau$ 时刻洪峰水位。

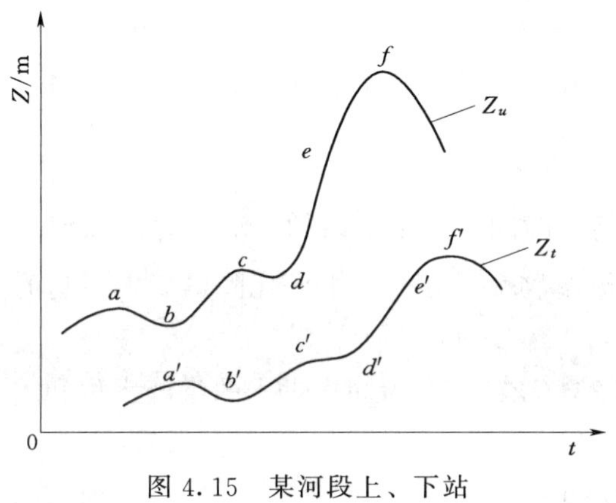

图 4.15 某河段上、下站相应水位过程线

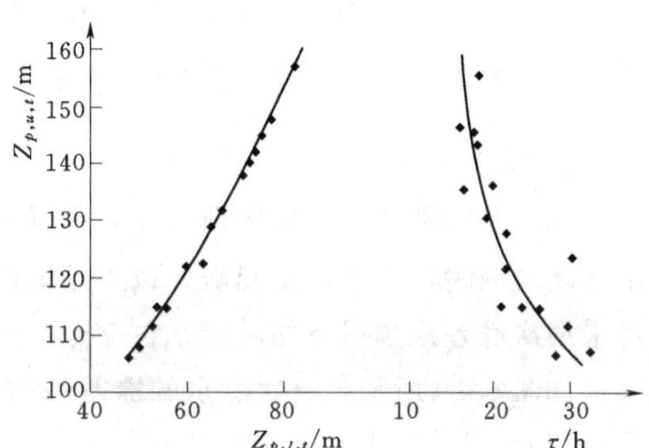

图 4.16 长江某河段上、下站洪峰水位及传播时间关系曲线

表 4.7　长江某河段上、下站洪峰水位要素表

上站洪峰		下站同时水位 $Z_{l,t}$ /m	下站洪峰		传播时间 τ /h
出现日期 t /(年-月-日 时：分)	水位 $Z_{u,t}$ /m		出现日期 $t+\tau$ /(年-月-日 时：分)	水位 $Z_{l,t+\tau}$ /m	
(1)	(2)	(3)	(4)	(5)	(6)
1974-06-13 2：00	112.40	52.95	1974-06-14 8：00	54.08	30
1974-06-22 14：00	116.74	54.85	1974-06-23 17：00	57.30	27
1974-07-31 10：00	123.78	61.13	1974-08-1 17：00	62.76	31
1974-08-12 15：00	137.21	70.62	1974-08-13 8：00	71.43	17
⋮	⋮	⋮	⋮	⋮	⋮

图 4.16 是一种最简单的相应关系，但有时遇到上站相同的洪峰水位，只是由于来水峰型不同（胖或瘦）或河槽“底水”不同，导致河段水面比降发生变化，影响到传播时间和下站相应水位值。这时如加入下站同时水位（流量）作参数，可以提高预报方案精度，如图 4.17 所示。其关系式属式（4.70）型，传播时间关系也类似，如图 4.18 所示。

在建立相应水位关系时，要注意河道特性及应用历史洪水资料，使高水外延有一定的根据。

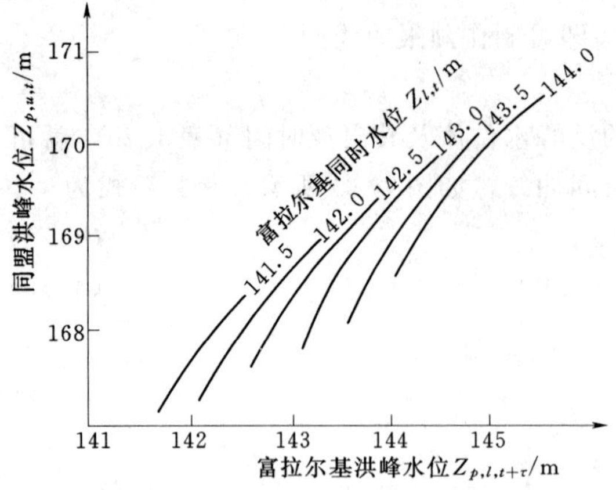

图 4.17　嫩江同盟-富拉尔基洪峰水位关系曲线

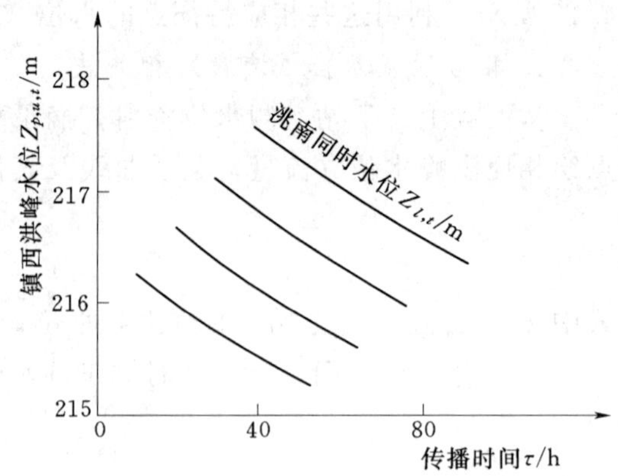

图 4.18　镇西-洮南洪峰传播时间关系曲线

2. 次涨差法

在一些陡涨陡落的山区性河流，如果其洪峰传播时间 τ 大于下站的涨洪历时 t_r，则上站出现洪峰时，下站还未起涨，以下站同时水位作参数就不能反映水面比降的影响，这时可采用次涨差法预报下站洪峰水位 $Z_{p,l,t}$。

如图 4.19 所示，一次洪水的涨差 $\Delta Z = Z_p - Z_0$（Z_p、Z_0 为同次洪水的洪峰水位和起涨水位），可建立上、下站次涨差的关系：

$$\Delta Z_l = f(\Delta Z_u) \tag{4.76}$$

预报时，利用上述关系得下站洪峰水位 $Z_{p,l}$：

$$Z_{p,l,t} = Z_{0,l} + \Delta Z_l \tag{4.77}$$

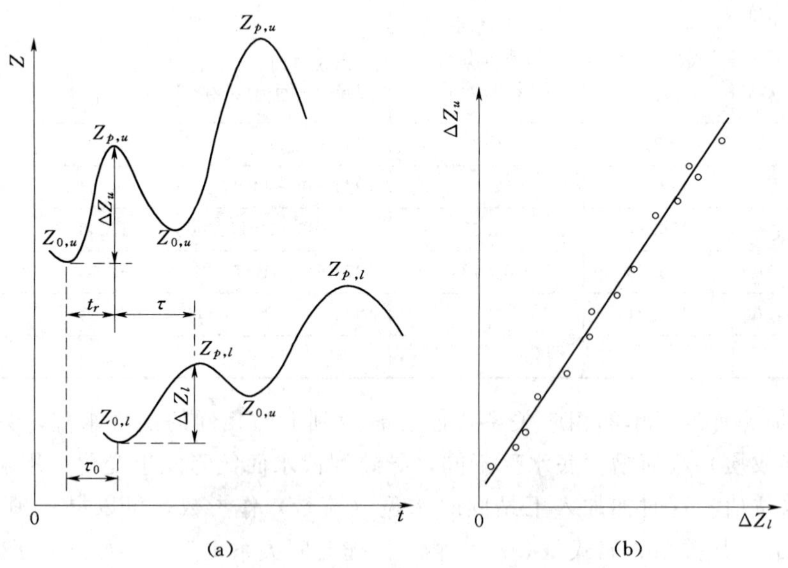

图 4.19　上、下站次涨差关系曲线示意图

(a) 上、下站相应水位过程线；(b) 上、下站次涨差关系曲线

或者以下站起涨水位 $Z_{0,l}$ 和相应洪峰水位 $Z_{p,l}$ 为纵横坐标，加入上站的次涨差作参数，建立相关关系，如图 4.20 所示。参数线簇间距上窄下宽，呈逐渐收缩的趋势，且 ΔZ_u 为零的等值线与横轴成 45°线。

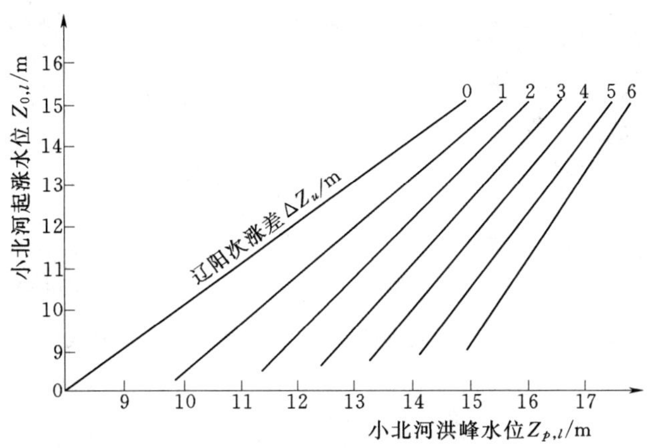

图 4.20 太子河辽阳-小北河次涨差关系曲线图

应用次涨差法预报时，除要建立上站洪峰水位与传播时间关系曲线外，还要建立上、下站起涨水位关系和上站起涨水位与其传播时间（τ_0）的关系。

$$Z_{0,l,t+\tau_0}=f(Z_{0,u,t}) \tag{4.78}$$

$$\tau_0=f(Z_{0,u}) \tag{4.79}$$

3. 以支流水位为参数的洪峰水位（流量）相关法

有支流河段的洪峰水位预报，通常取影响较大的支流相应水位（流量）为参数，建立上、下站洪峰水位关系曲线，其通式为

$$Z_{p,l,t}=f(Z_{p,u,t-\tau},\ Z_{1,t-\tau_1}) \tag{4.80}$$

式中 $Z_{p,l,t}$ —— t 时刻下站洪峰水位；

$Z_{p,u,t-\tau}$ —— $t-\tau$ 时刻上站洪峰水位；

$Z_{1,t-\tau_1}$ —— $t-\tau_1$ 时刻支流站的相应水位；

τ_1 ——支流站水位所需传播时间。

图 4.21 是清溪场洪峰考虑了支流乌江来水影响的关系图。其参数线簇的间距（上下、左右）变化，反映出河槽几何形态及对支流来水等因素的调蓄作用差异。

当有两条支流汇集时，可建立以两条支流相应水位为参数的关系曲线，如图 4.22 所示，图中 τ、τ_1、τ_2 分别是衢县、淳安和金华到芦茨埠的传播时间。

如果支流较多，宜采用本章介绍的合成流量法。

4.4.2.2 水位（流量）过程预报

在防汛工作中，洪峰及其出现时间是一个很重要的预报要素，但在大江大河及有些河流的中下游，洪水历时很长，往往还要预报水位（流量）过程以弥补洪峰预报的不足。过程预报可以采用洪峰水位制作的关系并采用现时校正的方法进行。由于篇幅所限，不再展开细述，可以参考文献［3］、［4］。

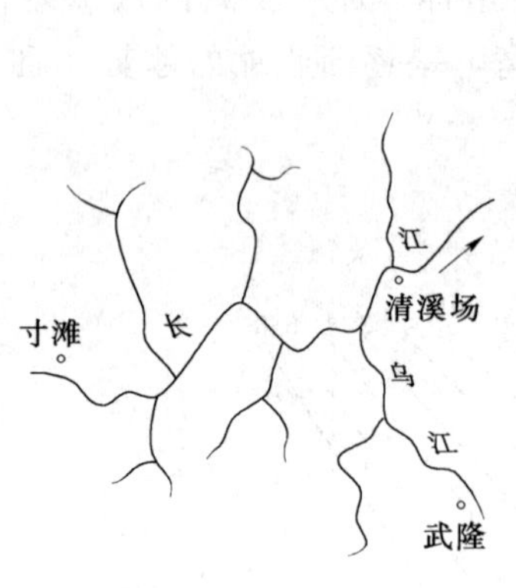

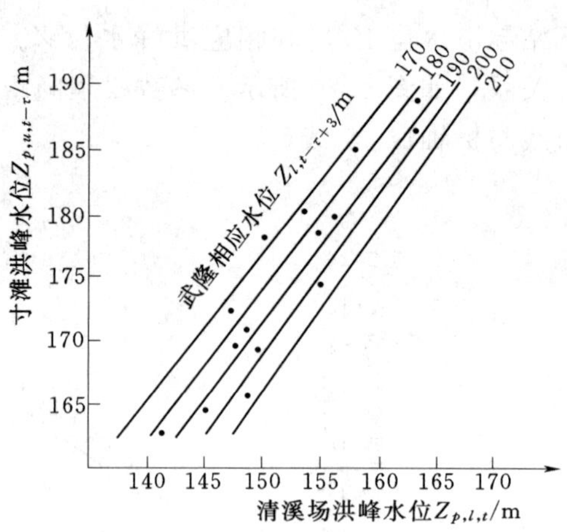

图 4.21 长江干流寸滩-清溪场洪峰水位关系曲线图

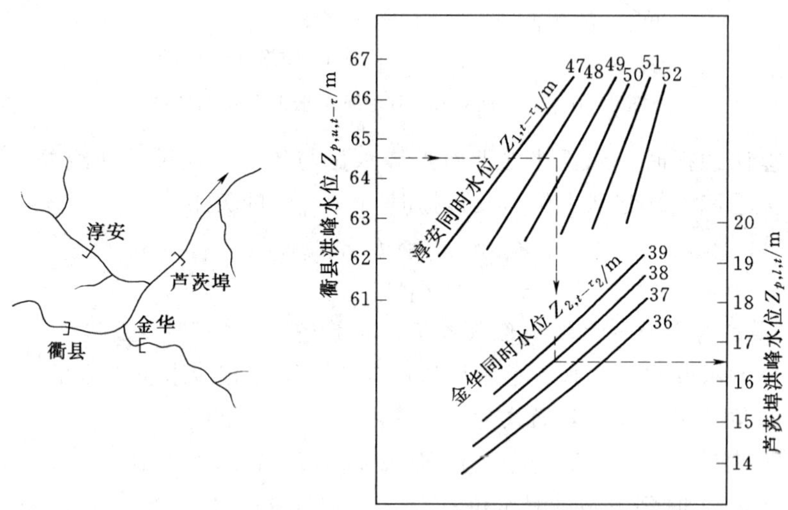

图 4.22 衢县-芦茨埠洪峰水位关系曲线

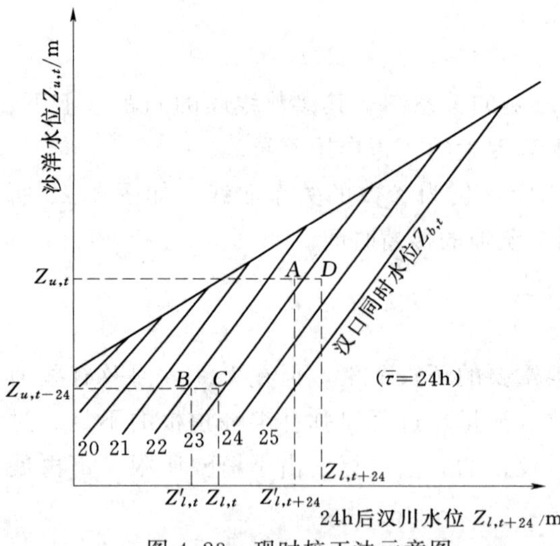

图 4.23 现时校正法示意图

4.4.2.3 现时校正法

前面介绍的相应水位法和时段涨差法，是应用已经发生的洪水资料，制作平均情况的预报方案。作业预报时，往往由于方案所考虑的因素不全面或者水情有新的变化，以致不符合原有的相应水位关系，所以应及时校正。通常认为相邻时段的预报误差存在着相关性，因此可用前一时段的预报误差来校正后一时段或本次预报值。在河段来水情况比较简单时，用上、下站单一的相应水位关系结合现时校正进行预报。如果情况复杂，不仅要考虑相应水位关系的参数，还要分析造成误差的原因和它的增减变化，再合理地校正。如图 4.23 所示为受回水顶托影响的河段，在作业预报时，要同时考虑上站水位及回水代表站水位影响所造成的预报误差 e(即 B、C 两点的差值）的变化趋势，以校正预报值(即 D 点)。如果是受区间来水影响，则当它出现于洪峰之后时，这种影响造成的预报误差要逐渐减小。如果是受变动回水影响，要根据回水代表站预见期内的预报水位过程进行现时校正，才能提高精度，校正后的预报值为

$$Z_{l,\ t+24}=Z'_{l,\ t+24}\pm e \tag{4.81}$$

这种现时校正方法，在水位涨落惰性较大的河段，效果要好些，但在水位转折处不易掌握，今后一方面应着重在预报方案模型结构上进一步改进；另一方面分析误差的来源和性质，区别对待和分别处理。

4.4.3 合成流量法

在有支流河段，若支流来水量大，干、支流洪水之间干扰影响不可忽略，此时，用相应水位法常难取得满意结果，可采用合成流量法。

由河段的相应流量概念和洪水波运动的变形可知，下游站的流量为

$$Q_t=\sum_{i=1}^{n}[(1+\alpha_i)I_{i,\ t-\tau_i}-\Delta Q_i] \tag{4.82}$$

式中 α_i ——各干、支流的区间来水系数；

τ_i ——各干、支流河段的流量传播时间；

ΔQ_i ——各传播流量的变形量；

n ——干、支流河段数。

若令各 α_i 相等，ΔQ_i 是 I_i 的函数，则上式成为

$$Q_t=f\left(\sum_{i=1}^{n}I_{i,\ t-\tau_i}\right) \tag{4.83}$$

式中 $\sum_{i=1}^{n}I_{i,\ t-\tau_i}$ ——同时流达下游断面的各上游站相应流量之和，称为合成流量。

以式（4.83）为根据建立预报方案称为合成流量法。图 4.24 是长江上游干流寸滩站、支流乌江武隆站至长江干流清溪场站的有支流河段预报曲线。

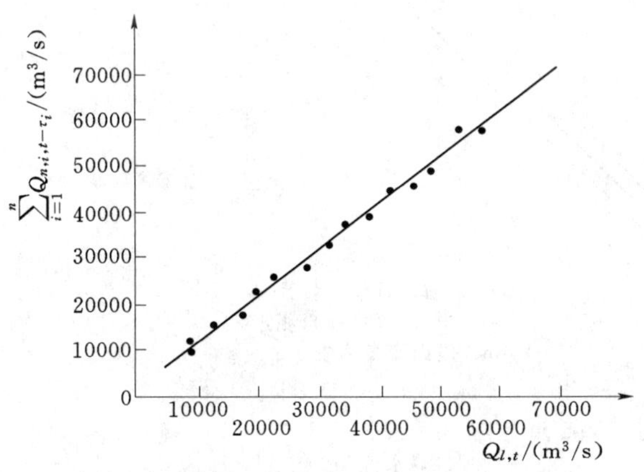

图 4.24 长江寸滩-清溪场河段合成流量预报图

图 4.25 汉江石泉-火石岩河流形势示意图

合成流量法的关键是 τ 值的确定。由于上游来水量大小不同，干、支流涨水不同步，使干、支流洪水波相遇后相互干扰，部分水量被滞留于河槽中，直到总退水时才下泄到下游河道，因而下游站的洪水过程线常显平坦，同上游各站相应流量之和的过程线不相同，这在比降小、河槽宽的平原性河流上尤为明显。若用上、下游各站流量过程线的特征点（如峰、谷、转折点等）确定 τ_i 值就不正确。

实际工作中常用两种方法求 τ_i 值：① 按上、下游站实测断面流速资料分析计算波速 ci，则 $\tau_i=\dfrac{L_i}{c_i}$；② 试错法，假定 τ_i 值，计算 $\sum_{i=1}^{n} I_{i,\ t-\tau_i}$ 值，点绘式(4.82) 的关系曲线，若点据较密集，所假定的 τ_i 值即为所求，否则重新假定 τ_i 值，直到满足要求为止。上述两种方法都可按流量值大小分级定 τ_i 值，表 4.8 即为一实例。

表 4.8　　　　汉江石泉-火石岩传播时间表（位置见图 4.25）

<table>
<tr><th rowspan="3">河名</th><th rowspan="3">站名</th><th rowspan="3">集水面积
/km²</th><th rowspan="3">河段长
/km</th><th colspan="10">流量/(m³/s)</th></tr>
<tr><th>100</th><th>300</th><th>500</th><th>1000</th><th>2000</th><th>3000</th><th>4000</th><th>5000</th><th>6000</th><th>8000</th></tr>
<tr><th colspan="10">τ_i /h</th></tr>
<tr><td>汉江</td><td>石泉</td><td>23805</td><td>179.6</td><td rowspan="2">—</td><td rowspan="2">31.4</td><td rowspan="2">24.0</td><td rowspan="2">19.2</td><td rowspan="2">15.5</td><td rowspan="2">13.9</td><td rowspan="2">13.1</td><td rowspan="2">12.8</td><td rowspan="2">12.7</td><td rowspan="2">12.7</td></tr>
<tr><td rowspan="6">支流</td><td>马池</td><td>984</td><td>178.6</td></tr>
<tr><td>瓦房店</td><td>3860</td><td>77.4</td><td rowspan="2">—</td><td rowspan="2">12.2</td><td rowspan="2">9.0</td><td rowspan="2">7.5</td><td rowspan="2">6.2</td><td rowspan="2">5.7</td><td rowspan="2">5.4</td><td rowspan="2">5.3</td><td rowspan="2"></td><td rowspan="2"></td></tr>
<tr><td>红椿</td><td>936</td><td>79.3</td></tr>
<tr><td>洄水</td><td>440</td><td>67.0</td><td>16.8</td><td>10.7</td><td>8.2</td><td>6.2</td><td>4.8</td><td>3.9</td><td></td><td></td><td></td><td></td></tr>
<tr><td>明珠坝</td><td>486</td><td>54.2</td><td>12.1</td><td>8.4</td><td>6.9</td><td>5.2</td><td>4.0</td><td></td><td></td><td></td><td></td><td></td></tr>
<tr><td>六口</td><td>1749</td><td>31.8</td><td>5.3</td><td>3.5</td><td>3.0</td><td>2.3</td><td>2.1</td><td></td><td></td><td></td><td></td><td></td></tr>
</table>

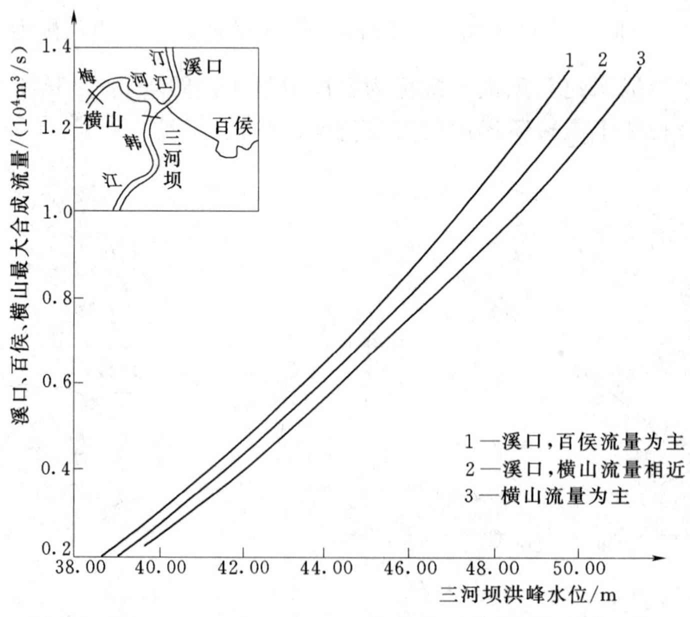

图 4.26　韩江三河坝合成流量法洪峰水位预报图

如果支流不多，实用上常采用按上游主要来水量情况分别定线，可提高预报精度。图 4.26 为韩江三河坝站按上游来水情况分三类定线的洪峰水位预报图。

合成流量法的预见期取决于 τ_i 值中的最小值。由于干流来水量往往大于支流，实际工作中多以干流的 τ 值作为预见期。如果支流的 τ_i 值小于该 τ 值，求合成流量时支流的相应流量还需预报。

4.5 有支流、分流河段的流量演算

4.5.1 基本概念

有支流河段的流量演算方法与无支流河段流量演算方法的原理一样，仍是联解水量平衡方程式和槽蓄方程式。设有 n 条支流，则两方程式如下：

$$\sum_{i=1}^{n}(I_{i,1}+I_{i,2})\frac{\Delta t}{2}-(Q_1+Q_2)\frac{\Delta t}{2}=W_2-W_1 \tag{4.84}$$

$$W=f\left(\sum_{i=1}^{n}I_i,\ Q\right) \tag{4.85}$$

式（4.84）中槽蓄量 W 包括了各支流槽蓄量的总和，也包括交汇区互相干扰的水量。由于干、支流的相互干扰，河段洪水波运动的变形，除受干流洪水本身的特点影响外，还取决于各支流的洪水和河道等特性，情况比较复杂。

由于各干、支流的上游站至下站的距离和传播速度不同，因此从各干、支流入流站到达下站的传播时间 τ_i 不等。如图 4.27 中入流站（1）、（2）、（3）至下站（4）的传播时间分别为 τ_1、τ_2、τ_3。由槽蓄曲线原理可知河段蓄量的大小取决于传播流量和传播时间，对相同的传播流量而言，传播时间 τ 长的支流，其相应槽蓄量比传播时间短的支流槽蓄量大。因此，即使同时刻的 $\sum\limits_{i=1}^{n}I_i$ 及 Q_i 相同，但由于各支流来量的组成不同，相应的槽蓄量 W_i 也不同，即式（4.85）不是单值关系，槽蓄关系受到组成上断面流量 $\sum\limits_{i=1}^{n}I_i$ 的干、支流所占比重不同的影响。

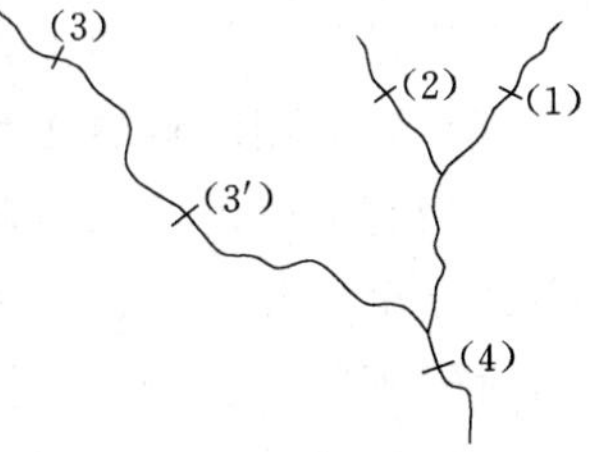

图 4.27 有支流河段示意图

在建立槽蓄关系时必须考虑有支流河段的上述这些特点。现以马斯京根法概念把干、支流河段作为一个整体来说明有支流河段槽蓄关系的应用公式。

某支流的入流 I_i，同时刻相应的出流为

$$Q_i=C_iI_i$$

则

$$W_i=K_iQ_i'=K_i\left[x_iI_i+(1-x_i)Q_i\right]$$

又

$$Q=\sum_{i=1}^{n}Q_i=\sum_{i=1}^{n}C_iI_i \tag{4.86}$$

$$W=\sum_{i=1}^{n}W_i=\sum_{i=1}^{n}K_i\left[x_iI_i+(1-x_i)C_iI_i\right] \tag{4.87}$$

式中 x_i、K_i——各支流马斯京根法参数；

C_i ——各支流流量沿河长分配情况的系数，反映干扰顶托等作用，一般涨洪时 $C_i<1$，落洪时 $C_i>1$。

假定各支流的系数 C_i 及参数 x_i 都相同，令 $C_1=C_2=\cdots=C_i=C$，$x_1=x_2=\cdots=x_i=x$，则有

$$C=\frac{Q}{\sum_{i=1}^{n}I_i} \tag{4.88}$$

式（4.86）变为

$$W=\frac{\sum_{i=1}^{n}K_iI_i}{\sum_{i=1}^{n}I_i}\left[x\sum_{i=1}^{n}I_i+(1-x)Q\right] \tag{4.89}$$

若各支流 K_i 都相同，即 $K_1=K_2=\cdots=K$，则式（4.86）与无支流槽蓄关系一样，式（4.87）为单值关系。如果各支流 K_i，槽蓄关系则要考虑各支流的比重，$\overline{K}=\frac{\sum_{i=1}^{n}K_iI_i}{\sum_{i=1}^{n}I_i}$ 为各站入流量加权的河段平均值，也就是具有统计意义的传播时间。

与无支流河段流量演算方法相同，式（4.89）与水量平衡式（4.84）联解，就可将总的入流过程演算为出流过程。但由于 K 是变量，给演算带来困难，如直接求解方程组需要试算，应用时计算工作较繁。

当有分流河段（分洪、溃口等情况）的流量演算的实质与有支流河段流量演算相同，在建立槽蓄关系时，应考虑入流站至分流站（包括分洪、分汊支流、溃口等）和出流站传播时间不同的影响，如图 4.28 所示。若以马斯京根法建立槽蓄关系，可导得与式（4.89）相似的槽蓄关系式：

$$W=\frac{\sum_{i=1}^{n}K_iQ_i}{\sum_{i=1}^{n}Q_i}[xI+(1-x)\sum Q_i] \tag{4.90}$$

式中　$\sum_{i=1}^{n}Q_i$ ——各出流站的流量之和，通过河段流量演算可得到。

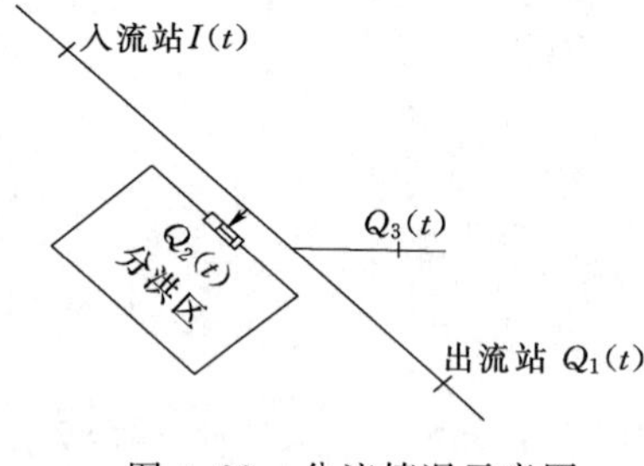

图 4.28　分流情况示意图

4.5.2　有支流河段的流量演算

1. 先合后演法

根据上述原理，将干、支流所有上断面的流量迭加在一起，作为河段总入流，按无支流河段方法进行演算，即为先合后演法。由于上游各站洪水组合的不同，河段干扰调蓄作用不一样，河段流量演算参数 K、x 等是变量，如式（4.89）所示。表 4.9 是淮河润河集-正阳关河段，考虑支流阜阳和横排头站不同入流情况的马

斯京根流量演算公式的系数。

表 4.9 **有支流河段流量演算参数系数表**

河段	入流情况		K /h	x	Δt /h	演算公式系数		
						C_0	C_1	C_2
颍河 阜阳 淮河 润河集 淠河 横排头 } 正阳关	淮河干流来水为主，颍河淠河流量小		70.0	0.10	24	0.067	0.253	0.680
	淮、颍河来水为主	$\sum I \geqslant 3000\text{m}^3/\text{s}$	96.0	0.10	24	0.024	0.220	0.756
		$\sum I < 3000\text{m}^3/\text{s}$	136.0	0.10	24	0	0.188	0.812
	淮、淠河来水为主	$\sum I \geqslant 3000\text{m}^3/\text{s}$	113.0	0.10	24	0	0.206	0.794
		$\sum I < 3000\text{m}^3/\text{s}$	51.0	0.10	24	0.119	0.296	0.585

由式（4.89）可知，当各干、支流上游站到达下站的传播时间 τ 相等时，槽蓄曲线的坡度 K 即为常数，使流量演算变得十分简单。欲达此目的，可虚设某上游站，使之与其他支流的传播时间相同来建立槽蓄关系，这就是人们常用的虚设上游站法。如图 4.27 所示，(1)、(2) 站至 (4) 站的传播时间相同，即 $\tau_1 = \tau_2$，而 (3) 站的 $\tau_3 > \tau_1$，即 $\Delta\tau = \tau_3 - \tau_1$，现在虚设一个上游站（3′），令其至 (4) 站的传播时间也是 τ_1。那么，对上游站 (1)、(2)、(3′) 来说，到达下站的传播时间就相等了。对于这样的河段，马斯京根槽蓄方程式（4.89）变为

$$W = K\left[x\sum_{i=1}^{3} I_i + (1-x)Q\right] \tag{4.91}$$

式中 $\sum_{i=1}^{3} I_i$ 为项中（3′）站的流量过程，可用特征河长法或马斯京根法等方法，根据（3）站流量过程推算而得，或假定（3）-（3′）河段传播流量不衰减，且传播时间 $\Delta\tau$ 为常数，则有 $I_3'(t) = I_3(t - \Delta t)$，显然假定带来一定误差。

表 4.10 是采用虚设上游站法所列的成果，上断面两站传播时间差 $\Delta\tau = 3\text{h}$。虚设上游站法中的参数 K、x 可根据实测上下站的流量资料用试算法确定。实测资料分析确定的 K、x 反映了各干、支流相互干扰顶托等因素的影响。不同特征类型的洪水调蓄作用不一样，因而参数 K、x 也不相同。表中所列举的参数数据证明了这一点。

此法宜用于干、支流干扰较大的情况，或河段坡度比较平缓的地区。

2. 先演后合法

假定各干、支流间的干扰作用很小，各支流可视为一个独立系统，则可用无支流河段流量演算方法，将每个上游站流量分别进行演算，然后相加而得出流过程，即为“先演后合法”。

本法关键在于求出各支流演算参数，由于下站实测出流量是由各支流流量汇合而成，在实测资料中难以分解出各支流所形成的相应出流部分。因此，很难用试算法分析出各支流的参数值。但某些特定的洪水确能主要反映某些支流的特点，则可近似地确定相应参数。例如可以选择各支流分别单独涨水的洪水资料，来分析确定各支流的参数值。如果没

表 4.10　　虚设上游站法演算成果

入流站	出流站	资料日期 /(年-月-日)	洪水特性	成果
(1)	(2)	(3)	(4)	(5)
汉江干流白河	郧县	1956-06-29—1956-07-04	1. 干、支流同时涨水；2. 支流错后 3h 相加	$\tau=9$，$x=0.2$，$K=7.74$ $Q_2=0.28\sum_{i=1}^{2}I_{2i}+0.56\sum_{i=1}^{2}I_{1i}+0.16Q_1$
		1956-06-23—1956-06-29	1. 干流涨、支流不涨；2. 支流错后 3h 相加	$\tau=9$，$x=0.2$，$K=8.66$ $Q_2=0.24\sum_{i=1}^{2}I_{2i}+0.55\sum_{i=1}^{2}I_{1i}+0.21Q_1$
支流黄龙滩		1954-07-04—1954-07-14	1. 支流暴涨、干流不涨；2. 干流错前 3h 相加	$\tau=6$，$x=0.1$，$K=5.80$ $Q_2=0.29\sum_{i=1}^{2}I_{2i}+0.44\sum_{i=1}^{2}I_{1i}+0.27Q_1$

有单独涨水的洪水资料，可以先求出主要支流的演算参数，选择以主要支流为主的洪水资料，其他支流流量错开传播时间相加得 $\sum_{i=1}^{n}I_i$，用试算法分析确定的 K 则为该主要支流的参数值其他支流参数可通过下列途径求得。假定各支流的 x 值相同，而其他支流的 x 值，可假定与各河段的距离 L 成正比，若上游有三个支流站，即

$$K_1:K_2:K_3=L_1:L_2:L_3$$

或者先求得各支流站到达下站的传播时间，那么各河段的 x 值与传播时间 τ 成正比，即

$$K_1:K_2:K_3=\tau_1:\tau_2:\tau_3$$

据此可求出其他支流的 K 值。

先演后合法宜用分析決确定各支流的参数。

有了各支流的 K、x 值，即可求得各支流马斯京根法的演算系数 C_0、C_1、C_2 及演算公式。

这个方法，宜用于山区、坡度较大、干支流相互干扰作用较小的河流。

4.5.3　有分流河段的流量演算

1. 分流河段的流量演算特点

有分流河段的水量平衡方程式为

$$(I_1+I_2)\frac{\Delta t}{2}-\left(\sum_{i=1}^{n}Q_{i,1}+\sum_{i=1}^{n}Q_{i,2}\right)\frac{\Delta t}{2}=W_2-W_1 \tag{4.92}$$

式（4.92）和槽蓄方程联解，即为分流河段流量演算的基础。分流河段流量演算除考虑入流站至各出流站传播时间不同的影响外，还有如下特点：①当求得总出流 $\sum Q_i$ 后，还需解决主流、分流流量的分配问题；②若以有建筑物控制的分洪形式分流，则分洪流量除取决于总出流 $\sum Q_i$ 的大小外，还取决于分洪建筑物，如闸的特点及其控制运用情况；③河堤等溃口的流量演算，则需考虑溃口口门的几何形状和水力特点，一般用水力学公式计算。

计算分洪流量或溃口流量常用以下堰流或孔流公式：

自由堰流 $$Q=mBH_0^{3/2} \tag{4.93}$$

淹没堰流 $$Q=m_1BH\sqrt{2g\Delta Z} \tag{4.94}$$

自由孔流 $$Q=mA\sqrt{H_0} \tag{4.95}$$

淹没孔流 $$Q=m_1A\sqrt{\Delta Z} \tag{4.96}$$

式中 H_0——闸前水头，m；

H——闸后水深，m；

m、m_1——流量系数；

ΔZ——闸前闸后水位差，m；

B——堰顶宽，m；

A——孔口面积，m^2。

在分洪演算时，这种特性资料常以图表达。如图4.29所示为某分洪闸流量是以开启闸门高度为控制的自由出流。

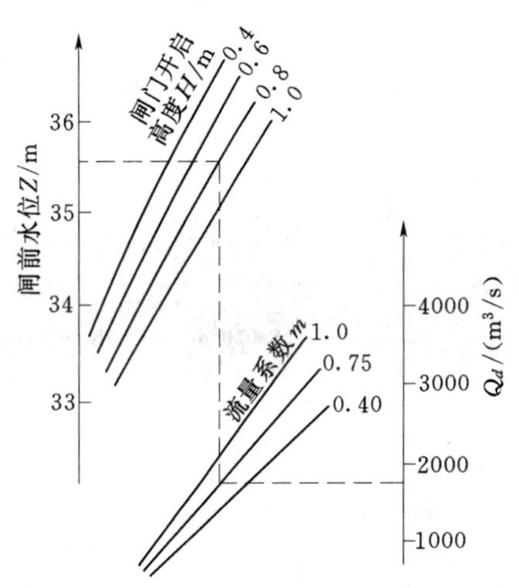

图4.29 某分洪闸特性曲线

在抗洪中，需要有计划的控制洪水，如分洪等以减轻洪水灾害。因此，分洪流量的大小一般根据总流量（或水位）按理想情况进行控制，若控制安全下泄流量Q_s，则分洪流量Q_d为

$$Q_d=\sum_{i=1}^{n}Q_i-Q_s$$

根据Q_d和分洪闸特性曲线确定分洪闸门的控制运用，如闸门开启高度等。

河堤溃决是一种灾害，溃口具有突发性和不稳定的特点，由于发生溃口位置的不确定性以及口门的几何形状和水流条件的多变性，给预测溃口流量带来困难，应随时掌握溃口动态和水流条件，才能正确地计算溃口流量过程。洪水破堤而漫滩，受溃口控制进滩流量则按分洪泄流方式计算。

2. 分洪河段流量演算

由式（4.92）可知，若虚设下游站，则容易求得$\sum_{i=1}^{n}Q_i$，各出流量的分配则根据河道及分流站的特点确定，常通过水位流量关系曲线分别确定各站出流流量。如淮河息县-王家坝河段，王家坝有分洪设施，如图4.30所示。演算时，首先根据上游站息县、潢川、班台的入流过程，由洪流演进公式预报王家坝总流量过程，当王家坝流量超过5000m^3/s左右时，进行蓄洪演算。根据水量平衡原理，利用王家坝、钐岗的分水曲线、王家坝（淮河）-钐岗水位关系，用试算法可求得蓄洪后的王家坝、钐岗的流量和蒙洼蓄洪量的预报过程。1956年6月上旬洪水，若考虑分洪预报，

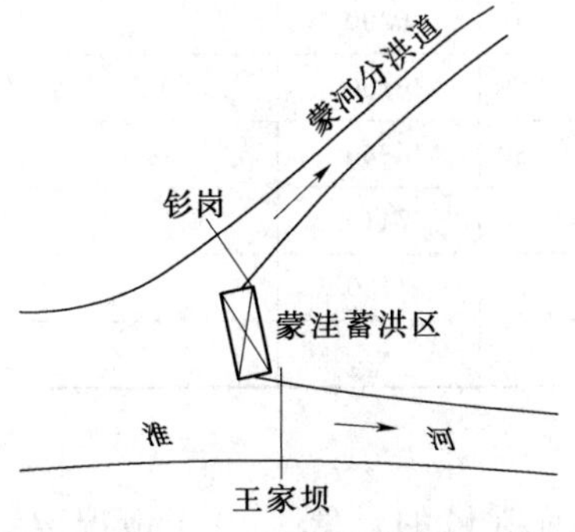

图4.30 王家坝分洪示意图

王家坝的最高水位较未分洪的预报水位降低 1m。

有分洪河段的具体演算可参见图 4.31、表 4.11。本例分洪口在出流站附近，并将水位流量关系和蓄泄关系简化为单一线，因此当知道 Z_d 后，可得到相应的出流 Q 、分流洪量 Q_d 及槽蓄量 S ，演算时采用试算法。计算步骤为：①假定总出流 $Q+Q_d$ 值，根据河段水量平衡式计算蓄量 S 值；②由 S 值在图 4.31 上查得 Z_d ；③根据 Z_d ，在 Z_d -Q 及 Z_d -Q_d 曲线上查得 Q 及 Q_d ；④计算 $Q+Q_d$ 值，若与假定值不符，则重新假定，直至二个值相符，试算结束。

演算工作曲线简化为单值关系产生一定的误差，特别是在中、下游底坡较小的河段更为明显，在预报时应估计修正。

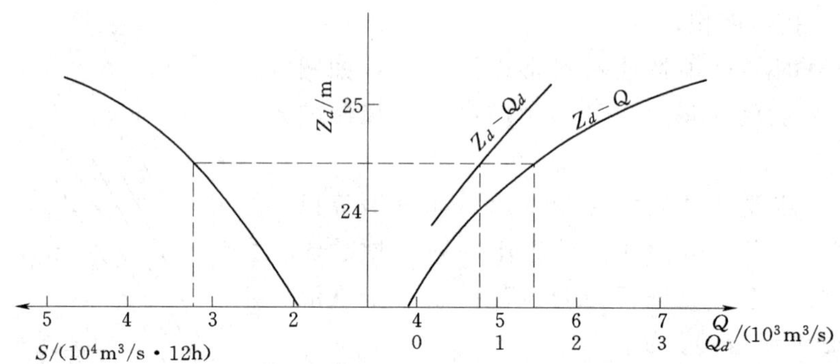

图 4.31　分洪演算工作曲线

表 4.11　　**分 洪 演 算 示 例 表**

时间 /(月．日 时：分)	I	假定 $Q+Q_d$	ΔQ	ΔS	S	Z_d /m	Q_c	$Q_{d,c}$	计算 $Q_c+Q_{d,c}$	工作情况
(1)	(2)	(3)	(4)=(2)-(3)	(5)	(6)	(7)	(8)	(9)	(10)	(11)
6.10 8：00	8890	4260	4630		21000	23.40	4260		4260	
6.10 20：00	9570	4830	4740	4680	25680	23.97	4820		4820	10 日 20 时开闸
6.11 8：00	9920	6000	3920	4330	30010	24.39	5370	830	6200	
		6150	3770	4260	29940	24.37	5330	820	6150	
6.11 20：00	9950	6850	3100	3440	33380	24.63	5780	1080	6860	
6.12 8：00	10050	7500	2550	2820	36200	24.81	6150	1260	7410	
		7430	2620	2860	36240	24.82	6160	1270	7430	
6.12 20：00	…	…	…	…	…	…	…	…	…	

3. 溃口河段流量演算

溃口河段流量演算包括两部分，即河道洪水演算及溃口河流量的计算。由于情况复杂、资料又少，目前溃口河段预报的经验不足。如果没有详细的分洪区的地形实测资料，可以采用水文学的演算方法，如马斯京根法[9]，如果有详细的地形资料可以采用一维、二维的水力学模型进行计算。

4.6 回水、感潮河段的水位（流量）预报

本节着重介绍河段洪水波受外因（如变动回水、潮汐、分洪溃口等）影响时的水位（流量）预报方法。

4.6.1 受变动回水顶托影响河段的水位（流量）预报

在干、支流或河、湖汇合处附近的河段，上游来水与支流或湖泊来水之间相互干扰，常发生回水顶托，影响洪水波运动变化特性。建立预报方案时，要分别分析上游来水和回水顶托这两项因素及其作用程度。

对上游干流来水影响为主的河段，可先按前面介绍的方法建立河段上、下游站相应水位（流量）关系，用反映回水顶托的要素作参数。如图 4.32 中以汉口站同时水位反映长江洪水对汉江下游河段回水顶托的作用。

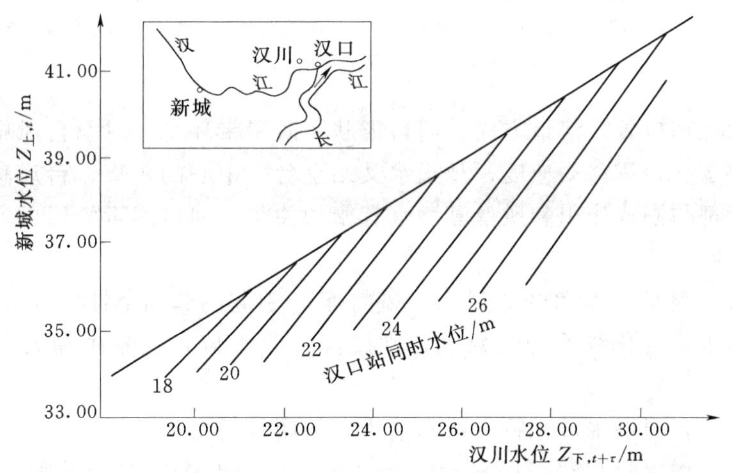

图 4.32 汉江下游受回水顶托影响的相应水位关系曲线

一般的有支流河段，往往当支流发生大流量洪水时才会对干流有回水顶托影响。因此，除建立干流河段上、下游站相应水位关系外，还应建立支流来水量与回水影响量之间的关系，用以改正受回水顶托后的预报值。图 4.33（b）是清江来水对长江干流宜昌站水位影响量的关系曲线。

4.6.2 感潮河段的水位预报

4.6.2.1 概述

感潮河段指受海洋潮汐影响的入海河流的下游河段。感潮河段的水情变化除与上游来水有关外，还受潮汐波动的作用，若遇台风和暴雨，常使感潮河段水位抬高。由天体引力所形成的周期性海洋水位波动称为天文潮，其潮位值通常由海洋水文部门提供。每年夏秋季节，我国东部沿海地区频繁地受台风袭击，因台风中心附近气压低，引起海面升高，当台风途经入海河流下游河段时会引起增水。同时，台风也迫使海洋水体向海岸方向输移，遇海岸阻挡而形成增水，这两项增水称风暴潮，最大增水可达 6m 左右。天文潮和风暴潮常给沿海地区造成巨大经济损失，尤其是台风暴潮与天文大潮相遇时，威胁和破坏更为

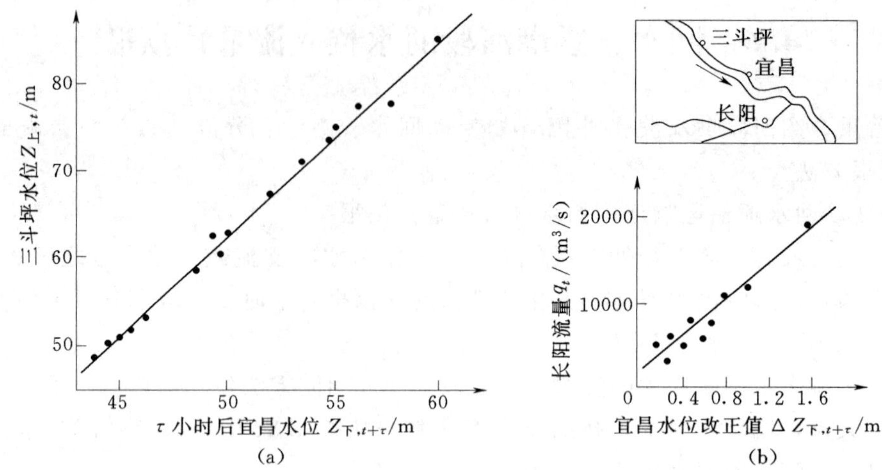

图 4.33　支流水量对干流水位顶托影响关系曲线

(a) 长江三斗坪-宜昌不受回水影响的相应水位关系；(b) 支流清江来水对宜昌水位顶托影响关系曲线

严重。

入海河口的地理位置、河口方向、河口形状、海岸带环境，以及台风中心的气压与最大风速、气压梯度、台风移动速度、预报水文站至台风中心的距离、台风移动路径同海岸线的夹角等因素都与潮汐作用和风暴潮增水有密切关系，河口附近海区的水深、底坡、岛屿等也有一定影响。

通常把因气象因素（如气压、风力、风向等）引起的非周期性增（减）水同河口上游来水所引起的水位变化统称为气象潮，则感潮河段水位是气象潮和天文潮综合作用的结果。

按我国沿海的台风增水过程特点可归纳为以下四种类型。

(1) 标准型：增水过程线可明显地分为初振、激振和余振三个阶段，如图 4.34 (a) 所示。

(2) 多峰型：增水过程的激振阶段出现两个或多个峰值，如图 4.34 (b) 所示。

(3) 波动型：初振、激振和余振三个阶段不明显，增水过程起伏波动，周期性不明显，如图 4.34 (c) 所示。

(4) 对称相似型：增水过程变动不及波动型规则圆滑，但各形状间基本相近似，如图 4.34 (d) 所示。

据我国部分沿海地区的经验，在近岸浅水海区，风力对增水的贡献大于气压的效应，风对增水的作用是主要的，因此要十分注意风力、风向和预报水文站同台风中心的距离等因素。

4.6.2.2　预报方法

感潮河段水位预报常用的方法主要有经验分析法、回归分析法和以动力学模式为基础的数值预报等。这里简要介绍前两种方法。

1. 经验分析法

当预报河段仅下游断面受潮汐影响，此时与回水河段相似，可建立如图 4.35 所示的相应水位关系曲线，图中参数反映潮汐对下游断面预报水位的作用。也可通过分析，建立

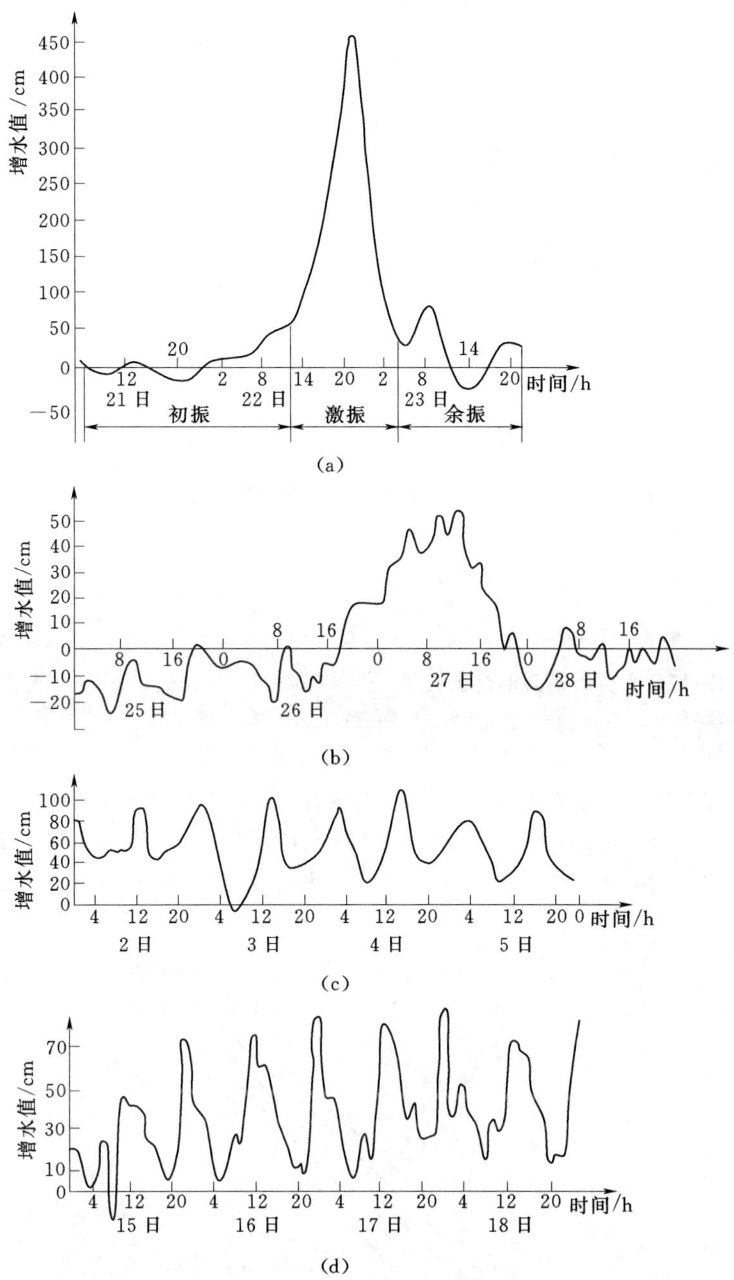

图 4.34　台风增水过程线类型

上游洪水流量对下游站水位的增值影响。

例如，闽江入海河段，在枯水期间，解放大桥站水位主要受潮汐作用而波动，可由实测资料建立解放大桥站高潮位与枚花站相应高潮位的相关关系，即

$$Z_{解}=0.709Z_{枚}-0.344 \tag{4.97}$$

上游发生洪水时，对应于竹岐水文站的洪峰流量 $Q_{竹,m}$ 值，解放大桥站发生相应的最高高潮位 $Z_{解,m}$ 值，同时由潮汐表可得枚花站相应的 $Z_{枚}$ 值，按式(4.98)得解放大桥站仅

在解放大桥高潮位作用下的潮位 $Z_{解}$ 值，显然，$\Delta Z_{解}=Z_{解m}-Z_{解}$ 系上游洪水引起的水位增值。对不同洪水可建立 $\Delta Z_{解}=f(Q_{竹,m})$ 关系曲线，如图 4.36 所示，其回归方程式为

$$\Delta Z_{解}=0.000146Q_{竹,m}+0.109 \tag{4.98}$$

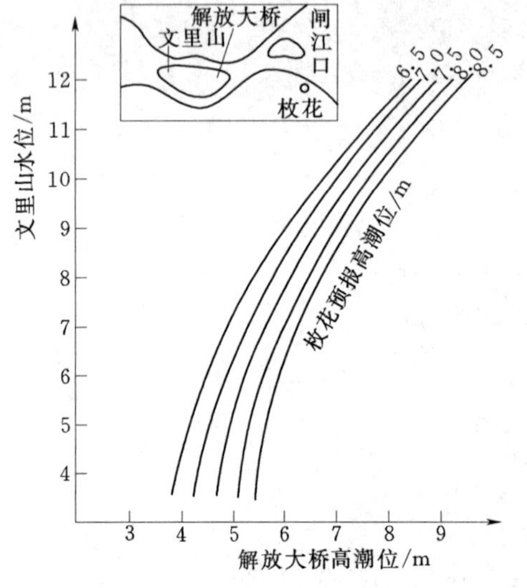

图 4.35　闽江文里山-解放大桥河段高潮位预报图

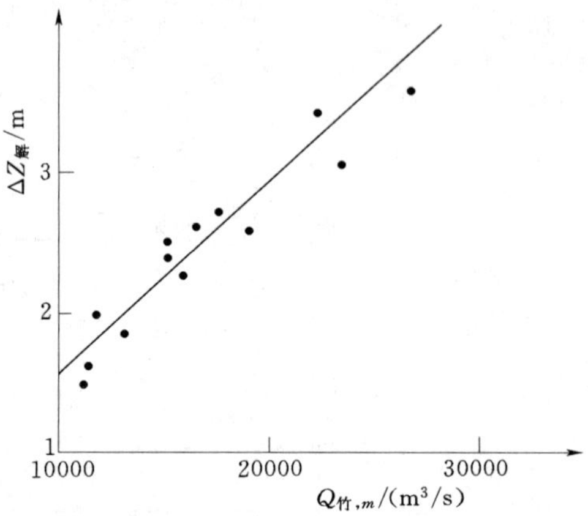

图 4.36　上游洪峰流量-下游水位增值关系图

若遇台风，还需考虑台风引起的增水值。图 4.37 为珠江三角洲河口区黄冲站的台风增水预报图（可按风向分别建图），图中 $\overline{V}_t$ 为黄冲站 3h 平均风速，$V_{台t}$ 为台风中心附近最大风速，D_t 是台风中心至黄冲站的距离（以纬距计），R_{t-5} 为前 5h 的 6 级大风范围半径（以纬距计），ΔZ 是台风增水值。正常天文潮水位加 ΔZ 即为潮水位预报值，预见期为 5h。

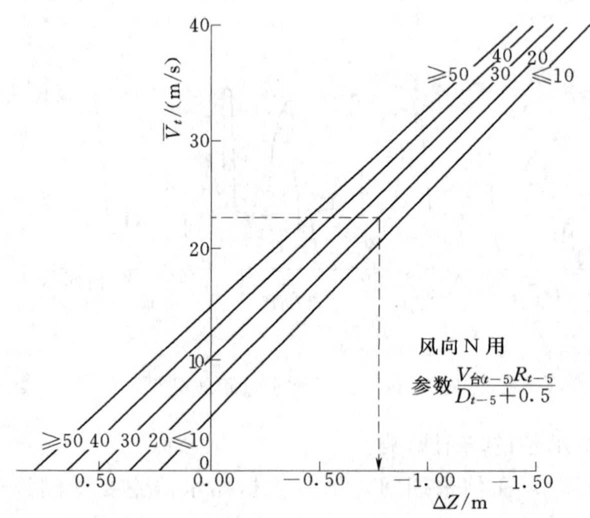

图 4.37　珠江三角洲黄冲站台风增水预报图（风向为 N 时）

当上游地区发生大降雨量时，感潮河段上游站水位同时受到上游来水和潮汐的共同作用，水位抬高，图 4.38 即为一例。

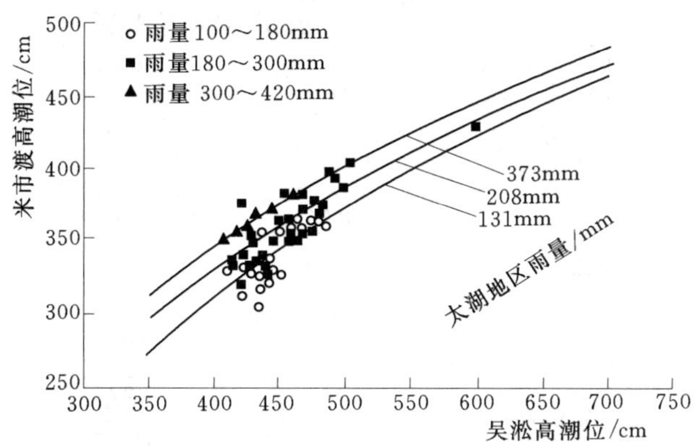

图 4.38 上海市黄浦公园水位大于 4.00m 时吴淞站与米市渡站相应潮位相关图

2. 回归分析法

当感潮河段上、下游站都受潮汐影响，此时河段水位变化与天文潮、上游来水、台风、区间降雨等因素有关，要考虑因素多，可根据对历史资料的分析，选择主要的影响因子，按有、无风暴潮作用分别建立回归方程用于预报。例如，上海市黄浦江黄浦公园相对最大增水值的经验关系为

$$\Delta Z_m = -0.037 + 0.750 Z_1 + 0.067 \Delta Z_2 \tag{4.99}$$

式中 Z_1——黄浦公园前 24h 气象潮增（减）水位，以综合反映天气过程连续性；

ΔZ_2——前 24h 米市渡与黄浦公园同时高潮位差，以反映上游来水情况。

需要强调指出，感潮河段水情变化取决于上游来水和潮汐的综合作用，由于影响台风暴潮的因素多，其机制复杂，给感潮河段水位预报带来困难。上述经验分析法和回归分析法中若能多考虑一些因素，或所选因素具有更强代表性，则预报精度还可提高。国内对台风暴潮已开展动力学数值模拟预报的研究，并已用于沿海地区，其成果可供借鉴。

4.7 水力学的河道洪水演算方法

对于一般的河道与滩地水流，采用式（4.1）和式（4.2）的河道一维非恒定流圣维南方程组来描述是足够了。该方程组是非线性的，它的解析求解是极其困难的。随着计算机技术的发展，数值解得到了广泛的应用。一维常用有限差分方法，常用的差分格式是 Preissmann 隐格式。对方程离散化，然后结合内、外节点和边界条件解代数方程组。

计算水力学中常用的连续方程与动量守恒形式为

$$\frac{\partial Z}{\partial t} + \frac{1}{B}\frac{\partial Q}{\partial x} = 0 \tag{4.100}$$

$$\frac{\partial Q}{\partial t} + \frac{\partial}{\partial}\left(\frac{Q^2}{A}\right) + gA\left(\frac{\partial Z}{\partial x} + \frac{Q|Q|}{K^2}\right) = 0 \tag{4.101}$$

在有限差分中采用 Preissmann 四点隐式差分格式，其中 i 和 j 别表示空间（沿河道）和时间的离散，j 时段的水位和流量已知，待求的是 $j+1$ 时段的水位和流量。该差分方法的特点是在每一个结点上求出流量和水位，此格式的如图 4.39 所示。

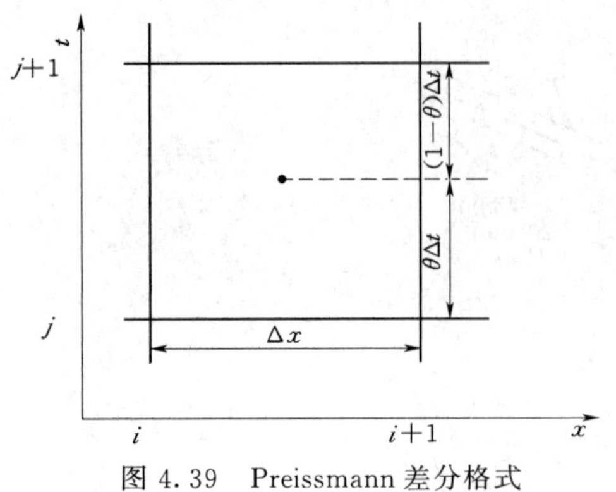

图 4.39　Preissmann 差分格式

一般函数 f 及其微分项离散为

$$f=\frac{\theta(f_{j+1}^{i+1}+f_j^{i+1})+(1-\theta)(f_{j+1}^i+f_j^i)}{2} \tag{4.102}$$

$$\frac{\partial f}{\partial x}=\frac{\theta(f_{j+1}^{i+1}-f_j^{i+1})+(1-\theta)(f_{j+1}^i-f_j^i)}{\Delta x_j} \tag{4.103}$$

$$\frac{\partial f}{\partial t}=\frac{f_j^{i+1}+f_{j+1}^{i+1}-f_j^i-f_{j+1}^i}{2\Delta t} \tag{4.104}$$

按照上面的形式写出各个项的差分并代入连续方程和动量方程。对于方程中的非线性项进行适当的线性化，如

$$\frac{1}{A_j^i+\Delta A_j}=\frac{1}{A_j^i\left(1+\dfrac{\Delta A_j}{A_j^i}\right)}\approx\frac{1}{A_j^i}\left(1-\frac{\Delta A_j}{A_j^i}\right) \tag{4.105}$$

经过移项、整理可以得到

$$A_{1j}\Delta Q_j+B_{1j}\Delta Z_j+C_{1j}\Delta Q_{j+1}+D_{1j}\Delta Z_{j+1}=E_{1j} \tag{4.106}$$

$$A_{2j}\Delta Q_j+B_{2j}\Delta Z_j+C_{2j}\Delta Q_{j+1}+D_{2j}\Delta Z_{j+1}=E_{2j} \tag{4.107}$$

式中　A_{1j}、B_{1j}、C_{1j}、D_{1j}、E_{1j}、A_{2j}、B_{2j}、C_{2j}、D_{2j}、E_{2j} 是系数，如

$$A_{1j}=-\frac{4\theta\Delta t}{\Delta x(B_j^i+B_{j+1}^i)} \tag{4.108}$$

$$A_{2j}=1-\frac{4\theta\Delta t}{\Delta x}\left(\frac{Q_j^i}{A_j^n}\right)+2\Delta\tan\theta\frac{A_j^i\,|Q_j^i|}{(K_j^i)^2} \tag{4.109}$$

对于一个河道，如果离散化成 n 个子河段，则有$(2n-2)$个方程，$2n$ 个未知的变量。显然，需要增加两个边界条件方程。

天然的河道洪水波一般属于缓流，需要一个上边界和一个下边界。在洪水预报中上下边界处理主要有下列的一些途径：

（1）对于上边界采用水位或者流量过程。在洪水预报中，可以采用降雨-径流模型预报出流量过程作为上边界，在水库下游进行非恒定流水力学演算，可以把调度的水库放水过程作为上边界。

（2）对于下边界条件可以是流量过程、水位过程或者水位流量关系。有几种情况，其一是自然出流，可以采用水位流量关系，如遇有闸、坝可用其出流公式，当然也可以采用水位或者流量过程已知。

设第一个断面编号为 0，最后一个断面为 n。把边界条件概括为

$$Q_0(Z_0)-t \tag{4.110}$$

$$Z_n=f(Q_n)\text{ 或者 }\quad Q_n=f(Z_n) \tag{4.111}$$

由式（4.106）和式（4.110）组成的代数方程组结合线性化后的边界条件可以采用追赶法进行求解。

（3）除了边界条件之外，还可能遇到内部边界条件。所谓内部边界是指河道形状的不连续或水力特性的不连续点。诸如，河流的汇合点、过水断面的突然改变处、堰闸过流处

和集中水头损失等。在这些内部边界处，圣维南方程组不适用，必须根据其水力特性做特殊处理。内部边界条件通常采用流量的连续性条件和能量守恒条件（或动量守恒条件），如干、支流的汇合点有两个方程：

$$Q_3 = Q_2 + Q_1 \tag{4.112}$$

$$Z_1 + \frac{1}{2g}\left(\frac{Q}{A}\right)_1^2 = Z_2 + \frac{1}{2g}\left(\frac{Q}{A}\right)_2^2 = Z_3 + \frac{1}{2g}\left(\frac{Q}{A}\right)_3^2 \tag{4.113}$$

4.8 问 题 讨 论

4.8.1 相应水位（流量）关系线的合理性分析

相应水位（流量）关系是依据经验点据分布而定线的经验性关系图。由于河道洪水波运动中的复杂性，把多次洪水点据集于一图，在定线时有可能造成假象。因此，对这类相关图必须经过认真的合理性分析后方可使用。

现以图 4.17 为例进行合理性分析。

（1）下游同时水位等值线分布自左向右增大。对同一上游站洪峰水位，下游同时水位低表示水面比降大，展开量也大，则下游站相应的洪峰水位也低，因此，下游同时水位等值线分布是合理的。

（2）下游同时水位等值线坡度小于 90°。对同一下游同时水位，上游站洪峰水位越高，下游站相应洪峰水位也越高，是合理的。

（3）下游同时水位等值线间的水平间距自下向上呈收缩状。此乃因一般河道断面形态是下窄上宽所致。

4.8.2 河系连续水位预报

当相邻河段已有预报方案，为了增长预见期，可把这些相邻河段预报方案连接起来进行河系连续预报。根据河系连续预报特点，需解决好以下问题。

（1）上、下游相邻河段预报方案能衔接连续运用。例如，上游河段预报值为下断面的时段流量值，而相邻的下游河段预报的依据值是水位总涨差，则连续预报就很困难。又如，以下游同时水位为参数的方案在河系连续预报中不便使用，因该值在下游河段需要预报，会增大连续预报的误差。

（2）区间面积及区间来水量相对地增大了。在连续预报中，区间面积增加，预见期内区间来水量相对增大。若依靠气象部门的降雨量预报，并用第 2、3 章的方法预报区间来水量，其精度取决于气象预报的效果。

（3）使用相关图连续查算必须同预报员经验相结合，进行逐段校正，以免误差的积累和传播。

在作河系连续预报过程中，尚需密切关注各预报河段的水情、雨情变化，并及时修正预报值，可采用计算机图形交互技术实现之。

4.8.3 河道洪水演算的预见期

从马斯京根法的流量演算公式（4.30）

$$Q_2 = C_0 I_2 + C_1 I_1 + C_2 Q_1$$

可以看出，要计算下断面的流量 Q_2，必须知道上断面同时的入流 I_2，这样马斯京根流量演算法就没有预见期。要解决马斯京根法的预见期问题有以下几个方法：

(1) 如果 $\Delta t=\frac{Kx}{2}$，则 $C_0=0$，有

$$Q_2=C_1I_1+C_2Q_1 \tag{4.114}$$

采用上式进行流量演算有一个时段 Δt 的预见期。

(2) 对于实测的入流进行线性外推，如果河段汇流时间是 m 个时段，那么入流就外推 m 个时段，这时采用式(4.30) 进行流量演算，就有 m 个时段的预见期。

(3) 大江大河的源头流域，采用降雨-径流预报方法预报上游断面的流量过程，而后往下演算，这样就具有了一定的预见期。

4.8.4 水文学的河道流量演算与水力学演算方法[10,11]

关于水文学流量演算方法的适用范围，国外曾进行过一些详细的研究，介绍如下：

河道洪水演算有集总式和分布式两种方法。在集总式方法或水文学的演算方法里，水流是作为河道中一点的时间函数；而在分布式方法或水力学的方法中，水流是作为河道断面和时间两者的函数（图 4.40）。这里主要讨论如何选择河道洪水演算方法以及计算的精度。

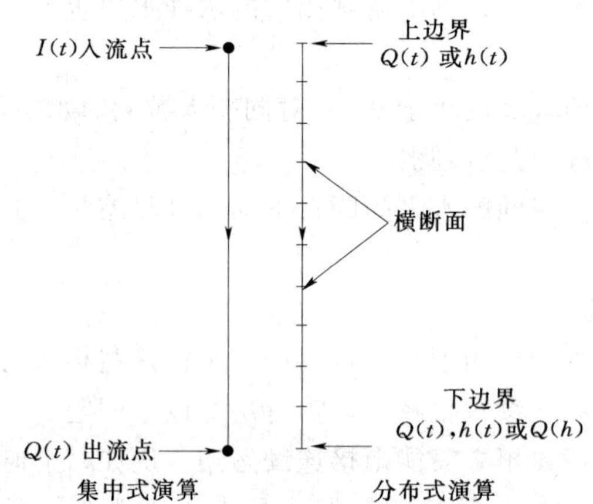

图 4.40　集总式和分布式水流演算系统示意图（Q 为流量，h 为水位）

4.8.4.1　演算模型的选择

河道洪水演算是水文分析的重要工具。由于问题固有的复杂性和不同的计算要求导致了许多的演算模型。当各种方法在其所适用的范围内使用时，是有足够的精度。以下这些因素的相对重要性影响到选择河道洪水演算模型：①模型能否提供适当的信息来回答使用者的问题；②模型的精度以及流量演算中所需的精度；③能否收集到模型所需的资料；④是否熟悉所给模型；⑤模型计算所需要的时间。在考虑上述因素时，认为其中每个的重要性依赖于应用而改变，可以看出，并不存在普遍优良的水流演算模型，但从一些可用模型中进行慎重的选择是必要的。简化的演算模型，由于其计算简单而受到注意，然而，精度的考虑可能限制它们的应用范围。

4.8.4.2　流量演算模型的精度

在流量演算应用中，当不存在明显的回水顶托作用时，河底比降不是太小的情况下，

马斯京根法演算模型，以及运动波和扩散被演算模型，均具有简单的优点。运动波模型对于动力波模型的误差小于 E（以%计）的近似准则为

$$E < \frac{\mu' \phi n^{1.2} q_p^{0.2}}{T_r S_0^{1.6}} \tag{4.115}$$

以百分数表达的误差项表示了运动波模型对动力波模型的能坡比值。对于扩散波演算模型，一个类似的准则（E'）为

$$E' < \frac{\mu'' \phi' q_p^{0.4}}{T_r S_0^{0.7} n^{0.6}} \tag{4.116}$$

其中

$$\phi = \frac{(m+1)^2}{3m+5} \tag{4.117}$$

$$\phi' = \frac{m+3}{3m+5} \tag{4.118}$$

式中 μ'——单位换算系数，用 U.S. 制为 0.21，用 SI 制为 0.43；

μ''——单位换算系数，用 U.S. 制为 0.0022，用 SI 制为 0.0091；

T_r——入流过程线的涨洪历时，h；

S_0——河道底坡；

q_p——单宽洪峰流量，f_t^3 或 m^3；

n——曼宁（Manning）水流阻力系数；

m——横断面形状系数，$0 \leqslant m \leqslant 2$，用于描写河道的顶宽 B，即 $B = ky^m$，其中 y 为水深（矩形河槽 $m=0$，抛物线河槽 $m=0.5$，三角形河槽 $m=1.0$）。

由式（4.115）和式（4.116）可以看出参数 T_r 和 S_0 的重要性，这两个参数可以有较大的可能值范围。考虑到参数 q_p 的幂较小，它是不占优势的，n 则有一个变化范围，是 0.015～0.25。还可以看出，扩散波模型适用的底坡和过程线范围比运动波模型更宽。在满足式（4.116）和忽略回水作用或逆向水流的许多应用中，可以有效地使用马斯京根法或者马斯京根-康吉方法。

在缓坡河道和洪水波快速上涨的情况下，当 S_0 和 T_r 的组合变得很小，以致不能满足式（4.116）时，就需要使用基于完全一维 Saint-Venant 方程组的动力波演算模型。对于下列情况需要使用动力波演算模型：①中等坡度，即坡度约小于 0.10%的河道中缓慢上涨的洪水波；②由于潮汐、大的支流汇入、坝或桥引起的严重回水作用的情况；③潮汐和雨水管道或很大的支流汇入引起的波向上游传播的情况。因为动力波模型具有正确模拟更宽广波谱和河道水力特性的能力，所以随着计算机的计算速度和容量的增加，以及费用的不断减少，在更大的应用范围内使用动力波演算模型的经济现实性在增加。隐式动力波演算模型——虽然动力波演算模型最复杂的，但它是最有效和通用性最广的方法，因此将被越来越多地应用、不断地改善其计算的稳定性和可靠性。

参 考 文 献

[1] 芮孝芳. 水文学原理 [M]. 北京：中国水利水电出版社，2004.

[2]　芮孝芳，等. 河流水文学 [M]. 南京：河海大学出版社，2003.
[3]　林三益. 水文预报 [M]. 北京：中国水利水电出版社，2001.
[4]　长江水利委员会. 水文预报方法 [M]. 2 版. 北京：水利电力出版社，1993.
[5]　华东水利学院. 水文预报 [M]. 北京：中国工业出版社，1962.
[6]　芮孝芳. 径流形成原理 [M]. 南京：河海大学出版社，1991.
[7]　赵人俊. 流域水文模拟——新安江模型与陕北模型 [M]. 北京：水利电力出版社，1983.
[8]　朱华. 水文自动测报系统 [M]. 北京：水利电力出版社，1993.
[9]　李致家. 具有行蓄洪区的河道流量演算方法探讨 [J]. 水科学进展，1997，8 (1).
[10]　David Maidment. Handbook of Hydrology，McGRAW-HILL，INC.，1992.
[11]　张建云. 水文学手册 [M]. 李纪生，译. 北京：科学出版社，2002.

第5章　流域水文模型

流域水文模型在进行水文规律研究和解决生产实际问题中起着重要的作用。随着现代科学技术的飞速发展，以计算机和通信为核心的信息技术在水文水资源及水利工程科学领域的广泛应用，使流域水文模型的研究得以迅速发展。在防洪减灾领域，流域水文模型是现代实时洪水预报调度系统的核心部分，是提高预报精度和增长预见期的关键技术；在水资源可持续利用领域，流域水文模型是水资源评价、开发、利用和管理的理论基础；在水环境和生态系统保护领域，流域水文模型是构建面污染模型和生态评价模型的主要平台。流域水文模型还是分析研究气候变化和人类活动对洪水、水资源和水环境影响的有效工具[1]。因此，流域水文模型的开发研究具有广泛的科学意义和实际应用价值。

5.1　流域水文模型概论

5.1.1　水文模型概述

自然界中的水文现象是由众多因素相互作用的复杂过程，水文现象虽然发生在地表范围内，但与大气圈、岩石圈、生物圈都有着十分密切的关系，属于综合性的自然现象，水文科学属于地学范畴。迄今为止，人们还不可能对所有水文现象的有关要素进行实际观测，不能用严格的物理定律来描述水文现象各要素间的因果关系，还有许多问题未解决，严格的水文规律有待人们去认识和探索。

随着对水文现象及其各要素间因果关系认识水平的逐步提高和研究的不断深入，人们将复杂水文现象加以概化，即忽略次要的与随机的因素，保留主要因素和具有基本规律的部分，据此建立具有一定物理意义的数学物理模型，并在计算机上实现，这种仿水文现象称之为“水文模拟”。被模拟的水文现象称为原型，模拟则是对原型的种种数学物理和逻辑的概化。所以说，流域水文模型是模拟流域水文过程所建立的数学结构，水文模拟首先就是要开发研制一个水文模型。

5.1.2　水文模型分类

目前，国内外开发研制的水文模型众多，结构各异，分类方法也有所不同。综观这些分类方法，大致可以归纳为以下几类。

1. 按模型构建的基础分类

按模型构建的基础分类，流域水文模型可分为物理模型、概念性模型和黑箱子模型三类。若一个模型的每一个关系式均是严格的以物理定律为基础，则该模型是物理模型；若一个模型的结构、参数具有物理意义，但其结构不是严格的以物理定律为基础，则该模型是概念性模型；若一个模型的关系式无任何物理意义，则该模型是黑箱子模型。

（1）物理模型。根据物理或力学上的一些基本定律对水文现象进行描述的模型称为物理模型。其特点是：对水文现象的描述机制清楚，具有物理严密性，通用性好，预测和外延能力强；但由于模型的结构复杂，应用上不可避免地要遇到求解非线性数学难题和估计初始值、边界值和参数值的困难。受人们对水文现象认识水平、水文现象及其边界条件的复杂性和原始资料的局限与可靠性等因素的限制，现阶段完全物理化的物理模型应用于流域水文模拟还存在很大的难度。

（2）概念性模型。以物理成因机制作为基础，对水文现象提出假设、概化和数学模拟的模型称为概念性模型。其特点是：模型结构较物理模型简单，具有一定的物理成因机制，易于推广应用，当假设条件与实际情况相近，概化合理时，预测效果好，但通用性较物理模型差。随着人们对水文现象认识水平的不断提高，物理成因机制的逐步物理化，概念性模型可以发展为物理模型。概念性模型既可以描述自然界中水循环的全过程，称为全程模型；也可以描述水循环的子过程，称为分量（或分层）模型，如蒸散发模型、产流模型、水源划分模型、汇流模型等。

（3）黑箱子模型。主要依靠数学手段来确定水文现象各影响因素间关系描述的模型称为黑箱子模型。其特点是：模型结构简单，易研究、易掌握和易推广应用；但因其结构和参数缺少成因机制，模型的通用性和外延能力差，有时可能会得出与通常物理意义上不同的结果。

2. 按对流域水文过程描述的离散程度分类

按对流域水文过程描述的离散程度分类，流域水文模型可分为集总式模型、分布式模型和半分布式模型三类。一般来说，概念性模型和黑箱子模型是集总式模型，而物理模型是分布式模型。

（1）集总式模型。集总式模型最基本的特征是将流域作为一个整体来描述或模拟降雨径流形成过程。不同的集总式模型尽管可能具有不同的模型结构和特征参数，但模型本身大多数都不具备从机制上考虑降雨和下垫面条件空间分布不均匀对流域降雨径流形成影响的功能。与集总式模型相反，若考虑流域内各处地质、地貌、土壤、植被、降水等要素的不均匀性，将流域划分为若干个小单元；每个小单元上用一组参数反映其流域特征；以小单元作为水文模拟的基本单元，小单元出口与流域出口用河网连接，并通过河网汇流而得到全流域的总输出过程，则该模型称为分散性模型[1]。

（2）分布式模型。分布式模型最基本的特征是按流域各处气候信息（如降水）和下垫面特性（如地形、土壤、植被、土地利用）要素信息的不同，将流域划分为若干小单元；在每一个单元上用一组参数反映其流域特征，具有从机理上考虑降雨和下垫面条件空间分布不均匀对流域降雨径流形成影响的功能。根据模型的结构和性质，分布式模型大致可分为以下两类。

1）构建于概念性模型基础上的分布式模型。构建于概念性模型基础上的分布式模型，简称为“分布式概念模型”或“准分布式模型”或“松散耦合型分布式模型”。其主要特点是在每一个水文模拟的小单元上应用概念性集总式模型来计算净雨，再进行汇流演算，计算出流域出口断面的流量过程。如构建于新安江模型基础上的分布式模型，构建于CLS模型基础上的分布式模型[1,2]等。

2）以物理方程为基础的分布式模型。以物理方程为基础的分布式模型，简称为“分布式物理模型”或“紧密耦合型分布式模型”。其主要特点是在每一个水文模拟的小单元上应用连续方程和运动方程来构建相邻模拟单元之间的时空关系，应用数值计算方法求解。典型的有 SHE 模型以及它的变形、DBSIN 模型、WetSpa 模型。以物理方程为基础的分布式模型又可以分为以水动力学原理为主要基础和以水文学原理为主要基础两类。SHE 模型属于前者，而 DBSIN 模型属于后者[2,3]。

（3）半分布式模型。半分布式模型是介于集总式模型和分布式模型之间的一种模型。其典型代表是以地形为水文过程空间变异性基础的 TOPMODEL。由于 TOPMODEL 和 TOPKAPI 模型既不同于分布式概念模型的结构，又不同于分布式物理模型的结构，国内外一些学者称其为具有一定物理基础的半分布式模型。

3. 其他分类

（1）按数学处理方法分类。按数学处理方法分类，流域水文模型可分为确定性模型和随机模型。若模型中每一个结构的关系都是确定的，则该模型是确定性模型，否则是随机模型。确定性模型表示各确定因素之间的关系，随机模型则表示各不确定因素或随机因素间的概率关系，两者数学处理方法不同。

（2）按模型结构分类。按模型结构分类，流域水文模型可分为线性模型和非线性模型。若模型描述的自变量和因变量之间的关系既满足叠加性$\left\{\Phi\left[\sum_{i=1}^{n}x(t)\right]=\sum_{i=1}^{n}\Phi[x(t)]\right\}$又满足倍比性$\{\Phi[nx(t)]=n\Phi[x(t)]\}$，则该模型是线性模型；虽满足叠加性，但不满足倍比性，或者既不满足倍比性也不满足叠加性，则该模型是非线性模型。

（3）按模型参数分类。按模型参数分类，流域水文模型可分为时不变模型和时变模型。若模型的各参数不随时间变化，则该模型是时不变模型；反之，若模型的参数中至少有一个随时间而变，则该模型是时变模型。

5.1.3 模型研究与发展

流域水文模型的研究发展过程，实质上就是人们对流域水文规律的认识与探索过程。按研究方法和发展进程划分，大致可分为经验相关和模型研究两个时期。

1. 经验相关时期

经验研究时期，主要是指 19 世纪后期和 20 世纪 50 年代之前的这段时期。这一时期内人们对水文现象的描述大多采用一些经验相关的方法，如相应水位（或流量）法、降雨径流相关图法、单位线法等。经验相关法是针对某单一水文事件，如次降雨量、次地面径流量、洪峰流量等进行的。方法是根据水文现象的原因与结果，自变量与因变量的实际观测值，采用相关统计的方法，求出它们之间的定量关系。长久以来，人们都是根据对长期观测资料的分析来认识水文规律的。

随着对水文现象及其各要素间因果关系认识水平的逐步提高，人们越来越清楚地认识到经验相关方法虽然直观和简单实用，但这类研究途径存在严重的不足，主要体现在以下 4 个方面：

（1）没有严密的物理概念和数学基础，科学性不强、对降雨径流形成的物理机制认识难以深入。

（2）难以考虑从输入到输出过程中流域系统的多因素复杂作用。

(3) 无法详细考虑降雨的时空变化和流域形态对降雨径流形成过程的影响。

(4) 实际应用中很难解决研究流域内资料范围以外的外延和缺乏水文资料地区的外延问题。

2. 模型研究时期

20世纪50年代中期，随着计算机、计算技术和系统理论应用的迅速发展，人们开始将水文循环的整体过程作为一个完整的系统来研究，并在50年代后期提出了流域水文模型的概念，先后有流量综合与水库调节模型（SSARR）、斯坦福模型（SWM）等概念性模型出现。这些模型从定量上分析了流域出口断面流量过程形成的全部过程。20世纪后半叶，世界各国相继研制出大量的多参数、复杂的概念性集总式模型，比较典型的有综合约束性线性系统（SCLS）模型、前期影响雨量指标（API）模型、萨克拉门托（SAC）模型、水箱（TANK）模型和新安江模型等。这些概念性水文模型在进行水文规律研究和解决生产实际问题中发挥了很重要的作用，推动了水文模拟技术和水文学科的发展。

由于概念性集总式模型一般都不能反映流域特征空间变异性；有的模型虽然设计了考虑下垫面条件空间分布不均匀性对降雨径流形成过程影响的结构，但一般采用的是概率统计分布曲线，因而难于同时考虑降水空间分布的影响。因此，概念性集总式模型的结构对降雨径流形成过程的描述是近似和概化的，模型参数多且大多数参数的物理意义不是很明确。

20世纪70年代以来，国内外水文学家们提出了众多的分布式流域水文模型，最具有代表性的是1980年由英国、丹麦和法国水文学家共同研制的SHE模型[4]。随着现代科学技术的飞速发展，以计算机和通信为核心的信息技术在水文学科领域的应用，能够考虑流域特征空间变异性的分布式流域水文模型已成为具有良好发展前景的新一代水文模型，受到国内外水文学家们广泛的关注。

5.2　概念性流域水文模型

从上节的介绍可知，流域水文模型的种类很多，但目前在水文学科领域研究时间最长、影响最大、发展最快、付之实用的主要还是概念性流域水文模型。所谓概念性流域水文模型，就是将实际发生的水文规律，根据具体的研究对象和目的，寻找影响规律的各因素，并区别主要因素和次要因素，进而提出假设和概化；建立尽可能符合水文实际，结构和参数都尽可能有较为明确物理意义的模型。概念性水文模型的核心是模型的结构和参数。

下面主要介绍国内外比较典型、应用较为普遍的新安江模型（中国）、SACRAMENTO模型（美国）、TANK模型（日本）、陕北模型（中国）、混合产流模型（中国）和CLS模型（意大利）。

5.2.1　新安江流域水文模型

1973年，河海大学赵人俊教授领导的研究组在编制新安江洪水预报方案时，汇集了当时在产汇流理论方面的研究成果，并结合大流域洪水预报的特点，设计了国内第一个完整的流域水文模型——新安江流域水文模型，以下简称新安江模型[5]。最初研制的是二水源新安江模型，20 世纪 80 年代中期，借鉴山坡水文学的概念和国内外产汇流理论的研究成果，提出了三水源新安江模型。三水源新安模型蒸散发计算采用三层模型；产流计算采用蓄满产流模型；用自由水蓄水库结构将总径流划分为地表径流、壤中流和地下径流 3 种；流域汇流计算采用线性水库；河道汇流采用马斯京根分段连续演算或滞后演算法[6]。

5.2.1.1 模型结构

为了考虑降水和流域下垫面分布不均匀的影响，新安江模型的结构设计为分散性的，分为蒸散发计算、产流计算、分水源计算和汇流计算四个层次结构。每块单元流域的计算流程如图 5.1 所示。

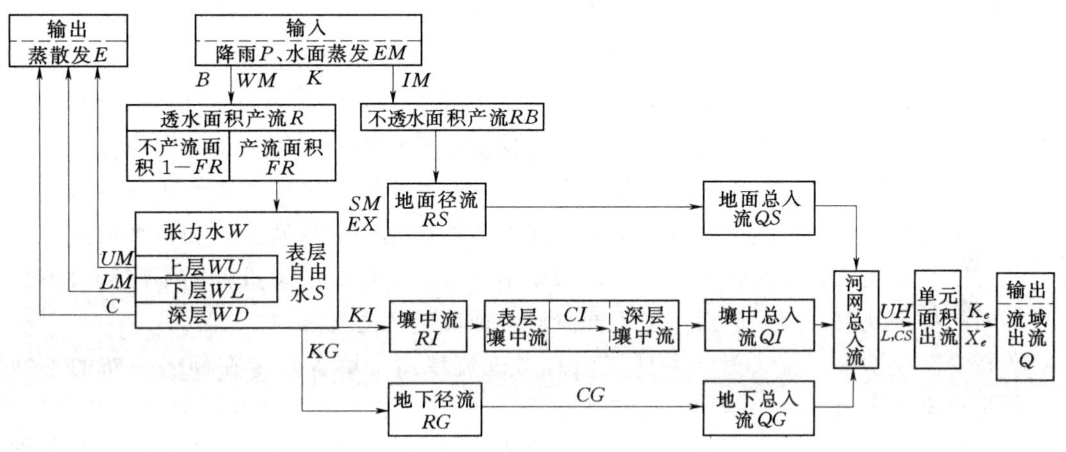

图 5.1 三水源新安江模型流程图

图 5.1 中方框外为参数，方框内为状态变量。输入为实测降雨量过程 $P(t)$ 和蒸发皿蒸发过程 $EM(t)$；输出为流域出口断面流量过程 $Q(t)$ 和流域实际蒸散发过程 $E(t)$。有关模型参数将在下节详尽讨论。模型各层次结构的功能、计算采用的方法和相应参数见表 5.1。

表 5.1 新安模型各层次结构功能、计算采用的方法和相应参数表

层次	第一层次	第二层次	第三层次		第四层次	
功能	蒸散发计算	产流计算	水源划分		汇流计算	
			二水源	三水源	坡面汇流	河道汇流
方法	三层模型	蓄满产流	稳定下渗率	自由水蓄水库	单位线或线性水库或滞后演算法	马斯京根或滞后演算法
参数	KC、UM、LM、C	WM、B、IM	FC	SM、EX、KG、KI	UH 或 CS、CI、CG	KE、XE 或 L

5.2.1.2 模型计算

1. 流域分块

为了考虑降雨分布不均和下垫面分布的不均匀性，采用自然流域划分法或泰森多边形法将计算流域划分为 N 块单元流域，在每块单元流域内至少有一个雨量站；单元流域大小适当，使得每块单元流域上的降雨分布相对比较均匀，并尽可能使单元流域与自然流域的地形、地貌和水系特征相一致，以便于能充分利用小流域的实测水文资料以及对某些具体问题的分析处理；若流域内有水文站或大、中型水库，通常将水文站或大中型水库以上的集雨面积单独作为一块单元流域；单元流域出口与流域出口用河网连接。

对划分好的每块单元流域分别进行蒸散发计算、产流计算、水源划分计算和汇流计算，得到单元流域出口的流量过程；对单元流域出口的流量过程进行出口以下的河道汇流计算，得到该单元流域在全流域出口的流量过程；将每块单元流域在全流域出口的流量过程线性叠加，即为全流域出口总的流量过程。

2. 蒸散发计算

流域蒸散发在流域水量平衡中起着重要的作用。植物截流、地面填洼水量及张力水土壤蓄水量的消退都耗于蒸散发。据资料统计，在湿润地区的年蒸散发量约占年降水量的50%；在干旱地区约占90%。因为流域内基本都没有蒸散发的实测值，所以只能采用间接的方法来推求。蒸散发计算成果正确与否将直接影响模型产流计算成果。国内外理论和实验研究证实，土壤蒸散发过程大体上可以划分为三个基本阶段，即土壤含水量供水充分的稳定蒸散发阶段、蒸散发随土壤含水量变化而变化的变比例蒸散发阶段和常系数深层蒸散发扩散阶段，有关此部分内容的详细论述参见第2章。土壤蒸散发过程的不同阶段不仅反映了不同的物理现象，而且也揭示了不同阶段蒸散发量的变化规律。

在新安江模型中，流域蒸散发计算没有考虑流域内土壤含水量在面上分布的不均匀性，而是按土壤垂向分布的不均匀性将土层分为三层，用三层蒸散发模型计算蒸散发量。参数有流域平均张力水容量 WM(mm)、上层张力水容量 UM(mm)、下土层张力水容量 LM(mm)、深层张力水容量 DM(mm)、蒸散发折算系数 KC 和深层蒸散发扩散系数 C，计算公式如下：

$$WM = UM + LM + DM \tag{5.1}$$

$$W = WU + WL + WD \tag{5.2}$$

$$E = EU + EL + ED \tag{5.3}$$

$$EP = KC \cdot EM \tag{5.4}$$

式中 W——总的张力水蓄量，mm；

WU——上层张力水蓄量，mm；

WL——下层张力水蓄量，mm；

WD——深层张力水蓄量，mm；

E——总的蒸散发量，mm；

EU——上层蒸散发量，mm；

EL——下层蒸散发量，mm；

ED——深层蒸散发量，mm；

EP——蒸散发能力，mm。

具体计算为

若 $P + WU \geqslant EP$，则 $EU = EP$，$EL = 0$，$ED = 0$

若 $P + WU < EP$，则 $EU = P + WU$

若 $WL > C \cdot LM$，则 $EL = (EP - EU)\dfrac{WL}{LM}$，$ED = 0$

若 $WL < C \cdot LM$ 且 $WL \geqslant C(EP - EU)$，则 $EL = C(EP - EU)$，$ED = 0$

若 $WL < C \cdot LM$ 且 $WL < C(EP - EU)$，则 $EL = WL$，$ED = C(EP - EU) - WL$

3. 产流计算

产流计算采用蓄满产流机制。蓄满是指包气带的土壤含水量达到田间持水量。蓄满产流是指：降水在满足田间持水量以前不产流，所有的降水都被土壤所吸收而成为张力水；降水在满足田间持水量以后，所有的降水（扣除同期蒸发量）都产流。其概念就是设想流域具有一定的蓄水能力，当这种蓄水能力满足以后，全部降水变为径流，产流表现为蓄量控制的特点。湿润地区产流的蓄量控制特点，解决了产流计算在这些地区处理雨强和入渗动态过程的问题；而降雨径流理论关系的建立，解决了考虑流域降雨不均匀的分布式产流计算问题。

按照蓄满产流的概念，采用蓄水容量-面积分配曲线来考虑土壤缺水量分布不均匀的问题。所谓蓄水容量-面积分配曲线是指：部分产流面积随蓄水容量而变化的累计频率曲线。应用蓄水容量-面积分配曲线可以确定降雨空间分布均匀情况下蓄满产流的总径流量。实践表明，对于闭合流域，流域蓄水容量-面积分配曲线采用抛物线形为宜，为计算简便，假定不透水面积 $IM = 0$，其线型为

$$\frac{f}{F} = 1 - \left(1 - \frac{W'}{WMM}\right)^B \tag{5.5}$$

式中 f ——产流面积，km^2；

F ——全流域面积，km^2；

W' ——流域单点的蓄水量，mm；

WMM ——流域单点最大蓄水量，mm；

B ——蓄水容量-面积分配曲线的指数。

流域蓄水容量-面积分配曲线与降雨径流相互转换关系如图 5.2 所示。

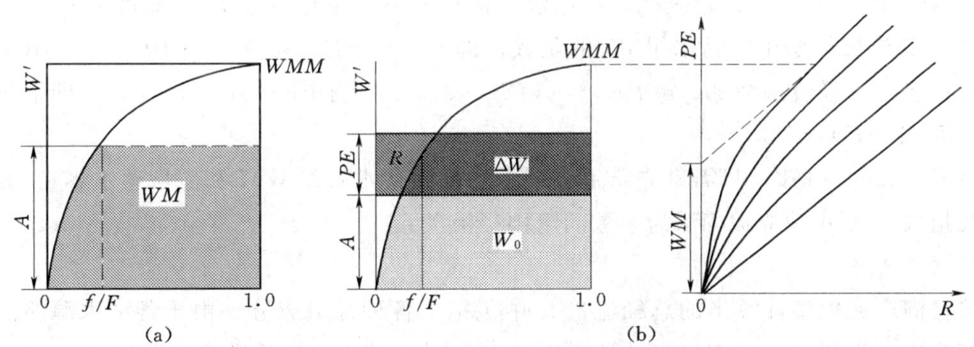

图 5.2 流域蓄水容量-面积分配曲线与降雨径流间关系图

(a) 流域蓄水容量-面积分配曲线；(b) 流域蓄水容量-面积分配曲线与降雨径流关系

由式（5.5）和图 5.2（b），W_0 计算公式为

$$W_0 = \int_0^A \left(1 - \frac{f}{F}\right) dW' = \int_0^A \left(1 - \frac{W'}{WMM}\right)^B dW' \tag{5.6}$$

对式（5.6）积分得

$$W_0 = \frac{WMM}{B+1}\left[1-\left(1-\frac{A}{WMM}\right)^{B+1}\right] \tag{5.7}$$

由图5.2（a）知，当 $A=WMM$，$W_0=WM$，将其带入式（5.7）得

$$WM = \frac{WMM}{B+1} \tag{5.8}$$

与 W_0 值相应的纵坐标值 A 为

$$A = WMM\left[1-\left(1-\frac{W_0}{WM}\right)^{\frac{1}{1+B}}\right] \tag{5.9}$$

设扣除雨期蒸发后的降雨量为 PE，则总径流量 R 的计算公式为

$$R = \int_A^{PE+A} \frac{f}{F}\mathrm{d}W' = \int_A^{PE+A}\left[1-\left(1-\frac{W'}{WMM}\right)^B\right]\mathrm{d}W' \tag{5.10}$$

若 $PE+A<WMM$，即局部产流时

$$R = PE - WM\left[\left(1-\frac{A}{WMM}\right)^{1+B}-\left(1-\frac{PE+A}{WMM}\right)^{1+B}\right] \tag{5.11}$$

将式（5.7）带入式（5.11）得

$$R = PE-(WM-W_0)+WM\left(1-\frac{PE+A}{WMM}\right)^{1+B} \tag{5.12}$$

若 $PE+A \geqslant WMM$，即全流域产流时

$$R = PE-(WM-W_0) \tag{5.13}$$

式中 W_0——流域初始土壤蓄水量，mm；

WM——流域平均最大蓄水容量，mm；

R——总径流量，mm；

其余符号意义同前。

式（5.12）、式（5.13）表明，在蓄满产流模式下，总径流量 R 是降水量 P，雨期蒸散发量 E 和流域初始土壤蓄水量 W_0 的函数，即 $R=\varphi(PE, W_0)$。当 $PE+A<WMM$，即局部产流时，径流系数 $\mathrm{d}R/\mathrm{d}(PE)=\varphi(PE, f/F)$；当 $PE+A\geqslant WMM$，即全流域产流时，$\mathrm{d}R/\mathrm{d}(PE)=1.0$。

由式（5.5）可知，只需事先给定流域平均最大蓄水容量 WM 和流域蓄水容量-面积分配曲线指数 B 便可建立以 W_0 为参数的降雨径流关系。

4. 水源划分

按蓄满产流模型计算出的总径流量 R 中包括了各种径流成分，由于各种水源的汇流规律和汇流速度不相同，相应采用的计算方法也不同。因此，必须进行水源划分。

（1）二水源的水源划分结构。霍尔顿（Horton）的产流概念认为：当包气带土壤含水量达到田间持水量后，稳定下渗量成为地下径流量 RG，其余成为地面径流 RS。二水源的水源划分结构就是根据霍尔顿的产流概念，用稳定下渗率 FC 进行水源划分的，其计算公式为

当 $PE \geqslant FC$ 时

$$RG = FC\frac{f}{F} = FC\frac{R}{PE} \tag{5.14}$$

$$RS = R - RG \tag{5.15}$$

当 $PE < FC$ 时

$$RS = 0,\ RG = R \tag{5.16}$$

则一次洪水过程总的地下径流量为

$$RG = \sum_{PE \geqslant FC} FC\frac{R}{PE} + \sum_{PE < FC} R \tag{5.17}$$

式中 FC —— Δt 时段内的稳定下渗率，mm/Δt；

其余符号意义同前。

从上可知，只要知道了 FC 就可将总径流量 R 划分为地面径流 RS 和地下径流量 RG。水源划分的关键是确定流域的稳定下渗率 FC。最常用的方法是在流量过程线上找出地面径流的终止点，据此分割出地下径流 RG，然后试算出 FC。

二水源的水源划分结构简单，计算与应用方便。但方法经验性强，因为用一般分割地下径流的方法所分割出来的地面径流实际上常常包括了大部分壤中流在内。国内外学者研究成果表明，雨止至地面径流终止点之间的历时，实际上比较接近于壤中流的退水历时，远远大于地面径流的退水历时。所以，稳定下渗率 FC 的界面就不是在地面，而是在上土层和下土层之间。存在的主要问题是：①用 FC 划分水源是建立在包气带岩土结构为水平方向空间分布均匀的基础上，这假定往往与实际情况不符；②用 FC 划分水源没有考虑包气带的调蓄作用，在某些流域实际计算结果表明，壤中流的坡面调蓄作用有时比地面径流大得多；FC 直接进入地下水库没有考虑坡面垂向调节作用，即包气带的调蓄作用；由于地表径流和壤中流的汇流规律和汇流速度不同，两者合在一起采用同一种方法进行计算，常常会引起汇流的非线性变化；③对许多流域资料的分析表明，即使是同一流域，各次洪水所分析出的 FC 也不相同，而且有的时候变化还很大，很难进行地区综合和在时空上外延，应用时任意性大，常造成较大误差。

(2) 三水源的水源划分结构。三水源的水源划分结构借鉴了山坡水文学的概念，去掉了 FC，用自由水蓄水库结构解决水源划分问题[7]。自由水蓄水库结构如图 5.3 所示。

自由水蓄水库结构考虑了包气带的垂向调蓄作用。按蓄满产流模型计算出的总径流量 R，先进入自由水蓄水库调蓄，再划分水源。从图 5.3 可见，产流面积上自由水蓄水库设置了两个出口，一个为旁侧出口，形成壤中流 RS；另一个为向下出口，形成地下径流 RG。根据蓄满产流的概念，只有在产流面积 FR 上才可能产生径流，而产流面积是变化的。所以，自由水蓄水库的底宽 FR 也是变化的。在图 5.3 中还设置了一个壤中流水库，该水库用于壤中流受调蓄作用大的流域，也就是将划分出来的壤中流再进行一次调蓄计算。该水库一般是不需要的，故在图中用虚线表示。

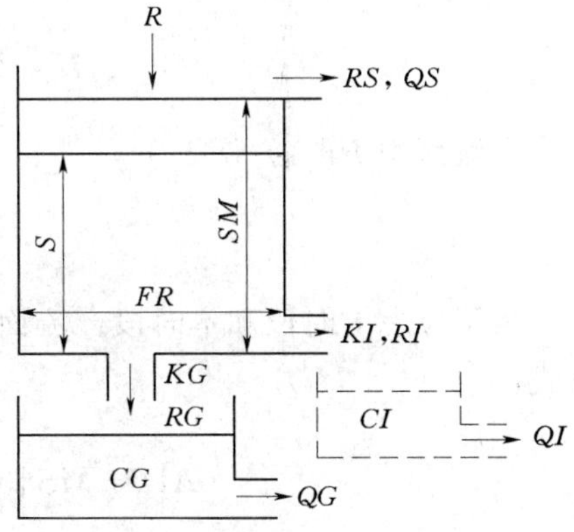

图 5.3 自由水蓄水库结构图

由于饱和坡面流的产流面积是不断变化的，所以在产流面积 FR 上自由水蓄水容量分布是不均匀的。三水源水源划分结构是采用类似于流域蓄水容量-面积分配曲线的流域自由水蓄水容量-面积分配曲线来考虑流域内自由水蓄水容量分布不均匀的问题。所谓流域自由水蓄水容量-面积分配曲线是指：部分产流面积随自由水蓄水容量而变化的累计频率曲线。流域自由水蓄水容量-面积分配曲线的线型为

$$\frac{f}{F}=1-\left(1-\frac{S'}{MS}\right)^{EX} \tag{5.18}$$

式中 S'——流域单点自由水蓄水容量，mm；

MS——流域单点最大的自由水蓄水容量，mm；

EX——流域自由水蓄水容量-面积分配曲线的方次；

其余符号意义同前。

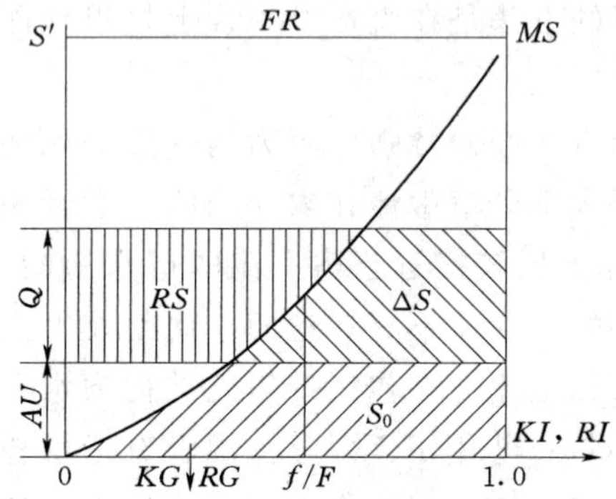

图 5.4 自由水蓄水容量-面积分配曲线与各水源关系图

流域自由水蓄水容量-面积分配曲线与各水源的关系描述见图 5.4。图中，KG 为流域自由水蓄水容量对地下径流的出流系数；KI 为流域自由水蓄水容量对壤中流的出流系数。

由式（5.18）和图 5.4，S_0 计算公式为

$$S_0=\int_0^{AU}\left(1-\frac{f}{F}\right)dS'=\int_0^{AU}\left(1-\frac{S'}{MS}\right)^{EX}dS' \tag{5.19}$$

对式（5.19）积分得

$$S_0=\frac{MS}{EX+1}\left[1-\left(1-\frac{AU}{MS}\right)^{EX+1}\right] \tag{5.20}$$

当 $AU=MS$ 时，$S_0=SM$，将其代入式（5.20）得

$$SM=\frac{MS}{EX+1} \tag{5.21}$$

根据式（5.21）可求得流域单点最大的自由水蓄水容量 MS 为

$$MS=SM(1+EX) \tag{5.22}$$

与 S_0 值相应得纵坐标值 AU 为

$$AU=MS\left[1-\left(1-\frac{S_0}{SM}\right)^{\frac{1}{1+EX}}\right] \tag{5.23}$$

产流面积 FR 为

$$FR=\frac{R}{PE} \tag{5.24}$$

为了考虑上时段和本时段产流面积不同而引起的 AU 变化，包为民教授提出如下转换公式：

$$AU=MS\left[1-\left(1-\frac{S_0\cdot FR_0/FR}{SM}\right)^{\frac{1}{1+EX}}\right] \tag{5.25}$$

当 $PE+AU<MS$，地面径流 RS 为

$$RS = FR\left[PE + S_0 \cdot FR_0/FR - SM + SM\left(1 - \frac{PE + AU}{MS}\right)^{EX+1}\right] \tag{5.26}$$

当 $PE + AU \geqslant MS$，地面径流 RS 为

$$RS = FR(PE + S_0 \cdot FR_0/FR - SM) \tag{5.27}$$

本时段的自由水蓄量为

$$S = S_0 \cdot FR_0/FR + (R - RS)/FR \tag{5.28}$$

相应的壤中流和地下径流为

$$\begin{aligned} RI &= KI \cdot S \cdot FR \\ RG &= KG \cdot S \cdot FR \end{aligned} \tag{5.29}$$

本时段末即下一时段初的自由水蓄量为

$$S_0 = S(1 - KI - KG) \tag{5.30}$$

式中　FR_0、FR——上一时段和本时段的产流面积比例。

在对自由水蓄水库进行水量平衡计算时，通常是将产流量 R 作为时段初的入流量进入自由水蓄水库的，而实际上它是在时段内均匀进入的，这就会造成向前差分的误差。这种误差有时会很大，需要认真对待和解决。解决的方法是：每个计算时段的入流量 R，按 5mm 为一段划分为 N 段，即

$$N = INT\left(\frac{R}{5} + 1\right) \tag{5.31}$$

将计算时段 Δt 划分为 N 段，按 $\Delta t' = \Delta t/N$ 作为时段长进行水量平衡计算，这样处理就可以大大地减小因差分所造成的误差。

由于产流面积 FR 是随着自由水蓄水容量的变化而变化的，当计算时段长改变以后，它也要做相应的改变。改变后计算时段和产流面积分别用 $\Delta t'$ 和 $FR_{\Delta t/N}$ 表示，则

$$FR_{\Delta t/N} = 1 - (1 - FR)^{\frac{\Delta t'}{\Delta t}} = 1 - (1 - FR)^{\frac{1}{N}} \tag{5.32}$$

由于自由水蓄水库的蓄水量对地下水的出流系数 KG、对壤中流的出流系数 KI、地下水消退系数 CG 和壤中流消退系数 CI 都是以日（24h）为时段长定义的，当计算时段长改变以后，它们都要做相应的改变。若将一天划分为 D 个计算时段，时段的参数值以 $KG_{\Delta t}$ 和 $KI_{\Delta t}$ 表示，则

$$KI_{\Delta t} = \frac{1 - [1 - (KI + KG)]^{\frac{1}{D}}}{1 + KG/KI} \tag{5.33}$$

$$KG_{\Delta t} = KI_{\Delta t} \cdot \frac{KG}{KI} \tag{5.34}$$

计算时段改变后，$KG_{\Delta t}$ 和 $KI_{\Delta t}$ 要满足以下两个关系式，即

$$KI_{\Delta t} + KG_{\Delta t} = 1 - [1 - (KI + KG)]^{\frac{1}{D}} \tag{5.35}$$

$$KG_{\Delta t}/KI_{\Delta t} = KG/KI \tag{5.36}$$

5. 汇流计算

(1) 二水源汇流计算。

1) 地面径流汇流。地面径流汇流采用单位线法，计算公式为

$$QS(t) = RS(t)\Phi UH \tag{5.37}$$

式中 QS ——地面径流，m^3/s；

RS ——地面径流量，单位数；

UH ——时段单位线，m^3/s；

Φ ——卷积运算符。

2）地下径流汇流。地下径流汇流可采用线性水库或滞后演算法模拟。当采用线性水库时，计算公式为

$$QG(t)=CG\cdot QG(t-1)+(1-CG)\cdot RG(t)\cdot U \tag{5.38}$$

式中 QG ——地下径流，m^3/s；

CG ——消退系数；

RG ——地下径流量，mm；

U ——单位换算系数，$U=\dfrac{\text{流域面积 }F(\mathrm{km}^2)}{3.6\Delta t(\mathrm{h})}$。

3）单元面积河网总入流。单元面积河网总入流为地面径流与地下径流出流之和，计算公式为

$$QT(t)=QS(t)+QG(t) \tag{5.39}$$

式中 QT ——单元面积河网总入流，m^3/s。

4）单元面积河网汇流。单元面积河网汇流可采用线性水库或滞后演算法模拟。当采用滞后演算法时，计算公式为

$$Q(t)=CR\cdot Q(t-1)+(1-CR)\cdot QT(t-L) \tag{5.40}$$

式中 Q ——单元面积出口流量，m^3/s；

CR ——河网蓄水消退系数；

L ——滞后时间，h。

需要指出的是，单元面积河网汇流计算在很多情况下可以简化。这是由于单元流域的面积一般不大而且其河道较短，对水流运动的调蓄作用通常较小，将这种调蓄作用合并在前面所述的地面和地下径流中一起考虑所带来的误差通常可以忽略。只有在单元流域面积较大或流域坡面汇流极其复杂的情况下，才考虑单元面积内的河网汇流。

5）单元面积以下河道汇流。从单元面积以下到流域出口是河道汇流阶段。河道汇流计算采用马斯京根分段连续演算法。参数有槽蓄系数 KE(h) 和流量比重因素 XE，各单元河段的参数取相同值。为了保证马斯京根法的两个线性条件，每个单元河段取 $KE\approx\Delta t$。已知 KE、XE 和 Δt，求出 C_0、C_1 和 C_2，即可用下式进行河道演算。

$$Q(t)=C_0\cdot I(t)+C_1\cdot I(t-1)+C_2\cdot Q(t-1) \tag{5.41}$$

式中 Q、I ——出流和入流，m^3/s。

有关马斯京根法的基本原理、计算方法在第2章河道洪水预报部分已有详细介绍，在此不再赘述。

（2）三水源汇流计算。

1）地表径流汇流。地表径流的坡地汇流可以采用单位线，也可以采用线性水库，采用单位线的计算公式见式（5.37），采用线性水库的计算公式为

$$QS(t)=CS\cdot QS(t-1)+(1-CS)\cdot RS(t)\cdot U \tag{5.42}$$

式中 QS ——地表径流，m^3/s；

CS ——地面径流消退系数；

RS ——地表径流量，mm。

2）壤中流汇流。表层自由水侧向流动，出流后成为表层壤中流进入河网。若土层较厚，表层自由水还可以渗入到深层土，经过深层土的调蓄作用才进入河网。壤中流汇流可采用线性水库或滞后演算法模拟。当采用线性水库时，计算公式为

$$QI(t)=CI\cdot QI(t-1)+(1-CI)\cdot RI(t)\cdot U \tag{5.43}$$

式中 QI ——壤中流，m^3/s；

CI ——消退系数；

RI ——壤中流径流量，mm。

3）地下径流汇流。采用线性水库时，与式（5.37）相同。

4）单元面积河网总入流。

$$QT(t)=QS(t)+QI(t)+QG(t) \tag{5.44}$$

5）单元面积河网汇流。采用滞后演算法时，与式（5.39）相同。

6）单元面积以下河道汇流。与二水源计算方法相同。

5.2.1.3 模型参数概念

流域水文模型大多数都是基于对流域尺度上实测响应的解释来构建的，包括模型中所考虑的因素、描述方式和结构组成。影响流域降雨径流形成过程的因素众多，由于各因素所起的作用、描述或概化的方式及结构组成不同，所包含的参数也不同。若按参数所具有的意义，可分为物理参数和经验参数；若按参数是否随时间变化，可分为时变参数和时不变参数；若按参数在流域降雨径流形成过程中所起的作用，可分为蒸散发参数、产流参数、分水源参数和汇流参数；若按参数对模型模拟计算精度影响程度的大小，可分为敏感性参数和不敏感性参数；若按参数确定方法，可分为直接量测参数、试验分析参数和率定参数。

流域水文模型中所包含的参数大致可分为以下 3 类。

（1）具有明确物理意义的参数。可直接量测或用物理试验和物理关系推求。

（2）纯经验参数。可以通过实测水文资料、气象资料及其他有关的资料反求。

（3）具有一定物理意义的经验参数。可以先根据其物理意义确定参数值的大致范围，然后用实测水文、气象资料及其他有关的资料确定其具体数值。

对于第 2、第 3 类参数的确定，一般可将其化为无约束条件或有约束条件的最优化问题求解。

5.2.1.4 模型参数概念分析方法

新安江模型是一个通过长期实践和对水文规律认识基础上建立起来的一个概念性水文模型。模型大多数参数都具有明确的物理意义，它们在一定程度上反映了流域的基本水文特征和降雨径流形成的物理过程。因此，原则上可以按其物理意义通过实测、实验、比拟等方法来确定。但由于模型是在假设、概化和判断的基础上建立起来的，加上水文要素又十分复杂，在当前的观测技术条件下，人们准确地获得一个流域内水循环诸要素的时空变化值虽然取得了令人鼓舞的进展，但还存在相当大的困难。因此，实践中人们常采用参数

的概念分析方法，即先按实测值或参数的物理意义初定参数初值范围；然后根据输入，通过模型计算输出；再将输出过程与实测过程进行比较，作优化调试；根据特定的目标准则（有约束条件）确定参数的最优值。下面介绍新安江模型各参数的概念分析方法。

1. 蒸散发能力折算系数 KC

KC 是影响产流量计算最为重要和敏感的参数，产流计算中 KC 控制着水量平衡。因此，对水量计算是最重要的。在蒸散发模型中，普遍应用的一个物理量称为流域蒸散发能力 EP。流域蒸散发能力是指供水充分情况下的流域日蒸散发量。它决定于气象因素、土壤特性及植被状况等一些下垫面因素。有关流域蒸散发能力的计算国内外学者做了大量的研究，一般都是基于热量平衡或紊流扩散原理，从蒸散发的物理概念出发建立一些理论关系。这种研究途径理论基础充分，物理概念清楚，气象资料丰富，观测精度也较水面蒸发高，因此宜用于推求流域蒸散发能力，如彭门（H. L. Penman）公式。但上述研究途径所需资料多，计算相对复杂。国内广泛采用的方法是直接借助于水文站或气象站蒸发皿的观测值来推求流域蒸散发能力。据一些地区的研究表明，E601 蒸发皿的热状况及其特点与实际地面比较接近，在植被条件较差的情况下可用它的观测值 E_W 作为蒸散发能力的初始值。由于蒸发皿的观测值一般都不能代表全流域的蒸散发情况，通常采用流域蒸散发折算系数 KC 将其转化为流域的蒸散发能力即：$EP=KCE_W$，$KC=K_1K_2K_3$。其中 K_1 是大水面蒸发与蒸发皿蒸发之比，一般有实验资料可供参考；K_2 是蒸散发能力与大水面蒸发之比，其值在夏天约为 1.3～1.5，在冬天约为 1.0；K_3 用于将蒸发站实测蒸发值改正为流域平均蒸发值，它主要取决于蒸发站所在地高程与流域平均高程之差。流域蒸散发能力一般是随着流域高程的增加而减小，根据经验，高程每增加 100m，气温要降低 0.6℃左右，则蒸散发也要减小，当采用 E601 蒸发皿时 $K_1K_2\approx 1.0$，一般 $KC<1.0$。

由上分析可知，KC 主要反映流域平均高程与蒸发站高程之间差别的影响和蒸发皿蒸散发与陆面蒸散发间差别的影响。蒸散发能力的地区分布大体上反映了气候和自然地理条件的影响，具有较为明显的区域性规律。在缺乏实测资料或者资料质量较差时，可以移用邻近地区的蒸散发能力与气象要素间的一些经验公式，由气象要素来推求流域蒸散发能力。由于资料等方面的原因，在实际模拟计算中 KC 值往往变化很大，最后须经模型调试并验证后确定。

2. 流域平均张力水容量 WM

流域平均张力水容量 WM 表示流域干旱程度，分为上层 UM、下层 LM 和深层 DM 三层。WM 可以根据前期特别干旱，久旱以后发生的、降雨特别大的、使全流域产流的历史降雨径流资料来确定。根据一次降水过程的水量平衡方程 $\sum P-\sum E-\sum R=W_2-W_1$，降雨前特别干旱，可认为流域的蓄水量近似为 0，即：$W_1\approx 0$，降雨后可认为流域已经蓄满，即：$W_2\approx WM$，则本次洪水的总损失量 $WM\approx\sum P-\sum E-\sum R$ 就可以计算出。可选择多场历史降雨径流资料进行计算。如果难于寻找到这样的历史降雨径流资料，则可寻找久旱以后的几次降雨径流过程估算 WM 值，最后须经模型调试后确定。根据经验，南方湿润地区 WM 约为 120～150mm，半湿润地区 WM 约为 150～200mm。UM 为上层张力水蓄水容量，它包括了植物截留量。在植被和土壤发育一般的流域，其值可取为 20mm；在植被和土壤发育较差的流域，其值可取小些；如果研究流域植被和土壤发育较好则其值可取大些。LM 为下层张力水蓄水容量。其值可取为 60～90mm。根据试验，在此范围内蒸散发大约与土湿成正比。DM 为深层张力水蓄水容量，$DM = WM - UM - LM$。

WM 在模型中相对不敏感。WM 不影响流域蒸散发计算，对蒸散发计算起主要作用的是 UM 和 LM。WM 只表示流域蓄满的标准，在水量平衡中起作用的是流域相对缺水量 $WM - W_0$。但 WM 取值不能太大或者太小。若 WM 取值太小，则在产流计算中 W_0 就有可能出现负值，若出现这种情况，流域蓄水容量-面积分布曲线就变得无任何意义，也使得产流计算无法进行。若 WM 取值太大，会影响计算产流过程分布，这将对确定流域蓄水容量-面积分布曲线指数 B 值带来困难。因此，所采用的 WM 值只要在产流计算中不出现负值就可以不再作调试了。

3. 流域蓄水容量-面积分布曲线指数 B

B 值反映划分单元流域张力水蓄水分布的不均匀程度。在一般情况下其取值与单元流域面积有关。在山丘区，若单元流域面积较小，只有几平方千米，则 $B = 0.1$ 左右；若单元流域面积中等，有几百至一千平方千米，则 $B = 0.2 \sim 0.3$；若单元流域面积有几千平方千米，则 $B = 0.4$ 左右。

4. 不透水面积占全流域面积的比例 IM

IM 值可由大比例尺的地形图，通过地理信息系统（GIS）现代技术量测出来。也可用历史上干旱期小洪水资料来分析。干旱期降了一场小雨，此时所产生的小洪水认为完全是不透水面积上产生的，求出此场洪水的径流系数，该值就是 IM。在天然流域，$IM = 0.01 \sim 0.02$；随着人类活动影响的日益加剧和城镇化建设进程的加快，该值有明显增大的趋势，在都市和沼泽地区该值可能很大。

5. 深层蒸散发扩散系数 C

C 值主要取决于流域内深根植物的覆盖面积。对该值目前尚缺乏深入研究，根据现有经验，在南方多林地区 $C = 0.15 \sim 0.20$ 左右；在北方半湿润地区 $C = 0.09 \sim 0.15$ 左右。

6. 自由水蓄水容量 SM

SM 反映表土蓄水能力，其值受降雨资料时段均化的影响明显。当以日作为时段长时，在土层很薄的山区，其值为 10mm 或更小一些；而在土深林茂透水性很强的流域，其值可取 50mm 或更大一些；一般流域在 10～20mm 之间。当计算时段长减小时，SM 要加大。这个参数对地面径流和地下径流的比重起着决定性作用，因此很重要。水源划分不但取决于表土的蓄水能力，而且与蓄水的层次深浅有关。当蓄水能力小，则溢出多，RS 大，且多蓄于浅层，多产生 RI，少产生 RG；反之，当蓄水能力大，则溢出少，RS 少，蓄水除浅层外还能到深层，能产生较多的 RG，而产生的 RI 则变化不大。所以，SM 大，则地下径流所占比重相对大，地面径流所占比重相对小，洪峰流量相对小；反之，SM 小，则地面径流所占比重相对大，地下径流所占比重相对小，洪峰流量相对大。

7. 自由水蓄水容量-面积分布曲线指数 EX

EX 值反映流域自由水蓄水分布的不均匀程度，在山坡水文学中，它大体上反映了饱和坡面流产流面积的发展过程。由于目前对此参数尚研究不多，难于定量。鉴于饱和坡面流由坡脚向坡上发展时，产流面积的增加逐渐减慢，故认为 EX 应大于 1.0，一般 $EX = 1.0 \sim 1.5$ 左右。

8. 自由水蓄水库对地下水和壤中流的日出流系数 $KG+KI$

KG 的大小反映基岩和深层土壤的渗透性，KI 的大小反映表层土的渗透性。在模型中这两个出流系数是并联的，其和 $KG+KI$ 代表出流的快慢，其比 KG/KI 代表地下径流与壤中流的比，对于一个特定流域它们都是常数。$1-(KG+KI)$ 为消退系数，它决定了直接径流的退水快慢，如图5.5所示。

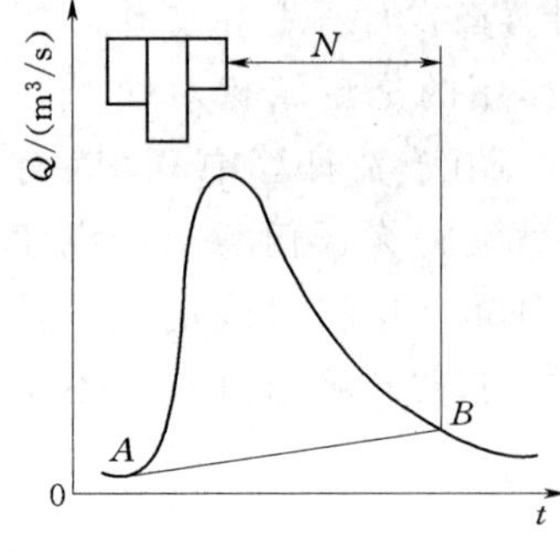

图5.5 退水历时示意图

中等流域退水历时一般在3d左右，故取 $KG+KI=0.7$；若退水历时为2d，则取 $KG+KI=0.8$；若退水历时远大于3d，表示深层壤中流在起作用，应考虑用壤中流消退系数 CI 来解决。

可用历史洪水资料中的流量过程线分割地下水方法来粗估，$KG/KI=RG/RI$。不同流域的 KG/KI 比可以相差很大。

9. 地下水消退系数 CG

CG 可根据枯季地下径流的退水规律来推求，$CG=Q_{t+\Delta t}/Q_t$。当枯季地下径流退水很慢时，也可以用旬平均或月平均流量进行估算。不同地区、不同流域该值变化较大，若以日作为计算时段长，则 $CG=0.950\sim0.998$，大致相当于消退历时为20～500d。

10. 壤中流消退系数 CI

若无壤中流则 $CI\rightarrow0$，若壤中流丰富则 $CI\rightarrow0.9$，相当于汇流时间为10d。CI 可根据退水段的第一个拐点（地面径流终止点）与第二个拐点（壤中流终止点）之间的退水段流量过程来分析确定。但由于这两个拐点难以确切确定，即使这两个拐点确定好了，两拐点间的退水流量也只是以壤中流为主要成分，还包含一定比例的地下径流形成的流量。因此，分析确定的 CI 值通常还要通过模型模拟来检验。

11. 河网单位线 UH

UH 值取决于河网的地貌特征。一般用经验方法推求，详细见第3章。

12. 地面径流消退系数 CS

CS 可根据洪峰流量与退水段的第一个拐点（地面径流终止点）之间的退水段流量过程来分析确定。但由于这部分退水流量也只是以地面径流为主，可能还包含一定比例的壤中流形成的流量。因此，分析确定的 CS 值通常还要通过模型模拟来检验。

13. 河网蓄水消退系数 CR

CR 代表坦化作用，其值取决于河网的地貌条件，可通过河网地貌推求。因与时段长短有关，其值应视河道特征和洪水特性而定。

14. 滞后时间 L

L 代表平移作用，其值取决于河网的地貌条件，可通过河网地貌推求。

15. 马斯京根法参数 KE、XE

KE、XE 取值取决于河道特征和水力特性，可根据河道的水力特性采用水力学方法或水文学方法推求出，有关马斯京根法的原理和相应的计算方法见第4章。

5.2.1.5 参数率定

原则上，任何模型的任一参数都可通过参数率定方法确定。然而，模型参数的率定是一个十分复杂和困难的问题。流域水文模型除了模型的结构要合理外，模型参数的率定也是一个十分重要的环节。新安江模型的参数大都具有明确的物理意义，它们的参数值原则上可根据其物理意义直接定量计算。但由于缺乏降雨径流形成过程中各要素的实测与试验过程，故在实际应用中只能依据出口断面的实测流量过程，用系统识别的方法推求。由于参数多，信息量少，就会产生参数的相关性、不稳定性和不唯一性问题。下面就新安江模型参数的敏感性问题、参数的相关性问题、参数的人机交互率定和自动率定作一些讨论。

1. 参数的敏感性分析

所谓参数的敏感性[9] 是指：将待考察的参数增加或减少一个适当的数量，再进行模型模拟计算，观察它对模拟结果和目标函数变化的影响程度，这也叫参数的灵敏度；参数改变后的模拟结果比较参数改变前的模拟结果改变越大，则说明此参数越敏感（灵敏）；反之，当参数改变后的模拟结果与参数改变前的模拟结果基本不变，则说明此参数反应迟钝、不敏感。敏感性参数，其数量稍有变化对输出的影响就很大；反映迟钝的参数，对输出影响不大；有的参数在湿润季节敏感，在干旱季节不敏感，而另外的参数则反之；有的参数在高水时敏感，低水时不敏感，而另外的参数则反之，等等。对敏感性的参数应仔细分析，认真优选；对不敏感的参数可粗略一些或根据一般经验固定下来，不参加优选。

新安江模型参数可分蒸散发计算、产流计算、分水源计算和汇流计算四类（或四个层次），各层次参数见表 5.2，表中提及的各参数的取值，仅供参考。在应用中，应根据特定流域的具体情况来分析确定。

表 5.2 新安江模型各层次参数表

层次		参数符号	参数意义	敏感程度	取值范围
第一层次	蒸散发计算	*KC*	流域蒸散发折算系数	敏感	
		UM	上层张力水容量/mm	敏感	10～50
		LM	下层张力水容量/mm	敏感	60～90
		C	深层蒸散发折算系数	不敏感	0.10～0.20
第二层次	产流计算	*WM*	流域平均张力水容量/mm	不敏感	120～200
		B	张力水蓄水容量曲线方次	不敏感	0.1～0.4
		IM	不透水面积占全流域面积的比例	不敏感	
第三层次	水源化分	*SM*	表层自由水蓄水容量/mm	敏感	
		EX	表层自由水蓄水容量曲线方次	不敏感	1.0～1.5
		KG	表层自由水蓄水库对地下水的日出流系数	敏感	
		KI	表层自由水蓄水库对壤中流的日出流系数	敏感	
第四层次	汇流计算	*CI*	壤中流消退系数	敏感	
		CG	地下水消退系数	敏感	
		CS(*UH*)	河网蓄水消退系数（单位线）	敏感	
		L	滞时/h	敏感	
		KE	马斯京根法演算参数/h	敏感	$KE=\Delta t$
		XE	马斯京根法演算参数	敏感	0.0～0.5

2. 参数的相关性分析

模型参数的相关性[8,9] 问题历来是模型研制者关注的重点问题，模型中只要有相关程度较高的参数存在，其解就不稳定，也不唯一。为了解决参数相关性的问题，可按新安江模型的层次结构率定参数，每个层次分别采用不同目标函数的优化方法。

实际应用中发现，新安江模型有些参数之间的不独立性既存在于层次之内，也存在于层次之间。

（1）层次之间参数的相关性分析。

1）第一、第二次层次之间参数。当第二层次中参数 B 有变化时，对总径流量 R 的计算结果会产生一定的影响，因此就会影响总的水量平衡，也就影响了第一层次参数的调试结果。分析表明，这种作用很小，因为它只在局部蓄满产流时起作用，当全流域蓄满时就没有作用了。参数 B 可根据次洪的降雨径流关系求出，因此与第三层次参数无关，对参数 B 分析结果[9] 见表 5.3。

表 5.3　　参数 B 的敏感性分析

B	0	0.125	0.25	0.375	0.5
年径流 R/mm	1287.8	1300.1	1308.3	1314.3	1319.1

由表 5.3 可见，随着参数 B 值的增大，计算的年径流有增大的趋势，但影响很小，对水源划分的影响更小。

WM 不影响蒸散发计算，因此与第一层次参数无关。但 WM 与 B 有关，因而对产流产生一些间接的影响。天然流域 IM 很小，影响不大，但都市化地区 IM 较大，对产流有一定的影响。WM 只与 B 有关，与第三层次参数也无关，IM 也与其他参数无关。

2）第二、第三层次之间参数。由于产流计算采用蓄满产流，在分水源以前，总径流量 R 已经计算好，所以第三层次参数完全不影响第二层次参数。

3）第三、第四层次之间参数。在分水源计算结束后，所求得的是河网总入流。汇流计算只处理河网汇流问题，与水源划分无关。所以，第三、第四层次之间参数在性质上是完全独立的。但在优化参数时，都是根据流域出口断面的流量过程线，因此在定量上有一定的相关性。但流量过程线与这两个层次间参数的关系，可以通过流量过程线的分段处理来解决。在高水部分流量基本上是由地面径流和壤中流组成，主要调整参数 SM、EX、$KG+KI$、$UH(CS$、$L)$；退水段尾部流量基本上是由壤中流和地下径流组成，主要调整参数 KG/KI、CI、CG；低水部分小流量基本上是由地下水组成，主要调整参数 KG/KI、CG。因此，若分段采用不同的目标函数，可以克服某些参数之间相互不独立的问题。

（2）同一层次中参数的相关性分析。

1）第一层次中参数。在第一层次中，若加大 UM、LM、C 的值，计算的蒸散发量 E 值就会增加。因此，为了控制水量平衡，调试时就会减小 KC 的值。由于 UM 与 LM 都有一定的变化范围，所以这种影响是有限的。对 UM 与 LM 分析结果[9] 见表 5.4。从表中可见，随着 UM 的增大和 LM 的减小，年径流有逐渐减小的趋势，但 UM 与 LM 对年径流影响不大。

表 5.4 **UM 与 LM 的敏感性分析**

参数	UM+LM=100mm				UM+LM=80mm			
UM	5	10	15	20	5	10	15	20
LM	95	90	85	80	75	70	65	60
R/mm	1333.2	1321.8	1414.4	1308.3	1327.7	1315.9	1308.7	1303.3

深层蒸散发扩散系数 *C* 值只对干旱季节起作用，由于湿润地区很少用到深层蒸发计算，所以一般情况下它是不敏感的，但对半湿润地区，它则是重要的。

2）第二层次中参数。在第二层次中，如果流域蓄水容量-面积分布曲线保持不变，则 *WM* 值越大，*B* 值越小，两者并不独立的，它们共同确定了流域蓄水容量-面积分布曲线。在第一、第二次层次之间参数分析中已论述，*WM* 不敏感，它只代表蓄满的标准，并不影响蒸散发计算。*WM* 有一个约束条件，就是模型计算中 W_0 不能出现负值，若出现负值，*WM* 要酌情加大。

3）第三层次中参数。新安江模型中，第三层次参数是敏感和重要的，参数相互之间的关系也相对比较复杂，需要认真分析。*SM* 与 *EX* 之间是不独立的，它们共同确定了自由水蓄水容量-面积分布曲线。存在问题和 *WM* 与 *B* 之间存在问题大致相同。但 *WM* 与 *B* 之间关系可以根据降雨径流相关图推求出，而 *SM* 与 *EX* 之间的关系则没有类似的途径可以解决，只能采用优化检验的方法分析。方法是先根据经验调试好全部参数，然后将其他参数固定不变，只调试 *SM* 与 *EX*，确定最优解的范围。据分析研究，*EX* 值大体上反映了流域自由水分布的不均匀程度。其值的最优范围在 1.0～1.5 左右，变幅不大，因此可以将 *EX* 定为 1.5，不参加优选。

SM 与 *KG*+*KI* 间存在相关关系。若 *KG*+*KI* 和 *EX* 固定，*SM* 就决定了地面径流的多少，*KG*/*KI* 就决定了壤中流和地下径流的比例。当 *SM* 增大时，*RS* 则减小；若同时减小 *KG*+*KI*，则 *RS* 可以保持不变；若 *KG*/*KI* 也不变，则 *RI* 与 *RG* 也保持不变。这 3 个参数之间是不独立的，这种不独立性是由线性水库结构所造成的，采用结构性约束 $KG+KI=0.7$ 来解决。这等于把参数减为两个，*SM* 与 *KG* 的独立性增强了，可优化得出唯一解，只有这种解才存在各流域之间的可比性，找出区域性规律。分析方法是先根据经验调试好全部参数，然后将其他参数固定不变，只调试 *SM* 与 *KG*/*KI*，确定最优解的范围。

由上述分析可见，分水源层次参数的独立性问题特别复杂，必须要加结构性约束才能解决，如不加约束，则各种模型的分水源参数的最优解可能有多种组合。

4）第四层次中参数。在汇流层次中，*CI* 的作用是弥补 $KG+KI=0.7$ 的不足。它取决于退水段退水流量的快慢，与其他因素无关，因此相对比较独立，它对整个过程的影响远不及 *SM* 与 *KG*/*KI* 明显。*CG* 取决于地下径流的退水快慢，也相对比较独立，用枯季径流的资料很容易确定。*UH*（或 *L*、*CS*）决定于流量过程线的中高水部分，因此与第三层次参数之间是比较独立的。*L* 与 *CS* 的功能不同，前者处理平移，后者处理坦化，相互间是很独立的。*UH*（或 *L*、*CS*）与 *KE*、*XE* 之间具有相关性。解决的方法是：若单元面积汇流快一些，则河网汇流就可以慢一些，反之亦然，使它们相互间有一定的补偿作用。

（3）人机交互率定。模型参数率定，就是根据特定的目标准则（或目标函数），调整一套参数值，使模型用这一套参数值计算出的结果在给定准则下最优[22]。模型参数率定

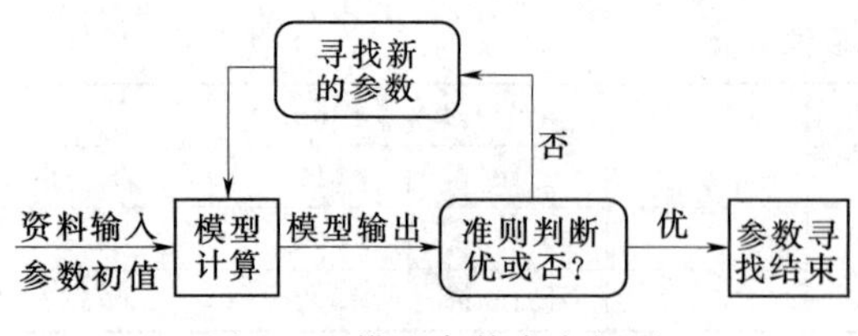

图5.6 模型参数率定框图

步骤如图5.6所示。

由图5.6可见，模型参数率定包括：估计参数初值；模型计算；根据确定的目标准则判断优或否；寻找新的参数值或参数寻找结束4个基本步骤。

模型参数率定的准则选择以下形式：

$$\min_{\omega \in R^n}\{F(\omega)=\sum |Y_{ci}-Y_{oi}|^j\} \tag{5.45}$$

式中 j——正整数，一般取1或2；

n——参加优选的参数个数；

ω——n维参数向量；

R^n——n维的实数空间域；

Y_{ci}——模型计算值；

Y_{oi}——实测值。

参数率定就是选择一个参数向量ω_p，使得$F(\omega_p)$达到最小，即

$$|F(\omega_p) \leqslant F(\omega)|_{\omega \in R^n} \tag{5.46}$$

不论模型的结构如何复杂，人机交互率定参数是一种现实可行的常用方法。人机交互率定参数的基本原则是，假定一组参数，在计算机上运算，比较计算值与实测值，分析对比，调整参数，使计算结果达到最优。

有一些水文要素如年径流量、次洪径流量、退水流量过程、洪峰等只反映局部或个别的影响因素，易于分析判断误差的来源，用这些特征值作为优选标准，称为分层次（或分部）优选。新安江模型可将分层次优选和整体优选相结合，率定各个参数值。其参数率定一般分为“日模型”和“次洪模型”两大部分。

模型的可靠性取决于模型研制中使用的水文资料的质量和代表性，日模型和次洪模型使用水文气象资料应满足的最低样本数量参见10.3节。

1）日模型。对一般小流域，日模型调试可以不划分单元面积，用流域平均雨量作为面雨量进行计算；对较大流域通常都划分单元面积进行计算。

通过日模型调试可以确定第一层次、第二层次的参数，第三层次的部分参数如KG、KI、EX，以及第四层次部分汇流参数如CG等。通过日模型的调试可为次洪模型调试提供初始状态变量，如流域张力水蓄水量W、WU、WL、WD，自由水蓄水量S及退水流量等。根据我国《水文情报预报规范》（SL 250—200），调试时通常以年径流绝对误差$|\Delta R|$最小及确定性系数DC最大为目标函数。确定性系数DC的数学表达式参见第10章10.3节式（10.1）。

比较多年总径流量R，这是最基本的水量平衡校核。如有误差，首先调整KC值，KC是影响蒸发计算最敏感的参数，它控制着水量平衡。若发现季节性变化对流域蒸散发的影响很大，则应考虑按不同季节分别率定KC值。

比较每年的径流深。若干旱年份与湿润年份有明显的系统误差，可调整UM和C值。减小UM可使少雨季节的蒸散发量减小，而对很干旱的季节则影响不大。加大C值可使很干旱季节的蒸散发量增加，而对雨季则影响不大。

比较年内干旱季与湿润季之间的差别。在南方流域，主要分析伏旱季节的蒸散发计算是否正确。如伏旱以后的初次洪水具有明显的系统误差，则应调整 UM 和 C 值。

比较枯季地下径流。若枯季地下径流有系统偏大或偏小，则应调整 KG 和 KI 值，即调整地下径流所占比重；若枯季地下径流的消退系统偏快或偏慢，则应调整 CG 以调整其退水的快慢。

参数 B 和 IM，在湿润地区并不敏感，可以通过比较小洪水的径流总量进行调整。

通过日模型的调试，可率定出第一层次、第二层次的参数，第三层次和第四层次的部分参数。其余参数可通过次洪模型进行调试。

2）次洪模型。次洪模型以 Δt 为时段长。新安江模型参数中有一些参数与时段长无关，如 KC、WM、UM、LM、DM、B、C、IM 和 EX。这些参数在日模型与次洪模型中可以通用。换言之，这类参数在日模型中调试好后，在次洪模型中就不需要再进行调试。有些参数则与时段长有关，如 SM、KG、KI、CG、CI、L、CS。其中 KG、KI、CG、CI 虽然与时段长有关，但它们在次洪模型中的值与在日模型中的值存在一定的转化关系，实际上与日模型可以相互通用。L、CS 在日模型与次洪模型中不通用，需重新进行调试。SM 由于受降雨资料在时段内被均化的影响很大，采用不同计算时段长时需重新率定。时段越短，所得的 SM 值越正确；时段过长，例如以日作为时段长，则求得的 SM 值将显著减小。因此，SM 值在日模型与次洪水模型中不通用。当 SM 改变后，KG 与 KI 也相应地要改变。根据经验，令日模型的参数为 SM_D、KG_D、KI_D，次洪水模型的参数为 $SM_{\Delta t}$、$KG_{\Delta t}$、$KI_{\Delta t}$，则由 $SM_D(KG_D+KI_D)=SM_{\Delta t}(KG_{\Delta t}+KI_{\Delta t})$ 和 $KG_D/KI_D=KG_{\Delta t}/KI_{\Delta t}$ 可解得：

$$KG_{\Delta t}=KG_D SM_D/SM_{\Delta t} \tag{5.47}$$

$$KI_{\Delta t}=KI_D SM_D/SM_{\Delta t} \tag{5.48}$$

次洪水模型在调试时通常以洪水总量、洪峰值、峰现时间按许可误差统计合格率最高和确定性系数 DC 最大为目标函数。

比较洪水径流总量。影响计算次洪径流总量的主要因素除降雨外，另外就是流域初始蓄水量 W_0。有时需调整产流参数，在产流参数确定的情况下，可以通过调整水源的比重来改善次洪径流量。可调整 SM 和 KG，这两个参数值越大，地下径流的比重也就越大，次洪径流量就会减小。

比较洪峰值。洪峰流量基本上由地面径流和壤中流组成，它主要取决于 SM、CS、CI 等参数。首先调整 SM，当 SM 确定后，可调整 CS、CI 参数，特别是 CS，CS 越小，计算洪峰越大。在以河道汇流为主的区间流域，特别是大河，也可调整参数 XE。

比较峰现时间。主要调整 KE、河段数 n 和滞时 L。减小 KE 可使计算洪峰提前，否则相反；增大河段数 n 和滞时 L 可使计算洪峰滞后。

通过日模型和次洪模型调试，若发现某些参数不一致或明显不合理，应协调或调整这些参数后重新进行日模型和次洪模型的计算，优选出一组合理的最佳的参数。

人机交互率定参数方法的主要特点是在寻找新的参数值时，根据人们的先验知识去判断、估计。显然这种判断、估计不是唯一的，有时甚至可能是错误的。人机交互率定参数方法虽简单易行，但当无先验知识时，调试需要花费大量的计算机机时。

(4) 自动率定。模型参数自动率定的重要性是众所周知的。一个模型要应用，首要的问题是必须确定模型的参数值。在模型结构确定的条件下，模型应用成败的关键在于参数值的估计。参数值不正确，即使是合理的模型也难于获得满意的结果。模型参数最优化估计的主要目的在于参数的自动估计，使模型能方便地被人们使用，节约时间，降低模型使用成本和有利于模型的进一步研究和发展。

模型参数自动率定，就是在模型参数率定过程中，不需要人们的判断、估计。也就是说，当人们要率定某一个模型的参数时，只要给出模型参数的初始值，就能通过自动率定获得模型参数的最优值。具体地说，人们可以预先编制好一个参数自动寻优的计算机程序，使用者只要将程序、资料和参数初始值输入计算机，就可获得最优的模型参数值。

模型参数自动优选的方法很多，比较常用的有罗森布郎克方法、改进的单纯形（Simplex）方法和基因（Genetic）方法。

1）罗森布郎克方法[10,11]。该方法由罗森布郎克（Rosenbrock）1960 年提出，是一种迭代寻优的方法。它将各搜索方向排成一个正交系统，在完成一个坐标搜索循环之后进行改善；当所有坐标搜索完毕并求得最小的目标函数值时即获得最优值，迭代也就结束。设 $\hat{\lambda}_1^{(k)}$，$\hat{\lambda}_2^{(k)}$，…，$\hat{\lambda}_n^{(k)}$ 为 n 维欧几里得空间 E^n 中的单位矢量（一组生成的规格化正交方向），k 为搜索的阶段（$k=1$，2，…），Δx_1，Δx_2，…，Δx_n 分别为 $\hat{\lambda}_1^{(k)}$，$\hat{\lambda}_2^{(k)}$，…，$\hat{\lambda}_n^{(k)}$ 方向的步长。搜索从 $X_0^{(k)}$ 点起，由在序列的第一个坐标方向作一扰动 $\Delta x_1^{(k)}\hat{\lambda}_1^{(k)}$ 开始，若 $f[X_0^{(k)}+\Delta x_1^{(k)}\hat{\lambda}_1^{(k)}]$ 的值等于或小于 $f[X_0^{(k)}]$ 的值，则该步搜索成功，就以试算点代替 $X_0^{(k)}$，$\Delta x_1^{(k)}$ 乘上一个因子 $\alpha(\alpha\geqslant 0)$，并在搜索方向 $\hat{\lambda}_2^{(k)}$ 作下一次扰动；若 $f[X_0^{(k)}+\Delta x_1^{(k)}\hat{\lambda}_1^{(k)}]$ 的值大于 $f[X_0^{(k)}]$ 的值，则该步搜索失败，$X_0^{(k)}$ 不用代换，$\Delta x_1^{(k)}$ 乘上一个因子 $\beta(\beta<0)$，然后在搜索方向作下一次扰动；当 n 个搜索方向 $\hat{\lambda}_1^{(k)}$，$\hat{\lambda}_2^{(k)}$，…，$\hat{\lambda}_n^{(k)}$ 全部扰动完成后，进行参数满意度判别，若判别满意，则参数率定结束，否则再在第一个方向 $\hat{\lambda}_1^{(k)}$ 作扰动，其步长根据 $\hat{\lambda}_1^{(k)}$ 方向上最近一次扰动结果取为 $\alpha\Delta x^{(k)}$ 或 $\beta\Delta x^{(k)}$；扰动在各搜索方向上依次持续进行，直到判别满意为止，此时第 k 阶段结束。由于将函数值相等认为是成功，所以在每一个方向上当步长 $\Delta x_i^{(k)}$ 缩短后总会获得成功。所得的最后点变成为下一阶段的起始点，即 $X_0^{(k+1)}=X_n^{(k)}$。规格化方向 $\hat{\lambda}_1^{(k-1)}$ 选为与 $[X_0^{(k+1)}-X_0^{(k)}]$ 平行，其余方向选为相互正交并与 $\hat{\lambda}_1^{(k+1)}$ 正交。罗森布郎克法计算框图见图 5.7。

2）单纯形方法[10,12]。单纯形方法由斯普勒尼（Splendy）等学者 1962 年提出，针对该方法不能加速搜索和在曲谷中或曲脊上进行搜索所遇到的困难与问题，1965 年纳尔德（Nelder）米德（Mead）对搜索方法进行了若干改进。改进后的方法允许改变单纯形的形状，应用维欧几里得空间 E^n 中 $(n+1)$ 个顶点的可变多面体将具有 n 个独立变量的函数极小化。每一个顶点可由一个矢量 X 确定，在 E^n 中产生的 $f[X]$ 最高值的顶点，通过其余各顶点的形心连成射线，用最好的点逐次替代 $f[X]$ 具有最高值的点，即能找到目标函数的改进值，直至找到 $f[X]$ 的极小值为止。单纯形法计算框图如图 5.8 所示。

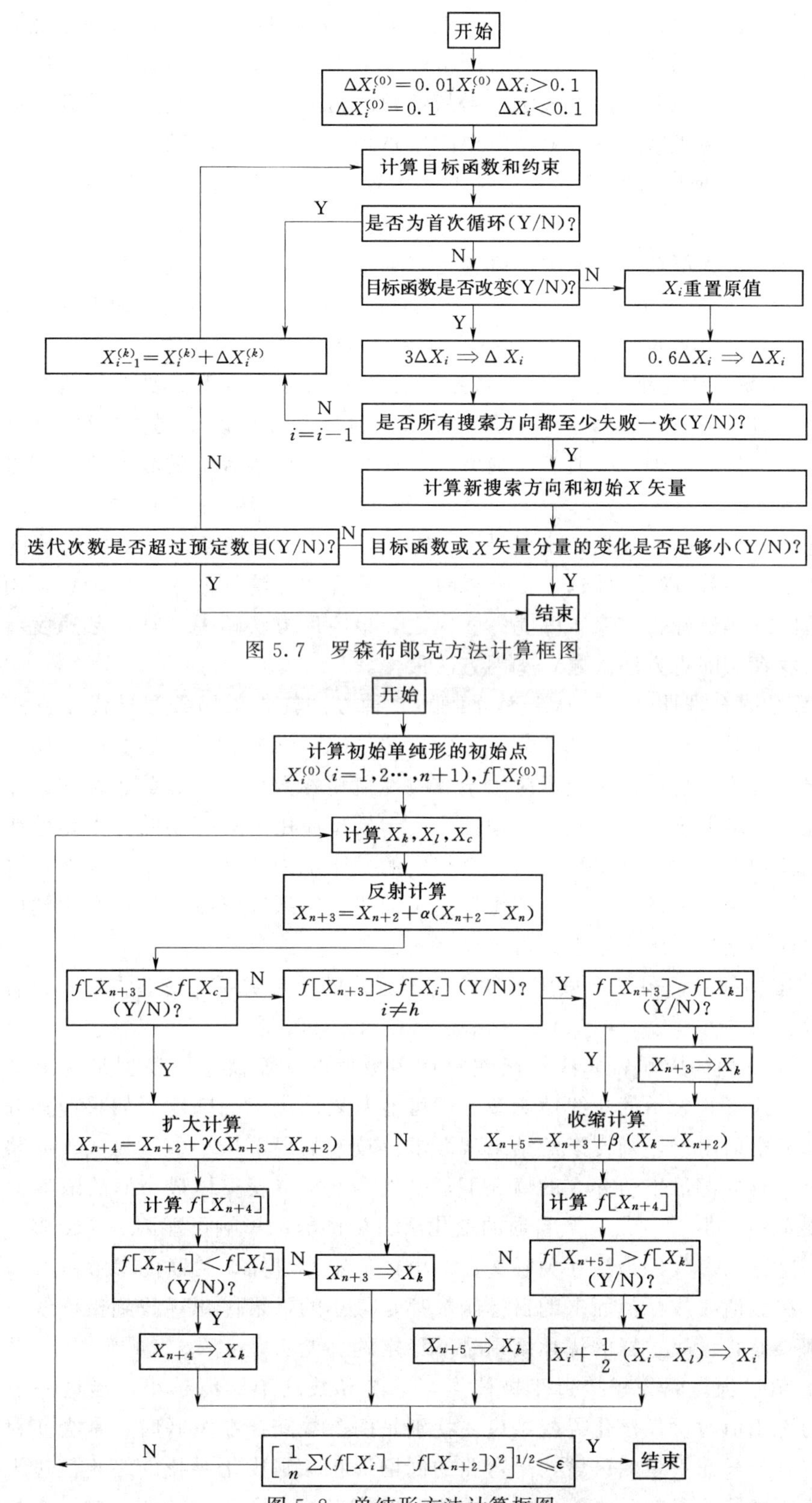

图 5.7 罗森布郎克方法计算框图

图 5.8 单纯形方法计算框图

3）基因方法。基因方法[10,13] 是一种基于自然基因和自然选择机制的寻优方法。方法按照“择优汰劣”的原则，从参数的若干可能取值中，逐步寻求最优值。基因方法不同于罗森布郎克方法和单纯形方法，该法不是从参数的给定起始点按确定的搜索方向直接对参数本身寻优，而是随机地从参数的搜寻空间中选取 m 个点，以参数的二进制码进行操作，从选取的 m 个点中随机选取两点，并赋予产生较小目标函数值的点较高的概率，按某一随机方式生成两个新点，直至生成 m 个新点为止。通常，生成的 m 个新点一般较原有的 m 个点更接近于最优值域。据有关文献报道，若取 $m=100$，二进制数位 $l=10$，则二进制 0，1 元素变换的概率 $P=0.001$，产生最小目标函数值的点的概率为 $P=0.02$，则最大迭代次数 $No_{\max}=5000$ 时，通常可得到较为稳定的近似最优值。

4）目标函数与优化准则。目标函数用于评价实测与模拟水文要素的拟合程度，其选择主要取决于对模拟结果的要求。不同的要求，目标函数可以不同。当目标函数确定后，需要设置终止优化的准则，主要有：最大迭代次数、目标函数值的收敛容差和参数迭代步长收敛容差等。

为了比较三种方法的效果，文献［9］选用具有不同气候条件，不同流域的日平均资料对新安江模型参数进行了优选。从结果看，三种优化方法的效果均较理想，用确定性系数比较，基因方法最好，罗森布郎克方法次之，单纯形方法略差；从收敛速度看，单纯形方法最快，罗森布郎克方法次之，基因方法最慢。

5）参数结果合理性分析。从上面介绍的 3 种方法知，采用数学最优化方法率定模型参数时，应重视对参数结果合理性分析，应参照系统科学方法进行参数的敏感性、可靠性和系统稳定性试验。自动优化技术应用于非线性模型参数估计，目前还存在诸多问题。最主要的是优化的结果不稳定性和不合理性。由于模型应用者对模型结构不熟悉或对模型参数值缺乏先验知识，常会给参数初值一个较大的变化范围或任意给出，那么，这一优化结果的不稳定性常会伴随发生。这就产生不同组的优化结果究竟哪一组是合理的问题，导致模型参数估计的结果缺乏可靠性。可能原因大概有：

a. 模型结构问题，模型中采用了理论上不正确的定量关系，有些参数不符合水文现象的物理过程。

b. 局部最优值的影响，非线性函数常是多极值的，而概念性模型是一个复杂的不能以某一数学公式形式表示的非线性函数，就可能有局部优值的问题。如果搜索开始是在目标函数局部最小值附近，则搜索的结果就会求得较近的局部最小值，无法再向整体最小值逼近。所以，有局部最小值存在的情况下，必然会增加寻找整体最小值的困难。

c. 参数间的关联性，某一个参数的变化给目标函数的影响可能因一个或多个参数的变化而抵消，这样的参数称为相互关联参数。由极值定律可知，关联的参数具有一条极值线或极值面，在极值线或极值面上的目标函数都是最小的，最优化寻找到极值线或极值面上的任何点都会终止。故这样的优化结果是不稳定的。

d. 终止值过大，因为越接近于极值点，一阶导数的绝对值越小，当这一绝对值小于事先给定的终止值时，最优化寻找结束。特别是两参数间存在关联时，常会使目标函数在极值点附近有狭长而平坦的区域，呈弯曲的低槽形状。当优化寻找的终止值过大时，往往会在远离优值处停止寻找。当给出的初始值在极值点的不同侧时，就会在没有找到极值点前在初值的那一侧过早停止，并致使不同侧寻找到的参数值有很大的差别。

概念性模型的参数大多数都具有物理意义，参数值一般也都有变化范围，当最优化所获得的结果超过参数值的变化范围，则认为此结果是不合理的。数学寻优法是黑箱子方法，它只根据目标函数响应面形状寻找参数最优值。当响应面有概念意义上不合理的极值，而所选的初值又落在这极值附近时，就会导致不合理的优化结果。

参数自动率定虽然快速简便、省时省力，可以避免人为的主观偏见和误差。但对概念性模型多参数的优选常有一定的困难，并往往导致不合理的结果，有时会出现计算误差最小的一组参数，其参数值或计算的结果在水文意义上却是不合理的。所以，在概念性模型参数自动率定过程中，应尽可能地与模型结构、参数概念结合起来，尽可能地利用其结构概念、参数概念的有关信息，并充分满足参数物理概念限制条件，加以约束，使得单纯的黑箱子数学寻优概念化。可以将人机交互率定和自动率定两者结合起来，将人机交互率定的参数作为第一次近似，然后进行自动率定。

5.2.1.6 模型评述

新安江模型的结构特点可以简单地归纳为：①三分特点，即分单元计算产流、分水源坡面汇流和分阶段流域汇流；②模型参数少且大多数具有明确的物理意义，容易确定；③模型参数与流域自然条件的关系比较清楚，可以寻找到参数的区域规律；④模型中未设超渗产流机制，适用于湿润与半湿润地区。

模型自 1973 年诞生以来的 40 多年中，不断有所改进和扩大应用范围，在湿润地区以及某些特定条件下的非湿润地区广泛应用并获得成功；模型中流域蓄水容量分布不均匀的参数化处理已被国外一些大尺度水文模型所采用，模型的分布式形式在大尺度的水文模拟中也比较适度，具有较好的应用前景[5]。

5.2.1.7 模型应用实例

用三水源新安江模型编制广东省新丰江水库入库洪水预报方案[14]。

1. 流域概况

新丰江水库位于广东省东江水系新丰江支流，坝址以上集水面积为 5734km²，其中干流青龙潭站以上流域面积为 1600km²，占全流域面积的 27.9%；支流忠信水顺天站以上流域面积为 1357km²，占全流域面积的 23.7%；其余部分面积为 2777km²，占全流域面积的 48.4%。流域水系及水文站雨量站网分布如图 5.9 所示。

流域受热带、亚热带天气系统影响，冬少严寒，夏少酷暑，气候暖热，雨量充沛；有两个多雨时期，4—6 月为前汛期，属锋面雨带降水，致洪暴雨主要由冷锋、静止锋及切变线、低涡等西风带引起；7—10 月为后汛期，主要受台风等低纬热带天气系统影响，致洪暴雨主要由热带气旋、台风等引起。每年 11 月至次年 3 月为枯季。暴雨成因主要是锋面雨，但台风雨也占一定比例。

实测多年平均降雨量 1800mm，最大年降雨量 25176mm，年径流系数在 0.5～0.6 之间；降水年际间变化大，年内分配不均，4—6 月降水量约占全年降水量的 50%，4—9 月降水量约占全年降水量的 76%；年降雨天数在 120～160d 之间。暴雨走向自西北西-东南东，西南西-东北东，其分布以西南西较多，东西较少；暴雨出现次数 5—6 月最多，7—8 月次之。流域汇流时间一般在 24h，有时更短。一次洪水过程在 6～8d 左右，洪峰持续时

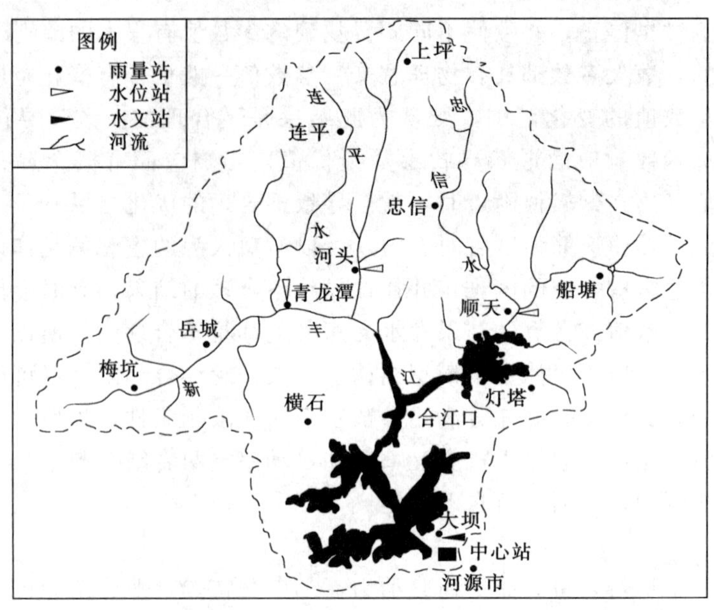

图5.9 新丰江水库坝址流域水系及水文站雨量站网分布图

间约5h。

流域内多年平均气温21.0℃，历年最高气温40.5℃，最低气温-3.8℃。流域内顺天站实测水面蒸发（80cm蒸发皿）多年平均蒸发量为1245mm，7—8月蒸发量最大。

2. 产流方式的论证

流域地处南方湿润地区，气候暖热，雨量充沛，年径流系数在0.5～0.6之间；流域内植被良好，地下水埋深浅；一次洪水的流量过程陡涨缓落，持续时间6～8d左右。从流域的气象条件，下垫面条件和流量过程的分析知，该流域降雨径流关系具有蓄满产流的特点，可以按蓄满产流的理论与方法建立产流量预报方案。

3. 选用资料

选用1977—1984年共计8年日资料和15场次洪水资料进行模型计算（其中1977—1982年作为率定期，1983—1984年作为检验期）。资料包括：流域内13个雨量站的逐日降雨和时段降雨资料；新丰江水库反演的逐日和时段入库流量过程；流域内顺天站80cm套盆式蒸发皿逐日实测水面蒸发资料；水库有关的特征曲线资料；流域下垫面有关的特性资料。

4. 流域划分

根据流域地形、地貌条件及布设的雨情遥测站网，用泰森多边形法将新丰江水库坝址以上流域划分为13块单元面积，各单元面积的权重见表5.5。

表5.5 新丰江水库坝址以上流域各单元面积的权重表

序号	1	2	3	4	5	6	7	8	9	10	11	12	13
站名	上坪	连平	河头	忠信	岳城	青龙潭	顺天	船塘	梅坑	横石	合江口	灯塔	大坝
权重	0.062	0.075	0.066	0.110	0.080	0.082	0.067	0.091	0.072	0.106	0.074	0.059	0.056

5. 产汇流计算

对每块单元面积采用三水源新安江模型分别进行蒸散发计算、产流计算、水源化分和汇流计算，得到单元面积的出流过程；将单元面积的出流过程用马斯京根分段连续演算法进行出口以下的河道洪水演算，求得单元面积在流域出口的流量流过程线性；将每个单元面积在流域出口的流量流过程线性叠加，即为新丰江水库坝址以上流域的入库洪水过程。

6. 模型参数

先根据模型参数概念分析方法初定参数，然后根据特定的目标准则（或目标函数）率定参数。经率定后的日模型和次洪模型参数见表5.6。

表5.6　新丰江水库日模型和次洪模型参数表

层次		参数符号	参　数　意　义	日模型	次模型
第一层次	蒸散发计算	*KC*	流域蒸散发折算系数	0.74	0.74
		UM	上层张力水容量/mm	20	20
		LM	下层张力水容量/mm	80	80
		C	深层蒸散发折算系数	1/6	1/6
第二层次	产流计算	*WM*	流域平均张力水容量/mm	160	160
		B	张力水蓄水容量曲线方次	0.3	0.3
		IM	不透水面积占全流域面积的比例	0.03	0.03
第三层次	水源化分	*SM*	表层自由水蓄水容量/mm	35	42
		EX	表层自由水蓄水容量曲线方次	1.5	1.5
		KG	表层自由水蓄水库对地下水的日出流系数	0.35	0.35
		KI	表层自由水蓄水库对壤中流的日出流系数	0.35	0.35
第四层次	汇流计算	*CI*	壤中流消退系数	0.6	0.6
		CG	地下水消退系数	0.944	0.994
		CS(*UH*)	河网蓄水消退系数（单位线）	0.2	0.5
		L	滞时/h	0	0
		KE	马斯京根法演算参数/h	24	6
		XE	马斯京根法演算参数	0.42	0.42

7. 模拟结果

日模型和次洪水模型模拟结果及精度统计见表5.7、表5.8。

表5.7　新丰江水库日模型模拟结果及精度统计表

年　份	降雨量/mm	计算径流深/mm	实测径流深/mm	绝对误差/mm	相对误差/%	确定性系数
1977	1520.9	837.2	831.1	−6.1	−0.73	0.7697
1978	1787.4	1073.1	1041.4	−31.7	−3.05	0.8022
1979	1741.0	1077.2	1090.6	+13.4	+1.23	0.8268
1980	1746.9	1015.9	1123.1	107.2	+9.55	0.7538
1981	1979.6	1220.1	1239.8	19.7	+1.59	0.8158
1982	1890.2	1228.1	1144.2	−83.9	−7.34	0.7260
1983	2552.6	1982.5	1918.9	−63.6	−3.31	0.7853
1984	1856.1	1248.6	1175.8	−72.8	−6.19	0.7122
平　均	1884.3	1210.3	1195.6			0.7740

表 5.8　　新丰江水库次洪模型模拟结果及精度统计表

洪　号	降雨量/mm	计算径流深/mm	实测径流深/mm	绝对误差/mm	相对误差/%	确定性系数
770622	218.6	130.6	128.2	－2.4	－1.91	0.9625
780605	128.4	81.4	87.1	＋5.7	＋6.61	0.9479
790609	119.0	81.2	83.9	＋2.7	＋3.29	0.9439
790923	133.8	71.7	68.4	－3.3	－4.85	0.9680
800420	357.7	230.6	218.1	－12.5	－5.70	0.9538
810527	211.9	125.4	121.5	－3.9	－3.28	0.9721
810719	269.7	161.5	153.8	－7.7	－4.99	0.9643
820504	117.8	63.5	61.8	－1.7	－2.74	0.9261
820509	84.4	55.8	55.5	－0.3	－0.68	0.9255
830324	165.3	126.3	143.8	＋17.5	＋12.1	0.9211
830514	67.0	40.4	41.2	＋0.8	＋1.96	0.9416
830519	90.7	50.1	52.6	＋2.5	＋4.71	0.9739
830614	226.9	161.9	157.0	－4.9	－3.15	0.9644
840425	138.9	95.3	89.1	－6.2	－6.95	0.9745
840830	175.9	110.7	98.0	－12.7	－13.0	0.9637
平　均	167.1	105.8	104.0			0.9536

8. 误差分析与问题讨论

（1）精度统计。从表 5.7 中可见，年产流量绝对误差小于 100mm 的有 7 次，占总数的 87.5%，绝对误差小于 20mm 的有 3 次，占总数的 37.5%；所有年份产流量的相对误差均小于 10%；确定性系数最大为 0.8268，最小为 0.7122，平均为 0.7740。

从表 5.8 中可见，次洪水产流量绝对误差小于 10mm 的有 12 次，占总数的 80.0%，绝对误差最大为＋17.5mm；产流量的相对误差小于 10%的有 13 次，占总数的 86.6%；确定性系数最大为 0.9745，最小为 0.9211，平均为 0.9536。

精度统计表明，率定的模型参数基本上是合理的。

（2）误差分析。影响流域降雨径流过程的因素很多，三水源新安江模型的结构与参数能够反映湿润地区降雨径流过程的主要规律与特点，因而能获得较好的精度。但是，模型本身以及模型计算中有许多的概化，会造成误差。造成新丰江水库入库洪水预报方案误差来源主要有以下几方面：

1）雨量站代表性的影响。新丰江水库坝址以上集水面积为 $5734km^2$，计算中采用 13 个雨量站，平均站网密度为 $441km^2$/站，对于多年平均降雨来讲，基本上能控制降雨的空间分布。但是对不同的年份以及不同时期，不同类型的洪水，其差别比较大。通过抽站法由 20 个站和 13 个站所计算出的流域年平均雨量表明，其差值有时候可以达到 63mm，例如 1980 年、1983 年丰水年。

对于次洪水来说，同是前汛期或同是后汛期，20 个站和 13 个站所计算出的面平均雨量误差不是太大，但遭遇台风雨时，有时会产生较大误差。例如 840830 次洪水是由台风雨造成，由 23 个站和 13 个站所计算出的流域面平均雨量相差近 30mm。所以，面平均雨量的计算误差是产流量误差的主要影响因素。

2）人类活动的影响。随着经济建设的发展，人类活动的影响加剧，流域内先后修建了一些中小型水库。这些中小水库大多数没有固定调度原则和调洪方式，干旱季节或汛初的时候，流域内的大小水利工程均需蓄水，因此会使实测的径流量偏小，如800420、840425次洪水；一旦遭遇超标准或大洪水时，为了确保自身安全就迅速泄洪，因此会使实测流量偏大，如830324次洪水。此次洪水虽然发生在汛初的3月份，但由于受气候变化的影响，2月中旬广东省大部分地区就开始普降大到暴雨，提前进入前汛期，致使流域内中小型水库几乎全部蓄满，一遇洪水就迅速泄洪。

3）实测流量过程的影响。由于新丰江水库没有入库水文站，其逐日和时段流量过程均是采用坝前水位通过水库水量平衡方程反演的。由于水位观测的误差，流量过程大多呈锯齿状而且变化剧烈，计算中未作任何修正。这也是造成日模型模拟确定性系数不高的主要原因。

4）模型参数的影响。模型参数是根据输入，通过模型计算输出，再将输出过程与实测过程进行比较，用系统识别的方法作优化调试的，上述所率定出的模型参数可能不是最优。

（3）问题讨论。

1）流域划分。根据新丰江水库坝址以上流域水系及水文站雨量站网的分布特点，宜先按天然流域将其划分为青龙潭、河头、顺天和区间4块单元面积，然后再在每一块单元面积内再用泰森多边形法细分。这样可以更符合降雨空间分布实际情况，解决面雨量计算误差问题。

2）实时校正。模型计算值与实测值（流量或水位）之间总是存在一定的误差。造成两者间误差的因素很多，若针对每一个单一因素，它们是难于描述和预见的，一般是采用实时校正模型来解决。实时校正模型的种类很多，主要与所选择的预报模型有关，常用的有卡尔曼滤波、时变参数、实时流量带入、马斯京根法矩阵解、自回归等模型和方法。可以充分利用流域内青龙潭、河头、顺天水文（或水位）站信息，对模型计算值进行实时校正。

3）水库动库容。新丰江水库的库面面积较大（约138km^2），当发生大水时，水库的尾水可以到达合江口以上，加上又没有入库站，所以动库容对计算精度的影响不可忽视。可以通过水动力学的途径来解决。

5.2.2 萨克拉门托流域水文模型

萨克拉门托（Sacramento）流域水文模型，简称SAC模型，是美国国家天气局萨克拉门托预报中心的R.C.伯纳什（Burnash）和R.L.费雷尔（Ferral）以及加利福尼亚州水资源部的和R.A.麦圭尔（Mcguire）于20世纪60年代末和70年代初研制的。SAC模型类似于斯坦福模型（SWM），是一个连续模拟模型，包含了SSARR和SWM每个模拟相同过程的算法。1973年开发完成了日流量模拟程序；1974年被美国国家天气局作为标准土壤含水量计算模型；1975年又进一步开发完成了6h的模拟程序。SAC模型虽然研制完成时间相对较晚，但其功能较为完善，模型研制者希望能适用于大、中流域，湿润地区和干旱地区。SAC模型在美国的水文预报中广为应用，也是国内引进的水文模型中人们较为熟悉的模型之一[15]。

5.2.2.1　模型结构

SAC模型是集总参数型的连续运算的确定性流域水文模型。模型以土壤水分的贮存、渗透、运移和蒸散发特性为基础，用一系列具有一定物理概念的数学表达式来描述径流形成的各个过程；模型中的每一个变量代表水文循环中一个相对独立的层次和特性；模型参数则是根据流域特性、降雨量和流量资料推求。模型基本结构如图5.10所示。

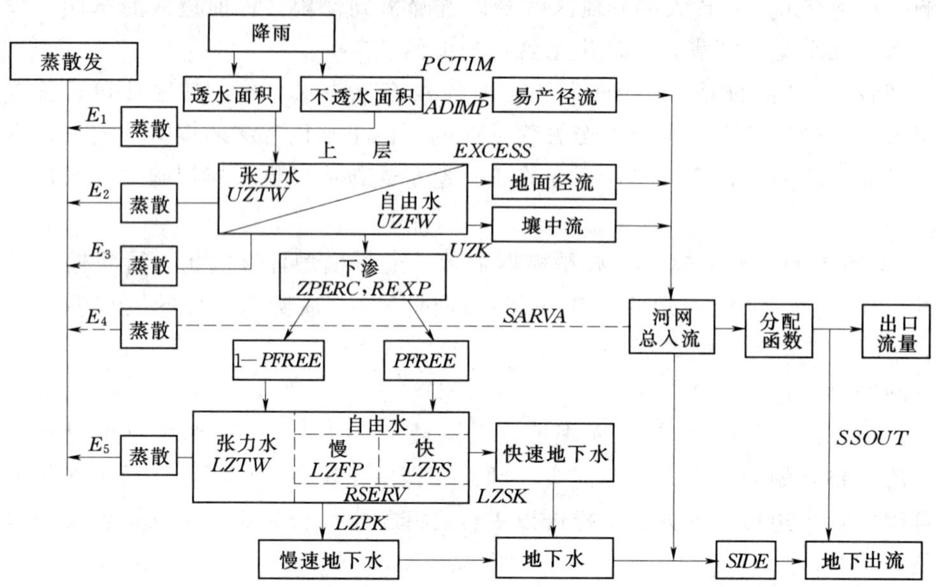

图5.10　萨克拉门托模型（NWSRFS）框图

1. 流域划分

按下垫面对降雨产流作用的不同，将全流域分为永久不透水面积 $PCTIM$、可变的不透水面积 $ADIMP$ 和透水面积 $(1-PCTIM-ADIMP)$。

2. 土层划分

在透水面积上，根据土壤垂向分布的不均匀性将土层分为上土层和下土层。

3. 土壤水划分

根据土壤水分受力特性的不同，将每层土壤水分分为张力水和自由水两种。张力水消耗于蒸散发，自由水可以产流。

4. 水源划分及产流机制

（1）水源划分。将水源划分为直接径流、地面径流、壤中流、快速地下水和慢速地下水。

（2）产流机制。

1）直接径流。直接径流包括永久不透水面积上产生的直接径流和可变不透水面积上产生的直接径流两种。永久不透水面积上产生直接径流的机理是：降落在湖面、沼泽、河网等永久不透水面积上的降雨（不论其雨强大小）都产生直接径流。可变不透水面积上产生直接径流的机理是：随着降雨的延续，与河网毗连的哪部分面积上的土壤逐渐湿润，而且上土层张力水达到饱和后，就增加了一部分不透水面积，增加的这部分不透水面积将产生直接径流。所以，产生直接径流的流域面积不一定是个常数。

2）地面径流。地面径流产生的机理是：当上土层土壤的张力水与自由水都饱和后，降雨强度又大于上土层向下土层的渗透率与壤中流出流率之和，则多余的降雨产生饱和坡面流，也就是地面径流。地面径流包括透水面积上的和可变的不透水面积上的两部分。

3）壤中流。壤中流产生的机理是：由于土壤垂向分布是不均匀的，一般上层为腐殖土层，而下层为风化土层，上土层一般具有较强的渗透能力，而下土层的渗透能力相对较弱，因此上下土层之间容易形成相对不透水层，上土层自由水来不及下渗的部分，横向流出形成壤中流，也就是上土层的供水能力超过了向下土层的渗透率而形成壤中流，它是上下土层间的一种饱和壤中流。壤中流的蓄泄关系用线性水库模拟。

4）快速地下水。快速地下水又称为附加地下水。其产生的机理是：下渗到下土层的水量按某一比例系数分配给下土层张力水和下土层自由水，而下土层自由水又分为浅层自由水和深层自由水，快速地下水由下土层中的浅层自由水蓄量消退产生，其蓄泄关系用线性水库模拟。

5）慢速地下水。慢速地下水又称为基本地下水。其产生的机理是：由下土层中的深层自由水蓄量消退产生，其蓄泄关系用线性水库模拟。

5. 流域蒸散发

流域的蒸散发由透水面积上的上土层张力水蒸散发量 E_1、透水面积上的上土层自由水蒸散发量 E_2、透水面积上的下土层张力水蒸散发量 E_3、河道中的水面蒸发 E_4 和不透水面积上的蒸散发量 E_5 5 部分组成。蒸散发计算采用线性模型，它与张力水蓄量成正比，但上下土层的比例系数不相同。

5.2.2.2 模型计算

1. 蒸散发计算

流域的蒸散发能力 EP 由逐日的蒸发皿观测值经改正后求得。蒸散发与蒸散发能力和土壤含水量成正比。

（1）上土层张力水蒸散发量。

$$E_1=\begin{cases}EP\cdot\dfrac{UZTWC}{UZTWM} & (UZTWC\geqslant EP)\\ UZTWC & (UZTWC<EP)\end{cases}\tag{5.49}$$

式中 $UZTWC$——上土层张力水蓄量，mm；

$UZTWM$——上土层张力水容量，mm。

（2）上土层自由水蒸散发量。

$$E_2=\begin{cases}0 & (EP-E_1=0)\\ EP-E_1 & (UZFWC\geqslant EP-E_1)\\ UZFWC & (UZFWC<EP-E_1)\end{cases}\tag{5.50}$$

式中 $UZFWC$——上土层自由水蓄量，mm。

（3）下土层张力水蒸散发量。

$$E_3=(EP-E_1-E_2)\frac{LZTWC}{UZTWM+LZTWM}\tag{5.51}$$

式中　$LZTWC$ ——下土层张力水蓄量，mm；

$LZTWM$ ——下土层张力水容量，mm。

(4) 水面蒸发量。

$$E_4=\begin{cases}EP\cdot SARVA & (SARVA\leqslant PCTIM)\\ EP\cdot SARVA-(E_1+E_2+E_3)SP & (SARVA>PCTIM)\end{cases} \tag{5.52}$$

式中　$SARVA$ ——河网、湖泊及水生植物面积占全流域面积的比例。

$$SP=SARVA-PCTIM$$

(5) 可变不透水面积上的蒸散发量。

$$E_5=E_1+(EP-E_1)\frac{ADIMC-UZTWC}{UZTWM+LZTWM} \tag{5.53}$$

式中　$ADIMC$ ——可变的不透水面积上的张力水蓄量，mm，$ADIMC=UZTWC+LZTWC$。

2. 产流量计算

(1) 直接径流。直接径流由永久不透水面积上形成的直接径流和可变不透水面积上形成的直接径流两部分组成。其中永久不透水面积上的时段降雨量 P 形成的直接径流为

$$ROIMP=P\cdot PCTIM \tag{5.54}$$

可变的不透水面积上形成的直接径流为

$$ADDRO=PAV\left(\frac{ADIMC-UZTWC}{LZTWM}\right) \tag{5.55}$$

式中　PAV ——有效降雨，mm。

$$\text{总的直接径流量}=ROIMP+ADDRO \tag{5.56}$$

(2) 地面径流。上土层自由水已达到其容量值 $UZFWM$ 后，超过部分成为地表径流。

$$ADSUR=PAV\cdot PAREA \tag{5.57}$$

式中　$PAREA$ ——透水面积占全流域的比例，$PAREA=1-(PCTIM+ADIMP)$。

(3) 壤中流。上土层自由水的侧向出流产生壤中流，假定出流与蓄量呈线性关系，即

$$\text{日出流量}\ RI_D=UZFWC\cdot UZK\cdot PAREA \tag{5.58}$$

$$\text{时段出流量}\ RI_{\Delta t}=UZFWC\cdot[1-(1-UZK)^{\frac{\Delta t}{24}}]\cdot PAREA \tag{5.59}$$

式中　UZK ——壤中流日出流系数；

Δt ——计算时段，h。

(4) 快速地下水。假定快速地下水出流量与蓄量呈线性关系，即

$$\text{日出流量}\ RG_{SD}=LZFSC\cdot LZSK\cdot PAREA \tag{5.60}$$

$$\text{时段出流量}\ RG_{S\Delta t}=LZFSC\cdot[1-(1-LZSK)^{\frac{\Delta t}{24}}]\cdot PAREA \tag{5.61}$$

式中　$LZFSC$ ——下土层快速地下水蓄量，mm；

$LZSK$ ——下土层快速地下水日出流系数。

(5) 慢速地下水。假定慢速地下水出流量与蓄量呈线性关系，即

$$日出流量\ RG_{PD}=LZFPC\cdot LZPK\cdot PAREA \tag{5.62}$$

$$时段出流量\ RG_{P\Delta t}=LZFPC\cdot[1-(1-LZPK)^{\frac{\Delta t}{24}}]\cdot PAREA \tag{5.63}$$

式中 $LZFPC$——下土层慢速地下水蓄量，mm；

$LZPK$——下土层慢速地下水日出流系数。

3. 下渗量计算

假定稳定下渗率 $PBASE$ 为下土层饱和时的下渗率，即

$$PBASE=LZFPM\cdot LZPK+LZFSM\cdot LZSK \tag{5.64}$$

式中 $LZFPM$——下土层慢速地下水容量，mm；

$LZFSM$——下土层快速地下水容量，mm。

实际稳定下渗能力与上土层自由水蓄量成正比，即

$$PERC=PBASE\cdot UZFWC/UZFWM \tag{5.65}$$

当下土层缺水时，缺水率为

$$DEFR=1-\frac{LZFPC+LZFSC+LZTWC}{LZFPM+LZFSM+LZTWM} \tag{5.66}$$

下渗率与下土层的缺水程度有关，当上土层饱和，而下土层最干旱时，下渗率最大。下渗率为

$$PERC=PBASE(1+ZPERC\cdot DEFR^{REXP}) \tag{5.67}$$

式中 $ZPERC$——与最大下渗率有关的参数；

$DEFR$——下土层相对缺水量，mm；

$REXP$——下渗曲线指数。

渗透曲线见图5.11。

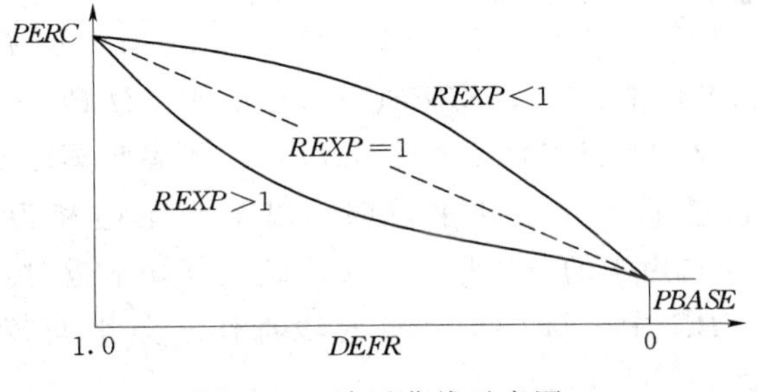

图5.11 渗透曲线示意图

若上土层自由水并非充分供水，渗透率与上土层自由水的供水量有关，实际下渗率为

$$PERC=PBASE(1+ZPERC+DEFR^{REXP})\frac{UZFWC}{UZFWM} \tag{5.68}$$

4. 下渗水量分配

下渗到下土层的水量还要进行分配。其中 $PERC\cdot PFREE$ 为进入下土层的自由水，而 $PERC(1-PFREE)$ 为进入下土层的张力水。进入下土层的自由水，按快速自由水、慢速自由水的缺水程度进行分配。分配给慢速自由水的水量为

$$PERCP=(PERC\cdot PFREE)\zeta \tag{5.69}$$

式中　$$\zeta=\frac{LZFPM}{LZFPM+LZFSM}\frac{2\left(1-\frac{LZFPC}{LZFPM}\right)}{\left[\left(1-\frac{LZFPC}{LZFPM}\right)+\left(1-\frac{LZFSC}{LZFSM}\right)\right]}$$

分配给快速地下水的水量为

$$PERCS=PERC\cdot PFREE-PERCP \tag{5.70}$$

若渗透水量超过下土层的缺水量时将发生反馈，反馈水量增加上土层的自由水蓄量。反馈量为

$$CHECK=(PERC+LZFPC+LZFSC+LZTWC)-LPSW \tag{5.71}$$

式中　$$LPSW=LZFPM+LZFSM+LZTWM$$

5. 限制与平衡校核

当上土层张力水含水率小于上土层自由水的含水率，也就是 $\frac{UZFWC}{UZFWM}>\frac{UZTWC}{UZTWM}$ 时，自由水将补充张力水，使两者的含水率相等（两种蓄水量与它们的蓄水容量的比值相等而总蓄量不变），即

$$UZTWC=UZTWM\frac{UZTWC+UZFWC}{UZTWM+UZFWM} \tag{5.72}$$

$$UZFWC=UZFWM\frac{UZTWC+UZFWC}{UZTWM+UZFWM} \tag{5.73}$$

当 $\frac{LZTWC}{LZTWM}<\frac{LZFPC+LZFSC-SAVED+LZTWC}{LZFPM+LZFSM-SAVED+LZTWM}$ 时，也就是当下土层张力水的含水率小于下土层总水量的含水率时，自由水将补充张力水，使两者的含水率相等。先由快速自由水补充张力水，不足部分由慢速自由水补充，即

$$DEL=\left(\frac{LZFPC+LZFSC-SAVED+LZTWC}{LZFPM+LZFSM-SAVED+LZTWM}-\frac{LZTWC}{LZTWM}\right)LZTWM \tag{5.74}$$

$$LZTWC=LZTWC+DEL,\ LZFSC-DEL\text{ 或 }LZFPC-DEL \tag{5.75}$$

式中　$SAVED=RSEERV(LZFPM+LZFSM)$ ——不参与蒸散发的自由水蓄量，mm。

若下渗量 $PERC$ 超过下土层总缺水量时，以下土层饱和为限，其余留在上土层 $UZFWC$ 中。若进入快速自由水的下渗量 $PERCS$ 超过其缺水量时，以快速自由水饱和为限，其余留在慢速 $LZFPC$ 中。每一个计算时段都作水量平衡校核，校核的误差放在 $UZFWC$ 中。

6. 流域汇流计算

模型将流域汇流计算分为坡面汇流和河网汇流两部分。计算出的直接径流和地面径流直接进入河网，而壤中流、快速地下水和慢速地下水用线性水库模拟。各种水源的总和扣除时段内的水面蒸发 E_4，即得河网总入流。河网汇流一般采用无因次单位线。当河道断面或水力特性变化较大时，模型研制者建议采用“分层的马斯京根法”做进一步的调蓄计算，但对如何分层和确定演算参数未做阐述。汇流部分使用者可根据流域实际情况自行配置。

5.2.2.3　模型参数

萨克拉门托模型产流部分的主要参数见表 5.9。

表 5.9　　萨克拉门托模型产流部分主要参数表

类别	参数名	参　数　意　义
直接径流	*PCTIM*	邻近河槽（包括河槽）不透水面积占全流域面积比例，称为永久不透水面积
	ADIMP	可变不透水面积占全流域面积的比例
	SARVA	河网、湖泊及水生植物面积占全流域面积的比例
蒸散发	*UZTWM*	上土层张力水容量/mm
	LZTWM	下土层张力水容量/mm
	RSERV	下土层自由水中不参与蒸散发的比例
	UZK	上土层自由水日出流系数
渗透	*UZFWM*	上土层自由水容量/mm
	ZPERC	与最大下渗率有关的参数
	REXP	下渗函数中的指数
	PFREE	从上土层向下土层下渗的水量中补充自由水的比例
其他	*LZFSM*	下土层快速地下水容量/mm
	LZSK	下土层快速地下水日出流系数
	LZFPM	下土层慢速地下水容量/mm
	LZPK	下土层慢速地下水日出流系数
	SIDE	不闭合的地下水出流比例
	SSOUT	不闭合的地表水出流比例

1. 参数概念性分析法

模型参数较多，如果都靠计算机进行优选，其工作量极大，而且效果不一定好，结果也不一定合理。由于模型的大多数参数都有一定的物理意义，可以根据其概念用实测或实验资料分析参数值。

(1) 不透水面积占全流域的比例 *PCTIM*。如图 5.12 所示，根据夏季久旱后的一场小雨在出口断面形成的流量过程，扣除基流之后，可认为是由不透水面积上的降雨所形成的，计算径流系数，则 $PCTIM=R/(P-E)$。*PCTIM* 主要取决于流域的下垫面特征。

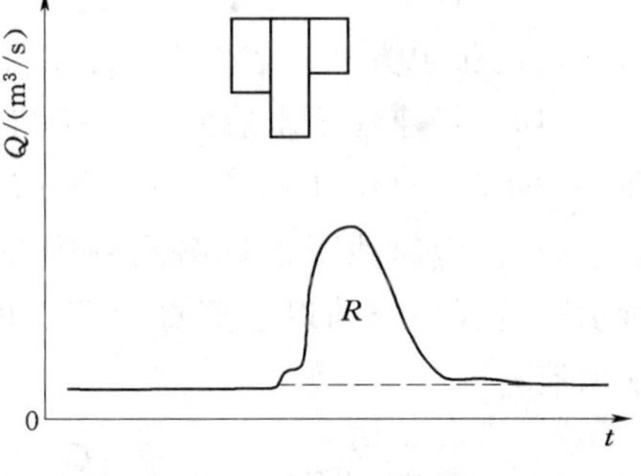

图 5.12　*PCTIM* 分析计算示意图

(2) 变化的不透水面积占全流域的比例 *ADIMP*。根据冬季大水之后的一场小雨在出口断面产生的流量过程，计算径流系数，则 $ADIMP=R/(P-E)-PCTIM$。*ADIMP* 主要取决于流域的下垫面特征。

(3) 河网、湖泊及水生植物的面积占全流域的比例 *SARVA*。*SARVA* 可由大比例尺的地形图上量取或用地理信息系统（GIS）中的有关软件计算出。*SARVA* 主要取决于流域的下垫面特征。

(4) 上土层张力水容量 *UZTWM*。*UZTWM* 可看作最大初损。可选夏季久旱之后的降雨（这段时期地下水上升小），计算其次洪损失量，并取多次计算中的最大值作为 *UZTWM*。*UZTWM* 与流域植被、上土层土壤发育程度和地下水水位高低有关。

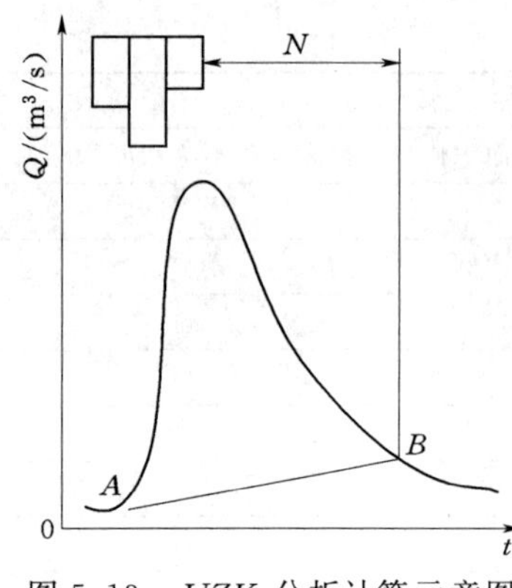

图 5.13　UZK 分析计算示意图

（5）下土层张力水容量 *LZTWM*。在湿润地区一般取历史最大损失量与上土层张力水容量 *LZTWM* 之差。*LZTWM* 与流域植被和下土层土壤发育程度有关。

（6）下土层自由水中不蒸发的比例 *RSERV*。一般取 $RSERV=0.0\sim0.3$。

（7）上土层自由水日出流系数 *UZK*。如图 5.13 所示，*UZK* 可从壤中流退水天数 *N* 进行粗估。认为壤中流经 *N* 天以后基本退完，用下式表示：

$$(1-UZK)^N=0.1，或\ UZK=1-\sqrt[N]{0.1} \tag{5.76}$$

UZK 与上土层土壤类型及其分布特征有关。

（8）上土层自由水容量 *UZFWM*。因为上土层自由水要向下土层渗透并产生壤中流，故此参数不能从实测资料中直接估算，一般可取 15～30mm。它调节地面径流和壤中流的比例，*UZFWM* 与上土层土壤类型和分布特征有关。

（9）与最大下渗率有关的参数 *ZPERC*。*ZPERC* 与上下土层土壤类型有关，主要靠优选或借用自然地理条件相似流域的数值。

（10）渗透函数中的指数 *REXP*。方法与推求参数 *ZPERC* 相同，*REXP* 与上下土层土壤类型有关。

（11）从上土层向下土层渗透的水量中分配给自由水的比例系数 *PEREE*。*PEREE* 是一个变量，一般取 $PEREE=0.2\sim0.5$。主要取决于地下水的丰富程度。

（12）快速地下水容量 *LZFSM*。在退水流量中扣除慢速地下水后，用类似于 *LZFPM* 的推求方法，主要取决于地下水的丰富程度。

（13）快速地下水日出流系数 *LZSK*。在退水流量中扣除慢速地下水后，用类似于 *LZSK* 的推求方法，主要取决于地下水的丰富程度。

（14）慢速地下水容量 *LZFPM*。用最大慢速地下水流量 Q_G(mm/d) 除以 *LZPK*，即 $LZFPM=Q_G/LZPK$。*LZFPM* 与下土层土壤类型和分布特征有关。

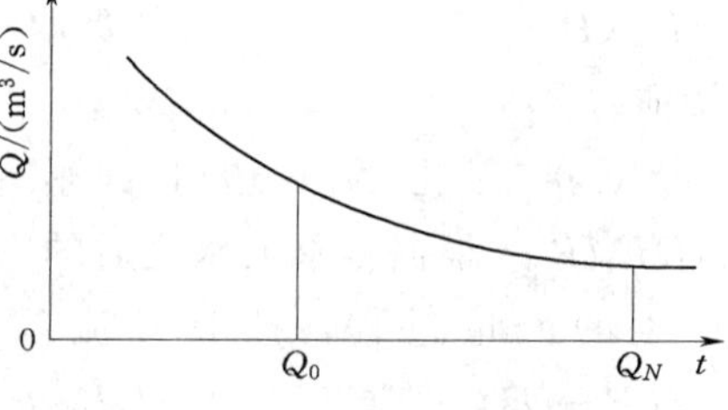

图 5.14　LZPK 分析计算示意图

（15）慢速地下水日出流系数 *LZPK*。如图 5.14 所示，选择枯季的退水流量后期，可认为是慢速地下水出流。

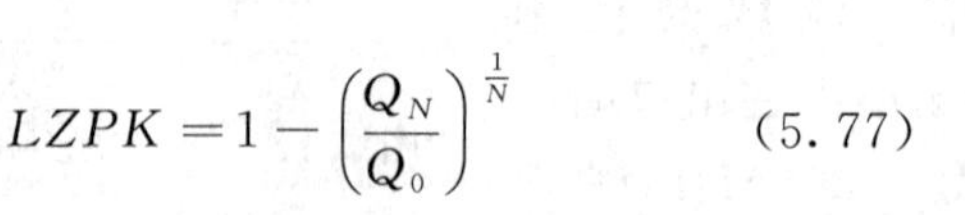

$$LZPK=1-\left(\frac{Q_N}{Q_0}\right)^{\frac{1}{N}} \tag{5.77}$$

式中　Q_0——计算时期的起始流量，m³/s；

　　Q_N——第 *N* 天的流量，m³/s。

LZPK 与下土层土壤类型和分布特征有关。

（16）不闭合的地下水出流 *SIDE*。一般取 $SIDE=0.0$。

（17）不闭合的地面水出流 *SSOUT*。一般取 $SSOUT=0.0$。

2. 参数敏感与独立性分析

萨克模型参数多，相互关系复杂，在应用实测流量过程线来分析参数时，会遇到较大的困难，因此，分析各参数所起的作用及相互关系十分重要。下面主要讨论模型中产流部分 *UZTWM*、*UZFWM*、*LZTWM*、*LZFPM*、*LZFSM*、*ZPERC*、*REXP*、*UZK*、*LZPK*、*LZSK*、*PFREE*、*RSERV* 12 个参数，其余次要参数及汇流参数不加讨论。

用渗透性特别大的流域资料对有关下渗参数 *UZFWM*、*ZPERC*、*REXP*、*PFREE* 进行了试验。对 *UZFWM* 的试验表明：加大 *UZFWM*，就要减少 *UZFWC*/*UZFWM*，使 *RG* 减小，*RI* 增加，*RS* 减小。因此 *UZFWM* 对水源划分产生明显影响，对计算精度也有一定的影响，它是一个敏感性参数。对 *ZPERC* 的试验表明：*ZPERC* 只对 *RI*/*RG* 有一定的影响，它是一个相对不敏感参数。对 *REXP* 的试验表明：加大 *REXP*，就会减少下渗，*RG* 减小，*RI*、*RS* 增加，它是一个敏感参数。对 *PFREE* 的试验表明：*PFREE* 在一般范围内相对不敏感，对水源划分的影响也不大，当 *PFREE* 增加时，*R*、*RG* 要增加。

用渗透性中等的流域资料对有关蒸散发参数 *UZTWM*、*LZTWM*、*RSERV*、*UZK* 进行了试验。试验表明：有关蒸散发的 4 个参数除 *UZK* 对 *RS*/*RI* 有一定的影响外，其余参数对计算精度影响不大，是相对不敏感参数。

模型中作用最大的值是稳定下渗率 *PBASE*，它对下渗水量起着最大的作用，也对地下径流（快速地下水和慢速地下水）的多少起着重要作用。*PBASE* 决定于 *LZFPM*、*LZFSM*、*LZPK*、*LZSK* 4 个参数，牵连很多，相互不独立。用渗透性中等的江西省南溪流域资料对上述参数的试验表明：4 个参数可以在很大范围内变化而不影响精度，也就是说，它们不敏感，参数的解很不确定。主要原因是 *PBASE* 与 *UZFWM* 不变，*RG* 就基本不变；*LZFPM*·*LZPK* 与 *LZFSM*·*LZSK* 都不变，表示快速地下水和慢速地下水的比也基本不变；*UZFWM* 与 *UZK* 不变，*RS* 与 *RI* 也基本不变[11]。

3. 参数调试

(1) 用人机交互优选，对比实测与计算流量地程线，比较其差别，调整参数，使得大体上不存在系统误差。

(2) 固定 *PBASE*，微调 *UZFWM*、*LZPK*、*LZFSM*、*LZSK* 4 个参数，以确定快速自由水、慢速自由水之间的关系。微调可以确定性系数 *DC* 为目标函数，重点在退水部分。

(3) 微调 *UZFWM*，以调整地面径流、壤中流和地下径流之间的关系。

(4) 必要时再对其余参数作微调。

(5) 在确定上土层自由水、快速自由水、慢速自由水蓄量初始值时，应注意所给初始值经单位换算后应与起始实测流量相等。

5.2.2.4 模型评述

萨克模型的结构可以简单地归纳为：①蓄满与超渗产流兼有，流域分单元和总径流分水源；②模型参数虽有物理意义，但参数多，难于优选；产流计算复杂，汇流计算相对简单甚至可以根据需要自行配置；③模型中设有超渗产流机制，可以根据不同的自然地理条件，采用不同的参数组合，描述不同的产流机制，在湿润与半湿润地区以蓄满产流为主，在干旱与半干旱地区以超渗产流为主，其适应范围广；④模型参数的独立性差，最优解很不唯一，参数的自动优选问题很难解决。

5.2.2.5　计算实例

已知某流域集水面积为 $100km^2$，永久不透水面积 $PCTIM$ 占全流域的比例为0.02，可变不透水面积 $ADIMP$ 占全流域的比例为0.03，上土层自由水蓄量 $UZFWC=10.0mm$，壤中流日出流系数 $UZK=0.6$，快速地下水蓄量 $LZFSC=8.0mm$，快速地下水日出流系数 $LZSK=0.3$，慢速地下水蓄量 $LZFPC=6.0mm$，慢速地下水日出流系数 $LZPK=0.4$。试计算 $\Delta t=3h$ 时的壤中流，快速地下水和慢速地下水出流（径流量）。

解：(1) 透水面积占全流域的比例

$$PAREA=(1-PCTIM-ADIMP)=1.0-0.03-0.02=0.95$$

(2) 3h壤中流出流

$$RI_{3h}=UZFWC[1-(1-UZK)^{\frac{\Delta t}{24}}]PAREA=10.0\times[1-(1-0.6)^{\frac{3}{24}}]\times0.95=1.06(mm)$$

(3) 3h快速地下水流出流

$$RG_{S3h}=LZFSC[1-(1-LZSK)^{\frac{\Delta t}{24}}]PAREA=8.0\times[1-(1-0.3)^{\frac{3}{24}}]\times0.95=0.334(mm)$$

(4) 3h慢速地下水流出流

$$RG_{P3h}=LZFPC[1-(1-LZPK)^{\frac{\Delta t}{24}}]PAREA=6.0\times[1-(1-0.4)^{\frac{3}{24}}]\times0.95=0.353(mm)$$

5.2.3　水箱模型

TANK模型是由日本国立防灾中心的菅原正已（Sugawara）博士开发研制，首先在1961年提出单列的简单水箱模型，以后不断改进、发展，由湿润地区扩展到干旱地区，并在模型中增加了融雪径流结构，成为一个多列的复杂水箱模型[16]。

5.2.3.1　模型基本概念

水箱模型以水箱作为蓄水容器，将降雨径流过程模拟为若干个水箱的调蓄作用，如图5.15所示。

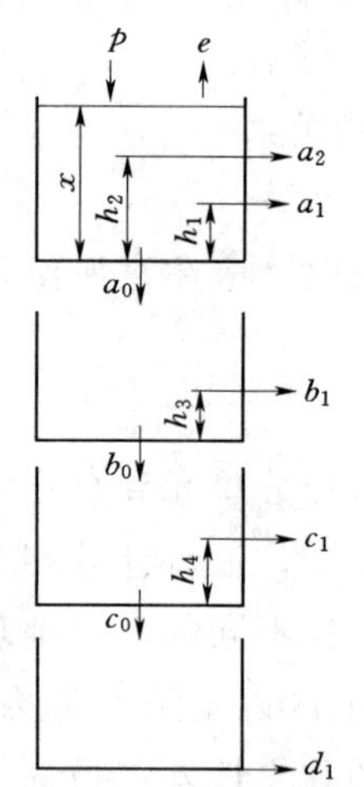

图5.15　水箱模型示意图

图5.15为一串联式的四层垂直水箱结构，每一层水箱旁侧设有出流孔，底部设有下渗孔，最下层水箱仅有出流孔而无下渗孔。

若在 t 时刻有降雨 P 进入顶层水箱，加上该层水箱原有的蓄量 x，如果 $p-e+x>h_1$，则第一孔有出流；如果 $p-e+x>h_2$，则两个孔都有出流；同时另一部分水量则通过下渗孔进入第二层水箱。上层水箱的下渗即为下层水箱的入流，根据该层水箱的蓄量与出流孔的高度，判断其是否出流，依次类推，直至最后一层水箱。

各层水箱蓄量与出流的关系假定为线性的，与下渗的关系也假定为线性的。也就是所有的蓄泄关系都是用线性水库来模拟。上层水箱设有一个以上的出流孔，相当于有几个不同库容的线性水库，其和是非线性关系，用以模拟地面径流的非线性蓄泄关系。

5.2.3.2 单一水箱出流与下渗量计算

最简单的单一水箱图如图 5.16 所示。

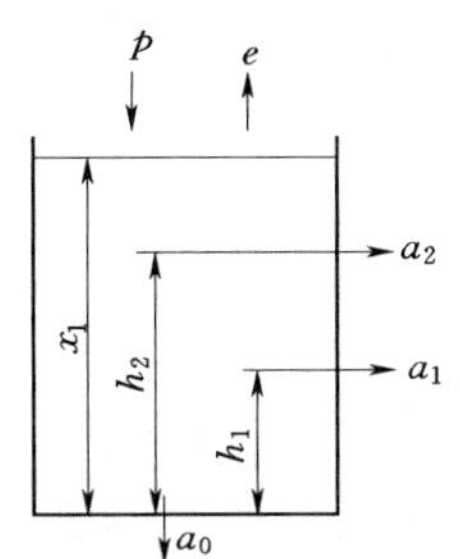

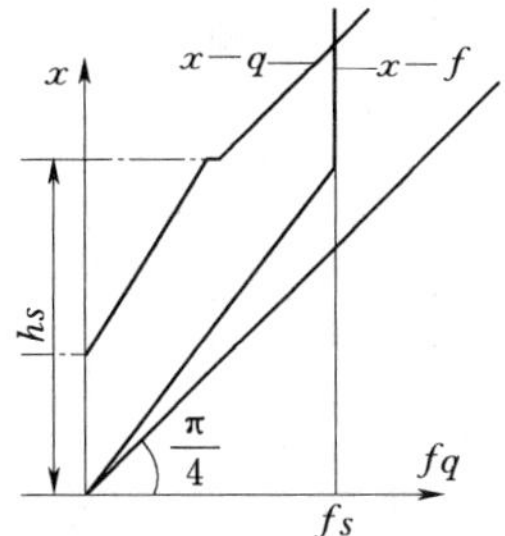

图 5.16 单一水箱蓄量、出流量和下渗量关系图

图中 x_1 为时段初的蓄水量，q_1 为时段出流量，f_1 为时段下渗量，a_0 为下渗系数，a_1、a_2 为出流系数，h_1、h_2 为出流孔高度，hs 为土壤达饱和时的水深，fs 为土壤达饱和时的下渗量。

出流量为

$$q_1=\begin{cases}0 & (x_1\leqslant h_1)\\(x_1-h_1)a_1 & (h_1<x_1\leqslant h_2)\\(x_1-h_1)a_1+(x_1-h_2)a_2 & (x_1>h_2)\end{cases} \tag{5.78}$$

下渗量为

$$f_1=\begin{cases}x_1a_0 & (x_1\leqslant hs)\\fs & (x_1>hs)\end{cases} \tag{5.79}$$

设时段末的蓄水量为 x_2，时段降水量为 p，时段蒸发量为 e，则

$$x_2=x_1+p-e-q_1-f_1 \tag{5.80}$$

x_2 即为下一时段初蓄水量，重复上述计算过程，即可逐时段算出径流及过程。从图 5.15 中可见，当水箱的出流孔有两个以上时，则径流与蓄量的关系不是线性的，随着蓄量的增加径流将加速增大。因此，增加出流孔数可以模拟 $x-q$ 之间的非线性。

5.2.3.3 湿润地区水箱模型

1. 模型结构

湿润地区因为气候温和，常年有雨，地下水丰富，故采用几个垂直串联的单列水箱来模拟降雨径流过程，如图 5.15 所示。

在湿润地区水箱结构中，顶层水箱的出流模拟地面径流，第二层水箱的出流模拟壤中流，第三、第四层水箱的出流分别模拟浅层和深层地下径流。将每层水箱的出流过程线性叠加，即为流域总的径流过程。为了考虑河槽的调蓄作用，可以再并联一个水箱，将上面计算的总的径流过程再进行一次线性水库的调蓄。

2. 土壤水分结构[17]

在湿润地区或非湿润地区的干旱季节，由于土壤的干旱或湿润程度对产流计算影响影响很大，所以，必须考虑土壤水分对产流的影响，在水箱模型中考虑这一问题的结构是在

顶层水箱内设置土壤水结构，如图5.17所示。

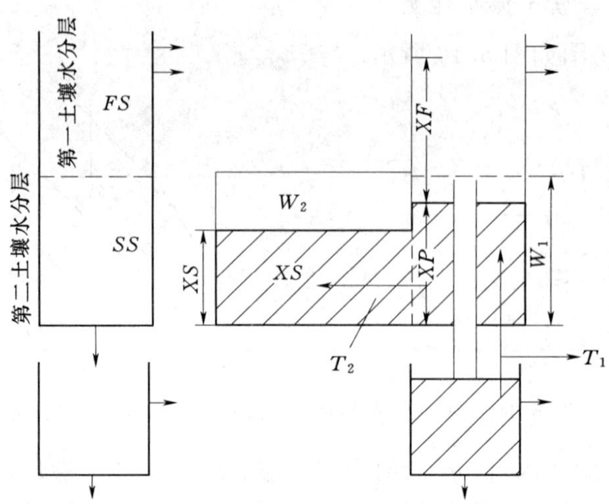

图5.17　土壤水分结构图

当有降雨时，降雨首先补充容易渗透的土壤空隙，然后向不易渗透的土壤空隙移动。故将土壤中的水分分为第一土壤水分层和第二土壤水分层。有效降雨首先渗透到第一土壤水分层，当第一土壤水分层饱和以后，剩余部分成为上层水箱的自由水，出流和下渗均由自由水提供。第一土壤水分层中的水分逐渐向第二土壤水分层渗透。

设第一土壤水分层、第二土壤水分层的饱和容量分别为 W_1 和 W_2。第一土壤水分层的蓄水量 XP 和自由水蓄量 XF 组成上层水箱总的蓄水量 XA。若 $XA > W_1$，则 $XF = XA - W_1$，$XP = W_1$；若 $XA \leqslant W_1$，$XF = 0$，$XP = XA$。当第一土壤水分层不饱和时，如果下层水箱中有足够的自由水，则由下层水箱的自由水补充，补充量为

$$T_1 = K_1(1 - XP/W_1) \tag{5.81}$$

式中　K_1——常数。

当 $XP = 0$，$T_1 = K_1$，为最大；当 $XP = W_1$，$T_1 = 0$，为最小。经验采用 $W_1 = 30 \sim 50\text{mm}$，$K_1 = 2 \sim 5\text{d}$。

第一土壤水分层和第二土壤水分层之间也可以进行水分交换，设第二土壤水分层的蓄水量为 XS，其交换量为

$$T_2 = K_2(XP/W_1 - XS/W_2) \tag{5.82}$$

式中　K_2——常数。

若 T_2 为正值，则水分从第一土壤水分层补充给第二土壤水分层；若 T_2 为负，则反之。XP/W_1，XS/W_2 具有相对湿度的物理意义，表明水分总是由湿润部分向干燥部分输送。土壤水分结构是由第一土壤水分层和第二土壤水分层的饱和容量 W_1、W_2 以及系数 K_1、K_2 所决定。经验上采用 $W_2 = 150 \sim 250\text{mm}$，$K_2 = 10 \sim 20\text{d}$。

3. 模型计算

（1）蒸散发计算。水箱模型对蒸散发计算没有固定的模式，一般都是采用经验法。若降雨量小于蒸散发，从剩余蓄水量中扣除，不够时从下渗量中扣除，再不够时，从下一层

水箱的蓄水量中扣除。无雨时，先蒸发上层，再蒸发下层，直至蒸发完。

(2) 土壤水分计算。第二层水箱自由水由于毛管作用补充第一土壤水分层 T_1 的计算；第一土壤水分层和第二土壤水分层之间水分交换 T_2 的计算。

(3) 产流与下渗量计算。有效降雨首先进入顶层水箱中，当 $p-e$ 超过出流孔高时，右侧孔开始出流，下渗与降雨同时发生，并由底孔渗出。上一层的下渗即为下一层的入流。出流与下渗按单一水箱出流与下渗量计算介绍的方法及有关公式计算。

5.2.3.4 干旱地区水箱模型

在非湿润地区或湿润地区的干旱季节，流域内各处的土壤含水量分布是不均匀，一般来说，流域边缘山区的植被较差，土壤相对比较干燥；而在河流沿岸及平原地区的植被较好，土壤相对比较湿润；湿润地区先产生径流，而干燥地区后产生径流，产流有先有后；产流面积先从河槽部分开始，然后随着降雨的继续，沿河槽逐步向上发展。所以，在非湿润地区或湿润地区的干旱季节必须考虑产流面积的变化以及土壤水分对蒸散发的影响。

1. 流域分带

根据上述的概念，主要是为了考虑产流面积的变化，将流域沿河槽逐级划分为 m 带，并求出每一带的面积 S_1、S_2、S_3、…、S_m，如图 5.18 所示。

2. 模型结构

每一带设置垂向的 n 个串联水箱，构成 $m \times n$ 个复杂水箱（其中 n 表示垂向串联水箱数，m 表示分带数），如图 5.19 所示。

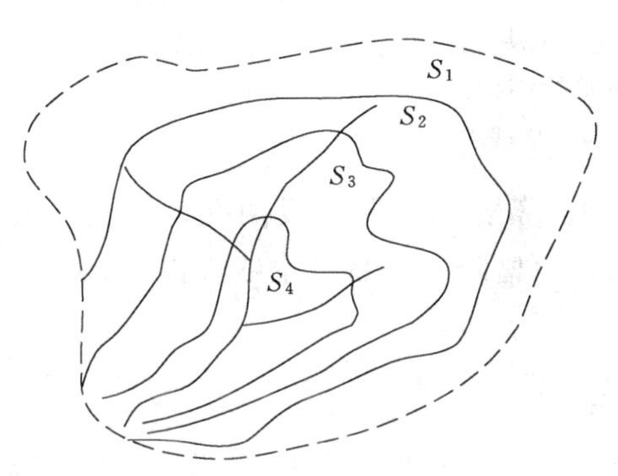

图 5.18 流域分带示意图

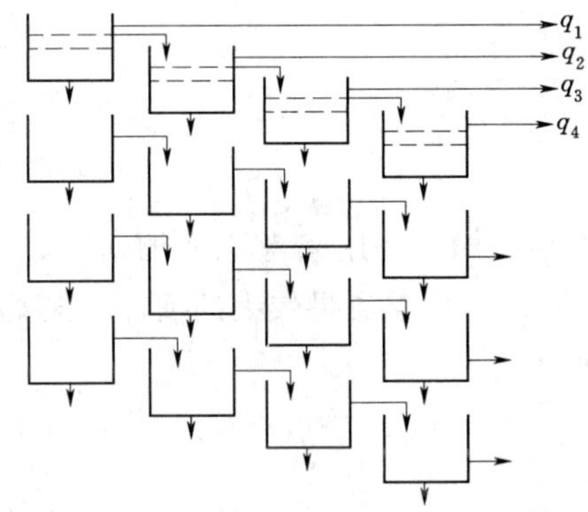

图 5.19 复杂水箱模型示意图

每一列的顶层水箱设有土壤水分结构，且每带同层水箱的结构相同；各水箱中的自由水沿水平和垂直两个方向运动，同带各层水箱水分向上和向下运动，同时下层也有毛管水向上层交换，在水分交换中，异带同级水箱则由上逐次向下一带流出。

上层水箱侧向流动又分为两种类型，一种是由各带直接作为出流进入河槽；另一种是向下一带各级水箱逐带下泄，最终进入河槽。

3. 模型计算

计算从最高带的上层水箱开始。

(1) 蒸散发量计算。

(2) 第二层水箱自由水由于毛管作用补充第一土壤水分层 T_1 的计算和第一土壤水分

层和第二土壤水分层之间水分交换 T_2 的计算。

(3) 产流量及下渗量计算。

(4) 上层水箱的下渗量作为下层水箱的输入，以此类推，可计算出第二、三、…、n 层水箱的出流和下渗；

(5) 按上述步骤，以同样的方法计算出第二、三、…、m 带的出流与下渗。与第一带有所不同于的是输入部分增加了由上一带同层水箱的出流，该出流要乘以面积比例系数。为了解决这一问题，模型研制者假定各带面积比值呈等比级数，即

$$S_1 : S_2 : S_3 : \cdots : S_m = r^m : r^{m-1} : \cdots : r^2 : r : 1$$

式中 r ——常数，一般取2～3。

5.2.3.5 河道汇流模型

模型中设立一级水箱结构来解决河槽汇流。按河槽的特性分为 A、B 两种类型，如图5.20所示。

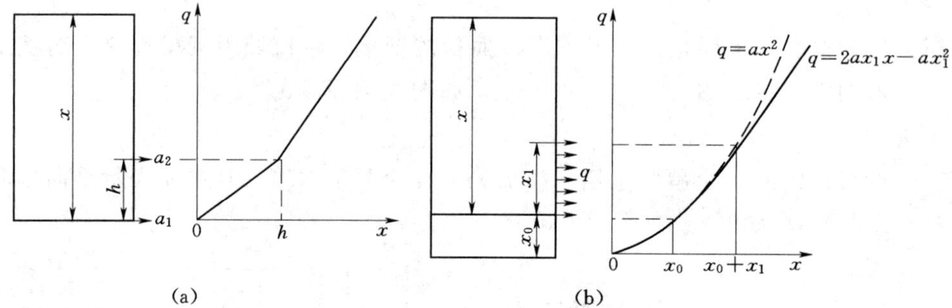

图5.20 河道汇流水箱结构图

(a) A 型结构图；(b) B 型结构图

A 型结构主要用来考虑河槽对大、小洪水的调蓄作用，侧向设两孔，下孔与底面平高，一般用于枯季流量较大的河流，忽略蒸散发及河槽降水，是一个线性滞后系统，其滞后时间为

$$t_c = \begin{cases} \dfrac{1}{a_1} & (x < h) \\ \dfrac{1}{a_1 + a_2} & (x \geqslant h) \end{cases} \tag{5.83}$$

式中 t_c ——滞后时间，h。

B 型结构一般适用于各级洪水变形、变化较大，河槽具有岸边调节及损失水量的情况。当蓄量 x 较大时，若还采用 $q = ax^2$，则 q 的增长速度比 x 大得多，这意味着出流大于蓄量，显然是不合理的。所以当 $x \geqslant x_1$ 时，以切线 $q = 2ax_1x - ax_1^2$ 近似代替抛物线 $q = ax^2$，即

$$q = \begin{cases} ax^2 & (x_0 \leqslant x \leqslant x_1) \\ 2ax_1x - ax_1^2 & (x > x_1) \end{cases} \tag{5.84}$$

一般 $2ax_1 = 0.8$。

5.2.3.6 模型参数

水箱模型结构简单，弹性好，但由于其参数的物理意义不是很明确，所以模型应用中的主要困难是参数的率定。如第一层水箱的输入为降雨，输出为地表径流和下渗，由于没有下渗的观测资料，就无法用客观的数学方法来描述；进入第二层水箱，可能连其输入都难于确定。参数率定主要通过试错法进行，这就要求使用者从实践中积累经验，了解不同参数变化对径流过程的影响。下面简述一些基本的优选方法。

1. 单一水箱模型参数

(1) 出流和下渗系数。因为水箱模型假定出流和下渗均与蓄量呈线性关系，即有 $q=ax$，当流量过程的退水段无入流时 $-q=\frac{\mathrm{d}x}{\mathrm{d}t}$，据此可求得退水方程为

$$q=q_0\mathrm{e}^{-at} \tag{5.85}$$

式中 q——总的流量，$\mathrm{m^3/s}$；

q_0——起始流量，$\mathrm{m^3/s}$；

a——出流和下渗系数总和。

按式 (5.73) 可以初定地面径流和壤中流的终止点，并据此求出地面径流、壤中流和地下径流过程，如图 5.21 所示。

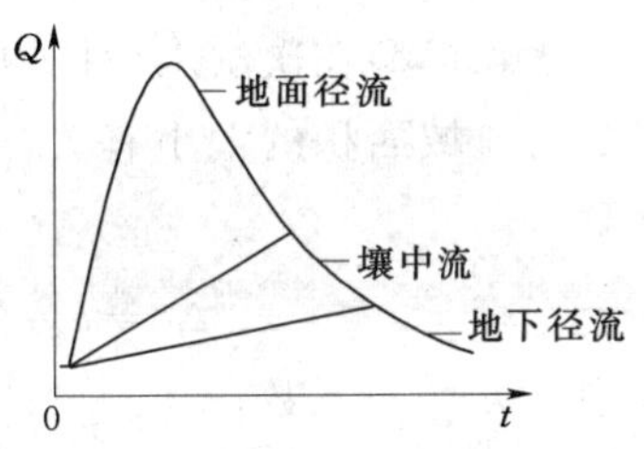

图 5.21 地面径流、壤中流和地下径流划分图

根据各种水源的径流过程，可求出 a 值。用上述方法求出的 a 值为某层水箱出流系数和下渗系数总和，须通过试算才能确定 a_0、a_1、a_2 的值。一般上层出流孔系数大于下层出流孔系数，同一层也是上出流孔系数大于下出流孔系数，各层出流孔系数之和应小于 1.0。

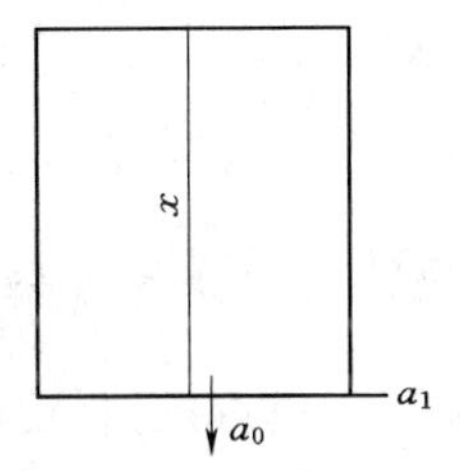

图 5.22 单一水箱结构图

下面进一步讨论出流系数和下渗系数的调试方法。为简单起见，讨论单一水箱如图 5.22 所示，将出流孔设置在水箱底面而且不考虑土壤水分结构。

a_0+a_1 决定了线性作用的半衰减期。当 a_0+a_1 增大时，输出衰减加快，峰形尖陡；当 a_0+a_1 减小时，输出平缓，峰形矮胖。也就是说，a_0+a_1 决定了输出过程的形状，如图 5.23 所示。

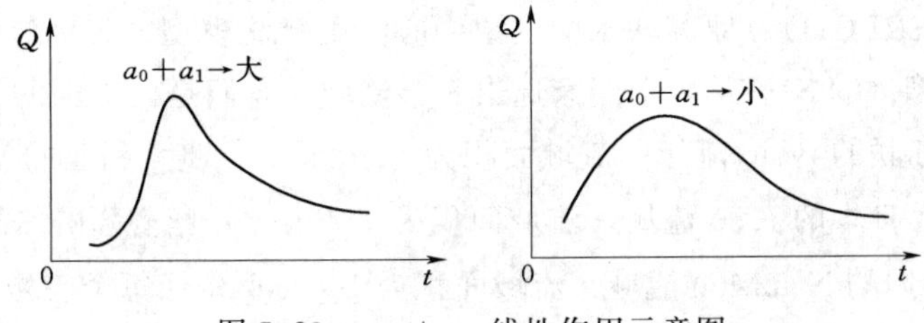

图 5.23 a_0+a_1 线性作用示意图

a_0/a_1 表示下渗与出流之比。若 a_1 大，则出流量大，下渗量小；反之，若 a_0 大，则下渗大，出流量小。因此，a_0/a_1 决定了出流量的大小。

率定参数时，可用径流总量和流量过程作为目标函数，即用模拟的径流总量和流量过程与实测的径流总量和流量过程进行比较。若径流总量误差满足要求，而流量过程线形状拟合不好，可调试 a_0+a_1；若径流总量误差大，可调试 a_0/a_1 的比值。

(2) 出流孔高度。第一层水箱孔高 h_1 值，国内学者经一些流域分析后认为其值大体相当于流域的初损值。在 h_1 和 a_1 参数初步确定后进行试算，并将计算与实测的流量过程进行比较，若计算与实测流量过程涨洪段拟合较好，而洪峰和退水段计算比实测值偏低，如图 5.24 所示，可考虑以偏小的那部分量增加一个出流孔，孔高为 h_2，再进行试算，必要时可考虑开设第三孔。

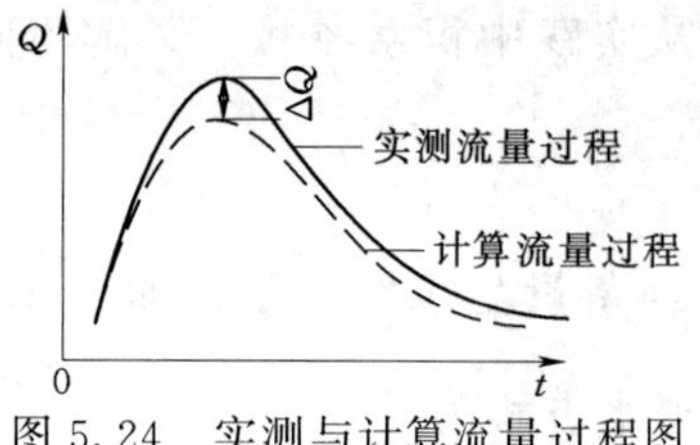

图 5.24　实测与计算流量过程图

2. 串联水箱模型参数

单一水箱参数调试的原理和方法原则上适用于每一层水箱。对于串联水箱，为了便于参数调整和实测与模拟流量过程的对照，可分别绘出各自的流量过程，如图 5.25 所示。对比模拟过程，调整各层水箱的参数。

水箱模型在次洪水模拟中，认为计算时段长 Δt 主要与流域面积的大小有关，采用下面的公式近似计算：

$$\Delta t = k\sqrt{A} \tag{5.86}$$

式中　k——系数；

A——流域面积，km^2，若 $A=500km^2$，则 Δt 约取 1h，$k=0.045$。

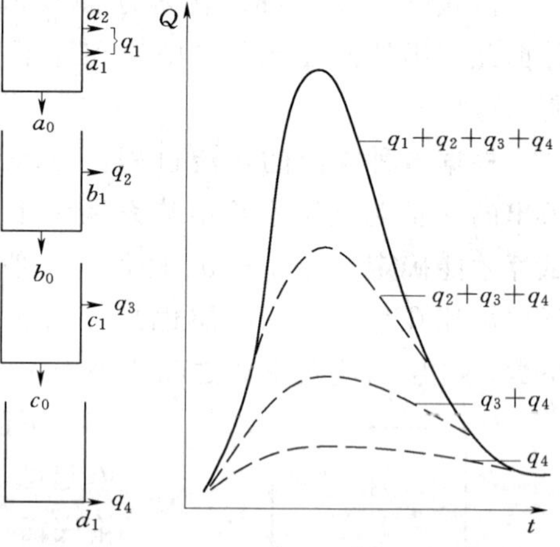

图 5.25　各层水箱相应的流量过程线图

5.2.3.7　模型评述

1974 年世界气象组织（WMO）曾对当时有代表性的流域水文模型进行过一次验证对比。从 7 个国家选择了 10 个模型，它们是：澳大利亚气象局模型（CBM）、法国海外科技研究办公室的模型（Girardi）、日本国家防灾研究中心的水箱Ⅰ、Ⅱ型模型（Tank－Ⅰ、Tank－Ⅱ）、罗马尼亚气象和水文所的洪水预报模型、美国陆军工程兵团的径流综合和水库调节模型（SSARR）、美国国家天气局的水文模型（NWSH）、美国国家天气局河流预报中心的萨克拉门托水文模型（SRFCH）、原苏联水文气象中心降雨径流模型（HMC）、意大利帕维亚大学的约束性系统模型（CLS）。从 6 个国家选出 6 个流域，它们是：美国的 Bird 流域，流域面积为 $2344km^2$；原苏联的 Bikin 流域，流域面积为 $12100km^2$；澳大利亚的 Wollombi 流域，流域面积为 $1580km^2$；日本的 Kizu 流域，流域面积为 $1445km^2$；喀麦隆的 Sanaga 流域，流域面积为 $131500km^2$；泰国的 NamMun 流域，流域面积为 $104000km^2$。每个流域提供 8 年资料，其中 6 年资料提供给模型研制者用于率定模型参数，其余 2 年资料保留在 WMO，由 WMO 组织专家对模型进行检验。最后的结论是：①在湿润地区，各种模型都能用；②模型结构中包括土湿计算方案的，对旱季的模拟有利；③资料条件不好时，有土湿计算的模型还不如有直接土湿计算的模型为好，如水箱模型；④结构不定的模型如水箱模型，适应性较好，能用于各种气候与地理条件；⑤并不根据这些检验对比结果，肯定推荐使用某一种模型。

串联水箱模型（Tank－Ⅰ）和并联水箱模型（Tank－Ⅱ）参加了这次活动。通过这次活动进一步推动了它的发展，模型已由湿润地区扩展到干旱地区，并在模型中增加了融雪径流结构。模型在美国、澳大利亚、喀麦隆和东南亚一带应用，在国内也有应用。其主要特点是：①以水箱作为蓄水容器，将降雨径流过程模拟为若干水箱的调蓄作用；②模型结构简单，而且不定，水箱个数和孔数等均可以改变，参数值也不受物理概念的约束，所以适应性好，在湿润地区易于取得成功；③模型的物理概念不是直接的，没有明确的土壤含水量的概念，参数多且没有一个客观的数学方法来描述，主要依靠试错法来确定参数；④由于线性水库的出流没有洪峰滞时，所以计算的出流过程需要作一定时间的滞后才能与实测出流过程相符，这就相当于河网汇流。

5.2.3.8 计算实例

如图 5.26 所示，试计算各层水箱的时段蓄量、出流量和下渗量，蒸散发忽略不计，并计算 10 个时段。图中 $x_1=10\text{mm}$，$h_1=15\text{mm}$，$a_0=0.1$，$a_1=0.2$，$a_2=0.2$，$x_2=5\text{mm}$，$h_2=6\text{mm}$，$b_0=0.2$，$b_1=0.3$。

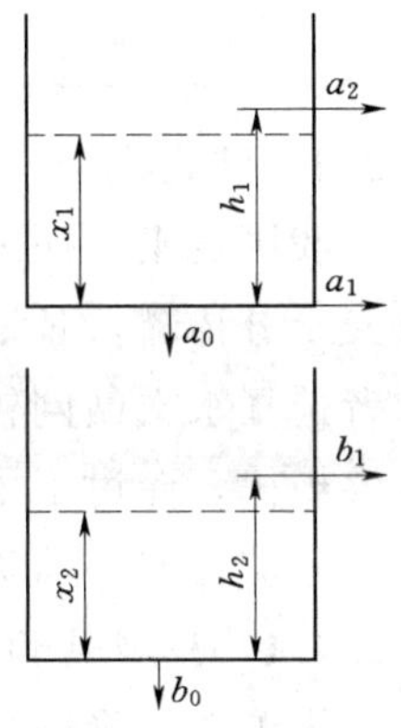

图 5.26 垂直串联水箱计算实例图

解：(1) 第一层水箱。

1) 第一时段降雨 $p_1=0\text{mm}$，蓄量 $p_1+x_1=0+10.0=10.0\text{mm}$，出流孔一的出流量 $q_1=(p_1+x_1)a_1=(0+10.0)\times0.2=2.0\text{mm}$，因为 $(p_1+x_1)<h$，所以出流孔二出流量 $q_2=0.0\text{mm}$，下渗量 $f=(p_1+x_1)a_0=(0+10.0)\times0.1=1.0\text{mm}$，剩余蓄量 $x'=p_1+x_1-q_1-q_2-f=10.0-2.0-0.0-1.0=7.0$。

2) 第二时段降雨 $p_2=10.0\text{mm}$，蓄量 $p_2+x'=10.0+7.0=17.0\text{mm}$，出流孔一的出流量 $q_1=(p_2+x')a_1=(10.0+7.0)\times0.2=3.4\text{mm}$，因为 $(p_2+x')>h_1$，所以出流孔二的出流量 $q_2=(p_2+x'-h_1)a_2=2.0\times0.2=0.4\text{mm}$，下渗量 $f=(p_2+x')a_0=17.0\times0.1=1.7\text{mm}$，剩余蓄量 $x''=p_2+x'-q_1-q_2-f=10.0+7.0-3.4-0.4-1.7=11.5$。用相同的方法，可分别计算出第一层水箱其他时段的蓄量、出流量和下渗量，计算结果见表 5.10。

表 5.10　　第一层水箱时段蓄量、出流量和下渗量计算结果表　　单位：mm

时序	降雨 p	蓄量 x	出流 q_1	出流 q_2	下渗 f	出流 q＋下渗 f	剩余蓄量 x'
1	0.0	10.00	2.00	0.00	1.00	3.00	7.00
2	10.0	17.00	3.40	0.40	1.70	5.50	11.50
3	12.0	23.50	4.70	1.70	2.35	8.75	14.75
4	5.0	19.75	3.95	0.95	1.98	6.88	12.87
5	0.0	12.87	2.58	0.00	1.29	3.87	9.00
6	0.0	9.00	1.80	0.00	0.90	2.70	6.30
7	0.0	6.30	1.26	0.0	0.63	1.89	4.41
8	0.0	4.41	0.88	0.00	0.44	1.32	3.09
9	0.0	3.09	0.62	0.00	0.31	0.93	2.16
10	0.0	2.16	0.43	0.00	0.22	0.65	1.51

(2) 第二层水箱。第一层水箱的下渗即为第二层水箱的入流，计算方法与第一层水箱完全相同，计算结果见表5.11。

表5.11　　第二层水箱时段蓄量、出流量和下渗量计算结果表　　单位：mm

时序	入流 i	蓄量 x	出流 q_1	下渗 f	出流 q_1+下渗 f	剩余蓄量 x'
1	1.00	6.00	0.00	1.20	1.20	4.80
2	1.70	6.50	0.15	1.30	1.45	5.05
3	2.35	7.40	0.42	1.48	1.90	5.50
4	1.98	7.48	0.44	1.50	1.94	5.54
5	1.29	6.83	0.25	1.37	1.62	5.21
6	0.90	6.11	0.03	1.22	1.25	4.86
7	0.63	5.49	0.00	1.10	1.10	4.39
8	0.44	4.83	0.00	0.97	0.97	3.86
9	0.31	4.17	0.00	0.83	0.83	3.34
10	0.22	3.56	0.00	0.71	0.71	2.85

5.2.4 陕北模型

我国黄土高原地区，自然地理条件复杂，暴雨时空分布极不均匀，雨量及水文站网密度又十分稀疏，长期以来给该地区暴雨洪水计算带来很多的困难。河海大学赵人俊教授等学者选择水文站网较密、资料观测精度较高的陕北子洲径流试验站，分析了人工积水试验下渗规律，探讨了子洲径流实验站、团山沟径流实验站及流域的产流计算问题，提出陕北降雨径流模型（简称陕北模型）。陕北模型适用于干旱地区或者是以超渗产流为主的地区。

5.2.4.1 模型结构

为了考虑降雨分布的不均匀性和下垫面分布的不均匀性，尤其是地面下渗能力的不均匀性，将流域划分为若干块单元面积；在每块单元面积内又分为不透水面积 FB 和透水面积（$1-FB$）。在不透水面积上的降雨 i 扣除蒸散发 E，产生径流量 R_1；在透水面积上的降雨量 i 扣除蒸散发量 E 后，用霍尔顿（Horton）下渗公式和流域下渗能力分配曲线计算径流量 R_2；一次降雨产生的流域总的径流量 $R=R_1+R_2$。各单元面积的坡地汇流计算采用线性水库或滞后演算法。河道汇流计算采用马斯京根分段连续演算法。将各单元面积到达出口断面的流量过程线性叠加即为流域出口断面总的流量过程[6]。模型结构如图5.27所示。

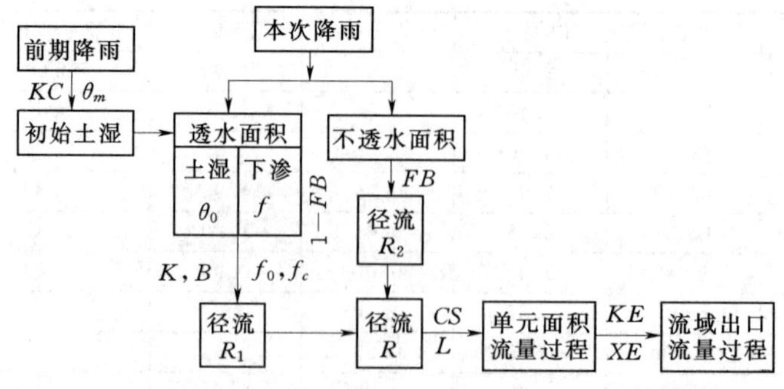

图5.27　陕北降雨径流模型流程框图

5.2.4.2 产流量计算

在干旱地区，由于雨量稀少，地下水埋藏较深，因此包气带一般较厚。例如在陕北黄土丘陵地区，由于雨量稀少，多年平均降雨量在500mm以下，地下水埋深较深，包气带厚度可达几十至上百米，其下部常为干土。一般性降雨很难使整个包气带达到田间持水量，也几乎没有重力水渗透到地下水面而产生地下径流。加之区内植被较差，土质贫瘠密实，下渗能力较小，雨强超过下渗能力的可能性很大，因此干旱地区的降雨产流方式以超渗产流为主。在本教材的有关章节对超渗产流的产流机制已有较为详细的介绍，在此不再赘述。

1. 经验的 $f-\theta$ 曲线

超渗产流的产流机制是：雨强超过地面下渗能力产生地面径流。因此，在进行产流量计算时，除水量平衡方程外，还需确定降雨过程中的实际地面下渗能力，以便与降雨强度进行比较，即

$$R_S=\begin{cases}0 & (i<f)\\ i-f & (i\geqslant f)\end{cases} \tag{5.87}$$

式中 R_S——计算时段内的地面径流量，mm；

i——降雨强度，mm/min；

f——地面下渗能力，mm/min。

由式（5.87）可知，只要确定了一场降雨过程中任一时刻的雨强 i 与地面下渗能力，就能计算出这场降雨的地面径流量 R_S。雨强 i 是实测的，关键的问题是如何求得任一时刻的地面下渗能力。

影响下渗能力的因素很多，由下渗理论可知，任一时刻的下渗能力取决于该时刻的土壤含水量 θ 及其垂向分布。因此，要准确地求出任一时刻的下渗能力不是一件容易的事情。若假设下渗能力只与土壤含水量有关，而与土壤含水量垂向分布无关，换言之，认为深层土壤含水量对下渗能力的影响不大，只考虑浅层土壤含水量。令影响下渗能力的浅层土壤含水量为 θ，则

$$f=f(\theta) \tag{5.88}$$

而降雨期间的下渗水量，可以看作土壤含水量 θ 的增量，即

$$\mathrm{d}\theta=\begin{cases}i\,\mathrm{d}t & (i<f)\\ f(\theta)\,\mathrm{d}t & (i\geqslant f)\end{cases} \tag{5.89}$$

因此，只要有了流域的 $f-\theta$ 曲线和初始土壤含水量 θ_0，就可以根据降雨过程推求出超渗产流过程。据式（5.88）、式（5.89）推求出的 $f-t$ 和 $f-\theta$ 曲线如图5.28所示。$f-t$ 和 $f-\theta$ 曲线两种关系曲线可以互相转换，见表5.12。

表5.12　$f-t$ 曲线和 $f-\theta$ 曲线相互转换表[6]

$f-t$ 曲线转换为 $f-\theta$ 曲线					$f-\theta$ 曲线转换为 $f-t$ 曲线				
t/min	f/(mm/min)	$\overline{f}$/(mm/min)	$\Delta\theta$/mm	θ/mm	θ/mm	f/(mm/min)	$\overline{f}$/(mm/min)	Δt/min	t/min
0	3.6			0.0	0.0	2.60			0.0
5	1.6	2.6	13.0	13.0	10.0	1.70	2.15	4.7	4.7

续表

$f-t$ 曲线转换为 $f-\theta$ 曲线					$f-\theta$ 曲线转换为 $f-t$ 曲线				
t /min	f /(mm/min)	$\overline{f}$ /(mm/min)	$\Delta\theta$ /mm	θ /mm	θ /mm	f /(mm/min)	$\overline{f}$ /(mm/min)	Δt /min	t /min
10	1.2	1.4	7.0	20.0	20.0	1.14	1.42	7.0	11.7
20	0.88	1.02	10.2	30.2	30.0	0.77	0.96	10.4	22.1
30	0.67	0.78	7.8	38.0	40.0	0.51	0.64	15.6	37.7
40	0.53	0.60	6.0	44.0	50.0	0.40	0.46	21.7	59.4
50	0.44	0.48	4.8	48.8	60.0	0.40	0.40	25.0	84.4
60	0.40	0.42	4.2	53.0					
70	0.40	0.40	4.0						

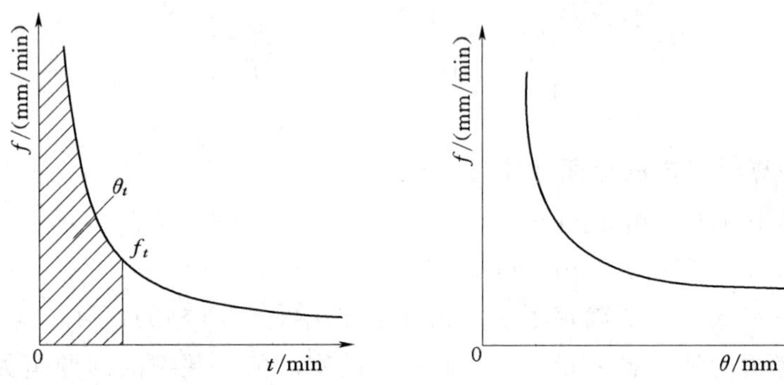

图 5.28 $f-t$ 和 $f-\theta$ 曲线图

应用 $f-\theta$ 曲线计算超渗地面径流量的步骤为：

(1) 根据降雨开始时的土壤含水量 θ_0 查 $f-\theta$ 曲线，得降雨开始时的地面下渗能力 f_0。

(2) 假设时段内下渗能力呈线性变化，然后用试算法求出第一时段末的下渗能力 f_1。

(3) 计算第一时段平均下渗能力 $\overline{f_1}=\dfrac{f_0+f_1}{2}$。

(4) 将第一时段平均雨强 $\overline{i_1}$ 与第一时段平均下渗能力 $\overline{f_1}$ 进行比较，若 $\overline{i_1}\leqslant\overline{f_1}$，则不产生地面径流，全部降雨量渗入土壤中，成为土壤含水量的增量；若 $\overline{i_1}>\overline{f_1}$，则产生超渗地面径流量为 $(\overline{i_1}-\overline{f_1})\Delta t$，下渗量为 $\overline{f_1}\Delta t$。

(5) 计算第一时段末的土壤含水量 $\theta=\theta_0+\overline{f_1}\Delta t-E_1$（$E_1$ 为第一时段内的蒸散发量）。

(6) 转入第二个时段计算，步骤同第 (1)～第 (5)。

用上述方法逐时段进行计算，就可求出一场降雨产生的超渗地面径流过程和土壤含水量的变化过程。

2. 下渗曲线方程

常见的有霍尔顿（Horton）和菲利普（Philip）下渗曲线方程。

霍尔顿（Horton）下渗曲线方程为

$$f=f_c+(f_0-f_c)e^{-Kt} \tag{5.90}$$

式中 f_0——初始下渗率，相当于土壤干燥时的下渗率，mm/min；

f_c——稳定下渗率，mm/min；

K ——随土质而变的系数，t^{-1}；

t ——时间，min 或 h；

其余符号意义同前。

菲利普（Philip）下渗曲线方程为

$$f=\frac{B}{\sqrt{t}}+A \tag{5.91}$$

式中　A、B ——随土质而变的系数；

其余符号意义同前。

采用下渗曲线方程则无需推求 f-θ 曲线的经验关系，而是将下渗曲线方程直接转换成 f-θ 曲线的形式后用实测资料进行验证。以误差最小原则对参数进行优选，直接推求出下渗曲线方程中的有关参数。

（1）菲利普下渗曲线方程 f-θ 曲线转换。

$$\theta=\int_0^t f\mathrm{d}t=\int_0^t\left(\frac{B}{\sqrt{t}}+A\right)\mathrm{d}t=2B\sqrt{t}+At \tag{5.92}$$

以 $t=\dfrac{B^2}{(f-A)^2}$ 代入式（5.81），得 $\theta=\dfrac{2B^2}{(f-A)}+\dfrac{AB^2}{(f-A)^2}$，则

$$f=B^2(1-\sqrt{1+A\theta/B^2})/\theta+A \tag{5.93}$$

式（5.93）即为菲利浦下渗曲线方程的 f-θ 曲线的函数形式，只要给出一组系数 A、B 值，便可直接求出 f-θ 的关系式，即可计算地面径流量。

（2）霍尔顿下渗曲线方程 f-θ 曲线转换。

$$\theta=\int_0^t f\mathrm{d}t=\int_0^t[f_c+(f_0-f_c)\mathrm{e}^{-Kt}]\mathrm{d}t=f_ct+\frac{1}{K}(1-\mathrm{e}^{-Kt})(f_0-f_c) \tag{5.94}$$

以 $\mathrm{e}^{-Kt}=\dfrac{f-f_c}{f_0-f_c}$ 代入式（5.94）得

$$f=f_0-K(\theta-f_ct) \tag{5.95}$$

联立求解式（5.94）、式（5.95）可得霍尔顿下渗曲线方程的 f-θ 关系。合解时要用迭代才能求出 f-θ 关系，其迭代步骤如下：

1）已知初始的土壤含水量 θ，以 $t_0=\theta/f_0$ 作为 t 的第一次近似值，代入式（5.94），求得第一次近似的土壤含水量 θ_1。

2）将 θ_1 与已知的 θ 作比较，$\Delta\theta=|\theta_1-\theta|$，如 $\Delta\theta$ 大于预先给定的允许误差 ε，则以 θ_1 代入式（5.95）算出 f 的第一次近似值 f'，然后计算出相应的 t 值，经过多次迭代，直至 $|\theta_1-\theta|\leqslant\varepsilon$ 时，既可得到所求的 f。

3）已知 $\mathrm{d}\theta=f\mathrm{d}t$，即 $\Delta t=\Delta\theta/f$，以计算的 $\Delta\theta$ 和 f 代入，求得 Δt。

4）令 $t_0=t_0+\Delta t$，转向 1），直到 $\Delta\theta\leqslant\varepsilon$ 为止。

上述迭代过程见本节模型应用实例。

实际应用表明，霍尔顿下渗曲线方程的拟合精度比菲利普下渗曲线方程的拟合精度好。菲利浦下渗曲线方程在 t 很小，f 变化范围很大时精度不大好。

3. 产流量计算

设任一时段的降雨强度为 i，蒸散发量为 E。

（1）不透水面积上产流量 R_1。

$$R_1=(i-E)FB \tag{5.96}$$

（2）透水面积上产流量 R_2。用前面介绍的霍尔顿下渗曲线方程或菲利普下渗曲线方程计算。

（3）流域总产流量 R。

$$R=R_1+R_2 \tag{5.97}$$

5.2.4.3　坡地汇流计算

单元面积坡地汇流采用线性水库和滞后演算相结合的方法，换言之，就是用水库调蓄和平移的方法对单元面积上的坡地汇流进行模拟。单元面积输入输出过程如图 5.29 所示，计算公式为

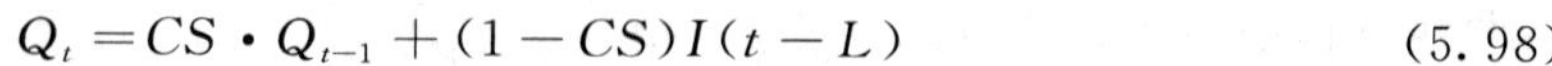

$$Q_t=CS\cdot Q_{t-1}+(1-CS)I(t-L) \tag{5.98}$$

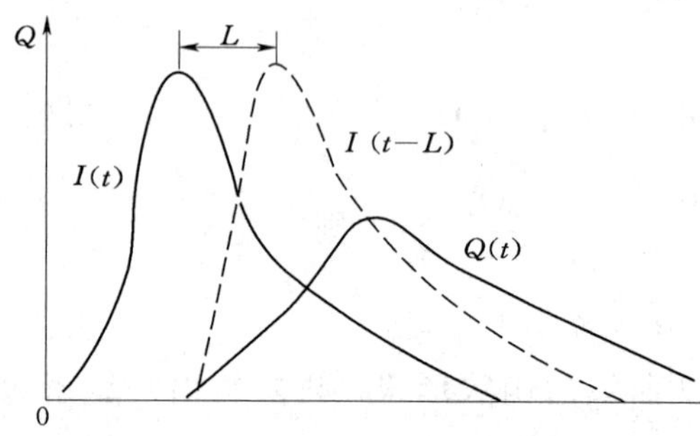

图 5.29　单元面积输入输出过程图

式中　Q、I——出流、入流过程，m^3/s；

CS——地面径流消退系数；

$(1-CS)$——地面径流出流系数；

L——滞时，时段数。

5.2.4.4　河道汇流计算

河道汇流计算采用马斯京根分段连续演算法。首先根据河道水力学特性确定整河段的演算和河段数；然后确定计算时段 Δt 和单一河段的演算参数 KE、XE，各单元面积的演算参数 KE、XE 取相同值，但各单元面积的河段数 n 不同。

5.2.4.5　模型参数

陕北模型产流结构中若采用霍尔顿下渗方程，有 KC、θ_m、FB、f_0、f_c、K、B、CS、L、KE、XE 共计 12 个参数，主要参数为 KC、θ_m、f_0、f_c、K、CS、L。

1. 蒸散发能力折算系数 KC

详细见 5.2.1.4 小节参数概念分析方法部分。由于干旱地区资料等方面的原因，在实际模拟计算中 KC 值往往变化很大，最后须经调试后确定，必要时可分月份优选。

2. 张力水蓄水容量 θ_m

与参数 KC 一起，主要用于计算初始土壤含水量 θ_0，$\theta_m=60\sim80$mm。

3. 最干旱时的下渗能力 f_0

一般天然流域无土壤含水量和下渗资料，可用水文分析法及下渗模型法分析，由实测资料验证。一般 $f_0=1.0\sim2.0$mm/min。

4. 稳定下渗率 f_c

可用水文分析法及下渗模型法分析，由实测资料验证。一般 $f_c=0.3\sim0.5$mm/min。

5. 霍尔顿下渗曲线方程系数 K

可用水文分析法及下渗模型法分析，由实测资料验证。$K=0.04\sim0.05$/min。

6. 地面径流消退系数 CS

详细见 5.2.1.4 小节参数概念分析方法部分。

7. 滞时 L

详细见5.2.1.4小节参数概念分析方法部分。

由于超渗产流对雨强十分敏感，所以在应用陕北模型时，计算时段 Δt 不能取得太长，一般 $\Delta t = 2 \sim 5\text{min}$。

除上述参数外，在产流计算时还需要确定本次洪水发生 t 时刻的土壤含水量 θ_t。θ_t 对产流计算有很大的影响，但目前尚不能准确地求得。根据陕北地区的具体情况，一般用日降雨资料按一层蒸散发计算模型推求；也可以通过单点土壤含水量消退规律分析，建立土壤含水量与时间的关系，用下式进行计算[18]

$$\theta_t = \theta_0 \mathrm{e}^{-\xi t} = \theta_0 \xi^t \tag{5.99}$$

式中 θ_t——t 时刻的土壤含水量，mm；

θ_0——初始时刻的土壤含水量，mm；

ξ——消退系数。

鉴于陕北地区暴雨历时短促，流域坡陡，洪水陡涨陡落的特点，在应用陕北模型时，计算时段 Δt 不能取得太长。

5.2.4.6 模型评述

陕北模型的特点是：①为了考虑降雨分布的不均匀性和下垫面分布的不均匀性，将流域划分为若干块单元面积；②在每块单元面积内又将其划分为不透水面积 FB 和透水面积 $(1-FB)$；③在不透水面积上降雨扣除蒸散发后产生径流量 R_1；④在透水面积上降雨量扣除蒸散发后，用霍尔顿（Horton）或菲利普（Philip）下渗公式计算径流量 R_2；⑤模型参数具有一定的物理意义；⑥模型适用干旱或半干旱地区。

5.2.4.7 模型应用[19,20]

1. 霍尔顿公式迭代求解 f

已知 $\theta = 45.0\text{mm}$，$f_0 = 2.22\text{mm/min}$，$f_c = 0.42\text{mm/min}$；$K = 0.0738$；$\varepsilon = 0.05$。

第一次迭代 $t_0 = \theta / f_0 = 45/2.22 = 20.27(\text{min})$

$$\begin{aligned}
\theta_1 &= f_c t + \frac{1}{K}(1 - \mathrm{e}^{-Kt})(f_0 - f_c) \\
&= 0.42 \times 20.27 + (1 - \mathrm{e}^{-0.0738 \times 20.27}) \times (2.22 - 0.42)/0.0738 \\
&= 27.44(\text{mm})
\end{aligned}$$

$$\Delta\theta = |\theta - \theta_1| = |45.0 - 27.44| > 0.05$$

$$\begin{aligned}
f' &= f_0 - K(\theta_1 - f_c t_0) \\
&= 2.22 - 0.0738 \times (27.44 - 0.42 \times 20.27) \\
&= 0.823(\text{mm/min})
\end{aligned}$$

$$\begin{aligned}
t_1 &= t_0 + |\theta_1 - \theta| / f' \\
&= 20.27 + |45.0 - 27.44| / 0.823 \\
&= 41.6(\text{min})
\end{aligned}$$

以同样的步骤可以进行第二次、第三……，直至满足要求，迭代结果见表5.13。

表 5.13 霍尔顿公式迭代求解成果表

迭代次数 n	时间 t/min	土湿 θ/mm	$\lvert\theta_i-\theta_{i-1}\rvert$/mm	下渗 f/(mm/min)
1	20.27	27.44	17.56	0.823
2	41.60	40.73	4.27	0.504
3	50.07	44.81	0.19	0.466
4	50.52	45.02	0.02	0.465

从表5.13中可见，仅进行了四次迭代允许误差就小于事先的给定值，说明迭代的收敛条件比较好。最后一次计算出的 $\theta=45.02$mm，$f=0.465$mm/min 即可用它与这个时段的雨强进行比较，计算出该时段的产流量。用团山沟（流域面积 0.18km^2）30次实测洪水资料验证，结果见表5.14。表中平均误差 $ER=\dfrac{\sum_1^n\lvert R_o-R_C\rvert}{n}$。

表 5.14 霍尔顿公式实测洪水验证结果表

序号	1	2	3	4	5	6	7	8	9
f_c	0.42	0.42	0.42	0.42	0.42	0.42	0.42	0.42	0.42
f_0	1.92	1.92	1.92	1.82	1.82	1.82	1.72	1.72	1.23
K	0.0518	0.0538	0.0558	0.0518	0.0538	0.0558	0.0518	0.0538	0.0558
ER	1.15	1.10	1.06	1.07	1.05	1.09	1.11	1.18	1.23

2. 菲利浦公式求解 f

根据式（5.93），假定若干组 A、B 值，即可求出 f-θ 关系。用上述30次实测洪水资料验证，结果见表5.15。

表 5.15 菲利浦公式实测洪水验证结果表

序号	1	2	3	4	5	6	7	8	9
A	0.10	0.10	0.10	0.05	0.05	0.05	0	0	0
B	2.9	3.2	3.5	2.9	3.2	3.5	2.9	3.2	3.5
ER	1.13	1.24	1.17	2.53	1.07	1.43	2.13	1.34	1.13

3. 霍尔顿和菲利浦公式参数

根据表5.14、表5.15中的平均误差 ER，选择平均误差最小者，优选得到霍尔顿和菲利浦公式各自的参数，见表5.16。用表5.16中的参数计算出的霍尔顿和菲利浦公式 f-t 关系见表5.17。

表 5.16 霍尔顿和菲利浦公式参数优选结果表

霍尔顿公式				菲利普公式		
f_c	f_0	K	ER	A	B	ER
0.42	1.82	0.0538	1.05	0.05	3.2	1.07

表 5.17　　霍尔顿和菲利浦公式的 $f-t$ 关系表

霍尔顿公式		菲利普公式	
时间 t/min	下渗 f/(mm/min)	时间 t/min	下渗 f/(mm/min)
0	1.82	1	3.25
5	1.49	5	1.48
10	1.24	10	1.06
20	0.90	20	0.77
30	0.70	30	0.63
40	0.58	40	0.56
50	0.51	50	0.50
60	0.46	60	0.46
70	0.42	70	0.43
80	0.42	80	0.41
90	0.42	90	0.39
100	0.42	100	0.37

4. 应用实例[21]

用陕北模型（采用霍尔顿下渗公式）对黄河水利委员会绥德水保站桥沟试验流域、1号实验小区和2号实验小区1988年的四次降雨径流过程进行模拟。

(1) 流域概况。桥沟试验流域位于无定河左岸的裴家卯流域内，建于1986年，次年开始在流域内进行天然降雨径流观测，积累了一些宝贵的资料。桥沟试验流域面积为0.46km^2，主沟长1400m，流域平均宽度为328.6m，不对称系数为0.25。梁卯坡区坡度在0%～58%，平均43%，坡长约60m；沟谷坡区坡度一般在58%以上，平均85%，坡长约30m，主沟道比降10%。

1号实验小区位于桥沟试验流域出口断面以上50m处，流域面积0.069km^2，谷坡面积占总面积的43%，主沟长630m，流域平均宽度为109.6m，不对称系数为0.17，沟道比降18%。

2号实验小区与1号实验小区隔山相邻，流域面积0.093km^2，谷坡面积占总面积的31%，主沟长520m，流域平均宽度为178.8m，不对称系数为0.34，沟道比降12%。流域水系及站网分布见图5.30。

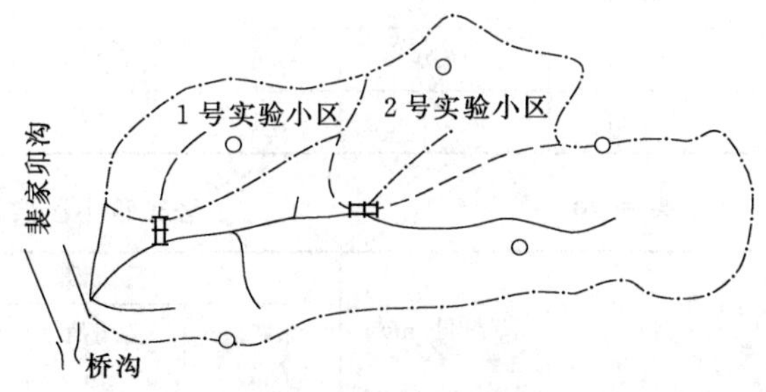

图5.30　桥沟试验流域水系及站网分布图

据绥德水保站测定，桥沟试验流域内黄土覆盖层厚度在5～10m不等。表土在0.4m深的范围内最大吸湿度为1.5%，毛管破裂点为12.1%，田间持水量为18.8%，饱和含水量为36.6%。地面1m以下土壤含水量不能达到田间持水量，表明重力下渗不能达到深层，一般性降水只能湿润表土几厘米至几十厘米的厚度。暴雨具有历时短、强度大、时程分布高度集中的特点。由于暴雨在时程分布上高度集中，所以产汇流历时通常很短。

(2) 模型计算。按照陕北模型的基本结构和计算方法，分别对上述3个试验小流域的产流、汇流过程进行模拟计算。

(3) 模型参数。由于超渗产流对雨强十分敏感，洪水过程历时短且陡涨陡落，因此，时段取得越短精度会越高，故计算时段 Δt 取为5min，模型参数见表5.18。

表5.18 桥沟流域陕北模型参数表

序号	参数符号	参数意义	参数值
1	KC	流域蒸散发折算系数	0.97
2	WM	流域平均张力水容量/mm	60
3	FB	不透水面积占全流域面积的比例	0.01
4	B	流域蓄水容量-面积分布曲线方次	0.3
5	f_c	霍尔顿公式中的稳定下渗率/(mm/min)	0.42
6	f_0	霍尔顿公式中的初始下渗率/(mm/min)	1.94
7	K	霍尔顿公式中的随土质而变的系数/t^{-1}	0.054
8	KE	马斯京根法演算参数	$KE=\Delta t$
9	XE	马斯京根法演算参数	0.43
10	L	滞时	0
11	ε	迭代时允许误差	0.01

(4) 计算结果。计算结果见表5.19～表5.21。

表5.19 1号实验小区实测与模拟结果表

洪号	降雨量/mm	径流深			洪峰流量			
		计算值/mm	实测值/mm	相对误差/%	计算值/(m^3/s)	实测值/(m^3/s)	相对误差/%	洪峰滞时 Δt
880601	11.2	1.30	1.22	−6.7	0.17	0.19	+10.5	0
880701	18.4	9.09	9.39	+3.2	0.82	0.78	−5.1	1
880702	16.0	5.65	5.17	−9.3	0.68	0.64	−6.3	0
880703	16.2	7.13	7.78	+8.4	0.80	0.86	+7.0	1

表5.20 2号实验小区实测与模拟结果表

洪号	降雨量/mm	径流深			洪峰流量			
		计算值/mm	实测值/mm	相对误差/%	计算值/(m^3/s)	实测值/(m^3/s)	相对误差/%	洪峰滞时 Δt
880601	12.2	3.90	3.58	−8.9	0.97	1.08	+10.2	1
880701	18.6	9.65	9.35	−3.2	1.27	1.40	+9.3	0
880702	16.2	10.39	7.71	−34.8	1.15	1.22	+5.7	0
880703	17.4	8.16	8.48	+3.8	0.81	0.85	+4.7	1

表 5.21　　**桥沟实验流域实测与模拟结果表**

洪号	降雨量/mm	径流深			洪峰流量			
		计算值/mm	实测值/mm	相对误差/%	计算值/(m^3/s)	实测值/(m^3/s)	相对误差/%	洪峰滞时 Δt
880601	11.1	0.32	0.33	+3.0	0.22	0.24	+8.3	1
880701	21.1	1.40	1.41	+0.7	0.83	0.78	−6.4	0
880702	16.5	0.84	0.74	−13.5	0.72	0.68	−5.9	1
880703	15.4	1.07	1.17	+8.5	0.78	0.86	+9.3	1

（5）问题讨论。

1）从模拟结果来看，产流量计算除 2 号实验小区和桥沟试验流域的 880702 次洪水相对误差大于 10%以外，其余洪水的相对误差均小于 10%；洪峰流量除 1 号实验小区和 2 号实验小区的 880601 次洪水相对误差大于 10%以外，其余洪水的相对误差均小于 10%。表明模型参数基本合理。事实上，因降雨空间分布及因地形、地貌等下垫面因素的差异，模型参数不尽相同，若能根据流域实际情况，进一步优选参数，则模拟精度还可以提高。

2）单元面积坡地汇流采用线性水库和滞后演算相结合的方法，河道汇流采用马斯京根分段连续演算，从洪峰滞时的误差来看，还有待进一步分析。单元面积坡地汇流也可采用一维运动波方程来描述，其形式为

$$\frac{\partial q}{\partial x}+\frac{\partial h}{\partial t}=rc(t) \tag{5.100}$$

$$s_f=s_0 \tag{5.101}$$

式中　q——单宽流量，m^2/s；

x——距离，m；

h——水深，m；

t——时间，min；

$rc(t)$——净雨过程，mm；

s_f——摩阻比降；

s_0——坡面坡度。

当摩阻比降用曼宁（Manning）公式描述时，式（5.101）可改写为

$$q=\frac{1}{n}h^{\frac{5}{3}}s_0^{\frac{1}{2}} \tag{5.102}$$

式中　n——曼宁糙率系数。

若令 $\beta=\frac{5}{3}$，$\zeta=\frac{1}{n}s_0^{\frac{1}{2}}$，则式（5.102）可改写为

$$q=\zeta h^{\beta} \tag{5.103}$$

将 $q=vh$ 代入式（5.103），则

$$v=\zeta h^{\beta-1} \tag{5.104}$$

式中　v——坡面流流速，m/s。

由式（5.100）和式（5.104）两式可解得一阶拟线性偏微分方程为

$$\zeta\beta h^{\beta-1}\frac{\partial h}{\partial x}+\frac{\partial h}{\partial t}=rc(t) \tag{5.105}$$

式（5.105）中仅当 $rc(t)$ 为常数时才有解析解。在坡面降雨产流过程中，因雨强和下垫面条件的不均匀性，$rc(t)$ 变化很大，不为常数，因而只能求其数值解。数值解的方法很多，最常用的有Preissmann差分格式。根据选用的差分格式和坡面流计算的初始条件和边界条件即可进行模拟计算。

两种方法各自的特点是：线性水库和滞后演算相结合的方法一般只能给出流域出口断面的流量或水位过程，计算相对简单，参数易于确定和优选；一维运动波方程可推求出任意时空不均匀降雨的坡面水深过程、坡面单宽流量和流速过程，对研究坡地产流产沙的物理机制很有益，但计算相对复杂，糙率系数 n 因流域地形、地貌等条件变化较大，也较为敏感，比较难于确定。两种方法可相互佐证以提高精度。

5.2.5　垂向混合产流模型

蓄满产流和超渗产流是两种典型的、实际应用概化了的产流理论和计算方式，前者适合于湿润半湿润地区，后者适合于干旱半干旱地区。

实际上，由于流域内土壤特性的空间差异以及降水特性、前期土壤湿度和地形的不同，流域产流方式其实并非单一。在一定的条件下，在湿润半湿润地区可能会发生超渗产流，在干旱半干旱地区可能会发生蓄满产流，也可能会以不同的比例同时发生。在干旱半干旱地区的流域，由于雨强在流域面上的时空分布是变化的，下渗能力的时空分布是变化的，所以，雨强和下渗能力的时空组合也是变化的。上述三个变化导致流域产流场和产流量的时空变化。致使在这类地区的流域有些洪水是以蓄满产流为主，有些洪水则是以超渗产流为主。一个以超渗产流为主，较为干旱的流域，若遇到一场长历时低强度的降雨过程，则有可能出现蓄满产流；另一个以蓄满产流为主，较为湿润的流域，当土壤很干燥时，下了一场强度很大的暴雨，在下渗能力不太大的地方，则有可能在包气带未蓄满以前就因超渗而产流；同一场长历时高强度的降雨过程，前期可能是超渗产流，而到了后期可能是蓄满产流。一个流域，若蓄满产流和超渗产流两种方式并存，通常称之为为混合产流。国内有些学者对混合产流进行了研究，先后提出了一些新的参数化混合产流模型[22-24]，垂向混合产流模型是其中应用较多的模型。

5.2.5.1　模型结构

垂向混合产流模型把流域蓄水容量-面积分布曲线和下渗能力分布曲线进行垂向组合构成。降雨到达地面，首先通过空间分布的下渗能力分布曲线，划分为地面径流和下渗水流；下渗的水流，在土壤缺水量大的部分面积上，补充土壤缺水量不产流，在缺水量小的部分流域面积上，补足土壤缺水量后，产生地面以下的径流。垂向混合产流计算，地面径流取决于雨强和下渗，为超渗产流模式；地面以下的径流，取决于前期土壤缺水量和下渗的水量，包含壤中流和地下径流，为蓄满产流模式。

1. 下渗计算

目前在产流计算中应用的下渗曲线可概括为两类[25]。一类是以格林-安普特下渗曲线为代表的概念性下渗曲线，这类下渗曲线的每一个关系都以物理成因为基础，每个参数都具有物理意义，考虑的因素合理、与实际情况较符合，但是对实际资料的要求较高，应用起来十分困难；另一类是概念和经验结合提出来的经验下渗公式，如菲利普下渗方程。这类下渗曲线的优点是应用方便，如果方程提出的假设条件与实际出入不大，效果也能满足要求。缺点是其中有些参数没有物理意义，通用性差，假设条件与实际情况的差异常给应用效果带来很大的影响。

(1) 格林-安普特（Green-Ampt）下渗曲线改进。考虑到以上讨论两类下渗曲线的优缺点，从物理成因下渗方程出发，从实用化角度改进其结构，构造一种下渗曲线，既能尽量保存两者的优点又能弥补两者的不足是所希望的。

格林-安普特下渗公式是由格林和安普特于1911年提出来的，表达式为

$$FM=\frac{K(Z+H+\varphi)}{Z} \tag{5.106}$$

式中 FM——流域平均下渗速率，mm/min；

K——饱和水力传导度；

Z——饱和层厚度，mm；

H——地面滞水深，mm；

φ——湿润锋面的毛管水压力，mm。

由于式（5.106）中的许多物理参数如湿润锋面水压力、饱和层厚度等都十分难观测，所以很难直接应用。

对于流域坡面下渗情形，地面滞水深一般较小，通常远小于饱和层厚度可以忽略，那么式（5.106）可写为两项之和，即

$$FM=K\left(1+\frac{\varphi}{Z}\right) \tag{5.107}$$

当土壤全部饱和时其下渗达到稳定下渗，可由稳定下渗率 FC 来表示，而非饱和时，根据非饱和土壤水分运动的基本方程可知，其湿润锋面的毛管水压力与土壤含水率（或缺水率）密切相关，则格林-安普特下渗公式可改进为

$$FM=FC\left(1+KF\,\frac{Wm-W}{Wm}\right) \tag{5.108}$$

式中 KF——渗透系数，反映土壤缺水量对下渗的影响；

Wm——土壤田间持水量，mm；

W——土壤含水量，mm。

式中唯一随时间变化的量 W 可以通过观测或模型计算获得。

(2) 下渗的流域分布曲线。下渗除受土壤含水量影响外，还有下垫面因素。对于一个下垫面条件不均匀的流域，其下渗率在流域上的各点也是不同的。将这些变化的下渗率从小到大排列并与其相应的面积点绘关系曲线，可获得如图5.31所示的下渗面积分布曲线。

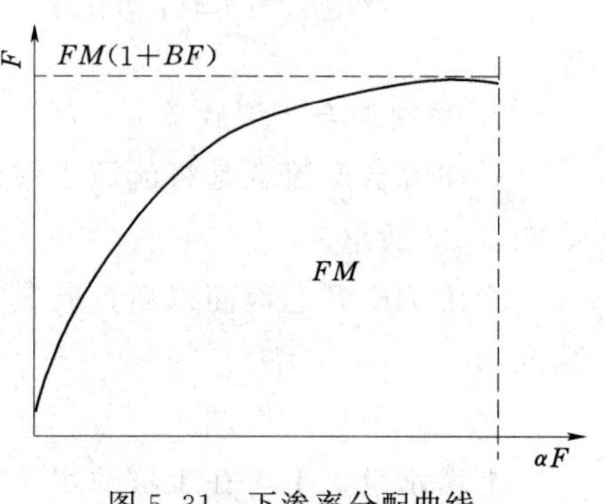

图5.31 下渗率分配曲线

其曲线函数形式可采用以下指数形式近似：

$$\alpha F = 1 - \left(1 - \frac{F}{FM}\right)^{BF} \tag{5.109}$$

图 5.31 和式（5.109）中：F 为流域上某点的下渗能力，mm/min；αF 为下渗小于某个定值 F 的面积比例；BF 为下渗分布曲线指数。

（3）实际下渗计算。由图 5.31 分布曲线知，当流域平均下渗为 FM 时，下渗能力在流域上可从 0 变到 $FM(1+BF)$，对于时段降雨 PE，有部分面积上雨强大于下渗能力产生地面径流，而另一部分面积全部下渗，那么实际时段下渗量为如图 5.32 所示。

实际下渗率 FA 可由下式计算：

$$FA = \begin{cases} \int_0^{PE} (1 - \alpha F)\mathrm{d}F & PE < FM(1+BF) \\ FM & PE \geqslant FM(1+BF) \end{cases} \tag{5.110}$$

积分上式得

$$FA = \begin{cases} FM - FM(1 - PE/Fmm)^{1+BF} & PE < Fmm \\ FM & PE \geqslant Fmm \end{cases} \tag{5.111}$$

式中　Fmm ——流域最大下渗能力，mm/min。

Fmm 与流域平均下渗能力有关系式为

$$Fmm = FM(1+BF) \tag{5.112}$$

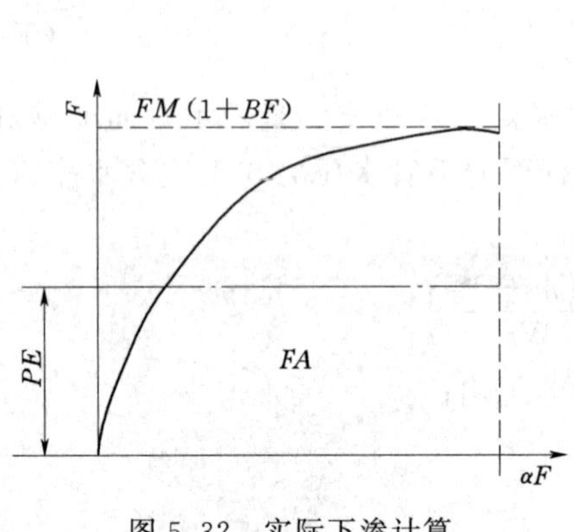

图 5.32　实际下渗计算

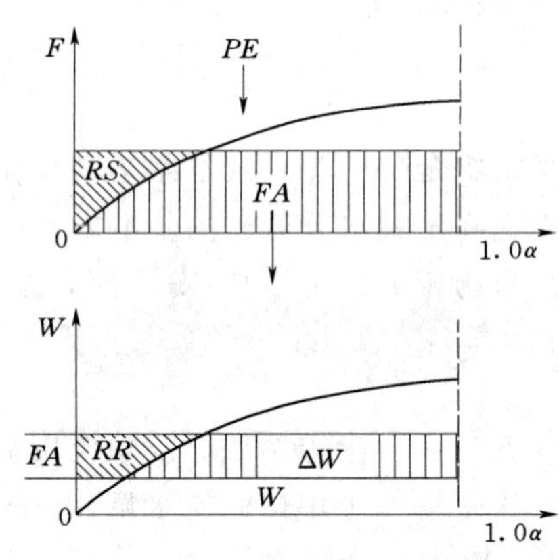

图 5.33　垂向混合法结构图

2. 垂向混合产流计算

垂向混合产流就是将流域下渗能力分布曲线和流域蓄水容量分布曲线进行垂向组合，如图 5.33 所示。

净雨 PE 到达地面以后，若其超过下渗能力，则直接产生地面径流，地面径流 RS 计算式为

$$RS = PE - FA \tag{5.113}$$

下渗水量 FA，在土壤缺水量大的面积上，补充土壤缺水量 ΔW，不产生径流；在土壤缺水量小的面积上，满足土壤缺水量以后，再产生地面以下径流 RR，计算式为

$$RR=\begin{cases}FA-WM+W+WM\left(1-\dfrac{W'+FA}{W_{mm}}\right)^{B+1} \\ FA+W'<W_{mm} \\ FA-WM+W \quad FA+W'\geqslant W_{mm}\end{cases} \tag{5.114}$$

其中

$$W'=Wmm\left[1-\left(1-\frac{W}{WM}\right)^{\frac{1}{B+1}}\right] \tag{5.115}$$

$$Wmm=WM(1+B) \tag{5.116}$$

总径流 R 计算式为

$$R=RS+RR \tag{5.117}$$

3. 模型计算

(1) 计算流程图。垂向混合产流模型结构按计算顺序分，也包括流域蒸散发、流域产流、分水源、坡面汇流和河网汇流五个部分，其计算流程如图 5.34 所示。

(2) 模型中间变量。图 5.34 中箭头旁的量为模型输入、输出或不同层次结构间交换的中间变量。其中 E_0 为蒸发皿观测蒸散发，mm；E_p 为流域蒸发能力，mm；E 为流域实际蒸散发，mm；P 为降雨，mm；RS 为计算地面径流，mm；RR 为计算地面以下径流，mm；RI 为计算壤中流，mm；RG 为计算地下径流，mm；QS 为坡面计算地面径流流量，m^3/s；QI 为坡面计算壤中流流量，m^3/s；QG 为坡面计算地下径流流量，m^3/s；I 为坡面单元总出流，m^3/s；QC 为单元流域计算出流，m^3/s。

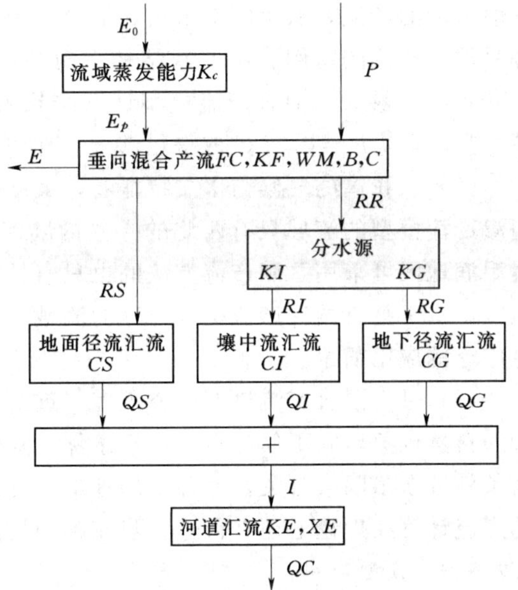

图 5.34 垂向混合产流模型单元流域计算流程图

(3) 计算方法与参数。方框内为结构计算方法和参数。其中流域蒸发能力计算和参数见第 2 章 2.3.2 节，河道汇流计算和参数见第 4 章 4.3 节，垂向混合产流计算和参数见前述，在此不再赘述。

分水源计算采用敞开式自由水水箱按比例划分，如图 5.35 所示。产生的地面以下径流首先进入自由水水箱补充自由水 S，然后通过壤中流和地下径流出流孔按比例系数计算出流。

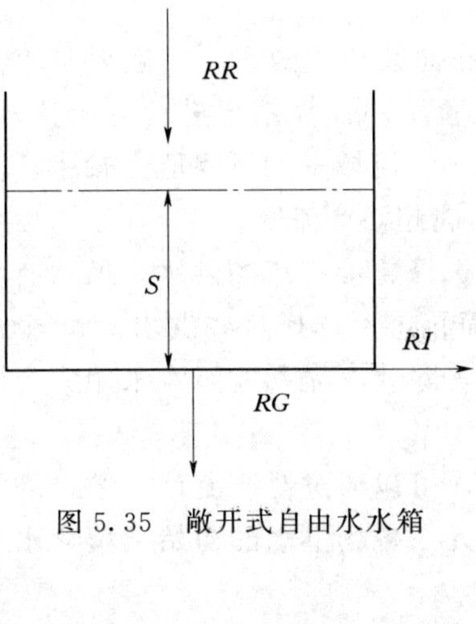

RR
S
RI
RG

图 5.35 敞开式自由水水箱

$$S_t=S_{t-1}+RR_t \tag{5.118}$$

$$RI_t=KIS_t \tag{5.119}$$

$$RG_t=KGS_t \tag{5.120}$$

式中 S_t——自由水蓄量，mm；

RI_t、RG_t——壤中流和地下径流，mm；

KI、KG——壤中流和地下径流出流系数。

坡面单元三种水源汇流均采用线性水库汇流：

$$QS_t = CSQS_{t-1} + (1 - CS)(RS_t + RS_{t-1})TR/2 \tag{5.121}$$

$$QI_t = CIQI_{t-1} + (1 - CI)(RI_t + RI_{t-1})TR/2 \tag{5.122}$$

$$QG_t = CGQS_{t-1} + (1 - CG)(RG_t + RG_{t-1})TR/2 \tag{5.123}$$

式中 CS、CI、CG——地面径流、壤中流和地下径流消退系数；

TR——单位换算系数。

5.2.5.2 模型评述

（1）垂向混合产流模型主要结构特征在于把超渗产流与蓄满产流垂向结合来模拟计算一般流域的产流，从机制上来讲，混合产流是具有通用性的模型，而超渗产流和蓄满产流都是混合产流的特例。从模型结构上分析也是如此。如超渗产流流域，只要取 $B=0$，WM 取得足够大，混合产流模型计算结果就相同于超渗计算结果；类似地在蓄满产流流域，只要取 $BF=0$，FC 取得足够大，超渗产流量就为零，模型就变为蓄满产流。

（2）从我国的气候与水文特征看，大多数流域属半干旱地区，真正属干旱地区可采用超渗产流模型的流域只有西北的一些内陆河流域、黄河、海河和松辽流域的小部分地区，属湿润地区可采用蓄满产流方法的也只有长江以南的地区，即使在这些典型的干旱和湿润地区，也常会有两种产流机制并存的流域。因此说，混合产流理论和计算方法研究，具有更广泛的应用前景。

（3）过去混合产流模型研究不多，近几年有所发展，但还不够。流域产流是一种很复杂的自然现象，它不仅与自然地理条件、降雨特性有关，还与人为因素及气候条件、下垫面条件等众多因素有关，一种新的理论和方法的提出，需要大量的应用检验，半干旱地区的产流计算在理论上还有待进一步完善和提高。

5.2.5.3 模型应用

混合产流模型主要采用了改进的格林-安普特下渗公式、具有空间变化的分布式下渗曲线和垂向混合产流结构，模型的应用检验重点也要放在这些结构上。

1. 改进的格林-安普特下渗分布曲线应用[25]

（1）流域与资料。要分析改进的格林-安普特下渗分布曲线应用效果，一般要与不分布的计算结果进行比较，这里选择 13 个小流域和径流试验站的计算结果进行分析比较。这些小流域和径流试验站均在黄河中游，属典型的黄土地区，流域平均下渗能力较小，多年平均降水量约为 500mm，多年平均径流深约为 50mm，属超渗产流区。

为了充分检验不同分布曲线的效果，资料选择时尽量选择超渗产流的洪水。虽然有少量的流域有少数洪水也存在一定比例的地下水，但为了简化，不选择这些洪水。13 个流域共有 282 场以超渗产流为主的洪水。这些流域面积不大，除裴家峁和韭园沟采用 5 个雨量站外，其余均只采用了一个。

（2）计算结果。不同下渗曲线与实际流域的符合程度，可以通过对产流计算结果的好坏来分析比较。考虑到流域面积不大，产流计算不划分单元。各场洪水的初始土壤含水量大多数采用观测值，少数无观测的流域用折算系数法估计。

计算结果见表5.22。下渗计算均采用改进的格林一安普特公式，一种结果直接采用流域平均下渗进行产流计算，另一种是考虑下渗的流域分布进行计算。见表5.22中SRE和SRE_d分别为用流域平均下渗进行产流计算和考虑下渗的流域分布进行计算的产流绝对误差之和，f和f_d分别为用流域平均下渗进行产流计算和考虑下渗的流域分布进行计算的合格率，合格的判别标准见第10章10.1节。

表5.22　　不同下渗计算结果比较表

流域名称	洪水次数	SRE/mm	SRE_d/mm	f/%	f_d/%	CEF/%
南窑沟	24	47.8	40.5	62.5	87.5	15.3
杨湾沟	15	19.7	12.1	86.7	93.3	38.6
裴家峁	59	107.9	71.6	86.4	93.5	33.6
榆林王家沟	16	67.6	29.9	56.3	87.5	55.8
桑坪则沟	19	58.1	41.4	57.9	78.9	28.7
王家沟	20	64.1	55.8	75.0	85.0	12.9
韭园沟	22	48.1	42.7	77.3	77.3	11.2
水旺沟	12	36.9	21.2	58.3	91.7	42.5
蛇家沟	18	50.6	30.5	77.8	94.4	39.7
团山沟	28	53.8	39.4	78.6	78.6	26.7
团3号	17	56.9	55.3	70.6	76.5	2.8
团7号	12	39.2	23.8	58.3	83.3	39.3
团9号	20	30.7	29.7	95.0	95.0	3.2

表中CEF为用考虑下渗的流域分布进行计算相对于流域平均下渗进行产流计算结果的效果，计算式分别为

$$SRE = \sum_{i=1}^{n} |SR_i - SRC_i| \tag{5.124}$$

$$SRE_d = \sum_{i=1}^{n} |SR_i - SRC_{di}| \tag{5.125}$$

$$CEF = 1 - \frac{\sum_{i=1}^{n} |SR_i - SRC_{di}|}{\sum_{i=1}^{n} |SR_i - SRC_i|} \tag{5.126}$$

式中　SRC、SRC_d——用流域平均下渗进行产流计算和考虑下渗的流域分布进行计算的次洪产流量，mm；

SR——实测的次洪径流量，mm；

n——流域洪水场数。

（3）结果分析。从表5.22结果看，用具有流域分布特点的下渗公式计算超渗产流比用流域平均的下渗公式要好得多。首先从次洪径流深模拟的合格率，13个流域平均从72.4%提高到86.2%；其次，根据式（5.126）定义的相对有效性平均大26.9%，最高的有55.8%，最小的也

有2.8%。因此，分布式下渗计算产流相对于流域平均来说效果是很明显的。

2. 垂向混合产流模式应用[20]

要充分检验混合产流模型，需要选择一个半干旱地区的流域。河北省唐山市陡河水库流域，位于唐山市双桥乡冶里村北，流域面积530km²，流域多年平均降水量为636mm，多年平均蒸发量为1179mm，多年平均径流深为142mm，多年平均径流系数为0.22，洪水有较多的是陡涨陡落呈对称型，也有一些洪水属陡涨缓落、或缓涨缓落含有一定比例地下水的偏态型。从流域地理位置、气候特征和水文特性看，流域属较典型的混合产流流域。

计算采用了25场洪水，分别采用蓄满产流、超渗产流和垂向混合产流模型进行计算，计算结果见表5.23。表中R_0为实测次洪径流深，R_x、R_c和R_h分别为用蓄满产流、超渗产流和混合产流模型计算的次洪径流深。

表5.23　　陡河流域模型计算结果比较表

洪号	R_0/mm	R_x/mm	δ_x/%	R_c/mm	δ_c/%	R_h/mm	δ_h/%
590721	115.0	78.9	31.4	116.8	−1.6	105.0	8.7
590731	8.0	6.5	18.8	5.5	31.2	6.2	22.5
590801	21.4	20.0	6.5	21.1	1.4	21.3	0.5
590818	26.5	21.7	18.1	23.0	13.2	22.7	14.3
610719	17.0	16.2	4.7	20.7	−21.8	18.3	−7.6
610822	21.0	17.1	18.6	16.2	22.8	17.3	17.6
640618	12.6	13.7	−8.7	6.6	47.6	11.4	9.5
640801	26.4	40.2	−52.2	28.9	−9.5	36.1	−36.7
640805	23.2	22.6	2.6	23.5	−1.3	22.5	3.0
640813	18.8	22.4	−19.1	14.2	24.5	19.5	−3.7
640917	13.1	13.7	−4.6	4.8	63.4	10.8	17.6
650707	5.2	2.7	48.1	4.8	7.7	3.8	26.9
650710	2.1	2.5	−19.0	2.1	0.0	2.5	−19.0
650723	3.1	6.5	−109.0	3.8	−22.6	5.6	−80.6
690729	4.5	15.6	−247.0	9.7	−116.0	13.8	−207.0
690811	40.0	37.9	5.2	44.8	−12.0	42.1	−5.2
690816	34.0	46.6	−37.0	56.4	−65.9	50.8	−49.4
690820	23.5	23.5	0.0	16.8	28.5	20.1	14.5
690829	24.4	29.8	−22.1	32.3	−32.4	28.3	−16.0
690902	49.0	51.4	−4.9	51.9	−5.9	49.4	−0.8
870816	4.1	5.3	−29.3	9.0	−120.0	6.8	−65.9
870826	18.8	18.6	1.1	20.4	−8.5	20.2	−7.4
880707	5.7	4.9	14.0	6.0	−5.3	5.7	0.0
880721	5.8	7.2	−24.1	4.8	17.2	6.6	−13.8
880902	7.1	7.7	−8.4	8.7	−22.5	8.6	−21.1

模型间效果比较还是采用相对有效性系数，计算式为

$$CEF_x = 1 - \frac{\sum_{i=1}^{25}(R_{0i} - R_{hi})^2}{\sum_{i=1}^{25}(R_{0i} - R_{xi})^2} \tag{5.127}$$

$$CEF_c = 1 - \frac{\sum_{i=1}^{25}(R_{0i} - R_{hi})^2}{\sum_{i=1}^{25}(R_{0i} - R_{ci})^2} \tag{5.128}$$

式中 CEF_x ——混合产流模型相对于蓄满产流模型的有效性系数；

CEF_c ——混合产流模型相对于超渗产流模型的有效性系数。

这两个有效性系数分别为 $CEF_x = 0.654$ 和 $CEF_c = 0.263$。

按照第 10 章 10.1 节的合格判别标准，蓄满产流、超渗产流和混合产流模型合格率分别为 76.0%、60.0% 和 88.0%，次洪径流深估计误差绝对值的平均三者分别为 4.4mm、3.8mm 和 2.5mm，相对误差为 21.0%、17.8%和 11.8%。从这些统计结果看，该流域最适合的是混合产流模型，其次为超渗产流，蓄满产流最差。这与流域的地理、气候和水文特征也相吻合，符合流域实际情况，说明该流域超渗产流洪水多于蓄满产流洪水。

5.2.6 约束线性系统模型

约束线性系统（Constrained Linear System，CLS）模型是 L. Natale 和 W. Todini 等意大利学者于 20 世纪 70 年代初提出来的。CLS 模型原是一个简单的线性系统识别方法，1974 年 W. Todini 在处理产流过程时引进了“门槛”的概念，经过多年的实践和改进，已日趋完善，并成为世界气象组织（WMO）向各国推荐的 10 个模型之一[26,27]。

5.2.6.1 模型的基本原理

一个 N 个输入的时间离散性系统方程可用下式描述：

$$\boldsymbol{q} = \boldsymbol{H}\boldsymbol{u} + \boldsymbol{\varepsilon} \tag{5.129}$$

式中 $\boldsymbol{q}$ ——长度为 m 的出流向量；

$\boldsymbol{H}$ ——离散时间输入（上游的实测流量或降水量，以及两者的组合）的分块矩阵；

$\boldsymbol{u}$ —— nk 长度的脉冲响应向量；

$\boldsymbol{\varepsilon}$ —— m 长度的模型与资料观测误差（或噪声）向量；

$\boldsymbol{k}$ ——每个脉冲响应的个数。

式（5.129）中各向量的表达式分别为

$$\boldsymbol{q} = \begin{bmatrix} q_1 \\ q_2 \\ \vdots \\ q_m \end{bmatrix}$$

$$\boldsymbol{u}_i = \begin{bmatrix} u_1 \\ u_2 \\ \vdots \\ u_k \end{bmatrix}$$

$$\boldsymbol{H}_i = \begin{bmatrix} H_{ui(1)} \\ H_{ui(2)}\ H_{ui(1)} \\ \vdots \\ H_{ui(m-1)}\ H_{ui(m-2)} \cdots H_{ui(m-k+1)} \\ H_{ui(m)}\ H_{ui(m-1)} \cdots H_{ui(m-k+2)} \end{bmatrix}$$

$$\boldsymbol{\varepsilon} = \begin{bmatrix} \varepsilon_1 \\ \varepsilon_2 \\ \vdots \\ \varepsilon_m \end{bmatrix}$$

由于是 N 个输入，可采用 $\boldsymbol{u}(nk)$ 和 (m, nk) 分别表示它们的分块矩阵，则

$$\boldsymbol{u} = \begin{bmatrix} u_1 \\ \hline u_2 \\ \hline \vdots \\ \hline u_n \end{bmatrix}$$

$$\boldsymbol{H} = [H_1, H_2, \cdots, H_n]$$

根据受噪声 $\boldsymbol{\varepsilon}$ 干扰的 $\boldsymbol{H}$ 和 $\boldsymbol{q}$ 的观测值，推求 $\boldsymbol{u}$ 的最优估计值，在数学上有很多的识别方法，常用的有最小二乘法（或广义的最小二乘法）、极大似然法、贝叶斯法和线性无偏最小方差法等。国内外有关学者业已证明，采用上述方法推求 $\boldsymbol{u}$ 的最优估计值时，常常会引起病态矩阵求逆而导致所求估计值的不稳定性，当 n 大于 1 时，所产生 $\boldsymbol{u}$ 值的误差与估计的 $\boldsymbol{u}$ 值会在同一量级上，并会出现不符合实际的跳动或负值，以致难于在生产实际中应用。

L. Natale 和 W. Todini 从水文现象的物理概念出发，在识别中引进了两个约束条件。

1. 等式约束

$$\boldsymbol{A u} = 1 \tag{5.130}$$

式中 $\boldsymbol{A}$——系数矩阵。

式（5.130）的实质是保持水量平衡条件，当输入为流量时，$\sum \boldsymbol{u}=1$；而当输入为降雨时，$\sum \boldsymbol{u}=\alpha$，$\alpha$ 为径流系数。

2. 不等式约束

$$\boldsymbol{u} \geqslant 0 \tag{5.131}$$

式（5.131）的实质是保证脉冲响应不能出现负值。

CLS 模型采用了以下目标函数，即

$$\min[J(\boldsymbol{\varepsilon}^{\mathrm{T}}\boldsymbol{\varepsilon})] = \frac{1}{2}\boldsymbol{u}^{\mathrm{T}}\boldsymbol{H}^{\mathrm{T}}\boldsymbol{H}\boldsymbol{u} - \boldsymbol{u}^{\mathrm{T}}\boldsymbol{H}^{\mathrm{T}}\boldsymbol{q} \tag{5.132}$$

式中 T——矩阵的转置运算。

约束条件采用式（5.130）、式（5.131）。求解目标函数时，采用了二次规划理论，计算工作由计算机完成。

经推导、试验和应用结果表明，由于加入了等式和不等式约束条件，CLS模型能较好地解决在资料较少情况下的多输入的识别问题。对于大的流域，就可以将其划分为若干降水分布较均匀，下垫面条件相对比较相似的单元面积，并且可以将每一个单元面积看作为一个输入，这样就可同时推求出各单元面积再流域出口断面的响应。

在CLS模型中，当降水作为输入时，其产流、汇流是一并考虑的，其优点是可以避免分割流量过程线的任意性。但从模型结构可知，用这样的方法处理产流问题是比较简单和不甚合理的，原因是仅仅考虑了一个平均的径流系数。由于各单元面积内，各次洪水的径流系数取决于前期土壤水分状况，若每次洪水都采用一个平均径流系数，必然会引起较大的误差。为了解决这一问题，W. Todini引进了“门槛”的概念，以前期影响雨量指数（API）的某值作为“门槛”，将降水分为若干等级，分别通过两个（一个“门槛”时）或三个（两个“门槛”时）线性模型演算至流域出口断面。

5.2.6.2 模型产流结构

1. 以API（前期降雨指数，以mm计）作为“门槛”的结构

以API某值作为“门槛”，将降雨分为若干等级，分别构建不同“门槛”的线性模型进行产汇流计算。结构如图5.36所示。

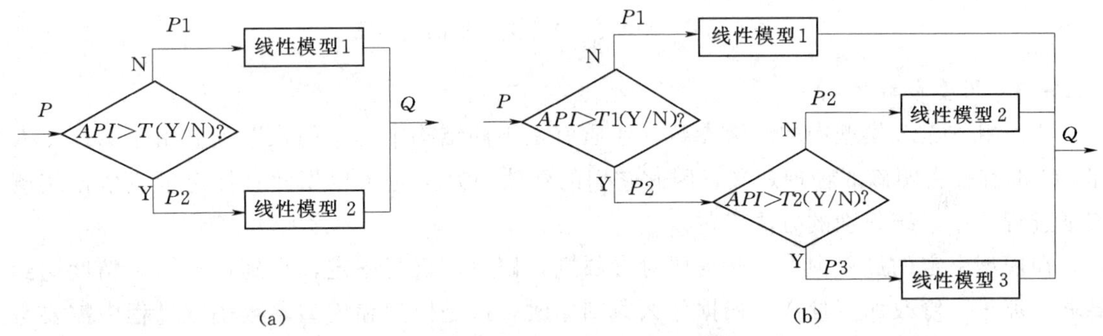

图5.36 以API为门槛的结构图
（a）一个门槛；（b）两个门槛

从理论上讲，设置的“门槛”越多，降水分级也越多，产流计算精度越高。但设置的“门槛”越多计算的工作量也越大。CLS模型设置了两个“门槛”，从在我国淮河流域的应用情况看，其产流计算还是相对比较粗糙。

2. 以径流深R作为“门槛”的结构

为了充分发挥流域水文模型和CLS模型各自的优点，国内学者将新安江模型中的蓄满产流概念引入到了CLS模型中，即用蓄满产流的理论和方法计算流域径流量R，并以径流量R的某值作为“门槛”，用R代替P输入，以此考虑径流量大小对汇流的影响，成为一个实用性强的综合性模型，即综合约束性系统模型（synthesized constrained linear system，SCLS）。SCLS模型在实际应用取得了比较满意的效果，其结构如图5.37所示。

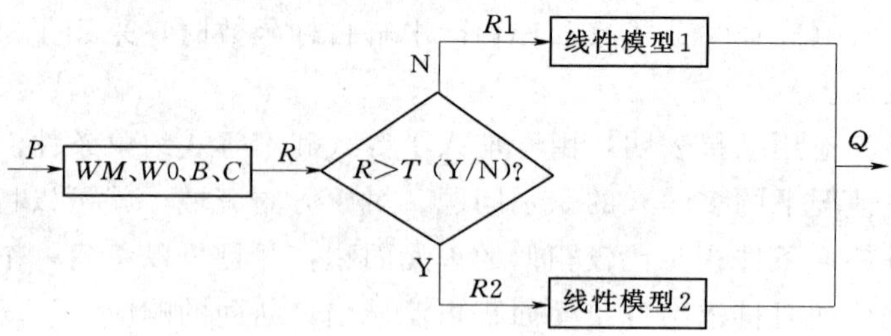

图 5.37　以产流量为门槛的结构图

3. 以稳定下渗率 FC 为“门槛”的结构

为了考虑净雨形成的地面径流和地下径流的不同比例，国内学者又作了进一步的改进，采用稳定下渗率 FC 作为“门槛”产流量计算（水源划分），以考虑不同水源对汇流的影响。其结构如图 5.38 所示。

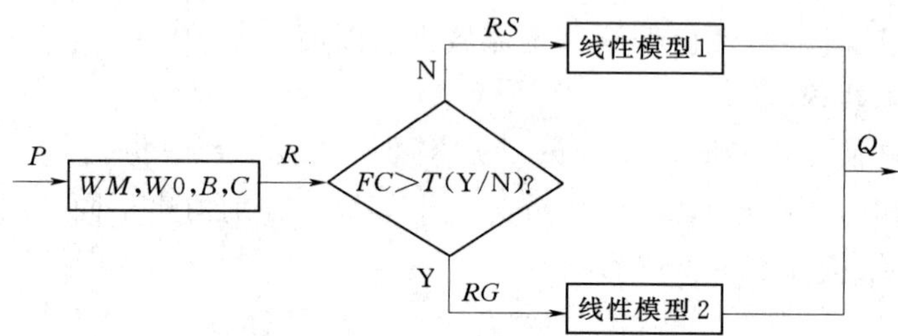

图 5.38　以稳定下渗率为门槛的结构图

5.2.6.3　模型参数

CLS 和 SCLS 模型中的产流参数，实质就是不同结构中的“门槛”值。由于 API、R 和 FC 都有较为明确的物理意义，因此它们的数值原则上是可以据此直接定量或依据实测流量过程，用系统识别的方法确定。

在模型率定的过程中，有时需要对参数进行修改，反复率定，直到计算结果精度达到要求。那么，修改那些参数，根据什么原则修改，这是模型和模型参数率定过程中需要考虑的问题。由于 CLS 和 SCLS 模型的目标函数均是以出口断面响应的方差为最小，所以在选择、修改参数和分析计算结果时，既要使参数在物理概念上尽可能合理，又要考虑所求总体为最优的目标。

1. “门槛”数与“门槛”值

CLS 和 SCLS 模型中，可以分别以 API、R 和 FC 作为“门槛”。“门槛”的数目可以根据具体流域的实际情况选择。

“门槛”值可根据所选参数的物理意义直接定量或估算，然后再根据模型率定结果或水量分配情况进行调整。

2. 脉冲响应个数

式（5.129）中，$\boldsymbol{u}$ 为 nk 长度的脉冲响应向量。所谓的脉冲响应个数，其实质是单位线的时段数。单位线的三要素（峰高、峰现时间和底宽）一定程度上反映了流域及河道的回流特征。对降水输入来说，一般是降水级别越低，单位线的时段数越多，其响应相对较慢；降水级别越高，单位线的时段数越少，其响应相对较快。开始率定时，单位线的个数可适当多些，然后根据模型率定结果进行调整。

5.2.6.4 模型评述

CLS模型的特点是：①与其他集总式流域水文模型比较，它所要求的资料少，只需雨量和流量（包括定时段和不定时段）；②从水文现象的物理概念出发，在产流计算方面采用线性系统描述降雨径流过程，在系统识别中分别采用了等式和不等式的约束条件，较为成功地解决了其他模型过去难于解决的多输入问题；③在以降水为输入时，产汇流是作为一个整体来考虑，不需要人为地分割流量过程线，模型引入“门槛”的概念，不仅用于产流计算，而且还能比较好地解决流域降雨径流之间产生的非线性问题；④利用二次规划理论求解最优目标函数，优选参数和误差统计都是按照严格的数学公式，避免了任意性；⑤在前期土壤水分变化大的地区或季节，雨量站点能基本控制降雨分布的条件下，综合约束性系统SCLS模型能显著提高计算精度；⑥产流部分，汇流部分应用者可以自行配置，汇流可以采用单位线或线性水库；⑦由于CLS模型以API作为“门槛”，而API参数是综合性的指标，对原始资料要求不高，易于调试；⑧其不足是参数的物理概念不是很明确，应用中受到限制。

5.3 分布式流域水文模型

传统的流域水文模型大多数是集总式流域水文模型，不同的模型虽然各自具有不同的结构和参数，但最基本的特征是将流域作为一个单元体模拟。在产汇流等环节上采用概念性模拟或经验函数关系的描述，尽可能地用有一定物理意义的参数描述流域特征的空间分布不均匀性，对模型输入的空间分散性和不均匀性没有充分考虑。所以，集总式流域水文模型一般都不具备从机制上考虑降雨和下垫面条件空间分布不均对流域径流形成影响的功能，使其在模拟流域降雨径流过程中必然存在一定的局限性[1]。分布式流域水文模型是在系统水文模型和概念性水文模型成功经验上发展起来的，其概念和框架早在20世纪60年代后期就提出来了，因参数的确定和实测输入信息不足与技术等原因一直难以有效应用于实际。近年来，随着水文理论的发展和高新技术在水文学科领域的广泛应用，为分布式流域水文模型的研制和应用提供了重要的理论和技术支撑，使分布式流域水文模型的研制和应用取得了令人鼓舞的进展，分布式流域水文模型已成为当今水文水资源及水利工程科学领域中研究的热点之一。

5.3.1 模型理论与技术支撑

5.3.1.1 模型理论

分布式流域水文模型一般是在揭示流域产汇流物理机制的基础上，通过有关的物理定律，如质量守恒定律、能量守恒定律等，演绎并推导出描述产汇流过程微分方程组，一般为一常微分方程组或偏微分方程组。

典型的分布式流域水文模型SHE模型以水动力学为基础，模型中所涉及的植物截留、蒸散发、坡面水流、河道水流、土壤水运动、地下水流和融雪径流等物理过程均由基于质量守恒定律和能量守恒定律的偏微分方程组来描述。为了考虑降雨和下垫面因子空间分布不均的影响，在水平方向上将计算流域划分为若干网格；为了考虑土壤垂向分布的不均匀性和不同土层中的土壤水运动规律，将土层在垂直方向上划分为若干子土层；地面水流和地下水流均用二维圣维南方程组描述，计算采用二维 Priessmann 差分格式，并用一维非饱和水流的差分格式连接[2,1]。

TOPKAPI模型以水文学理论为基础，以数字高程模型（DEM）为平台，是一个以物理概念为基础的分布式流域水文模型。为了考虑降雨和下垫面因子空间分布不均的影响，模型中流域特性参数、降水和水文响应的空间分布在水平方向上用正交网格系统（DEM的方网格）进行模拟，在垂直方向上用各网格所相应的水平土柱进行模拟。模型将计算流域划分成网格，每个网格作为一个计算单元；由数字高程模型自动生成每个网格中水流流至流域出口断面的汇流路径；沿着流水网，通过非线性水库方程来描述流域降雨径流的过程中不同的水文、水力学过程。

从上面两个典型模型可知，分布式流域水文模型大多以水动力学或水文学理论为基础，采用常微分方程组或偏微分方程组来描述降雨径流的形成过程，并用有限差分格式进行求解，从理论上来说，就是尽可能客观反应降雨、参数、下垫面条件和模型结构的空间变化对流域径流形成过程的影响。

5.3.1.2 模型技术支撑

分布式流域水文模型得以迅速发展，最为主要的技术支撑有以下三个方面。

1. 地理信息系统（GIS）技术

GIS是一种融合现代计算机图形学和数据库管理技术为一体，对现实世界各类空间数据及描述这些空间数据的属性进行采集、储存、管理、运算、分析、显示和描述的技术系统。它将事物的空间位置信息和相关的属性信息有机地结合在一起，根据实际需要以图文并茂的方式输出给用户，并提供各种辅助决策功能。GIS以其独特的空间分析功能和可视化表达方式迅速在许多领域得到广泛应用。在流域水文模型研究中，GIS技术使人们有了强有力的工具去描述流域下垫面因子复杂的空间分布。现有的地理信息系统软件已经能自动地形成网格和不规则三角形网格。因为DEM本身就是以网格等离散数字方式表达地面高程分布的数字模型，根据网格型DEM可以自动地生成流域水系和分水线，自动地按分水线划分子流域，能自动地生成每个子流域反映流域水文特性的参数，如流域形状、水系、分水线、集水线、流向、坡度和其他地貌参数，并以DEM生成的上述资料作为地理信息系统属性数据库中的一个基本信息源。

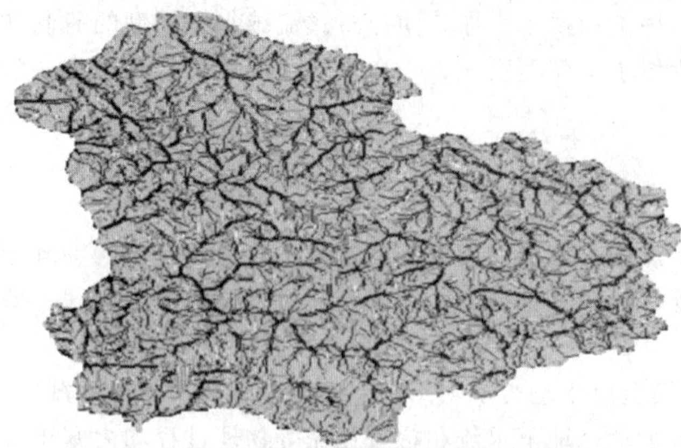

图5.39 由DEM生成的流域水系和分水线图

由DEM生成的流域水系和分水线、流域三维高程图分别如图5.39和图5.40所示。在DEM平台上可以构建的具有物理基础的松散型分布式流域水文模型，其结构如图5.41所示。

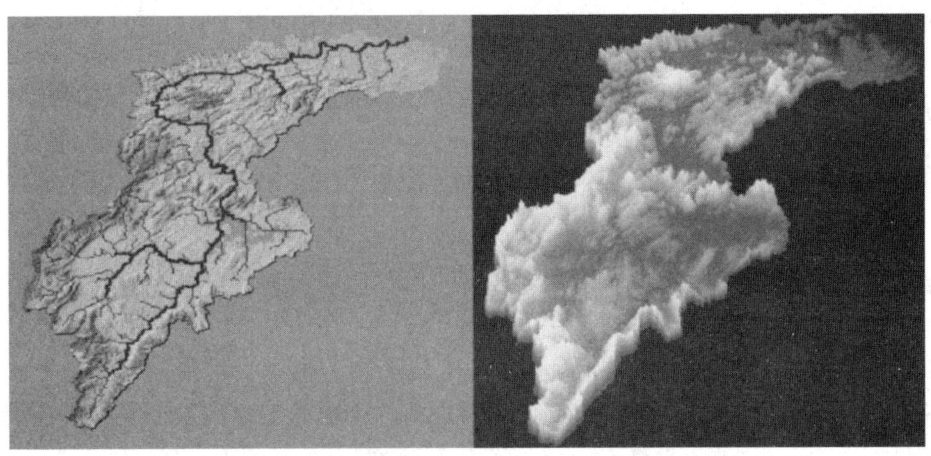

图 5.40 由 DEM 生成的流域三维高程图

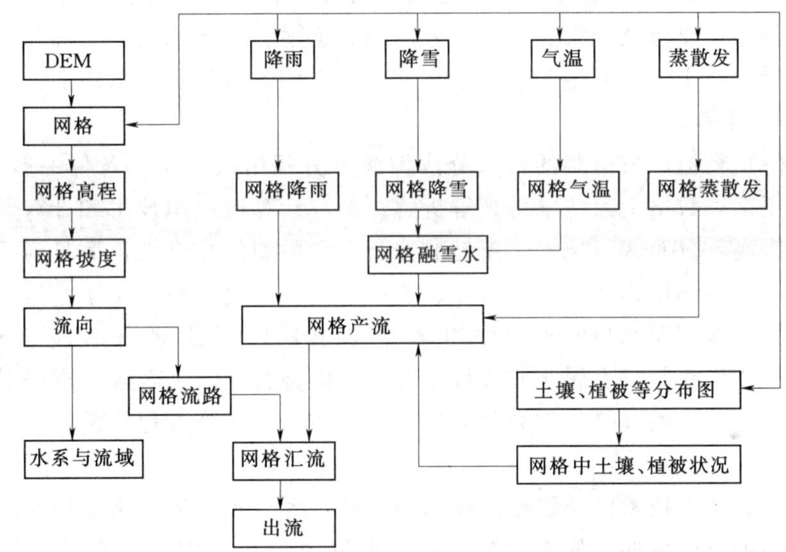

图 5.41 基于 DEM 的分布式流域水文模型结构图

2. 空间与测控技术

随着航天航空科学及遥感、遥测技术的快速发展，为获取大范围详细的空间信息和资料创造了有利的条件。近 20 年来，世界各国都纷纷开发了各具特色的资源遥感卫星和多波段传感器，使多传感器、高光谱、多时角、多时相、高分辨率的卫星影像数据越来越丰富[28]。

美国陆地卫星从 MSS 的 80m 分辨率、4 个波段，发展为 TM 的 30m 分辨率、7 个波段。其较宽的光谱接受范围为植被、土壤、土地利用研究中的多波段组合和信息提取提供了基础。法国 SPOT 卫星具有较高的地面空间分辨率，其多波段数据为 20m 分辨率；全色波段为 10m 分辨率。同时为了提高 SPOT 卫星对植被的监测能力，最近发射的 SPOT-4 卫星又增加了一个近红外波段，极大丰富了与植被识别相关的信息源。

我国也开展了卫星传感器的研究，先后发射了返回式国土资源卫星、风云 1 号极轨卫星，获得了一批珍贵的资料，提高了国内遥感技术研究和应用水平。目前，我国能够自行接受或购买美国的LANDSAT－TM和NOAA、法国的SPOT、日本的JERS－1等多个国家的卫星资料产品[29]。

自从1972年发射第一颗LANDSAT卫星，卫星采集遥感数据就被广泛应用于水文水资源学科研究与应用的各个领域。作为一种信息源，遥感、遥测技术能够提供流域内的地质地貌、土壤类型、植被、土地利用和河流水系等众多下垫面信息；也可以较为全面、准确地测定估算蒸散发、土壤含水量和可能形成降雨的云中水汽含量；遥感、遥测技术与地理信息系统相结合，可将经校正、增强、滤波、监督或非监督等分类处理后的数据输入到地理信息系统中，作为分布式流域水文模型概念理解、模型构建、产汇流规律分析和模型参数率定的数据支撑。另外将DEM网格图与土壤类型、植被、土地利用和河流水系的卫星影像和遥感、遥测图叠加，可以获得任意网格内的土壤类型、植被、土地利用和河流水系的特征值。

目前，“全球水循环观测卫星计划”已列入国家“十三五”规划，观测将于2020年左右发射。观测要素主要包括降雨、土壤水分、地表冻融、雪水当量、海面盐度、海面蒸发等。由此可以看出，未来可应用于流域水文模型研究的数据将越来越丰富。

3. 计算机与计算技术

由于描述降雨径流形成机制的常微分或偏微分方程组及其定解条件一般为非线性的，而且一般都很复杂，数学上无法求得其解析解。随着计算机应用技术和计算数学理论的不断发展，不仅提高了分布式流域水文模型的分辨率和模型的综合性，而且为用数值方法求解模型中所涉及的描述植物截留、蒸散发、坡面水流、河道水流、土壤水运动、地下水流和融雪径流等物理过程的微分方程组奠定了基础。描述河道水流运动的圣维南(St. Venant）方程组在数学上属于非线性双曲型偏微分方程，至今无法求得其解析解。数值方法求解就是按某一差分格式对微分方程进行离散，用差分方程代替微分方程并求出其数值解。

计算机技术、计算技术以及数据库技术的发展，为分布式流域水文模型从大量的、不完全的、有噪声的、模糊的、随机的数据中，提取包含在其中且具有潜在利用价值的信息，对数据进行分析、数据融合以及决策支持提供了技术支撑，提高了信息的利用率。

人们至今为止仍无法用一个解析函数来精确描述下垫面诸因子在空间上的连续变化，空间离散技术为获取离散信息分布提供了技术支撑。离散技术旨在将研究流域按某一方法和原则划分为若干子流域，以获取离散形式的下垫面诸因子的空间分布。子流域划分常用的方法有自然流域划分法、泰森（Thiessen）多边形法、等流时线法、网格法和不规则三角网格法。集总式流域水文模型前三种方法应用较多，由于现有的地理信息系统软件已经能自动地形成网格和不规则三角形网格，网格型DEM可以自动地生成流域水系和分水线，自动地按分水线划分子流域，所以后两种方法在分布式流域水文模型中广为应用[3]。

5.3.2 模型特点

与集总式流域水文模型相比较，分布式流域水文模型具有以下四个方面的显著特点：

(1) 模型在地理信息系统构建的数字化平台上运行；计算流域由许多正方形网格或经纬网格单元组成；许多与降雨径流形成过程有关的流域或水文要素由DEM自动生成。

(2) 可以方便地利用具有空间分布特征的信息，如天基（卫星、遥感）、空基（航测)、地基(雷达、遥测、地面)[16] 观测的不同时空尺度的能量、水分等多源信息进行洪水预报、水资源评价、水质及生态模拟、气候变化及人类活动对水文水资源、水环境影响等方面的研究与应用;利用流域下垫面的空间分布信息确定或检验某些模型的参数。

(3) 模型参数具有空间分布特征,它们的空间分布反映了流域下垫面自然条件下空间分布的不均匀程度,同时也反映了流域内不同区域的降雨径流特性及空间变化规律。

(4) 模型输出信息具有空间分布特征,不仅能输出与集总式流域水文模型相同的信息,而且能输出诸如植物截留、蒸散发、土壤水分、地表径流、壤中流、地下径流等水文要素和状态变量的空间分布场以及任意站点或断面的流量等水文过程。

5.3.3 模型研究中的问题

水文模型本身是人们对降雨径流形成过程认识与了解的基础上,对复杂水文现象进行的近似与概化。从某种意义上来说,一方面要求模型要足够的简单,结构不能太复杂,以便于人们认识、理解和推广应用;而另一方面则要求模型要足够的详细,以便能较为全面地描述水文过程。分布式流域水文模型应具有什么样的结构和尺度?这是分布式流域水文模型研究中面临的问题。

5.3.3.1 模型结构选择

分布式流域水文模型,尤其是具有物理基础的分布式流域水文模型,由于它们能较为全面地描述水文系统而明显优于集总式流域水文模型。国外学者 Beven 认为,分布式流域水文模型所谓的“具有物理基础”是指模型要满足模拟的主要水文物理过程与实测的相当一致的要求,而不是一定要求模型建立在确定的假设和理论基础上。按照 Beven 的观点,可以这样理解,理查兹(Richards)在 1931 年试验中证明了非饱和流仍然符合达西定律,即非饱和流流速与土水势梯度成正比,并与孔隙通道的几何性质有关,即:$V=-K(\theta)\dfrac{\partial \Phi}{\partial x}$ 的水动力学理论。但这一理论主要适用于微观尺度单一土柱、单一水体的现象。由于分布式流域水文模型应用的空间尺度往往大于水力传导度 $K(\theta)$ 量测的微观尺度,严格建立在水动力学基础上的分布式流域水文模型所模拟的水文过程不一定与实测水文过程完全一致。因此,常采用“有效参数”来替代“可量测”参数,一定程度上影响了基本方程的物理基础[2]。

分布式流域水文模型应尽可能地模拟水文过程的原型,而可用的理论与方法、可获得的基本资料、计算机条件以及不同的目的是模型结构选择的关键所在。

5.3.3.2 模型尺度选择

水文尺度问题是水文水资源科学的一个重要问题。水文尺度涉及空间尺度和时间尺度,通常依尺度的大小分为微观尺度、中观尺度和宏观尺度三类。最近十几年,国内外学者十分重视水文尺度的研究,将水文尺度研究提高到非常重要的地位。随着新的理论、新的技术和新的方法在水文学科领域的应用,在水文尺度的研究领域相继出现一些新的研究方法,如以分形理论为基础的尺度分析、以混沌理论为基础的尺度分析、以随机解集原理为基础的尺度分析和以小波理论为基础的尺度分析[30],取得了一些重要的研究成果。

虽然基于多源、异构、多时态和多尺度的空间数据集成的数字水文研究可为水文尺度问题的解决提供平台和技术支撑，有助于降雨、蒸散发面平均值的估计，遥感资料的解译、诊断、评价和挖掘，有助于降低无资料或缺资料地区水文预报预测的不确定性。但分布式流域水文模型中如何以空间尺度变量来反映流域特征不均匀性？DEM是确定流域水文特征参数的重要依据，DEM分辨率发生变化，流域的地形也会发生变化，从而会影响流域的水文模拟过程，用不同的水文尺度进行水文模拟时，应选择怎样的DEM分辨率，受哪些因素的影响和制约？这些都是值得讨论和研究的问题。

对于分布式流域水文模型来说，计算单元的空间尺度与其输入资料的空间尺度应尽可能相互匹配。如果数千平方千米的流域内仅以一个单站降雨资料作为模型的输入，那么采用100m网格的水文模拟计算则没有任何实际意义。同样，时间尺度与空间尺度也应保持一致性。如果是研究月或旬径流量的预报预测，那么采用100m的空间尺度也没有什么实际价值。同一组水文参数，DEM分辨率不同，模拟的水文过程一般有所不同。因此，用不同分辨率的DEM进行水文模拟时，要进行水文参数校正。

5.3.4　模型参数确定

5.3.4.1　参数空间分布

分布式流域水文模型的参数具有明确的物理意义。从理论上讲，具有明确物理意义的参数不需要率定，可以直接量测。量测值一般都是从流域内所设的水文气象资料观测站或实验站获得。分布式流域水文模型中所包含参数的时空分布一般是不均匀的，也就是说，每一个子流域的模型参数都有可能是不同的，所以，仅由有限的水文气象资料观测站或实验站实测资料来确定模型参数，其面上的代表性不够，加上有一些参数的时空变化幅度较大，难于通过实测资料来确定，实际应用中仍需要进行参数率定。

5.3.4.2　可利用资料

与集总式流域水文模型验证及参数率定不同的是，分布式流域水文模型验证及参数率定需要更多的水义资料和对水义系统物理过程的更深入的了解。目前，人们在研究或应用集总式、半分布式、分布式流域水文模型时，仍主要依据流域内实测降水、蒸散发、出口断面流量过程等水文气象资料来率定模型参数或验证模型。然而，流域出口断面的流量过程是流域内水文气象、下垫面因子的空间分布等诸因素综合作用的结果，一个经率定并获得较好模拟结果的模型或参数，并不能说明模型中所描述的各水文过程与实际情况相符，也许其中的某些过程描述与实际相差甚远，是各过程相互补偿而掩盖了真实情况。所以，根据流域出口断面的水文资料来率定分布式流域水文模型的参数，难于获得真正意义上物理意义明确的参数值。分布式流域水文模型验证及参数率定，不仅需要流域和子流域出口断面的水文资料，而且需要流域内地下水位、土壤含水量等资料。

5.3.4.3　主要方法

目前，可用于分布式流域水文模型参数率定的资料很有限，有关流域内部水文过程的观测或试验资料更少，因而在一定程度上影响了分布式流域水文模型的研制与应用。近年来，国内外学者对分布式流域水文模型参数率定方法与策略做了许多研究，提出了一些有效的途径：①可根据模型参数的物理意义，直接以实测资料进行率定；间接地引用其他流域类似研究的参数值，使需要率定的参数数目减少到最低限度；②利用遥感、遥测、卫星影像和航片等现代技术获取的有关资料对模型或参数率定结果进行定性或定量分析，研究分析所率定的模型或参数的可靠性；③利用更多的实测资料，如流域内的地下水位、土壤含水量对模型或参数进行率定，以减小模型或参数的不确定性。

5.4 流域水文模型研究与检验

流域水文模型研究可以说从流域水文规律研究时就开始了，但真正能考虑复杂因素影响的模型研究，还是20世纪60年代以后。特别是高新技术在水文学科上的应用与普及，促进了复杂流域水文模型的研究和发展。随着卫星、遥感、遥测等空间技术和信息采集技术的飞速发展，使人们能够及时、有效地获取多源的资料和信息；资料与信息的处理、传输、存储技术，大型综合数据库、分布式数据库和交互式操作系统的发展；微观水文现象的基本理论研究与试验研究的深入；数字流域与数字水文模拟技术、防汛指挥系统和决策支持系统的研究与建设，使流域水文模型研究得以迅速发展。

5.4.1 建模思路

前面几节分别介绍了国内外比较典型的几个流域水文模型。无论是集总式模型，还是分布式模型，它们都是根据人们对水文规律认识与了解的基础上研制出来的，认识与了解的程度不同，研制出的模型也就各异。下面就水文模型建模思路作一些简要介绍。

5.4.1.1 基本资料的收集、整理与分析

流域水文模型研究涉及水力学、气象学、水文学、水文地质学、计算机及计算技术在内的众多学科领域。在模型研制过程中不仅需要正确的理论、概念和方法对研究中出现的问题进行分析、判断和解译，而且需要大量的资料对模型、模型结构、模型参数的合理性进行论证、分析和检验。应尽可能地利用卫星、遥感、航测、雷达、遥测、地面观测等多源途径，收集不同时空尺度的水文气象资料和下垫面资料。所需数据主要以下几个方面：

(1) 水文气象资料。主要包括：降水、蒸散发、径流、冰情、气温、辐射、风速、湿度、日照和云量等。

(2) 下垫面特性资料。主要包括：地形、地貌、土壤、植被以及河流、湖泊、沼泽特性等。

(3) 水利工程资料。主要包括：各级水库的有效库容及灌溉面积，各类引、提水工程的引、提水量及其灌溉面积、灌溉定额等。

(4) 水文地质特性资料。主要包括：岩性分布。地下水平均埋深及其补给，排泄特性，地下水开采情况等。

(5) 社会经济发展资料。主要包括：耕地、林地、草牧场、荒地的面积和分布特点，人口及经济发展情况等。

5.4.1.2 近似与概化

水文模型本身是人们对水文规律认识与了解的基础上，对客观现实进行的近似与概化。模型简单，则便于人们理解和应用，模型复杂，则能更好地描述水文系统。究竟一个流域水文模型要简单或复杂到什么程度？流域水文系统的复杂性，使普遍适用的模型几乎不可能找到，模型研究中重要的是要抓住主要矛盾和矛盾的主要方面。具体地说，就是要根据可用理论和方法，可获取的资料条件，具体研究的对象和目的，以是否符合客观水文

规律为标准，找出影响水文规律的因素，并分析这些因素对水文规律影响的大小；抓住主要影响因素，忽略次要的或随机因素，提出近似与概化的数学表达式；用这一数学表达式去描述某水文过程，看其是否大体符合水文实际情况和满足生产实际需要。也就是说，模型要满足模拟的主要水文物理过程与实测过程相当一致的要求，而不是一定要求模型建立在确定的假设和理论基础上。从目前国内外对水文模型，尤其是分布式流域水文模型研究的发展趋势看，为了更详实地揭示水文现象的物理过程，尤其是降雨径流形成机理与下垫面因子之间的因果关系，模型中考虑的影响因素越来越多，单元体越分越细。

5.4.1.3 模型结构

模型结构是人们根据对水文规律的认识而设计的。对模型结构和参数物理意义的认识国内外水文学者已渐趋一致。模型结构设计就是要在认识、分析水文规律的基础上，建立尽可能符合客观水文规律的、具有比较明确物理意义的总体结构和径流形成过程中各环节的层次结构。根据构建的模型总体结构和层次结构，确定各层次相应的计算方法和数学表达式，并由此确定模型中所包含的参数。如新安江模型中的蒸散发、产流、水源划分和汇流四个层次结构；SAC模型中的超渗产流结构和模拟各种水源的产流结构；分布式流域水文模型中的网格降雨、网格降雪、网格气温、网格蒸散发、网格产流、网格高程、网格坡度、网格流路、网格汇流等结构。

构建模型结构是模型研制中最重要的部分。因为研制模型的过程，就是对降雨径流形成机制及其影响因素不断认识，逐步深化的过程，也是对模型结构、模型参数及计算方法检验的过程。从目前国内外对水文模型，尤其是分布式流域水文模型研究的发展趋势看，研究目的、可采用的理论与方法，可获得的资料与信息、计算机的硬软件条件是选择模型结构繁简的关键。

5.4.1.4 模型参数

根据设计的模型总体结构和总体结构下的层次结构，确定模型参数。因模型研究中会涉及缺乏水文气象资料情况下的参数问题，故应更重视参数本身的物理意义和参数的不确定性问题。从目前国内外对水文模型，尤其是分布式流域水文模型研究的发展趋势看，更重视通过研究小尺度的水文过程与不同下垫面条件能量和水分循环规律，分析比较非均匀区域内水量平衡要素的相似性和尺度效应，从而将具有明确物理意义的模型参数或描述水循环要素的指标与下垫面特征建立关系。

5.4.1.5 模型验证

以产汇流基本理论为指导，计算机模拟技术为工具，实际流域或试验流域的实测水文资料为模型验证依据，对已建立的模型进行验证。根据模拟值和实测值比较结果，调整模型结构和参数。从目前国内外对水文模型，尤其是分布式流域水文模型研究的发展趋势看，模型验证除了用流域出口和子流域出口的流量过程外，还利用地下水位、土壤含水量等水文资料和地理信息系统、遥感、遥测、卫星影像和航片等现代技术获取的有关资料对模型模拟结果进行定性分析，以增加所率定模型的可靠性。

5.4.2 模型检验

目前国内外流域水文模型众多，早期的不说，近年来国内先后研制了适合于干旱半干旱地区的垂向混合产流水文模型、河北雨洪水文模型、双衰减曲线水文模型、平原水网区水文模型和喀斯特地区水文模型等；在国家自然科学基金委会的支持下，对分布式流域水文模型进行了探索性的研究工作，内容涉及如何分析和利用地理空间信息，建立地理空间和水文过程的联系；将地理空间信息平台和流域水文模型进行耦合来对流域内某个或多个水文过程或状态变量进行时空分布过程的模拟。这些模型或研究途径构思各有千秋，结构各异，效果亦不同。总体上来看，模型研究者都在致力于增强模型结构和模型参数的物理性。对一个水文模型的检验是多方面的，综合性的，无论是研制模型，还是应用已研制好的模型，都要重视用实测或试验的水文资料对模型、模型结构和模型参数的合理性作充分的检验；重视模型应用的有效性、可外延性和可移植性的检验。

5.4.2.1 模型结构合理性检验

虽然随着新技术在水文学科领域的应用为获取有关的水文资料提供了平台，但因水文现象十分复杂，目前人们仍难于准确获得一个流域内水文循环诸要素，如植物截留、蒸散发、坡面水流、河道水流、土壤水运动、地下水流和融雪径流等过程可靠的时空变化值。因此，在水文模型结构设计过程中，根据研究的目的、可采用的理论与方法，可获得的资料与信息等条件，或多或少地要对某些水文过程或要素进行一定的近似和概化，不同的近似和概化，其描述的数学表达式不同，模型结构也就有所不同。所以，构建的模型结构是否合理？应当如何检验，是一个很重要的问题[6]。

模型结构合理性检验，可以通过试验或用试验资料来实现，但目前人们在研制或应用流域水文模型时，一般是通过对实际流域内实测的降水、蒸散发和出口断面的流量过程的分析、检验来实现的。具体方法是：①模型的可靠性取决于模型研制中使用的水文资料的质量和代表性，因此应选择既具有代表性，又有足够样本容量的实测水文资料系列（使用水文气象资料应满足的最低洪水样本数量参见第 10 章 10.3 节）；②资料系列要分为率定期和检验期，首先用率定期的水文资料系列估计模型参数，然后用检验期的水文资料进行模型计算；③将模型的计算值与实测值进行比较，看模拟的主要水文物理过程是否与实测的过程相当一致，是否符合水文现象，有没有明显的矛盾。

一个新提出的模型结构合理性检验仅用一个流域或地区水文资料是不够的，需要用多个流域或地区的水文资料进行检验。选择多个在地理位置、地形地貌、植被和土壤类型等方面具有一定代表性的流域或地区的水文资料进行模型计算；分析计算结果，只有当模型结构对各种不同水文气象及下垫面条件都能做出统一的解释时，模型结构的合理性才能得到基本肯定。模型的可外延性，是模型使用是否可靠的保证，一定程度上能反映模型结构的合理性。一般来说，模型率定期的计算精度总是比检验期或预测预报时好，两者精度之间的差异，一般认为是模型外延误差。如果外延误差小，说明模型的可外延性高，否则就不可用于外延。不可外延的模型，其结构的合理性令人置疑。

除上述方法外，还可以进行方法之间比较。同一个问题，同一套资料，采用不同的计算方法可能得出不同的成果。分析比较产生不同结果的原因，可以检验模型结构的合理性。新安江模型没有超渗产流结构，SAC 模型设有超渗产流结构。若将湿润地区或干旱地区的同一套资料分别用新安江模型和 SAC 模型进行产汇流计算，分析比较计算结果，就会发现两个模型产流结构上的差异。

与集总式流域水文模型有所不同的是，对分布式流域水文模型结构合理性检验可能需要更多的水文资料和研究者对降雨径流形成过程更深入的认识与了解。对模型及模型结构合理性检验不仅要包括流域出口断面流量过程模型计算值与实测值的比较，而且包括子流域出口断面流量过程模型计算值与实测值的比较，甚至一些中间过程模型计算值与实测值的比较。

5.4.2.2 模型参数合理性检验

从理论上讲，具有明确物理意义的参数不需要率定，可以直接量测。量测值一般都是从流域内所设的水文气象资料观测站或实验站获得。仅由有限的水文气象资料观测站或实验站实测资料来确定模型参数，往往其面上的代表性不够，加上有一些参数的时空变化幅度较大，难于通过实测资料来确定，实际应用中仍需要进行参数率定和合理性检验。具体方法是：①确定目标准则；②根据参数物理意义直接由实测水文资料或间接地引用其他流域类似研究的参数，初定一组参数值；③选择既具有代表性，又有足够样本容量的实测水文资料系列进行模型计算；④将模型的计算值与实测值进行比较，看是否满足预先确定的目标准则和模拟的主要水文物理过程是否与实测的过程相一致。

除上述方法外，可通过参数的地区对比，既可检验模型参数的合理性，也可检验模型结构的合理性。因为大多数流域水文模型参数一般都有较明确的物理意义，而有物理意义的参数一般都存在一定的区域规律。通过参数区域对比，可以检验模型结构、模型参数的合理性。如果一个模型参数的区域规律好，说明该参数具有一定的物理意义，模型在区域内可移植性就高；相反，如果模型中大多数参数都没有区域规律，说明它们的物理意义不甚明确或根本不明确，模型就难于在区域内移植。

本章主要介绍了新安江模型、SAC模型、TANK模型、陕北模型、混合产流模型、CLS模型和分布式流域水文模型的模型结构、计算方法、模型参数、模型参数的调试方法。从中不难了解到：各种模型结构各异，构思各有千秋；集总式流域水文模型难以描述降水的空间变化和流域下垫面及土壤含水量的空间变异，但模型参数的确定相对简单，易于推广应用；分布式流域水文模型能够描述降水、模型参数、模型结构的空间变化和流域下垫面及土壤含水量等的空间变异，但存在所需资料多，精度要求高以及确定大量模型参数的困难，有效地应用于实际尚有难度。理性地看待两类模型，汲取它们建模思想的精髓，以推动流域水文模型研究进一步发展。

参考文献

[1] 芮孝芳．流域水文模型研究中的若干问题［J］．水科学进展，1997，8（1）：94-98.
[2] 刘志雨．分布式水文物理模型研究中的参数率定和模型验证［J］．全国水文学术讨论会论文集，2004：241-245.
[3] 芮孝芳，黄国如．分布式水文模型的现状与未来［J］．水利水电科技进展，2004，24（2）：55-58.
[4] 文康，雷Wen．人类活动对水文的挑战［J］．全国水文学术讨论会论文集，2004，38-42.
[5] 刘新仁．流域水文模型的研究途径［J］．全国水文学术讨论会论文集，2004，189-192.
[6] 赵人俊．流域水文模拟-新安江模型与陕北模型［M］．北京：水利电力出版社，1984.
[7] 赵人俊．新安江模型参数的分析［J］．水文，1988（6）：2-9.
[8] 王佩兰，赵人俊．新安江模型（三水源）参数的客观优选方法［J］．河海大学学报，1989，

17 (4): 65 - 69.

[9] 赵人俊. 流域水文模型的比较分析研究 [J]. 水文, 1989 (6).

[10] 谭炳卿. 水文模型参数自动优选方法的比较分析 [J]. 水文, 1996 (5): 8 - 13.

[11] Rosenbrock, H. H.. An automatic method for finding the greater or least value of a function [J]. Computer Journal, 1960, 3: 175 - 184.

[12] Nelder, J. A. and Mead, R. L.. Asimplex method for function minimization [J]. Computer Journal, 1965, 7: 308.

[13] Wang, Q. J.. The genetic algorithm and its application to calibrating the conceptual rainfall runoff models [J]. Water Res. Res., 1991, 29 (9): 2467 - 2471.

[14] 李杰友, 王佩兰. 新丰江和枫树坝水库实时洪水预报模型 [J]. 水文, 1996, 94 (4): 17 - 20.

[15] R. A. 克拉克. 美国的水文情报和预报 [J]. 中美水文情报预报研讨会论文集, 1991, 10 - 14.

[16] M. Sugawara, I. Watanabe, E. Ozaki, Y. Katsuyama. Tank Model Programs for Personal Computer and the Way to use. Japan: National Research Center for Disaster Prevention, 1961, 5 - 21.

[17] M. Sugawara, I. Watanabe, E. Ozaki, Y. Katsuyama. Tank Model with Snow Component. 1 - 11.

[18] 文康, 顾文燕, 李琪. 西北干旱地区——陕北岔巴沟产流模型研究 [J]. 水文, 1982, 10 (4): 24 - 30.

[19] 赵人俊, 王佩兰. 霍顿与菲利普下渗公式对子洲径流站资料的拟合 [J]. 人民黄河, 1982 (1): 1 - 8.

[20] 赵人俊, 王佩兰. 子洲径流试验站产流产沙分析 [J]. 人民黄河, 1980 (2): 15 - 19.

[21] 李杰友, 王佩兰. 黄土区小流域坡面流模拟 [J]. 河海大学学报, 1990, 18 (6): 17 - 23.

[22] 包为民. 黄土区流域水沙模拟概念模型与应用 [M]. 南京: 河海大学出版社, 1995, 26 - 48.

[23] 胡春歧. 半干旱半湿润地区产流计算方法研究 [J]. 水文情报预报学术交流论文集, 1993, 57 - 62.

[24] Liang X, Xie Z. A New Surface Runoff Parameterization with Subgrid-scale Soil Heterogeneity for Land Surface Models [J]. Advances in Water Resources, 2001, 24 (9, 10): 1173 - 1193.

[25] 包为民. Green-Ampt 下渗曲线的改进与应用 [J]. 人民黄河, 1993 (9): 1 - 4.

[26] 王厥谋, 张瑞芳, 徐贯午. 约束性线性系统模型及其在汉江流域洪水预报中的应用 [J]. 水文, 1985 (1).

[27] 岳利军, 何俊霞, 赵建. SCLS 模型在河南省的应用研究 [J]. 全国水文预报与减灾学术讨论会论文集, 1997, 71 - 75.

[28] 何延波, 杨琨. 遥感和地理信息系统在水文模型中的应用 [J]. 地质地球化学, 1999, 21 (2): 99 - 103.

[29] 李纪人. 遥感和地理信息系统在分布式流域水文模型研究中的应用 [J]. 水文, 1997 (3): 8 - 12.

[30] 任立良, 刘新仁. 数字时代水文模拟技术的变革 [J]. 河海大学学报, 2000, 28 (5): 1 - 6.

第6章 实时洪水预报

6.1 概 论

实时洪水预报（real-time flood forecasting）指的是对将发生的未来洪水在实际时间进行预报，就目前预报方法而言这实际时间就是观测降雨即时进入数据库的时间。实时洪水预报的基本任务，是根据采集的实时雨量、蒸发、水位等观测资料信息，对未来将发生的洪水作出洪水总量、洪峰及发生时间、洪水发生过程等情况的预测。

实时洪水预报要求预报精度尽可能高、预见期尽可能长、受系统环境影响尽可能小和动态跟踪能力尽可能强。特别是流域性洪水预报，流域面积大、范围广、预报点多，流域内暴雨、洪水特点时空变化大，再加上流域资料站点多，信息源复杂，更增加了要达到上述要求的难度。

流域实时洪水预报根据生产实际需要、实际系统状况重点要研究和考虑以下3方面的问题：

（1）洪水预报模型建立。

（2）观测资料误差动态监控分析、系统自适应动态跟踪与模型误差实时修正。

（3）系统遇不正常情况的修复与处理。

6.2 实时洪水预报建模

实时洪水预报建模主要是指对具体预报流域进行特征了解、建模特征值确定、资料准备和预报建模4个环节过程。

6.2.1 流域基本特征

流域基本特征主要对流域的气候、洪水、地貌、地质、植被与人类活动等进行了解，为建模做基础准备。

1. 气候特征

流域的气候与实时洪水预报建模关系十分密切，主要要了解流域的年平均雨量、年平均蒸发量、年平均径流系数、历史丰水年、历史枯水年、暴雨类型、暴雨的空间分布、暴雨中心位置、暴雨发生季节、年平均气温、年最低气温、降雪情况、冬季封冻情况等。这类特征是流域建模最重要的基本特征，影响着流域产流结构、汇流结构和站网及历史水文资料使用时期等的选择与确定。

对年平均雨量、年平均蒸发量和年平均径流系数的了解，可以分析流域的湿润或干旱程度，为产流模型选择作准备。这些特征量可以从历年观测的年雨量、年蒸发量和年径流系数中进行统计计算得到。

对历史丰水年和历史枯水年的了解，主要为历史水文资料选择作准备。对资料有条件的流域，用于建模的历史水文资料最好包括有资料记载的最丰和最枯年份系列，这样可以增强所建模型的代表性。最枯年份资料，还可被用来确定新安江模型的流域平均蓄水容量参数和第三层蒸发扩散系数等，且用于率定模型参数的历史水文资料包括丰、平、枯年份，可以使率定的参数具有较好的代表性。

对暴雨类型、暴雨的空间分布、暴雨中心位置和暴雨发生季节的了解，可为站网密度确定、雨量站位置选择、洪水资料选择提供依据。一个流域的暴雨类型和暴雨的空间分布，影响着预报模型所需要的站网密度。如果流域上频发空间分布不均匀的对流型暴雨（如雷暴雨、台风雨等），则雨量站网就要适当加密，如果流域上主要是锋面雨，空间分布相对均匀，则雨量站密度就可低些。流域常发生的暴雨中心位置或区域，通常在雨量站选择时要考虑适当加密，以不漏测暴雨中心的降雨为原则。暴雨发生季节的了解为洪水选择、模型模拟误差分析提供参考信息。

对年平均气温、年最低气温、降雪情况、冬季封冻情况的了解，主要是为模型结构中是否要有融雪径流模拟、是否需要考虑冬季蒸发结构和封冻条件下的产流结构模式等。

2. 洪水特征

流域建模要了解的流域洪水特征主要包括历史特大洪水发生年份、洪水发生频率、洪水预见期、洪水发生历时、洪水的涨落速率、洪峰与洪量大小、洪水过程特征的季节性变化、地下水水源比例情况、洪水径流系数及洪水受人类活动的影响程度等。洪水水文特征的了解为历史代表性洪水的选择、计算时段长确定、汇流结构和汇流参数确定、预报时段数及整个模型结构的确定提供信息。

3. 植被、地貌与地质结构特征

植被特征主要了解流域植被覆盖率、季节性变化率、植被种类、植被截流能力等。植被特征主要影响降雨截流、地下水比例、蒸发、产流和水流的流域调蓄作用等。

地貌特征主要包括流域形状、流域水系分布、河网密度、河流切割深度、流域坡度、主干河流长度、流域水面分布与比例、流域地表粗糙度、地表坑洼、水田旱地面积比例与流域水利工程等分布情况。地貌特征主要影响流域对水流的调蓄作用，农田和水利工程等人类活动也通过改变地貌而影响流域产流。

地质结构，主要了解流域岩石裂隙发育情况，是否有喀斯特地形、影响面积范围，是否有泉水或地下河使得流域不闭合等情况。地质结构主要影响流域产流和水源比例及其流域对水流汇集的调蓄作用。

4. 人类活动

流域上的许多人类活动会影响水文规律，这包括中小型水库、地表坑洼、农业活动、水土保持措施、都市化进程、跨流域调水等。人类活动影响严重的流域，必须单独考虑模拟结构。

流域中的中小型水库、水塘等，遇长期干旱放水灌溉而泄空库容，遇洪水后先拦蓄洪水，若长期降雨后洪水拦蓄不下又大量放水泄洪，这一减一加，常给洪水带来大的变化。这些水利工程的规模，影响到流域产流参数或产流结构的不同，水利工程建设时期不同也导致水文资料的不一致性。所以要了解这些水利工程的控制流域面积、蓄水能力、流域分布位置、建设时期、管理方式等。在文献［17］中提出了描述流域中小型水库截流的分布曲线结构与计算方法。

农业活动有作物类型、生长季节、作物种植面积占全流域的比例等。如我国华南地区广种水稻，在有些水田面积比例大的流域，插秧季节由于水田插秧会拦截一些径流，虽然水深一般只需 10～20cm 左右，但如果水田面积比例大，这拦截的水量也是十分可观的。而在稻子成熟季节，稻田会排出剩余水。这导致实测径流量偏离于天然量，进而导致实测与计算的差异。

水土保持措施主要在黄河中游的黄土地区流域，其措施方法有许多，主要的有淤地坝工程、植被工程措施、耕作方式措施等。这些工程措施不同程度地减少了流出流域的水沙量。据文献［18］研究，黄河中游流域，20 世纪 90 年代由于水土保持措施影响，流域径流比 50 年代有十分显著的减少，影响大的流域达到了 50%以上。

6.2.2 特征值确定

预报建模前要了解流域的预见期（或平均汇流时间），要确定合适的计算时段长。

1. 预见期

洪水预报预见期就是洪水能提前预测的时间。由于目前的洪水预报，都是据实测的降雨作为输入（已知条件）来预报未来的洪水，所以其预见期就是指洪水的平均汇流时间。在实际中具体确定预见期的方法有：对于源头流域可把主要降雨结束到预报断面洪峰出现这个时间差作为洪水预见期；而区间流域洪水预报或河段洪水预报，当区间来水对预报断面洪峰影响不大时，洪水预见期就等于上下游断面间水流的传播时间。如果暴雨中心集中在区间（上断面没有形成有影响的洪水）流域，那么预见期就接近于区间洪水主要降雨结束到下游预报断面洪峰出现这个时差。假如降雨空间分布较均匀，上断面和区间都形成了有影响的洪水，则情况就复杂些，其预见期通常取河段传播时间和区间流域水流平均汇集时间的最小值。

一个特定流域，洪水预见期是客观存在的，是反映流域对水流调蓄作用的特征量，表达水质点的平均时滞，其大小与流域面积、流域形状、流域坡度、河网分布等地貌特征及降雨、洪水等水文气候特征有关，不同特征的洪水有不同的预见期。对于不同的洪水，由于降雨强度、降雨时空分布、暴雨中心位置与走向及水流的运动速度都是变化的，因此每一场洪水的预见期是不同的。例如，暴雨中心在上游预见期就会长些，暴雨中心在下游预见期就会短些。另外，暴雨强度和降雨的时间组合，也在一定程度上会影响预见期。对于不同的流域，地形、地貌特征都会影响预见期。这主要包括流域面积、坡度、坡长、河网密度、地表粗糙度和流域形状等。

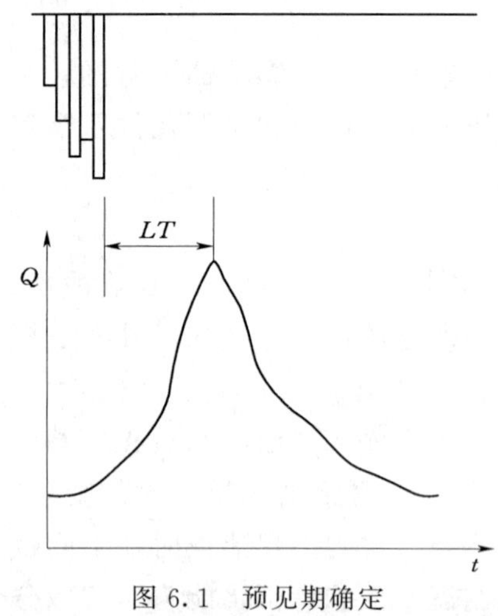

图 6.1 预见期确定

预见期可据历史洪水资料来分析确定。对于一场洪水的预见期，可以据实测的流域平均降雨和流量过程确定，如图 6.1 所示。对于流域的一系列历史洪水，可得一组预见期。如果这不同的洪水预见期变化不大，可简单的取其平均即可；如果差别较大，需建立预见期与影响因子（如暴雨中心位置、雨强、降雨时间分布等）之间的关系。

2. 时段长

洪水预报时段长（或计算时段间隔）确定，取决于流域洪水特征、信息利用、资料和计算工具条件。

从洪水特征及信息利用角度考虑，时段长取得越短越好。短的时段可以完整的反映洪水过程、可提供更多的洪水预报信息及少损失预见期等，但时段长取得过短将带来实时资料采集的困难和计算工具速度跟不上等问题。因此需要综合两方面的因素，适当延长时段间隔，但至少要使洪水涨峰段有四个时段以上，否则时段太长，洪水形状、洪水特征不能充分反映，信息量太少给分析汇流参数（如单位线分析）和实时修正等带来困难。对于资料条件许可的流域，特别是有遥测自动采集系统的流域，时段长可适当取短些，在我国通常取 1h，如果是小流域，也可取半小时。但如果是水库流域，一般不宜取时段间隔小于 1h[16]。

6.2.3　资料准备

模型参数率定的基本依据是历史水文资料。资料选择的好坏，直接影响到参数率定结果。据《水文情报预报规范》（SL 250—2000）规定[11]："洪水预报方案（包括水库水文预报及水利水电工程施工期预报），要求使用不少于 10 年的水文气象资料，其中应包括大、中、小水各种代表性年份，并保证有足够代表性的场次洪水资料，湿润地区不少于 50 次，干旱地区不少于 25 次，当资料不足时，应使用所有洪水资料"。要强调的是这只是模型参数率定的最低要求。对于实时洪水预报系统模型参数率定的历史水文资料选择应从雨量站、日模资料和洪水资料三方面来考虑。

1. 雨量站选择

实时洪水预报系统雨量站选择的基本要求是，在能反映流域降雨的空间变化和满足洪水预报模型精度要求前提下所选雨量站点尽可能少。为此站点选择应考虑暴雨中心位置、地形代表性、站点面积代表性、资料观测精度、测站的可维护性、信道的畅通性和站点密度等。

暴雨中心位置，对于同一个流域不同类型降雨是变化的，但对同一类型的降雨会相对稳定，即使有些流域没有相对稳定的暴雨中心，也可考虑历史上较多发生的暴雨中心位置。在暴雨中心附近区域，雨量站要适当加密，以免漏测大强度暴雨。

地形代表性就是要考虑不同特点的地形，都要有代表性的雨量站。如迎风坡、沟谷地、出山口、平坦宽广区等，以考虑不同地形对降雨量的影响。

站点面积代表性就是要求测点位置对周围区域降雨有较好的代表性。假如测点降雨只能代表位置点的降雨，与周围的降雨量差距很大，这样的测站代表性就差。如山顶的雨量站，其观测降雨量通常只能代表山顶的极小范围，与四周山坡的降雨会差别较大，属测点面积代表性不好的测站，一般不宜选择。

资料观测精度主要是对不同管理性质的雨量站，维护人员不同观测精度常差距较大，特别是有些委托非专业技术人员代管的雨量站，其管理不规范，维护人员素质差，责任心不强，观测的雨量资料精度常会低些，尽量要避免。

测站的可维护性主要是对新建站点，要求便于管理和维护，对有些深山老林，汽车到不了或无人居住、设备难以管理和日常维护，就不宜设站。

信道的畅通性是对遥测系统而言，要求与外界或中心站或中继站间的信道畅通，否则也不宜建站。

站点密度一般要通过站网论证分析，其确定原则是在满足洪水预报模型精度的要求前提下，考虑上述选站因素，选择尽可能低的雨量站密度。

2. 日模资料选择

以日为时段的历史水文资料，主要是用于率定产流参数，并为次洪模型参数率定提供洪水的初始中间变量。日模资料通常包括预报位置的日平均流量、流域蒸发站的日蒸发资料和各雨量站的日雨量资料。如果预报的范围是区间，则还有流域外日平均流量入流资料。

日模资料通常要求是连续的年份系列，最少要12年，其中10年为参数率定和2年模型检验。一般要求有丰水年、枯水年和平水年的代表性，所选年份尽量是最近的12年。如果最近12年的丰、平、枯代表性不好，资料系列要延长；如果最近的年份无观测资料，那也可适当提前。

日模资料选择还要求资料系列前后一致，特别是蒸发和流量资料。如蒸发资料站位置、观测器皿类型在选定时期内的改变会影响蒸发资料的一致性，就要分析资料的一致性，对不一致的资料系列要进行一致性处理后才能为模型参数率定所用。类似地，流量资料站点位置改变或流量站控制流域内水库的兴建、农业种植活动的大规模改变、水保措施等都会影响到资料系列的一致性，其处理方法因具体情况而差异很大，但都必须使流量资料系列一致方可。

日模资料选择还要求同步性。即各雨量站、蒸发站和流量站的资料都要同时开始和同时结束，只有同步的资料才能为参数率定所用。

3. 洪水资料选择

洪水资料主要用来率定模型的汇流和分水源参数等，对有些流域还要适当的考虑产流参数，如蓄水容量分布曲线指数等。洪水资料主要包括预报点洪水期等时段间隔的流量和流域上各雨量站的时段雨量资料，如果预报的范围是区间，则还有流域入流站时段流量资料。

洪水资料选择要考虑各种不同特点洪水的代表性，主要有：大、中、小洪水尺度代表性，不同季节、不同暴雨类型、不同暴雨中心位置、不同降雨强度、不同暴雨历时和单峰与复式洪水等的代表性。对大、中、小洪水尺度的代表性考虑，可适当多选择一些近代发生的大洪水，但历史上发生的特大洪水也不能漏，中小洪水代表也要适当选择，以使模型率定的参数能反映流域对不同尺度洪水汇流调蓄作用的差异；不同季节的代表性，要考虑汛期与枯季的代表性、夏季与冬季的代表性、汛初与汛末的代表性等。不同季节的洪水，反映了季节性因素对洪水的影响；不同暴雨类型洪水的代表性，如锋面雨洪水、台风雨洪水、雷暴雨洪水等，反映不同暴雨类型引起的洪水特征差异；不同暴雨中心位置的代表性，主要考虑暴雨中心在上游、中游和下游三种情况；另外还有不同降雨强度的代表性、不同暴雨历时的代表性和单峰与复式洪水的代表性等。只有选择了这些不同代表性的洪水后，所率定的模型参数才能代表各种特点的洪水。

类似于日模资料选择，洪水资料也要考虑资料系列前后一致，对不一致的资料系列要进行一致性处理后才能为模型参数率定所用。

洪水资料选择要考虑不同资料间的相应性。即要求各雨量站时段雨量与流量站的洪水资料都要相应，引起本场洪水的雨量都要考虑进去。由于不同雨量站降雨的开始与结束时间不同，一般以本次洪水降雨的最早开始时间作为雨量摘录的开始时间，最迟结束时间作为雨量摘录的结束时间，只有相应的洪水资料才能为次模参数率定所用。

洪水场次要湿润地区不低于50场，干旱地区不少于25次。在资料和计算条件允许的情况下，要选择尽可能多的洪水。

6.2.4 预报建模

预报建模或称预报方案建立，类似于模型参数确定，主要涉及模型选择、模型参数确定、模型分析检验和模型结构改进，可由图6.2流程图表示。

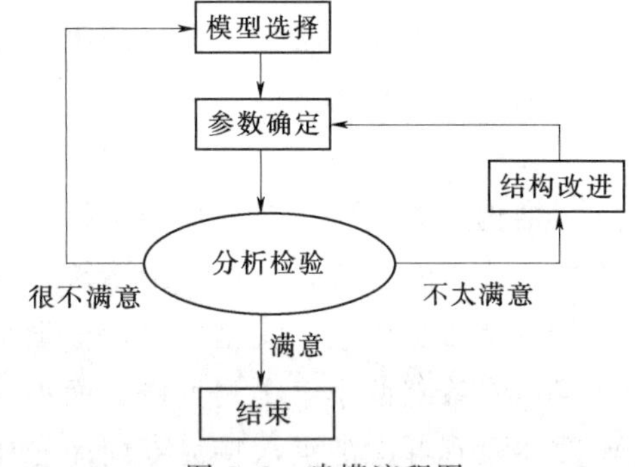

图6.2 建模流程图

1. 模型选择

模型选择主要考虑气候、洪水、植被、地貌、地质和人类活动等因素，从蒸发、产流、分水源、坡面汇流和河网汇流五方面来选择。

蒸发对于我国绝大多数流域可采用三层蒸发模型。有些南方湿润地区流域，第三层蒸发作用不大，可简化为二层。蒸发折算系数可以是常数也可以是变数，在南方湿润地区，通常只考虑汛期和枯季的差异即可；而在高寒地区，还要考虑冬季封冻带来的差异。因此蒸发折算系数的季节变化要视具体流域的蒸发特征而定。

产流主要根据流域的气候特征，湿润地区选择蓄满产流、干旱地区选择超渗产流、干旱半干旱地区采用混合产流。在理论上讲，混合产流模型要优于其他两者，但在湿润地区，蓄满产流与混合产流两种方法计算结果除少数洪水外很接近，而蓄满产流结构相对简单，应用检验充分些、方法成熟些、使用起来也方便些，通常可优先选择；干旱半干旱地区流域，混合产流模型效果常好于其他两者，可作为首选模型。另外如果流域地处高寒地区，产流结构中应考虑冰川积雪的融化、冬季的流域封冻等，如果流域内岩石、裂隙发育，喀斯特溶洞广布或甚至存在地下河的不封闭流域，产流要采用相应的特殊结构；还有一些人类活动作用强烈的流域，都不能一概而论。例如，流域内中小水库或水土保持措施作用大时，应考虑这些水利工程对水流的拦截作用等[17]。

分水源可用稳定下渗率、下渗曲线、自由水箱和下渗曲线与自由水箱的结合等划分结构。稳定下渗率和下渗曲线划分结构，通常适用于两水源；自由水箱和下渗曲线与自由水箱的结合划分结构可用于三水源及更多水源的划分。

坡面汇流通常分三水源进行，汇流结构可以是线性水库、单位线、等流时线等。有些流域地面径流汇流参数随洪水特点不同而变化，可考虑参数的时变性；有些流域地下径流丰富、汇流机理复杂，还可考虑四水源。水源的划分是相对的，在目前技术和方法条件下不宜划分过多种的水源，随着技术的发展、信息利用水平的提高，也可划分更多种水源。

河网汇流结构选择相对简单些，通常用分河段的马斯京根法汇流，也可采用其他方法，差别不会太大。只是汇流参数有时随洪水大小变化较大，要采用时变汇流参数。

2. 参数确定

参数确定就是据历史水文资料，采用第5章5.2节介绍的方法确定模型参数，这里不再重述。

3. 分析检验

对历史水文资料检验系列，用选择的结构、确定的模型参数进行模拟计算，比较计算与实测流量的误差，可以分析检验模型结构和确定参数的合理性与所选结构对历史资料模拟的有效性。如果通过比较分析误差系列，模型模拟效果好，则说明结构合理有效，建模就结束，否则要分析效果差的原因，找出不合理的结构加以改进；如果效果很不满意，还应考虑重新选择模型。

4. 结构改进分析

结构改进主要是对原模型选择结构不够完善的地方，结合历史资料模拟误差情况进行改进。改进的关键是分析模拟系统性偏差与模型结构的关系。

所谓系统偏差，就是模拟特征量系统的偏大（或偏小）于实测特征量。例如大洪水的计算洪峰系统偏小于实测洪峰，而小洪水的又系统偏大于实测值，系统偏差反映模型汇流参数还没有考虑随洪水特征不同而变化。因为通常流域大洪水地面径流汇集速度会比小洪水快，受到的流域相对调蓄作用比小洪水小些，如果采用常参数汇流结构，会引起这类系统偏差，可以考虑采用参数随洪水量级而变化的汇流结构；又如采用蓄满产流计算产流时，对夏季久旱后由大强度的对流型暴雨形成的洪水，如果计算的次洪产流量系统偏小于实测的次洪径流量，就要考虑产流结构的改进。因为夏季久旱后流域土壤缺水量很大，遇大强度暴雨不易蓄满就由于雨强大于下渗能力而产生地面径流，导致计算次洪径流量系统偏小，这种情况宜采用混合产流结构；另外同样对于夏季久旱后的洪水，假如计算的次洪产流量系统偏大于实测的次洪径流量，就要考虑地表面的截流作用。因为流域上地表面坑坑洼洼，还有农田、山塘、水坝和中小型水库等，夏季久旱后，由于蒸发、农业灌溉、城市生活和工业供水等，使这些具有一定蓄水库容的设施蓄水量减少或干枯，降雨落在这些设施控制的流域面积上产生的径流首先受到这些水利工程设施的截流拦蓄，导致实测的径流量小于实际的产流。所以这时应考虑增加地面坑洼截流的结构，以模拟这类因素的作用；还有如高寒封冻与融化、岩溶调蓄、流域不闭合、参数值确定不合理等因素，都会引起不同特征的系统偏差，需要不同的问题分别处理，这里不一一叙述。

6.3　实时洪水预报误差修正

6.3.1　概述[1-5]

流域水文模型主要研究的是时不变的离线系统（off-line system），习惯上基本都是采用观测到的历史水文资料，先确定好模型参数，然后用于未来的洪水预报中。这样的预报方案在实时在线洪水预报系统（on-line real-time flood forecasting system）中，常得不到满意的结果。

一个流域水文系统，严格讲是一个时变非线性系统，只不过当时变因素影响不大时可被忽略而已。例如流域特征的自然变迁是很缓慢的，一般情况或短期内可以忽略，但当流域内人类活动频繁或缓慢变迁的长期累积作用导致的水文规律改变就应该考虑。当流域内发生水库垮坝、河岸决堤、行蓄洪区分洪的突变因素时，引起洪水特征的变化就必须考虑。

流域水文系统是一个非常复杂的系统，在考虑模型结构时，通常要给以一系列的假设和结构简化近似，这在模型外延中会带来较大的误差。在模型参数确定中，由于历史水文资料的代表性不够，也会带来误差。实时洪水的预测与估计系统中误差更多，常见的有：

(1) 设备故障，导致资料缺测或不合理的观测数据。水文遥测系统，有许多水位站和雨量站，在系统的运行过程中，常会遇到各种各样的故障，给实时洪水预报带来误差。这在任何水文遥测系统中都是存在的。

(2) 水利工程、农田蓄放水误差。流域中，常有许多中小型水利工程，遇干旱、农业需水季节，放水灌溉，泄空库容；遇洪水，先拦蓄洪水，若长期连续降雨后洪水拦蓄不下，又大量放水泄洪，这一减一加，常给洪水预报带来大的误差。误差的大小，取决于流域内中小型水利工程的多少，在干旱地区以中小水库为主，南方湿润地区除中小水库、塘坝外，还有水田蓄泄作用，也常很大。例如华南地区流域，经常水田比例高，在插秧季节是水田需水高峰，遇降雨产流会有相当部分径流会被拦截，虽然插秧只需水深 10～20cm，但拦截的径流深就是 100～200mm，如果水田面积占流域面积比例高，则是十分可观的。

(3) 流域水文规律的变化。这种变化主要有流域水文规律受气候条件和下垫面条件的改变而改变。如锋面雨引起的洪水特征与雷暴雨、台风雨引起的洪水特征差异，北方高寒地区融雪径流形成的洪水与暴雨型洪水的差异等；还有系统长期运行过程中，流域人类活动，如修建大型水库、水土保持治理、森林的大面积砍伐，开挖人工河渠、天然河道的整治和跨流域引水等，这些人类活动的长年累积作用，会给水文规律带来大的影响，这些变化，也会给实时洪水预报带来一定的误差。

(4) 水文规律简化误差，即模型结构误差。蓄满产流、超渗产流，降雪作为降雨处理，农业活动作用的忽略等产流机理简化，都属于模型结构误差，当与实际出入大时，就会带来大的误差。

在洪水预测系统中，常会发现不同时间发生的误差是十分相似的。例如，高强度降雨引起的洪水，常会导致预测的洪峰偏小，长期干旱后的洪水径流量估计常偏大等。虽然这些洪水发生在不同年份，但许多相同类型的洪水会有相似的误差统计特征，我们把这称为误差的相似性。这种相似性是客观存在的，是由引起误差的因素相似性所决定的。例如，台风雨或雷暴雨型洪水，都是由于降雨范围高度集中，降雨强度大大超过平均情况，而模型仍按平均情况处理，自然就会使地面径流估计偏小，汇集速度过慢，使洪峰估计偏小。那么，不同次的这种类型洪水，引起误差的因素都是高强度和高集中，具有相似性。

实时洪水预报误差修正 (real-time flood forecasting updating) 就是要对以上所述的这些在水文模型中没有考虑的、无法考虑的或即使考虑了也是不适当的，而对实际洪水又有一定影响的误差因素，利用实时系统能获得的观测信息和一切能利用的其他信息对预报误差进行实时校正，以弥补流域水文模型的不足。图 6.3 和图 6.4 分别表示单用流域模型和模型与实时校正结合进行洪水预报的结构框图。图中 $I(t)$ 和 $Q(t)$ 表示 t 时刻以前实测的模型输入和输出；QQ 表示可供实时修正利用的其他信息；$QC(t+L)$ 表示未经校正的模型计算结果；$QC(t+L/t)$ 表示经校正的模型计算结果。

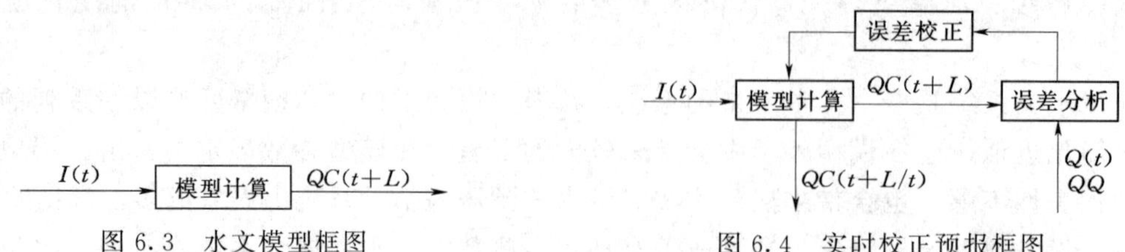

图 6.3　水文模型框图　　　图 6.4　实时校正预报框图

实时修正技术，研究方法很多，归纳起来，按修正内容划分，可分为模型误差修正、模型参数修正、模型输入修正、模型状态修正和综合修正五类。模型误差修正，以自回归方法为典型，即据误差系列，建立自回归模型，再由实时误差，预报未来误差；模型参数和状态修正，有参数状态方程修正，工业、国防自动控制中的自适应修正和卡尔门滤波修正等方法；模型输入修正，主要有滤波方法和抗差分析，典型的卡尔门滤波、维纳滤波等；综合修正方法，就是前四者的结合。

6.3.2　自回归修正

自回归修正（auto regression updating）方法，主要是对模型残差系列：

$$\{e_1,\ e_2,\ \cdots,\ e_t,\ \cdots,\ e_{t+L},\ \cdots\} \tag{6.1}$$

采用残差自回归估计式：

$$e_{t+L}=c_1e_t+c_2e_{t-1}+\cdots+c_pe_{t-p+1}+\xi_{t+L} \tag{6.2}$$

那么预报结果的校正式为

$$QC(t+L/t)=QC(t+L)+\hat{e}_{t+L} \tag{6.3}$$

式中　e_t —— t 时刻的模型计算误差，$e_t=Q(t)-QC(t)$；

ξ_{t+L} —— $t+L$ 时刻经实时校正后的预报系统残差；

$c_1,\ c_2,\ \cdots,\ c_p$ ——常系数；

p ——模型回归阶数；

$\hat{e}_{t+L}$ ——估计的 $t+L$ 时刻误差。

这校正模型假设 $t+L$ 时刻的模型误差与 t 时刻以前的模型误差有关。误差的预测估计式，依赖于回归系数的确定。设已知

观测系列：

$$Q_1,\ Q_2,\ \cdots,\ Q_m$$

模型计算系列：

$$QC_1,\ QC_2,\ \cdots,\ QC_m$$

可得模型误差系列：

$$e_1,\ e_2,\ \cdots,\ e_m$$

分别代入式（6.2）有

$$\begin{cases} e_{p+L} = c_1 e_p + c_2 e_{p-1} + \cdots + c_p e_1 + \xi_{p+L} \\ e_{p+L+1} = c_1 e_{p+1} + c_2 e_p + \cdots + c_p e_2 + \xi_{p+L+1} \\ \vdots \\ e_m = c_1 e_{m-L} + c_2 e_{m-L-1} + \cdots + c_p e_{m-L-p+1} + \xi_m \end{cases} \tag{6.4}$$

令

$$\boldsymbol{Y} = \begin{bmatrix} e_{p+L} \\ e_{p+L+1} \\ \vdots \\ e_m \end{bmatrix}, \boldsymbol{X} = \begin{bmatrix} e_p & e_{p-1} & \cdots & e_1 \\ e_{p+1} & e_p & \cdots & e_2 \\ \vdots & \vdots & \cdots & \vdots \\ e_{m-L} & e_{m-L-1} & \cdots & e_{m-L-p+1} \end{bmatrix}, \boldsymbol{C} = \begin{bmatrix} c_1 \\ c_2 \\ \vdots \\ c_p \end{bmatrix}, \boldsymbol{\Omega} = \begin{bmatrix} \xi_{p+L} \\ \xi_{p+L+1} \\ \vdots \\ \xi_m \end{bmatrix}$$

有式（6.4）的向量矩阵形式

$$\boldsymbol{Y} = \boldsymbol{XC} + \boldsymbol{\Omega} \tag{6.5}$$

式（6.5）中的参数向量不随时间改变，那么可用最小二乘法来确定如下：

$$\boldsymbol{\Omega} = \boldsymbol{Y} - \boldsymbol{XC}$$

$$\min_{\forall C \in R^p} \{\boldsymbol{\Omega}^{\mathrm{T}}\boldsymbol{\Omega} = (\boldsymbol{Y} - \boldsymbol{XC})^{\mathrm{T}}(\boldsymbol{Y} - \boldsymbol{XC})\} \tag{6.6}$$

对式（6.6）求导得

$$\hat{\boldsymbol{C}} = (\boldsymbol{X}^{\mathrm{T}}\boldsymbol{X})^{-1}\boldsymbol{X}^{\mathrm{T}}\boldsymbol{Y} \tag{6.7}$$

6.3.3 递推最小二乘法

式（6.5）参数估计有静态估计和动态估计。静态估计是对时不变系统而言的，动态估计适于时变的系统。

动态估计，通常是随着时间的推移，增加的信息不断地被用于估计模型参数。例如，描述时间系列的线性回归模型，观测系列为

$$\left.\begin{array}{c} (x_{11}, x_{12}, \cdots, x_{1p}; y_1) \\ (x_{21}, x_{22}, \cdots, x_{2p}; y_2) \\ \vdots \\ (x_{t1}, x_{t2}, \cdots, x_{tp}; y_t) \end{array}\right\} \tag{6.8}$$

当已知 t 时刻以前的自变量和因变量观测后，要估计 $t+1$ 时刻的因变量值，首先要据这些观测信息用最小二乘法估计参数，然后预测 $t+1$ 时刻的 y 值。这当中存在两个问题：①每预测一次就要做一次最小二乘法，比较麻烦；②随着 t 的延续，观测信息量不断增大，资料系列越来越长，最终会超出计算机容量而不易保存。递推最小二乘法能较好的解决这两方面的问题。其推导如下。

将每个观测代入回归方程有

$$\left.\begin{array}{c} y_1 = x_{11}c_1 + x_{12}c_2 + \cdots + x_{1p}c_p + e_1 \\ y_2 = x_{21}c_1 + x_{22}c_2 + \cdots + x_{2p}c_p + e_2 \\ \vdots \\ y_t = x_{t1}c_1 + x_{t2}c_2 + \cdots + x_{tp}c_p + e_t \end{array}\right\} \tag{6.9}$$

写作向量矩阵形式有

$$\boldsymbol{Y}_t = \boldsymbol{X}_t \boldsymbol{C}_t + \boldsymbol{\Omega}_t \tag{6.10}$$

其中

$$\boldsymbol{Y}_t = \begin{bmatrix} y_1 \\ y_2 \\ \vdots \\ y_t \end{bmatrix}, \ \boldsymbol{X}_t = \begin{bmatrix} x_{11} & x_{12} & \cdots & x_{1p} \\ x_{21} & x_{22} & \cdots & x_{2p} \\ \vdots & \vdots & \cdots & \vdots \\ x_{t1} & x_{t2} & \cdots & x_{tp} \end{bmatrix}, \ \boldsymbol{C}_t = \begin{bmatrix} c_1 \\ c_2 \\ \vdots \\ c_p \end{bmatrix}, \ \boldsymbol{\Omega}_t = \begin{bmatrix} e_1 \\ e_2 \\ \vdots \\ e_t \end{bmatrix}$$

且 $\boldsymbol{C}_t$ 表示是由 t 时刻以前观测到的资料估计的参数。设在 $t-1$ 时刻可得最小二乘估计：

$$\hat{\boldsymbol{C}}_{t-1} = (\boldsymbol{X}_{t-1}^{\mathrm{T}} \boldsymbol{X}_{t-1})^{-1} \boldsymbol{X}_{t-1}^{\mathrm{T}} \boldsymbol{Y}_{t-1} \tag{6.11}$$

到 t 时刻又可得最小二乘估计：

$$\hat{\boldsymbol{C}}_t = (\boldsymbol{X}_t^{\mathrm{T}} \boldsymbol{X}_t)^{-1} \boldsymbol{X}_t^{\mathrm{T}} \boldsymbol{Y}_t \tag{6.12}$$

令

$$\boldsymbol{P}_t = (\boldsymbol{X}_t^{\mathrm{T}} \boldsymbol{X}_t)^{-1} \tag{6.13}$$

$$\boldsymbol{U}_t = \boldsymbol{X}_t^{\mathrm{T}} \boldsymbol{Y}_t \tag{6.14}$$

那么有

$$\hat{\boldsymbol{C}}_t = \boldsymbol{P}_t \boldsymbol{U}_t \tag{6.15}$$

$$\hat{\boldsymbol{C}}_{t-1} = \boldsymbol{P}_{t-1} \boldsymbol{U}_{t-1} \tag{6.16}$$

展开式（6.13）有

$$\boldsymbol{P}_t = \left\{ \begin{bmatrix} x_{11} & x_{12} & \cdots & x_{1p} \\ x_{21} & x_{22} & \cdots & x_{2p} \\ \vdots & \vdots & \cdots & \vdots \\ x_{t1} & x_{t2} & \cdots & x_{tp} \end{bmatrix}^{\mathrm{T}} \begin{bmatrix} x_{11} & x_{12} & \cdots & x_{1p} \\ x_{21} & x_{22} & \cdots & x_{2p} \\ \vdots & \vdots & \cdots & \vdots \\ x_{t1} & x_{t2} & \cdots & x_{tp} \end{bmatrix} \right\}^{-1} \tag{6.17}$$

记

$$\boldsymbol{X}^{(t)} = \begin{bmatrix} x_{t1} \\ x_{t2} \\ \vdots \\ x_{tp} \end{bmatrix}, \ \boldsymbol{X}^{(t-1)} = \begin{bmatrix} x_{t-1,\,1} \\ x_{t-1,\,2} \\ \vdots \\ x_{t-1,\,p} \end{bmatrix}, \ \cdots, \ \boldsymbol{X}^{(2)} = \begin{bmatrix} x_{2,\,1} \\ x_{2,\,2} \\ \vdots \\ x_{2,\,p} \end{bmatrix}, \ \boldsymbol{X}^{(1)} = \begin{bmatrix} x_{1,\,1} \\ x_{1,\,2} \\ \vdots \\ x_{1,\,p} \end{bmatrix}$$

那么

$$\begin{aligned} \boldsymbol{P}_t^{-1} &= [\boldsymbol{X}^{(1)}, \ \boldsymbol{X}^{(2)}, \ \cdots, \ \boldsymbol{X}^{(t-1)}, \ \boldsymbol{X}^{(t)}] \begin{bmatrix} \boldsymbol{X}^{(1)\mathrm{T}} \\ \boldsymbol{X}^{(2)\mathrm{T}} \\ \vdots \\ \boldsymbol{X}^{(t-1)\mathrm{T}} \\ \boldsymbol{X}^{(t)\mathrm{T}} \end{bmatrix} \\ &= \boldsymbol{X}^{(1)} \boldsymbol{X}^{(1)\mathrm{T}} + \boldsymbol{X}^{(2)} \boldsymbol{X}^{(2)\mathrm{T}} + \cdots + \boldsymbol{X}^{(t-1)} \boldsymbol{X}^{(t-1)\mathrm{T}} + \boldsymbol{X}^{(t)} \boldsymbol{X}^{(t)\mathrm{T}} \end{aligned}$$

有

$$\boldsymbol{P}_t^{-1} = \boldsymbol{P}_{t-1}^{-1} + \boldsymbol{X}^{(t)} \boldsymbol{X}^{(t)\mathrm{T}} \tag{6.18}$$

式（6.18）两边从左右两侧分别乘 $\boldsymbol{P}_t$ 和 $\boldsymbol{P}_{t-1}$ 得

$$\boldsymbol{P}_{t-1} = \boldsymbol{P}_t + \boldsymbol{P}_t \boldsymbol{X}^{(t)} \boldsymbol{X}^{(t)\mathrm{T}} \boldsymbol{P}_{t-1} \tag{6.19}$$

再 $\boldsymbol{X}^{(t)}$ 右乘式（6.19）得

$$\boldsymbol{P}_{t-1} \boldsymbol{X}^{(t)} = \boldsymbol{P}_t \boldsymbol{X}^{(t)} + \boldsymbol{P}_t \boldsymbol{X}^{(t)} \boldsymbol{X}^{(t)\mathrm{T}} \boldsymbol{P}_{t-1} \boldsymbol{X}^{(t)}$$

$$\boldsymbol{P}_{t-1} \boldsymbol{X}^{(t)} = \boldsymbol{P}_t \boldsymbol{X}^{(t)} [1 + \boldsymbol{X}^{(t)\mathrm{T}} \boldsymbol{P}_{t-1} \boldsymbol{X}^{(t)}] \tag{6.20}$$

上式两边除以 $[1 + \boldsymbol{X}^{(t)\mathrm{T}} \boldsymbol{P}_{t-1} \boldsymbol{X}^{(t)}]$ 再右乘 $\boldsymbol{X}^{(t)\mathrm{T}} \boldsymbol{P}_{t-1}$ 得

$$\boldsymbol{P}_{t-1} \boldsymbol{X}^{(t)} [1 + \boldsymbol{X}^{(t)\mathrm{T}} \boldsymbol{P}_{t-1} \boldsymbol{X}^{(t)}]^{-1} \boldsymbol{X}^{(t)\mathrm{T}} \boldsymbol{P}_{t-1} = \boldsymbol{P}_t \boldsymbol{X}^{(t)} \boldsymbol{X}^{(t)\mathrm{T}} \boldsymbol{P}_{t-1} \tag{6.21}$$

由式（6.19）代入上式得

$$\boldsymbol{P}_t = \boldsymbol{P}_{t-1} - \boldsymbol{P}_{t-1} \boldsymbol{X}^{(t)} [1 + \boldsymbol{X}^{(t)\mathrm{T}} \boldsymbol{P}_{t-1} \boldsymbol{X}^{(t)}]^{-1} \boldsymbol{X}^{(t)\mathrm{T}} \boldsymbol{P}_{t-1} \tag{6.22}$$

$\boldsymbol{U}_t$ 的递推式很简单，可直接得出

$$\boldsymbol{U}_t = \boldsymbol{U}_{t-1} + \boldsymbol{X}^{(t)} \boldsymbol{y}_t \tag{6.23}$$

把式（6.22）和式（6.23）代入式（6.15）得

$$\hat{\boldsymbol{C}}_t = \hat{\boldsymbol{C}}_{t-1} - \boldsymbol{P}_{t-1} \boldsymbol{X}^{(t)} [1 + \boldsymbol{X}^{(t)\mathrm{T}} \boldsymbol{P}_{t-1} \boldsymbol{X}^{(t)}]^{-1} [\boldsymbol{X}^{(t)\mathrm{T}} \hat{\boldsymbol{C}}_{t-1} - \boldsymbol{y}_t] \tag{6.24}$$

6.3.4 卡尔门滤波[6]

1. 引言

卡尔门滤波在1960年由卡尔门提出，开始主要用于通信、工业自动控制中，后被广泛应用于其他领域。在水文预报中的应用，起源于20世纪60年代末，70年代获得了应用成果。

卡尔门滤波在我国水文预报界的应用开始于20世纪80年代，首篇论文由包为民发表于1981年的成都水文预报学术讨论会上，1982年进入研讨、应用的高潮。由于卡尔门滤波方法十分复杂，可容纳的信息量大，而实时洪水预报常难以提供修正所需的足够信息，因此在实时洪水预报中的应用常不能获得应有的效果，甚至与简单的自回归修正效果差不多，因而大大限制了其方法的使用。

2. 系统基本方程

卡尔门滤波的系统基本方程由状态方程和观测方程组成，通常可表示为

$$\boldsymbol{X}_{t+1} = \boldsymbol{\Phi}_t \boldsymbol{X}_t + \boldsymbol{B}_{t+1} \boldsymbol{U}_{t+1} + \boldsymbol{\Gamma}_{t+1} \boldsymbol{W}_{t+1} \tag{6.25}$$

$$\boldsymbol{Z}_{t+1} = \boldsymbol{H}_{t+1} \boldsymbol{X}_{t+1} + \boldsymbol{V}_{t+1} \tag{6.26}$$

式中 $\boldsymbol{X}_t$ —— t 时刻的状态向量，一般是 $n \times 1$ 维的；

$\boldsymbol{\Phi}_t$ —— t 时刻的状态转移矩阵，一般是 $n \times n$ 维的；

$\boldsymbol{U}_{t+1}$ —— $t+1$ 时刻的控制输入，一般是 $p \times 1$ 维的；

$\boldsymbol{B}_{t+1}$ —— $t+1$ 时刻的输入分配矩阵，一般是 $n \times p$ 维的；

$\boldsymbol{\Gamma}_{t+1}$ —— $t+1$ 时刻的状态噪声分配矩阵，一般是 $n \times m$ 维的；

$\boldsymbol{W}_{t+1}$ —— $t+1$ 时刻的状态噪声，一般是 $m \times 1$ 维的；

$\boldsymbol{Z}_{t+1}$ —— $t+1$ 时刻的观测向量，一般是 $m \times 1$ 维的；

$\boldsymbol{H}_{t+1}$ —— $t+1$ 时刻的观测矩阵，一般是 $m \times n$ 维的；

$\boldsymbol{V}_{t+1}$ —— $t+1$ 时刻的观测噪声，一般是 $m \times 1$ 维的。

卡尔门滤波器推导时，式（6.25）中的输入项不被考虑也不失一般性。

适合于卡尔门滤波的系统要求满足两个条件，即

（1）系统是线性的。

（2）状态噪声和观测噪声具有如下统计特点：

$$\left.\begin{aligned}&E\{\boldsymbol{W}_t\}=\overline{\boldsymbol{W}}\\&E\{\boldsymbol{V}_t\}=\overline{\boldsymbol{V}}\\&E\{(\boldsymbol{W}_t-\overline{\boldsymbol{W}})(\boldsymbol{W}_k-\overline{\boldsymbol{W}})^{\mathrm{T}}\}=\boldsymbol{Q}\delta_{t,k}\\&E\{(\boldsymbol{V}_t-\overline{\boldsymbol{V}})(\boldsymbol{V}_k-\overline{\boldsymbol{V}})^{\mathrm{T}}\}=\boldsymbol{R}\delta_{t,k}\\&E\{(\boldsymbol{W}_t-\overline{\boldsymbol{W}})(\boldsymbol{V}_k-\overline{\boldsymbol{V}})^{\mathrm{T}}\}=\theta\end{aligned}\right\}\tag{6.27}$$

$$\delta_{t,k}=\begin{cases}0 & (t\neq k)\\1 & (t=k)\end{cases}$$

水文预报中的许多模型噪声不具有这特点，属有色噪声，就不能直接用卡尔门滤波器，要首先将模型有色噪声白化处理后再使用。

3. 卡尔门滤波准则

传统的方法和一般实时洪水预报方法都暗指观测资料无误差，而卡尔门滤波认为不仅模型有误差，观测资料也是有误差的。因此，卡尔门滤波器中，在使用观测信息前，首先是作观测噪声滤波，其一般框图如图 6.5 所示。

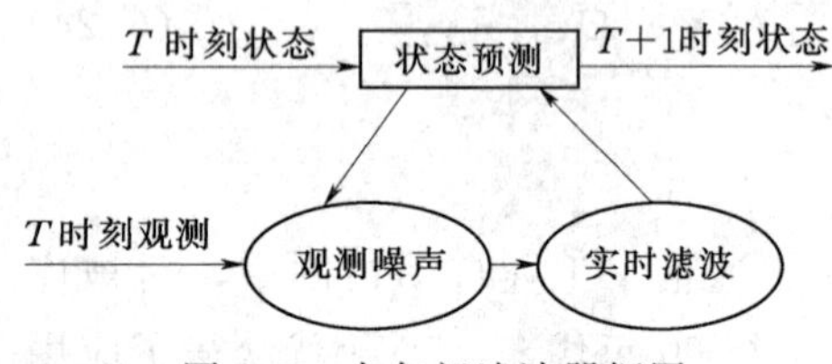

图 6.5　卡尔门滤波器框图

卡尔门滤波器的估计准则是：

（1）估计的状态向量是无偏的。

（2）状态向量滤波估计的残差最小。

卡尔门滤波器从估计准则上提出了更多的条件和要求，这也是卡尔门滤波器优于其他方法的关键。

4. 基本方程推导

卡尔门滤波器认为，观测资料和模型都具有噪声，要对 t 时刻的状态作出好的估计，单依据模型或观测都是不全面的，而应是模型估计和观测的加权平均，其估计如下：

$$\hat{\boldsymbol{X}}_{t/t}=\boldsymbol{K}'_t\hat{\boldsymbol{X}}_{t/t-1}+\boldsymbol{K}_t(\boldsymbol{Z}_t-\overline{\boldsymbol{V}})\tag{6.28}$$

式中　$\hat{\boldsymbol{X}}_{t/t}$ —— t 时刻状态向量的滤波值；

$\hat{\boldsymbol{X}}_{t/t-1}$ —— t 时刻状态向量利用 $t-1$ 时刻以前的信息估计的值；

$\boldsymbol{K}_t$ ——卡尔门滤波器的增益矩阵，也可认为是给观测信息的权重，这矩阵的确定是卡尔门滤波器效果好坏的关键；

$\boldsymbol{K}'_t$ ——模型估计的权重矩阵。

有了 t 时刻状态向量滤波值，就可以对 $t+1$ 时刻状态向量作出预测如下：

$$\hat{\boldsymbol{X}}_{t+1/t}=\boldsymbol{\Phi}_t\hat{\boldsymbol{X}}_{t/t}+\boldsymbol{\Gamma}_{t+1}\overline{\boldsymbol{W}}\tag{6.29}$$

式（6.28）和式（6.29）是卡尔门滤波器的滤波方程和预测方程，由式（6.28）可知，只要确定了两个权重矩阵，卡尔门滤波器的推导就完成了。

定义状态向量滤波值和预测值的误差为

$$\begin{cases}\widetilde{\boldsymbol{X}}_{t/t}=\hat{\boldsymbol{X}}_{t/t}-\boldsymbol{X}_t\\ \widetilde{\boldsymbol{X}}_{t/t-1}=\hat{\boldsymbol{X}}_{t/t-1}-\boldsymbol{X}_t\end{cases}\tag{6.30}$$

由式（6.28）和式（6.30）可得

$$\begin{aligned}\widetilde{\boldsymbol{X}}_{t/t}&=\boldsymbol{K}'_t\hat{\boldsymbol{X}}_{t/t-1}+\boldsymbol{K}_t(\boldsymbol{Z}_t-\overline{\boldsymbol{V}})-\boldsymbol{X}_t\\&=\boldsymbol{K}'_t\hat{\boldsymbol{X}}_{t/t-1}+\boldsymbol{K}_t(\boldsymbol{H}_t\boldsymbol{X}_t+\boldsymbol{V}_t-\overline{\boldsymbol{V}})-\boldsymbol{X}_t\\&=\boldsymbol{K}'_t(\hat{\boldsymbol{X}}_{t/t-1}-\boldsymbol{X}_t)+\boldsymbol{K}'_t\boldsymbol{X}_t+\boldsymbol{K}_t\boldsymbol{H}_t\boldsymbol{X}_t-\boldsymbol{X}_t+\boldsymbol{K}_t(\boldsymbol{V}_t-\overline{\boldsymbol{V}})\end{aligned}\tag{6.31}$$

有状态向量滤波值误差的递推表达：

$$\widetilde{\boldsymbol{X}}_{t/t}=\boldsymbol{K}'_t\widetilde{\boldsymbol{X}}_{t/t-1}+(\boldsymbol{K}'_t+\boldsymbol{K}_t\boldsymbol{H}_t-\boldsymbol{I})\boldsymbol{X}_t+\boldsymbol{K}_t(\boldsymbol{V}_t-\overline{\boldsymbol{V}})\tag{6.32}$$

根据无偏性有

$$E\{\widetilde{\boldsymbol{X}}_{t/t}\}=\theta\tag{6.33}$$

$$E\{\widetilde{\boldsymbol{X}}_{t/t-1}\}=\theta\tag{6.34}$$

再据观测噪声的零均值和状态向量的非零特性得

$$\boldsymbol{\theta}=\boldsymbol{K}'_t+\boldsymbol{K}_t\boldsymbol{H}_t-\boldsymbol{I}\tag{6.35}$$

则有模型估计权重矩阵与增益矩阵间的关系：

$$\boldsymbol{K}'_t=\boldsymbol{I}-\boldsymbol{K}_t\boldsymbol{H}_t\tag{6.36}$$

式（6.36）代入式（6.28）得

$$\hat{\boldsymbol{X}}_{t/t}=(\boldsymbol{I}-\boldsymbol{K}_t\boldsymbol{H}_t)\hat{\boldsymbol{X}}_{t/t-1}+\boldsymbol{K}_t(\boldsymbol{Z}_t-\overline{\boldsymbol{V}})\tag{6.37}$$

或改写为

$$\hat{\boldsymbol{X}}_{t/t}=\hat{\boldsymbol{X}}_{t/t-1}+\boldsymbol{K}_t(\boldsymbol{Z}_t-\boldsymbol{H}_t\hat{\boldsymbol{X}}_{t/t-1}-\overline{\boldsymbol{V}})\tag{6.38}$$

记

$$\boldsymbol{v}_t=\boldsymbol{Z}_t-\boldsymbol{H}_t\hat{\boldsymbol{X}}_{t/t-1}-\overline{\boldsymbol{V}}\tag{6.39}$$

则

$$\hat{\boldsymbol{X}}_{t/t}=\hat{\boldsymbol{X}}_{t/t-1}+\boldsymbol{K}_t\boldsymbol{v}_t\tag{6.40}$$

式中 $\boldsymbol{v}_t$ 通常叫增益向量。由式（6.37）和系统观测方程可得

$$\widetilde{\boldsymbol{X}}_{t/t}=(\boldsymbol{I}-\boldsymbol{K}_t\boldsymbol{H}_t)\hat{\boldsymbol{X}}_{t/t-1}+\boldsymbol{K}_t(\boldsymbol{H}_t\boldsymbol{X}_t+\boldsymbol{V}_t-\overline{\boldsymbol{V}})-\boldsymbol{X}_t\tag{6.41}$$

简化上式得

$$\widetilde{\boldsymbol{X}}_{t/t}=(\boldsymbol{I}-\boldsymbol{K}_t\boldsymbol{H}_t)\widetilde{\boldsymbol{X}}_{t/t-1}+\boldsymbol{K}_t(\boldsymbol{V}_t-\overline{\boldsymbol{V}})\tag{6.42}$$

定义滤波的误差协方差矩阵为

$$\boldsymbol{P}_{t/t}=E\{\widetilde{\boldsymbol{X}}_{t/t}\widetilde{\boldsymbol{X}}^{\mathrm{T}}_{t/t}\}\tag{6.43}$$

估计的误差协方差矩阵为

$$\boldsymbol{P}_{t/t-1}=E\{\widetilde{\boldsymbol{X}}_{t/t-1}\widetilde{\boldsymbol{X}}^{\mathrm{T}}_{t/t-1}\}\tag{6.44}$$

把式（6.42）代入式（6.43）得

$$\boldsymbol{P}_{t/t}=(\boldsymbol{I}-\boldsymbol{K}_t\boldsymbol{H}_t)E\{\widetilde{\boldsymbol{X}}_{t/t-1}\widetilde{\boldsymbol{X}}^{\mathrm{T}}_{t/t-1}\}(\boldsymbol{I}-\boldsymbol{K}_t\boldsymbol{H}_t)^{\mathrm{T}}+\boldsymbol{K}_tE\{(\boldsymbol{V}_t-\overline{\boldsymbol{V}})(\boldsymbol{V}_t-\overline{\boldsymbol{V}})^{\mathrm{T}}\}\boldsymbol{K}^{\mathrm{T}}_t\tag{6.45}$$

上式的推导中利用了估计误差和观测噪声的不相关特性，即

$$E\{\widetilde{\boldsymbol{X}}_{t/t-1}(\boldsymbol{V}_t-\overline{\boldsymbol{V}})^{\mathrm{T}}\}=E\{(\boldsymbol{V}_t-\overline{\boldsymbol{V}})\widetilde{\boldsymbol{X}}_{t/t-1}^{\mathrm{T}}\}=\theta \tag{6.46}$$

利用观测噪声的统计特性，式（6.45）可进一步简化为

$$\boldsymbol{P}_{t/t}=(\boldsymbol{I}-\boldsymbol{K}_t\boldsymbol{H}_t)E\{\widetilde{\boldsymbol{X}}_{t/t-1}\widetilde{\boldsymbol{X}}_{t/t-1}^{\mathrm{T}}\}(\boldsymbol{I}-\boldsymbol{K}_t\boldsymbol{H}_t)^{\mathrm{T}}+\boldsymbol{K}_t\boldsymbol{R}\boldsymbol{K}_t^{\mathrm{T}} \tag{6.47}$$

确定增益矩阵 $\boldsymbol{K}_t$ 要据准则（2），即

$$\min(J_t=E\{\widetilde{\boldsymbol{X}}_{t/t}^{\mathrm{T}}\widetilde{\boldsymbol{X}}_{t/t}\}) \tag{6.48}$$

而

$$\boldsymbol{J}_t=tr\{\boldsymbol{P}_{t/t}\}$$

由

$$\frac{\partial \boldsymbol{J}_t}{\partial \boldsymbol{K}_t^{\mathrm{T}}}=\theta$$

得

$$-2\boldsymbol{P}_{t/t-1}\boldsymbol{H}_t^{\mathrm{T}}+2\boldsymbol{K}_t\boldsymbol{H}_t\boldsymbol{P}_{t/t-1}\boldsymbol{H}_t^{\mathrm{T}}+2\boldsymbol{K}_t\boldsymbol{R}=\theta$$

解上式得

$$\boldsymbol{K}_t=\boldsymbol{P}_{t/t-1}\boldsymbol{H}_t^{\mathrm{T}}(\boldsymbol{H}_t\boldsymbol{P}_{t/t-1}\boldsymbol{H}_t^{\mathrm{T}}+\boldsymbol{R})^{-1} \tag{6.49}$$

展开式（6.47）得

$$\boldsymbol{P}_{t/t}=\boldsymbol{P}_{t/t-1}-\boldsymbol{K}_t\boldsymbol{H}_t\boldsymbol{P}_{t/t-1}-\boldsymbol{P}_{t/t-1}\boldsymbol{H}_t^{\mathrm{T}}\boldsymbol{K}_t^{\mathrm{T}}+\boldsymbol{K}_t(\boldsymbol{H}_t\boldsymbol{P}_{t/t-1}\boldsymbol{H}_t^{\mathrm{T}}+\boldsymbol{R})\boldsymbol{K}_t^{\mathrm{T}} \tag{6.50}$$

在改写式（6.49）有

$$\boldsymbol{P}_{t/t-1}\boldsymbol{H}_t^{\mathrm{T}}=\boldsymbol{K}_t(\boldsymbol{H}_t\boldsymbol{P}_{t/t-1}\boldsymbol{H}_t^{\mathrm{T}}+\boldsymbol{R}) \tag{6.51}$$

式（6.51）代入式（6.50）得

$$\boldsymbol{P}_{t/t}=(\boldsymbol{I}-\boldsymbol{K}_t\boldsymbol{H}_t)\boldsymbol{P}_{t/t-1} \tag{6.52}$$

据预测误差定义

$$\widetilde{\boldsymbol{X}}_{t+1/t}=\hat{\boldsymbol{X}}_{t+1/t}-\boldsymbol{X}_{t+1}$$

有

$$\widetilde{\boldsymbol{X}}_{t+1/t}=\boldsymbol{\Phi}_t\hat{\boldsymbol{X}}_{t/t}+\boldsymbol{\Gamma}_{t+1}\overline{\boldsymbol{W}}-(\boldsymbol{\Phi}_t\boldsymbol{X}_t+\boldsymbol{\Gamma}_{t+1}\boldsymbol{W}_t)=\boldsymbol{\Phi}_t\widetilde{\boldsymbol{X}}_{t/t}-\boldsymbol{\Gamma}_{t+1}(\boldsymbol{W}_t-\overline{\boldsymbol{W}}) \tag{6.53}$$

其预测误差协方差矩阵为

$$\boldsymbol{P}_{t+1/t}=\boldsymbol{\Phi}_tE\{\widetilde{\boldsymbol{X}}_{t/t}\widetilde{\boldsymbol{X}}_{t/t}^{\mathrm{T}}\}\boldsymbol{\Phi}_t^{\mathrm{T}}+\boldsymbol{\Gamma}_{t+1}E\{(\boldsymbol{W}_t-\overline{\boldsymbol{W}})(\boldsymbol{W}_t-\overline{\boldsymbol{W}})^{\mathrm{T}}\}\boldsymbol{\Gamma}_{t+1}^{\mathrm{T}} \tag{6.54}$$

则

$$\boldsymbol{P}_{t+1/t}=\boldsymbol{\Phi}_t\boldsymbol{P}_{t/t}\boldsymbol{\Phi}_t^{\mathrm{T}}+\boldsymbol{\Gamma}_{t+1}\boldsymbol{Q}\boldsymbol{\Gamma}_{t+1}^{\mathrm{T}} \tag{6.55}$$

式（6.28）、式（6.29）、式（6.39）、式（6.40）、式（6.49）、式（6.52）和式（6.55）组成了卡尔门滤波器的基本方程。

5. 统计量的估计

实际应用以上基本方程时，模型噪声和观测噪声的均值与方差是预先不知道的，需要作出估计。

对增益向量求均值得

$$\begin{aligned}E\{\boldsymbol{v}_t\}&=E\{\boldsymbol{Z}_t-\boldsymbol{H}_t\hat{\boldsymbol{X}}_{t/t-1}-\overline{\boldsymbol{V}}\}=E\{\boldsymbol{H}_t\boldsymbol{X}_t+\boldsymbol{V}_t-\boldsymbol{H}_t\hat{\boldsymbol{X}}_{t/t-1}-\overline{\boldsymbol{V}}\}\\&=-\boldsymbol{H}_tE\{\widetilde{\boldsymbol{X}}_{t/t-1}\}+E\{\boldsymbol{V}_t-\overline{\boldsymbol{V}}\}\end{aligned}$$

据估计误差和噪声的无偏性，有 $E\{\boldsymbol{v}_t\}=\theta$，所以

$$\theta=E\{\boldsymbol{Z}_t-\boldsymbol{H}_t\hat{\boldsymbol{X}}_{t/t-1}-\overline{\boldsymbol{V}}\}$$

即

$$\overline{\boldsymbol{V}}=E\{\boldsymbol{Z}_t-\boldsymbol{H}_t\hat{\boldsymbol{X}}_{t/t-1}\} \tag{6.56}$$

对于 t 时刻实时统计估计可有

$$\hat{\overline{\boldsymbol{V}}}_t=\frac{1}{t}\sum_{i=1}^{t}(\boldsymbol{Z}_i-\boldsymbol{H}_i\hat{\boldsymbol{X}}_{i/i-1})=\frac{1}{t}\sum_{i=1}^{t-1}(\boldsymbol{Z}_i-\boldsymbol{H}_i\hat{\boldsymbol{X}}_{i/i-1})+\frac{1}{t}(\boldsymbol{Z}_t-\boldsymbol{H}_t\hat{\boldsymbol{X}}_{t/t-1}) \tag{6.57}$$

类似地对于 $t-1$ 时刻实时统计估计有

$$\hat{\overline{\boldsymbol{V}}}_{t-1}=\frac{1}{t-1}\sum_{i=1}^{t-1}(\boldsymbol{Z}_i-\boldsymbol{H}_i\hat{\boldsymbol{X}}_{i/i-1}) \tag{6.58}$$

那么式（6.58）代入式（6.57）得

$$\hat{\overline{\boldsymbol{V}}}_t=\frac{t-1}{t}\hat{\overline{\boldsymbol{V}}}_{t-1}+\frac{1}{t}(\boldsymbol{Z}_t-\boldsymbol{H}_t\hat{\boldsymbol{X}}_{t/t-1}) \tag{6.59}$$

由增益向量的协方差矩阵表达：

$$E\{\boldsymbol{v}_t\boldsymbol{v}_t^{\mathrm{T}}\}=\boldsymbol{H}_tE\{\widetilde{\boldsymbol{X}}_{t/t-1}\widetilde{\boldsymbol{X}}_{t/t-1}^{\mathrm{T}}\}\boldsymbol{H}_t^{\mathrm{T}}+E\{(\boldsymbol{V}_t-\overline{\boldsymbol{V}})(\boldsymbol{V}_t-\overline{\boldsymbol{V}})^{\mathrm{T}}\}=\boldsymbol{H}_t\boldsymbol{P}_{t/t-1}\boldsymbol{H}_t^{\mathrm{T}}+\boldsymbol{R}$$

有

$$\boldsymbol{R}=E\{\boldsymbol{v}_t\boldsymbol{v}_t^{\mathrm{T}}\}-\boldsymbol{H}_t\boldsymbol{P}_{t/t-1}\boldsymbol{H}_t^{\mathrm{T}} \tag{6.60}$$

据式得 t 时刻的估计

$$\hat{\boldsymbol{R}}_t=\frac{1}{t}\sum_{i=1}^{t}\boldsymbol{v}_i\boldsymbol{v}_i^{\mathrm{T}}-\boldsymbol{H}_t\boldsymbol{P}_{t/t-1}\boldsymbol{H}_t^{\mathrm{T}} \tag{6.61}$$

由于开始预热期模型递推计算不稳定，预测协方差矩阵变化大，上式估计可能会得出负的观测噪声方差。为此观测噪声协方差阵估计式常用：

$$\hat{\boldsymbol{R}}_t=\frac{1}{t}\sum_{i=1}^{t}\boldsymbol{v}_i\boldsymbol{v}_i^{\mathrm{T}}-\frac{1}{t}\sum_{i=1}^{t}\boldsymbol{H}_i\boldsymbol{P}_{i/i-1}\boldsymbol{H}_i^{\mathrm{T}} \tag{6.62}$$

类似地也可有递推式：

$$\hat{\boldsymbol{R}}_t=\frac{t-1}{t}\hat{\boldsymbol{R}}_{t-1}+\frac{1}{t}(\boldsymbol{v}_t\boldsymbol{v}_t^{\mathrm{T}}-\boldsymbol{H}_t\boldsymbol{P}_{t/t-1}\boldsymbol{H}_t^{\mathrm{T}}) \tag{6.63}$$

假如我们已知 t 时刻模型噪声的估计，代入系统状态方程得

$$\hat{\boldsymbol{X}}_{t/t-1}=\boldsymbol{\Phi}_{t-1}\hat{\boldsymbol{X}}_{t-1/t-1}+\boldsymbol{\Gamma}_t\hat{\overline{\boldsymbol{W}}}_{t/t-1} \tag{6.64}$$

结合式（6.40）和式（6.63）得

$$\hat{\boldsymbol{X}}_{t/t}=\boldsymbol{\Phi}_{t-1}\hat{X}_{t-1/t-1}+\boldsymbol{\Gamma}_t\hat{\overline{\boldsymbol{W}}}_{t/t-1}+\boldsymbol{K}_t\boldsymbol{v}_t \tag{6.65}$$

式（6.68）减去状态方程得

$$\widetilde{\boldsymbol{X}}_{t/t}=\boldsymbol{\Phi}_{t-1}\widetilde{\boldsymbol{X}}_{t-1/t-1}-(\boldsymbol{W}_t-\boldsymbol{\Gamma}_t\hat{\overline{\boldsymbol{W}}}_{t/t-1})+\boldsymbol{K}_t\boldsymbol{v}_t$$

对上式求期望，据无偏性得

$$\boldsymbol{\Gamma}_t\overline{\boldsymbol{W}}=E\{\boldsymbol{K}_t\boldsymbol{v}_t+\boldsymbol{\Gamma}_t\hat{\overline{\boldsymbol{W}}}_{t/t-1}\}$$

$$\overline{\boldsymbol{W}}=(\boldsymbol{\Gamma}_t^{\mathrm{T}}\boldsymbol{\Gamma}_t)^{-1}\boldsymbol{\Gamma}_t^{\mathrm{T}}E\{\boldsymbol{K}_t\boldsymbol{v}_t+\boldsymbol{\Gamma}_t\hat{\overline{\boldsymbol{W}}}_{t/t-1}\}$$

则据上式在 t 时刻状态噪声的估计为

$$\hat{\hat{\boldsymbol{W}}}_{t+1/t}=(\boldsymbol{\Gamma}_t^{\mathrm{T}}\boldsymbol{\Gamma}_t)^{-1}\boldsymbol{\Gamma}_t^{\mathrm{T}}\frac{1}{t}\sum_{i=1}^{t}(\boldsymbol{K}_i\boldsymbol{\nu}_i+\boldsymbol{\Gamma}_i\hat{\hat{\boldsymbol{W}}}_{i/i-1})$$

其递推形式为

$$\hat{\hat{\boldsymbol{W}}}_{t+1/t}=\hat{\hat{\boldsymbol{W}}}_{t/t-1}+\frac{1}{t}(\boldsymbol{\Gamma}_t^{\mathrm{T}}\boldsymbol{\Gamma}_t)^{-1}\boldsymbol{\Gamma}_t^{\mathrm{T}}\boldsymbol{K}_t\boldsymbol{\nu}_t \tag{6.66}$$

据式（6.52）得

$$\boldsymbol{K}_t\boldsymbol{H}_t=\boldsymbol{I}-\boldsymbol{P}_{t/t}\boldsymbol{P}_{t/t-1}^{-1} \tag{6.67}$$

把式（6.67）和式（6.60）代入式（6.47）得

$$\boldsymbol{P}_{t/t-1}=\boldsymbol{P}_{t/t}+\boldsymbol{K}_tE\{\boldsymbol{\nu}_t\boldsymbol{\nu}_t^{\mathrm{T}}\}\boldsymbol{K}_t^{\mathrm{T}}$$

上式代入式（6.55）得

$$\boldsymbol{P}_{t/t}+\boldsymbol{K}_tE\{\boldsymbol{\nu}_t\boldsymbol{\nu}_t^{\mathrm{T}}\}\boldsymbol{K}_t^{\mathrm{T}}=\boldsymbol{\Phi}_{t-1}\boldsymbol{P}_{t-1/t-1}\boldsymbol{\Phi}_{t-1}^{\mathrm{T}}+\boldsymbol{\Gamma}_t\boldsymbol{Q}\boldsymbol{\Gamma}_t^{\mathrm{T}}$$

解上式得

$$\boldsymbol{Q}=(\boldsymbol{\Gamma}_t^{\mathrm{T}}\boldsymbol{\Gamma}_t)^{-1}\boldsymbol{\Gamma}_t^{\mathrm{T}}(\boldsymbol{P}_{t/t}-\boldsymbol{\Phi}_{t-1}\boldsymbol{P}_{t-1/t-1}\boldsymbol{\Phi}_{t-1}^{\mathrm{T}}+\boldsymbol{K}_tE\{\boldsymbol{\nu}_t\boldsymbol{\nu}_t^{\mathrm{T}}\}\boldsymbol{K}_t^{\mathrm{T}})\boldsymbol{\Gamma}_t(\boldsymbol{\Gamma}_t^{\mathrm{T}}\boldsymbol{\Gamma}_t)^{-1}$$

在 t 时刻，利用 t 时刻以前的信息，同样可对模型噪声协方差矩阵作出预测：

$$\hat{\boldsymbol{Q}}_{t+1/t}=(\boldsymbol{\Gamma}_t^{\mathrm{T}}\boldsymbol{\Gamma}_t)^{-1}\boldsymbol{\Gamma}_t^{\mathrm{T}}(\boldsymbol{P}_{t/t}-\boldsymbol{\Phi}_{t-1}\boldsymbol{P}_{t-1/t-1}\boldsymbol{\Phi}_{t-1}^{\mathrm{T}}+\frac{1}{t}\sum_{i=1}^{t}\boldsymbol{K}_i\boldsymbol{\nu}_i\boldsymbol{\nu}_i^{\mathrm{T}}\boldsymbol{K}_i^{\mathrm{T}})\boldsymbol{\Gamma}_t(\boldsymbol{\Gamma}_t^{\mathrm{T}}\boldsymbol{\Gamma}_t)^{-1}$$

表达为递推形式有

$$\hat{\boldsymbol{Q}}_{t+1/t}=\frac{t-1}{t}\hat{\boldsymbol{Q}}_{t/t-1}+\frac{1}{t}(\boldsymbol{\Gamma}_t^{\mathrm{T}}\boldsymbol{\Gamma}_t)^{-1}\boldsymbol{\Gamma}_t^{\mathrm{T}}(\boldsymbol{P}_{t/t}-\boldsymbol{\Phi}_{t-1}\boldsymbol{P}_{t-1/t-1}\boldsymbol{\Phi}_{t-1}^{\mathrm{T}}+\boldsymbol{K}_t\boldsymbol{\nu}_t\boldsymbol{\nu}_t^{\mathrm{T}}\boldsymbol{K}_t^{\mathrm{T}})\boldsymbol{\Gamma}_t(\boldsymbol{\Gamma}_t^{\mathrm{T}}\boldsymbol{\Gamma}_t)^{-1} \tag{6.68}$$

这样就推得了完整的卡尔门滤波器。

6. 卡尔门滤波器的初值估计

假如滤波时间从 $t=1$ 开始，需要估计初始时刻的滤波器的初值有

$$\hat{\hat{\boldsymbol{V}}}_1,\ \hat{\boldsymbol{R}}_1,\ \hat{\hat{\boldsymbol{W}}}_{1/0},\ \hat{\boldsymbol{Q}}_{1/0},\ \boldsymbol{P}_{1/0},\ \hat{\boldsymbol{X}}_{1/0}$$

所有的初值选取，都会影响系统预热期的滤波与预测效果。理论上讲，取任意的初值，当 $t\to\infty$ 时，其初试估计误差的影响会消失。因此，选取初试值时，主要考虑使这影响消失的趋近过程尽可能短些，误差影响尽可能小些。为此，通常是选取适当的 $\boldsymbol{P}_{1/0}$，一般令

$$\boldsymbol{P}_{1/0}=\lambda\boldsymbol{I} \tag{6.69}$$

取较大的 λ 值，暗指系统开始时，模型估计误差较大，要多依赖一些观测信息，取大一些增益矩阵，从而使初试状态估计的误差尽快衰减。其他初试值可按如下选取：

$\hat{\hat{\boldsymbol{V}}}_1=\overline{\boldsymbol{V}}$，根据具体的观测资料分析确定；

$\hat{\boldsymbol{R}}_1=\overline{\boldsymbol{R}}$，也根据具体的观测资料分析确定；

$$\hat{\hat{\boldsymbol{W}}}_{1/0}=(\boldsymbol{\Gamma}_1^{\mathrm{T}}\boldsymbol{\Gamma}_1)^{-1}\boldsymbol{\Gamma}_1^{\mathrm{T}}(\hat{\boldsymbol{X}}_{1/0}-\boldsymbol{\Phi}_0\hat{\boldsymbol{X}}_{0/0})$$

$\hat{\boldsymbol{Q}}_{1/0}=\overline{\boldsymbol{Q}}$，可适当取大些，意义与 $P_{1/0}$ 类似。

7. 滤波计算

有了以上推导的滤波器公式和初试值估计方法，就可以进行卡尔门滤波计算。其计算框图如图 6.6 所示。

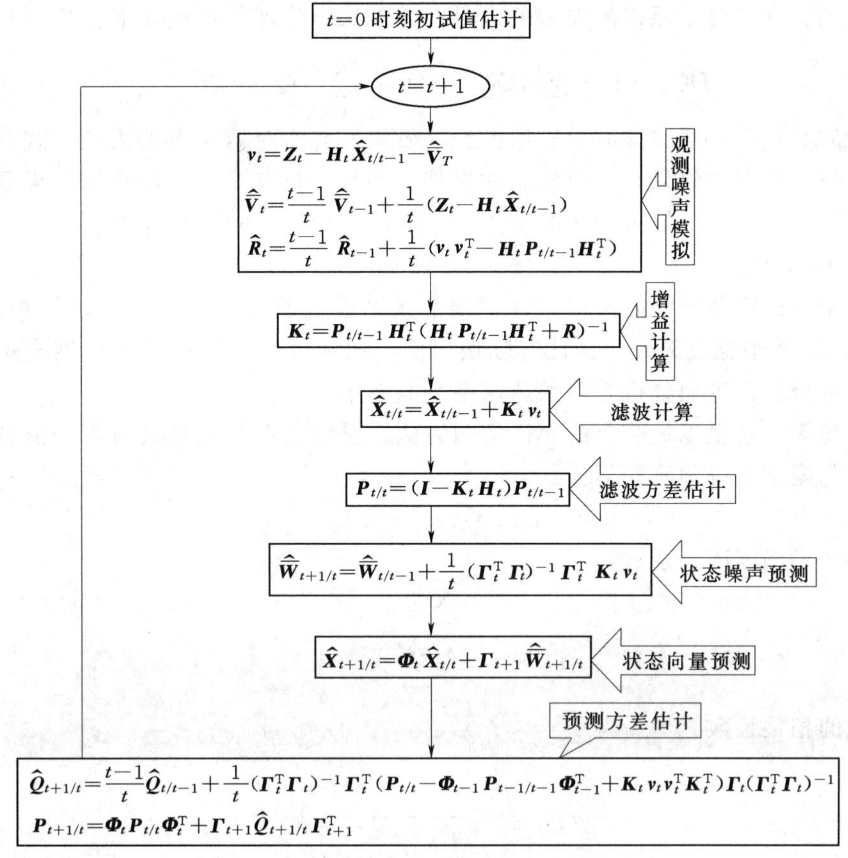

图 6.6 卡尔门滤波计算框图

6.3.5 误差修正方法应用

一种实时误差修正方法应用要考虑修正效果、修正方法的适用性和方法的合理性及应用效果检验。这里以常用的自回归校正方法为例讨论。

1. 修正效果评估

效果评价，通常从原模型效果、修正后模型效果和修正效果三方面来分析。

原模型效果就是只用模型进行预报，不考虑任何实时信息进行误差修正的预报效果。其效果定量评价系数如下：

$$DC_o=1-\sum_{i=1}^{LT}(QC_i-Q_i)^2\Big/\sum_{i=1}^{LT}(Q_i-\overline{Q})^2 \tag{6.70}$$

式中 Q、$\overline{Q}$——实测流量和其均值；

QC——模型计算值；

LT——计算时段数。

修正后模型效果就是模型计算加上实时信息进行误差修正的预报总效果。其效果定量评价系数如下：

$$DC_t=1-\sum_{i=1}^{LT}(QC_i^u-Q_i)^2\Big/\sum_{i=1}^{LT}(Q_i-\overline{Q})^2 \tag{6.71}$$

式中 QC^u——实时信息进行误差修正的预报总流量。

修正效果就是相对于原模型误差的效果。其效果定量评价系数如下：

$$DC_u = 1 - \sum_{i=1}^{LT}(QC_i^u - Q_i)^2 \Big/ \sum_{i=1}^{LT}(Q_i - QC_i)^2 \tag{6.72}$$

式（6.70）的效果系数值完全取决于原模型的效果，与实时修正方法无关；式（6.71）的效果系数值与原模型的效果和实时修正效果都有关系；只有式（6.72）的效果系数值只与修正方法有关。因此，一般讲的实时修正效果，应该用式（6.72）计算。

2. 方法的适用性

根据使用 AR 模型暗指的前提条件，误差系列应是前后时段相关的，其相关性越好，AR 模型使用的效果也会越好。因此实际使用前，通常可以对历史洪水模型模拟误差系列的相关性进行分析，进而分析方法的适用性和其效果。

为讨论简单，这里以最简单的 AR 模型为例。设模型误差系列具有零均值特点，且可用一阶自回归模型进行预测如下：

$$e_{t+L} = c_1 e_t + \zeta_{t+L} \tag{6.73}$$

用最小二乘法可确定回归系数为

$$c_1 = \frac{\sum_t e_t e_{t+L}}{\sum_t e_t^2} \tag{6.74}$$

而误差系列的相关系数 $r_{t,\ t+L}$ 为

$$r_{t,\ t+L} = \frac{\sum_t e_t e_{t+L}}{\sqrt{\sum_t e_t^2 \sum_t e_{t+L}^2}} \tag{6.75}$$

所以有关系

$$c_1 = \frac{\sum_t e_t e_{t+L}}{\sum_t e_t^2} \frac{\sqrt{\sum_t e_t^2 \sum_t e_{t+L}^2}}{\sqrt{\sum_t e_t^2 \sum_t e_{t+L}^2}}$$

即

$$c_1 = r_{t,\ t+L} \frac{\sqrt{\sum_t e_{t+L}^2}}{\sqrt{\sum_t e_t^2}} \tag{6.76}$$

那么据式（6.72）得

$$DC_u = 1 - \frac{\sum_{i=1}^{LT}(QC_i^u - Q_i)^2}{\sum_{i=1}^{LT}(Q_i - QC_i)^2} = 1 - \frac{\sum_i \zeta_{i+L}^2}{\sum_i e_{i+L}^2}$$

式（6.73）代入上式得

$$DC_u = 1 - \frac{\sum_i (e_{i+L} - c_1 e_i)^2}{\sum_i e_{i+L}^2}$$

展开上式得

$$DC_u=\frac{\sum_i(2c_1e_ie_{i+L}-c_1^2e_i^2)}{\sum_i e_{i+L}^2}$$

将式（6.73）代入上式得

$$DC_u=\frac{\sum_i[2c_1e_i(c_1e_i+\zeta_{i+L})-c_1^2e_i^2]}{\sum_i e_{i+L}^2}=\frac{\sum_i c_1^2e_i^2+\sum_i 2c_1e_i\zeta_{i+L}}{\sum_i e_{i+L}^2}$$

根据误差 e_t 与残差 ζ_{t+L} 的不相关性有

$$DC_u=c_1^2\frac{\sum_i e_i^2}{\sum_i e_{i+L}^2}$$

将式（6.76）代入上式得

$$DC_u=r_{i,\ i+L}^2 \tag{6.77}$$

由式（6.77）可知，模式式（6.73）的修正有效性系数等于其误差系列相关系数的平方。对于如式（6.2）的一般自回归修正模式，也可有类似的关系。因此说，自回归修正模式的有效性与其误差系列的相关系数密切相关，通常可据相关系数的大小分析修正效果。

3. 应用实例

图6.7是一次洪水的实测流量、模型计算流量和实时修正后的流量过程比较，具体结果在表6.1。从图6.7看，模型计算误差系列存在较好的前后时段相关性，可以采用自回归修正模型，其确定的模型和参数为式（6.78）：

$$\hat{e}_{t+1}=25.89+1.24e_t-0.37e_{t-1} \tag{6.78}$$

评定的效果分别为

原模型有效性系数 $DC_0=0.837$

修正后模型有效性系数 $DC_t=0.963$

修正效果 $DC_u=\dfrac{DC_t-DC_0}{1-DC_0}=0.773$

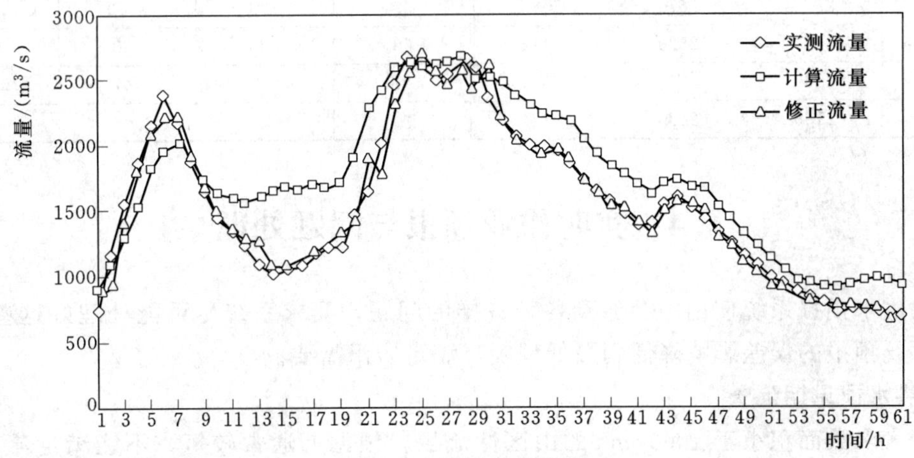

图6.7 流量过程比较

表 6.1 洪水实时修正结果表

时序	Q	QC	QC^U	时序	Q	QC	QC^U
1	732	877	877	32	2070	2380	2057
2	1150	1080	923	33	2000	2320	2017
3	1550	1290	1404	34	1980	2250	1942
4	1850	1530	1800	35	1970	2220	1977
5	2140	1810	2084	36	1860	2180	1944
6	2370	1950	2214	37	1740	2060	1729
7	2170	2010	2213	38	1650	1940	1635
8	1900	1880	1937	39	1570	1840	1572
9	1650	1730	1669	40	1480	1780	1526
10	1450	1630	1497	41	1390	1690	1392
11	1340	1580	1360	42	1400	1630	1343
12	1250	1560	1303	43	1550	1720	1519
13	1090	1600	1278	44	1610	1740	1588
14	1020	1630	1086	45	1530	1680	1555
15	1050	1680	1086	46	1440	1660	1496
16	1080	1650	1068	47	1340	1540	1296
17	1160	1690	1190	48	1250	1450	1257
18	1220	1650	1177	49	1150	1340	1140
19	1220	1710	1347	50	1080	1250	1062
20	1460	1900	1425	51	1010	1150	921
21	1630	2290	1899	52	954	1050	931
22	2020	2410	1778	53	902	975	950
23	2450	2580	2314	54	864	948	846
24	2660	2600	2557	55	811	930	827
25	2600	2590	2686	56	722	931	788
26	2490	2600	2564	57	760	956	777
27	2550	2630	2464	58	755	979	768
28	2580	2670	2585	59	738	1010	778
29	2580	2520	2412	60	723	980	699
30	2360	2530	2611	61	697	947	703
31	2190	2480	2221				

6.4 实时作业预报与问题处理

实时洪水预报系统使用中会遇到各种各样的问题，要求系统尽可能处理好这些问题，使其对系统预报的误差影响降低到最低程度，满足防汛需要。

6.4.1 洪水预见期延长

对于大多数面积小于 1000km^2 的山区性流域，预见期通常较短，不能满足流域防洪要求，常要求系统能延长其洪水的预见期。

洪水预见期延长一般只能从降雨预测入手。预测方法主要有前后时段雨量相关法、概率预报法或大气环流模拟模型等。前两种方法需要资料信息少，实时洪水预报系统中采用较多。后一种方法只在气象部门的预报中使用比较广泛，与洪水预报结合起来还不多。

实时洪水调度中，通常要做防洪预案，特别是一些台风雨洪水，通常来得快，暴雨强度特大，常导致灾害性洪水，有关政府部门常要求提供不同降雨量的防洪预案。为满足防洪预案要求，通常可据气象部门的台风预报或气象卫星云图的雨量级别预测，拟定几种降雨量级，确定流域面平均时段降雨量系列，进行人工干预洪水预测。

延长预见期的洪水预报精度除受模型结构、模型参数影响外，还受时段降雨预测精度影响，而且目前时段降雨量的预测精度还难达到定量化的精度要求，所以这延长预见期的洪水预报通常只能是作为防汛部门的参考，不能作为考核要求。

6.4.2 中间变量估计

模型中间变量，就是指模型中随时间变化的状态变量。水文模型常有的中间变量有土壤含水量、坡面退水流量、河网退水流量等。由于模型中间变量是时空变化的，需要由水文资料作为模型输入，时间上连续的递推估计。如果水文资料有误差，或模型计算不连续，都会引起模型中间变量的误差，从而影响洪水预报的精度。例如某个时段的雨量观测值偏大或偏小，就会使模型的中间变量偏大或偏小，其结果保存下来会影响下个时段的洪水预报偏大或偏小。当由于某些原因，使预报间断一个时段或数个时段或更长时间未作预报，这时模型只能使用停报前的中间变量，显然是有很大误差的。下面以三水源的线性水库坡面汇流、马斯京根法河网汇流的新安江模型为例介绍中间变量的物理意义及其估计方法。模型的中间变量有 12 个，其物理意义都较明确，但其估计十分复杂，这里只能作简单介绍。

6.4.2.1 中间变量物理意义

1. 自由水蓄量(S)

在水箱划分水源中，时段初自由水水箱内有一个蓄量，这蓄量通常用 S 来表示。自由水蓄量 S，对于雨量站单元内被取为平均值，而不同的雨量站单元是变化的。

自由水蓄量值 S 的大小，主要取决于前期降雨（一般 1～5 天，取决于单元流域面积大小）及其可能产生径流的大小。如果前期的时段降雨都很小，相应产生的径流很小或为零，则自由水蓄量值一般也很小，可作为零；如前期降雨量大，则 S 也大，但最大不可能超过其上限 Sm 值。

2. 上层、下层和深层土壤含水量(WU、WL 和 WD)

土壤含水量是影响产流的最重要状态变量。晴天，土壤含水量因蒸发而消耗，雨天，土壤吸蓄降雨而补充。土壤含水量，在蒸发与补充计算中，常被分为三层，即上层 WU、下层 WL 和深层 WD。这三层土壤含水量在雨量站单元内被取为平均值，而不同的雨量站单元是不同的。

土壤含水量的大小，主要取决于前期约 10～30 天内的降雨。前期降雨大，土壤含水量大，前期降雨小，土壤含水量小。对于一些特殊情况，如夏季，前期 10 天内无降雨，WU 一般可取为零；在南方湿润地区，WD 常可取其上限值 WDM； 在汛期，前期降雨很大，WU 和 WL 也可取其上界值 WUM 和 WLM。

3. 地面、壤中和地下径流深（RS、RI 和 RG）

降雨产生的径流，在流域坡面上的运动，一般分地面（RS）、壤中（RI）和地下（RG）三种径流成分。这些径流成分，在雨量站单元内被取为平均值，而不同的雨量站单元，可以是不同的。

径流深的大小，主要取决于降雨量、降雨强度和土壤含水量。一般前期降雨量大、降雨强度大、土壤含水量大、径流深也大，反之则小。对于一些特殊情况，其值估计可简化，如地面径流，一般主要视上一时段的降雨而定，若上一时段的降雨为零或很小，可取为零值；壤中流和地下径流，也可视上一时段降雨和相应单元自由水蓄量而定。如果上一时段降雨为零，相应单元自由水蓄量也为零，那么壤中流 RI 和地下径流深 RG 均可取为零值。

4. 地面径流、壤中流和地下水退水流量（QS、QI 和 QG）

如前所述，坡面单元径流成分常分为三种，其线性水库水流汇集公式的退水流量也分三部分，即地面径流退水流量 QS、壤中流退水流量 QI 和地下径流退水量 QG。在模型计算中，这三种量都被定义为全流域的，其值乘面积权重 F 后才能作为河网入流 I。即

$$I_i=(QS_i+QI_i+QG_i)F_i$$

式中 I_i——河网入流量；

F_i——其单元面积权系数。

坡面单元退水流量，一般可据流域出口的实测流量退水坡度来定。如在枯水季节，或实测流量退水很慢，接近于地下径流退水坡度，近似的可取：

$$QS=0$$

$$QI=0$$

$$QG=Q_0$$

式中 Q_0——实测流量。

一般情况，非洪水期，可取：

$$QS=0$$

$$QG=\text{枯水期平均退水流量}$$

$$QI=Q_0-QS-QG$$

在洪水期，QS 不能取为零，就比较复杂。

5. 河网节点流量 Q_1 和 Q_2

对一般流域，按雨量站分单元，河道也按河段长分段。每个河段内，不仅有上断面的入流，还有横向坡面的入流 I。而这来自于坡面的横向入流 I 一般集中在节点的下侧。因此，对每个河段的节点处水流就有个突变。如图 6.8 所示，流向第 i 节点的流量为 Q_{1i}，流出第 i 节点的水流流量为 Q_{2i}，且图中各量有关系：

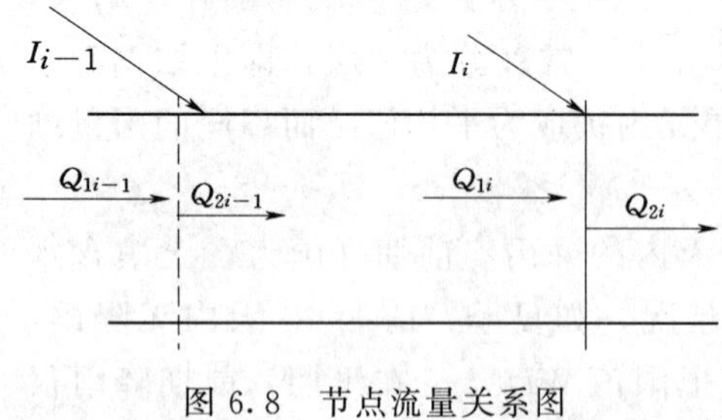

图 6.8 节点流量关系图

$$Q_{2i-1}=Q_{1i-1}+I_{i-1}$$

$$Q_{2i}=Q_{1i}+I_i$$

划分河段的节点处，其流量一般是从上游往下游沿程增大的，在估计河网节点退水流量中可简化，可假设这增大的与沿程汇入的流域面积成比例。因此，一般可取：

最上游节点处流向节点流量 $Q_{11}=0$

最上游节点流出节点流量 $Q_{21}=Q_0F_1$

i 节点处流出节点流量 $Q_{2i}=Q_0\sum_{j=1}^{i}F_j \quad (i=2,3,\cdots,n)$

最下游节点（出口断面流量）流出节点流量 $Q_{2n}=Q_0$。

6.4.2.2 修复举例

某一流域有 4 个雨量站，实际的实时降雨为零，而第三个雨量站的实时雨量观测值却为 100mm，由此引起了模型中间变量的误差，其值见表 6.2。请分析其问题，并解决之。

表 6.2　受雨量资料误差影响的模型中间变量

单元	1	2	3	4
S	0	0	4.8	0
WU	10.8	15.3	20	0
WL	75.2	80	80	65.1
WD	50	50	50	50
RS	0	0	45.8	0
RI	0	0	11.3	0
RG	0	0	10.2	0
QS	0	0	581.4	0
QI	0.5	2.1	97.6	1.8
QG	20.5	36.6	38.6	29.9
Q_1	5.2	15.6	26.8	106.2
Q_2	5.7	15.9	267.3	105.1

1. 问题分析

实时雨量资料误差，会引起产汇流计算误差。由于洪水预报模型全部按雨量站分单元计算产流和坡面汇流。所以其单元模型的中间变量 S、WU、WL、WD、RS、RI、RG、QS、QI 和 QG 除第三单元之外全不需修改。而第三单元由于降雨量冒大数，上述中间变量均偏大，需修正。

单元河段节点处的退水流量，第三单元加入节点以上不需修改，以下要修改。

2. 修改方法

(1) 修改第三雨量站单元中间变量。第三单元中间变量估计，一般有两种方法，一是空间内插法，二是算术平均法。空间内插法就是假设中间变量在空间上是连续变化的，其估计单元的值可由周围相邻单元的值按距离内插而得；算术平均法是一种统计估计方法，这里用算术平均法估计第三单元的中间变量，结果见表 6.3。

表6.3　修正后的模型中间变量

单元	1	2	3	4
S	0	0	0	0
WU	10.8	15.3	8.7	0
WL	75.2	80	73.4	65.1
WD	50	50	50	50
RS	0	0	0	0
RI	0	0	0	0
RG	0	0	0	0
QS	0	0	0	0
QI	0.5	2.1	1.5	1.8
QG	20.5	36.6	29	29.9
Q_1	5.2	15.6	26.8	38.4
Q_2	5.7	15.9	27.1	38.4

（2）修改第三单元入流河段以下节点处退水流量。本例流域的第三单元入流只影响最后两个节点，因此，前面节点的退水流量不变，最后两个节点的退水流量可据出口处的实测退水流量来估计。出口处的退水流量等于实测流量，倒数第二个节点的退水流量由倒数第一和第三个流量的算术平均获得，结果见表6.3。

6.4.3　雨量资料问题处理

影响洪水预报精度的因素很多，任何一种不正常的因素都会给洪水预报带来误差。这里列出常见的雨量资料问题并讨论其产生原因、特点和一些常规的处理方法。

1. 雨量观测误差

雨量观测误差主要是指观测资料中存在的常规误差。这类误差通常具有零均值、常方差的正态分布特征。其值一般难以估计和修正。

2. 暴雨中心区域雨量站密度太低问题

有些流域，暴雨中心分布相对稳定，若暴雨中心区域站网密度偏低，就会导致观测的面平均雨量偏小于实测值。例如浙江省长潭水库，历史洪水径流系数平均为1.1，洪水径流系数普遍大于1.0，有的达到了1.47，见表6.4。经分析就是由于暴雨中心雨量站太少。通过增加雨量观测站，解决了长期困扰水库的洪水预报系统偏小问题。

表6.4　长潭水库洪水径流系数统计

洪　号	降雨量/mm	实测径流深/mm	径流系数
31970818	261.1	328.7	1.26
31940821	330.1	327.8	0.993
31920923	234.5	285.4	1.22
31920829	361.1	450.4	1.25
31900906	327.1	368.9	1.13
31900904	157.8	233.2	1.47

续表

洪 号	降雨量/mm	实测径流深/mm	径流系数
31900830	183.5	269.6	1.46
31900817	282.2	270.5	0.961
31900622	188.5	196.8	1.04
31890911	212.8	236.3	1.11
31890721	117.9	117.1	0.992
31890515	219.1	245.9	1.12
31870909	393.1	461.7	1.18
31870726	154.8	169.8	1.10
31870619	160.8	175.6	1.09
31850819	311.2	338	1.09
31850803	38.2	34.2	0.895
31840830	137.3	134.5	0.985
31840807	106.1	104	0.981
31840531	165.8	174.9	1.05
31830911	107.5	80.8	0.750
31830823	189.1	172.4	0.910
31820729	415.6	484.5	1.17
31820616	107.9	105.9	0.981
31810921	212	221.3	1.04
31810709	466.5	417.7	0.897
31780827	146.1	144.4	0.986
31780526	70.5	68.8	0.985
31770924	147	154.2	1.05
31770725	182.3	168.8	0.928
31770618	129.8	159.3	1.22
31760626	216.3	267.5	1.24
31760601	262	277.8	1.06
31750802	493.8	559.4	1.13
平 均	220.3	241.4	1.10

3. 雨量资料缺测

雨量资料缺测是任何一个预报系统都会遇到的问题，这通常采用雨量资料空间插值的一些方法来解决。如邻近站取代法、算术平均插值法、相邻站点相关法、空间内插法等。

4. 高强度降雨偏小

高强度降雨偏小主要产生于遥测系统，误差是由翻斗式自动雨量计引起。由于翻斗的容积较小（国内常用的有 0.1mm、0.5mm 和 1.0mm 三种），遇高强度降雨，翻斗过于频繁来不及记数而漏记导致观测降雨偏小。特别是 0.1mm 的翻斗式雨量计，问题最为严重，

1.0mm 的基本上不会发生这种问题。因此，遇到这类问题需要更换翻斗式雨量计。

5. 雨量信号误码

雨量信号误码也主要产生于遥测系统。信号误码有信号碰撞而丢失，信号交换接收而误收。前者导致雨量资料缺测，后者导致雨量冒大数。这些误差通常不具有零均值和常方差的统计特征，可以用抗差分析方法来鉴别和估计[13-15]。

6.4.4 流量资料误差[14-16]

流量观测资料误差，不同特点流域差异很大，其中水库流域问题最大。

6.4.4.1 水库流域流量资料误差

水库入库（坝址以上流域）实测流量一般没有实测资料，都是据库水位和总出库流量来计算，只是为了区别于模型计算的入库流量，才称由库水位和总出库流量反推的入库流量为实测入库流量。这流量除受库容曲线、溢洪道泄流能力曲线等的影响外还严重的受水位观测误差放大效应影响。

1. 反推入库流量的波动与不合理

水库入库流量反推计算公式为

$$\overline{Q}=\frac{V_2-V_1}{3600\Delta t}+\overline{q_z} \tag{6.79}$$

其中 $V_2=V(H_2)$，$V_1=V(H_1)$

式中 $\overline{Q}$——时段平均入库流量，m^3/s；

Δt——时间间隔，h；

$\overline{q_z}$——时段平均总出库流量，m^3/s；

H_1、H_2——时段初始和末了时刻的库水位，m；

V_1、V_2——时段初始和末了时刻的库容，m^3，库容由库水位据水库库容曲线获得。

据库水位查算库容，再由式（6.79）推算时段平均入库流量，误差存在放大现象，其放大的倍数与水库水面面积成正比，时段长成反比。设时段初始和末了时刻的库水位差为 ΔH，H_1 和 H_2 间水库横截面的平均面积为 $\overline{A}$，式（6.79）可表示为

$$\overline{Q}=\frac{\Delta H\overline{A}}{3600\Delta t}+\overline{q_z} \tag{6.80}$$

则当时段始末库水位差存在误差 ζ 时，就有相应流量误差 ΔQ 关系：

$$\Delta Q=\frac{1000\zeta\overline{A}}{3.6\Delta t} \tag{6.81}$$

对于大多数水库实时洪水预报系统，时段间隔为 1h，则式（6.81）的误差是与面积成线性比例关系的，可由表 6.5 数字化表示。由表 6.5 可知，当水面平均面积在 $100km^2$ 时，0.05m 的水位误差，其流量误差就超过 $1350m^3/s$；当水面面积在 $500km^2$ 时，0.02m 的水位误差，其流量误差就达 $2778m^3/s$，如果时段初和末的误差同号相加，就可产生 $5556m^3/s$。对于我国的大型水库，水面面积超过 $100km^2$ 的为数不少，表 6.6 统计了一些大型水库的水面面积。正在建设的三峡水库，其水面积将超过 $1000km^2$。而对于观测水位，由于本身的观测误差加上洪水期水面风浪影响，误差 0.02m 是很正常的，而且也是允许范围的。因此说，水库入库所谓的实测流量中，存在着非常严重的锯齿状波动误差，

图 6.9 是广东省益塘水库洪水过程，图 6.10 是湖北省浀水水库洪水过程。由图可见，不同的水库波动差异也很大，浀水水库甚至还出现了负值。

表 6.5　流量误差与水位误差关系

$\overline{A}$/km² \ ζ/m	10	50	100	200	500	1000
0.01	28	139	278	556	1389	2778
0.02	56	278	556	1111	2778	5556
0.05	139	694	1389	2778	6944	13889
0.10	278	1389	2778	5556	13889	27778

表 6.6　水库水面积

库名	水位/m	水面积/km²	库名	水位/m	水面积/km²
丹江口	160～161	821	柘林	71～72	398
五强溪	114～115	233	柘溪	175～176	270
漳河	127～127.5	114	池潭	287.8	56
水口	70	106	陆水	56～57	60
富水	66～67	114	澄碧河	1107～1155	48

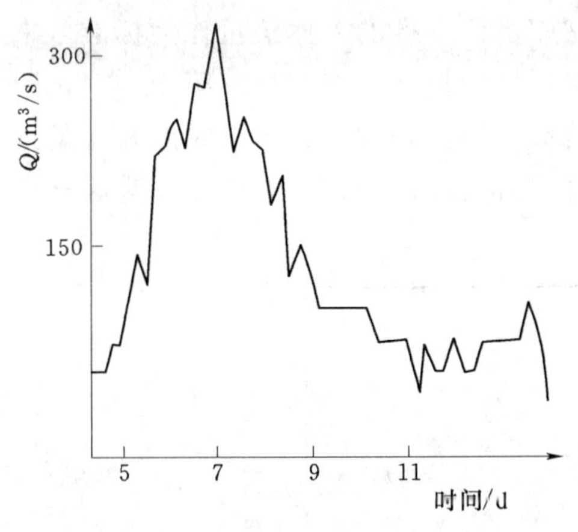

图 6.9　广东省益塘水库洪水过程

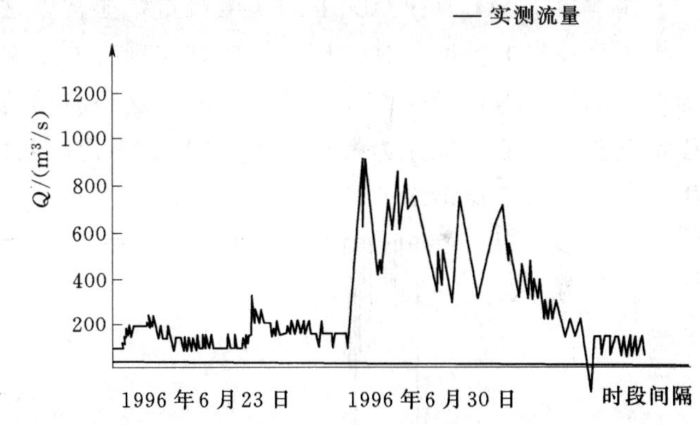

图 6.10　入库流量波动误差

水库入库流量波动误差，常是零均值的，但方差是变化的。这一方面是由于水库水位在洪水期的变化，其水面面积也变化，导致相同水位观测误差放大成入库流量的倍数不同；另一方面洪水期常常多风、开闸泄洪形成波浪，使水面的波动变化大，导致水位观测误差会大些。

流量是实时修正最重要的信息，反推流量的误差会严重影响实时修正效果，如果使用不当还会越修正越差。

2. 出库流量缺测或未及时输入

出库流量包括泄洪、发电、灌溉、厂矿和城市居民供水等。出库流量的缺测或未及时输入会使反推入库流量偏小，导致实时修正结果偏小。这属于管理上的问题，通常通过加强管理就可解决。

3. 泄流能力曲线误差

泄流能力曲线误差主要有参数估计误差或关系线定线误差，这误差直接导致泄流流量的误差，进而影响反推入库流量的误差。这类误差可通过水库泄流与流量观测分析试验来纠正。

4. 库容曲线误差

库容曲线误差主要是关系线定线误差，有些是原始定线问题，有些是水库运行过程中由于淤积或其他人类活动引起库容的改变。这类误差要通过库容曲线的重新测定，特别是有些多沙河流需要过几年就要进行库容曲线的测定。

6.4.4.2 河道断面流量资料误差

河道断面流量资料问题比水库情形要少些。河道流量资料误差主要体现在水位流量关系线误差，包括断面冲淤变动、绳套、关系线没有充分率定、平原地区汇水顶托或河口地区的潮汐顶托等。现在在许多下游河段，挖沙等人类活动引起河槽改变较大，洪水开始阶段河槽下切使原定水位流量关系线偏小，一定的水流条件后又迅速回淤，经常导致流量过程线的跳跃性突变等。还有一些西北干旱半干旱地区的河流，平时缺水断流，沿程常有垃圾等废弃物堆积、围垦种植等人类活动使河槽断面减小、行洪不畅，导致同样流量的水位大幅升高等等。

6.4.5 水库入库流量预报及考核指标问题

水库由于没有真正意义上的实测流量，通常以这库水位反推的入库流量作为标准，来分析模型预报的精度，其考核指标应该与现有的水文预报情报规范有差异（第10章），因为现有的模型考核指标，没有针对水库的这种波动情形，特别是洪峰、峰显时间和流量过程精度指标一般不能作为考核要求。图6.11是广西桂林市青狮潭水库1997年6月8日发生的一场洪水模拟结果。

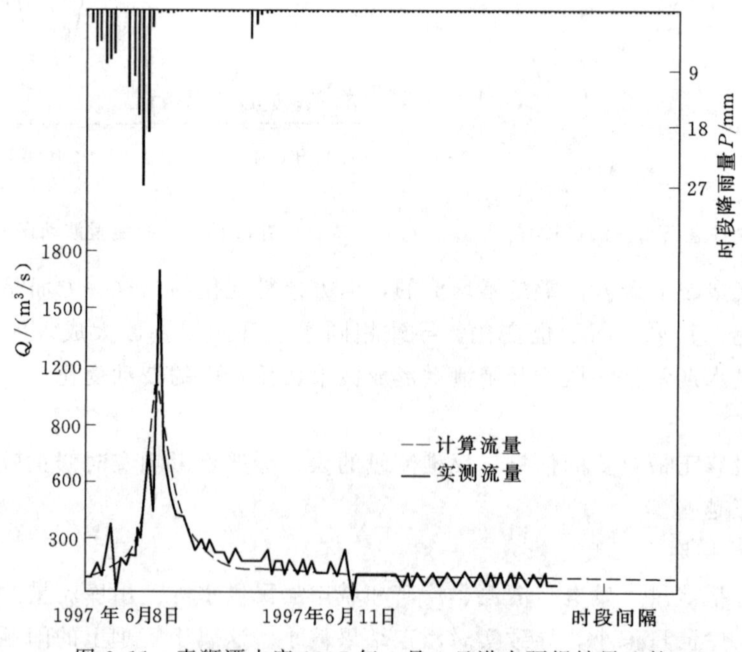

图6.11 青狮潭水库1997年6月8日洪水预报结果比较

该水库水面面积较大，反推入库流量的波动误差也大，该场洪水预报结果特征量比较如下：

实测径流深：124.8mm。

计算径流深：123.0mm。

实测洪峰流量：1645m^3/s。

计算洪峰流量：1085m^3/s。

实测洪峰峰现时间：1997年6月9日11：00。

计算洪峰峰现时间：1997年6月9日10：00。

过程模拟效果系数：0.744。

按照这些特征量判别，这场洪水的洪量模拟精度很高，其绝对误差只有1.8mm，相对误差为1.4%。而过程模拟效果系数只有0.744，洪峰相对误差却高达34.0%，属不合格结果。但分析其所谓的实测流量过程，发现流量过程波动很大，特别是洪峰前后，由于开闸泄洪等原因，出现了异常的波动，到6月11日4：00甚至还出现了负值，见表6.7。

表6.7　青狮潭水库1997年6月8—11日洪水流量过程统计

时间/(年-月-日 时：分)	预报流量/(m^3/s)	实测流量/(m^3/s)	备注
1997-06-08 20：00	80.0	84.2	
1997-06-08 21：00	79.8	84.1	
1997-06-08 22：00	82.2	140	
1997-06-08 23：00	92.3	84.1	
1997-06-09 0：00	108	140	
1997-06-09 1：00	131	348	波动
1997-06-09 2：00	156	0.200	波动
1997-06-09 3：00	175	176	波动
1997-06-09 4：00	178	135	
1997-06-09 5：00	171	195	
1997-06-09 6：00	198	186	
1997-06-09 7：00	274	364	
1997-06-09 8：00	431	429	
1997-06-09 9：00	772	773	
1997-06-09 10：00	1085	414	开闸波动实测偏小
1997-06-09 11：00	1074	1644	波动使实测偏大
1997-06-09 12：00	883	753	
1997-06-09 13：00	707	595	
1997-06-09 14：00	570	436	
1997-06-09 15：00	468	378	
1997-06-09 16：00	392	378	
1997-06-09 17：00	334	320	
1997-06-09 18：00	289	262	

续表

时间/(年-月-日 时：分)	预报流量/(m^3/s)	实测流量/(m^3/s)	备注
1997-06-09 19：00	254	203	
1997-06-09 20：00	226	261	
1997-06-09 21：00	203	203	
1997-06-09 22：00	184.63	261.2	
1997-06-09 23：00	169.42	202.9	
1997-06-10 0：00	156.77	203.0	
1997-06-10 1：00	146.18	202.6	
1997-06-10 2：00	137.26	143.9	
1997-06-10 3：00	129.71	213.0	
1997-06-10 4：00	123.3	218.6	
1997-06-10 5：00	117.81	154.8	
1997-06-10 6：00	113.12	154.7	
1997-06-10 7：00	110.29	154.7	
1997-06-10 8：00	117.79	155.0	
1997-06-10 9：00	130.77	155.5	
1997-06-10 10：00	134.74	219.6	
1997-06-10 11：00	131.07	91.9	
1997-06-10 12：00	125.17	156.0	
1997-06-10 13：00	119.3	155.9	
1997-06-10 14：00	114.06	92.1	
1997-06-10 15：00	109.52	156.0	
1997-06-10 16：00	105.61	92.3	
1997-06-10 17：00	102.24	92.2	
1997-06-10 18：00	99.33	156.1	
1997-06-10 19：00	96.8	92.2	
1997-06-10 20：00	94.6	156.0	
1997-06-10 21：00	92.68	92.0	
1997-06-10 22：00	90.98	92.1	
1997-06-10 23：00	89.48	92.0	
1997-06-11 0：00	88.14	155.9	
1997-06-11 1：00	86.95	92.0	
1997-06-11 2：00	85.87	92.0	
1997-06-11 3：00	84.9	219.8	
1997-06-11 4：00	84.01	−35.8	实测出现负值
1997-06-11 5：00	83.2	92.0	

由表流量过程结果可看出，6月9日10：00和11：00的流量由于开闸影响出现了明显的波动，前者偏小而后者偏大，据预报过程的趋势分析，6月9日10：00和11：00的实测流量分别应是1040m³/s和1020m³/s左右，这样说来，预报的洪峰精度也是高的。从这场洪水的结果看，模型预报的流量过程精度比所谓的实测流量过程精度还高。因此说，水库情形的洪水预报其洪峰、峰显时间和流量过程效果指标的考核在目前还是不可行的，有待修改。

6.5 实时洪水预报系统功能简介[12]

6.5.1 系统结构

一般实时洪水预报系统，应包括如下六部分：

(1) 定时洪水预报模块。

(2) 人工干预洪水估报。

(3) 模型中间变量初值修正模块。

(4) 模型参数修正模块。

(5) 历史洪水模拟模块。

(6) 洪水预报信息查询与管理模块。

模块结构框图如图6.12所示。

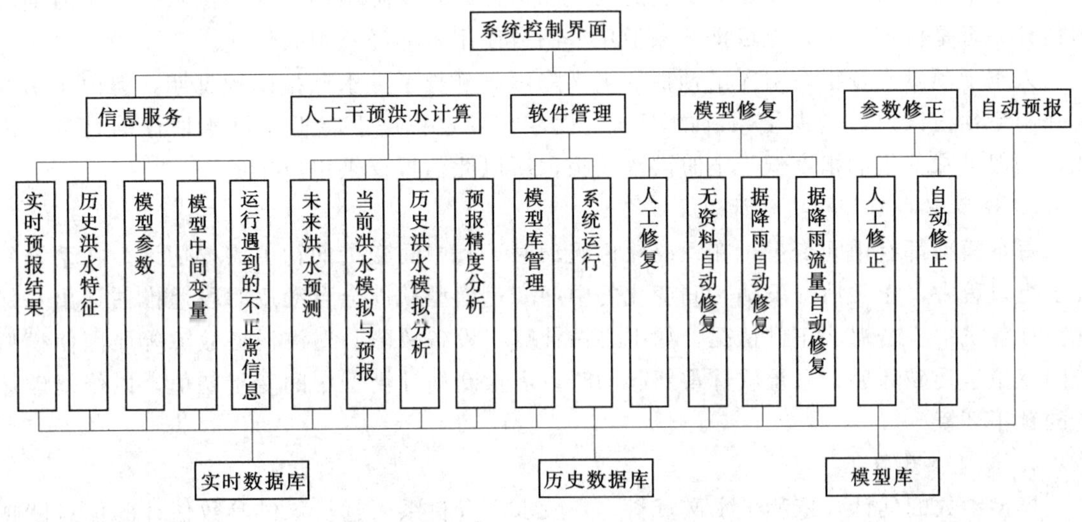

图6.12 洪水预报系统模块图

6.5.2 系统功能

1. 定时洪水预报

定时洪水预报，就是据定时遥测的水文数据，预报出未来一定时期内入库洪水总量、洪峰、峰现时间、入库洪水过程等。所谓定时，就是取固定的时间间隔。一般系统可取1h，系统每过1h，到每个准点时刻（如0，1，2，…）就会自动做出实时洪水预报。系统实现这功能，不需要任何的人为操作，是全自动的。

定时洪水预报主要研究的内容如下：

(1) 水文资料系列摘录与分析整理。

(2) 模型结构选择。

(3) 模型参数率定。

(4) 洪水预报实时修正。

(5) 模型参数修正。

(6) 模型中间变量初值估计。

定时洪水预报，其结果自动存入数据库，不作任何人工修改，其预见期范围内的结果作为预报方案优劣的考核依据。但由于水文预报的精度依赖于实时遥测的降雨、水位、蒸发等的精度，如果这些资料不精确或缺测，必然会导致定时洪水预报结果的误差，有这种情况下作出的洪水预报不作为考核要求。还有如由于水库库容曲线、下泄流量关系线等误差，造成反推的实测流量误差大时，也不作为考核要求。

2. 人工干预洪水估报

定时洪水预报，因为不知道未来时期降雨的变化，只据已经测到的降雨量作预报，大大限制了定时洪水预报的预见期（其预见期为流域平均汇流时间）。对许多流域面积小的水库，其平均汇流时间很短，常不能满足防洪的要求。要延长预见期，须预报未来时期的降雨，但降雨量预报的精度目前尚不能满足要求。为更好地解决预见期和雨量预报精度间的矛盾，特设人工干预估报模块。

人工干预洪水估报，就是据实测的雨量和估计的未来降雨预报入库洪水。未来时期降雨估计，可是模型预报，也可据气象卫星云图或使用者的经验判断估计。

人工干预洪水预报，引入了预估的未来降雨，延长了洪水预报的预见期，但由于引入了降雨量预报误差，增大了系统的不确定性，在一定程度上降低了洪水估计的精度。因此，一般洪水估报的精度低于定时洪水预报，所以此估报仅供用户参考。

3. 模型中间变量初值估计

每个模型都有中间变量，在系统软件起动时，其中间变量的初值需要估计。在系统软件运行过程中，正常情况下随时间变化的中间变量模型软件会自动逐时段递推估计出并保存在计算机中。若遇非正常情况，如中心站计算机设备故障、遥测设备故障等原因使模型中间变量遭受破坏后，系统软件重新起动时，需重新估计模型中间变量初值，以修复破坏了的预报环境。

4. 模型参数修正

模型参数的估计，依赖于水文资料。一般水文资料系列越长，供参数估计的信息就越多，估计出的参数就越能反映流域实际情况。但由于许多水库流域，在系统软件起动时能用于模型参数率定的水文资料系列很短，或根本就没有水文资料。模型参数修正模块，就是在系统软件运行过程中，随着水文资料的累积，可以不断修正模型参数。使得系统软件应用时间越长，越能反映流域实际情况，使用效果越好。

5. 历史洪水模拟

用当前使用的预报模型和模型参数，对历史上洪水特点与当前洪水相近的洪水进行模拟，分析当前模型模拟历史洪水的效果，进而评估当前模型预报未来将发生洪水的可能效果和误差情况，以给决策者和洪水调度提供更多的参考信息。

6. 洪水预报信息查询与管理

洪水预报信息查询与管理主要有：

（1）洪水预报结果查询。

（2）洪水预报软件运行信息管理。

其中洪水预报软件运行信息管理的作用，一是把系统软件在运行过程中，由于外部环境如雨量资料、蒸发、水位等资料的误差导致洪水预报不合理结果时，系统软件可自动记载这些信息，供用户事后分析原因参考；二是系统容错改错作用。当系统遇到问题时，既要记载不正常信息、保证系统稳定运行，还要告警，及时提醒用户错误发生位置、原因及改正方法等。

参　考　文　献

[1] 葛守西．一般性汇流模型实时预报方法的初探［J］．水利学报，1985，4.

[2] 包为民，钟平安，等．洪水预报子系统关键技术与功能开发研究［J］．中国水利，2001.

[3] 瞿思敏，包为民．实时洪水预报综合修正方法初探［J］．水科学进展，2003，14（2）：167－172.

[4] 瞿思敏，包为民，等．AR模式误差修正方程参数抗差估计［J］．河海大学学报，2003，31（5）：497－500.

[5] 祁文军，包为民，刘纪平，等．山西省汾河、漳泽水库管理标准化防洪决策支持系统研究［J］．山西水利科技，2004（4）：7－10.

[6] Chao－Lin Chiu．Applications of Kalman Filter to Hydrology，Hydraulics，and Water Resources. University of Pittsburgh，1978.

[7] 王燕生，王舜燕．适应性卡尔曼滤波在水文预报中的应用［J］．水文，1985，1.

[8] 长江水利委员会．水文预报方法［M］．北京：水利电力出版社，1993.

[9] 葛守西．现代洪水预报技术［M］．北京：水利电力出版社，1989.

[10] 张恭肃，等．洪水预报技术［M］．北京：水利电力出版社，1989.

[11] 水利部水利信息中心．水文情报预报规范［M］．北京：中国水利水电出版社，2000.

[12] 包为民，钟平安，等．洪水预报子系统关键技术与功能开发研究［J］．中国水利，2001.

[13] 包为民，瞿思敏，李清生，等．遥测系统降雨观测误差估计方法研究［J］．水利学报，2003（4）：30－35.

[14] 包为民，瞿思敏，黄贤庆，等．水文系统抗差权函数分析与检验［J］．清华大学学报，2003，43（8）：1127－1130.

[15] 包为民，稽海祥，等．抗差理论及在水文学中的应用［J］．水科学进展，2003，14（4）：133－137.

[16] 包为民，林跃，黄贤庆，等．水库入库河段洪水汇流参数抗差估计研究［J］．武汉大学学报（工学版），2004，37（6）：13－17.

[17] 包为民．水土保持措施减水减沙效果分离评估研究［J］．人民黄河，1994（1）：23－27.

[18] 包为民．流域水沙变化原因分类定量分析［J］．地理科学，1997，17（1）：41－47.

第7章　枯季径流与旱情分析预报

7.1　枯　季　径　流[1]

7.1.1　概述

流域内降雨量较少，通过河流断面的流量过程低落而比较稳定的时期，称为枯水季节或枯水期，其间所呈现出的河流水文情势叫作枯水。在枯季，由于江河水量小，水资源供需矛盾较突出，如灌溉、航运、工农业生产、城市生活供水、发电以及环境需水等诸方面对水资源的需求常难满足。为合理调配水资源，做好枯季径流预报是很有必要的。此外，由于枯季江河水量少，水位低，是水利水电工程施工（沿江防洪堤、闸门维修等），特别是大坝截流期施工的宝贵季节。因此，为了确保施工安全，枯季径流预报肩负重大责任，枯季径流的起伏变动常常是枯季径流预报关注的对象。

枯水期的河流流量主要由汛末滞留在流域中的蓄水量的消退而形成，其次来源于枯季降雨。流域蓄水量包括地面、地下蓄水量两部分。地面蓄水量存在于地表洼地、河网、水库、湖泊和沼泽之中；地下蓄水量存在土壤孔隙、岩石裂隙和层间含水带之中。由于地下蓄水量的消退比地面蓄水量慢得多，故长期无雨后河流中水量几乎全由地下水补给。

我国大部分地区属季风气候区，枯季降雨稀少，河川的枯季径流主要依赖流域蓄水补给，控制断面的流量过程一般呈较稳定的消退规律，因此目前枯季径流预报方法大多是根据这一特点，以控制断面的退水规律为依据的河网退水预报。但由于枯季径流还受地下水运动的制约，因此，要改进枯季径流预报的方法和提高预报精度，还必须加强地下水变化规律的研究。

降雨稀少或无雨，不但使河川径流逐渐消退，而且使气候发生干旱，对农业和城市供水产生极大的威胁。因此为了最大限度地降低干旱对农业生产以及城市生活和生产的影响，很有必要对农业和城市旱情进行分析和预报。目前，我国农业旱情预报方法，大多从探索土壤含水量的变化规律出发，研究作物需水量与土壤含水量之间的定量关系，分析和预测是否会出现缺水或缺水程度，以确定旱情等级。近十多年来，一些不确定性系统分析方法（如随机理论、人工神经网络、模糊数学、混沌理论等）用于旱情预测也取得了不少成果，可参阅有关的学术期刊和文献。城市旱情分析主要包括城市缺水对社会、经济和环境的危害、城市缺水成因及缺水程度综合评价等几个方面。

由于近几年来干旱灾害不断发生，对于旱情的分析研究也日益为人们重视，今后随着科学技术的发展，将会不断地总结提高旱情分析预报的方法。

7.1.2　枯季径流的消退规律

对于由地下水补给的河流，可以认为地下蓄水量（W_g）与出流量（Q_g）之间为线性关系，其退水公式可由下面的水量平衡方程和蓄量方程导出

$$-Q_g(t)=\frac{\mathrm{d}W_g(t)}{\mathrm{d}t} \tag{7.1}$$

$$W_g(t)=k_gQ_g(t) \tag{7.2}$$

将式（7.2）代入式（7.1），整理后得

$$\frac{\mathrm{d}Q_g(t)}{Q_g(t)}=-\frac{1}{k_g}\mathrm{d}t \tag{7.3}$$

式（7.3）的解为

$$Q_g(t)=Q_g(0)\mathrm{e}^{-\beta_g t} \tag{7.4}$$

式中　$Q_g(0)$——退水开始即 $t=0$ 时河中流量；

β_g——地下水退水指数，$\beta_g=\frac{1}{k_g}$。

同理，由河网蓄水量补给的枯季径流，其蓄泄关系也呈线性，则出流量 $Q_r(t)$ 的消退规律是

$$Q_r(t)=Q_r(0)\mathrm{e}^{-\beta_r t} \tag{7.5}$$

式中　$Q_r(0)$——退水开始即 $t=0$ 时河中流量；

β_r——河网蓄水量的退水指数，$\beta_r=\frac{1}{k_r}$。

一般情况下，河网蓄水量的消退速度大于地下水的消退速度，故 $\beta_r>\beta_g$，即 $k_g>k_r$。

如果流域的退水过程是上述两种补给的结果，一般不分割水源，可用一个总的退水公式表示：

$$Q(t)=Q_0(t)\mathrm{e}^{-\frac{t}{k}} \tag{7.6}$$

第 2 章已介绍了利用退水流量过程求 k 值的方法。因退水流量的水源组成不同，k 值并非常数，即蓄泄为非线性关系，一般取为折线，其斜率分别代表河网蓄水量补给和地下蓄水量补给为主的消退系数 k_r 和 k_g。

枯季蒸散发的强弱往往影响退水规律，对于地下水埋深浅，蒸发率季节变化大的流域尤为显著。由于我国冬季气温低，蒸散发能力弱，因此退水过程平缓。

7.2 枯季径流预报方法[1]

常用的枯季径流预报方法有三种：退水曲线法、前后期径流量相关法和河网蓄水量法。退水曲线的制作已在第 2 章中介绍，这里不再重复，值得注意的是枯季径流预报的预报时段较长，常取为日或旬，与洪水预报的预报时段以小时为单位不同。下面将简要介绍前后期径流量相关法和河网蓄水量法。

7.2.1 前后期径流量（流量）相关法

此法实际上是退水曲线的另一种形式，只不过计算时段长，多为月或季。

由式（7.1）和式（7.4）可得

$$W_g(t)=k_gQ_g(0)\mathrm{e}^{-\frac{t}{k_g}} \tag{7.7}$$

则相邻时段（$0\sim t_1$，$t_1\sim t_2$）间的蓄水量关系可表示为

$$\frac{W_g(t_1)-W_g(t_2)}{W_g(0)-W_g(t_1)}=\frac{e^{-t_1/K_g}-e^{-t_2/K_g}}{1-e^{-t_1/K_g}} \tag{7.8}$$

若 k_g 为常数，则相邻时段前后期平均流量呈线性关系，如图7.1所示。式（7.8）运用于以地下水补给为主的枯季径流预报。

如果预见期内有较大降雨量，则需考虑降雨量的影响，可以将预见期内降雨作参考，建立如图7.2形式的相关图。预报时降雨参数为未知量，需由长期天气预报提供，其误差必然直接影响径流预报精度。图7.2中9月基本流量系地下水补给的水量，不包括地表径流量。

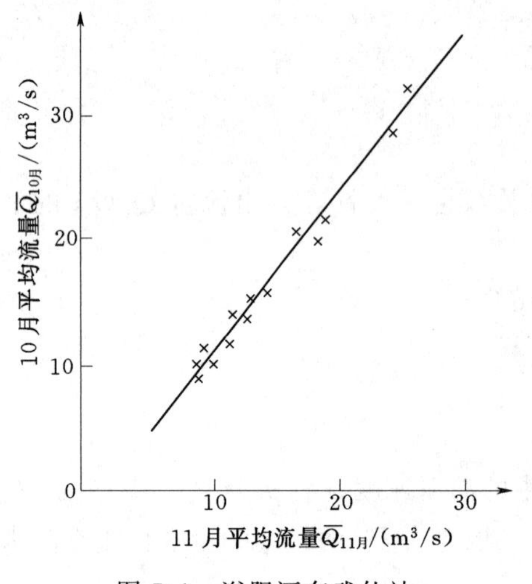

图7.1　滏阳河东武仕站 $\overline{Q}_{11月}=f(\overline{Q}_{10月})$ 关系曲线

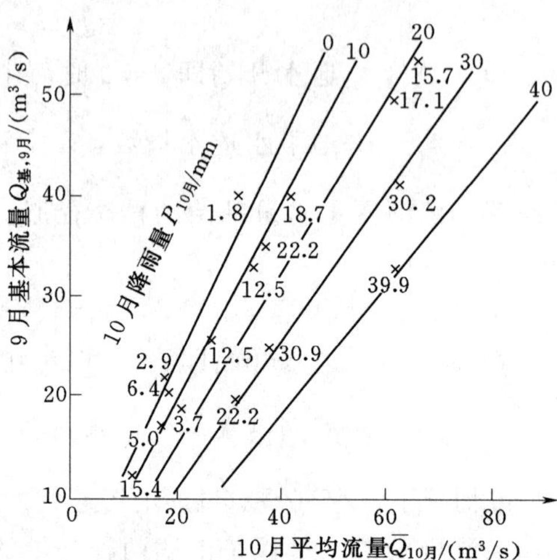

图7.2　官厅站 $\overline{Q}_{10月}=f(Q_{基,9月}, P_{10月})$ 关系曲线

对枯季降水量小，地下水补给稳定的流域，可建立汛末月平均流量与预报枯季总水量的关系，如图7.3所示，以增加预见期长度。

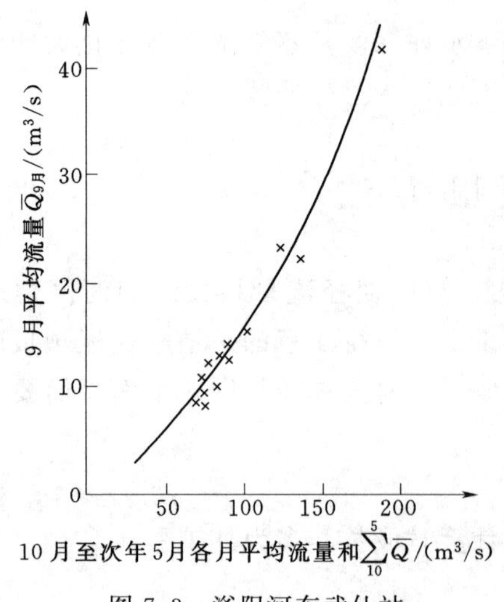

图7.3　滏阳河东武仕站 $\sum_{10}^{5}\overline{Q}=f(\overline{Q}_{9月})$ 关系曲线

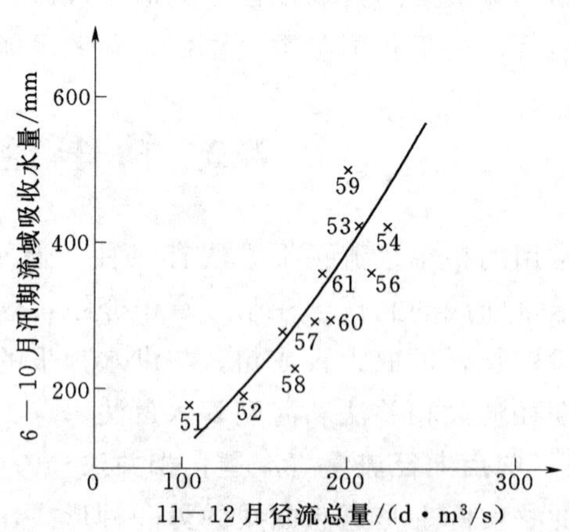

图7.4　石匣子站汛期流域吸收水量与枯季径流总量相关图

枯季径流总量往往和汛期径流总量之间存在着一定关系。为避免个别大水年份汛期径流总量受地面径流比重大的影响，可以用汛期的流域吸水量（即降雨-径流量-蒸发量）与枯季径流总量建立关系，如图 7.4 所示。

当建立河段上、下游站前后期径流相关图时，若有支流汇入，则可取支流的平均流量为参数，如图 7.5 所示。

枯季有冰情的河流，枯季径流量受冰情影响。而冰情又与气温的关系较密切，因此我国北方河流的枯季径流预报相关图常用气温作参数，能获得较好的关系，如图 7.6 所示。

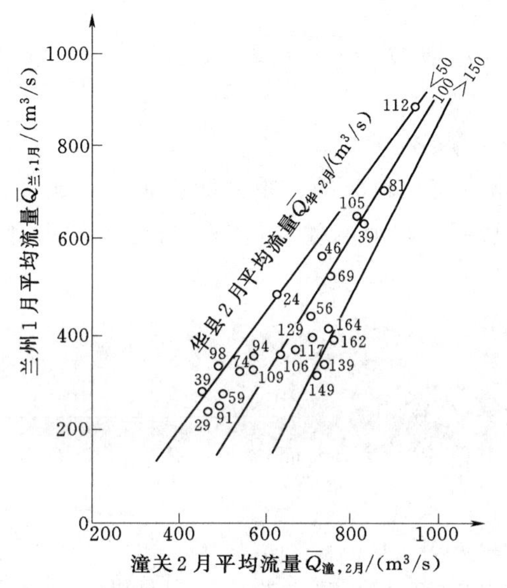

图 7.5 黄河 $\overline{Q}_{潼,2月}=f$（$\overline{Q}_{兰,1月}$，$\overline{Q}_{华,2月}$）关系曲线

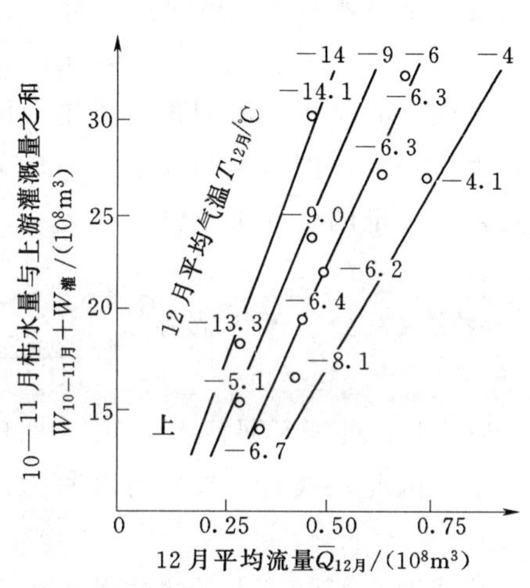

图 7.6 官厅站 12 月总水量预报图

7.2.2 河网蓄水量法

枯水季节，流域蓄水量由于降雨补给量小，处于稳定退水阶段，且河槽蓄水量与地下蓄水量之间往往存在良好的相关关系。因此，可以不直接研究退水的动态规律，而是从河网水量平衡角度分析枯季径流量与蓄水量之间的关系，即

$$\int_t^{t+\Delta t} Q(t)\mathrm{d}t = W_{\Delta t} + \int_t^{t+\Delta t} Q_s(t)\mathrm{d}t + \int_t^{t+\Delta t} Q_g(t)\mathrm{d}t \tag{7.9}$$

式中 $\int_t^{t+\Delta t} Q(t)\mathrm{d}t$ ——在预报期 Δt 内流经流域出流断面的径流总量；

$W_{\Delta t}$ ——t 时刻的河网蓄水量中，在预见期 Δt 内能流经出流断面的那部分水量；

$\int_t^{t+\Delta t} Q_s(t)\mathrm{d}t$ ——在预见期 Δt 内，流入河网并流经出流断面的地面径流总量；

$\int_t^{t+\Delta t} Q_g(t)\mathrm{d}t$ ——在预见期 Δt 内，流入河网并流经出流断面的地下径流总量；

Δt ——计算时段，即预见期。

式（7.9）的离散形式为

$$\overline{Q(t+\Delta t)}\Delta t = W_{\Delta t} + \overline{Q_s(t+\Delta t)}\Delta t + \overline{Q_g(t+\Delta t)}\Delta t \tag{7.10}$$

式中　$\overline{Q(t+\Delta t)}\Delta t$——在预报期 Δt 内流经流域出流断面的径流总量；

$\overline{Q_s(t+\Delta t)}\Delta t$——在预见期 Δt 内，流入河网并流经出流断面的地面径流总量；

$\overline{Q_g(t+\Delta t)}\Delta t$——在预见期 Δt 内，流入河网并流经出流断面的地下径流总量；

$\overline{Q(t+\Delta t)}$、$\overline{Q_s(t+\Delta t)}$、$\overline{Q_g(t+\Delta t)}$——预报期 Δt 内流经流域出流断面的平均流量，平均地面流量和平均地下流量；

$W_{\Delta t}$，Δt——意义同式（7.9）。

一般情况下，枯季降雨量小，地面径流不大，即 $\overline{Q_s(t+\Delta t)}\Delta t$ 可忽略不计，地下径流量是地下蓄水量 W_g 的函数，即

$$\overline{Q_g(t+\Delta t)}\Delta t=f(W_g) \tag{7.11}$$

对较大的流域，流域蓄水量中河网蓄水量常占有比较大的比重，面积越大，比重往往也越大。如果河网蓄量与地下水有较好的水力联系，则河网蓄水量 W_r 与地下蓄水量 W_g 之间存在一定的函数关系：

$$W_r=f(W_g) \tag{7.12}$$

故式（7.11）可表示为

$$\overline{Q_g(t+\Delta t)}\Delta t=f(W_{rt}) \tag{7.13}$$

$W_{\Delta t}$ 是 t 时刻河网蓄水量 W_r 中的一部分，并随 W_r 值增大而增大，两者间常有较密切的关系。因此，式（7.10）可改写为

$$\overline{Q(t+\Delta t)}\Delta t=f(W_{rt}) \tag{7.14}$$

此式即为河网蓄水量法的基本关系式。根据式（7.14）建立的长江宜昌站枯季旬平均径流量预报方案如图 7.7（a）所示。图 7.7（b）、（c）分别是第 5 天和第 10 天的日平均流量预报方案，其关系式与式（7.14）不同，为

$$Q(t+\Delta t)=f(W_{rt}) \tag{7.15}$$

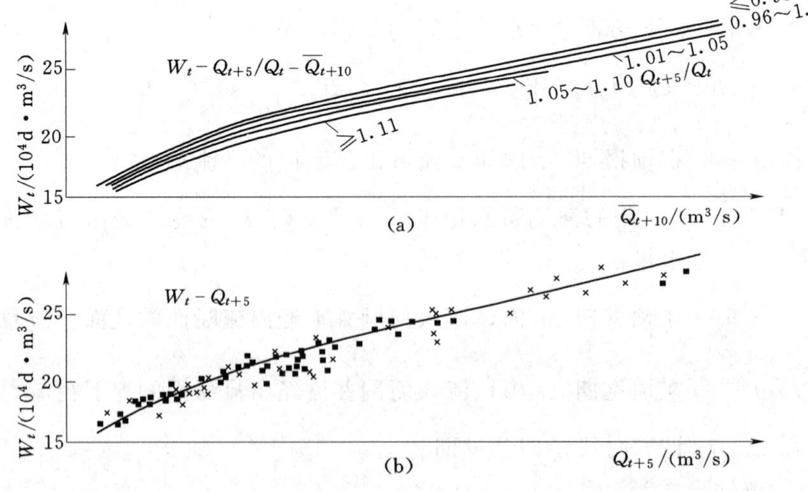

图 7.7（一）　长江宜昌站枯季径流预报曲线

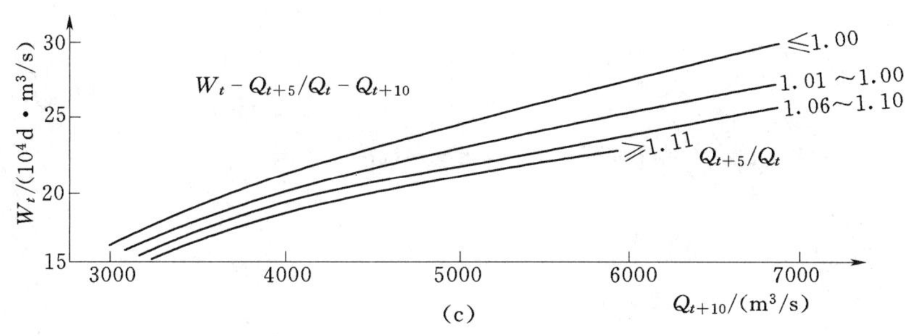

图 7.7（二） 长江宜昌站枯季径流预报曲线

图 7.7 中参数 $\dfrac{Q_{t+5}}{Q_t}$ 主要反映河网蓄水量的空间分布对预报值的影响。

若预见期降雨量较大，地面径流不可忽略，可加入降雨量 P 作参数，如图 7.8 所示。预见期（10d）内的流域平均降雨量 $\overline{P}_{t+10}$ 为预报值。

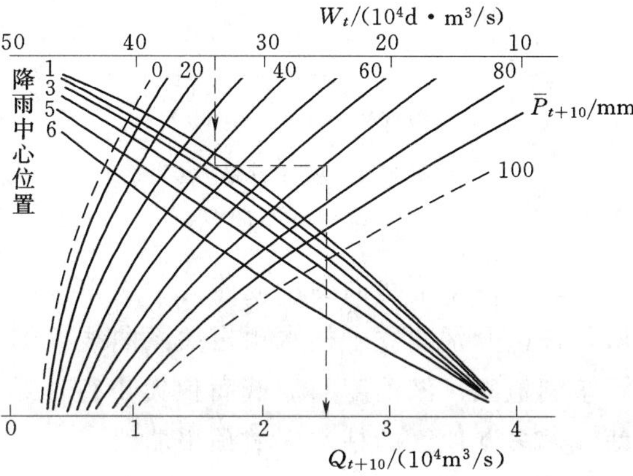

图 7.8 长江宜昌站枯季径流预报曲线

7.2.3 枯季径流区域预报

枯季径流区域预报，即根据区域内影响退水规律的因素和枯季径流量资料，进行综合、归纳、分类，找出在相近自然地理条件下的枯水退水规律，据此预报本区域内各河流的枯季径流量。一般来说，影响自然地理条件的因素大体包括 4 个方面：

（1）流域蓄水能力因素。如流域面积，土壤物理特性，岩石的裂隙和岩溶发育程度等。

（2）流域地下水汇流速度的因素。如坡面比降，流域比降，河网密度，土壤渗透系数等。

（3）地面和表层土壤滞水的因素。如湖泊度，植被度，地面坑洼情况等。

（4）流域的闭合程度。如果流域不闭合，地下水渗漏而基本上得不到稳定的地下水补给，退水就快。

这些因素在同一自然地理区域内是互为制约的，互有联系的。为了便于综合，需消除流域面积因素的影响，在区域预报中常采用径流模数 M 值，即单位面积的径流量.

$$M=\frac{Q}{F}[\mathrm{m}^3/(\mathrm{s}\cdot\mathrm{km}^2)] \tag{7.16}$$

根据区域特性可按分区和季节建立相关图。图 7.9 是浙江省在分析了省内大量大小河流的地下水退水曲线的基础上，结合水文地质条件及季节影响，绘制出的枯水区域综合退水预报关系曲线。

对半干旱地区，因径流系数小，水文站稀小，则可用汛期降雨量近似反映地下水蓄量。图 7.10 是山西省汾河上游地区枯季径流预报曲线。

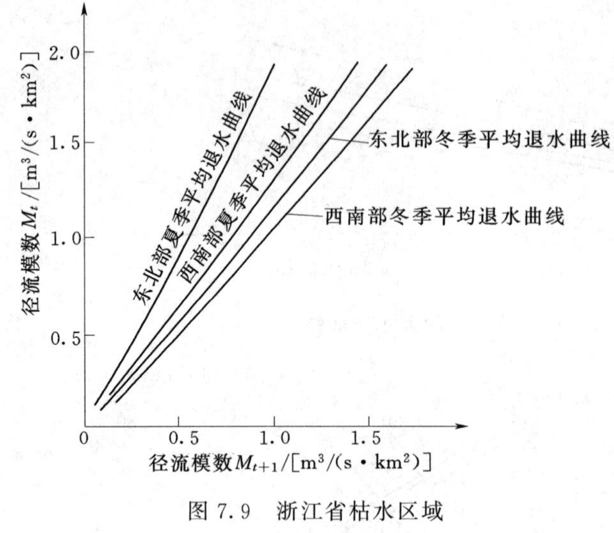

图7.9 浙江省枯水区域综合退水曲线

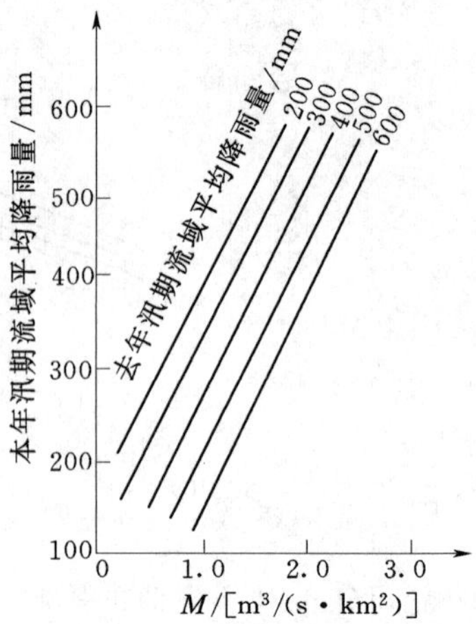

图7.10 汾河上游地区枯季径流模数预报曲线

河北省根据下垫面的产流能力（以单位面积产水量作指数）把大清河流域分成几个子区域，按区分别建立了枯水预报关系曲线（图7.11）。

多湖地区，湖泊度与流域面积大小往往是枯季径流的主要影响因素。图7.12是俄罗斯西北部多湖地区的枯水区域预报曲线。

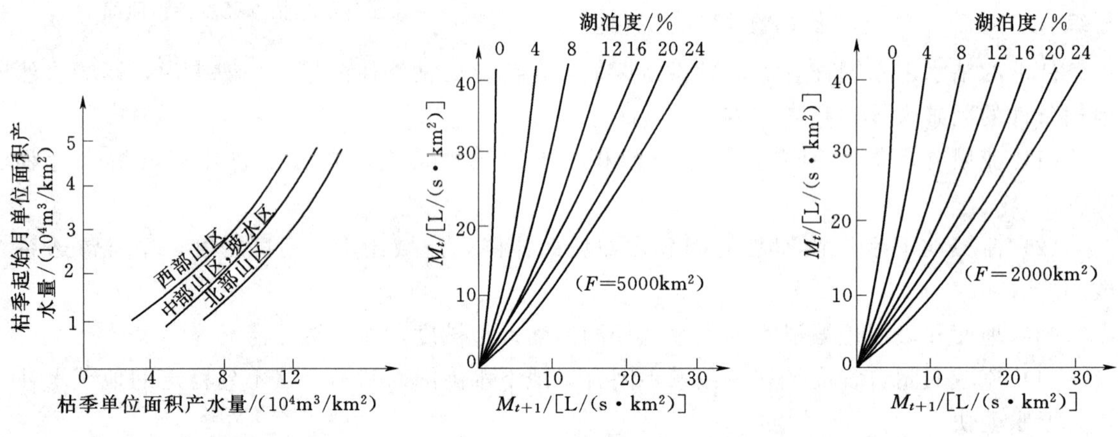

图7.11 水清河流域枯季区域预报曲线

图7.12 俄罗斯西北部多湖地区枯水区域预报曲线

为了消除区域预报中的局地性因素的影响，可采用枯季径流的某种特征值与其多年平均值的比值，即模比系数作指标，进行区域综合。但对无资料地区，只有根据自然地理条件等因素分析出枯季径流正常值，才能使用这种方法。

枯季径流区域预报方案的建立能有效地解决区域内无实测资料河流的枯季径流预报问题。由于枯季径流量值小，各种影响因素的变化易使枯水流量发生波动。因此，在制作枯季径流区域预报方案时，要识别主要和次要的影响因素，以提高预报方案的精度和可靠性。

7.3 干旱分析基础

7.3.1 干旱定义

由于干旱的形成原因复杂，影响因素众多，加之研究目的不同，到目前为止，还没有一个可以被普遍接受的干旱定义[2]。Palmer[3] 提出干旱是“一个持续的、异常的水分缺乏”；世界气象组织将干旱定义为“在较大范围内相对长期平均水平而言降水减少，从而导致自然生态系统和雨养农业生产力下降”；不少学者认为干旱是“在一定时期内降水量显著减少，引起土壤水分亏缺，从而不能满足农作物正常生长所需水分的一种气候现象”。虽然各种关于干旱定义的表述不尽相同，但是这些定义中都包含有干旱的核心内容即水分缺乏。国际气象界一般将干旱定义为“长时期缺乏降水或降水明显短缺”“降水短缺导致某方面的活动缺水”，或“由于缺少降水，异常干的天气时段持续到引起水文失衡”。可见降水不足是引发干旱的直接影响因子。

7.3.2 干旱分类

美国气象学会根据干旱定义不同将干旱分为四大类，分别为气象干旱、农业干旱、水文干旱以及社会经济干旱[2]。长期（几个月或几年）的气象干旱可迅速开始和突然结束（有些情况下转换几乎可在一夜间完成）。短期（几个星期）农业干旱指在作物生长关键时期地表层（植物根系区）发生干旱，即使深层土壤水分饱和，也可导致严重作物减产。农业干旱的爆发一般晚于气象干旱，主要取决于前期地表土层水分状况。长期少雨或无雨影响地表和地下水源补给，河流流量、地表水、水库蓄水和湖水显著减少，导致水文干旱。水文干旱一般在气象干旱结束后会继续持续较长时间。社会经济干旱将某些经济商品的供需与气象、农业和水文干旱相联系，因此可以认为社会经济干旱是其他干旱导致的后果。除非社会的需要持续超过自然供给，否则在没有其他类型干旱时不会出现社会经济类干旱。在各种干旱形式中，水文干旱的出现理论上是最慢的，比如降雪的减少在半年内可能均不会反映在径流量的变化上，水文干旱本身的惰性同时也意味水文干旱比其他形式的干旱持续时间更长久。由上述可以发现气象干旱、农业干旱、水文干旱均与水文变量相关。气象干旱是因为长期缺少降雨，农业干旱则与植物生长需水量缺乏有关，水文干旱则是缺少地表地下水源补给。下面分别详细介绍这四种类型的干旱。

气象干旱是指降水与蒸散发收支不平衡造成的异常水分短缺现象，主要研究天气的干、湿程度，与研究区域的气候变化特征紧密相关。气象干旱由收入项降水的异常短缺或者由支出项蒸散的异常增大形成，由于降水是主要的收入项，它的异常短缺常伴随着蒸散发的增大，且降水资料最易获得，因此，气象干旱通常主要以降水的短缺作为指数的标准。

农业干旱是指作物生长过程中因供水不足，阻碍作物正常生长而发生的水量供需不平衡现象。农业干旱主要与前期土壤湿度、作物生长期有效降水量以及作物需水量有关。农业干旱具有复杂、多变和模糊三个特性。农业干旱一般由土壤干旱和作物生理干旱形成。

土壤干旱是指土壤水分不能提供作物所需的水分，致使作物受到危害并减产。作物直接吸收的水分主要来自土壤，当土壤水分减到某一限度时，因吸收的水分不能满足蒸腾的需要，植物开始缺水，生长受阻，这时的土壤含水量称作“生长阻滞湿度”，它是植物适宜土壤含水量的下限，低于这个限值，植物则开始出现轻度干旱。随着土壤水分进一步减少，土壤对水分的束缚力逐渐加强，水分运动受到阻力更大，植物吸水更加困难，当植物因吸收不到足够水分去抵消蒸腾支出时，细胞失去膨压，出现萎蔫现象。这时的土壤水分称“凋萎系数”。土壤水分继续减少到植物在夜间也不能恢复膨压，而表现出永久萎蔫时，称“永久萎蔫系数”。在这个土壤水分下植物会严重受损而逐渐枯死。

土壤水分不但与降水有关，而且也和灌溉水源、地下水位、地貌类型、植被状况、土壤性质等有关。某一地区某一时期降水量偏少，但如有灌溉水源，或地下水位高就不旱，反之，降水虽偏多，若地势陡峭，植被稀疏不存水，土壤板结不渗水，土壤也可能干旱。

作物生理干旱是指在某一个时期内，作物吸收水分不能满足其正常生长，致使作物受到危害。植物体的水分状况是由水分收入和支出两方面决定的。植物一方面从根部大量吸收水分和土壤中的无机盐类，另一方面又由叶面上蒸腾出去大量水分，以保持正常的生理状态。蒸腾量与吸水量之比在正常生长时略小于 1，随着干旱的发生接近于 1。当大于 1 时，蒸腾量超过吸水量而使叶内水分逐渐减少，于是气孔闭塞，光合作用减少，植物的生长速度和产量降低。如果继续干旱，最终将使作物旱死。

作物生理干旱不但受大气干旱和土壤干旱的影响，还因作物种类、种植制度、灌水保水方法、耕作措施等而有所不同。即使大气和土壤有足够水分，但由于种种原因，土壤温度过高或过低，氧气不足，施肥过多等也会使作物根系吸水困难，体内水分失调而受害。

水文干旱是指由降水和地表或地下水收支不平衡造成的异常水分短缺现象。主要用于衡量水资源的丰枯程度，但应注意：水文干旱与枯季径流是两个不同的概念。

由于地表径流是大气降水与下垫面调蓄的综合产物，它在一定程度上能反映降水与地面条件的综合特性，因此水文干旱主要指的是由地表径流和地下水位造成的异常水分短缺现象。干旱年（或月），即地表径流、地下水位（或其和）比多年平均小的年份，或用年（或月）径流量、河流平均日流量、水位等小于一定数值作为干旱指标。也可以采用地表径流与其他因子组合成多因子指标以分析水文干旱。

社会经济干旱是指由自然降水系统、地表和地下水量分配系统及人类社会需水排水系统这三大系统不平衡造成的异常水分短缺现象。在这三大系统中，人类社会需水系统是可以调节的，地表和地下水量分配系统是可以影响的，只有自然降水系统（大气和海洋）是目前人类尚无法产生实际影响的。因此，只有对这三大系统的水分平衡进行深入的研究，才可能对社会经济干旱的影响作出合理的评估。

在上述 4 类干旱中，气象干旱是最普遍和最基本的。各种类型的干旱无不起源于气象干旱，特别是降水的异常短缺，由此形成水文、土壤、植物、人类等对水需求的短缺。例如气象干旱与水文干旱及农业干旱之间关系密切，在时间上存在相位差，但干旱的直接影响和造成的灾害常常是通过农业和水文干旱反映出来。气象干旱并不等于农业干旱或水文干旱，干旱的研究绝不能仅仅停留在气象干旱上，正确的途径应该是以气象干旱为基础，进而深入到农业和水文干旱，这是干旱研究的关键。此外还要落实到社会经济干旱，以进一步寻求治理和对策。

干旱在农业和水利或供水部门间的差别对制定经济评估和反应战略，具有特别重要的意义。水文干旱常超出农业干旱范围之外，例如，夏、秋和冬季低于正常降水量时间的延长可导致河川径流、水库和地下水位比正常偏小，出现水文干旱。但如果在春天的降水量为正常或偏多，则可能大大缓解农业干旱的程度。此外干旱的发生可能是自然和社会因素两者的共同结果，例如，当降水不足时则出现干旱，导致可供水量和需水量之间的不平衡，造成水分短缺，而水分短缺既可能由降水不足引起，也可能由人口增长、经济的发展等使人均耗水量增加造成。因此，对干旱问题的分析，离开社会这一因素是不可能全面说明问题的，更不可能进行干旱的治理与减灾。

7.3.3 干旱指标

干旱指标作为反映干旱成因和干旱严重程度的重要量度，对干旱的精确定量化是监测、评价和研究干旱发生、发展的基础，同时也是采取措施预防和减轻干旱灾害造成严重损失的先决条件。

一般而言，合理的干旱指标首先应该能够精确地描述干旱的强度、范围和起止时间；其次，指标应该包含明确的物理机制，充分考虑降水、蒸发散、径流、渗透以及土壤特性等因素对水分状况的影响；最后，指标的实用性和普适性也是关系到它能否被广泛应用的关键。不同类型的干旱有不同的成因和不同的干旱程度度量指标，下面将对目前国内外主要的干旱指标作简要介绍。

7.3.3.1 气象干旱指标

1. 降水距平和累计降水距平

降水距平指观测值与长期气候均值之差，可直接反映降水短缺量。距平作为一原始干旱指数，不具有特别信息，主要取决于气候条件。1cm 的月降水距平对沙漠生态区的意义远比对森林山区的大。作为补充，可考虑累计降水距平。

降水距平的概念简单，但也有不足。首先，干旱开始时间对计算累计距平至关重要，但实际上该指数无法清楚地反映该特性，相反干旱开始时间通常根据累计距平开始明显下降所处时间确定，带有明显主观性；其次，距平或累计距平的重要性与相对于典型距平标准值密切相关。

2. 降水成数（十分位数）

降水成数（rainfall deciles）由 Gibbs 和 Maher[4] 提出，该指数形成了澳大利亚干旱监测系统的基础。降水十分位数是把逐年降水量从最低到最高进行排列，并从分布的累积频率中确定十分位数的范围，如第 1 个十分位数代表最低的 10%降水值，第 2 个十分位数代表 10%～20%之间的降水值，依次类推，第 10 个十分位数代表降水量中最高的 10%；严重的干旱相当于早期在 3 个月或以上时期，降水量不超过第 5 个十分位数；极端干旱则出现在 3 个月或以上时期的降水量不超过第 1 个十分位数。

降水统计离散成度过大可导致平均值不能很好代表降水典型特征，此时降水中值比平均值更适合表示记录的中心。十分位数或成数则将高于或低于中值的气候观测记录分成 10 档。降水成数方法计算方便，但同时也存在概念理解困难。比如当降水接近或高于通常情况时可以认为干旱结束，尽管很小的绝对降水量并不能结束缺水的状态，但通常在少雨期或无雨期，如沿海地区夏季较小的降水就可能使 3 个月降水之和等于或高于 4 成，因此降水成数指数不适合于季节降水明显的气候区。

3. 降水异常指数

降水异常指数（rainfall anomaly index，RAI）由 Van Rooy[5] 提出，它按照从正降水距平到负降水距平依次排序并分级赋值。指数形式为

$$RAI = \pm 3\frac{P-\overline{P}}{\overline{E}-\overline{P}} \tag{7.17}$$

式中 P——实测降水量；

$\overline{P}$——平均降水量；

$\overline{E}$——10个极值的平均值。

对于正距平取＋号，$\overline{E}$ 此时为10个最大降水记录值的平均；对负距平取－号，$\overline{E}$ 此时用10个最小测值的平均。该指数从最湿到最干分为9个等级。

4. 帕默尔干旱指数

提出帕默尔干旱指数（Palmer drought severity index，PDSI）[3] 的目的在于测量水分供给的累计偏差。帕默尔干旱指数是一种理想的针对不同区域和时间的水分多少情况标准监测指数。然而 Guttman 等[6] 研究认为在通常的气候条件下帕默尔干旱指数在平原地区比在其他地区有更严重的趋势。Guttman 等[7] 人进一步研究了发现主要原因在于帕默尔干旱指数把所有降水均处理成雨水，而实际上降雪形式的降水不可能立刻成为两层土壤模式中的水。能够反映前期状况并可由基本资料计算得到是帕默尔干旱指数的一个优点所在，但由于该指数经验性过重且只针对美国农业地区以及计算复杂的原因限制了该指数在国际上的广泛适应性。

安顺清等[8] 根据我国实际情况，对帕默尔干旱指标公式进行了修正，其修正式为

$$x_i = Z_i/57.136 + 0.805x_{i-1} \tag{7.18}$$

式中 x_i、x_{i-1}——本月及前一个月的干旱指数；

Z_i——i 月水分距平指数。

5. 干旱面积指数

干旱面积指数（drought area index，DAI）[9] 与帕默尔干旱指数一样，均为递推指数。下一干旱面积指数的计算取决于前一个月的值，因此干旱面积指数可描述干旱的持久性。干旱面积指数在评估印度夏季季风期水分条件时提出，但标定后能用于世界其他区域，有学者将帕默尔干旱指数干旱面积指数在美国内布拉斯加地区作了比较，结果发现两者一致。干旱面积指数比帕默尔干旱指数更简便，因为干旱面积指数只需要降水输入，而不需计算各种水平衡项。其计算公式如下：

$$I_k = 0.5I_{k-1} + \frac{1}{48.55}\frac{P_k - \overline{P_k}}{\sigma_k} \tag{7.19}$$

式中 I——干旱面积指数；

k——月份数；

P——月降水量，mm；

$\overline{P}$——平均降水量，mm；

σ——降水标准差，mm。

6. 标准化降水指数

标准化降水指数（standardized precipitation index，SPI）由 Mckee 等人[10] 提出，该指数是实测降水相对于降水概率分布函数的标准偏差。假定降水数据系列服从不完全的 Gamma 分布，原始降水数据系列被转换成一个标准分布以便将差别定位和超限概率值的分析计算作比较。与降水成数相同该指数要求长时期的降水资料，研究认为对 1 年或更短的干旱期资料年限至少需 30 年，而对超过 1 年的干旱资料年限应更长。实际上好多资料可能达不到要求的资料系列长度。标准降水指数由于其具有多时间尺度特征以及计算简便等优点而受到广泛应用，但是该指数只考虑降水输入条件。

7. 标准化降水蒸散发指数

标准化降水蒸散发指数（standardized precipitation evapotranspiration index，SPEI）由 Vicente-Serrano 等人[11] 提出，是基于标准化降水指数的重要改进。该指数基于降水和温度数据，有机地集成了帕默尔干旱指数对蒸发需求变化的灵敏性特征和标准化降水指数计算简单和多时空度的自然属性。该干旱指数于 2010 年才提出，目前在欧洲国家应用效果很好。

8. 降水量 Z 指数

我国北方季或月降水量服从皮尔逊Ⅲ型分布，将降水量序列转变为以 Z 为新变量的标准化正态分布。然后根据 Z 变量的正态分布曲线，利用累计频率划分旱涝等级（表 7.1）。

表 7.1　旱涝等级划分表

Z 值	等级	累计频率	类型
$Z \geqslant 2.0$	1	$P \geqslant 98\%$	异常涝
$1.654 < Z < 2.0$	2	$95\% < P < 98\%$	大涝
$1.037 < Z \leqslant 1.645$	3	$85\% < P \leqslant 95\%$	涝
$0.542 < Z \leqslant 1.037$	4	$70\% < P \leqslant 85\%$	偏涝
$-0.542 \leqslant Z \leqslant 0.542$	5	$30\% \leqslant P \leqslant 70\%$	正常
$-1.037 \leqslant Z < -0.542$	6	$15\% \leqslant P < 30\%$	偏旱
$-1.645 \leqslant Z < -1.307$	7	$5\% \leqslant P < 15\%$	旱
$-2.0 < Z < -1.645$	8	$2\% < P < 5\%$	大旱
$Z \leqslant -2.0$	9	$P \leqslant 2\%$	异常旱

注　引自孙安健等编著的《严重旱涝与低温的诊断分析和预测方法研究》。

7.3.3.2 农业干旱指标

由于大多数作物是人工种植，因此农业干旱指数需要特别考虑农作物而非自然植被的水分需求。由于作物持续需要充足水分，农业干旱可迅速出现，同样可能很快结束。农业干旱指数的特点是能表示短期作物根部单位体积土壤水分的显著变化。

1. 降水量指标

在地下水位较深而且又无灌溉条件的旱作农业区，基于降水量的指标基本能够反映农业干旱发生的趋势。一般采用的指标为降水距平百分率、无雨日数及百分比法等。此类指标资料容易获取，计算简单，但是不能直接反映农作物遭受干旱影响的程度。

2. 作物水分指数

帕默尔提出作物水分指数（crop moisture index，CMI）[12]，将该指数用于监测影响作物水分状况的短期变化。作物水分指数是蒸散不足和土壤需水的总和。这些项用帕默尔干旱指数参数以周为单位计算。作物水分指数考虑了前一周的平均温度、总降水量以及土壤水分情况。作物水分指数可评估当时的作物生长情况，但该指数值也易迅速改变，因此对监测长期干旱来说不是很好的方法。比如暴雨过程可迅速使作物需水达到水分饱和，但实际上干旱还在持续。此外，作物水分指数还能表示每一生长季的开始和结束，这对植物学生长过程研究很有用，但并不适合监测长期干旱。因此农业干旱的评估更适合采用帕默尔水分距平指数。

3. 帕默尔水分距平指数

帕默尔水分距平指数（Palmer moisture anomaly index，Z index）其实是计算 *PDSI* 指数时的一个中间量，即当月的水分距平值，未考虑降雨土湿前期条件对 *PDSI* 指数的影响。由于对土壤水分量值变化响应很快帕默尔水分距平指数可用于监测农业干旱。研究发现该指数作为农业干旱定量指数比作物水分指数更好用。与所有帕默尔干旱指数存在同样的问题就是指数公式和计算均非常复杂。

4. 土壤水分（computed soil moisture）

该指数通过直接计算土壤水分含量来评价干旱程度。研究比较了土壤水分指数和帕默尔水分距平指数，发现帕默尔水分距平指数和计算土壤水分之间的趋势并不完全显见，有时二者曲线几乎同相，而其他时候则似乎存在滞后关系，并且二指数且对天气强迫的反应差别很大。可见如果没有一个全国性的土壤水分监测网，农业干旱的计算方法仍将难以确定下来，而且要通过计算土壤水分评价干旱仅仅依靠仅有的几个站描述气候区是不够的。

农作物生长的水分主要是靠根系直接从土壤中吸取，土壤水分的不足会影响农作物的正常发育。常用的土壤水分指标是根据土壤水分平衡原理和水分消退模式计算各个生长时段的土壤含水量，并以作物不同生长状态下（正常、缺水、干旱等）土壤水分的实验数据作为判定指标，预测农业干旱是否发生。目前一般认为当土壤相对含水量＜40%时，作物受旱严重；当土壤相对含水量为40%～60%时，作物呈现旱象；60%～80%时为作物生长适宜含水量。

5. 土壤水分距平指数

土壤水分距平指数（soil moisture anomaly index，SMAI）由 Bergman 等人[13] 提出，主要用于描述全球范围的干旱。该方法本质上依据 Thornthwaite 的水分计算方法（即降水和潜在蒸散的跟踪），采用描述水分运动的两层土壤模式，最终计算出土壤饱和度的动态值。相关模拟计算表明 *SMAI* 值的变化速度在较快 *CMI* 指数和较慢 *PDSI* 指数之间。

6. 以土壤相对湿度表示的主要农作物干旱指标

河南省气象局郑州农业气象试验站和山东气象局泰安农业气象试验站根据不同水分条件下测定的冬小麦和夏玉米的气孔阻力、蒸腾强度、光合强度、灌浆速度、生长率、产量要素等与土壤水分的关系，应用最优分割原理，得到土壤相对湿度表示的干旱指标，见表7.2、表7.3。

表 7.2　　冬小麦干旱指标和适宜水分指标　　%

极旱		重旱		轻旱		适宜	
土壤湿度	相对湿度	土壤湿度	相对湿度	土壤湿度	相对湿度	土壤湿度	相对湿度
≤7.5	≤34.0	7.6～9.0	34.1～40.0	9.1～12.6	40.1～55.0	12.7～17.5	55.1～80.0

表 7.3　　夏玉米干旱指标和适宜水分指标　　%

极旱		重旱		轻旱		适宜	
土壤湿度	相对湿度	土壤湿度	相对湿度	土壤湿度	相对湿度	土壤湿度	相对湿度
≤8.5	≤40.0	8.6～12.5	40.0～55.0	12.6～15.0	55.1～70.0	15.1～18.0	70.1～85.0

朱自玺[14] 通过不同棉花生育期不同水分条件下棉花叶片气孔阻力、蒸腾强度和蕾铃脱落率的测定，分析了它们与土壤水分的关系，确定了棉花的干旱指标（表 7.4）。

表 7.4　　棉花不同生育阶段的土壤水分指标　　%

发育期	干旱指标		适宜水分下限指标	
	容积土壤湿度	相对土壤湿度	容积土壤湿度	相对土壤湿度
移栽—现蕾	12.1	41	16.3	55
开花—吐絮	14.5	49	19.5	66
吐絮—拔杆	13.2	45	17.8	60

为了使这些指标能应用于不同类型土壤，将其转化成土壤相对有效含水量指标 Q，即

$$Q=\frac{W_0+P-R_0-Lg-ET}{S_a} \tag{7.20}$$

式中　W_0——时段初始根层土壤有效含水量；

P——降水量；

R_0——径流量；

Lg——渗漏量；

ET——实际蒸散量；

S_a——根层最大有效储水量。

若不考虑径流和渗漏量，则上式为

$$Q=\frac{W_0+P-ET}{S_a} \tag{7.21}$$

将前面的土壤相对湿度指标和 Q 值对照，即可得出冬小麦和夏玉米土壤相对有效水分含量指标（表 7.5）。

表 7.5　　冬小麦、夏玉米 Q 干旱指数指标

干旱等级	冬小麦		夏玉米
	苗期	返青成熟期	
极旱	<0.30	<0.20	<0.3
重旱	0.30～0.49	0.20～0.29	0.30～0.49
轻旱	0.50～0.69	0.30～0.49	0.50～0.59
适宜	0.70～0.84	0.50～0.85	0.60～0.89

7.3.3.3　水文干旱指标

1. 总水量短缺指标

传统的水文干旱评估采用总水量短缺（total water deficit）表示，与干旱强度 S 相同。S 是干旱时段 D 与缺水量 M 的乘积（图7.13）。D 指流量持续低于某一水位（即水文气候平均值 D）的时间，M 是期间流量与该水位的平均偏差。干旱结束后总水量的短缺为0。应注意，干旱强度、持续时间和缺水量也分别表述为总流量、流量期和流量强度。

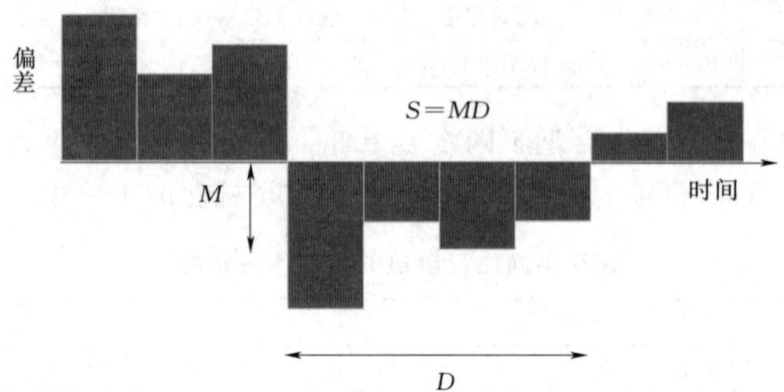

图7.13　干旱强度 S 是持续时间 D 和平均缺水量 M 之积

由总缺水量方法可得到某一河流在某一点时间的积分流量情况，但对于大面积则有更高细分辨率要求，需对区域内不同水界进行具体检验。相对于平均状况的河流流量累计距平能表示水资源的长期趋势。

2. 帕默尔水文干旱指数

帕默尔水文干旱指数（Palmer hydrological drought severity index，PHDI）与帕默尔干旱指数很相似，均采用相同两层土壤水平衡评估模式。二者区别在于帕默尔水文干旱指数有更加严格的干旱结束和湿期结束的标准。这将导致指数逐渐向标准态反弹（比帕默尔干旱指数更慢），特别是帕默尔干旱指数认为当水分条件开始不间断上升直至缺水消失时干旱结束，而帕默尔水文干旱指数认为当水分短缺完全消失时干旱结束。帕默尔水文干旱指数这一滞后对水文干旱的评估是适当的，因为水文干旱本来就比气象干旱变化得慢。

3. 地表水供给指数

地表水供给指数（surface water supply index，SWSI）[15] 严格考虑了积雪及积雪融化径流滞后问题，因此该指数适用于山区类的区域水文干旱监测。主要由于山区积雪对年流量的贡献比例很大。地表水供给指数的计算要求测量积雪、降水、流量以及水库蓄水量。根据历史资料这些水文要素用不超限概率值赋值。将这些赋值百分率输入一个经盆地订正后的地表水供给指数算法程序，该程序它考虑了每一水文因素对盆地供水的典型贡献率。这一加权处理使各流域之间可以相互比较。不同气候区的地表水供给指数值和帕默尔水文干旱指数的相关度很高说明两者是一致的水文干旱监测指数。

4. 标准化径流干旱指数

标准化径流干旱指数（standized streamflow index，SSI）由 Vicente-Serrano 等[16] 人在2012年提出，该指数计算原理与标准化降水指数相似，并首次对径流分布函数进行了严格推求和论证。作者通过4～5种不同分布函数的比较，最终得到最适合径流干旱指数的函数分布。

7.3.3.4 社会经济干旱判别方法

1. 缺水损失法

社会经济干旱指标主要评估由于干旱所造成的经济损失。由于工业供水保证率常常高于农业，在干旱年份工业供水常享受优先的权利。在一般干旱的年份，工业用水基本上可以得以满足，工业产值损失较小，在特大干旱年份工业用水将无法保证，损失较大。计算工业受旱损失价值量通常采用缺水损失法[17]。这种方法根据受旱年份由当地工业供水的缺供水量 W_s 和万元产值取水量计算求得，其计算公式为

$$Q_{ls}=\frac{W_s}{W_0}-m \tag{7.22}$$

式中 Q_{ls}——受旱年份该地区的工业损失，万元；

W_0——万元产值取水量，m^3/万元；

m——由于缺水减产而未消耗的原材料等的价值量，万元。

2. 社会化水资源紧缺指数

Ohlsson 提出社会化水资源紧缺指数（social water scarcity index，SWSI）[18] 用于反映社会所面对的干旱胁迫程度。计算公式为

$$SWSI=\frac{ARW}{P}HDI \tag{7.23}$$

式中 ARW——年可利用水量；

P——人口数；

HDI——人类发展指数。

年可利用水量取自标准的水文资料。HDI（human development index）是基于国民的平均寿命、教育水准和 GDP 所得 3 项标准计算而出，以综合反映一个国家综合状况。当 $SWSI$ 为 0～5 之间时整个社会水量充足，6～10 时受到水分轻度缺乏，11～20 时严重不足，>20 则水量重度缺乏。

3. 损失系数法

在评价干旱对工业、航运、旅游、发电等损失通常拟用损失系数法 $\beta=F(t,d,I,\cdots)$，即认为损失系数与受旱时间 t、受旱天数 d、受旱强度 I 等诸因素存在一种函数关系。

7.3.3.5 综合干旱指数

干旱发生与水文、气象等多元变量密切相关，这也是很难寻找到能够精确监测和评估干旱旱情及旱灾损失的指标的重要原因。由上节可知，干旱指数种类众多，但基本上只考虑了气象干旱、农业干旱和水文干旱三种自然干旱里面的一种干旱，而实际应用中经常多种干旱并存，难以区分。干旱成因的复杂性使仅仅依靠单一干旱指数无法客观、准确、及时地获取干旱灾害信息，而且有可能因干旱指数不同得出的评价结果也不同。干旱指数作为反映干旱成因和干旱严重程度的重要量度，对干旱的精确定量化是监测、评价和研究干旱发生、发展的基础，同时也是采取措施预防和减轻干旱灾害造成严重损失的先决条件。为了克服单一干旱指数的不足，综合干旱指数应运而生。

张强等[19] 提出了以 *SPI* 指数和湿润度指数为基础的综合气象指数，并应用于国家气候中心对全国范围的干旱实况进行逐日滚动实时监测。陆桂华等[20] 基于 *SPI* 指数和 *PDSI* 指数的权重线性组合，研制了综合气象干旱指数。Svoboda 等[21] 基于 6 个关键指标和一些辅助性参考指标，利用客观干旱指标综合法，将原始单一指标根据其自身历史序列计算各自当前干湿状况的百分位，然后进行加权平均，分析干旱出现的历史频次，形成最终的干旱监测产品。Keyanyash 和 Dracup[22] 用主成分分析方法构建了基于降水、径流、蒸散发、库水位、土壤含水量和融雪的累积干旱指数；李琼芳等人[23] 提出了基于多个变量的综合干旱指数并应用于海河流域，该指数采用了主成分分析方法将降水、蒸发、径流和土壤含水量进行综合，全面考虑了气象干旱、农业干旱和水文干旱三种自然干旱，研究结果表明该综合干旱指数能够很好地刻画干旱发生和干旱结束的时间以及准确判断旱情的严重程度；虞美秀[24] 同样运用了主成分分析方法构建了多时间尺度综合干旱指数并应用于我国六大典型流域，该指数通过选取具有不同时间尺度的单项干旱指数分别作为综合干旱指数的构建组分，结果表明该指数在不同研究区具有较好的适应性；Rajsekhar 等[25] 首次将核熵成分分析应用在德克萨斯州综合干旱指数的构建中，并取得了较满意的效果。该综合干旱指数基于降雨、径流、蒸发、土壤湿度等多元变量构建，全面考虑了气象干旱、农业干旱和水文干旱 3 种干旱。近年来，不少学者采用 Copula 函数法研制了基于降水和径流或土壤含水量的二元联合干旱指数[26]。可见，Copula 函数在用于联合分布函数计算时具有较高的灵活性和适应性，然而目前对于 Copula 函数的研究和应用多限于二维，三维及以上联合分布的求解较为困难，还在探索中[27]。

7.3.4 干旱指标应用实例

下面以 *SPEI* 指数为例，分析评估中国近 60 年来干旱演变特征[28]，研究其干旱严重程度变化趋势。

7.3.4.1 数据来源与研究方法

1. 数据收集与处理

基于数据系列长度不短于 40 年的取样原则，研究选用了 1951—2010 年全国 609 个气象站的月降水和月气温资料。为便于分析和比较，将研究区域划分为三部分：中国北方、中国南方和青藏高原。中国北方包括东北地区（NE)、北部地区（N)、西北东部地区（ENW）和西北西部地区（WNW)；中国南方包括西南地区（SW)、东部地区（E)、南部地区（S)；青藏高原主要为西藏地区（Tibet)。下文将以缩写字母表示相应区域。需要说明的是由于西藏西部数据缺乏，西藏地区的时间序列只代表西藏东部地区。基于月降水和月平均气温数据系列，研究计算了 12 个月尺度的 SPEI 指数，用于分析干旱趋势和干旱面积的变化。

2. *SPEI* 指数计算原理

SPEI 指数（standardized precipitation evapotranspiration index，SPEI）计算过程主要分为四个步骤：

(1) 计算气候水平衡。

$$D_i = P_i - PET_i \tag{7.24}$$

式中 P_i——降水；

PET_i ——潜在蒸发量，通过 Thomthwaite 方法求得。

（2）建立不同时间尺度气候学意义的水分盈/亏累积序列。

$$D_n^k = \sum_{i=0}^{k-1}(P_{n-i} - PET_{n-i}) \quad (n \geqslant k) \tag{7.25}$$

式中 k ——时间尺度，月；

n ——计算次数。

（3）采用三参数的 log-logistic 概率密度函数拟合所建立的数据序列。

$$f(x) = \frac{\beta}{\alpha}\left(\frac{x-\gamma}{\alpha}\right)^{\beta-1}\left[1+\left(\frac{x-\gamma}{\alpha}\right)^{\beta}\right]^{-2} \tag{7.26}$$

式中 α ——尺度参数；

β ——形状参数；

γ ——origin 参数，这些参数可通过 L-矩参数估计方法求得。

于是，给定时间尺度的累积概率可计算如下：

$$F(x) = \left[1+\left(\frac{\alpha}{x-\gamma}\right)^{\beta}\right]^{-1} \tag{7.27}$$

（4）对序列进行标准正态分布转换，获取相应 $SPEI$。

$$SPEI = W - \frac{C_0 + C_1W + C_2W^2}{1 + d_1W + d_2W^2 + d_3W^3}, \ W = \sqrt{-2\ln P} \tag{7.28}$$

当 $P \leqslant 0.5$ 时，$P = 1 - F(x)$；当 $P > 0.5$ 时，$P = 1 - P$，$SPEI$ 的符号被逆转。其他常数项分别为 $C_0 = 2.515517$，$C_1 = 0.802853$，$C_2 = 0.010328$，$d_1 = 1.432788$，$d_2 = 0.189269$，$d_3 = 0.001308$。该指数干旱等级划分见表 7.6。

表 7.6　　$SPEI$ 指数干湿等级划分

标准化降水蒸散发指数 $SPEI$	等级
≤−2.00	特旱
−1.99～−1.50	重旱
−1.49～−1.00	中旱
−0.99～−0.50	轻旱
≥−0.49	无旱

7.3.4.2 结果与分析

1. 中国干旱趋势变化特征

根据全国年降水 $M-K$ 值的空间分布，发现全国年降雨呈现显著的空间分布特征，东部地区降雨呈显著下降趋势，而西部地区呈显著上升趋势，说明东部地区逐渐变干而西部地区则逐渐加湿。比如，吉林省、辽宁省、蒙东、华北地区、陕南、四川盆地西部等地区降雨均呈显著下降趋势，均分别通过了置信水平为 5%和 10%的显著性水平检验，而在新疆、青海、西藏东部以及浙江、福建、海南三省的小部分地区年降水则呈显著上升趋势，并通过置信水平为 5%和 10%的显著性水平检验。

根据 12 个月尺度 $SPEI$ 指数 $M-K$ 值的空间分布，发现东北大部、华北、西北以及四川盆地、云南部分地区均呈现出显著的变干趋势，并均通过了置信水平为5%和10%的显著性水平检验。而西藏东部地区以及在新疆、青海、福建的小面积地区则呈现逐渐变湿趋势。

总体而言，*SPEI* 指数和年降水均揭示了中国正在显著变干的地区，表明降雨显著减少是气候变干趋势的主要原因所在。然而 *SPEI* 指数的变化趋势空间分布与年降水空间分布存在差异。比如，对于 *SPEI* 指数而言，有244个站点显示显著变干趋势并通过了置信水平为10%的显著性检验，站点数与研究总站点数所占的比例为40%，而对于年降水，显示显著变干趋势站点数仅有82个，占总站点数的比例为9%。比较分析表明，尽管降水在识别干旱化趋势中占有十分重要的作用，但是近半个世纪全球变暖导致的空气湿度需求增加以及蒸散发的增强同样也是干旱化趋势不得不考虑的两大因素。因此，为了更准确更客观地评估全球增暖背景下干旱的趋势变化，研究所用的干旱指数必须考虑气温因子。

2. 全国干湿旱面积变化特征

图7.14（a）为1951—2010年中国年干旱面积比例（*SPEI* <−1）和年湿润面积比例（*SPEI* >1）的历时变化。干旱面积越大，湿润面积越小。由图7.14（a）可以看出：相对大面积的干旱发生在20世纪50年代、60年代、70年代末期、80年代初期，而90年代末直至2010年，巨大面积的干旱席卷整个中国。在过去60年里，中国干旱面积以每年3.7%的速率增长，增加趋势通过了置信水平为99%的显著性检验。与干旱面积相比，湿润面积则呈显著下降趋势（以每10年1.7%的速率下降），并通过了置信水平为99%的显著性检验。图7.14（a）表明，从20世纪90年代末至今，湿润面积一直处于低值水平。

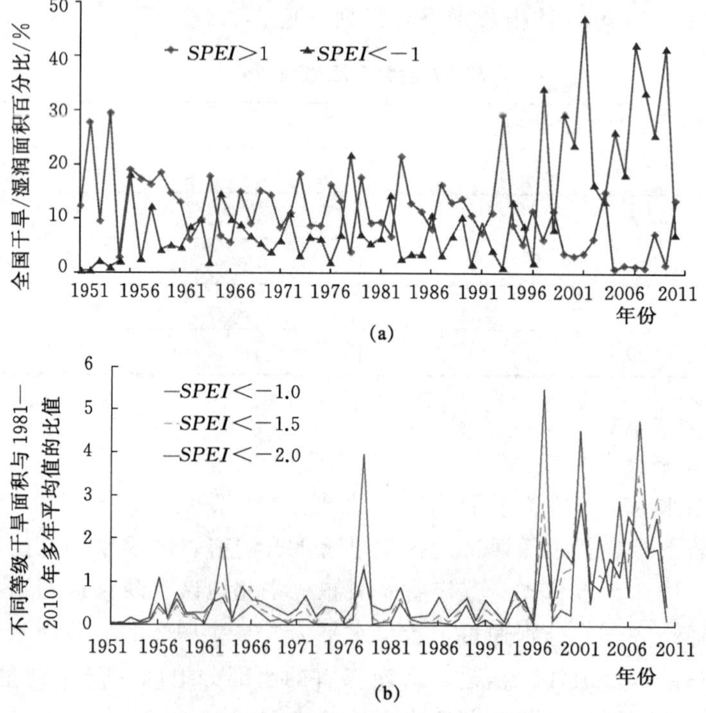

图7.14 中国干旱面积长历时变化

（a）全国干旱/湿润面积百分比；（b）不同等级干旱面积与1981—2010年多年平均值的比值

图 7.14（b）为不同干旱等级下年干旱面积与 1981—2010 年的多年平均干旱面积的比值历时变化。不同干旱等级的干旱面积的变化规律整体上比较相似：干旱面积高值分别出现在 20 世纪 60 年代初期、70 年末期以及 90 年代末期至今。在 1996 年之前，特旱干旱面积与 1981—2010 年的多年平均干旱面积比值均低于中旱和重旱干旱面积对应的比值（1963 年、1978 年除外）；而 2000 年以后，特旱干旱面积与 1981—2010 年的多年平均干旱面积比值迅速增加，连续高于中旱、重旱干旱面积的对应比值对应比值甚至达到 3～5 倍的高值。上述分析表明中国遭受的严重干旱面积，尤其是特旱灾害事件，自 20 世纪 90 年代末起显著增加。

7.3.4.3 结论

基于 *SPEI* 指数，研究了我国及地区近 60 年来的干湿变化特征，结果表明：①我国北部地区、东北部的西南地区、西北东部的中部和东部地区、西部西北部地区的西南地区和东北地区干旱呈显著上升趋势；而青藏高原东部地区正在显著变湿；②降水和 *SPEI* 指数比较说明干旱的变化特征与基于气温因素的蒸散发密切相关；③1995 年以来我国严重干旱和特旱干旱面积以每 10 年约 3.72%的速率增长。

7.4 农业旱情分析与预报[29]

7.4.1 旱情的定义

旱情是研究农业干旱的一个基本概念。旱情是指在作物生育期内，耕作层土壤水分得不到降水、地下水和灌溉水的适量补给，土壤供水不断消耗，农作物从土壤中吸收的水分不能满足正常需水要求，作物体内水分胁迫，生长受到抑制的情势。旱情可以在作物的某个生长阶段出现，也可在全生育期内连续发生。

7.4.2 旱情描述

从水资源供需关系来看，农业干旱是农田供水小于需水的一种水分不平衡现象。对旱作物可用以下旱田作物不同生长阶段湿润层水平衡方程来描述：

$$W_{i+1} = W_i + P_i + G_i + IR_i - SD_i - F_i - R_i \tag{7.29}$$

式中 W_i、W_{i+1}——i 时段初、末土壤含水量，mm；

P_i、G_i、IR_i、F_i、R_i——i 时段降水量、地下水补给量、灌溉供水量、渗漏量和地表径流量，mm；

SD_i——i 时段蒸散发量，mm。

对水稻作物，其水田水量平衡方程的结构与式（7.29）基本相同，此时，式中 W_i、W_{i+1} 为 i 时段初、末土壤含水量与田面贮水量（水层深度）之和，mm；R 为地表径流量（田面无积水）或田间排水量（田面有水层），mm。

在式（7.29）中，降水量、地下水补给量和灌溉供水量为收入项，农田蒸散发量、渗漏量和地表径流量为支出项，作物不同生长阶段农田湿润层土壤的储存水量为调节项。经农田水量平衡计算，当某个时段土壤供水不能满足农作物需水，则该时段就发生农作物缺水。农作物正常需水是否会得到满足，仍须看影响农田水平衡的诸因子综合作用的结果。

旱情描述或评估一般分实时评估和延时评估两类。实时评估是指对农作物生长阶段受旱状况作出及时具体的评估，其目的在于提供旱情信息，以便及时采取抗旱措施，消除旱象，指导农业生产。延时评估是指对农作物在部分或整个生长期内的受旱过程进行的事后评估，通过评估，分析自然和社会的影响因素，掌握干旱及其灾害形成和演变的基本规律，为防旱减灾提供信息和依据。

旱情描述或评估可以采用农业干旱模拟方法，就某几个生长阶段进行，也可对作物全生长期进行。可以依据农田湿润层水平衡方程和有关水文气象资料及土壤、农作物等有关特征值的试验数据，模拟逐年、逐月和逐日土壤含水量和农田缺水过程。

7.4.3　旱情分析预报方法

旱情分析预报主要有两条途径：①用旱情指标值判断是否会发生旱情和旱情程度；②按土壤含水量预报值判断对作物生长的影响程度。显然，农业旱情分析预报的实质是根据预见期内降水量和蒸散发量预报值，分析研究土壤含水量能否满足作物正常生长的需水量。因此，旱情分析预报还需依靠气象预报提供降雨量和蒸散发量预报值。以下着重介绍几种常用的土壤含水量预报方法。

7.4.3.1　单站土壤含水量预报

如果需预报的地区面积不大，且有一个墒情观测站，可利用该站墒情观测资料分析墒情变化规律，并编制其墒情预报方案，即可预报该地区的土壤含水量变化。

土壤水的主要补给水源是降水、人工灌溉水和地下水，影响土壤水消退的主要因素为土壤蒸发、作物散发、向深层的渗漏和侧向重力排水等。因此，土壤含水量预报应包括增墒和减墒两部分。

1. 增墒预报

若地下水位埋深大或地下水位稳定，且不计人工灌溉水量时，则引起土壤含水量增加的主要原因是降水量。图 7.15 是山东省南四湖湖西平原区以代表站为基础建立的以 0.6m 土层雨前土壤含水量 W_0 为参数的降雨量 P 与雨后增墒 ΔW 之间的关系图。该图中的相关线上部与纵坐标近似平行，表明当降雨量增大到一定量后，土壤含水量达到饱和，雨后土壤含水量不再增加。图中各关系线下与纵坐标的截距表示为无效降雨量，主要耗于植物截留。

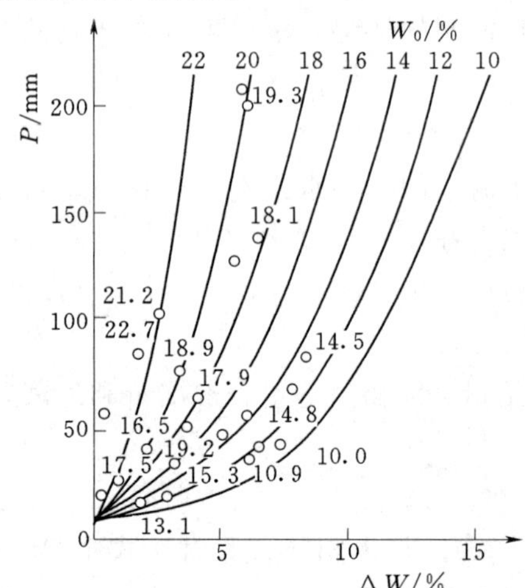

图 7.15　山东省南四湖湖西平原区降雨量 P—雨前土壤含水量；W_0—雨后土壤含水量增量 ΔW 相关图（0～0.6m 土层平均值）

图 7.16 为太原董茹站 0.5m 土层的土壤含水量增值预报曲线。图中考虑了降雨量 P 和饱和差 d 两因素，后者主要反映蒸发的作用。当 $P=0$ 时，即为土壤含水量消退关系曲线。

不同作物的生长过程及其需水量互不相同，可按作物种类分别建图。

2. 减墒预报

当无降水和灌溉，且地下水位埋深较大时，土壤含水量因土壤蒸发和作物蒸散发而消退，其消退规律类似于退水规律，可用下列指数方程表示：

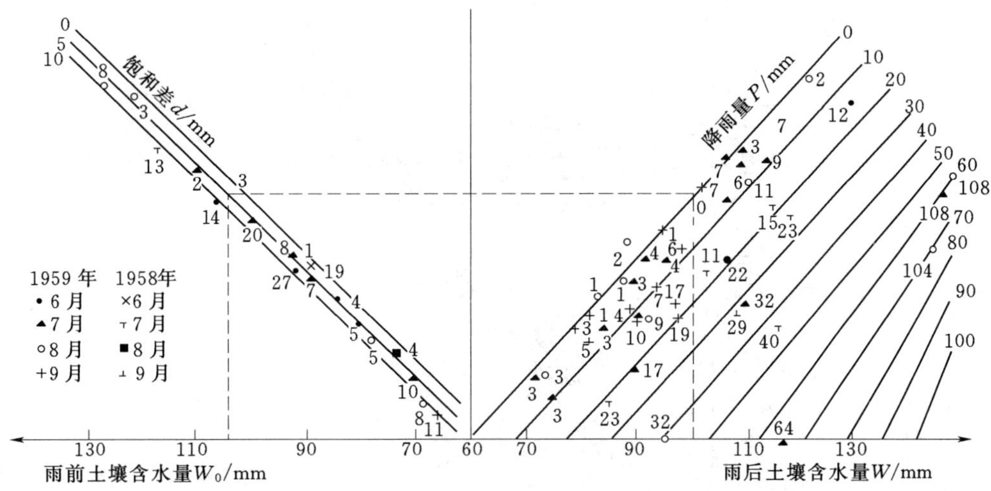

图 7.16　太原董茹站土壤含水量增值预报曲线（0.5m 土层）

$$W(t)=W(0)\mathrm{e}^{-kt} \tag{7.30}$$

$$W(t+1)=W(t)\mathrm{e}^{-k}=W(t)K \tag{7.31}$$

式中　　$W(0)$——初始土壤含水量；

$W(t)$、$W(t+1)$——t、$t+1$ 时的土壤含水量；

K——土壤含水量消退系数，一般由实测土壤含水量按式（7.30）或式（7.31）计算求得。

土壤消退系数 K 与前期土壤含水量、蒸散发量、土层深度、地下水位埋深等因素有关，如图 7.17、图 7.18 所示。利用这些关系并结合式（7.30）或式（7.31）即可预报土壤含水量。

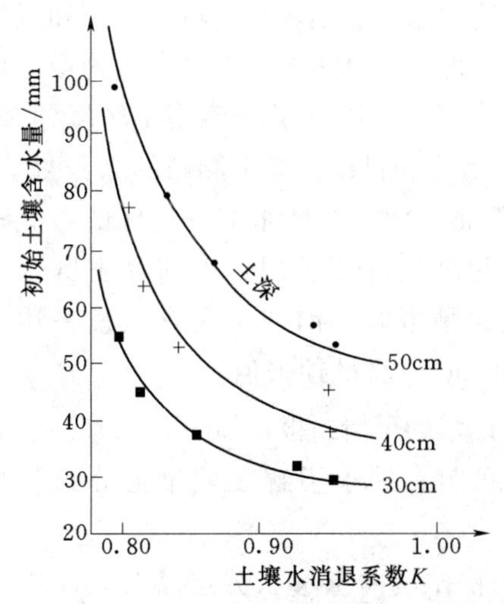

图 7.17　山西省灵石站土壤水消退系数与初始土壤含水量、土深的关系图

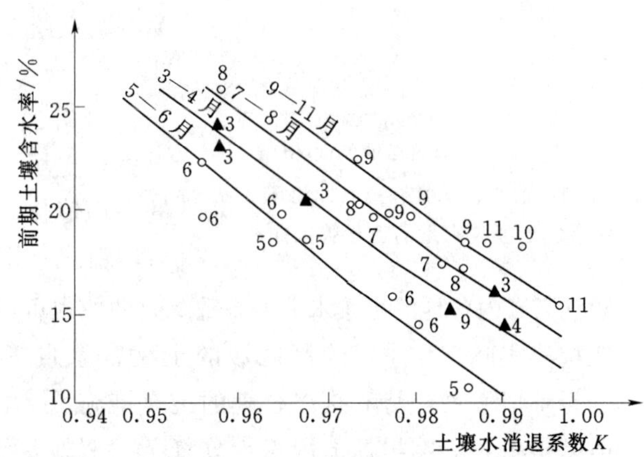

图 7.18　山东省王二庄试验站初始土壤含水率、月份和土壤

也可直接点绘前后期土壤含水量相关图，如图 7.19 所示，图中月份主要反映了蒸散发率和作物不同生长期需水量的影响。

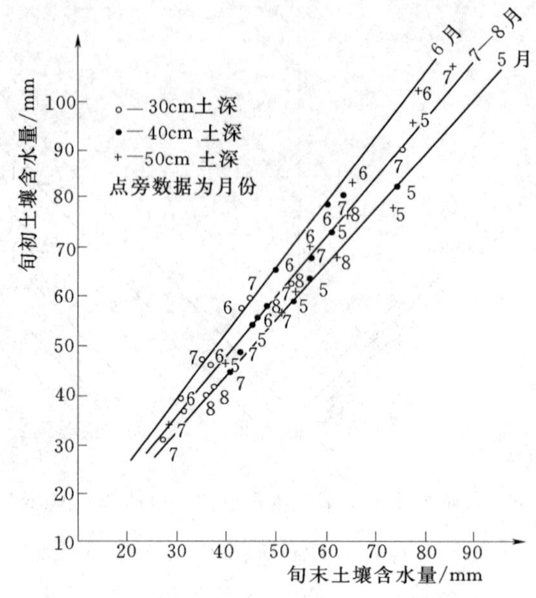

图 7.19 山西灵石站无雨期旬初与旬末土壤含水量相关图（0.3～0.5m 土深）

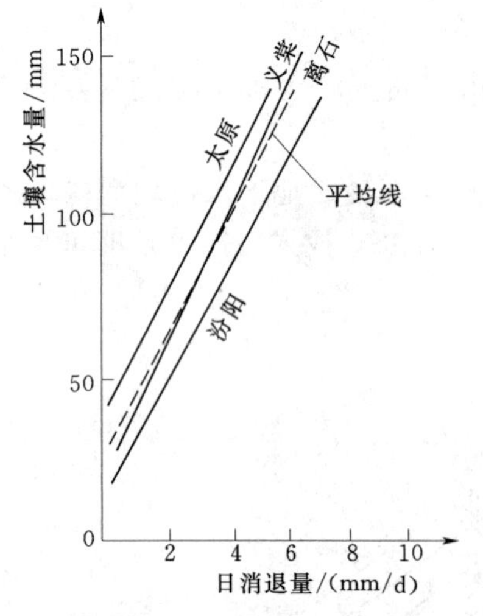

图 7.20 太原、义棠、离石、汾阳 4 站 8 月份土壤含水量消退量关系曲线

7.4.3.2 土壤含水量区域预报

旱情往往是大面积出现，因此，常要对一个地区作旱情预报，即预报无雨期该地区的土壤含水量的消退变化，其基本方法和上述相同。区域内各地的地形、土壤、作物和气候等因素对土壤水消退有影响。

当地区内各地的地形、地貌、土壤、植被和气候等条件相近时，可将各地单站的土壤含水量消退系数关系图点绘在一张图上，取其平均值用于区域预报，图 7.20 为太原、晋中和吕梁区 4 个测站的综合图。

图 7.21 为鲁北、豫北、豫东部分地区的一次降雨量与土壤含水量增值的相关图，以前期土壤含水量平均值作参数。预报时，前期土壤含水量平均值与增值之和即为土壤含水量预报值。

建立区域内各地的土壤水消退系数综合曲线也可用作区域的旱情预报，如图 7.22 所示。

在抗旱实际工作中，绘制区域的土壤含水量等值线图有助于了解区域旱情分布与特征，分析旱情发展趋势和提出合理的抗旱措施。

前已指出，影响旱情的因素十分复杂。例如，作物耕作层内土壤水分运动及其动力学性质、蒸散发量变化规律、作物根系分布及其生长过程、地下水对根系土层含水量的作用等等。水土保持、土壤改良、植树造林、水利化与农田渠系建设及耕作技术等等人类活动因素，都对旱情有影响，其程度如何还有待研究。区域预报中要注意单站资料对区域的代表性。在实际预报工作中，由气象预报获得的预见期内降水量和蒸发量会直接影响预报精度。因此，目前的旱情预报，不论在基本理论上、实际应用技术和方法上，以及实测资料条件上，都有待进一步研究、充实和改善。

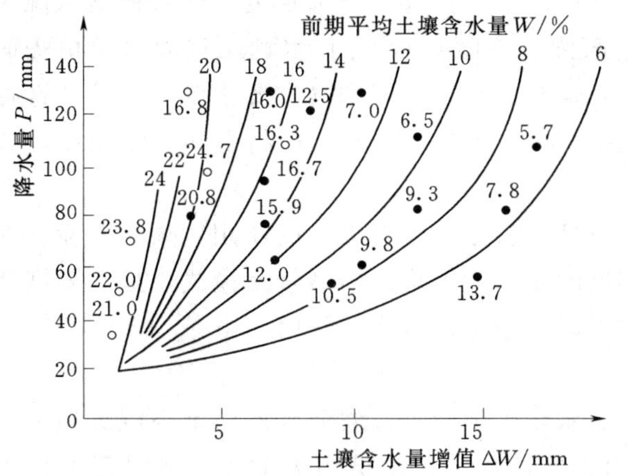

图 7.21　鲁北、豫北、豫东部分地区降雨量与土壤含水量增值关系曲线

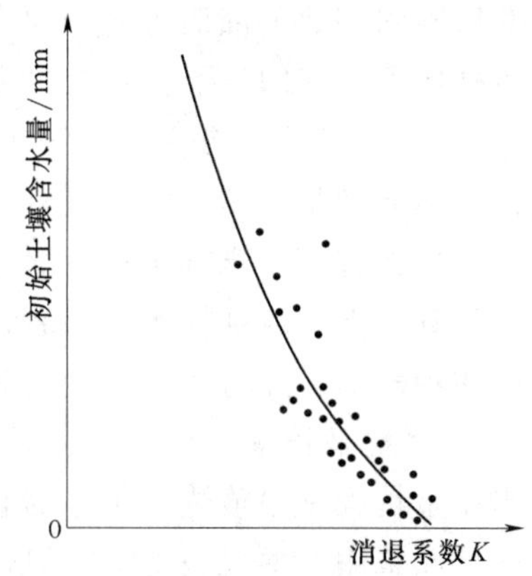

图 7.22　太原、吕梁、晋中等站 K 值综合关系曲线（无雨期，时段长 10d）

7.4.4　解决农业干旱的对策

1. 优化配置水资源利用

干旱发生时，尤其是发生特大干旱或连年干旱时，部分水利工程因水源枯竭而废弃，从而降低了水利工程抵御干旱灾害的能力。因此，合理开发和科学利用有限的水资源对农业生产和抗旱减灾具有十分重要的战略意义。对有限的水资源实现统一管理，做到计划用水、节约用水和科学用水，做到统筹兼顾，兼顾长远。应及早对水资源进行优化配置，调整工农业生产布局，优化产业结构，协调工农业及生活用水。

2. 开源节流，促进农田水利基本建设可持续发展

(1) 因地制宜地修建一些拦蓄水工程。在不影响河道行洪的条件下可以因地制宜地修建一些拦蓄水工程，如橡胶坝、截流坝，增加地表水源，增加地表水的入渗量，以补给地下水，充分利用过境水资源；还可以修建一些专门的地下水回灌工程，如利用荒滩洼地修建入渗型小水库、引水回灌工程等，充分利用汛期洪水；坡耕地上还可大力推广雨水集蓄技术，修建水池、水窖及其他小微型集蓄雨工程，或充分利用已有的坑、塘、沟、渠蓄水，拦截和充分利用地表径流。这些“开源”措施可以缓解农业用水供需矛盾，增强农业生产的抗旱减灾能力。

(2) 大力推广综合节水技术措施。综合节水技术措施主要包括节水工程措施（包括膜上灌、滴灌、小畦短沟灌以及微灌等）、田间农艺技术措施（如秸秆或地膜覆盖、免耕覆盖、保肥保墒、客土改造、施用抗旱肥、喷洒保水剂、选用耐旱品种和增大旱作比例等）和田间节水管理措施。大力推广综合节水措施，是发展节水型农业、实现农业经济可持续发展的必然趋势。

3. 加大水土流失治理力度

因地制宜采取各种水土流失治理措施，以增强土壤的蓄水、保水能力。

4. 充分发挥水利工程的作用

(1) 科学设计。有些水利工程建成后，因设计不当在抗旱的关键时刻发挥不出应有的作用。水利工程设计，必须首先考虑枯水期的地下水位及河道来水量，然后根据水源水量大小选用不同型式的灌溉方式（如管灌、喷灌、微灌等），防止水利工程因水源枯竭而报废；另外还需注意因设计而造成的水利工程运行状态不佳问题（主要因泵型、管径选择不合理造成）。不管什么形式的灌溉工程，都必须设计出系统的工作制度和灌溉制度，并严格执行，不能敷衍了事，随便设计。

(2) 加强管理。水利工程的管理水平高低，直接影响着工程的使用效果和寿命。在水利工程的管理上，应加快水利工程产权制度改革，大力推广新型管理模式，最大限度地延长工程使用寿命，充分发挥水利工程在抗旱减灾中不可替代的作用。

5. 非常抗旱措施

当发生特大干旱或连年干旱时，人畜饮水将更加困难，农业生产将遭受巨大损失，非常时期可以采用一些特殊措施。充分利用天气条件，科学借用天上水，适时开展人工降雨。长远上讲还应修建一些调水工程，以调节地区之间水资源分配不均的状况。及早进行海水淡化、污水净化方面的技术研究，最大限度地降低成本，使其向普遍化、规模化方向发展。

6. 增加土壤墒情站点的布设

土壤墒情监测点稀少是限制农业干旱准确预报的一个重要原因。通过增加土壤墒情测站，建设和完善全国土壤墒情站网，提高农业干旱预报精度，从而做到主动抗旱，减少农业干旱的经济损失。

7.5 城市缺水综合分析[29]

7.5.1 缺水城市分布

20 世纪 70 年代以前，只是个别城市在个别年份缺水。70 年代以后，特别是 80 年代以来，随着城市建设、工业发展和城市人口增加，缺水城市不断增加，首先从北方和沿海的部分城市开始，逐步扩大至全国。到 90 年代初，全国已有 300 多座城市缺水，其中地级以上城市有 109 座，占地级以上城市总数 189 座的 57.7%。

在缺水的地级以上城市中，华北地区有 26 个，东北地区 29 个，西北地区 7 个，华东地区 26 个，华中和华南地区 21 个，分布遍及全国，但以北方和沿海地区较为集中。

中国缺水城市多为人口密集的城市，在表 7.7 列出的 109 个地级以上的缺水城市中，城市人口在 200 万人以上的缺水城市有 7 个，占相应 9 个城市的 78%，人口在 100 万～200 万人的缺水城市有 19 个，占相应 22 个城市的 86.4%。

从城市缺水对产值影响来看，上述 109 个缺水城市 1990 年工业总产值达 8935 亿元，占全国地级以上城市工业总产值的 71.5%，这些缺水城市包括北京、天津、上海 3 个直辖市和石家庄、太原、沈阳、长春、哈尔滨、贵阳、南宁、广州、苏州、无锡等具有重要政治经济地位的城市，也包括鞍山、大同、抚顺、青岛、淄博、十堰等重要工业城市，以及深圳、珠海、宁波、三亚等新兴的沿海城市。

表 7.7　　全国地级以上缺水城市社经指标、缺水率表（1990 年）

序号	城市	城市人口/万人	工业产值/亿元	重工业比重/%	缺水率/%	序号	城市	城市人口/万人	工业产值/亿元	重工业比重/%	缺水率/%
1	北京	576.96	563.77	63.2	38.5	40	伊春	79.58	21.72	77.9	10.3
2	天津	457.47	563.71	53.2	57.8	41	佳木斯	49.34	37.92	40.8	10.2
3	石家庄	106.84	124.84	45.5	15.0	42	七台河	21.50	8.60	96.0	12.0
4	秦皇岛	36.48	25.03	61.8	40.8	43	牡丹江	57.17	49.41	53.7	10.0
5	张家口	52.91	55.41	53.5	3.3	44	上海	749.65	1101.08	50.9	0.0
6	廊坊	14.81	6.89	29.1	72.0	45	无锡	82.68	163.47	41.4	29.1
7	太原	153.39	135.98	74.4	36.6	46	常州	53.15	123.68	48.3	45.0
8	大同	79.83	61.14	83.4	49.1	47	苏州	72.65	124.74	35.7	37.6
9	阳泉	36.23	24.95	89.7	61.2	48	杭州	109.97	165.66	36.5	28.9
10	长治	32.11	22.30	81.7	41.0	49	宁波	55.25	100.74	48.4	49.9
11	晋城	13.64	16.37	93.9	16.4	50	温州	40.18	34.59	39.3	29.7
12	朔州	7.24	16.56	95.4	1.1	51	金华	14.43	16.46	34.0	20.0
13	呼和浩特	65.25	33.29	37.4	9.9	52	衢州	11.24	15.17	69.3	30.0
14	包头	98.35	68.98	80.2	10.9	53	舟山	15.43	17.06	32.3	40.4
15	沈阳	360.37	335.03	66.9	22.3	54	合肥	73.33	75.16	46.9	0.0
16	大连	172.33	239.18	67.1	40.4	55	蚌埠	44.92	41.11	30.4	0.0
17	鞍山	120.40	141.56	88.0	11.8	56	淮南	70.39	43.10	69.6	0.0
18	抚顺	120.24	123.83	84.2	16.2	57	淮北	36.65	25.85	72.5	46.2
19	本溪	76.88	67.30	84.6	18.6	58	黄山	10.26	5.67	35.5	29.0
20	丹东	52.37	52.18	26.4	19.0	59	济南	145.82	160.98	51.8	28.7
21	锦州	56.95	54.72	70.9	40.0	60	青岛	145.82	199.68	38.8	30.6
22	营口	42.16	42.41	34.7	23.7	61	淄博	113.81	197.08	76.2	26.0
23	阜新	63.55	26.73	73.1	43.6	62	枣庄	38.08	51.70	59.0	18.8
24	辽阳	49.25	46.26	78.7	30.4	63	东营	28.17	81.06	97.5	23.3
25	盘锦	36.28	45.64	95.6	45.0	64	烟台	45.21	57.28	43.9	27.7
26	铁岭	25.48	20.71	64.5	27.5	65	潍坊	42.85	62.13	44.5	31.0
27	朝阳	22.24	18.02	71.1	15.7	66	济宁	26.52	40.46	39.4	22.8
28	锦西	35.71	51.93	94.4	20.7	67	泰安	35.07	24.30	44.5	58.8
29	长春	167.93	128.84	65.2	24.3	68	威海	12.90	30.18	40.8	80.0
30	四平	31.72	23.86	45.7	16.2	69	日照	18.05	14.01	27.3	37.8
31	辽源	35.41	16.46	55.2	12.9	70	郑州	115.97	83.50	51.0	58.8
32	通化	32.46	19.51	61.8	23.1	71	开封	50.78	34.09	44.0	48.7
33	浑江	48.20	17.57	74.7	5.0	72	洛阳	75.98	86.56	80.0	15.1
34	哈尔滨	244.34	158.87	56.1	10.0	73	平顶山	41.08	41.83	86.0	6.5
35	齐齐哈尔	107.01	59.79	68.6	9.9	74	安阳	42.03	49.47	50.0	24.8
36	鸡西	68.39	22.12	86.1	10.2	75	鹤壁	21.03	11.33	74.0	54.0
37	鹤岗	52.27	21.27	80.7	10.2	76	新乡	47.38	39.58	40.0	23.0
38	双鸭山	38.61	14.96	85.3	10.3	77	焦作	40.91	35.89	81.0	21.7
39	大庆	65.73	233.68	97.4	9.9	78	濮阳	17.60	26.01	93.0	39.0

续表

序号	城市	城市人口/万人	工业产值/亿元	重工业比重/%	缺水率/%	序号	城市	城市人口/万人	工业产值/亿元	重工业比重/%	缺水率/%
79	许昌	20.88	16.26	25.0	10.0	95	三亚	10.28	1.66	33.2	35.0
80	漯河	12.64	10.43	24.0	21.3	96	重庆	226.68	207.26	64.7	58.2
81	三门峡	12.05	11.39	59.0	5.0	97	自贡	39.32	31.18	65.7	43.5
82	十堰	27.38	58.41	96.3	52.8	98	绵阳	26.29	31.24	65.8	41.6
83	襄樊	41.04	34.66	39.3	26.8	99	内江	25.60	16.22	40.1	24.3
84	荆门	21.05	28.47	80.3	38.7	100	贵阳	101.86	71.65	51.4	6.3
85	长沙	111.32	78.37	42.0	42.3	101	六盘水	36.40	15.33	84.3	10.0
86	邵阳	24.72	18.71	47.8	18.3	102	昆明	112.89	115.84	57.0	10.9
87	岳阳	30.28	46.26	85.9	12.8	103	西安	195.90	150.95	57.3	14.6
88	常德	30.13	32.32	26.6	22.6	104	铜川	28.07	9.75	81.5	32.8
89	大庸	5.86	15.21	51.5	15.9	105	宝鸡	33.78	36.16	64.2	21.6
90	广州	291.43	364.76	37.7	0.2	106	咸阳	35.21	36.45	54.7	25.0
91	深圳	35.07	164.71	26.2	9.9	107	银川	35.59	21.43	68.4	21.0
92	珠海	16.47	41.46	19.0	39.0	108	石嘴山	25.79	15.29	94.7	18.7
93	南宁	72.19	44.79	32.3	29.5	109	乌鲁木齐	104.69	60.80	82.4	23.4
94	柳州	60.93	70.95	53.2	7.6						

7.5.2　城市缺水类型

水资源短缺型。城市生活、工业和环境需水量等超过当地水资源承受能力所造成的缺水。我国北方和沿海城市如廊坊、太原、大连和青岛等城市属这种类型。

工程缺乏型。水资源条件尚好，由于缺少水源工程和供水工程，供水不能满足需水要求而造成的缺水。西安、大庆、淄博和三亚等城市属于这种类型。

水质污染型。受上游污水排放影响的下游城市和受本区污水排放影响的平原河网区城市，由于水源受到污染，使水质达不到城市用水标准而造成的缺水。蚌埠、上海、苏州等城市属于这种类型。

混合型。由前述两种或两种以上因素综合作用而造成的缺水。如山西晋城、宁夏石嘴山等城市属于这种类型。

7.5.3　城市缺水对社会、经济和环境的危害

水是城市人民维持正常生活和从事生产活动的一种不可缺少和不可替代的重要物质资源。城市缺水将给社会、经济和环境产生影响并造成危害。

1. 社会安定受到影响，城乡争水矛盾突出

据统计，1990年全国得不到正常供水的城市居民约500万人。由于用水得不到保证，许多居民不得不半夜起来接水，影响正常的生活和工作，有时还会因排队打水引起纠纷。

随着城市水资源供需矛盾的加剧，为安排好城市人民生活和保持工业生产的稳定发展，全国已有许多大中型水库由原来以灌溉供水为主转向为以城市生活和工业供水为主。与灌溉供水相比，城市供水保证率高，随着城市用水剧增，在优先供城市用水的调度原则下，必然要挤占大量的农用水源，造成农业灌溉水量不足，加剧了城乡间的供水矛盾。

2. 经济损失严重，城市经济发展受到制约

城市缺水直接影响工业生产，给城市经济带来严重损失。1989 年发生在我国北方的大旱，使得辽宁省城市工业年缺水量达 42803 万 t，受影响的工业产值近 200 万亿元，同年山东的烟台、潍坊、淄博等城市缺水影响工业产值 18 亿元[30]。据不完全统计，目前全国城市每年因缺水影响的工业产值达 1200 亿元。

城市缺水使城市经济发展受到严重制约。由于城市供水不足，许多城市规划工程项目不能实施。以河北沧州市为例，有石油、天然气、盐碱等石油、化工原料，又有大面积荒地可供建厂使用。由于水源不足，不仅新的工业无法发展，就是已有的工业也很难维持。

水是城市经济的命脉，城市缺水严重制约着城市经济的进一步发展。

3. 生态环境恶化，城市生活和生产受到危害

城市干旱缺水增加了污染物的浓度，恶化了水质，加重了水污染的危害。我国供水水质较差的城市，多分布在沿海和水资源缺乏的北方地区及南方大、中城市比较集中的经济发达地区。

水体污染对人体健康和社会生产均带来了很大危害。河北、山西两省一些地区，由于饮用氟、碘、碱超标的深层地下水，1990 年致病人口达 550 万人。2004 年，因淮河污水团下泄，洪泽湖遭受严重污染。

城市缺水使得许多城市长期过量开采地下水，引起地下水采补严重失衡，地下水位大幅下降，地下水漏斗区面积不断扩大。据不完全统计，全国有 57 座地级以上城市已出现不同程度的地下水降落漏斗，漏斗区大都出现在城市市区、工业区和水源地，漏斗中心水位平均下降约 35m，最大已超过 120m，漏斗区总面积达 2 万 km^2 以上。地下漏斗区的地下水位大幅度下降诱发了地面沉降等城市环境地质问题，给城市建设带来危害。

7.5.4 城市缺水成因分析

中华人民共和国成立以来，随着城市建设和工业发展，城市供、需水关系一般经历了以需水定供水、供水和需水基本平衡和以供水定需水 3 个不同的发展阶段。在第一阶段，城市可供水资源量大于需水量，一般不存在城市缺水问题。第二阶段，城市可供水资源量基本与城市需水量平衡，只在遇到枯水年份时可能出现季节性城市缺水。第三阶段，城市可供水资源量不能满足增长的需水要求，城市缺水问题比较严重。不同城市由于所具有的水资源条件、水污染治理状况和城市经济发展水平不同，城市缺水的具体形成原因也不尽相同，概括起来主要有以下几方面。

(1) 城市需水超过当地水资源承受能力。许多城市由于人口增长与经济迅速发展，水的需求超过了当地水资源的承受能力，不少城市已出现水资源危机。

按 1990 年水平年统计，在全国 109 个地级以上缺水城市中，属水资源短缺型的缺水城市有 35 座，占地级以上缺水城市的 32%。在保证率 $P=95\%$ 的总缺水量 78.8 亿 m^3 中，水资源短缺型城市的缺水量近 29.9 亿 m^3，占总缺水量的 38%。

(2) 城市供水工程建设落后于城市发展。1949 年以来，我国城市供水事业有了很大发展。但随着城市经济的迅速发展，供水量的增长仍大大滞后于需水量的增长。按 1990 年水平年 $P=95\%$ 的要求估算，全国地级以上城市的总供水量只及总需水量的 3/4 左右。在地级以上城市中，廊坊、阳泉等城市的可供水量不及需水量的一半。全国因供水工程建

设滞后于城市经济发展而引起缺水的城市占全国地级以上缺水城市的 42.2%。

(3) 供水水源遭受污染，致使城市缺水加剧。水源污染，导致可利用水资源量减少，使一些原本不缺水的城市变成新的缺水城市。1990 年主要因水质污染造成缺水的城市约占全国地级以上缺水城市的 6%左右。因水质污染而缺水的城市大都是我国工业、经济发达和人口集中的大中城市，这是一个不容忽视的问题。

(4) 城市用水管理不善，水的有效利用率低。我国城市用水管理还不完善，供水工程较少采用水资源合理配置和优化调度管理，现有水资源还未能得到充分的利用。工业用水重复利用率偏低，生活用水定额高，用水浪费大。城市水资源费和水费偏低，在推动城市节水和提高供水利用率方面还未能充分发挥其经济杠杆作用。

7.5.5　城市缺水程度综合评价

一个城市的缺水量及其严重程度，除受水资源条件影响外，还要受到城市社会经济发展、城市节水水平及水环境等因素的影响。因此，城市缺水程度综合评价必须在综合考虑各种主要影响因素的条件下作出合理的评价。这里主要介绍应用多指标模糊决策方法[31]对城市缺水程度进综合评价。

7.5.5.1　综合评价模型和评价指标体系

多指标模糊决策方法将综合评价模型分 4 个层次，如图 7.23 所示。第 1 层为目标层，即城市缺水程度综合评价层；第 2 层为准则层，即合理确定城市缺水程度所依据的准则，包括城市建设状况、水资源条件、节水水平、水环境和缺水状况共 5 项；第 3 层为指标层，即相应一定准则下所拟定的指标，共有 13 个评价指标；第 4 层为方案层，即被评价的城市。

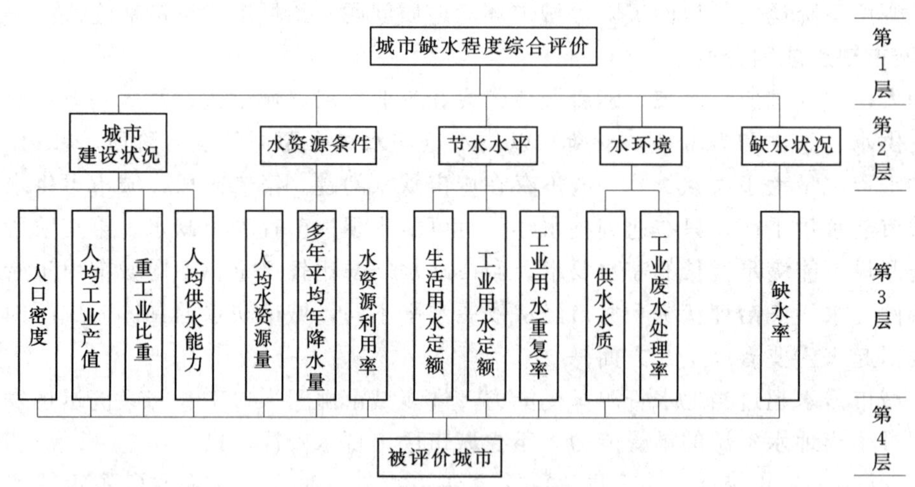

图 7.23　城市缺水程度综合评价模型层次结构

在综合评价模型的准则层中，城市建设状况准则，选用了城市人口密度、人均工业产值、重工业产值占工业产值的比重，以及城市人均供水能力等 4 项指标，以反映城市人口、工业结构和工业发展水平；水资源条件准则，选用了人均水资源量、多年平均年降水量和水资源利用率等 3 项指标，以反映城市的水资源状况；节水水平准则，选用了生活用水定额、工业用水定额和工业用水重复利用率等 3 项指标，以反映城市节水水平；水环境准则，选用了城市供水水质、工业废水处理率等两项指标，以反映城市供水水污染状况；缺水状况准则，选用了缺水率即城市缺水量与需水量之比，以反映城市水资源供需水平衡状况。

在上述13个指标中，水资源利用率、人均水资源量、城市供水水质3项指标按其所属量级范围确定相应等级[32,33]，其余的指标按实际值进行评价。各项指标采用的单位及上述3项指标对应等级参见表7.8和表7.9。

表7.8 城市缺水程度评价准则和评价指标

序号	评价准则	评价指标		序号	评价准则	评价指标	
		指标	单位			指标	单位
1	城市建设状况	人口密度	人/km^2	8	节水水平	生活用水定额	L/(人·d)
2		人均工业产值	万元/人	9		工业用水定额	m^3/万元
3		重工业比重	%	10		工业水重复率	%
4		人均供水能力	m^3/(人·年)	11	水环境	供水水质	分级
5	水资源条件	人均水资源量	分级	12		工业废水处理率	%
6		多年平均年降水量	mm	13	缺水状况	缺水率	%
7		水资源利用率	分级				

表7.9 水资源、水质指标等级划分表

指标	等级					
	1	2	3	4	5	6
人均水资源量/(m^3/人)	>10000	5000～10000	1000～5000	200～1000	<200	
水资源利用率/%	<1	1～5	5～10	10～25	25～50	>50
供水水质	良好	一般	轻污染	中污染	重污染	

7.5.5.2 综合评价方法

城市缺水程度评价，可分四步进行：首先，确定各项准则在综合评价中的权重以及各评价指标在相应准则中的权重；其次，计算各项指标特征值的隶属度和各准则对于城市缺水程度的隶属度；再者，经模糊识别和综合后得到被评价城市缺水严重程度的隶属度；最后，根据各城市的缺水隶属度的大小进行缺水程度的等级划分。

为确定各项评价指标和各项准则权重，先由专家对各准则及其所属的评价指标按其对缺水影响的大小做出相对重要性的定性判别，并按重要程度由大到小排序，由此建立评价指标有序二元比较重要度矩阵和相对重要度矩阵。在相对重要度矩阵中，分别取每一行的最小值，得到m个评价指标相对重要度行矩阵，再对行矩阵元素进行归一化处理，便可得到m个评价指标的权重向量。

$$W=(W_1, W_2, W_3, \cdots, W_m)$$

$$\sum_{i=1}^{m} W_i = 1 \tag{7.32}$$

评价指标隶属度分两种情况进行计算，对指标值越大缺水越严重的指标，用式

(7.33) 计算指标的隶属度。

$$\gamma_{ij}=\frac{X_{ij}-X_{i\min}}{X_{i\max}-X_{i\min}} \tag{7.33}$$

对指标值越小缺水越严重的指标，则用式 (7.32) 计算指标的隶属度。

$$\gamma_{ij}=\frac{X_{i\max}-X_{ij}}{X_{i\max}-X_{i\min}} \tag{7.34}$$

式中　γ_{ij}——第 j 个城市第 i 项指标的隶属度；

X_{ij}——第 j 个城市第 i 项指标的特征值；

$X_{i\max}$、$X_{i\min}$——第 i 项指标中的最大和最小的特征值。

由图 7.18 可知，对第 1、2、3、4、5 准则项，分别有 4、3、3、2、1 个项评价指标，对每项准则所属的 m 项评价指标分别建立相应的隶属度矩阵，并用式 (7.33) 分别计算每座城市每项准则的缺水程度的隶属度，其式为

$$U_k=\frac{1}{1+\left\{\dfrac{\sum\limits_{i=1}^{m}[W_{ki}(\gamma_i-S_{i1})]^P}{\sum\limits_{i=1}^{m}[W_{ki}(\gamma_i-S_{i2})]^P}\right\}^{\frac{2}{p}}} \tag{7.35}$$

式中　k——准则项序号 ($k=1$, 2, …, 5)；

W_{ki}——第 i 项指标的权重；

S_{i1}——第 i 项指标对应于缺水严重的标准模式；

S_{i2}——第 i 项指标对应于缺水不严重的标准模式；

P——距离参数 (取 $P=1$)。

在对各项准则隶属度进行综合的基础上，进一步求得各城市的缺水程度的隶属度。

7.5.5.3　城市缺水程度评价

按城市缺水程度隶属度大小和划分标准见表 7.10，可以将缺水城市划分为极严重缺水城市、严重缺水城市和一般缺水城市三类。

表 7.10　城市缺水程度划分标准

缺水程度等级	极严重缺水	严重缺水	一般缺水
隶属度	≥0.6	0.3～0.6	<0.3

7.5.6　解决城市缺水的对策[34,35]

随着我国城市化的快速发展，城市缺水事件逐年增多，城市缺水问题日趋尖锐，严重制约着城市经济建设持续稳定的发展。为此，应采取以下对策逐步解决城市缺水问题。

1. 制定好供水规划，加快水源工程建设

城市供水规划是城市总体规划的一个重要的组成部分，它制约和影响着城市的工业布局和发展规模。城市供水规划的基本内容是要在统筹近期与远期发展规划和协调城市用水与农业用水的基础上，进一步做好在规划期内城市水资源的合理利用和供需水平衡，以实现城市供水建设与城市经济建设协调发展的目标。

城市作为流域的一个集中供水区，其供水规划要在流域供水规划指导下统筹协调地进行。城市供水规划在我国不少城市还是一项新的工作。水资源短缺型缺水城市已开展供水规划工作，可以为其他缺水类型城市的供水规划工作提供经验，使城市供水规划工作不断完善和发展。

2. 厉行节约用水，建设节水型城市

近年来，我国一些城市的节水工作取得了一定的成绩，但就全国来说，城市节水水平还不高，1983年全国工业用水平均重复利用率还不到20%，20世纪80年代后期亦只达30%～40%。在城市用水中，应厉行节约用水，充分利用现代科学技术，提高水的有效利用率，以最少的供水量满足社会经济发展对水的需求。每个城市要以建设节水型城市为目标，制定城市近期和远期的用水和节水规划，建立城市节水统计制度，建立城市节水指标体系和考核标准，以及建立合理的供水价格体系等，通过这些措施，逐步形成一套适合我国国情的与水资源管理配套的城市节水管理体系和法规，使节水管理制度化、规范化和标准化。

3. 加强水资源统一管理，做好水源保护工作

城市生活供水和工业供水是区域供水的一个组成部分，城市开发利用的地表水和地下水资源又是区域整体水资源的一个组成部分。在一个区域内，城市与农村，工业与农业的供水要统筹安排、统一调配和分级管理，要执行取水许可证统一发放制度，要通过加强行政、法律、经济和技术等管理措施，使区域水资源得到合理的开发和利用。

城市水资源保护首先要划定城市供水水源保护区，在保护区内严格执行《环境保护法》《水污染防治法》等法规，采取切实可行的管理和监督措施，严禁不合标准的污水排放，从水量和水质两个方面保护好城市供水水源。

4. 增加投入，多渠道集资

虽然城市经济发展迅速，但全国多数城市供水设施建设未能与城市发展同步，供水工程欠账过多。今后，随着国家2010年远景目标的实施，城市供水建设将会有更大的发展，需要投入巨额资金。为此，可考虑设立国家城市供水建设专项基金，对城市供水项目实行优惠贷款。同时，在城市供水工程建设上，要打破国家包办的格局，实行国家、地方和用水单位共同投资，并采取引进外资、发行股票和债券等多种集资方式，以促进城市供水事业的快速发展。

参 考 文 献

[1] 林三益，等. 水文预报 [M]. 2版. 北京：中国水利水电出版社，2003.

[2] Heim R. A review of twentieth century drought indices used in the United States [J]. American Meteorological Society，2002，83：1149-1165.

[3] Palmer，W. C. Meteorological Drought. Weather Bureau，Research Paper No. 45，U. S. Dept. of Commerce，Washington，DC，1965：58pp.

[4] Gibbs，W. J.，Maher，J. V. Rainfall Deciles as Drought Indicators [J]. Australian Bureau of Meteorology，Bull. 1967：48，37pp.

[5] Van Rooy, M. P. A rainfall anomaly index independent of time and space [J]. Notos, 1965, 14, 43-48.

[6] Guttman, N. B. Accepting the standardized precipitation index: a calculation algorithm [J]. J. Amer. Water Resour. Assoc., 1999, 35, 311-322.

[7] Guttman, N. B., Wallis, J. R., Hosking J. R. Spatial comparability of the Palmer Drought Severity Index [J]. Water Resour. Bull., 1992, 28, 1111-1119.

[8] 安顺清，邢久星. 修正的帕默尔干旱指数及其应用 [J]. 气候分析与应用，1985，1 (1)：17-19.

[9] Bhalme, H. N., Mooley, D. A. Large-scale droughts/floods and monsoon circulation [J]. Mon. Wea. Rev., 1980, 108, 1197-1211.

[10] McKee, T. B., Doesken, N. J., Kleist, J. Drought monitoring with multiple timescales. Preprints. Eighth conf. On applied Climatology, Anaheim, CA, Amer. Meteor. Soc. 1993, 179-184.

[11] Vicente-Serrano, S., Beguería, S., and López-Moreno, J. A multiscalar drought index sensitive to global warming: The Standardized Precipitation Evapotranspiration Index [J]. Journal of Climate, 2010, 23, 1696-1718.

[12] Palmer, W. C. Keeping track of crop moisture conditions, nationwide: The new crop moisture index. Weatherwise, 1968, 21, 156-161.

[13] Bergman, K. H., Sabol, P., Miskus, D. Experimental indices for monitoring global drought conditions. Proc. 14th Annual Climate Diagnostics Workshop, Cambridge, MA, U. S. Dept. of Commerce, 1988, 190-197.

[14] Shafer, B. A., and Dezman, L. E. Development of a Surface Water Supply Index (SWSI) to assess the severity of drought conditions in snowpack runoff areas. Proc. 50th Western Snow Conf., Reno, NV, 1982, 164-174.

[15] Sergio M. Vicente-Serrano, Juan I. López-Moreno, Santiago Beguería et al. Accurate Computation of a Streamflow Drought Index. Journal of Hydrology, 2012, 17, 318-332.

[16] 袁文平，周广胜. 干旱指标的理论分析与研究展望 [J]. 地球科学进展，2004，19 (6)，982-991.

[17] Ohlsson L. Water conflict and social resource scarcity [J]. Physics and Chemistry of the Earth (B), 2000, 25 (3), 213-220.

[18] Svoboda M, LeComte D, Hayes M, et al. The drought monitor [J]. Bulletin of American Meteorological Society, 2002, 83: 1181 - 1192.

[19] 国家气候中心. GB/T 20481—2006 气象干旱等级 [S]. 北京：中国标准出版社，2006.

[20] 闫桂霞，陆桂华，吴志勇等. 基于 PDSI 和 SPI 的综合气象干旱指数研究 [J]. 水利水电技术，2009，40 (4)：10-13.

[21] Svoboda M., LeComte D., Hayes M., et al. The drought monitor [J]. Bulletin of American Meteorological Society, 2002, 83: 1181-1192.

[22] Keyantash, J. A., Dracup, J. A. An aggregate drought index: assessing drought severity based on fluctuations in the hydrologic cycle and surface water storage [J]. Water Resources Research, 2004, 40: W09304, doi: 10. 1029/2003WR002610

[23] Li Q, Li P, Li H, et al. Drought assessment using a multivariate drought index in the Luanhe River basin of Northern China [J]. Stochastic Environmental Research and Risk Assessment, 2014: 1-12.

[24] 虞美秀. 综合干旱指数研究 [D]. 河海大学博士学位论文，2013.

[25] Rajsekhar, D., et al. Multivariate drought index: An information theory based approach for integrated drought assessment [J]. Journal of Hydrology, 2015, 164-182.

[26] Hao, Z., AghaKouchak, A. Multivariate standardized drought index: a parametric multi-index model [J]. Advances in Water Resources, 2013, 57: 12-18.

[27] 郭生练，闫宝伟，肖义，等. Copula 函数在多变量水文分析计算中的应用及研究进展 [J]. 水文，2008，28 (3): 1-7.

[28] Yu M., Li Q., Hayes M., et al. Are droughts becoming more frequent or severe in China based on the Standardized Precipitation Evapotranspiration Index (SPEI): 1951-2010 [J]. International Journal of Climatology, 2014, 34 (3), 545-558.

[29] 国家防汛抗旱总指挥部办公室和水利部南京水文水资源研究所. 中国水旱灾害 [M]. 北京：中国水利水电出版社，1997.

[30] 蒋维，金磊. 中国城市减灾对策 [M]. 北京：中国建筑工业出版社，1992.

[31] 陈守煜. 水文水资源系统模糊识别理论 [M]. 大连：大连理工大学出版社，1992.

[32] 水利电力部水利水电规划设计院. 中国水资源利用 [M]. 北京：水利电力出版社，1989.

[33] 中国水利区划编写组. 中国水利区划 [M]. 北京：水利电力出版社，1989.

[34] 黄永基，任光照. 中国城市缺水问题 [M]. 水科学进展（增刊），1995.

[35] 钱正英. 中国水利 [M]. 北京：水利电力出版社，1991.

第8章 水库水文预报[1,2]

我国各省（自治区、直辖市）修建了许多大、中型水库，小型水库已遍布全国，这些水利水电工程在防洪、抗旱、发电、航运、水产养殖等水资源综合开发利用上发挥了积极的作用。为了确保水库的安全，充分发挥水库的兴利减灾作用，必须做好水库的水文预报工作，包括已建水库的入库水量预报和在建水库的施工期水文预报。本章仅介绍短期入库洪水预报方法，着重水库出流量及水库水位预报。关于入库泥沙量、风浪及冰情等预报，可参阅有关文献资料。

湖泊水文预报的基本原理与水库水文预报相同。但大、中型水库都有闸门控制下泄水量，这与湖泊的天然蓄泄关系不同，且不少湖泊与河道相连，同河道洪水之间相互干扰，因而在具体方法处理上同水库有差异。

8.1 建库后河道水力要素和水文特性的变化

修建水库后，在水库蓄水的淹没范围内，改变了原来河道的水力要素与水文特性。如：水深和水面面积大大增加，水面比降变缓，流速减慢，糙率减小；原河槽两岸的部分陆地变为水面，使径流系数增大，地下水位抬升；水库淹没区的汇流规律也与天然河道不同。

8.1.1 汇流速度的变化

根据水力学原理，建库前河道水流属于扩散波，建库后水库水流属于惯性波，波速明显加大。库区水流波速计算式为

$$C = v + \sqrt{gh} \tag{8.1}$$

式中 C ——波速，m/s；

v ——断面平均流速，m/s；

h ——库区平均水深，m；

g ——重力加速度，m/s^2。

洪水传播时间为 $\tau = \dfrac{L}{3.6C}$，其中 L 为库区回水长度，km。

由上式可知，因 h 值大大增加，建库后波速增大很多，使库区洪水传播时间大大缩短。例如，丰满水库回水河段长 $L = 155\text{km}$，高水位时 $h = 19.3\text{m}$，假定 $v = 0$，可求得 $\tau = 3\text{h}$，与实测结果基本一致，比建库前的 $\tau = 15 \sim 18\text{h}$ 缩短 5～6 倍。

8.1.2 洪峰流量的变化

建库后因 τ 值减少，流域汇流历时缩短，反映在流域汇流曲线上，峰值增高，峰现时间提前，涨洪段水量增多，洪水历时减小，如图 8.1 所示。图 8.1 还反映了建库后洪水过程线形态的变化，即涨水段变陡、提前。

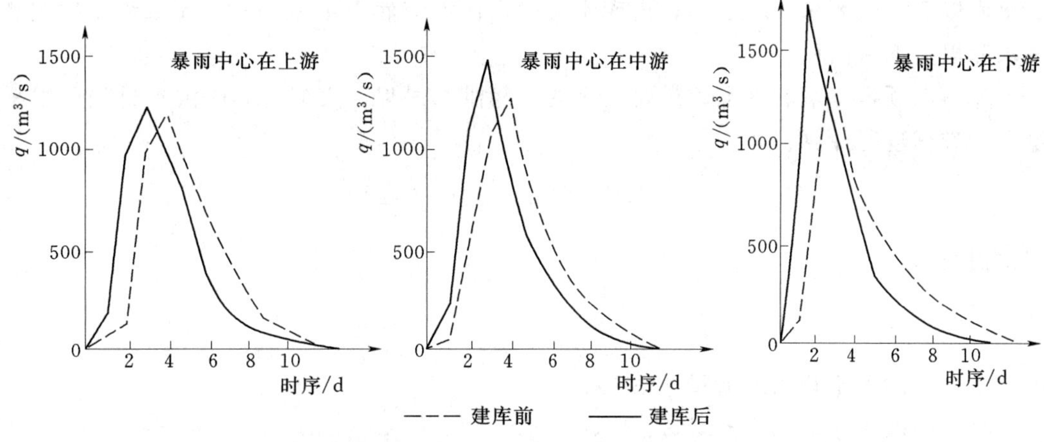

图 8.1 丰满水库建库前后单位线变化图

图 8.2 是流溪河水库建成前后入库站与坝址站洪峰流量相关图，图中坝址流量为洪峰流量 2h 最大流量平均值。由图可知，建库后的洪峰流量约增大 40%。据已有的一些分析资料，洪峰流量一般增大 20%～30%，与建库后汇流条件的改变情况有关。

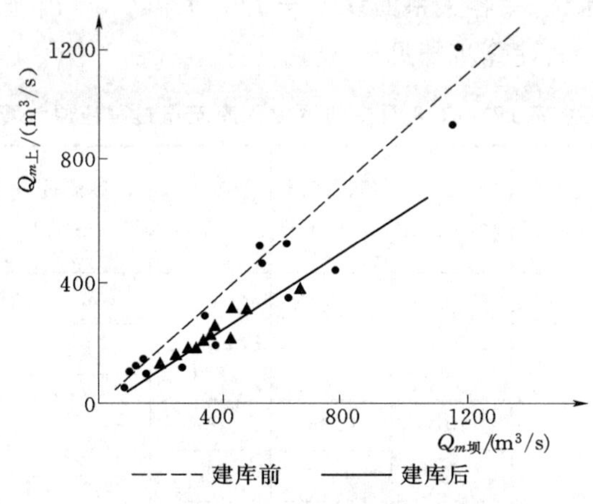

图 8.2 建库前后洪峰流量相关图

8.2 入库（湖泊）流量预报

8.2.1 入库流量与坝址流量

入库流量是通过水库周边进入水库的地面径流量和地下径流量。坝址流量是把分散的入库流量演算到水库坝址。

按来水区域不同可分为上游各入库站实测的径流量，即上游来水量，入库站以下到水库回水末端处区间面积上汇入库内的径流量，即区间来水量以及库面直接承受的降水量所转化的径流量等三部分：

$$I = q_{上游} + q_{区间} + q_{库面} \tag{8.2}$$

对于许多大中型水库，通常有一个入库水文站，如黄河三花区间支流洛河上的故县水库，水库以上汇流面积 5371km^2，入库水文站卢氏汇流面积 4624km^2，入库水文站控制了86%水库以上汇流面积。

入库洪水预报方案的率定，需要实测的入库洪水过程。实测的入库洪水过程可以采用水量平衡方程进行计算：

$$\frac{I_1+I_2}{2}-\frac{O_1+O_2}{2}=\frac{V_2-V_1}{\Delta t}$$

上式可以写为

$$\overline{I}=\overline{O}\pm\frac{\Delta V}{\Delta t}+Z \tag{8.3}$$

式中 $\overline{I}$ ——时段平均入库流量，m^3/s；

$\overline{O}$ ——时段平均出库流量，m^3/s；

ΔV ——时段始末库容差，m^3；

Δt ——时段长，s；

Z ——时段内损失量，m^3/s，它包括蒸发、渗漏等损失量，其值如果较小时，可忽略不计。

根据上式，并利用水位-库容关系曲线 $V=f(H)$ 和水位-出流量关系曲线，就可以进行入库流量的还原计算，其计算步骤见表8.1。

表8.1　　某水库1974年8月中旬洪水入库流量过程还原计算

观测时间 t_1 /(日 时：分)	库水位 H/m	相应库容 $V/(10^4\text{m}^3)$	$\pm\Delta V$ $/(10^4\text{m}^3)$	时段历时 $\Delta t/(10^4\text{s})$	$\pm\frac{\Delta V}{\Delta t}$ $/(\text{m}^3/\text{s})$	出库流量 O $/(\text{m}^3/\text{s})$	时段平均出库流量 $\overline{O}$ $/(\text{m}^3/\text{s})$	时段平均入库流量 $\overline{I}$ $/(\text{m}^3/\text{s})$
13 12：00	69.73	2055				3.47		
			80	0.36	222		3.49	225
13 13：00	86	2135				3.50		
			79	0.36	219		3.51	223
13 14：00	99	2214				3.51		
			101	0.36	281		3.44	284
13 15：00	70.14	2315				3.37		
			82	0.36	228		110	338
13 16：00	26	2397				216		
			65	0.36	180		229	409
13 17：00	36	2462				242		
			64	0.36	178		257	435
13 18：00	45	2526				271		
⋮	⋮	⋮	⋮	⋮	⋮	⋮	⋮	⋮

在反推入库流量过程时，常由于坝前水位代表性不强和观测次数不够，以及它可能受到风浪影响或计算时段选取不当等，使反推的入流过程发生锯齿形变化，甚至出现负值，难以反映真实的入库流量过程。问题的产生原因与解决方法参见第5章。

8.2.2 入库流量的预报

如上所述，入库流量由上游来水量、区间来水量以及库面直接承受的降水量组成。对于上游来水量，如果在建库前和建库后均有实测水文资料，便可根据以上流域地理和水文特征确定适当的水文模型，根据实测的降水和流量资料率定水文模型。

库面产流可以直接根据降水减去蒸发得到，对于库面面积较大、或者是河道型的水库，要考虑不同地点降水到坝址的汇流。

区间来水量由于一般缺乏实测资料，不便直接分析计算。同时由于建库后造成了一定范围的回水区，如区间面积较大，则区间入流的预报应予重视。区间洪水的预报，除采用第2、3章介绍的方法外，另简要的介绍几种方法如下。

1. 区间入流系数法

该法是假定区间和入库站以上流域的产流和汇流规律基本相同，在推求区间来水量和入流过程时，将各入库站的流量之和乘以一个系数 α， 作为区间入流量。α 值大致等于区间面积 $F_{区}$ 与入库站以上面积 $F_{上}$ 之比值，即 $\alpha=\dfrac{F_{区}}{F_{上}}$。

这个方法是近似的，只有当区间面积不大，降雨分布比较均匀，区间与上游入库站来水的同步性较好时，才能采用。

当流域内降雨分布不均时，α 值是变化的。若雨量偏于上游，α 值减小，雨量偏于下游，α 值增大。为了求得变化规律，可根据实测降雨洪水资料，分析计算各次降雨的区间平均雨量 $P_{区}$ 与入库站以上流域平均雨量 $P_{上}$ 的比值 $\dfrac{P_{区}}{P_{上}}$（作为反映降雨分布不均的指标）和相应的区间来水总量 $W_{区}$ 与上游入库站来水总量 $W_{上}$ 的比值 $\alpha=\dfrac{W_{区}}{W_{上}}$。计算成果见表8.2，并据此绘制 $\alpha=f\left(\dfrac{P_{区}}{P_{上}}\right)$ 关系曲线，如图8.3所示。作业预报时，只要算得 $\dfrac{P_{区}}{P_{上}}$ 就可以从图上查得相应的 α 值，从而可求得区间的入流。

表8.2　$\alpha=\dfrac{W_{区}}{W_{上}}$ 关系计算表

洪号	区间平均降雨量 $\overline{P}_{区}$/mm	入库站以上平均雨量 $\overline{P}_{上}$/mm	$\dfrac{\overline{P}_{区}}{\overline{P}_{上}}$	一次洪水总量 $W/(10^8 m^3)$	入库站来水量 $W_{上}/(10^8 m^3)$	区间来水量 $W_{区}/(10^8 m^3)$	$\alpha=\dfrac{W_{区}}{W_{上}}$/%
1	42	70	0.60	0.583	0.474	0.109	23
2	137	185	0.74	1.062	0.856	0.206	24
3	34	40	0.85	0.349	0.275	0.074	27
4	58	80	0.72	0.960	0.750	0.210	28
5	218	218	1.00	1.441	1.030	0.411	40
6	323	230	1.40	1.830	1.144	0.686	60
7	131	105	1.26	0.863	0.595	0.268	45
8	139	98	1.42	0.743	0.489	0.254	52

2. 指示流域法

即在区间面积上找出具有实测资料的，或者在上游找出类似有实测资料的，而其自然地理和水文特征对整个区间又有代表性的小河流域，作为指示流域，分析其产流和汇流规律。如果采用降雨-径流经验关系和单位线汇流的预报方案，降雨-径流经验关系可以移用到区间流域，单位线可以转换为无因次单位线而后移用到区间流域。如果采用水文模型如新安江模型，模型中产流参数可以直接移用，汇流方面的参数需要根据流域特性移用。

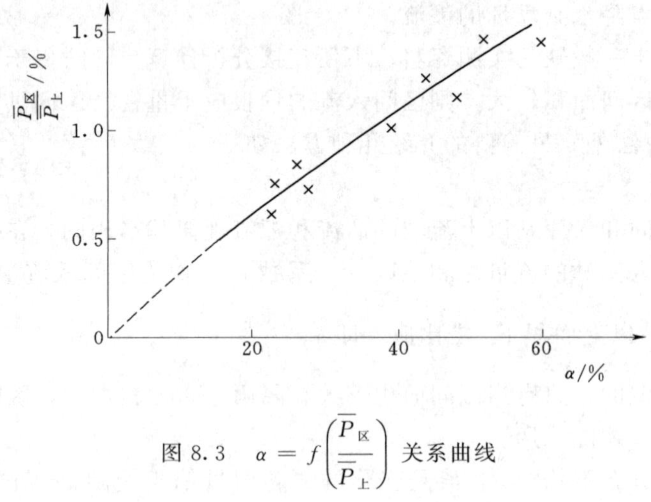

图 8.3　$\alpha = f\left(\dfrac{\overline{P}_{区}}{\overline{P}_{上}}\right)$ 关系曲线

8.3　水库水位与出流量预报

水库水位与出流量决定于水库入流量和水库蓄水量的变化，后者主要受人为调节控制。水库入流量包括上游来水量（由入库水文站反映）、库周边入流量和库水面的降水量。水库出流量主要指经水库挡水建筑物下泄的流量，水库水面蒸发量和库区渗漏水量也是水库的损失水量，但与下泄流量过程不同。如果库岸的调节量大（水库水位上升时为负值，水位下降时为正值），还应考虑该调节水量对库水量的影响。

8.3.1　水库调洪演算基本原理

水库调洪演算的基础是联解水量平衡方程与蓄泄关系。水库时段水量平衡方程式为

$$\frac{1}{2}(I_1 + I_2)\Delta t - \frac{1}{2}(O_1 + O_2)\Delta t + (P - E)\overline{A} = V_2 - V_1 \tag{8.4}$$

水库蓄量与出流量关系一般为

$$O = f(V) \quad 或 \quad Z = f(V) \tag{8.5}$$

式中　I_1、I_2——时段始、末的入库流量；

O_1、O_2——时段始末的出库流量；

V_1、V_2——时段始末的水库蓄水量；

P——时段内水库水面降水量；

E——时段内水库水面蒸发量以及库区渗漏量；

A——时段内水库水面积平均值；

Z——水库水位。

除库区降大雨外，一般情况下，$(P-E)\overline{A}$ 项小，可忽略，则式（8.4）可简化为

$$\frac{1}{2}(I_1 + I_2)\Delta t - \frac{1}{2}(O_1 + O_2)\Delta t = V_2 - V_1 \tag{8.6}$$

联解式（8.5）和式（8.6），即可预报 $O(t)$ 和 $Z(t)$。因式（8.6）的关系单一，其演算方法可简化。以下介绍一些常用的方法。

8.3.2 水库调洪演算方法

1. 图解法

将式（8.6）改写为

$$\frac{V_2}{\Delta t}+\frac{O_2}{2}=\left(\frac{V_1}{\Delta t}+\frac{O_1}{2}\right)+\overline{I}-O_1 \tag{8.7}$$

式（8.7）等号右端为已知项（其中 I_2 系预报值），等号左端有未知项 V_2 和 O_2，但都是库水位 Z 的函数，可由水库的库容曲线 $V=f(Z)$ 和出流曲线 $O=f(Z)$ 建立 $\frac{V}{\Delta t}+\frac{O}{2}=f(Z)$ 关系曲线。如图 8.4 所示为黄壁庄水库的调洪演算曲线。预报时，由时段初库水位 Z_1 查图 8.4 中关系曲线得 $\frac{V_1}{\Delta t}+\frac{O_1}{2}$ 和 O_1 值，因 $\overline{I}$ 已知，则代入式（8.7）得 $\frac{V_2}{\Delta t}+\frac{O_2}{2}$ 值，再查图 8.4 即求出预报的时段末库水位 Z_2 和出流量 O_2 值。逐时段计算即得库水位与出流量过程。此法又称半图解法。表 8.3 为黄壁庄水库半图解法调洪演算结果。

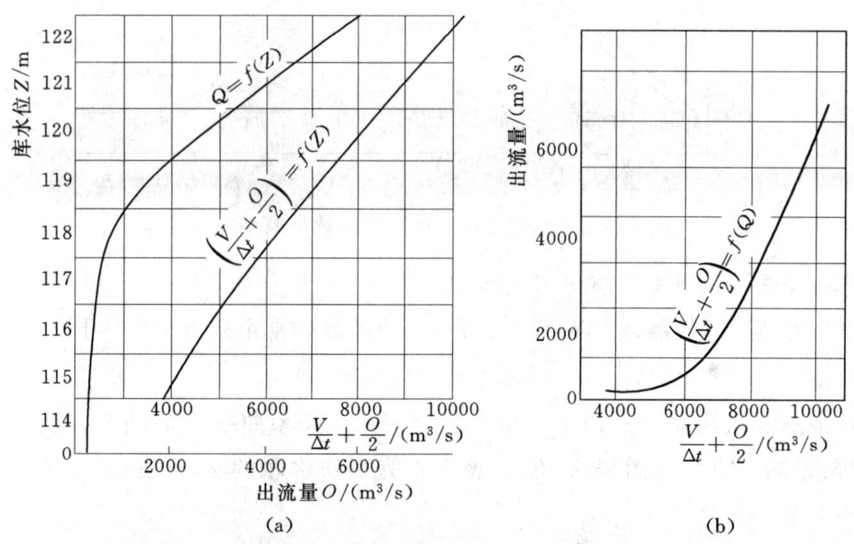

图 8.4 黄壁庄水库调洪水演算曲线（黄壁庄水库）

表 8.3 **黄壁庄水库半图解法调洪演算示例**

时间/(日 时：分)	I_t /(m³/s)	$\overline{I}_t$ /(m³/s)	$\frac{V}{\Delta t}+\frac{O}{2}$ /(m³/s)	计算的 O_t /(m³/s)	计算的 Z_t /m
5 5：00	6540	6950	41500	310	114.53
5 7：00	7360	7730	48140	350	115.55
5 9：00	8100	8570	55520	470	116.58
5 11：00	9040	8270	63620	730	117.62
5 13：00	7500	6780	71160	1500	118.56
5 15：00	6060	6500	76440	2170	119.15
5 17：00	6940	7570	80770	2770	119.63
5 19：00	8200		85570	3420	120.11

若将式（8.7）改写成

$$\frac{V_1}{\Delta t}-\frac{O_1}{2}+\bar{I}=\left(\frac{V_2}{\Delta t}+\frac{O_2}{2}\right) \tag{8.8}$$

在图 8.4 中绘制 $\frac{V}{\Delta t}-\frac{O}{2}=f(Z)$ 关系曲线，则可直接从图上逐时段推求 Z_t 和 O_t 值，如图 8.5 所示。此法又称全图解法或蓄率中线法。

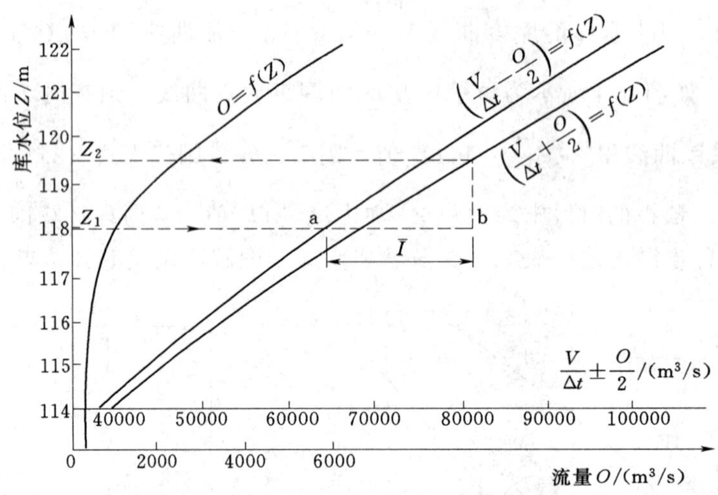

图 8.5 黄壁庄水库蓄率中线法调洪演算曲线

2. 以入流量为参数的时段库水位相关法

因 V_2 和 O_2 是 Z_2 的函数，V_1 和 O_1 是 Z_1 的函数，则由式（8.7）可知

$$Z_2=f(Z_1,\ \bar{I}) \tag{8.9}$$

可根据实测资料建立上式以 $\bar{I}$ 为参数的 Z_2 与 Z_1 关系曲线，如图 8.6 所示。预报时，按 Z_1 值和预报的 $\bar{I}$ 值，查图得 Z_2 值。表 8.4 为王快水库的 $Z_2=f(Z_1,\ \bar{I})$ 关系线计算表。

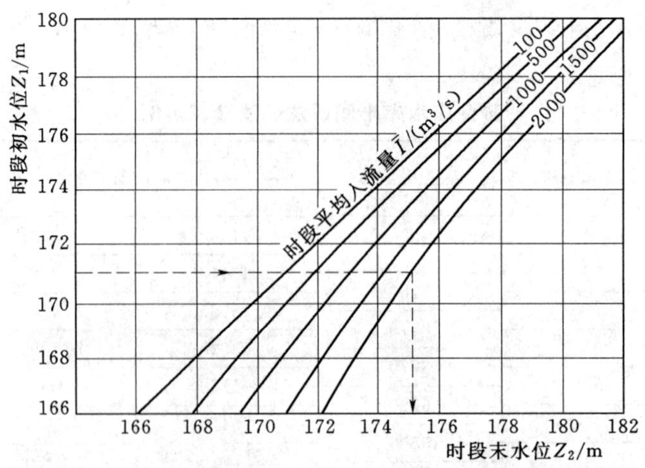

图 8.6 王快水库 $Z_2=f(Z_1,\ \bar{I})$ 关系曲线

表 8.4 **王快水库的 $Z_2=f(Z_1,\bar{I})$ 关系线计算表($\Delta t=2h$)**

Z_1 /m	V_1 /(10^4m^3)	O_1 /(m^3/s)	Z_2 /m	V_2 /(10^4m^3)	Q_2 /(m^3/s)	$\Delta V=V_2-V_1$ /(10^4m^3)	$\frac{\Delta V}{\Delta t}$ /(m^3/s)	$\frac{O_1+O_2}{2}$ /(m^3/s)	$\bar{I}$ /(m^3/s)
166	1500	113	167	2000	120	500	231	116	347
168	2500	127	169	3100	133	600	278	130	408
170	3700	139	171	4500	143	800	370	141	511
172	5400	148	173	6400	152	1000	463	150	613
174	7400	156	175	8500	160	1100	510	158	668
176	9600	164	177	10800	168	1200	556	166	722
178	12000	171	179	13300	175	1300	602	173	775
180	14800	178	181	16300	182	1500	694	180	874
182	18000	185	183	20000	188	2000	926	186	1112

3. 考虑上下游要求的调节演算

有闸门等泄水建筑物控制的水库，为有计划地满足水库蓄水量和下游泄流量的要求，一般在入库洪水预报值的基础上选择和制订合理的调节演算方案。

根据水量平衡原理：

$$V_p=V_0+(W_I-W_O)=V_0+\Delta V_m \tag{8.10}$$

$$V'_m=V_0+W_I \tag{8.11}$$

式中 V_p——允许最高库水位的库容，m^3；

V_0——开始调节计算时的水库蓄水量，m^3；

W_I——次洪水的入库总水量，m^3；

W_O——次洪水调节演算总出水量，m^3；

ΔV_m——允许最高库水位与起始水位之间的库容，m^3；

V'_m——水库不泄洪情况下入库洪水所形成的水库蓄水量，m^3。

为了便于水库调节计算，可先绘制辅助查算图，如图 8.7 所示。图中第一、第二象限是根据水库的库容曲线和式（8.10）与式（8.11）计算后建立；第四象限是根据泄流总量 W_O 及不同的泄洪历时 t，按 $\bar{O}=\frac{W_O}{t}$ 式计算不同 t 时的 $\bar{O}$，并可求得相应的不同库水位，从中选择最合理的泄洪计划。表 8.5 和图 8.8 是丹江口水库 1973 年 10 月一次洪水过程的水库调节演算表和成果示意图。

4. 考虑动库容的调洪演算

水库的库容曲线 $V=f(Z)$ 是假定水面比降 $S=0$ 情况下，根据水库库区地形图制作的。实际上，水库水面并非水平，其水面比降与水库的入流量、下泄流量以及坝前水位等因素有关，是变动的。实际水面线与水平线之间的楔状库容称为动库容，水平水面线以下称为静库容，如图 8.9 所示。由于存在动库容，只按静库容作水库调洪演算会产生较大误差。

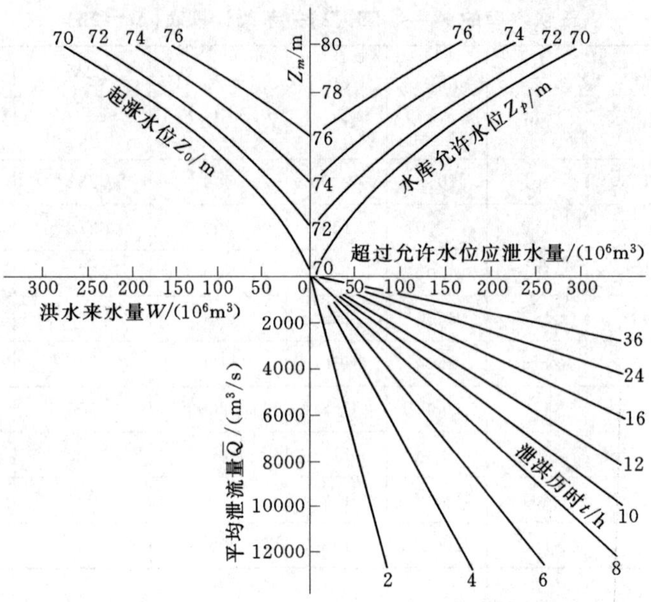

图 8.7　水库调节计算辅助查算图

表 8.5　　丹江口水库 1973 年 10 月上旬一次洪水调节演算表

时间 t /(日 时:分)	预报入流量 I /(m^3/s)	时段平均入流量 $\overline{I}$ /(m^3/s)	拟定的平均洪流量 $\overline{Q}$ /(m^3/s)	$\frac{\Delta V}{\Delta t}=\overline{I}-\overline{Q}$ /(m^3/s)	$\sum\frac{\Delta V}{\Delta t}$ /(m^3/s)	$\frac{V}{\Delta t}$ /(m^3/s)	推算的水位 Z/m
3 8:00	1380					178310	154.08
		1400	840	560	560		
3 14:00	1420					178870	10
		1445	1000	445	1005		
3 20:00	1470					179315	11
		1495	1000	495	1500		
4 2:00	1520					179810	13
		1550	1150	400	1900		
4 8:00	1580					180210	14
		1630	1150	480	2380		
4 14:00	1680					180690	15
		1725	1150	575	2955		
4 20:00	1770					181265	17
		1825	1150	675	3630		
5 2:00	1880					181940	19
		1950	1150	800	4430		
5 8:00	2020					182740	22
		2090	1100	990	5420		
5 14:00	2160					183730	25
		2300	1100	1200	6620		
5 20:00	2440					184930	28
		2610	1100	1510	8130		
6 2:00	2780					186440	33
⋮	⋮	⋮	⋮	⋮	⋮	⋮	⋮

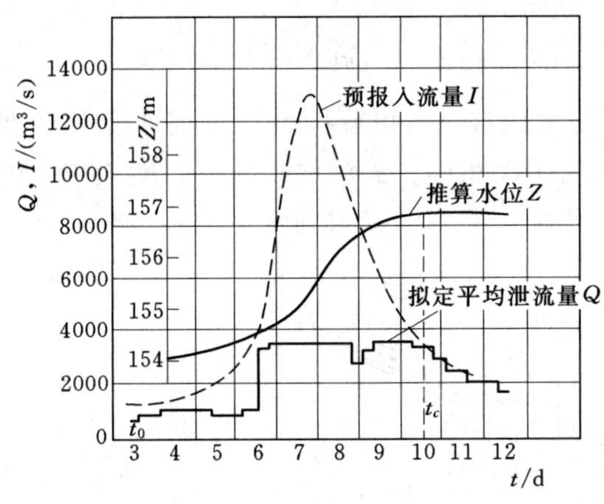

图 8.8 丹江口水库一次洪水的最高水位推算图

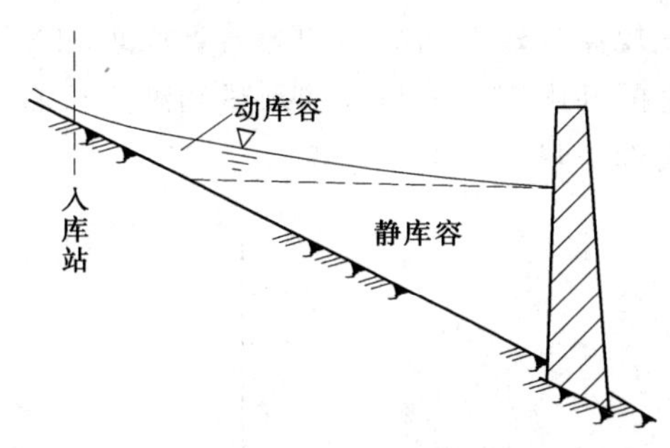

图 8.9 动、静库容示意图

反映动库容的水库水面曲线原则上可通过水力学的计算求得，并建立不同的入流量、出流量及坝前水位情况的库容曲线。在水文预报实际工作中，主要是设法建立单一关系库容曲线，以便于调节演算。

当水库水面线形状变动不大时，可在库区内选择能反映水面线形状的代表站（1 个或几个），使该站（或几个站平均的）水位 Z 与库容 V 之间呈单一的 $V=f(Z)$ 关系。

也可采用虚拟平移入库点，使该平移入库点的流量过程与出流量过程间所计算的库容曲线呈单一线，消除楔蓄的影响，并使所求得的库容曲线与静库容曲线十分相近。图 8.10 (a) 为丹江口水库平移入库点示意图，E 点是水库回水末端的位置，与入、出流量和库水位有关。平移入库点 G 与 E 点之间的传播时间是 $\Delta\tau$，入库站与入库点 E 之间的传播时间是 τ，与 E 点位置有关，是库水位的函数。具体做法是：先由入库站流量过程通过河段洪水演算求得入库点 E 的流量过程，平移 $\Delta\tau$ 时间作为平移入库点 G 的流量过程，使平移后的入流量过程与水库出流量过程所建立的 $V=f(Z)$ 关系呈单一线，为此，需假设不同的 $\Delta\tau$ 值。由图

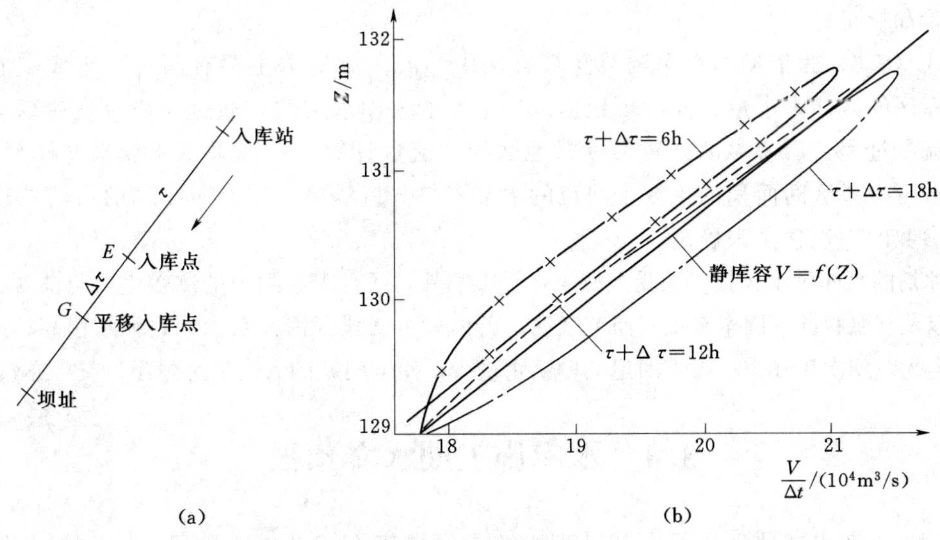

图 8.10 丹江口水库平移入库点及平移时间 Δτ 分析图

8.10(b)知，当取 $\tau+\Delta\tau=12\text{h}$ 时，$\frac{V}{\Delta t}=f(Z)$ 为单一线，且与静库容曲线接近。

因 E 点位置是随水位而异，则 $\tau+\Delta\tau$ 也应与水位有关，可分析 $\tau+\Delta\tau$ 值随水位的变化规律。较大湖泊的调蓄演算原理和方法原则上与水库相同。湖泊的出流属自然泄流，湖区的动库容主要与入湖水量和湖水位有关，在制作湖泊的蓄水量与湖水位的关系时，常以入湖流量为参数，如图8.11所示。

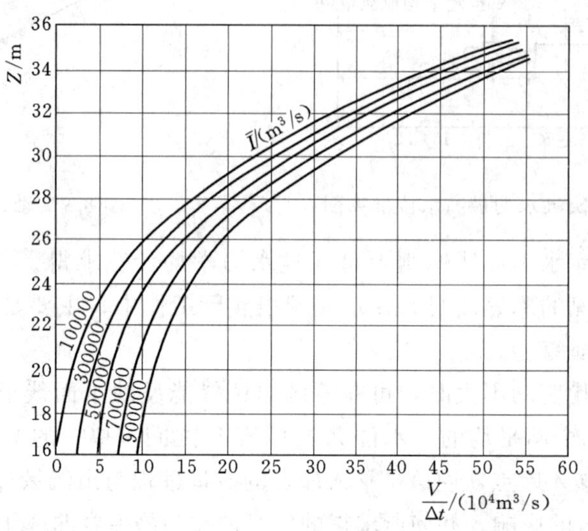

图8.11 长江荆江与洞庭湖湖容积曲线

由于对动库容的观测做得不多，动库容对调节演算影响的研究也少，有待进一步开展研究，探索更好的方法。

上述各种调节演算方法，其基本原理是相同的，预报的精度主要决定于入库流量的预报精度以及库容曲线和泄流曲线的可靠性，后者多为模型试验成果，在实用过程中要注意及时检验和校正。

以式(8.6)为依据的水库调节演算方法中，入库流量 I 主要有两部分组成：上游来水量和库区的区间来水量。前者可根据水库上游的入库水文站，通过河段流量演算求得入库点的流量过程。后者大部分属无资料地区的入流量计算，一般采用流域水文模型推求，模型参数可参考区间面积内少数小河流的水文资料分析成果，或参照库区的自然地理特性和模型参数的物理含义来确定。

有冰情的水库洪水预报，除受上游来水量影响外，还与上游河道的冰盖生成与消融、库区的冰情以及气温状况等因素有关。研究表明，若内蒙古河段封河流量大，封河水位高，冰盖下过水能力大，到次年春季，封冻河道的槽蓄水量少，使三门峡的入库洪水量小；反之亦然。

8.4 水库施工期水文预报

水库施工期水文预报的要求与处理方法是同施工方式及施工阶段有关。在未蓄水以前，主要处理不同导流方式下的水力学计算，蓄水后类似水库水文预报。

在中小河流上筑坝，一般采用一次围堰、隧洞导流方式，即在围堰截流前先开凿隧洞或明渠，截流后上游来水由隧洞或明渠下泄，如图 8.12 所示。在大江大河上筑坝，一般采取分期围堰、明渠导流方式（图 8.13），因不同施工阶段的水流条件不同，围堰上游壅水现象多变，尤其是二期围堰上游戗体合拢过程中，龙口处的水流流态复杂，给施工水文预报工作带来不少困难。

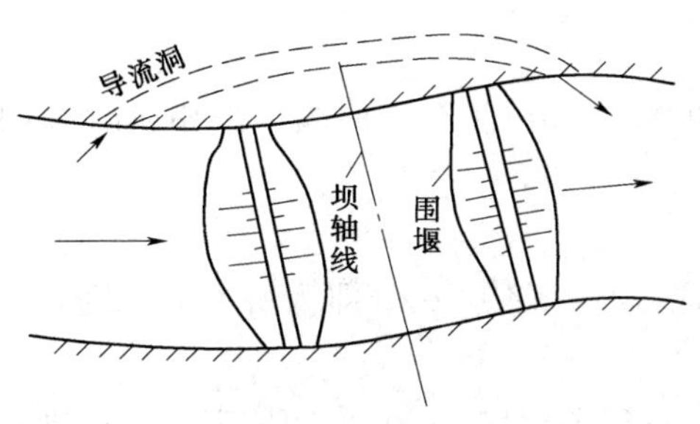

图 8.12 一次围堰导流示意图

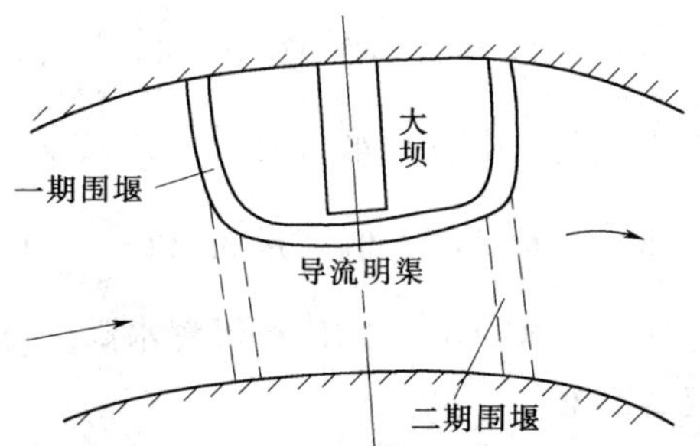

图 8.13 分期围堰导流示意图

施工区的来水量预报主要由上游邻近水文站的预报洪水过程经河道演算后求得。除短期水文预报外，往往还要有中长期水文预报予以配合，以便对施工现场进行布设和处理。

围堰的设计标准一般能抵御 20 年一遇的或稍大一些的洪水，抗洪能力不强，因此要特别提防非汛期的局地性暴雨形成的洪水，如汛末和枯水期的中小洪水，以免围堰过水，淹没基坑。

以下介绍分期围堰各施工阶段的水文预报方法。

8.4.1 明渠导流期的水位（流量）预报

天然河道被第一期围堰束窄后，在导流明渠上游形成壅水，水位增高，如图 8.14 所示。

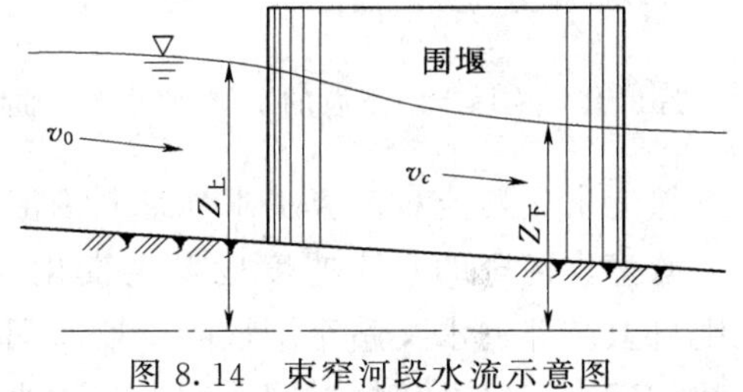

图 8.14 束窄河段水流示意图

围堰处束窄河段的上、下游水位差 ΔZ 可用下式近似计算：

$$\Delta Z = Z_上 - Z_下 = \frac{\alpha_c v_c}{2g} - \frac{\alpha_0 v_0}{2g}$$

$$v_0 = \frac{Q}{A_上} \tag{8.12}$$

$$v_c = \frac{Q}{A_c}$$

式中 $Z_上$、$Z_下$——围堰上、下游水位，m；

v_0——行进流速，即围堰上游断面平均流速，m/s；

v_c——最大收缩断面平均流速，m/s；

α_0、α_c——能量校正系数（或称动能因素），一般取 1.0～1.1；

$A_上$——上游过水断面面积，m^2；

A_c——最大收缩断面面积，m^2；

Q——坝址断面预报流量，m^3/s。

为便于预报时计算，宜事先绘制辅助曲线。已知下游断面的水位-流量关系曲线 $Q=f(Z_{下})$，上游断面的水位-面积曲线 $A_{上}=f(Z_{上})$，收缩断面的水位-面积关系曲线 $A_c=f(Z_{下})$，用试算法建立壅水后围堰上游的水位-流量关系曲线：

(1) 分级定流量值，查 $Q=f(Z_{下})$ 曲线得相应的 $Z_{下}$ 值。

(2) 由 $Z_{下}$ 值查 $A_c=f(Z_{下})$ 曲线得相应的 A_c 值。

(3) 由 Q 和 A_c 值计算 v_c 和 $\frac{\alpha_c v_c}{2g}$ 值。

(4) 假定上游壅水高度 $\Delta Z'$，按 $Z_{上}+\Delta Z'$ 值查 $A_{上}=f(Z_{上})$ 曲线，得相应的 $A_{上}$ 值。

(5) 由 Q 和 $A_{上}$ 值计算 v_0 和 $\frac{\alpha_0 v_0}{2g}$ 值。

(6) 按式 (8.11) 计算得壅水高度 ΔZ 值。若 $\Delta Z=\Delta Z'$，$\Delta Z'$ 即为所求。否则，重新假定 $\Delta Z'$ 值。

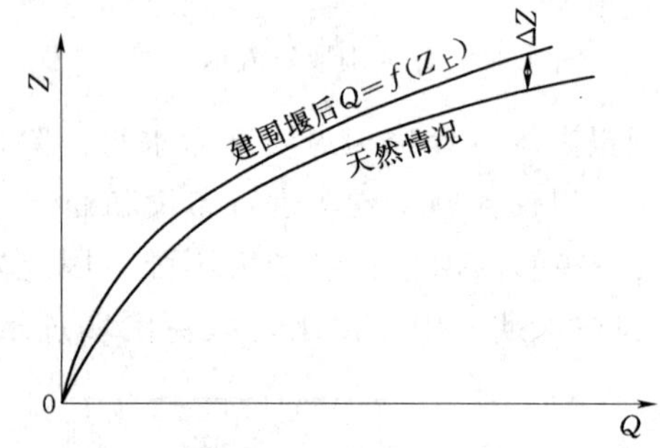

图 8.15 围堰上、下游的水位-流量关系曲线

计算得各级流量的 ΔZ 值后，就可建立如图 8.15 所示的壅水后 $Q=f(Z_{上})$ 曲线。预报时，根据预报流量值查图即得围堰上、下游水位和壅水高度。应当指出，由于式 (8.12) 省略了摩阻项，可能给计算带来较大误差。在实用时注意根据实测的资料检验 $Q=f(Z_{上})$ 关系曲线，并及时修正；也可根据水工模型试验成果修改之。

如果围堰高度大，上游壅水河段长，由上游邻近水文站流量演算推求坝址断面流量时，应考虑壅水河段槽蓄量增大后的影响。围堰上游壅水河段的水流速度也发生变化，可按式 (8.1) 先计算波速而后再计算传播时间，则自上游邻近水文站至围堰的传播时间由两部分组成：壅水河段以上的原天然河流传播时间和壅水河段的传播时间。后者与壅水高度、壅水河段长度有关，可绘制 $\tau=f(Q、Z_{上})$ 关系曲线。

8.4.2 截流期的水位、流速预报

截流期水文预报主要内容是二期上游围堰合龙过程中的龙口水位、流速预报和坝体泄水时的水位、流量预报。

围堰合龙施工一般在枯水季进行，河流来水量属枯季径流预报，详见本书相应的章节。

在围堰戗堤不断推进过程中，过水断面不断减小，流速增大，上游壅水。因施工使过水断面形状多变，且不稳定，在围堰合龙过程中要不断测量流速和水位，及时修正预报值。

1. 龙口上、下游水位和流速极限预报

龙口过水断面的水流要素一般都按水力学中的宽顶堰计算，并分为自由出流和淹没出流两种情况（图 8.16）。

(1) 当 $\frac{h_{下}}{h_0}<0.8$ 时，为自由堰流，计算流量的近似公式为

$$Q=\varphi A\sqrt{Z_{上}-\overline{Z}_{*}} \tag{8.13}$$

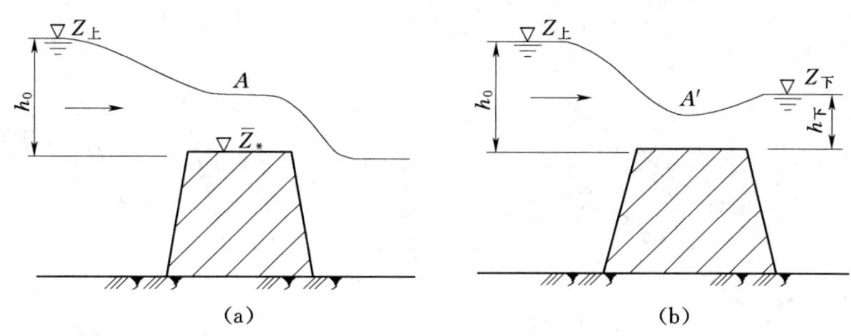

图 8.16 龙口宽顶堰水流示意图

(a) 自由堰流；(b) 淹没堰流

式中 $Z_上$——围堰上游水位，m；

A——相应于 $Z_上$ 时的龙口过水断面面积，m^2；

$\bar{Z}_*$——龙口底部的平均高程，m；

φ——流量系数，起变化范围为 $\varphi=1.33\sim1.70$。

(2) 当 $\frac{h_下}{h_0}>0.8$ 时，为淹没堰流，计算流量的公式为

$$Q=\varphi' A' \sqrt{2g(Z_上-Z_下)} \tag{8.14}$$

式中 A'——相应于 $Z_上$ 时的龙口过水断面面积，m^2；

φ'——流量系数，有侧收缩时，$\varphi'=0.88\sim1.00$；

$Z_下$——围堰下游水位，m。

可参照水工模型试验成果，按水力学公式计算，绘制预报辅助曲线，供预报时使用。图 8.17 是丹江口的龙口泄流能力计算辅助曲线。图中 B 为龙口宽度（m）。预报时，根据上游来水量预报 Q 值和龙口进展情况的 B、$\bar{Z}_*$ 值，即可预报围堰上游水位 $Z_上$。围堰下游水位可按预报的 Q 值和原天然河道的水位-流量关系曲线推算求得。

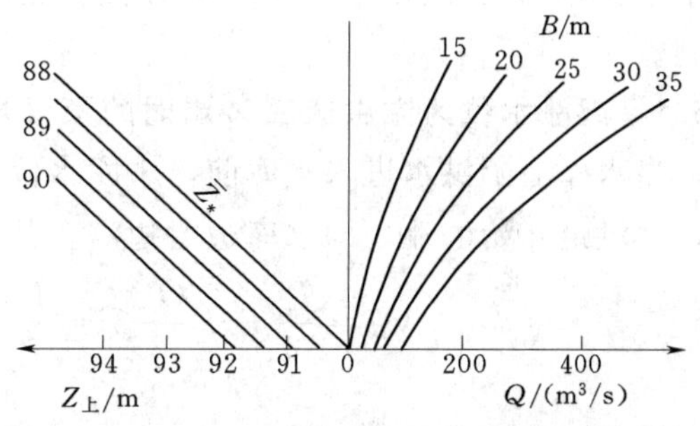

图 8.17 丹江口枢纽龙口泄流能力计算辅助曲线

根据式（8.13）或式（8.14）计算的流量和龙口相应过水面积，即得龙口平均流速值。据丹江口截流时的实测资料，龙口最大流速约为平均流速的 1.3 倍。三峡截流时也与此相似，如图 8.18 所示。图 8.19 是南津关水位为 66.00m 时三峡截流的龙口落差-龙口宽度-龙口流量的关系曲线（图中点据是实测值，与计算的关系线较吻合）。应当指出，式（8.13）和式（8.14）是近似计算公式。实际工作中，要根据工程的要求和工程施工情况，并参考水工模型试验资料，确定应采用的水力学公式。

2. 初蓄期的水库水位与出流量预报

围堰合龙后，工程进入初蓄期，边施工边蓄水，坝前蓄水渐增，水位上升。此时导流方式常采用坝体梳齿缺口泄水、坝体泄流洞泄水、隧洞泄水等，且或有闸门控制，或无闸门控制，其泄流量计算都按水力学公式计算，可查阅有关的科技书籍。初蓄期的预报方法与水库建成后相同，见 8.2 节介绍的方法，不再赘述。

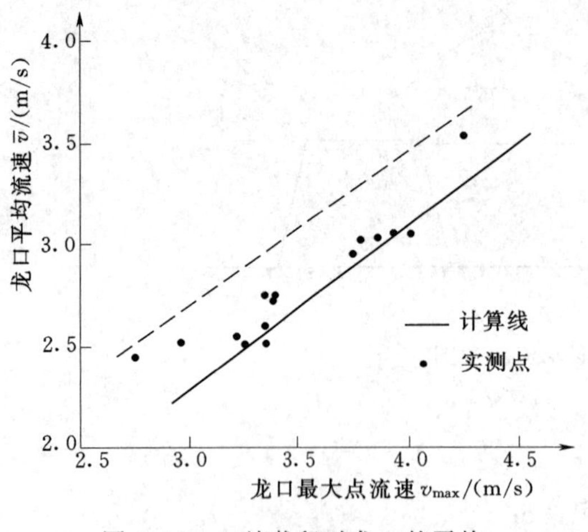

图 8.18 三峡截留时龙口的平均流速-最大流速相关图

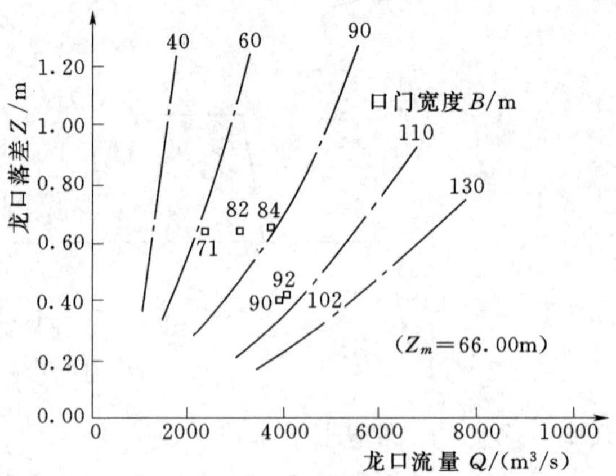

图 8.19 三峡截流时龙口的水位落差-宽度-流量关系图

8.5 中小型水库的水文预报

我国中小型水库数量甚大，分布甚广。其特点是集水面积不大，库容量小，洪水汇流历时短，调蓄能力弱，一般只要求预报水库最高水位（流量）及其出现时间。因此，对中小型水库常采用简易的预报方法：把入库洪水过程概化为三角形，溢洪道无闸门控制。

8.5.1 起涨水位为溢洪道底 Z 溢时的预报方法

当水库上游洪水进入水库前，水库水位已达溢洪道底部高程 $Z_{溢}$，入库洪水进入水库后，溢洪道开始溢流，即水库边蓄边溢。其蓄泄关系如图 8.20 所示，水量平衡方程为

$$V_m=\frac{I_m}{2}T-\frac{O_m}{2}T=\frac{I_m}{2}T\left(1-\frac{O_m}{I_m}\right)=W\left(1-\frac{O_m}{I_m}\right) \tag{8.15}$$

或

$$\frac{O_m}{I_m}=1-\frac{V_m}{W}$$

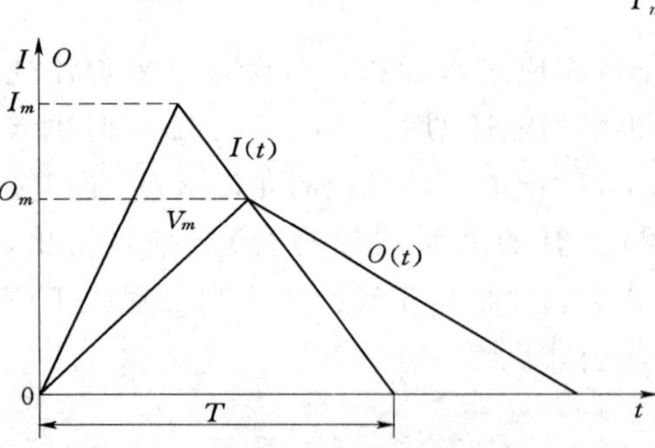

图 8.20 溢洪道以上库容的蓄泄关系

式中 I_m——入库洪水的洪峰流量；

O_m——溢洪道下泄的出流过程洪峰流量；

W——入库洪水总水量；

V_m——入库洪水形成的水库最大调蓄水量；

T——入库洪水的历时。

入库洪水过程用第 2 章介绍的方法由降雨径流预报求得。溢洪道水深 h 与泄流量 O 曲线 $O=f(h)$ 用水力学方法计算，并制作成 $V=f(O)$ 曲线。用图解法进行预报，如图 8.21 所示。

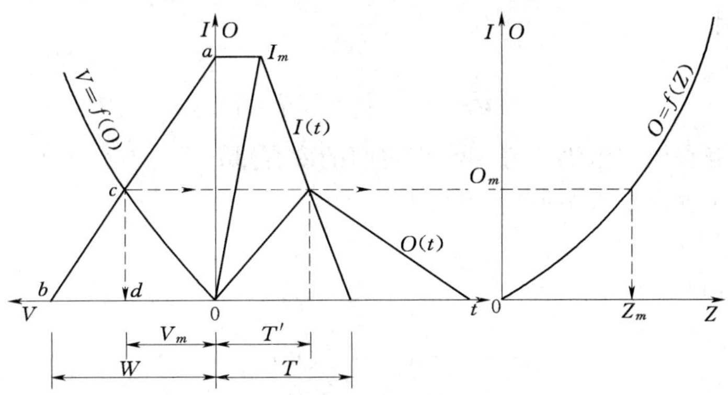

图 8.21　溢洪道以上洪水调节演算图

在 O 轴上量取 $0a$ 等于 I_m 值；在 y 轴上量取 $0b$ 等于 W 值。连接 ab 交 $V=f(O)$ 关系曲线于 c 点，则 c 点的横坐标即为 V_m，纵坐标为 O_m，出现时间是 T'，$O=f(Z)$ 通过曲线可预报最高水库水位 Z_m 值。证明如下：

Δbcd 和 $\Delta bc0$ 是相似三角形，即

$$\frac{W-V_m}{W}=\frac{O_m}{I_m}$$

与式（8.15）符合。

8.5.2　起涨水位低于溢洪道底时的预报方法

当入库洪水流达水库后，因无溢流，水库蓄水，水位抬升，至溢洪道底部高程，其后因入流量大于下泄流量，水库边蓄边泄，如图 8.22 所示。其中图 8.22（a）为溢洪时入库洪水的洪峰尚未出现，图 8.22（b）为入库洪峰发生后才溢洪。

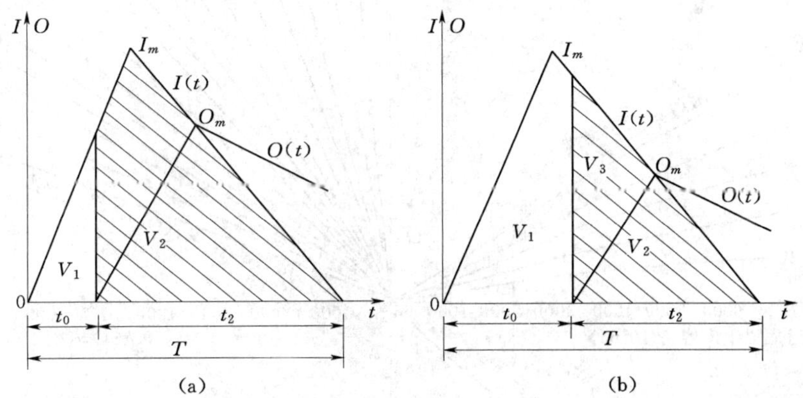

图 8.22　水库的入流与出流概化过程示意图

设入库洪水的涨洪历时与洪水总历时 T 之比为 η。由相似三角形原理可求得

当 $t_0\leqslant\eta T$ 时

$$\frac{V_2}{W}=1-\frac{1}{\eta}\left(\frac{t_0}{T}\right)^2 \tag{8.16}$$

$$V_2=W-V_1$$

当 $t_0 \geqslant \eta T$ 时

$$\frac{V_2}{W}=\frac{1}{1-\eta}\left(1-\frac{t_0}{T}\right)^2 \tag{8.17}$$

式中　V_1——起涨水位与溢洪道底部高程之间的库容量；

t_0——入库洪水量蓄满所需的时间；

W——入库洪水的总水量。

由水量平衡方程可得

$$V_2=V_3+\frac{1}{2}O_m t_2$$

若水量以万 m^3 计，则上式可写为

$$V_2=V_3+0.18O_m t_2 \tag{8.18}$$

式中　V_3——泄流量达 O_m 时溢洪道底以上的库容，见图 8.22。

式中 V_2 可由式（8.16）或式（8.17）求得，t_2 由 T 和 t_0 求得，V_3 和 O_m 是待预报值。式（8.18）同溢洪道蓄泄关系 $O=f(V)$ 联解即可求得 V_3 和 O_m 值。

一般可采用图解法作简易预报（图 8.23）：已知入库洪水过程 $I(t)$，由起涨库水位查库容曲线，求得与溢洪道底部高程之间的库容量 V_2，并计算出 t_0 值和 t_2 值。从图 8.23 中，在 $O=f(V)$ 曲线和 t_2 等值线之间量取一段水平线 ab，线长为 V_2，水平线与 O 轴之交点即为 O_m，通过水库库容曲线 $Z=f(V)$ 可得 O_m 时的库水位 Z_m 值。

如果水库有闸门控制，可在图 8.23 的第二象限绘制以闸门开启孔数为参数的等值线，

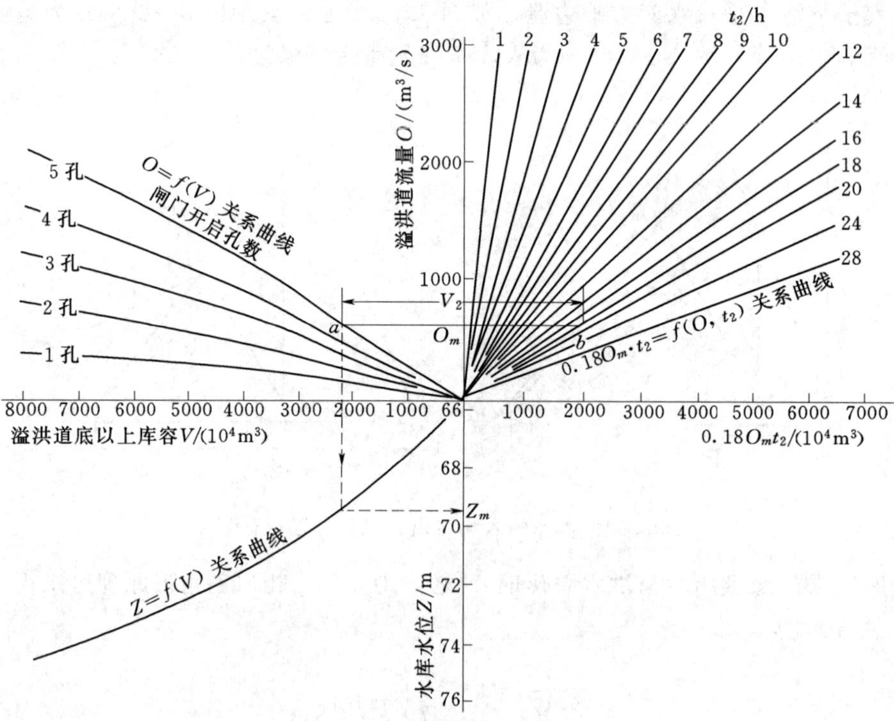

图 8.23　水库简易调洪演算图

图解方法与上述相同。

中小型水库的图解预报方法很多，可根据水库的情况以及对预报要求，因地制宜采用不同方法。图 8.24 和图 8.25 也属这类方法，可供参考。

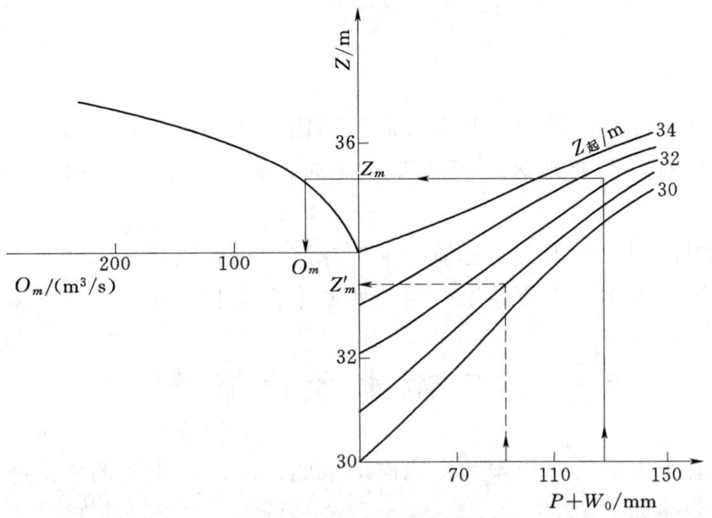

图 8.24 $O_m(Z_m)=f(Z_起,P+W_n)$ 相关图

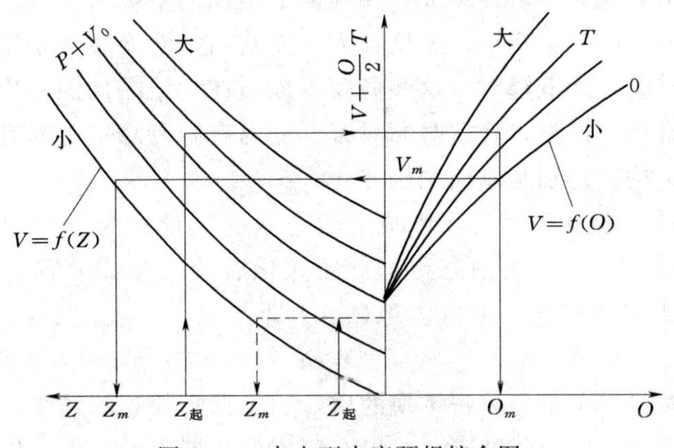

图 8.25 中小型水库预报综合图

由于中小型水库的调节能力弱，汇流历时短，增长预见期的矛盾突出。除用图解法缩短计算时间外，宜结合短期天气预报预估水库水情，及早做好准备。

参 考 文 献

[1] 林三益. 水文预报 [M]. 北京：中国水利水电出版社，2001.

[2] 长江水利委员会. 水文预报方法 [M]. 2 版. 北京：水利电力出版社，1993.

第 9 章　冰雪融水径流与冰情预报[1]

冰川、积雪和冰冻在我国北方和西部高原高山地区普遍存在，研究和预报冰川积雪融水径流与河流冰情对于高寒地区的工农业、交通运输、水利工程和国防建设具有重要的意义。

目前，我国对冰川、积雪融水径流和河流冰情预报研究还相对较少，成熟的、实用性强又效果好的方法还不多。本章着重介绍一些基本概念和一些国内外常用的简单方法。

9.1　冰雪融水径流概述[2,4-6]

冰川是由固态降水的长期积累和变化而形成的。冰川与积雪的生消特性，既有共性也有个性。现分别叙述如下。

9.1.1　积雪的物理特性

初降的雪是由结晶完好的雪片组成，在地面上堆积的空隙大。其后由于风、热与雪的自重等因素作用，使雪的空隙变小、密度加大。尤其当气温变暖使小结晶雪融化，成为大结晶的薄膜水，当气温再度下降时，这些薄膜水冻结在大结晶周围，构成更大的颗粒状结构，密度增大。在自然条件下，降雪时断时续、气温有升有降，并间有雨夹雪或降雨，致使积雪各向异性的结构，特别是垂向结构变化大。

雪层通常由结晶、雪粒和液态水组成。液态水的数量称为雪层的含水量，据观测表明，雪能保持其重量 2%～5%的液态水。雪层融化后的水深称为雪水量（常以 mm 计），雪水量（x）取决于雪层的密度（ρ）和厚度（h），即

$$x = \rho h \tag{9.1}$$

雪的密度是自然状态下单位体积雪块的质量。根据野外观测结果和变化机理分析，积雪在不同阶段有密度的不同变化特点。一般在积雪的初期阶段，由于堆积引起的自重压实作用，雪的密度与积雪的厚度间呈正相关关系；在最大积雪阶段，雪的密度相对变化较小，而在融雪阶段，由于表层雪融化渗入下层，使雪的密度加大而使雪的密度与厚度间呈负相关，如图 9.1 所示。

因雪的导热性很差，雪层能起隔热作用。与裸土相比，有雪层覆盖的土层，冻土深度较小，地温变幅也小。至春季，雪的表层受热消融，雪水渗入下层，密度加大，导热性增强，使冻土受热开冻。由图 9.2 可见，冻土对积雪融水径流的形成有较大的影响。

雪的透热性也很小，雪层内温度在一日内的变化随深度增大而减弱。图 9.3 是晴天条件下雪层不同深度处温度的日变化情况。由图 9.3 可知，温度的日变幅表层大于深层，白天由于太阳辐射作用表层的温度高于深层，夜间由于表层散热作用而使表层温度低于深层。如果是阴天，雪层内的垂向温度梯度通常会减小。

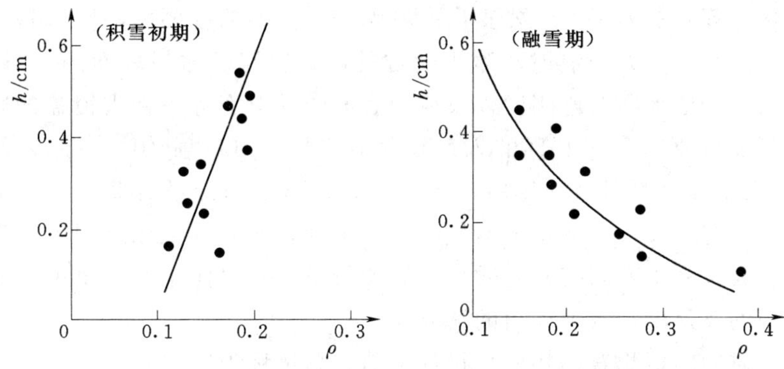

图 9.1 积雪厚度与雪层密度的关系

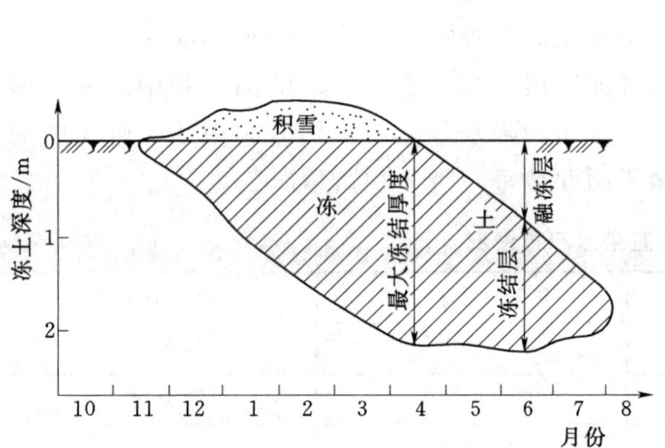

图 9.2 德都气象站土壤的冻结与融冻过程示意图

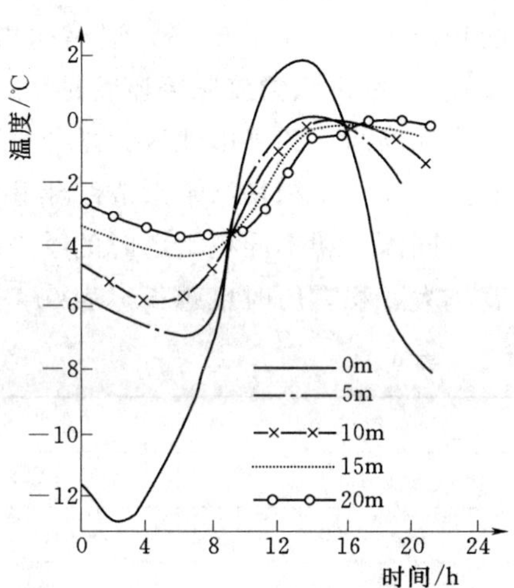

图 9.3 雪层内温度的日变化

积雪表面对太阳辐射的反射率很高。洁净的白雪，反射率可达60%～95%，污秽陈雪可降低至40%～50%。积雪的辐射其本质如同一黑体，在0℃时24h内发射的长波辐射约为84mm的负融化量，因大气要辐射一部分热量返回雪面，故有效损失量比这值小得多。有效损失量主要取决于气温、雪温、大气水气压以及云层的范围和类型。当晴大无云，且露点、气温和雪温均接近冰点时，24h的长波辐射有效损失等于少融化20mm的雪。

9.1.2 冰川特性

冰川是一种浅蓝而透明、具有塑性的多晶体冰体，由降落在雪线以上的雪，经过沉积、粒雪化和成冰作用等逐渐演变而成。

由前述已知，新雪一般都十分松软，其密度一般为0.01～0.1g/cm^3。因雪层受热融化，发生雪的沉陷、压密，且随着雪层的增厚，压力不断增大，引起晶粒与晶粒间的相对移动和晶体的塑性变形，形成干燥型冰川。但大多数情况是在压密过程中，通过雪层融水渗浸和冻结作用的反复过程，形成潮湿型冰川。

冰川上各种相态水的收支关系称为冰川的物质平衡。

大气固态降水是冰川的主要补给来源，其次有雪和雪粒中的水汽凝结，以及因风暴把外地区的雪搬运到本地区等。

冰川的融化和蒸发是冰川的主要支出。影响表面消融的主要影响因素是太阳辐射、空气的温度、大气降水等。太阳辐射对冰川消融的影响决定于冰川表面的绝对高度、坡向、太阳光入射的倾角、地平面的遮阴度以及冰川表面的反射率等。在雪覆盖的冰川表面，视其污化的程度可反射掉10%～40%的入射辐射值（粒雪可反射40%～60%，新雪可反射70%～90%）。太阳辐射对消融的作用，还与时刻、季节和云量有关。当气温为正时，气温对消融的影响才有意义。但冰川上的气温常年很低，所以在融化过程中冰川与空气的热交换作用不大。大气降水（固态）对融化的影响较小，其热作用通常也可忽略，且因固态降水增加了冰川的反射率，减少冰川的消融。

冰川上一个时期内所积累的物质总量加上消融总量称为冰川状态总量，其积累总量与冰川状态总量之比为冰川的物质平衡率。显然，稳定冰川的物质平衡率为50%，前进冰川的物质平衡率大于50%，退缩冰川小于50%。

9.1.3　冰川积雪流域径流特性

在高纬度和高山地区，常年低温，且冬季漫长而夏季短暂，降落的雪不能在一年内全部消融，长年积累结果形成终年积雪区或发育成冰川。永久雪线以下的高山和中山带，形成不同深度和不同积雪历时的季节性积雪，其分布和降水量分布规律基本一致，且积雪深度越大、积雪历时也越长。表9.1列出我国天山北坡垂直带上积雪情况。

表9.1　天山北坡垂直带上积雪情况

海拔/m	稳定积雪天数/d	最大积雪深/cm	融雪完成时间
1500	140～150	50	4月底
2000	170～180	80	5月底
2500	200～220	80	6月中
3000	240～270	100	6月底
3500	300～320	100	7月中

对于冰川积雪流域，汇集到河道的径流常由三部分组成，即夏季低山带的直接降雨形成的径流、季节性积雪区的融水和冻土中的冰融水、冰川区的冰融水及表层积雪和当年新雪的融水。

冰川积雪流域形成径流过程主要有以下三大特征。

1. 日变化大

晴天日照强时，冰川积雪融化速率随气温升降而变化，日变幅大。如图9.4所示是都兰河希里沟站（集水面积2100km²）1964年4月中旬的洪水过程线，呈现明显的日周期变化。图9.5是以关系线形式反映了月平均气温与月平均流量之间的关系。

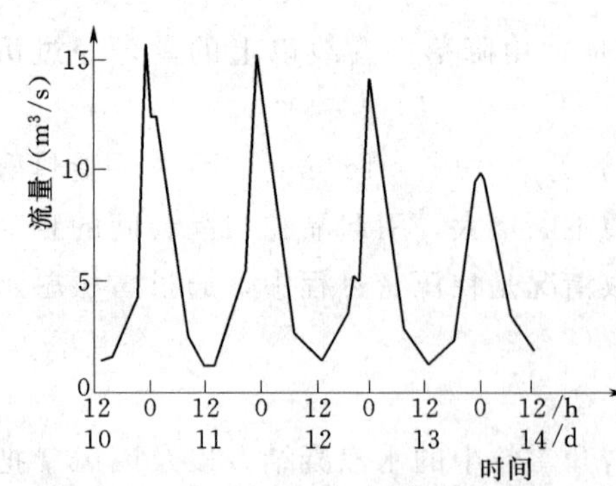

图9.4　都兰河希里沟站4月中旬的流量过程线

2. 径流量集中于夏季

冰川积雪融水径流在年内主要集中于夏季消

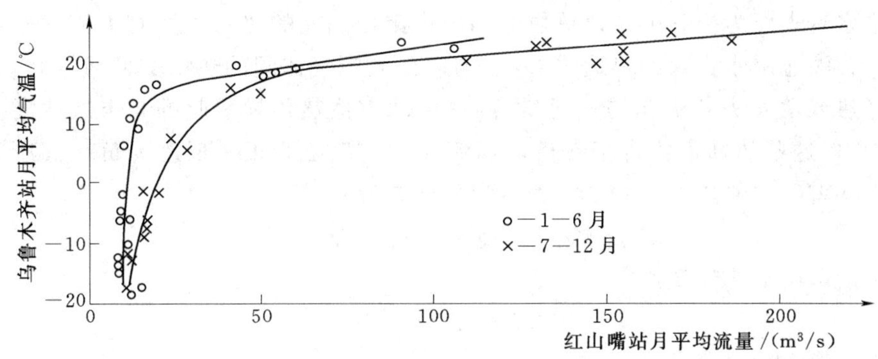

图 9.5　气温与流量的关系图

融期。我国西北地区大致是 5—9 月约 120～153d，其中 6—9 月的径流可占全年总量的90%左右。

3. 河川径流小而年际径流量变差系数大

河流年际径流量大小常以年径流变差系数（C_v）表示。前面谈到，冰川积雪融水径流量主要受气温（尤其 5—9 月的气温）控制，因气温的年际变化大，因而冰川积雪融水径流量的变差系数也大。例如，祁连山老虎冰川的 C_v 为 0.43，珠穆朗玛峰北坡的绒布冰川为 0.25。但是，在冰川下游的出山口径流量的变差系数要小些，一般 C_v 只有 0.1～0.3。这两者之间差异是因为冰雪融水径流补给的河流，虽然在多雨年份降雨径流量增加了，但因气温相对降低而减少了冰雪融化量，两者作用结果，使出山口径流量变化比上游单一的冰雪融水径流量变化小；类似地在少雨年份，降雨径流量虽然减少了，但气温的增高会使冰雪融化量增加，表现在出山口的河川径流上仍然变化不大。表 9.2 中列出了一些河流这两者量变化的增减弥补情况。

表 9.2　冰雪融水补给河流降水与融水径流的增减变化

河名	年份	降水减少/%	融水增加/%	年份	降水增加/%	融水减少/%
台兰河	1962	−19.6	23.2	1971	46.5	−9.9
木扎尔特	1961	−23.0	23.7	1971	23.3	−7.1
盖孜河	1961	−38.2	16.4	1965	70.9	−19.7
叶尔羌	1961	−50.6	29.7	1974	110.1	−14.2

9.2　冰川积雪融水量计算

冰川积雪融水量常以深度单位表示，称径流量或径流深。常用的方法有热量平衡法、温度指标法、回归法和三态平衡耦合法等。

9.2.1　热量平衡法

热量平衡法就是对影响冰川积雪融化的热量因素，考虑其表面的热量收支情况，建立热量平衡方程，通过热量平衡方程计算得可用于冰雪融水的热量，进而计算得冰雪融水量。

以单位冰雪表面为控制单元，单位时间内进出控制元的热量主要有太阳净辐射引起的热通量 Q_{NR}、液态降水带入的热通量 Q_L、与表面周围气体间的热量交换通量 Q_A、冰雪表面由凝结释热或蒸发失热引起的热通量 Q_S、由冰雪体热传导引起的与下层冰雪体间的热交换通量 Q_G，这些热通量值有正有负，当流入大于流出为正，反之为负，其所有热量项之和等于供冰雪融化的热通量 Q_M，表达为平衡方程有

$$Q_M = Q_{NR} + Q_L + Q_A + Q_S + Q_G \tag{9.2}$$

则冰雪融水量可由下式计算：

$$M = \Delta T Q_M / S \tag{9.3}$$

式中　S——融解潜热；

M——冰雪融水量；

ΔT——时段长。

由上可知，热量平衡法的关键是确定热量平衡方程中的各项热通量值。这些值的确定思路与方法可参考 9.2.4 节。

9.2.2　温度指标法

气温是最可靠的融雪指标，它能间接反映辐射、风和温度等因素，所以通常建立气温与融水量间的关系来预报冰雪的融水量。由于冰雪只有在气温大于冰点（通常为 0℃）时才会发生融化，因此确定关系和计算中采用的气温应是有效气温即正气温。则融雪水量计算式可表示为

$$M = C_S \sum T_+ \tag{9.4}$$

式中　$\sum T_+$——累积正气温。如果 T_+ 为日平均正气温，则式（9.4）为日融水深；

C_S——融化系数，即正气温 1℃所融化的雪量，单位为 mm/℃，其值一般大于 0 小于 9mm/℃，实际中常取 2～5mm/℃。

融化系数在一个区域内是随融化的不同阶段而变化的。一般在融化初期，一部分热量被耗于使冰雪的温度升高到冰点，在该阶段的融化系数值就较小；随着融化历时增长，融化系数增大；至融雪末期，若冰雪堆积面积减小，则融化系数又趋减小。

考虑到流域内气温是随高程的变化而变化的，一般每升高 100m 气温降低 0.5～1℃，使融水深也随高度的增加而减小。因此，在计算正气温时，不能取流域值，而是应用面积-高程曲线结合考虑气温随高程的变化确定累积正气温，采用面积加权法计算流域平均正气温：

$$T_+ = \sum A_i t_{+i} / A \tag{9.5}$$

式中　A_i——i 高程的面积；

t_{+i}——A_i 内的累积正气温；

A——流域面积。

9.2.3　回归法

在有观测资料情况下，可以采用回归分析法确定融雪径流深与其影响因素之间的函数关系，这些影响因素一般以气象因素为主。

通过大量的回归分析，发现对冰雪融水作用最显著的气象要素为日平均气温 T、太阳净辐射 Q、日平均水气压 e 和风速 v 等。常用的方程结构形式有

$$M = a_1 + b_1 T \tag{9.6}$$

$$M = a_2 + b_2 T + c_2 Q \tag{9.7}$$

$$M = a_3 + b_3 T + c_3 Q + d_3 e \tag{9.8}$$

$$M = (fQ + gvT)\Delta t \tag{9.9}$$

式中 a_1、b_1、a_2、b_2、c_2、a_3、b_3、c_3、d_3、f、g——常数，要据气象要素与相应融水径流深的观测资料通过回归分析方法确定。

由于回归方程没有任何物理意义，回归方程结构和参数值的确定完全依赖于观测样本信息，要求用于参数率定的资料有相当的代表性和信息量。一般要求资料系列不能太短，要有各种气象要素特点的观测样本，融水径流年份系列中还要包含大的和小的典型年份；确定的回归方程还要通过外延计算验证和实际预报检验等。

9.2.4 冰川消融耦合模拟[3]

冰川的消长规律，主要受热量作用。夏季热源增大，有部分热量可供冰川融化，冰川处于消融期；冬季，热源减小，冰川获得固态降水补充而积累生长。因此，假如能了解冰川的热量收支随时间的变化规律，冰川的消长规律就十分清楚了。但是，直接研究冰川热量收支随时间变化来探索冰川消长规律的过程中，存在着一个致命的困难。因为许多热量收支量很难观测或观测不到，需要据物理机理，分析规律描述方程，而描述方程中常有许多参数，得用观测资料模拟分析法来确定，而要精确地测出冰川随时间变化的消长量，也是十分困难的。长期以来，正是这个困难，限制了冰川消长规律的研究。

冰川主要从固态降水得到补充，通过消融产生融水径流而消耗。固态降水，是比较容易观测的；冰川融水，直接在冰川上也很难观测到，只有通过水流的汇集过程，到达一个集中的水流出口点或出水断面时，才容易观测。因此，需要了解从冰川融水到出口断面的水流运动规律，这涉及冰川的固态、液态和影响冰川融化的热量 3 个平衡关系耦合研究。

9.2.4.1 平衡微分模型

1. 液态水量平衡微分方程

流域内有冰川覆盖区和非冰川覆盖区，其冰川消融，在融水 r、液态降水 P_l、液态蒸发 E_l、流走径流 r_Q、冻结水流 r_s、凝结水 r_e 和冰川内液态水储量变化率 $\mathrm{d}W_l/\mathrm{d}t$ 之间存在着如下微分形式表示的流域水量平衡方程式

$$\frac{\mathrm{d}W_l}{\mathrm{d}t} = P_l + r - E_l - r_Q - r_s + r_e \tag{9.10}$$

式中 W_l 为体积单位时，其余量均为流量单位（每单位时间的体积量）。

对于冰川液态水，当液态水储量越多时，相应流走的径流流量也越大；反之，若液态水储量越小，其径流量也小。设该正比关系是线性的，可近似表示为

$$W_l = K_l r_Q \tag{9.11}$$

2. 固态物质平衡方程

冰川固态，考虑其收支变化，有融水耗冰速率 r、固态降水 P_s、固态蒸发 E_s、液态冻结量 r_s、凝结量 r_e 和冰川固体体积变化速率 $\mathrm{d}W_s/\mathrm{d}t$ 之间存在固态物质平衡关系：

$$\frac{\mathrm{d}W_s}{\mathrm{d}t}=P_s-E_s-r+r_s-r_e \tag{9.12}$$

类似地，式中 W_s 为体积单位，其余均为流量单位。

3. 热量平衡方程

冰川积雪消融，取决于冰川积雪与外界热交换和其本身热状况。冰川表面消融层，在辐射平衡 R_P、湍流交换 R_a、热传导 R_d、凝结释热或蒸发失热 $600F$、融化耗热 $80H$ 和热量变化 ΔW_H 之间存在着热量平衡关系：

$$\Delta W_H=R_P+R_a+R_d+600F-80H \tag{9.13}$$

式中　ΔW_H ——时段内冰川储热变化量，与 R_p、R_a 和 R_d 同以卡为单位；

F ——以 cm 表示的凝结或蒸发量；

H ——以 cm 表示的冰川平均融水深。

若冰川面积为 A_s，有

$$F=\frac{E_s}{A_s} \tag{9.14}$$

和

$$H=\frac{r}{A_s} \tag{9.15}$$

9.2.4.2　收支项的简易确定

液态蒸发，通常取决于气象因素，如风、湿度、空气饱和度、气温等，据流域蒸发研究，这些因素可由器皿观测蒸发量 E_o 来反映，并构造液态蒸发计算关系：

$$E_l=E_oK_EW_l/W_m \tag{9.16}$$

式中　K_E ——蒸发折算系数；

W_m ——冰川最大液态水储量。

湍流交换，据 N. M 列别捷夫 1961 年研究，由如下简单估计式：

$$R_a=0.64D(T_s-T) \tag{9.17}$$

式中　D ——热交换扩散系数；

T_s ——冰川表面温度；

T ——气温。

垂向热传导交换，有扩散形式表示：

$$R_d=\frac{\partial}{\partial z}\rho_sC_pW_sE_s\frac{\partial T_z}{\partial z} \tag{9.18}$$

式中　ρ_s ——冰川密度；

C_p ——比热；

E_s ——传热扩散系数；

T_z ——冰川埋深 z 处的温度。

对于冰川热储量 W_H 与融水深 H，当有融水时，有类似于式（9.11）的线性关系，设为

$$W_H-W_{H0}=K_H80H \quad (W_H>W_{H0}) \tag{9.19}$$

式中 W_{H0}——冰川临界储热量，当冰川储热量超过该值时，有可供融水的热量；

K_H——比例系数。

9.2.4.3 冰川消长平衡关系差分模型

以上方程中，液态降水 P_l、固态降水 P_s、辐射平衡 R_p、气温 T 是可观测的，在冰川消长计算中可作为已知量，其他为未知量。若记冰川净融化量 $r+r_e-r_s$ 为 r，则方程中未知变量为 9 个，9 个方程组是可解的。

对 3 种状态平衡微分方程，除热平衡方程外均是一阶的，可取其差分形式为

$$\frac{W_{l2}-W_{l1}}{\Delta t}=\frac{P_{l2}+P_{l1}}{2}+\frac{r_2+r_1}{2}-\frac{E_{l2}+E_{l1}}{2}-\frac{r_{Q2}+r_{Q1}}{2} \tag{9.20}$$

固态平衡式中，固态蒸发量 E_s 常是很小的，实用中可以忽略。则有差分形式：

$$\frac{W_{s2}-W_{s1}}{\Delta t}=\frac{P_{s2}+P_{s1}}{2}-\frac{r_2+r_1}{2} \tag{9.21}$$

热平衡方程，垂向热传导交换式（9.17）代入式（9.12），有方程形式：

$$\Delta\rho_s C_p W_s T_s=\frac{\partial}{\partial z}\rho_s C_p W_s E_s\frac{\partial T_s}{\partial z}+R_a+R_p-\frac{80}{A_s}r \tag{9.22}$$

由于冰是不良导体，从表层到深层的传导对洁净的冰川来说是十分缓慢的，其量也很小，可忽略。如果设冰川的平面面积在时段内变化不大，可取为常数。则有

$$\rho_s C_p(W_{s2}T_{s2}-W_{s1}T_{s1})=0.64D\frac{T_{s2}+T_{s1}-T_2-T_1}{2}+\frac{R_{p2}+R_{p1}}{2}-\frac{80}{A_s}\frac{r_2+r_1}{2} \tag{9.23}$$

再把式（9.19）表达为冰川温度和融水径流深形式，有时段初方程：

$$\rho_s C_p W_{s1}T_{s1}=W_{H0}+\frac{K_H 80}{A_s}r_1 \tag{9.24}$$

时段末方程：

$$\rho_s C_p W_{s2}T_{s2}=W_{H0}+\frac{K_H 80}{A_s}r_2 \tag{9.25}$$

则由式（9.20）、式（9.21）、式（9.23）、式（9.24）和式（9.25），构成了完整的冰川消长耦合差分模型。如果有了长期的固态降水、液态降水、辐射平衡、融水径流、气温的观测资料，就可率定出其中的模型参数 K_l、K_H、D、E_s、K_E 和 W_m 进而模拟冰川固态储量、冰川温度和消融量等的变化规律。上述差分方程中，下标 1 和 2 分别表示 t 和 $t+\Delta t$ 时刻。

9.2.4.4 模型应用

1. 流域与资料简介

位于天山的乌鲁木齐河源 1 号冰川，是中国科学院兰州冰川冻土研究所的基地，也是国内观测资料最全，研究成果最多的基地。该站自 1984 年以来，就有较为完善的降水、气温、风速、大气压等的连续观测资料，还有蒸发、积雪、日照、地温、冰温、辐射平衡和冰川物质平衡等人工观测资料。该冰川设有水文站，并有连续数年的流量观测资料。有了这些长期观测资料，可以用来率定模型参数、检验模型结构的合理性和模型用于估计冰川消长的效果。

乌鲁木齐河源1号冰川水文点控制流域面积 $3.34km^2$。其中冰川覆盖面积 $1.84km^2$，裸露山坡面积 $1.5km^2$，控制点的径流以融水径流为主。其流域内的站网和所用的观测资料情况见表9.3。

表 9.3　　站网和资料

流域	面积/km^2	观测资料	年份	时期
1号冰川水文点	3.34	气温、降水、流量	1985、1989、1990、1992、1996	5—8月
总控水文点	28.9	气温、降水、流量	1985、1989、1990、1992	5—8月

2. 计算模型

把式（9.11）和式（9.16）代入式（9.20），有

$$\frac{K_l}{\Delta t}(r_{Q2}-r_{Q1})=\frac{P_{l2}+P_{l1}}{2}+\frac{r_2+r_1}{2}-\frac{K_E K_l}{2W_m}(r_{Q2}E_{o2}+r_{Q1}E_{o1})-\frac{r_{Q2}+r_{Q1}}{2} \quad (9.26)$$

再把式（9.26）、式（9.21）和式（9.23）中 $t+\Delta t$ 时刻的量写到等式左边，其余的写到等式右边，有

$$\left(\frac{K_l}{\Delta t}+\frac{K_E K_l}{2W_m}E_{o2}+\frac{1}{2}\right)r_{Q2}-\frac{r_2}{2}=\left(\frac{K_l}{\Delta t}-\frac{K_E K_l}{2W_m}E_{o1}-\frac{1}{2}\right)r_{Q1}+\frac{1}{2}r_1+\frac{P_{l2}+P_{l1}}{2} \quad (9.27)$$

$$\frac{1}{\Delta t}W_{s2}+\frac{r_2}{2}=\frac{1}{\Delta t}W_{s1}-\frac{1}{2}r_1+\frac{P_{s2}+P_{s1}}{2} \quad (9.28)$$

$$\rho_s C_p W_{s2}T_{s2}-0.32DT_{s2}+\frac{40}{A_s}r_2=\rho_s C_p W_{s1}T_{s1}+0.32DT_{s1}-\frac{40}{A_s}r_1-0.32D(T_2+T_1)+\frac{R_{p2}+R_{p1}}{2} \quad (9.29)$$

以上方程组，由 t 时刻的量可计算 $t+\Delta t$ 时刻的量。这递推计算，当我们有连续的时段观测降水、蒸发、气温、辐射平衡资料时，就可计算出出流过程、冰川物质平衡变化过程和冰川温度变化过程，进而与实测的径流、冰川物质平衡作比较检验。但由于辐射平衡资料少，不能满足长期连续计算的要求，可以用温度来计算辐射平衡的量。

3. 结果讨论

河源1号和水文控制点的流量模拟结果见表9.4和表9.5。表中 R_o 和 R_c 分别表示模拟计算时期的实测和计算径流深，δR 是计算径流深相对误差，r 是计算流量与实测流量的相关系数。表中实测和计算的物质平衡分别由年实测降水量扣除年实测和计算的融水量获得。物质平衡值有正有负，正表示冰川积累大于消融，反之为负。

河源1号和总控制水文点流域，分别采用了3～5年和4年的汛期5—8月资料作了模型模拟计算，模型要率定的参数只有四个，计算过程中，参数值是不变的，参数确定所需的资料是充分的，模拟计算结果也是可信的，从表9.4和表9.5结果看，模型用于这两个流域流量过程的模拟，结构是合理的，效果也是好的。

冰川消长起支配作用的因素是热量，热量融化冰川，消耗了热量，其结果，把固态变为液态，融化的水，又通过水流汇集运动，到达流域出口断面，这是一个完整的整体，三者密不可分，用热态、固态、液态综合研究，有利于冰川消长规律研究的深入。

表 9.4 河源 1 号流量过程模拟

年份	R_o /mm	R_c /mm	δR	r	实测物质平衡/mm	计算物质平衡/mm
1985	646.8	721.2	−0.12	0.936	−356.5	−430.9
1989	521.2	633.0	−0.21	0.928	−60.5	−172.5
1990	432.3	423.0	0.02	0.728	−23.0	−13.7
1992	381.5	401.4	−0.05	0.860	−188.1	−208.0
1996	598.9	596.0	0.005	0.822		
合计	2580.7	2774.6	−0.075		−628.1	−825.1

表 9.5 水文控制点流量模拟

年份	R_o /mm	R_c /mm	δR	r
1985	346.2	312.4	0.10	0.852
1989	351.1	334.2	0.048	0.76
1990	398.3	379.6	0.047	0.884
1992	303.7	347.4	−0.14	0.480
合计	1399.3	1373.6	0.018	

9.3 积雪融水径流预报

融化的雪水在向流域出口断面运动过程中，受到堆积的雪体本身、流域下垫面的调蓄作用，由于积雪和季节性冻土的作用，使融水径流的损失与雨洪特性有很大差异。这里重点介绍这些影响机理和模型模拟。

9.3.1 影响机理

从融雪到河道流量过程，除要计算流域融雪水径流深外，还要计算径流的汇集过程中的径流损失量，显然损失项的计算精度直接影响到流域融水径流深的估计精度。

从融水径流的特点和机理看，融水径流的主要影响有以下三方面。

1. 土壤入渗

高寒地区流域封冻改变下垫面的土壤空隙结构，改变着融水径流的入渗能力。冻结后的土壤使空隙减小，下渗能力减小，尤其如果气温转负前的土壤含水量大，冻结可形成不透水层；而融化使土壤的结构恢复原状。一般，在融雪初期，冻土不透水层接近地表，下渗能力和土壤蓄水损失量都很小可以忽略不计，融化的雪水可以不考虑损失，其产生的径流量接近于融水量；随着融雪历时的延长，融雪水使冻土融化，包气带增厚，入渗量增多，融化雪水的损失量增大。图 9.6 表示了黑龙江省北安站的变化关系，图中的径流系数是河道断面径流量与流

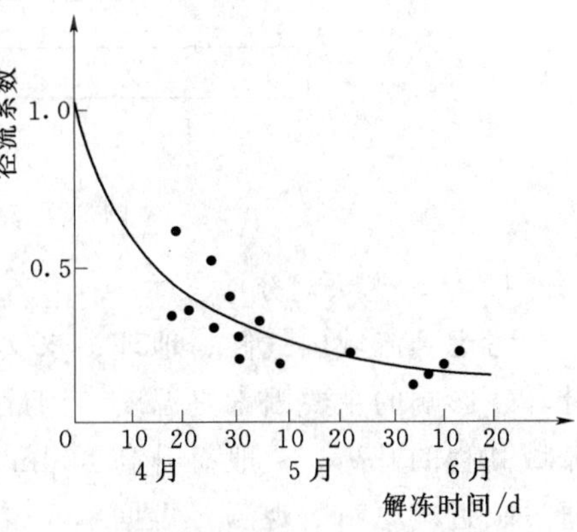

图 9.6 黑龙江省北安站径流系数与解冻日期关系图

域融水量之比。

2. 土壤蓄水

土壤在冻结与解冻过程中，由于入渗水量的补给，冻土层中的含水量增大，可达饱和状态，影响解冻后的产流量。

3. 土壤蒸发

因冻土融化耗热，使地表热交换作用减弱，土壤蒸发量减小。

9.3.2　融雪径流预报

斯坦福模型是较早研究融雪径流模拟的模型，这里结合模型结构进一步介绍融水径流量的估计与预报方法。

斯坦福模型在考虑融雪机理时，把太阳辐射、热对流交换、凝结和降雨作为主要影响因素，该模型计算所用输入资料有逐日最高最低气温、实测或估算的短波辐射、雪的蒸发与降水资料。接收的降水通过雨雪区分分别加到积雪和液态水中；温度和辐射资料被用来求每小时的净热量交换，当净热量交换为正时，积雪场地的温度便升高，其负热量蓄积就减少，当负热量蓄积为零时，融雪便开始；融化的雪水全部先进入液态水蓄积，直到其蓄量达到最大值后，再融化的雪水和降雨才慢慢从积雪场地中排出等。图 9.7 是斯坦福模型融雪径流模拟框图。

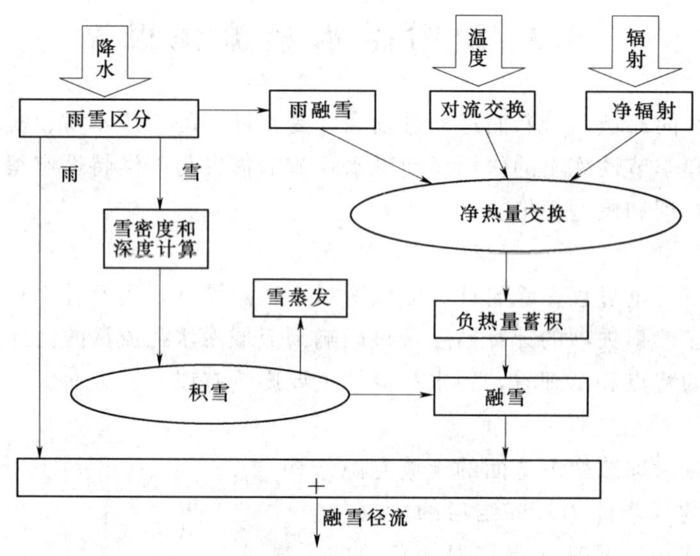

图 9.7　斯坦福模型融雪径流模拟框图

1. 单元流域划分

考虑到流域内气候、地理、水文特征的空间差异，流域被划分为许多计算单元。融雪计算，影响的主要因素是温度，因此，划分单元通常考虑的是按高程划分带状单元。随着流域高程的升高，一般每升高 300m 温度下降 2.2℃。单元带内的温度，可以实测也可以通过临近气象站的观测，再据单元带与气象站间的高差确定其温度。

2. 雨雪区分

由于降雨与降雪形成的径流过程有很大的差异，模拟结构首先要考虑的是雨雪特征。

对于降水，有时是雪、有时是雨、有时又是雨夹雪，需要有一种方法，对一般的降水划分为雨雪的比例。斯坦福模型在考虑雨雪划分时采用了最简单的门槛值法，即以气温32℉（0℃）为临界，当气温低于临界值时为降雪反之为降雨。

3. 雪密度计算

降雪需要确定其密度和深度。新雪的密度与降雪时的温度有关，一般气温越高密度越大，可表示为

$$DNS = INDS + (T/100)^2 \tag{9.30}$$

式中 DNS ——雪的密度；

$INDS$ ——温度0℉时新雪的平均密度；

T ——气温，℉。

4. 辐射融雪

测得的入射短波辐射可作为输入，每小时辐射量是根据日总数按平均分配计算。若没有实测辐射资料，则流域半月的理论辐射或晴天辐射可用作输入。

在每一块流域单元的面积上，入射的短波辐射会被林冠截留，入射辐射的大部分将从雪面反射至空中，剩余的为净短波辐射；长波辐射交换较为复杂些，对于敞开的、有一定森林覆盖的流域，其净长波辐射可用估计式：

$$LW = 27.5(1.0 - F)[0.76(Tr/273.0)^4 - 1.0] + 27.5F[(Tr/273.0)^4 - 1.0] \tag{9.31}$$

式中 LW ——净长波辐射；

F ——森林覆盖率；

Tr ——绝对温度。

每小时将净短波辐射与净长波辐射合计即为净总辐射 Hm，则总的辐射融雪为

$$Mr = Hm/203.2 \tag{9.32}$$

5. 对流融雪

由对流产生与大气的热量交换是风速和大气温度与雪面温度之差的函数，假定风速均匀，由对流引起的融雪表示为

$$Mc = CONMELT(T - 32) \tag{9.33}$$

式中 Mc ——对流融雪；

T ——大气温度；

$CONMELT$ ——常参数。

6. 雨水融雪

雨水的温度通常较高，因此降雨对于雪来说是一个热源，由降雨带来热量产生的融雪可表示为

$$Mp = (T - 32)PX/144 \tag{9.34}$$

式中 Mp ——雨水融雪；

T ——大气温度；

PX ——降雨量。

7. 负热量蓄积

辐射和对流热交换，当大气温度低时会产生一个净热量的损失，热量就从积雪中损失掉，而积雪的温度就下降，这一过程斯坦福模型通过一个负的热量蓄积来模拟。当净热量交换为正时，积雪场地的温度便增加，负热量蓄积就减少，当负热量蓄积为零时融雪才开始。

由此，可逐时段地连续计算积雪的深度、密度和雪水当量。

融雪计算方法可视能提供的观测资料而不同。如有辐射、气温、露点和风等完整的气象要素观测时，可用能量平衡法计算。在缺少一些资料情况下，可以根据其他相关资料估算。如据最低气温估计露点，据晴天辐射与云量估计实际辐射及风速取为常数等等。若只有气温资料，则只能用温度指标法。

在融雪计算过程中，当太阳入辐射小而反射较大时，或气温较低时，积雪层可能出现失热，这时可用负热容量 $NEGMELT$ 模拟之。即时段内计算的热量损失值乘 $1-\dfrac{NEGMELT}{NEGMM}$后，加时段初的 $NEGMELT$ 作为时段末的 $NEGMELT$ 值，$NEGMM$ 是负热容量最大值，是水当量与气温的函数。显然，当 $NEGMELT$ 大于零时，不会发生融雪，任何进入雪层的热量首先抵偿 $NEGMELT$ 值后才能作用于融雪。

融雪开始后，融雪水量不断加进雪层的含水量，直到达其最大值。其后的融雪出水量进入汇流计算，其方法与降雨径流相同。关于斯坦福模型的详细叙述可参阅有关文献，表 9.6 列出该模型的融雪分程序中的参数及其物理含义。

表 9.6　斯坦福模型中融雪部分的参数

参　数	说　明
RADCON，*CONDS—CONV*	融雪方程的理论值改正至实际值的系数，常近于 1.0
SCF	雪量观测改正系数
ELDIF	气象站与单元中心间的高差
INDS	在 0℉（−18℃）时新降雪的平均密度
F	单元的森林覆盖度
DGM	每日地面融雪量（in/d）
WC	雪层的最大含水量（%）
MPACK	单元全部在盖雪时雪层的水当量
EVAPSNOW	将蒸发公式的计算值改正至实际值的系数
MELEV	单元的平均高程

9.4 冰 情 概 述

9.4.1 冰的生消过程

在河流及水库湖泊中，冰的生消过程是大气与水体之间热交换作用的结果。河流中冰的生消变化大体上可归纳为成冰、融冰两个阶段或流凌、封冻和解冻三个时期。

秋末冬初，气温渐趋下降，当气温下降到低于水温时，水体热量经水面不断向空中散失，水温逐渐下降。当水温下降至 0℃，首先在近岸边平静的水面出现冰淞、岸冰。经观察、研究，冰的形成速度 P_{ic} 与水深 h、水流的紊流热传导率 η 等有关，图 9.8[7] 为这三者间关系的示意图。由图可知，当 η 值较大时，P_{ic} 在水深方向上接近均匀分布，易形成水内冰；当 η 值较小时，水体表面的 P_{ic} 值大，则冰的形成多发生在水体的表层。由此可知，在湖泊水库中，入库径流小，水体中紊流弱，水表面的成冰速度大，并随着水温的继续降低，岸冰不断扩大加厚，逐渐形成大片面积的封冻。而在河流里，由于水流的紊动作用强，使水体的温度基本一致，在水温降至 0℃以后，先在结晶条件好的地方（如水底）以冰花形式形成水内冰，呈悬浮状态，冰花可以产生于水体任何部位。水内冰上浮到水面与破碎的岸冰结合在一起，随水流向下游流动，称为流凌。

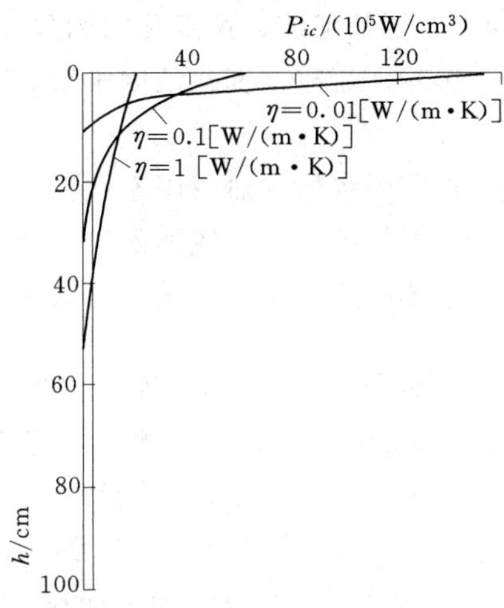

图 9.8 不同的 η 值时，P_{ic} 在 h 方向的分布示意图

随着气温继续下降，冰花不断增大增多，或相互黏结，成为冰花堆积，使冰厚和流凌密度不断增加，当达到一定密度时，在河流的狭道、陡弯、浅滩、水库入口处、水工建筑物附近等水流不畅处，因冰凌壅塞而冻结。封冻水面不断向上游发展，形成全河段的封冻。在封冻时如逆流向风力强且流速大，则冰块多倾斜堆叠，冰面起伏不平，冰层堆积较厚，称为“立封”。反之，水面平整，冰层较薄，称为“平封”。封冻后由于冰盖下面凹凸不平，对水流产生较大摩阻力，水流速度急剧减小，则河槽蓄水量增加，水位上涨。

在封冻初期，冰盖较薄，其导热量大，导致水体不断失热，冰厚不断增加，直到冰盖增至一定厚度，水体热量达到平衡，冰盖停止增厚。

封冻河段由于冰盖隔绝了水与空气的热交换，不再产生水内冰，使冰盖下游一定河段内不形成封冻。两个相邻封冻河段之间未冻结的河段称为清沟。清沟内失热较快，不断产生的水内冰向下游流动，使下游的封冻河段向上游延伸。在一定流速条件下，冰花可潜入冰盖下，与冰盖黏结形成冰塞。冰塞缩小了过水断面面积，水流不畅，致使上游水位上涨。

春季气温升高，太阳辐射增强，冰盖上融下化，水面颜色由青变白、变黄，冰的结构逐渐疏松，发生解体，这即为河流解冻。河流解冻时，由于冰块厚度大，流凌密度也大，巨大冰块的撞击具有很大的破坏力，是河流冰情预报的重要时期。由于河道特征和水文气象条件的差异，河流各地的解冻形势和解冻日期有很大差别。当上游解冻早于下游，因来水量大，使下游沿途冰盖形成水鼓冰，冰阻水，冰盖因水流抬升而破裂，冰块大，这种以动力作用为主的解冻称为“武开”，极易造成很大危害，冰情预报时要密切关注；反之，若上下游解冻日期差别不大，沿河河段没有卡冰结坝，而且以热力作用为主的解冻，称为“文开”，一般不致发生大的危害。在下游封冻冰层已基本融解时，又遇到上游冰水下泄形成解冻的，称为“半武开”，一般也不易造成危害。

上述是一般河流冰情现象的演变过程，并非所有的河流都如此。例如在黄河下游，有的年份气温在 0℃上下多次大幅度波动，出现多次封冻与解冻过程；有些河流，因比降大，水流湍急，整个冬季只有流冰而不封冻等。

9.4.2 影响河流冰情变化的因素

影响河流冰情变化的因素很多，概括起来有热力、动力和河道特征三类主要因素。

1. 热力因素

作用于水体的热力因素主要有太阳辐射、大气与水的热交换，有效辐射及蒸发、凝结等。一般情况下，在成冰阶段为水体失热过程，在融冰阶段为得热过程。在一个时段内，单位水体的热量平衡方程的通式为

$$\omega_R \pm \omega_D - \omega_{有} - \omega_{蒸} \pm \omega_B \pm \omega_{交} \pm \omega_{降} \pm \omega_{冰} = \Delta\omega \tag{9.35}$$

式中　ω_R——水体水（冰）面吸收的太阳辐射热量，kJ/(m^2·d)；

ω_D——水体水（冰）面与空气对流热量之差，kJ/(m^2·d)，气温高于水温时为正，反之为负；

$\omega_{有}$——水体水（冰）面有效辐射放热，kJ/(m^2·d)；

$\omega_{蒸}$——水体水（冰）面蒸发耗热或水汽凝结释热，kJ/(m^2·d)，前者为负，后者为正；

ω_B——随水流流入和流出水体的热量差值，包括水体和冰体的热量差，kJ/(m^2·d)；

$\omega_{交}$——水体与河床间的热交换量，kJ/(m^2·d)，当河床温度高于水温时为正，反之为负；

$\omega_{降}$——水体受降水带来的热量，kJ/(m^2·d)，降雨为正，降雪为负；

$\omega_{冰}$——水体内的结冰放热量或融冰吸热量，kJ/(m^2·d)；

$\Delta\omega$——水体储热变量，kJ/(m^2·d)。

2. 动力因素

动力因素主要包括水位、流量、流速、风速、风向以及（水库的）波浪高等。在封冻期，同样的热力条件下，如果流量大，流速快，顺流方向的风力强，则水流的输冰能力也强，河流不易封冻，使封冻日期推迟，甚至不封冻。反之，易封冻。在融冰期，同样热力条件下，若流量大，流速快，水位差值大，顺流方向的风力强，对冰盖的向下压力大，易形成“武开”河。反之，可以推迟解冻日期，形成以热力因素为主的“文开”河。

3. 河道特征

河道特征主要指河道的宽度、弯曲度、滩地等。在同样热力和动力条件下，在河道狭窄、陡弯、多弯、宽浅或沙滩较多处，常常先开始封冻，解冻时也容易形成冰坝。当然，河道特征变化虽不是很大，但在作业预报时，仍须考虑当年冰期河道特征的变化。

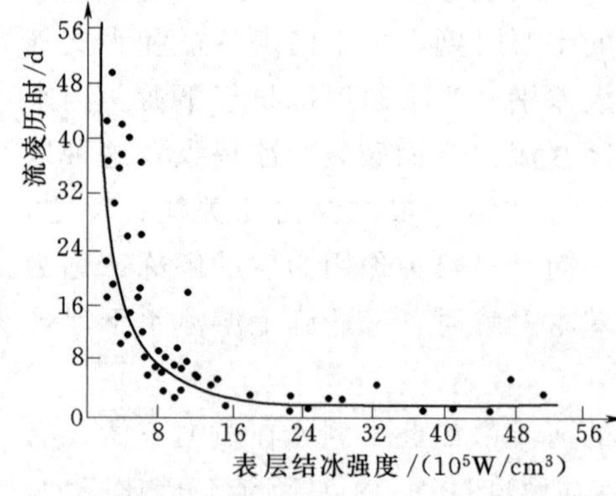

图 9.9　流凌历时与表面结冰强度的关系图

上述有些因素（如河道特征）基本稳定，有些因素变化大，如热力因素和动力因素，编制特定河段的预报方案时，应根据对主要影响因素的分析后而定。尤其是式（9.35）中的不少因素无实测值，需视具体情况用间接指标代替。据 B. A. 雷姆沙研究，在水库，当风浪较大时，使一定水深内的紊动增强，水面结冰强度减弱，流凌期延长。图 9.9[7] 是根据古比雪夫、卡霍夫和齐姆良等水库资料建立的。

9.5 封 冻 预 报

封冻预报包括流凌日期、封冻日期、冰厚及冰盖承载能力等预报项目。现行的方法大体上可归纳为三类：①以物理成因为基础的水力、热力因素指标法；②上下游相关法；③热量平衡计算法。第一、二类属经验性较强的方法，有一定的预见期。第三类理论性较强，但其预见期和精度依赖于天气预报。

9.5.1 流凌开始日期预报

在河流中，通常以水温降至0℃的时间作为开始流凌时间。

假定河段的水温空间分布是均匀的，水流呈稳定流状态，当不计水流与河床热交换时，则热量平衡方程式简化为

$$\omega_R - \omega_D - \omega_{有} - \omega_{蒸} = \Delta\omega$$

令
$$\omega_R - \omega_D - \omega_{有} - \omega_{蒸} = -\omega$$

则
$$-\omega A \Delta t = c\gamma w (T_2 - T_1) \tag{9.36}$$

式中 c——水的比热，kJ/(kg·℃)；

ω——水体失热强度，kJ/(m^2·d)；

γ——水的密度，1000kg/m^3；

w——河段蓄水量，m^3；

A——河段水面面积，m^2；

T_1、T_2——时段始、末河段的平均水温，℃。

当流凌时，$T_2=0$℃，又因 $w=\bar{h}A$（$\bar{h}$ 为河段平均水深，以m计），代入式（9.37）得

$$\Delta t = c\gamma\bar{h}T_1/\omega \tag{9.37}$$

求解式（9.37）的关键是计算 ω 值。由于 ω 值的计算涉及因素甚多，不易确定，且为预见期内的平均失热强度，使方法无预见期，故一般都不直接计算，而是采用间接指标建立经验相关图。如常用气温转负日期、降温强度等来反映 ω 值，用单宽热流量[℃·m^3/(s·m)]、水温、水深等来反映水体储热量。

日平均气温转负日期反映了太阳辐射热量。当转负日的热流量越大，水体降至0℃所需时间就越长，开始流凌日期则越晚。另外，当日平均气温转负日期越早，太阳辐射强度越大，图9.10中热流量等值线间距也就大，因此等值线簇呈上部收缩形式。

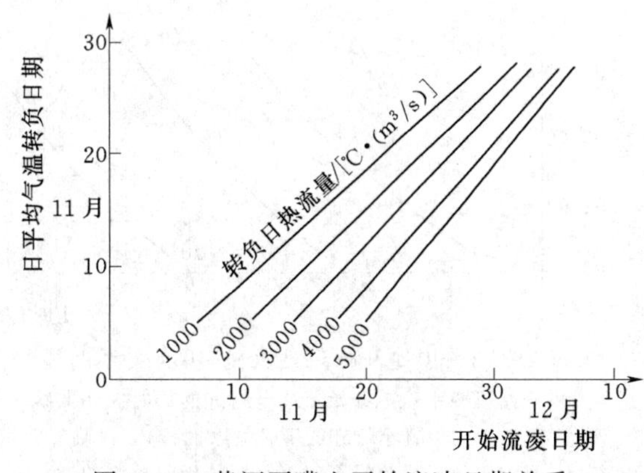

图9.10 黄河石嘴山开始流凌日期关系

由于气温变化较大，气温转负日期往往不易确定。日本增福村上提出用前后月平均气温连线的坡度表示气温变化率，两点连线通过0℃的日期作为气温变化的临界日期。因该临界日期（接近日平均气温稳定转负日期）比较稳定，据此作预报，可增长预见期。

当河流上下游纬度相差较大时，冰情现象发生的时间不同，可以建立上下游站开始流凌日期关系曲线。如黑龙江呼玛站位于由北向南的河流上，其开始流凌日期迟于上游漠河站。图 9.11 中呼玛站同时水温反映河段水体储热量。

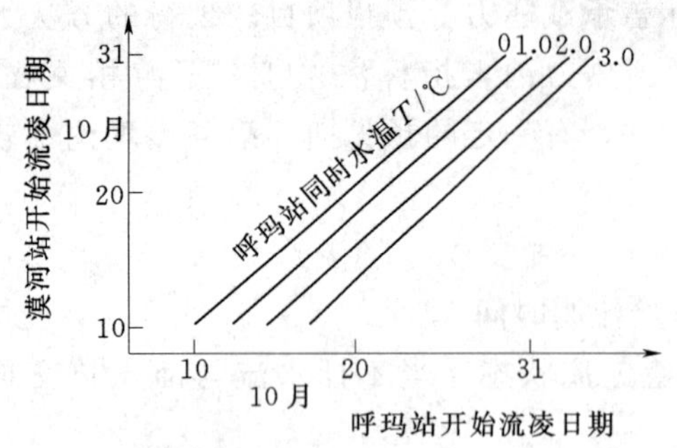

图 9.11　漠河、呼玛站开始流凌日期关系曲线

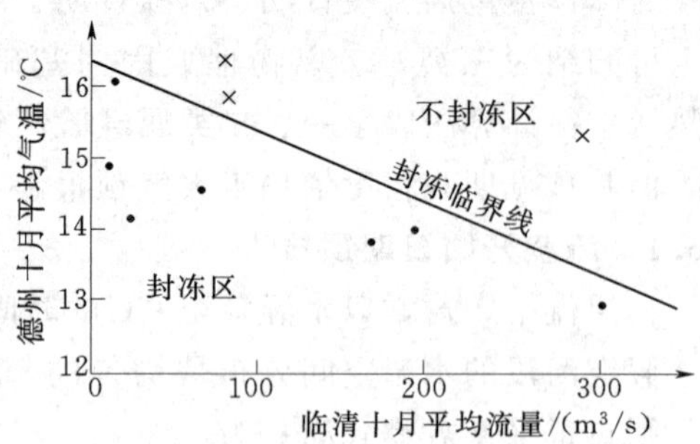

图 9.12　临清封冻预报

9.5.2　封冻日期预报

河道流凌以后，当冰凌之间相遇时的冻结力大于水流对冰的曳引力时，河流开始封冻。冰凌之间的冻结力与流凌密度、凌块厚度及封冻时的气温有关，而水流的曳引力则决定于水位与流速。所以封冻日期的早晚除取决于失热强度与水体热量外，还与河道的水力条件有关。如黄河洛口至利津河段的封冻条件是：当日平均流量不超过 $350m^3/s$，相应流速小于 0.8m/s；日平均气温稳定转负 6d 以上，累积日平均负气温低于－35℃；日平均气温低于－7℃，最低气温约－11℃。图 9.12 是判断德州-临清河段本年是否封冻的方案，采用封冻前一月的气温与流量分别反映热力因素和动力因素。

在流速变化较大的河流，封冻日期很大程度上取决于水力因素。图 9.13 是利用水位特征作为封冻预报的指标，使用较方便。但方案仅仅考虑了一个流速因素，如果在预见期内气象变化异常（如有较强的寒潮入侵）时会有较大的误差。

另一种方法，是根据气候变化的区域规律，利用寒潮入侵途径上高纬度地区的气象和冰情特征，作低纬度地区的冰情预报。黑河站位于寒潮入侵经过的高纬度地区，其封冻日期的早晚，直接反映当年的气象特征。黑河站封冻日期早，哈尔滨站封冻日期相应也早。如图 9.14 所示。

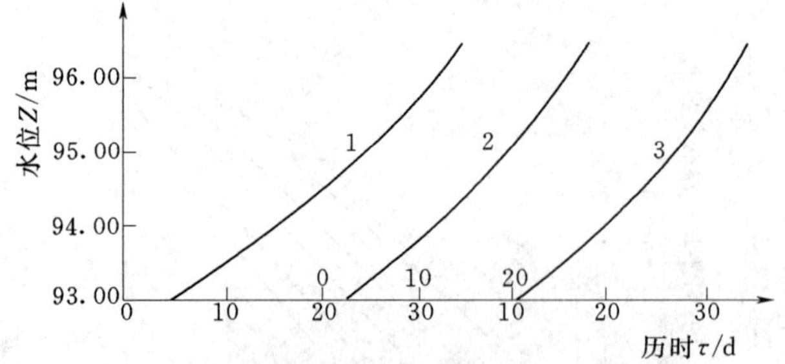

图 9.13　黑龙江呼玛站水位-历时关系曲线

1—开始流凌水位—开始流凌至封冻的历时关系曲线；2—10 月 31 日至封冻的历时关系曲线；3—临界日期水位—临界日至封冻日期的历时关系曲线

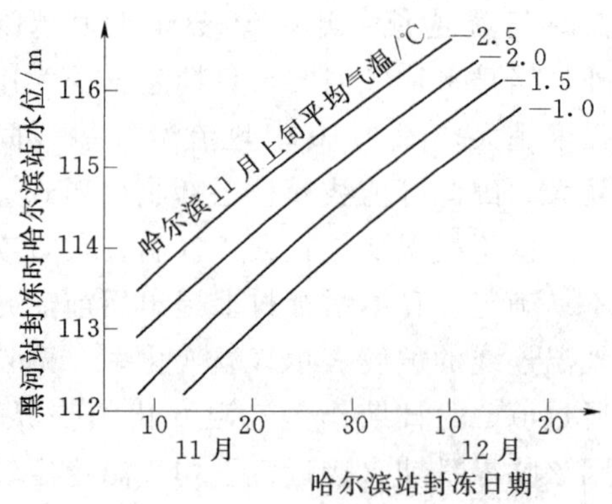

图 9.14　哈尔滨站封冻日期预报图

9.5.3 冰厚及承载能力的预报

河流封冻后，冰盖具有一定的承载能力，计算冰盖承载能力的主要根据是冰厚。冰厚是形成冰坝的一个重要因素，也是衡量春季凌汛严重与否的一个重要指标。因此，都需作冰厚预报。

1. 冰厚预报

河流封冻后，冰盖隔绝了水与空气间的热交换，这时水中热量决定于地温、水深和水的导热系数，而冰盖中的热通量则与太阳辐射和气温有关。封冻初期，冰盖很薄，其热通量大于水中热通量，使水体失热，冰盖加厚，冰盖成为热交换平衡的调节器。

当冰上无雪覆盖时，假定河底传热可忽略不计，则在 $\mathrm{d}t$ 时间内，水流通过冰层进入空气中的热量等于增加冰厚 $\mathrm{d}\delta$ 所放出的潜热，即

$$(-kT'/\delta)\mathrm{d}t = 80\rho \mathrm{d}\delta \tag{9.38}$$

式中 δ ——冰厚，cm；

T' ——冰面温度，℃；

k ——冰的导热系数，$0.0057\times4.185\mathrm{J/(cm\cdot s\cdot ℃)}$；

ρ ——冰的密度，$0.917\mathrm{g/cm^3}$。

上式积分后得

$$\delta = \sqrt{\frac{k}{40\rho}\int(-T')\mathrm{d}t} \tag{9.39}$$

若以气温代替冰面温度，$\int(-T')\mathrm{d}t$ 即为累积负气温 $\sum T_{-}$。若以一日计，则

$$\delta = 3.66\sqrt{\sum T_{-}} \tag{9.40}$$

由于没有考虑河底传热和积雪等影响，以气温代替冰面温度也有误差，用式（9.40）计算冰厚往往偏大。因此，在实际预报中，应根据不同情况推求本河段的实用公式。如根据黄河、辽河、松花江、黑龙江的资料推得的公式为

$$\delta = 2.08\sum T_{-}^{0.53} \tag{9.41}$$

高纬度地区，冰上积雪对冰厚的增加有减缓作用，雪深越大，冰厚增加越慢，如图9.15所示。

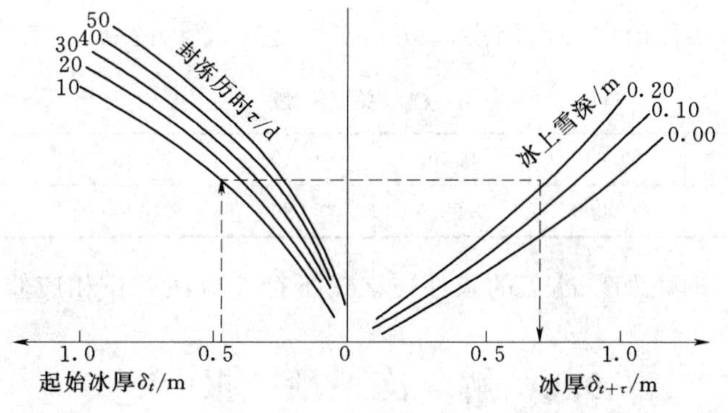

图 9.15 黑龙江奇克站冰厚预报图

2. 冰盖承载能力预报

单位冰面上所能承受的荷重称为冰盖的承载能力。只有荷重小于冰盖的承载能力时，方可从冰面安全通过。

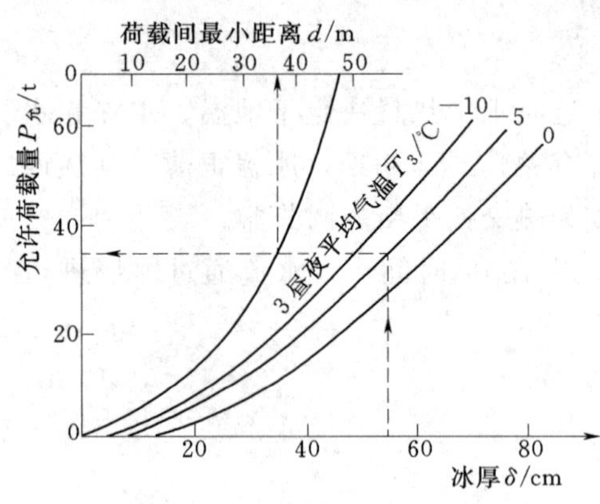

图 9.16　冰盖承载能力预报

冰盖的承载能力决定于冰的物理性质、荷载形式等因素。冰的物理性质包括：弹性系数、抗弯、抗压、抗拉、抗剪等强度和冰质、冰厚、冰的密度等。荷载形式包括：静荷载，动荷载，持续时间及荷重分布。在一定的冰质和结构条件下，承载能力主要是冰厚和温度的函数。

目前对冰盖承载能力预报研究不多，通常可由实验取得数据。图 9.16 是根据白山电站实测资料分析整理而成，供参考。

图 9.16 的关系曲线是指单车通过淡水冰的荷载与冰厚、温度和荷载距离的关系。在实用中应根据冰的结构、种类、荷载形式等因素作必要的修正。例如，相同冰厚的咸水冰，其承载能力小于淡水冰，它的允许冰厚应增加 1～2 倍；当 10～15 辆车排列通行时，允许冰厚应增加 10%～15%。其他如荷载移动速度、荷载分布、冰面平整程度的不同，允许冰厚也会不同，应作安全修正。

前苏联贝尔恩什詹把冰盖看作是漂浮物，不考虑岸边支承的反作用。当冰的允许弯曲应力 $\sigma_{max}=1.2\text{MPa}$，波松系数的倒数 $m=3$ 时，经过实验得到如下公式：

$$P_{允}=3\delta^2/C_a \tag{9.42}$$

$$a=r/E \tag{9.43}$$

式中　$P_{允}$——允许荷载量，t；

δ——冰厚，m；

C_a——冰的比应力，是荷载分布系数 a 的函数，见表 9.7；

r——荷载分布半径，m。$r=\sqrt{bL/4}$，b、L 分别为荷载运动体的宽及纵轴线的长，m；

E——冰的特征值（长度因次，以 m 计），$E=\sqrt[4]{28125\delta^3}$。

表 9.7　　a-C_a 关 系 表

a	0.70	0.60	0.50	0.40	0.30	0.20	0.10
C_a	0.0180	0.0200	0.0230	0.0265	0.0300	0.0345	0.0455

引用式（9.42）时，如果冰盖的条件与该式不符，应注意作相应修正。

9.6 解 冻 预 报[7,8]

河流的解冻预报，包括解冻形势、解冻日期、解冻期最高水位与最大流量，以及出现日期的预报。

太阳辐射增强，暖平流的输入，气温由负转正，在热力因素作用下，使冰盖逐渐融化，结构强度减弱；同时，水位上升，流速增大，在水力因素作用下，使冰盖晶体发展蠕变，冰盖脱岸、上浮、滑动，以致冰盖破裂解体。除热力和动力因素外，河道特征对解冻也有一定影响。

9.6.1 解冻形势预报

解冻形势是指河流解冻时的冰盖破裂条件和冰水汇流的形态。在防凌斗争中需要对解冻形势作预报。其主要根据是上游冰盖解冻时的冰水来量，据此预报下游河段能否完全通过，如能安全通过可形成“文开”，否则会造成“武开”。

1. 指标法

某河段冰下过流能力指标 K 就是出流量 Q_t 与上游各干支流相应流量和 $\sum I_{i,t-\tau_i}$ 的比值，即

$$K=Q_t/\sum I_{i,t-\tau_i} \tag{9.44}$$

根据黄河资料统计，解冻期间，每日计算 K 值，以日平均最小的 $K_{\min}$ 为依据。当 $K_{\min}>0.8$ 时为“文开”形势；当 $K_{\min}\leqslant 0.8$ 时，多数年份为“武开”形势。

2. 图示法

封冻期最大流量反映了冰盖位置高低和冰下过流能力大小。若封冻时冰面高，解冻时上游来水量不大，则可以安全下泄。如解冻时上游来水量比封冻时期最大流量大，形成“水鼓冰开”，造成“武开”形势。如图 9.17 中，在临界线以下均为“武开”，以上为“文开”。

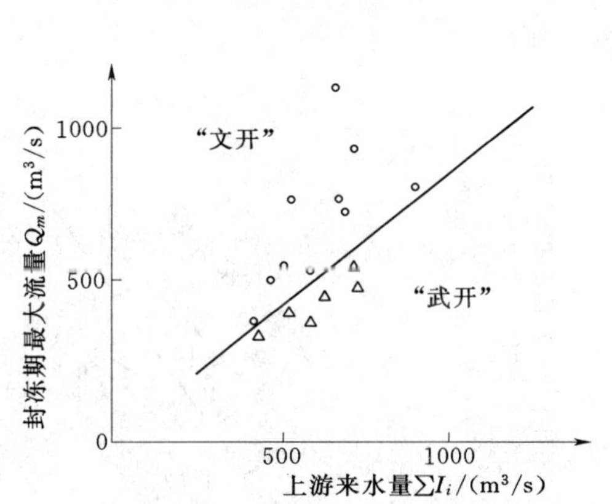

图 9.17 黄河石嘴山站解冻形式预报图

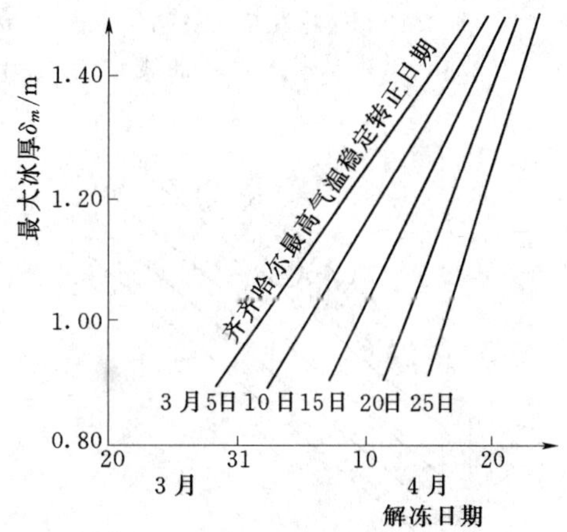

图 9.18 嫩江江桥站解冻日期预报图

9.6.2 解冻日期预报

在大体平行于纬度和涨势缓慢的河流，可建立以热力因素为主的预报方案，如图 9.18 所示。图中的最大冰厚反映了融冰时冰盖的强度，以最高气温稳定转正日期为热力指标，反映太阳辐射的输热强度。在同样的冰厚条件下，最高气温稳定转正日期越早，解冻日期也越早，但太阳辐射强度小，融冰历时就越长。因此，曲线簇的间距上窄下宽。

这种预报方法预见期较长，在东北一些河流获得了较满意的成果。误差的主要来源是

没有考虑动力因素和预见期内回暖强弱的影响。另外，气温转正日期不易掌握，可在分析实测资料基础上选用代表性强的日期。

在东北、内蒙古等地，春季盛行偏南大风，且常伴随着激烈的增温过程；对冰盖的破裂和移动影响很大，需考虑水平方向输热量的作用。输热量可用下式计算：

$$\omega=\varphi T\bar{v}^{a} \tag{9.45}$$

式中　ω ——单位面积冰面上暖气流输热量，kJ/(m^2 · d)；

$\bar{v}$ ——时段平均风速，m/s；

φ ——冰面粗糙度的函数，可取为常数；

T ——时段气温，℃；

a ——指数，一般用 0.5。

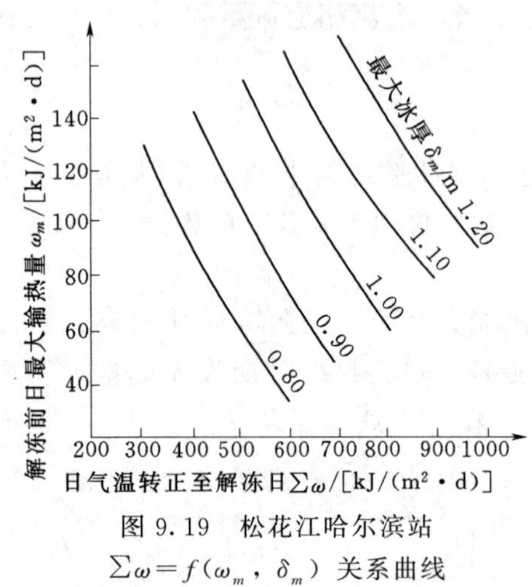

图 9.19　松花江哈尔滨站 $\sum\omega=f(\omega_m,\ \delta_m)$ 关系曲线

图 9.19 中，采用解冻前的日最大输热量 ω_m 和日气温转正至解冻日累积输热量 $\sum\omega$ 建立关系，并以最大冰厚 δ_m 为参数绘制解冻预报图，此图用 $\sum\omega$ 反映热力因素较好，但作业预报时的预见期和精度取决于气象预报。

南北走向的河流，解冻预报要同时考虑热力与水力因素，也可以采用上下游解冻日期相关法进行预报。如图 9.20 所示，上游站热流量反映了向下游输送的热量和动力因素。图 9.21 中，用水位涨差反映水力作用。若 ΔZ 值为正，反映河段解冻时上游来水量增加，有水力作用；若 ΔZ 值为负，无水力作用。

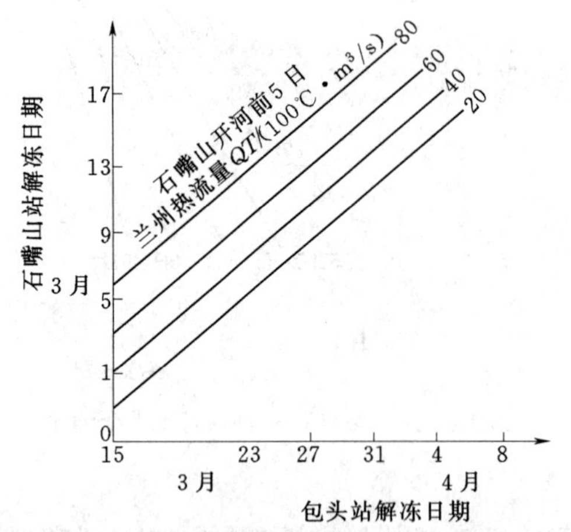

图 9.20　黄河石嘴山-包头河段相应解冻日期关系图

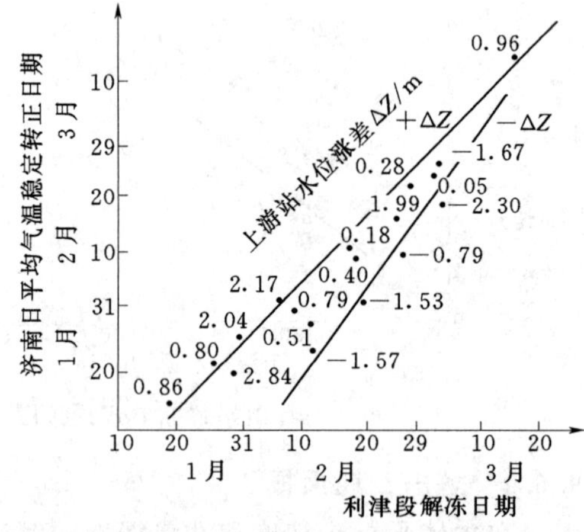

图 9.21　黄河利津段解冻日期预报图

9.6.3　解冻最高水位与最大流量预报

河流解冻期最高水位和最大流量取决于前期河槽蓄水量、冰雪融化的水量以及降水量和冰情特征等。现行的预报方法多采用经验相关法和槽蓄量法。

1. 经验相关法

自南向北的河流，由于上游先解冻，河槽蓄水下泄，因下游冰盖的阻水阻冰能力较强，致使下游河段出现春季凌汛最高水位。水位高程不仅与上游来水量有关，也与下游河段的冰情特征有关。对特定河段，可采用上下游凌峰水位（流量）相关法。如图 9.22 所示为哈尔滨解冻时最大流量与佳木斯解冻最高水位相关图，以佳木斯同时冰情特征为参数。图 9.23 为海拉尔河坝后站解冻最大流量预报图。图中还加入上游站解冻时凌峰流量比值为参数，即峰前 2 日干支流合成流量$\sum(Q_{伊}+Q_{牙})$与干支流合成洪峰流量$(Q_{伊}+Q_{牙})_m$之比，以反映上游站凌峰形状。

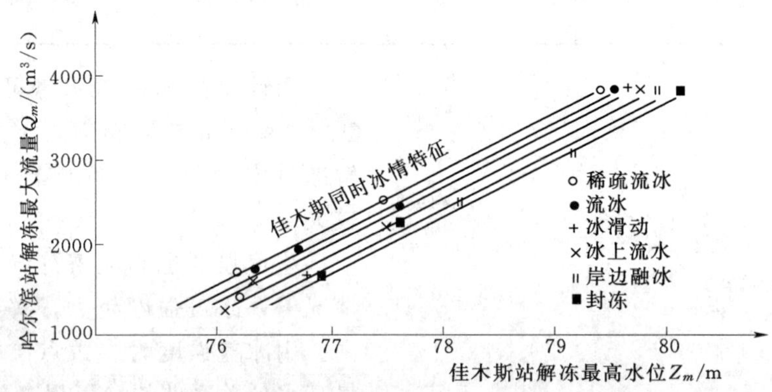

图 9.22 上游解冻最大流量与下游最高水位关系曲线

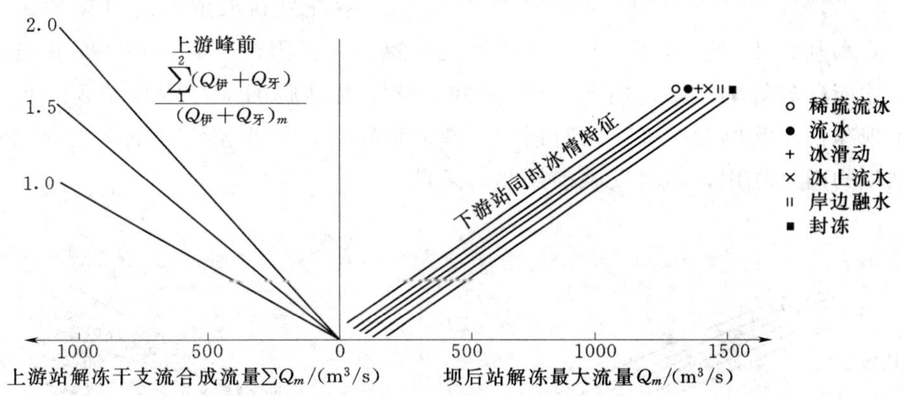

图 9.23 海拉尔河坝后站解冻最大流量预报图（冰情符号说明见图 9.22）

2. 槽蓄量法

河流解冻时，如果是“文开”形势，一般凌峰较小；若为“武开”形势，则可形成较大的凌峰，且往往形成该年最高水位，凌峰的大小与河槽蓄水量 W 有关。河槽水量包括封冻前的槽蓄量 W_0 和封冻后因过水断面减小水流受阻所造成的增量 ΔW。解冻时，因冰凌壅水作用，使槽蓄水量迅速增加。冰雪融水以及降水量等也可增加一部分蓄量。

河段槽蓄水量 W 可根据上下过水断面面积和河段长计算求得，也可用水量平衡法来确定，见表 9.8。表中起始计算日期为河段首封日，初始槽蓄水量由河段平均流量乘传播时间而得。

表 9.8　　花园口至洛口河段$\sum\omega$计算表

日期/(年-月-日)	流量 Q/(m³/s)		花园口至洛口河段		
	花园口	洛口	流量差/(m³/s)	水量差/(10⁸m³)	$\sum\omega$/(10⁸m³)
1958-01-12	312	275			2.58
1958-01-13	467	230	237	0.205	2.79
1958-01-14	396	205	191	0.165	2.95
1958-01-15	423	170	253	0.218	3.17
1958-01-16	475	101	374	0.323	3.49
1958-01-17	429	113	316	0.273	3.76

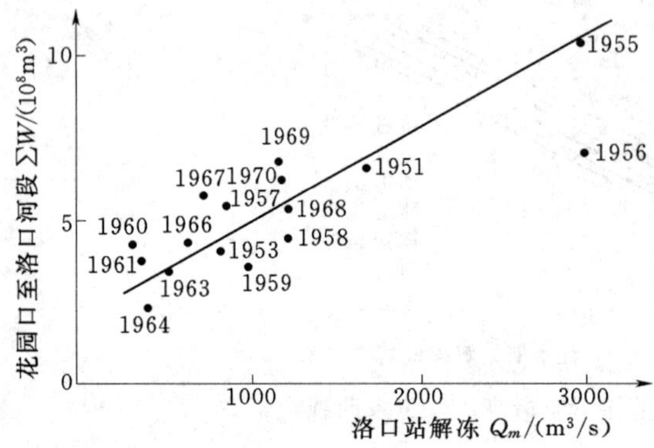

图 9.24　花园口至洛口河段$\sum\omega-Q_m$关系曲线

用计算的河槽蓄水量可以建立$\sum W-Q_m$关系，如图 9.24 所示。由于没有考虑解冻时卡冰结坝等影响，有时预报误差较大。

冰盖强度也影响解冻最高水位，一般情况下，冰盖强度越大，解冻最高水位越高。用冰盖强度为参数点绘槽蓄量与解冻最高水位关系曲线，可提高预报精度。

9.6.4　解冻最高水位出现日期的预报

解冻最高水位出现日期的影响因素也很复杂，除水利、热力因素外，与卡冰结坝的位置有关。因此，必须深入分析各河段的具体情况，才能获较好的成果。由图 9.25 可知，佳木斯站解冻最高水位出现日期，不仅受上游站出现冰情早晚的制约外，同时还受下游冰情特征、累积正气温的影响，前者反映河道卡冰结坝的阻水作用，后者反映前期热力条件。

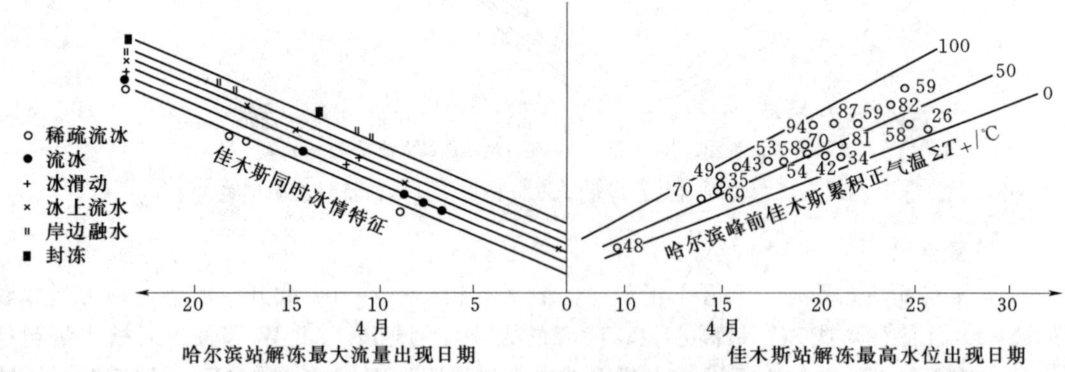

图 9.25　松花江佳木斯站解冻最高水位出现时间预报图（冰情符号说明见图 9.22）

9.6.5　冰坝预报

当河流解冻，上游来水量大于下游河道过水能力时，往往在河床束狭、浅滩、急弯和有障碍物等处使流凌受阻，冰块堆积而形成冰坝，上游水位迅速抬高。冰坝一般可分为头、中、尾三部分，如图 9.26 所示。冰坝的性质和大小是由河槽蓄水量的多少及冰盖遇热分解的特性决定的，其水位变化与雨洪春汛不同。它呈齿形上涨，涨率大，峰型尖瘦，落势急陡。冰坝形成的因素很多，且决定于各因素的组合。我国对冰坝预报主要根据水文气象条件和河道的特征预报冰坝位置、出现时间及冰坝大小。

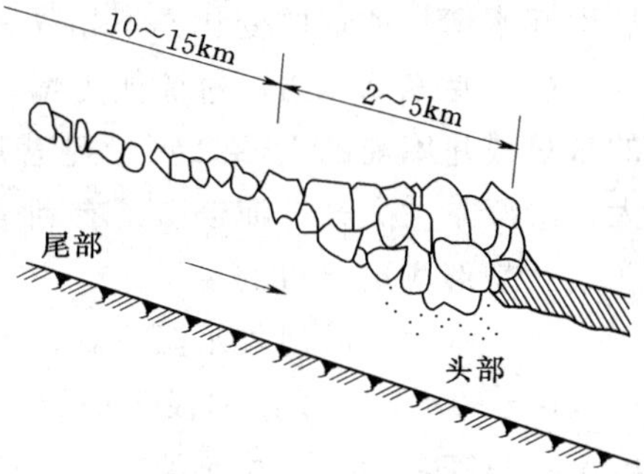

图 9.26　冰坝示意图

1. 冰坝出现的预报

冰坝常常造成严重的凌汛灾害。因此，需对冰坝能否出现作估报。冰坝出现时期与解冻日期接近，可建立一些简单、有效的经验关系预报冰坝出现。例如，经对松花江依兰站分析发现，当 12 月平均水位在 92.00m 以上时，可能出现冰坝；黄河上用封冻期最低和最高水位之差预报冰坝也获得较好的效果。

2. 冰坝壅水高度预报

形成冰坝最高水位 Z_m 或冰坝壅水高度 ΔZ 的因素很多，目前尚缺乏详尽的观测资料和深入研究成果。我国常采用建立多因素综合指标等经验公式作预报。例如：

$$Z_m = f(K) \tag{9.46}$$

$$K = x_1 k_1 + x_2 k_2 + x_3 k_3 + \cdots + x_n k_n \tag{9.47}$$

式中　Z_m——冰坝最高水位，m；

K——综合系数；

$k_1、k_2、k_3、\cdots、k_n$——影响因素，以多年距平相对值表示；

$x_1、x_2、x_3、\cdots、x_n$——权重。

图 9.27 为松花江依兰站冰坝最高水位预报图，K 值采用下式计算：

$$K = 0.47k_1 + 0.29k_2 + 0.24k_3 \tag{9.48}$$

式中　k_1——依兰站融冰至解冻日水位涨差的距平相对值；

k_2——河段总冰量的距平相对值；

k_3——上游站解冻时最高水位的距平相对值。

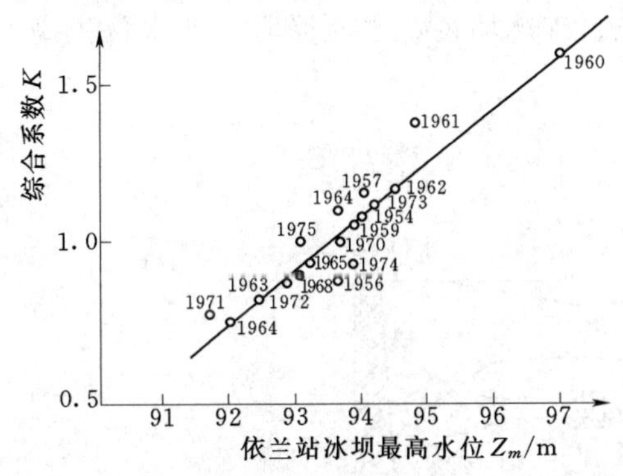

图 9.27　松花江依兰站冰坝最高水位预报图

9.7　水库调蓄后的冰情预报[9]

修建在有冰情河流上的水库，只要运行正确，可在防凌工作中发挥重要的作用。因此，要研究水库调蓄对河流冰情的影响，做好水库调蓄后的冰情预报。

9.7.1　水库调蓄后引起水情与冰情的变化

水库所处地理位置、流域的水文气象特征、库容大小和调蓄方式的不同，使水库调蓄后引起水情、冰情的变化亦不相同，主要有以下 5 点。

(1) 封冻期冰盖下过流能力增大，河道槽蓄增多。建库后因发电需要，枯季水库下泄的水量较建库前的天然来水量显著增多，使封冻河段水位明显升高，冰盖下过流能力增大，给春季“文开”河创造了有利条件。但遇严重封冻年份，因河道槽蓄量增多，冰盖厚度大，易形成更严重的凌汛。

(2) 水库下游河段水温增高，冰凌减轻甚至消失。水库蓄水后水深增大，下泄的水温一般高于 0℃，是下游河段冬季的一个“热源”。例如，刘家峡水库下游 100km 的兰州河段不再封冻，岸冰、冰花消失；有些河段的封冻日期迟后，封冻历时缩短。

(3)“文开”河年份增多，“武开”河年份减少。以黄河内蒙古河段为例。在刘家峡水库蓄水前的 17 年中，有 12 年是“武开”和“半武开”。水库蓄水后控制下泄流量，使开河前封冻河段的水位呈下降趋势，开河日期推迟，槽蓄水量减小，在水库运用后的 9 年中，没有发生“武开”“半武开”也仅 2 年。

(4) 受水库下泄的水温影响，使下游河道依序出现无冰段、岸冰和冰花段、不稳定破碎封冻河段、稳定破碎封冻河段和稳定封冻河段。这些冰情特征受水库运行方式和气象条件不同而有差异。

(5) 库区封冻年份增多，回水末端冰塞严重。如刘家峡库区因水面比降较建库前变缓，流速变小，使库区每年封冻，回水末端常常产生冰塞，年最高库水位也多发生在凌汛期。

9.7.2 水库调蓄运用后的冰情预报

水库调蓄运用后的冰情预报内容主要有水库回水末端冰塞壅高水位、零温断面位置、封冻前缘位置以及冰量等。

9.7.2.1 水库回水末端冰塞壅高水位预报

在稳定封冻冰层下面，部分过水河道被冰花、碎冰堵塞，水流受阻，使水位壅高，这种现象称为冰塞，如图 9.28 所示。

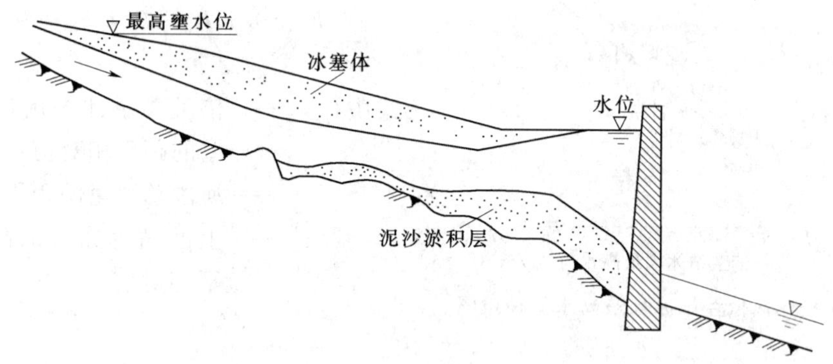

图 9.28 水库回水末端冰塞壅高水位示意图

影响冰塞壅水的主要因素是上游来冰量和沿程动力、热力条件的变化。发生冰塞后，上游来冰量越多，冰塞壅水越高。

冰塞壅高水位的预报，一般采用经验相关法和水力学法。

1. 经验相关法

如果气温无明显回升，冰塞壅水的变化趋势比较稳定，可建立前后时段水位相关或前后时段水位涨差关系曲线等预报最高水位。

在断面变化不大的河流，冰塞壅水高度主要与冰量有关，可建立冰量与壅水高度关系曲线，也可用气温和流量同冰塞壅高水位建立关系曲线，如图 9.29 所示。图中冰塞壅水高度为冰塞最高水位减去封冻前水位。冰量的产生与气温和流量有关，若气温低，流量小，则流凌历时短，产生的冰花少，壅水高度小；反之壅水高度大。若遇气温转暖，且流量增大，有可能冲毁冰塞。

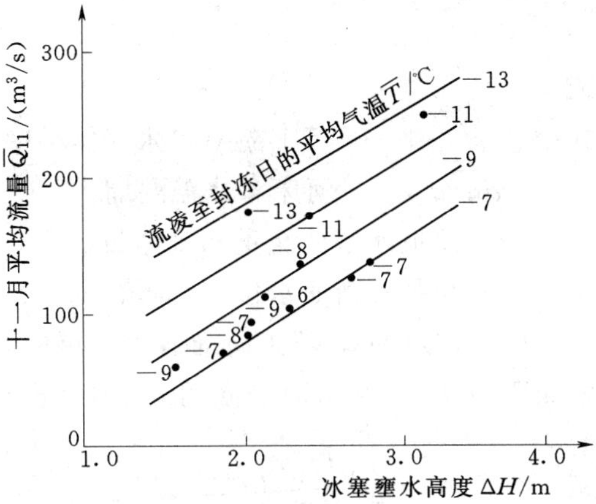

图 9.29 第二松花江白山电站 $Q_{11}-\Delta H$ 关系

2. 水力学法

根据水力学公式和预报的来冰量可计算冰塞各断面的壅高水位。

由曼宁公式：

$$v=\frac{1}{n_{综}}R^{2/3}i^{1/2} \tag{9.49}$$

式中 $n_{综}$——冰塞河段综合糙率；

i——河段水面比降，‰；

R——水力半径，m，冰塞 $R\approx\overline{h}/2$；

$\overline{h}$——平均水深，m。

因
$$v=Q/A=Q/B\overline{h}=Q/2BR$$

可得
$$R=(Qn_{综}/2Bi^{1/2})^{3/5} \tag{9.50}$$

式（9.50）可进行冰塞壅水计算。根据假定的冰塞水面比降 i 和算得的 R、河底高程和水面高程，进而计算平均水浸冰厚和断面平均冰厚。

$$\overline{\delta}=\overline{\delta'}+\left(\frac{1-\rho}{\rho}\right)\left(\frac{1-\varepsilon_{下}}{1-\varepsilon_{上}}\right)\overline{\delta'} \tag{9.51}$$

式中 $\overline{\delta}$、$\overline{\delta'}$——平均冰厚、平均水浸冰厚，m；

$\varepsilon_{上}$、$\varepsilon_{下}$——水上和水下的冰花孔隙率；

ρ——冰的密度 917kg/m^3。

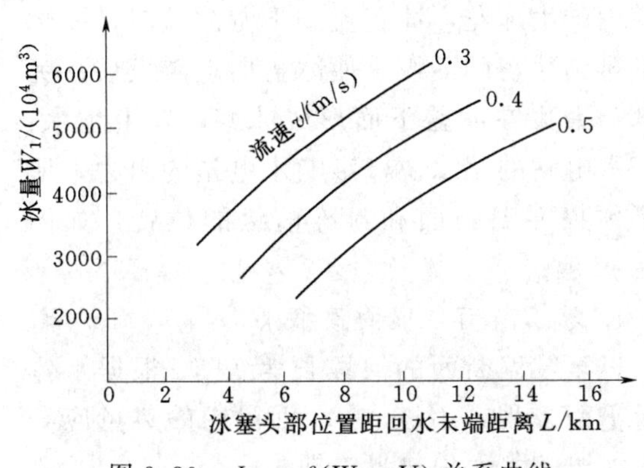

图 9.30 $L=f(W_1, V)$ 关系曲线

冰塞壅水计算步骤如下：

（1）确定冰塞头、尾部位置。冰塞的头部位置取决于坝前蓄水位、冰量、回水区流速以及水库的淤积程度等因素，如图 9.30 所示。冰塞尾部比降与预报流量的天然水面线相交点即为冰塞尾部的位置。

（2）确定冰塞河段的综合糙率。可按下式近似计算：

$$n_{综}=\sqrt{(n^2d+n_1^2d_1)/(d+d_1)} \tag{9.52}$$

或

$$n_{综}=0.71\sqrt{n^2+n_1^2}$$

式中 n、n_1——河床糙率和冰塞体糙率；

d、d_1——河床和冰盖湿周。

（3）预报冰塞期流量和来冰量。

（4）绘制各断面水位 Z -河宽 B -水力半径 R（水深）关系曲线。

（5）假定冰塞河段的水面比降。可根据冰塞区比降变化规律及各断面的地形条件，并参照实测资料确定。图 9.31 为黄河老徐庄河段天然河道水面比降与冰塞河段水面比降间的关系。

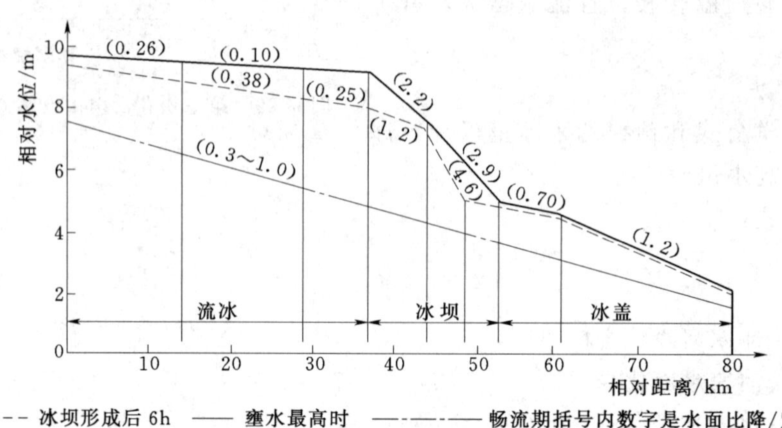

图 9.31 1970 年黄河老徐庄河段冰坝期水面线

（6）计算冰下过水断面的 B 和 R 值。假定河宽 B，按式（9.50）计算 R。假定的 B 与计算的 R 分别在 $Z-B-R$ 关系线上查得水位，若相等，B 和 R 即为所求。

（7）按式（9.51）计算各断面水浸冰厚、断面平均冰厚和冰所占断面面积。

（8）计算冰塞体总冰量。据各断面的平均冰厚和断面资料，可计算出冰塞的总冰量。若计算的总冰量与来冰量不符，应重新假定比降，并重复步骤（5）～(8)，直至两者相符为止。

9.7.2.2 零温断面及封冻前缘位置预报

水库出流量经过一定的时间和距离，水温逐渐降至 0℃的断面称为零温断面，其下游河道内产生冰花，冰花流到下游冰盖时，一部分平排到冰盖的前缘，使冰盖向上游发展；另一部分聚集在冰盖下面形成冰塞，发生壅水，抬高水电站的尾水位，影响水电站的出力，所以要预报零温断面和封冻前缘的位置，如图 9.32 所示。

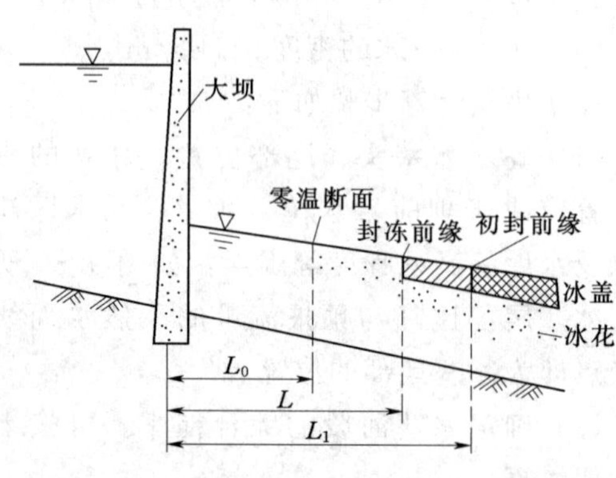

图 9.32 零温断面、封冻前缘位置示意图

1. 零温断面位置的预报

设至零温断面的河段长为 L_0，根据水体热量平衡方程式，进入 L_0 河段内的热量应等于该河段的水面失热量，即

$$\overline{Q}T_1c\gamma\Delta t=L_0\overline{B}\omega\Delta t \tag{9.53}$$

故 $$L_0=\overline{Q}T_1c\gamma/\overline{B}\omega=qT_1c\gamma/\omega$$

式中　$\overline{Q}$——水库日平均下泄量，m^3/s；

$\overline{B}$——河段平均水面宽度，m；

c——水的比热，kJ/(kg·℃)；

γ——水的密度，$10^3kg/m^3$；

T_1——水库下泄水体的温度，℃；

q——单宽流量，$m^3/(s\cdot m)$；

ω——单位时段内单位水面上的失热量。

因 L_0 与 $\overline{B}$ 有关，可用试错法求解。先假定一个 L_0'，求得 $\overline{B}$，代入式（9.52）计算 L_0；若 $L_0'=L_0$，此 L_0' 即为所求。

如果 L_0 河段内的流速及水面宽不均匀，或有支流汇入，则可分段计算。仍按河段水体热量平衡的原理，逐段计算水温，推求零温断面的位置。

2. 封冻前缘位置的预报

图 9.32 中的 L 为不封冻河段长，与水温、失热强度、河道特征、零温断面位置等有关。

封冻前缘位置可按下式进行计算：

$$L=L_1-(L_1-L_0)(1-e^{-a\omega\Delta t})\tag{9.54}$$

$$a=\frac{1}{80\delta}$$

式中　L——封冻前缘至水库坝址的距离，m；

L_1——初封前缘至水库坝址的距离，m。在计算过程中以前一时段的 L 作为 L_1；

L_0——零温断面至水库坝址断面的距离，m；

a——参数；

80——冰的溶解热，kJ/kg；

δ——初封前缘处冰厚，m。

3. 冰量预报

断面的冰流量是由上游产冰河段内的冰凌累积而成。在产凌河段，水面失热量完全用于结冰，可建立下列方程式：

$$\frac{d(A\rho')}{dt}\Delta t=A\frac{\omega}{80}\Delta t\tag{9.55}$$

式中　A——水面面积，m^2；

ρ'——流凌的密度，即单位河面面积上的冰凌重量，kg/m^2。

积分上式后得冰流量为

$$Q_{ic}=\int_0^{\tau}\frac{\partial A}{\partial\tau}\frac{\omega_{t-\tau}}{80}dt\tag{9.56}$$

显然，冰流量的大小决定于产凌河段的水面面积及单位时间单位水面上的失热量，即与水位和气温有关。因此，可用经验关系式计算冰量 W_{ic}，如

$$W_{ic}=KT^mQ^n\tag{9.57}$$

式中　K ——地区性经验常数；

T ——上游河段气温，℃；

Q ——封冻期流量，m^3/s；

m、n ——负、正指数。

刘家峡河段据实际资料推得冰量的经验公式为

$$W_{ic}=26.32\overline{T}_{12.1}^{-0.41}\overline{Q}_{12}^{1.07} \tag{9.58}$$

式中　$\overline{T}_{12.1}$——12 月、1 月平均气温，℃；

$\overline{Q}_{12}$ ——12 月平均流量，m^3/s。

也可建立封冻期累积负气温与冰量关系，或者累积负气温、流冰天数与冰量关系等预报冰流量。

参　考　文　献

[1]　林三益. 水文预报 [M]. 北京：中国水利水电出版社，2000.

[2]　C. B. 卡列斯尼克. 冰川学概论 [M]. 丁亚梅等译. 中国科学院兰州冰川冻土研究所，1981.

[3]　包为民，瞿思敏. 冰川消融耦合模型研究 [J]. 水科学进展，2001，12 (3)：318-323.

[4]　包为民. 格林-安普特下渗曲线的改进应用 [J]. 人民黄河，1993，9：1-4.

[5]　杨针娘. 中国冰川水资源 [M]. 兰州：甘肃科学技术出版社，1991.

[6]　中国科学院兰州冰川冻土研究所天山冰川站，等. 乌鲁木齐河山区水资源形成和估算 [M]. 北京：科学出版社，1992.

[7]　合肥工业大学水利工程系，等. 冰坝和冰塞 [J]. 全国冰情技术培训讲义，1983.

[8]　[美] C. R. 内勒. 冰的力学性质和作用在建筑物上的冰压力 [M]. 汪德胜译，1985.

[9]　中国科学院兰州冰川冻土研究所. 中国冰川概论 [M]. 北京：科学出版社，1988.

第10章 泥 沙 预 报

流域泥沙模拟与预报，就是把一个流域看成一个完整的整体，已知流域上的输入，求出流域出口断面的输出。一般说来，这一输入有降雨、蒸发等。输出有流域实际蒸散发和出口断面的水流、泥沙等。其中泥沙又有悬移质和推移质之分，由于推移质研究存在观测资料缺乏和观测资料精度不高等问题，且涉及范围主要在下游河道，本书主要讨论源头流域，故其泥沙输出常指的是悬移质。

流域泥沙，先是由雨滴击溅作用引起土壤侵蚀，再由水流的冲刷与搬运作用到达流域出口断面。这一过程，不仅有水流对泥沙的作用，也有泥沙对水流的反作用，即泥沙作用导致含沙水流规律与清水水流规律的差异。一般说来，前者是主要的，后者的作用常被忽略。

10.1 土 壤 侵 蚀

土壤侵蚀，指土壤或其地面组成物质在自然营力作用下或在自然营力与人类活动的综合作用下被剥蚀、破坏、分离、搬运和沉积的过程。依据引起土壤侵蚀的主导外营力种类不同一般可分为水力侵蚀、风力侵蚀、重力侵蚀、混合侵蚀、冻融侵蚀、冰川侵蚀、化学侵蚀和人为侵蚀等。在我国的黄河中游和世界上的许多土壤侵蚀严重的区域，水力侵蚀是其主要的方式。本书主要讨论流域土壤的水力侵蚀。

水力侵蚀，就是以水流对土壤的作用力为主动力引起的土壤侵蚀，包括雨滴击溅、地表径流冲刷和水流运动引起土壤、土壤母质及其他地表组成物质的破坏、剥蚀、搬运和沉积的全部过程。其主要影响因子有降雨、植被、土质和坡形等。

10.1.1 降雨

降雨对土壤侵蚀的影响是多方面的，主要包括雨滴直径、降雨强度、降雨历时、降雨量和降雨动能等。

Ekern[1,2] 于1951年、1953年先后试验分析了雨滴和雨强等对土壤侵蚀的影响，得出在5min降雨历时和降雨强度为1in/h条件下，雨滴直径 D 与土壤溅走数量 E 的关系：

$$E(\text{t/arce}) = 9.52\lg D - 2.73 \tag{10.1}$$

黄河水利委员会绥德水土保持科学试验站，通过几十年观测试验分析，于1989年的研究报告[3] 中，提出不同时段 t 的最大降雨量 P_t 与土壤流失量的关系为

$$E = a + bP_t \tag{10.2}$$

式中 a、b——常系数。

关系式模拟的结果见表10.1。从表中的结果看，15min最大时段降雨量与土壤流失量的关系最密切。

表 10.1　绥德桥沟大型径流场不同时段率定结果

时段/min		5	10	15	20	30	60
系数	a	−1430	−1760	−2175	−2198	−1726	−650
	b	418	349	318	283	196	82.4
相关系数 r		0.845	0.789	0.895	0.884	0.727	0.483

降雨强度反映了时段内雨滴的平均动能，是土壤击溅和侵蚀的主要动力因素，与土壤侵蚀间存在着正比关系。降雨量决定了在流域上运动的水流量大小，对土壤的搬运和沿程冲刷作用很大。经研究，一次降雨侵蚀模数 MS（t/km^2）与平均雨强 I（mm/h）及降雨量 P（mm）间存在关系[4]：

$$MS = AP^a I^b \tag{10.3}$$

与最大30min雨强 I_{30}（mm/min）及降雨量关系：

$$MS = AP^a I_{30}^b \tag{10.4}$$

与一次降雨动能 EP（J/m^2）及最大30min雨强的关系：

$$MS = A(EPI_{30})^a \tag{10.5}$$

其模拟结果见表10.2。表中 J 为坡度，R 为复相关系数。从这一结果看出，最大30min雨强比平均雨强影响大。

表 10.2　不同坡度条件下各公式估计结果

J /(°)	$MS=AP^aI^b$				$MS=AP^aI_{30}^b$				$MS=A(EPI_{30})^a$		
	A	a	b	R	A	a	b	R	A	a	R
5	0.0828	1.205	1.4709	0.46	356.87	0.367	2.6036	0.805	0.0361	1.4171	0.862
10	0.0904	1.2364	1.8428	0.493	1820.45	0.2627	3.0466	0.813	0.0294	1.6025	0.856
15	0.1642	1.1386	1.9742	0.465	7125.95	0.0873	3.2871	0.799	0.0368	1.6509	0.829
20	0.2414	1.1917	1.7042	0.394	6885.71	0.1445	3.2323	0.809	0.0511	1.6295	0.831
25	0.1784	1.2539	1.9139	0.429	8023.8	0.1861	3.324	0.772	0.0425	1.7022	0.822
28	0.3572	1.0925	1.825	0.418	10676.32	0.0623	3.2034	0.782	0.0751	1.5935	0.814

文献［5］在1948年的容器试验中，得出土壤溅走的数量与降雨历时 t 的关系：

$$E = Kt^p \quad (p < 1.0) \tag{10.6}$$

$$\frac{dE}{dt} = Kpt^{p-1} \quad (p < 1.0) \tag{10.7}$$

式中　K、p——常系数。

文献［6］研究了降雨历时和前期土壤含水量对溅蚀的影响，提出如下关系式：

$$u = 0.49te^{-0.09t} \tag{10.8}$$

$$E = -2.053 + 1.483t + 0.732\theta - 0.0331\theta^2 + 0.02t.\theta \tag{10.9}$$

式中　u——溅蚀速率；

t——降雨历时；

E——溅蚀量；

θ——前期土湿。

文献［7］研究了产沙速率随降雨历时的变化，如图10.1所示。发现了明显的三阶段特征，并解释为：第一阶段，雨滴溅蚀影响为主阶段。在这一阶段中，表土在雨滴击溅作用下产生了大量松散土粒，产流后的初始薄层，首先被水流将这些松散物质搬运走，形成了产沙速率的增加。第二阶段，由于降雨过程雨滴的夯击作用和部分水体下渗时土壤孔隙被细小颗粒填充之作用，使土壤表面形成较密实的结皮层。此时坡面水流仍以薄层水流为主，冲蚀能力较弱，而坡面上溅蚀分散的疏松土壤被连续搬运逐渐减少，因而导致此阶段坡面产沙速率的下降。第三阶段，随着降雨历时的增加，水流入渗能力减弱，地面水流增大，冲蚀能力加强，而土壤表层随土壤含水量的增加，尤其是达充分饱和后，土壤结皮层对水流的抗蚀能力减弱，土壤表层的结皮层开始被破坏，细沟形成，产沙速率剧增。据以上试验分析，得出产沙速率 S 与历时 t 的关系为

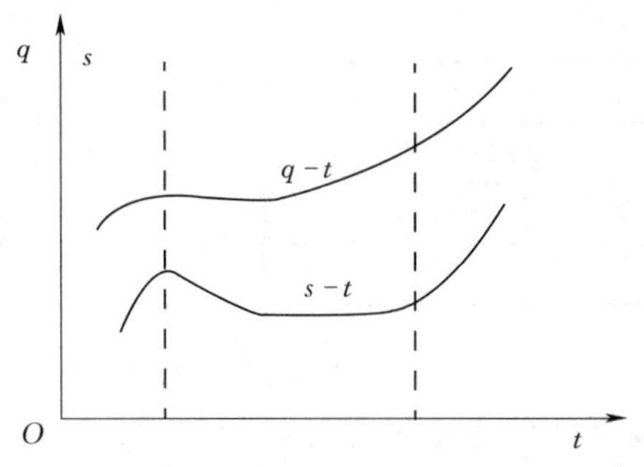

图10.1　产沙随降雨历时变化示意图

$$S=a_0+a_1t-a_2t^2+a_3t^3 \tag{10.10}$$

式中　a_0、a_1、a_2、a_3——大于零的常系数。

值得指出的是，式（10.10）只有在雨强均匀时才成立。

10.1.2　坡形

坡形对土壤侵蚀的影响，主要有坡度、坡长和沟壑密度等因子。

坡度对土壤侵蚀的影响是重要的，一般说来，坡度越大，土壤侵蚀也越容易[8-10]。我国的研究人员有许多类似的研究成果。如特定雨强条件下坡度 J 对土壤侵蚀模数 MS（t/km^2）的影响关系[11]：

$$MS=AJ^a \tag{10.11}$$

坡长 L（m）对土壤侵蚀模数的影响关系：

$$MS=A_1L^{a_1} \tag{10.12}$$

式（10.11）和式（10.12）的模拟结果见表10.3和表10.4。从这一结果看，坡度与侵蚀量有较好的正比关系，而坡长在最大30min雨强较大时，它们的正比关系较好，随着其强度的降低，正比关系越来越差。

表10.3　不同 I_{30} 条件下式（10.11）计算结果

I_{30}/(mm/min)	A	a	r
<0.25	2.889	1.103	0.981
0.25～0.5	24.141	1.056	0.998
0.5～0.75	52.729	1.19	0.978
>0.75	151.988	1.385	0.993

表10.4　不同 I_{30} 条件下式（10.12）计算结果

I_{30}/(mm/min)	A_1	a_1	r
<0.25	46.45	−0.107	−0.55

续表

I_{30}/(mm/min)	A_1	a_1	r
0.25～0.5	169.19	0.337	0.769
0.5～0.75	686.09	0.359	0.927
>0.75	3642.41	0.414	0.997

文献［7］作了坡度影响坡面产流、产沙过程的试验研究，得出两点结论：一是不同坡度产沙速率过程形状相似（同一函数簇），只不过不同的坡度，函数中的参数不同；二是存在着产生最大泥沙的临界坡度。当其他条件相同时，细沟产生前，临界坡度约为26°～28°，细沟产生后约为30°。

坡长对产沙的影响，关系还不十分明显。据文献［9］和［10］的研究，得出坡长与产沙有正比关系，但文献［11］研究得出的结论却不尽然。至今为止，坡长对产沙的影响，虽有许多研究，但由于试验条件的限制，且关系又太复杂，其定性关系至今仍没有一个统一论断。

沟壑密度，是流域土壤侵蚀的一个因素。坡面水流，薄薄的流层，较均匀地分布在坡面上，具有流速小、推移力小、床面阻力大的特点。而沟道水流集中，水深流速较大，推移力大，沟床阻力相对较小。由于坡面水流与沟道水流间存在这些水力差异，导致水蚀产沙机制在坡面和沟道间的差异[12]，使得沟壑密度不同，流域产沙也不同。文献［13］分析了试验区的观测资料总结出一些定量差异。在黄土高原沟壑区和黄土丘陵沟壑区，距梁、峁顶部4～12m以下细沟侵蚀为主的坡面上，年平均侵蚀模数约为9800t/km^2；在其下部，以浅沟、切沟侵蚀为主的坡面上，年平均侵蚀模数达16700～16900t/km^2；对于坡面、塬面或距梁、峁顶部较近以面蚀为主的坡面上，其年侵蚀模数远远小于上述两区域。沟壑密度，对土壤侵蚀的影响有正比作用，但其机理的实验分析很难，一般都通过对实际流域观测资料的分析来获得。

10.1.3 土壤

土壤是被侵蚀的对象，对产沙的影响主要可归结为土壤的机械组成、土壤剖面结构、透水性能、可蚀性（或抗蚀性）和土壤含水量等。

土壤的机械组成，是指土壤的成分和颗粒大小分布。例如，黄土的矿物成分[14]，主要是石英约占50%以上，长石约占25%以上，碳酸盐在10%～15%之间，黏土矿物占10%左右，此外，还有少量的云母、重矿物，而易溶盐、中溶盐、有机物的含量最少。黄土基本上是由小于0.25mm的颗粒组成，其中尤以0.005～0.05的粉粒为主，含量常超过一半。天然状态下的黄土，含水量少，具有密度低、孔隙较大的特征，一般孔隙率在45%～55%之间，透水性较强。但是遇水后，这些性质发生急剧变化，主要为颗粒间的链接减弱，土粒易移动，结构破坏，密度增大，下渗强度降低。文献［5］、［7］和［13］等研究发现：雨滴的打击，一方面击实表层土壤，另一方面细小颗粒会填充土壤孔隙，在表面形成较密实的结皮层，减少了下渗，增大了地面径流。

土壤剖面结构，决定着沟蚀深度。土壤剖面常可分为上层和下层，上层由于耕作活动、植物根系之类的作用，土质往往较疏松，下层相对较密实、坚硬。如果稳定的基岩距地表面近，则切沟浅而沟蚀量少。相反，当土质松散时，切割就深。如黄土高原，表层黄土覆盖厚，常为几十米至几百米，地形破碎，沟深常为几十米至几百米的范围，是土壤侵蚀最严重的区域[15]。

土壤的透水性、可蚀性和土壤含水量等，是对土壤侵蚀影响的间接指标。土壤透水性强，下渗水量多，降雨产生的地面径流少，土壤侵蚀也少，反之则大[12]。土壤的可蚀性，是土壤特征的综合性指标。文献［16］应用15项土壤特征，分析了与可蚀性因子的关系，提出了一个有24项的多元回归方程。土壤含水量，一方面间接反映了前期气候条件对产沙的影响[12]，土壤含水量少，说明前期气候干燥，流域面上由于风化作用堆积的松散土壤就多，反之则松散土壤就少；另一方面，土壤含水量的多少，直接影响土粒间由分子引力产生的内聚力[14]。土壤含水量越大，分子内聚力越小，反之则内聚力越大。因此，土壤含水量因素对侵蚀产生的影响是十分复杂的。

10.1.4 植被

植被，一方面可通过其对雨滴的截留，减少雨滴对土壤的直接击溅，其生于土壤中的根系，提高了土壤的抗侵蚀能力，植被茎秆对水流的阻挡，降低了地面径流速度从而减少了土壤流失；另一方面，对一些树冠较高的林区，由于截留雨滴的积聚作用，增加了雨滴直径，加大雨滴对土壤击溅的动能而导致溅蚀增加。文献［17］试验研究了植被覆盖对降雨溅蚀的影响，得出了如图10.2所示的覆盖度及树冠高度与溅蚀量之间的关系。从这个关系中可以发现一临界高度，即当植被冠高为临界高度时，覆盖密度的大小对溅蚀量没有影响；小于临界高度时，覆盖度越大溅蚀量越少；而大于其临界高度时，则覆盖度越大溅蚀量也越大。但由于试验是在人造植物下进行的，没有考虑地面枯枝落叶的覆盖。而实际植被，覆盖密度增大，地面的枯枝落叶覆盖也增密、增厚。故在一般情况下，即使是在原始森林中有高大树木覆盖，其溅蚀率也不会随覆盖密度的增大而增大。

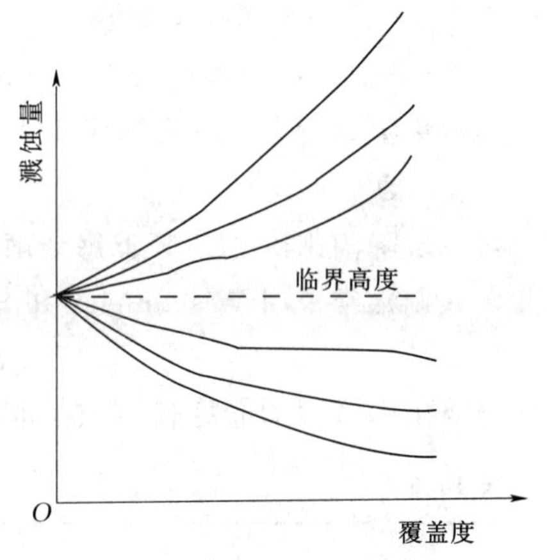

图10.2 覆盖度-树冠高度-溅蚀量关系

10.2 流 域 产 沙

土壤侵蚀预报模型是监测预报的核心工具。较早建立的土壤侵蚀和产沙模型大多为经验模型，其试验分析研究的因子主要集中在降雨、植被、土壤和地形等因子上。其基础是依据实际观测资料，利用统计相关分析方法，建立侵蚀和产沙量与其主要影响因子之间的经验关系（曲线或方程式），而后根据选定因素的资料估算侵蚀或产沙量。

1957年文献［18］搜集了美国8000多块实验小区的土壤侵蚀资料进行了大量系统的土壤侵蚀影响因素分析工作，于1958年由Wischmeier等[19,20]提出了通用土壤流失方程（universal soil loss equation，USLE）：

$$E = RKLJCP \tag{10.13}$$

式中 E ——单位面积土壤侵蚀量，t；

R ——降雨侵蚀力因子；

K ——土壤可侵蚀性因子；

L ——坡长，m；

J ——坡度；

C ——植被覆盖因子；

P ——土壤侵蚀控制措施因子。

10.2.1 降雨侵蚀力因子 *R* 值

因子R是一个地区降雨侵蚀潜势的一个量度，被定义为两个暴雨特征值的乘积，这两个暴雨特征值是降雨动能E_t和最大30min降雨强度I_{30}，计算式为

$$R=E_tI_{30} \tag{10.14}$$

式中 E_t ——一次降雨总动能，J/(m^2·cm)；

I_{30} ——一次降雨中最大30min降雨强度，cm/h。

为数字上处理方便，实际应用中常把E_tI_{30}值缩小100倍，作为R因子的值。则

$$R=E_tI_{30}/100 \tag{10.15}$$

对一次降雨来讲，E_t等于每个雨滴动能之和，这种理想化的计算在实际中很难行通。因此，人们常常采用Wischmeier和Smith的能量公式进行计算：

$$E_t=210.2+\lg I \tag{10.16}$$

据此计算出的降雨动能见表10.5，可直接查用。

表10.5 **降雨动能表** 单位：J/(m^2·cm)

cm/h	降雨强度									
	0	1	2	3	4	5	6	7	8	9
0.0	0.00	32.3	59.09	74.76	85.88	94.51	101.56	107.51	112.68	117.23
0.1	121.30	124.98	128.55	131.44	134.31	136.97	139.47	141.71	144.02	146.11
0.2	148.09	149.98	151.78	153.49	155.14	156.72	158.23	159.69	161.10	162.45
0.3	163.76	165.03	166.26	167.45	168.60	169.72	170.81	171.87	172.90	173.91
0.4	174.88	175.84	176.77	177.68	178.57	179.44	180.29	181.12	181.93	182.73
0.5	183.51	184.27	185.02	185.76	186.48	187.19	187.89	188.57	189.25	189.91
0.6	190.56	191.19	191.82	192.44	193.05	193.65	194.24	194.82	195.39	195.96
0.7	196.51	197.06	197.60	198.14	198.66	199.18	199.69	200.20	200.70	201.19
0.8	201.68	202.16	202.63	203.10	203.56	204.02	204.47	204.92	205.36	205.80
0.9	206.23	206.66	207.08	207.50	207.91	208.32	208.72	209.12	209.52	209.91
1.0	210.30	210.69	211.07	211.44	211.82	212.19	212.55	212.92	213.28	213.63
1.1	213.98	214.33	214.68	215.02	215.37	215.70	216.04	216.37	216.70	217.02
1.2	217.35	217.67	217.99	218.30	218.62	218.93	219.23	219.54	219.84	220.14
1.3	220.44	220.74	221.03	221.32	221.61	221.90	222.19	222.47	222.75	222.93
1.4	223.31	223.58	223.85	224.13	224.39	225.66	224.93	225.19	225.45	225.71
1.5	225.97	226.23	226.48	226.74	226.99	227.24	227.49	227.74	227.98	228.22
1.6	228.47	228.71	228.95	229.19	229.42	229.66	229.89	230.12	230.35	230.58

续表

cm/h	降雨强度									
	0	1	2	3	4	5	6	7	8	9
1.7	230.81	231.04	231.26	231.49	231.71	231.93	232.15	232.37	232.59	232.80
1.8	233.02	233.23	233.45	233.66	233.87	234.08	234.29	234.49	234.70	234.91
1.9	238.11	235.31	235.51	235.72	235.91	236.11	236.31	236.51	236.70	236.90
2.0	237.09	237.28	237.48	237.67	237.86	238.05	238.23	238.42	268.61	238.79
2.1	238.98	239.16	239.34	239.53	239.71	239.89	240.07	240.25	240.42	240.60
2.2	240.78	240.95	241.13	241.30	241.47	241.64	241.82	241.99	242.61	242.33
2.3	242.49	242.99	242.83	243.00	243.16	243.33	243.49	243.65	243.82	243.98
2.4	244.14	244.30	244.46	244.62	244.78	244.94	245.09	245.25	245.41	245.50
2.5	248.72	245.87	246.02	246.18	246.33	246.48	246.63	246.78	246.92	247.08
2.6	247.23	247.38	247.53	247.68	247.82	247.97	248.12	248.26	248.40	248.55
2.7	248.69	248.83	248.95	249.12	249.26	249.40	249.54	249.68	249.82	249.96
2.8	250.10	250.24	250.37	250.51	250.65	250.78	250.92	251.05	251.19	251.32
2.9	251.45	251.59	251.72	251.85	251.98	252.11	252.25	252.22	252.51	252.64
3.0	252.67	252.79	252.92	253.05	253.18	253.50	253.43	253.56	253.68	253.81
3.1	253.93	254.06	254.18	254.30	254.43	254.55	254.67	254.79	254.92	255.04
3.2	255.16	255.28	255.40	255.52	255.64	255.76	255.88	255.99	256.11	256.23
3.3	256.35	256.46	256.58	256.70	256.81	256.93	257.04	257.16	257.27	257.39
3.4	257.50	257.62	257.73	257.84	257.95	258.07	258.18	258.29	258.40	258.51
3.5	258.62	258.73	258.84	258.95	259.06	259.17	259.28	259.39	259.50	259.60
3.6	259.71	259.82	259.93	260.03	260.14	260.24	260.35	260.46	260.56	260.67

实际上在一次降雨过程中，其强度是不断变化的，因此就需要对降雨强度大体相同的时间进行分段，分别计算出各时段降雨动能 EP，然后相加求出 E_t。分段的依据是自记雨量计所描绘的降雨过程曲线。E_t 再乘以由雨量记录纸上查得的最大 30min 降雨强度后，除以 100 就得到该次降雨侵蚀力因子 R 值。

下面通过一实例说明 R 值的求算。

由自记雨量计绘出的某次降雨过程曲线如图 10.3 所示，从该曲线查得的降雨资料见表 10.6 中的（2）栏和（3）栏所示。

表 10.6　降雨动能计算表

降雨时间	降雨量/mm	降雨强度/(cm/h)	单位雨强的动能 /[J/(m^2·cm)]	时段内降雨动能/(J/m^2)
(1)	(2)	(3)	(4)	(5)
11：30—12：30	1.5	0.15	136.97	20.545
12：30—12：50	2.8	0.84	203.56	56.996
12：50—13：20	5.0	1.00	210.30	105.150
13：20—13：40	2.3	0.69	195.96	45.070
13：40—14：20	2.2	0.33	167.45	36.839
14：20—15：30	1.2	0.12	123.35	14.802
Σ				279.402

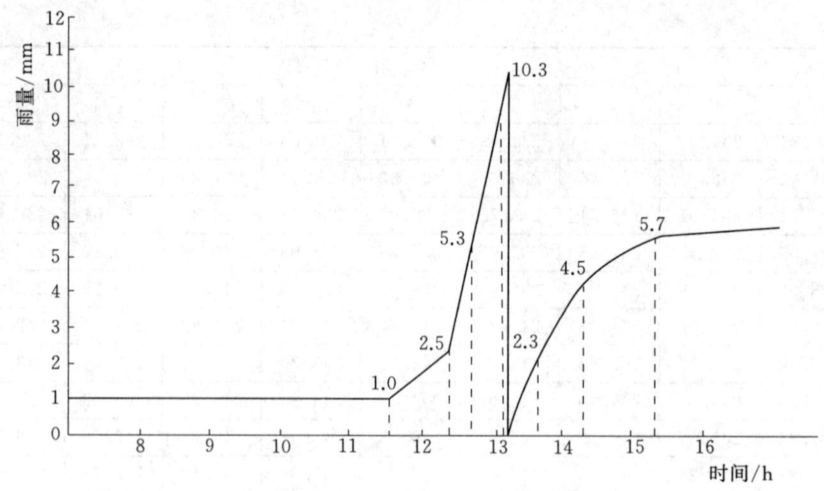

图 10.3 自记雨量计降雨记录曲线

在表 10.6 中，将（3）栏各数字分别代入能量计算式中，得（4）栏各相应值；将（2）栏各数分别和（4）栏各相应值相乘，就得（5）栏各相应值。

再由图 10.4 查得最大 30min 降雨强度为

$$I_{30}=0.5\text{cm}/0.5\text{h}=1.0\text{cm/h} \tag{10.17}$$

将该次降雨总能量 E_t，即 $\sum EP=279.402(\text{J/m}^2)$ 和 $I_{30}=1.0\text{cm/h}$ 代入式（10.15）中，得该次降雨的 R 值如下：

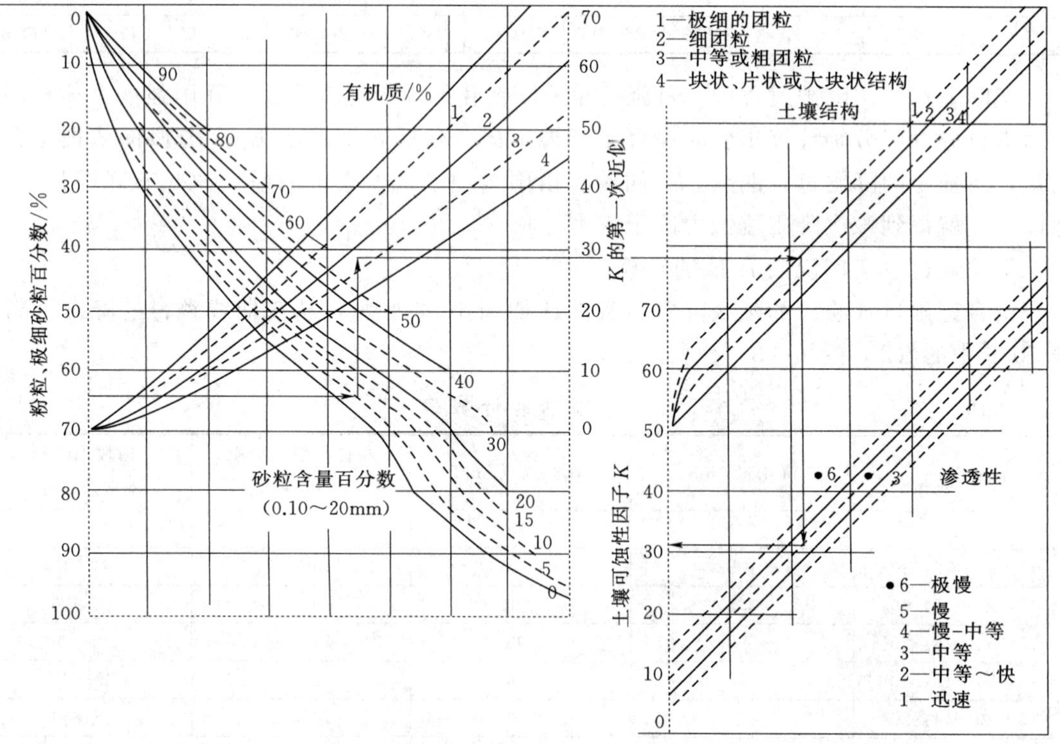

图 10.4 确定美国大陆突然可侵蚀性因子 K 值的诺模图

$$R = E_t I_{30}/100 = 279.402 \times 1.0/100 = 2.79 \tag{10.18}$$

若将某一时期内的所有降雨侵蚀力 R 值相加，即可得到周、日或年的降雨侵蚀 R 值。

10.2.2 土壤可侵蚀性因子 *K* 值

当其他影响侵蚀的因子不变时，K 因子反映不同类型土壤抵抗侵蚀力的高低。它与土壤物理性质的影响，如机械组成、有机质含量、土壤结构、土壤渗透性有关。当土壤颗粒粗、渗透性大时，K 值就低，反之则高；一般情况下 K 值的变幅为 0.02～0.75。

K 值的直接测定方法是：在标准小区（坡长为 22.1m，宽为 1.83m，坡度为 9%）上没有任何植被，完全休闲，无水土保持措施，降水后收集由于坡面径流而冲蚀到集流槽内的土壤，烘干、称重，由下述公式计算得到 K 值：

$$K = \frac{ET}{R} \tag{10.19}$$

式中 ET ——年平均土壤流失量，t/hm^2；

R ——年降雨侵蚀力值。

美国将土壤颗粒组成、土壤有机质含量、土壤结构和土壤渗透性等与 K 值有关的土壤特征变成土壤可蚀性诺模图（图 10.4），据此可查得不同类型土壤可蚀性因子 K 值。例如，某土壤含粉粒加细砂 65%，砂粒 5%，有机质 2.5%，结构为 2，渗透性为 4，则在图 10.5 上查得的土壤可蚀性值为 0.31。

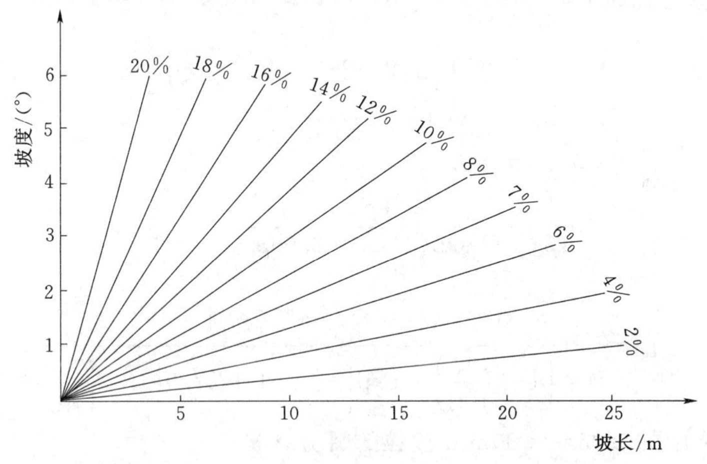

图 10.5 *LJ* 复合因子查算图（坡度<20%时）

土壤特性及分级如下。

（1）土壤颗粒组成及标示方式：细粒土加细沙（粒径 0.002～0.10mm）的百分含量，取值范围 0～100%，保留整数。

（2）土壤有机质百分含量，保留到一位小数，可分为 0、1%、2%、3%、5%等。

（3）土壤结构可分为以下 4 级：①特细粒（很细的粒状结构）；②细粒（细粒状结构）；③中粒（中等结构或粒状结构）；④块状、片状或土块（块状或片状结构）。

（4）土壤可渗透性分以下 6 级：快、中快、中、中慢、慢、特慢。

查图步骤为：在图中先找到淤泥和细沙的百分含量值，然后依次对应上砂粒的百分含量值、有机质百分含量值、土壤结构和渗透性的数值。例如，图10.4中虚线所示的例子是：淤泥和细沙的含量为65%，砂粒含量为5%，有机质含量为2.5%，土壤结构为2，渗透性为4。由此查得 $K=0.31$。

试验测算 K 值既费时又费力，1971年 Wischmeier 等发展了一个通用方程来计算土壤侵蚀因子 K 值，该方程在土壤黏土和壤土组成少于70%时适用。

$$K=\frac{0.00021M^{1.14}(12-OM)+3.25(c_{\text{soilstr}}-2)+2.5(c_{\text{perm}}-3)}{100} \tag{10.20}$$

式中 M——颗粒尺度参数；

OM——有机物含量百分比，%；

c_{soilstr}——土壤分类中的结构代码；

c_{perm}——土壤剖面可渗透性类别。

1995年 Williams 提出了另一个替换方程：

$$K=f_{\text{csand}}f_{\text{cl-si}}f_{\text{orgc}}f_{\text{hisand}} \tag{10.21}$$

式中 f_{csand}——粗糙沙土质地土壤侵蚀因子；

$f_{\text{cl-si}}$——黏壤土土壤侵蚀因子；

f_{orgc}——土壤有机质因子；

f_{hisand}——高沙质土壤侵蚀因子。

各因子的计算公式如下：

$$f_{\text{csand}}=0.2+0.3\exp\left[-0.256m_s\left(1-\frac{m_{\text{silt}}}{100}\right)\right] \tag{10.22}$$

$$f_{\text{cl-si}}=\left(\frac{m_{\text{silt}}}{m_c+m_{\text{silt}}}\right)^{0.3} \tag{10.23}$$

$$f_{\text{orgc}}=1-\frac{0.25\rho_{\text{orgc}}}{\rho_{\text{orgc}}+\exp(3.72-2.95\rho_{\text{orgc}})} \tag{10.24}$$

$$f_{\text{hisand}}=1-\frac{0.7\left(1-\frac{m_s}{100}\right)}{\left(1-\frac{m_s}{100}\right)+\exp\left[-5.51+22.9\left(1-\frac{m_s}{100}\right)\right]} \tag{10.25}$$

式中 m_s——粒径在0.05～2.00mm沙粒的百分含量；

m_{silt}——粒径在0.002～0.05mm的淤泥、细沙百分含量；

m_c——粒径小于0.002mm的黏土百分含量；

ρ_{orgc}——各土壤层中有机碳含量，%。

10.2.3 *LJ* 因子值

LJ 是一个复合因子，当标准小区坡长 $L=22.1\text{m}$，坡度 $J=9\%$ 时，$LJ=1$；若 $L>22.1\text{m}$ 或 $J>9\%$ 时，$LJ>1$；反之则 $LJ<1$；完全平坦的地面 $LJ=0$。LJ 值可由图10.5查出，此图只适用于坡度小于20%的 LJ 值。

若坡度>20%，可按下式计算：

$$LJ=\left(\frac{Y}{22}\right)^{0.3}\left(\frac{\theta}{5.16}\right)^{1.3} \tag{10.26}$$

式中 Y——坡地坡长，m；

θ——坡地坡度，(°)。

10.2.4 植被覆盖和管理因子 C 值

植被覆盖和管理因子 C 表示植物覆盖和作物栽培措施对防止土壤侵蚀的综合效益[21]，其含义是在地形、土壤、降水条件相同的情况下，种植作物或林草地的土地与连续休闲地土壤流失量的比值，最大取值为 1.0。其计算式如下：

$$C=\frac{A'}{A}\times 100\times R\times 10^{-4}=C'R10^{-2} \tag{10.27}$$

$$C'=A'/A$$

式中 A'——有作物生长的小区上的土壤流失量，t/hm^2；

A——休闲地小区的土壤流失量，t/hm^2；

R——降雨侵蚀力值。

农作物不同的生育期内，地面的覆盖度有很大的差异，而且一年当中降雨的分布也是不相同的，因此，每种作物地上的 C 值都是根据不同耕作期分段计算后相加而得的。

对于农作物，根据每一时期植被和秸秆作用的不同，可以分为以下几个时期：F—土壤翻耕期；1—整地播种期；2—作物苗期；3—作物生长成熟期；4—收获期（4L 为收获后留残茬，4NL 为收获后不留残茬）。

美国根据许多小区试验资料将不同作物在 4 个阶段的 C' 值列成表 10.7。

表 10.7　几种作物在耕作期的 C' 值

作物种类	F	1	2	3	4L	4NL
玉米	0.15	0.40	0.33	0.15	0.22	0.45
小麦	0.30	0.45	0.35	0.08	0.20	0.40
谷类	0.30	0.45	0.35	0.08	0.20	0.40
高粱	0.15	0.35	0.28	0.14	0.20	0.45
马铃薯	0.25	0.60	0.35	0.25	0.45	0.65
大豆	0.35	0.63	0.40	0.26	0.30	0.45

地面无任何覆盖时 $C=1.0$；有很好的植被或其他保护层时，$C=0.001$；玉米生长期 $C=0.3\sim0.5$；牧草地 $C=0.01\sim0.1$；林地的 $C=0.01$。表 10.8 是几种林地和草地在不同覆被率下的 C' 值。

表 10.8　几种林地和草地不同覆被率下的 C' 值

覆被率	0	20	40	60	80	100
林草	0.45	0.24	0.15	0.09	0.043	0.011
灌木	0.40	0.22	0.14	0.085	0.04	0.011
乔灌木	0.39	0.20	0.11	0.06	0.027	0.007
林地	0.10	0.08	0.06	0.02	0.004	0.001

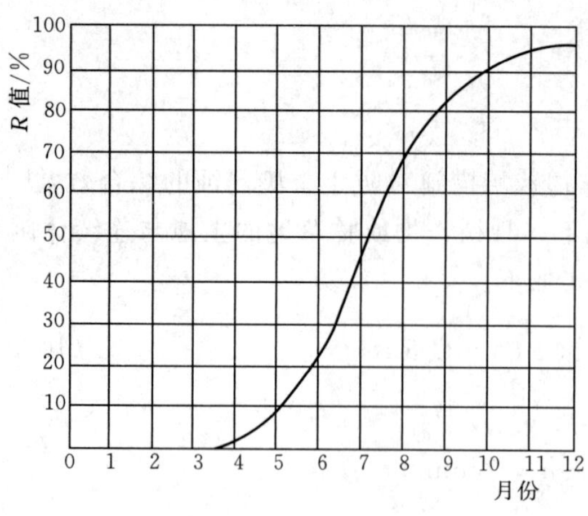

图 10.6 全年 R 值累计曲线图

计算林草地上的 C 值时，首先从表 10.8 中查得 C' 值，然后直接乘以全年的 R 值，再乘以 10^{-2} 即可。

求算某种农作物的 C 值时，先按月求出 R 值占全年的百分比，并点绘出全年 R 值累计曲线图(图 10.6)，然后根据作物各个生长期从表 10.7 查得 C' 值(百分数表示)，并从图 10.6 上查得与该作物生长期相对应的 R 值(用百分数表示)，两者相乘后，再乘 10^{-4}，即得该时土地上的 C 值，各生长期 C 值相加后就是该作物生长地上全年的 C 值，其表达式为

$$C = C'_1R_1 + C'_2R_2 + C'_3R_3 + C'_4R_4 \tag{10.28}$$

式中 C'_1、C'_2、C'_3、C'_4——不同耕作期的 C' 值；

R_1、R_2、R_3、R_4——与不同耕作期相对应的降雨侵蚀力值。

10.2.5 土壤保持措施因子 *P* 值

土壤保持措施因子 P 是指有保持措施的地表土壤流失与不采取任何措施的地表土壤流失的比值，这里的保持措施包括等高耕作、带状耕作和梯田。措施效果好的 P 值小，不采取措施的 $P=1.0$。P 值的变化范围为 0.25～1.0。

等高耕作在 2%～7%坡度上效果最好，土壤流失量相当于顺坡耕作的一半；坡度减小，作用下降，坡度为零时顺坡耕作与横向耕作就没有区别。当坡度从 7%往上增加时，等高耕作的作用也不断降低；在陡坡地上，其保持水土的能力甚小，对强度较小的降雨，这种做法效果良好，而在降暴雨时，等高耕作基本上不起作用。等高耕作的 P 值见表 10.9。

表 10.9　　等高耕作 *P* 值

坡度/%	P	最大坡长/m
1～2	0.60	122
3～5	0.50	91
6～8	0.50	61
9～12	0.60	37
13～16	0.70	24
17～20	0.80	18
21～25	0.90	15

等高带状耕作是指草、田带状间作。这种耕作方式既可使径流速度降低，又可拦截从田面流失的土壤，其侵蚀量为顺坡耕作的 25%～45%；其作用除与坡度有关外，还与种植的作物有关，当采用效果较差的农作物时（如玉米、燕麦），等高带状耕作的土壤流失量可达顺坡耕作的 75%或更多。等高带状耕作的 P 值见表 10.10。

表 10.10 **等高带状耕作 P 值**

坡度/%	P			间距/m	最大坡长/m
	A	B	C		
1～2	0.30	0.45	0.60	40	244
3～5	0.25	0.38	0.50	30	183
6～8	0.25	0.38	0.50	30	122
9～12	0.30	0.45	0.60	24	73
13～16	0.35	0.52	0.70	24	49
17～20	0.40	0.60	0.80	18	37
21～25	0.45	0.68	0.90	15	30

注 由 Wischmeier 和 Smith（1978）[21] 得出。A：中耕作物、小粒谷类作物、草地（两年）4 年轮作；B：两年中耕作物、冬谷类作物、草地（1 年）4 年轮作；C：中耕作物和冬谷类作物间种。

梯田的保土作用明显，从地坎上留来的土壤大部分沉积在梯田田面上，梯田改变了坡度和坡长，使 LJ 值发生变化，故在 LJ 值中考虑，与 P 值无关。

从通用土壤流失方程中可以看出，R 值和 K 值是自然因素，人力尚难改变。但 C、P、LJ 则是人们可以改变的因素，其中以 C 值影响最大。当地面有良好的植被覆盖时，可使土壤流失量减小到 1/100；LJ 值也有很大影响，当坡面坡度降低到很小时，土壤流失量也可减小到微不足道的程度；P 值可使土壤流失量减小到 1/4。

10.3 泥 沙 运 动

研究泥沙运动规律，主要目的是建立输沙率公式，从而确定在不同水流条件下的输沙量。

对河流中泥沙运动现象的观察表明，泥沙在水流中的运动性质，与其本身粒径的大小、河床上所处的位置以及水流条件等因素有关，可以区分为推移质和悬移质两大类型。推移质实质上是指在河底附近，以滚动、滑动、跳跃或层移形式前进，其速度远小于水流速度的泥沙。悬移质则是悬浮在水中运动，速度与水流速度基本相同的泥沙。在水流所挟运的泥沙中，推移质属于比较粗的部分颗粒，而悬移质则是属于比较细的部分颗粒。

对河流中运动的泥沙而言，推移质的数量一般都比悬移质的数量小，特别是冲积平原的大中型河流，悬移质数量一般为推移质数量的几十倍或更多。例如长江宜昌站资料表明，推移质输沙量平均仅占年输沙总量的 1.75%，其余都是悬移质。因此，悬移质输沙率是河流动力学中重要的研究课题之一，它对于估计河流输送泥沙的数量以及进行河床冲淤计算都有重要的意义。本章主要讨论源头流域，故其泥沙输出指的是悬移质。

悬移质输沙率是指一定的水流与河床组成条件下，水流在单位时间内所能挟带并通过河段下泄的悬移质中床沙质泥沙的数量。水流实际输送的和它能够挟带的悬移质数量常常是不相等的。前者大于后者，则水流处于超饱和状态，河流沿程发生淤积；反之，则水流处于次饱和状态，河流沿程冲刷。悬移质输沙率指的是河流不冲不淤、水流处于饱和状态的临界情况。

许多学者对悬移质输沙率进行研究并提出了相应的计算公式，但由于问题相当复杂，至今尚未得到满意的结果。这些公式中，有些有一定的理论根据，有些还带有经验的性质。下面介绍其中的几个公式。

10.3.1 爱因斯坦公式

爱因斯坦公式是欧美国家广泛用来计算悬移质输沙率的方法之一。计算时用到下列基本公式：

$$g_s=\int_a^h uS\mathrm{d}y \tag{10.29}$$

$$\frac{S}{S_a}=\left(\frac{h-y}{y}\frac{a}{h-a}\right)^z \tag{10.30}$$

$$z=\frac{\omega}{\kappa U_*} \tag{10.31}$$

及对数流速分布公式：

$$\frac{u}{U_*}=5.75\lg\left(30.2\frac{y}{\Delta}\right) \tag{10.32}$$

式中 $\Delta=K_s/\chi$，K_s 代表床面的粗糙突起高度，可取 $K_s=D_{65}$；

χ——对数流速公式的校正参数，同床面水力粗糙或水力光滑的情况有关；

u——距床面 y 处的流速；

S——悬移质含沙量；

h——平均水深；

a——床面层的厚度；

g_s——悬移质单宽输沙率，kg/(s·m)；

κ——卡门常数；

S_a——临底含沙量；

U_*——摩阻流速；

ω——悬移质沉降速率。

取无因次数 $\eta=y/h$，$A=a/h$，将式（10.30）～式（10.32）代入式（10.29），得

$$\begin{aligned}g_s&=\int_a^h uS\mathrm{d}y=\int_a^h 5.75U_*\lg\left(30.2\frac{y}{\Delta}\right)S_a\left(\frac{h-y}{y}\frac{a}{h-a}\right)^z\mathrm{d}y\\&=11.6U_*S_a a\left(2.303\lg\frac{30.2h}{\Delta}I_1+I_2\right)\end{aligned} \tag{10.33}$$

其中

$$I_1=0.216\frac{A^{z-1}}{(1-A)^z}\int_A^1\left(\frac{1-\eta}{\eta}\right)^z\mathrm{d}\eta \tag{10.34}$$

$$I_2=0.216\frac{A^{z-1}}{(1-A)^z}\int_A^1\left(\frac{1-\eta}{\eta}\right)^z\ln\eta\mathrm{d}\eta \tag{10.35}$$

$$S_a=\xi\frac{i_b g_b}{aU_*} \tag{10.36}$$

式中 i_b——推移质中代表粒径为 D 的粒径组泥沙所占百分比；

$i_b g_b$——该粒径组泥沙的推移质单宽输沙率，可根据其推移质公式推求。

根据水槽试验资料，求得 $\xi=1/11.6$，于是式（10.36）可写成

$$S_a=\frac{1}{11.6}\frac{i_b g_b}{aU_*} \tag{10.37}$$

将式（10.37）代入式（10.33）可得

$$g_s=i_b g_b\left(2.303\lg\frac{30.2h}{\Delta}I_1+I_2\right) \tag{10.38}$$

10.3.2 拜格诺公式

拜格诺认为水流维持悬移质运动需要做功，要消耗水流的势能。从这一观点出发，他研究了悬移质的输沙率。

设单位床面面积上方的水柱中，悬移质的水下重量为 W'_s，悬移质沿流向的垂线平均速度为 $\overline{u}_s$，则以水下重量计的悬移质单宽输沙率为

$$g'_s=W'_s\overline{u}_s \tag{10.39}$$

泥沙在水流中将以沉速 ω 下沉，但悬移质作为一个整体来说，其重心又能维持在一定的高程不变，这意味着水流必须以 ω 的速度将泥沙举起。在单位床面面积上方的水柱中，单位时间内水流通过紊动为悬浮泥沙做的功为

$$E_1=W'_s\omega \tag{10.40}$$

维持悬移质悬浮的能量虽然直接取自于水流的紊动能，但后者又是从水流的有效势能转化而来的。因此，使泥沙悬浮的能量与水流的势能损失间应有一定的联系。单位床面、单位时间内水流的势能损失为 $\tau_0 U$。考虑到这一损失中，已有一部分用来维持推移质运动，该部分为 $\tau_0 U e_b$。因此，单位时间内，水流用来维持悬移质运动而消耗的势能应等于扣除输移推移质之后的势能再乘以一效率系数，即

$$E_2=\tau_0 U(1-e_b)e_s \tag{10.41}$$

这部分能量就用来悬浮泥沙，即 $E_1=E_2$，于是得

$$W'_s\omega=\tau_0 U(1-e_b)e_s \tag{10.42}$$

式中 e_b、e_s——水流搬运推移质与悬移质的效率。

将式（10.42）代入式（10.39），得

$$g'_s=\tau_0\frac{U\overline{u}_s}{\omega}(1-e_b)e_s \tag{10.43}$$

式中，垂线平均的悬移质运动速度 $\overline{u}_s$ 与水流的垂线平均流速 U 并不相等，但大致成一比例，即

$$\overline{u}_s=\alpha U \tag{10.44}$$

式中 α——比例系数，一般小于1。

将式（10.44）代入式（10.43）可得

$$g'_s=e_s(1-e_b)\alpha\frac{\tau_0 U^2}{\omega} \tag{10.45}$$

通过对一些水槽试验资料的分析，拜格诺得到

$$(1-e_b)e_s\alpha=0.01 \tag{10.46}$$

于是，得到以水下重量计的悬移质单宽输沙率公式为

$$g'_s = 0.01\frac{\tau_0 U^2}{\omega} \tag{10.47}$$

若以干质量计，则悬移质单宽输沙率公式为

$$g_s = 0.01\frac{\gamma_s}{\gamma_s - \gamma}\frac{\tau_0 U^2}{g\omega} \tag{10.48}$$

推移质输沙效率 e_b 一般在0.12～0.15之间。作为一个例子，若令 $e_b = 0.13$，分别取 $\alpha = 0.25$ 及0.5，根据式（10.46），则悬移质输沙效率分别为0.046及0.023。这说明，水流的有效势能中，最后通过紊动动能用来维持泥沙悬浮的部分，所占的比例很小。

10.3.3 经验公式

经验公式很多，介绍其中两个供参考。

（1）范家骅公式 范家骅以引黄济卫渠系及陕西洛惠渠等渠道的实测资料作基础，建立了如下公式

$$S_* = 2.34\frac{U^4}{\omega R^2} \tag{10.49}$$

式中 U——断面平均流速，m/s；

R——水力半径，m；

ω——悬移质平均沉速，cm/s。

（2）扎马林公式 扎马林利用前苏联中亚大量灌溉渠道的资料，提出了如下的两个公式：

$$S_* = 11U\sqrt{\frac{URJ}{\omega}} \quad 适用于 0.0004 \leqslant \omega < 0.002\text{m/s} \tag{10.50}$$

$$S_* = 0.022\left(\frac{U}{\omega}\right)^{3/2}\sqrt{RJ} \quad 适用于 0.002 \leqslant \omega < 0.008\text{m/s} \tag{10.51}$$

式中 R——水力半径，m；

J——比降；

U 与 ω 的单位为m/s。

以上诸公式中，S_* 都是指悬移质中床沙质临界含沙量，单位为 kg/m^3。

影响悬移质输沙率的因素很复杂，限于当前的理论水平，按理论公式计算得到的悬移质输沙率往往同实测情况会有很大出入，于是人们提出了不同的经验公式，来解决生产实际问题。

经验公式是根据特定的实测资料建立的，有一定的局限性。使用经验公式时，应注意其适用条件，根据当地的实际资料对经验公式进行检验并加以适当的修正。最好能建立自己的经验公式，也就是根据实测资料，通过相关分析找出有关变量，建立合适的结构式，为满足因次和谐的要求，最好能将有关变量构成相应的无因次项，再由实测资料决定公式中的系数和指数或无因次变量之间的关系。这样得到的经验公式才更切合当地的实际情况。

10.3.4 泥沙汇集概念模拟

10.3.1～10.3.3节给出的公式都只能确定河床处于不冲不淤平衡状态时水流的饱和

含沙量或悬移质输沙率。但是，天然河流中河床经常处于冲淤变化的状态，挟沙水流的含沙量常常不等于其临界值，有时处于饱和状态，河床淤积；有时处于次饱和状态，河床冲刷。河床真正处于不冲不淤平衡状体的情况是很少见的，因而用前面几节的公式来计算河流的真实含沙量会有一定的误差。在一些工程问题中这方面的现象有时还十分明显。例如在河流上筑坝修建水库后，下泄的基本上是清水，含沙量远小于水流的挟沙能力，这必然引起坝下游河床的冲刷。水流冲刷河床，增加水中的含沙量，使它逐渐达到饱和状态，这个过程要经过一段距离才能完成，在这过程中，含沙量是沿程变化的。同理，水库回水区的沿程淤积是挟沙水流由超饱和向饱和状态发展的过程，在这过程中，含沙量也沿程变化。实际观察表明，细颗粒泥沙超饱和的能力很强，在流速减小后，挟沙水流的含沙量可能远超过其临界含沙量。细颗粒泥沙由次饱和通过冲刷到恢复饱和往往也需要较长的距离。于是在流速增大后，细颗粒泥沙的含沙量有时会远小于其临界含沙量。由此可见，泥沙越细，直接由前面公式计算的含沙量与挟沙水流实际的含沙量相差可能会越大。为了估计经过多长距离后含沙量才恢复饱和，或者为了了解挟沙水流的含沙量实际上有多大，以便于计算河床冲淤，需要研究含沙量的沿程变化规律。

理论上讲，可以根据一般形式的悬移质扩散方程来研究含沙量的沿程变化。本书介绍一个根据简化的物理概念推导的平均含沙量沿程变化公式。

考虑如图 10.7 所示的控制元，根据质量守恒定律，可以写出泥沙平衡关系：

$$I_s - S + q_s = \frac{\mathrm{d}W_s}{\mathrm{d}t} \tag{10.52}$$

式中 W_s ——控制元内随水流运动着的泥沙量；

I_s、S ——输入和输出控制元的泥沙速率；

q_s ——控制元内的冲淤速率。

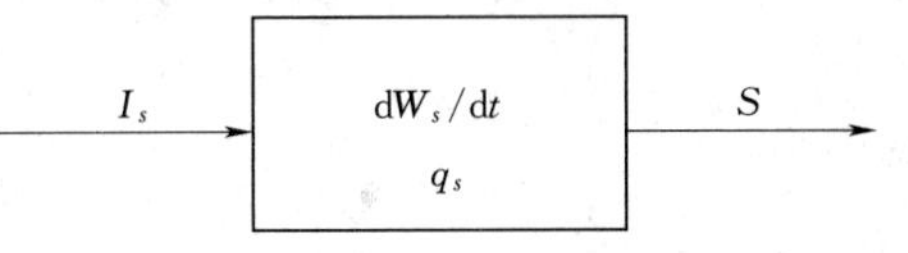

图 10.7 水流控制元

显然，控制元内泥沙总量 W_s 的大小，密切影响这控制元的泥沙输出速率 S。一般说来，当水流条件不变时，控制元内的运动沙量越多，泥沙含量越高，随水流流走的泥沙速率也越大，两者间存在着密切的正比关系。

从水流和泥沙的运动方程看，泥沙运动与水流运动有着十分相似的机制。据此，可类似地把泥沙运动方程式由泥沙蓄泄关系来取代[22]：

$$W_s = k_s[x_s I_s + (1 - x_s)S] \tag{10.53}$$

式中 k_s ——泥沙运动传播时间；

x_s ——泥沙比重系数，或说沙峰随洪水波运动过程中的坦化系数。

水流与泥沙运动速度的不同，反映在蓄泄关系中是水流传播时间 k 和泥沙传播时间 k_s 的不同，水流和泥沙运动过程中受河道调蓄作用的不同，反映在蓄泄关系中是洪水波坦化系数 x 和随洪水波运动泥沙的展开系数 x_s 的不同。

泥沙运动过程中的淤积和水流冲刷侵蚀，是泥沙与水流连续方程间的根本差异。

河道中的冲淤与水力条件和泥沙条件密切相关。在一定的水力和泥沙综合条件下，水流所能携带的泥沙量，称为挟沙能力，如果水流的含沙量大于挟沙能力，就会发生泥沙淤积，反之就冲刷。

水流挟沙能力是河流动力学中一个很重要的理论问题，其探索历史悠久，成果多，但以试验和观测资料的分析关系为主，如10.3.1节～10.3.3节计算公式。

一个研究河段，由于水流的非稳定性，水力和泥沙条件沿程也会相应变化。文献[22]把河段平均的冲淤速率表达为[22]

$$q_s = \alpha\xi(CI_* - CI)I - (1-\alpha)\xi(C_* - C)Q \tag{10.54}$$

式中　α——上下游断面冲淤速率比重系数；

ξ——冲淤系数；

CI_*、CI——上断面的水流挟沙能力和实际含沙量；

I、Q——上下断面流量。

式（10.52）～式（10.54）构成泥沙汇集概念模拟公式。把式（10.52）作如下的差分

$$\frac{W_{s2}-W_{s1}}{\Delta t} = \frac{I_{s1}+I_{s2}}{2} - \frac{S_1+S_2}{2} + \frac{q_{s1}+q_{s2}}{2} \tag{10.55}$$

相应地有

$$W_{s1} = k_s[x_s I_{s1} + (1-x_s)S_1] \tag{10.56}$$

$$W_{s2} = k_s[x_s I_{s2} + (1-x_s)S_2] \tag{10.57}$$

$$q_{s1} = \alpha\xi(CI_{*1} - CI_1)I_1 - (1-\alpha)\xi(C_{*1} - C_1)Q_1 \tag{10.58}$$

$$q_{s2} = \alpha\xi(CI_{*2} - CI_2)I_2 - (1-\alpha)\xi(C_{*2} - C_2)Q_2 \tag{10.59}$$

$$I_{s1} = CI_1 I_1,\quad I_{s2} = CI_2 I_2 \tag{10.60}$$

$$S_1 = C_1 Q_1,\quad S_2 = C_2 Q_2 \tag{10.61}$$

将式（10.56）～式（10.61）代入式（10.55），可得

$$S_2 = b_0 I_{s2} + b_1 I_{s1} + b_2 S_1 + e \tag{10.62}$$

其中

$$b_0 = \left(\frac{1}{2} - \frac{k_s x_s}{\Delta t} - \frac{\xi}{2}\alpha\right)\Big/ RR \tag{10.63}$$

$$b_1 = \left(\frac{1}{2} + \frac{k_s x_s}{\Delta t} - \frac{\xi}{2}\alpha\right)\Big/ RR \tag{10.64}$$

$$b_2 = \left[\frac{k_s}{\Delta t}(1-x_s) - \frac{1}{2} - \frac{\xi}{2}(1-\alpha)\right]\Big/ RR \tag{10.65}$$

$$e = \left[\frac{\xi}{2}\alpha(IS_{*1} + IS_{*2}) + \frac{\xi}{2}(1-\alpha)(S_{*1} + S_{*2})\right]\Big/ RR \tag{10.66}$$

$$IS_{*1} = CI_{*1} I_1,\quad IS_{*2} = CI_{*2} I_2 \tag{10.67}$$

$$S_{*1} = C_{*1} Q_1,\quad S_{*2} = C_{*2} Q_2 \tag{10.68}$$

$$RR = \frac{k_s}{\Delta t}(1-x_s) + \frac{1}{2} + \frac{\xi}{2}(1-\alpha) \tag{10.69}$$

10.4　模型应用检验

10.4.1　流域和资料

锦屏水库何家坡站地处甘肃省通渭县，位于渭河支流散渡河上游的牛谷河上，流域

图如图10.8所示。该流域控制面积$191km^2$，该流域属于大陆性气候，其特点是干旱少雨，其上游华家岭地区海拔较高，达到2400m，属于二阴地区，多年平均降雨量只有500mm，下游的通渭县城海拔有1770m，多年平均降雨量439mm，但是该地区多年平均蒸发量却达到了1390mm，相当于降雨量的3倍多，同时该地区降雨年内分布极不均匀，洪水多由暴雨形成，主要发生在6—9月的汛期，陡涨陡落，历时短。为典型的干旱半干旱地区。

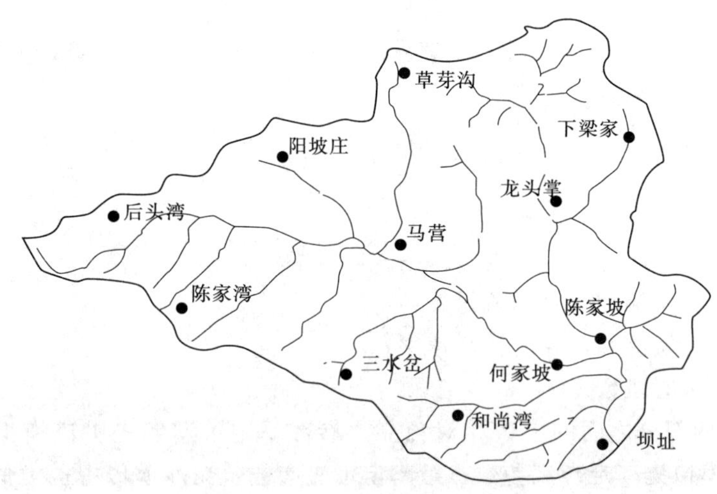

图10.8 锦屏水库流域图

锦屏水库始建于1972年，1975年主体工程完工，至今已40年之久，锦屏水库坝址以上流域内植被条件极差，多为黄土所覆盖，沟壑密布，水土流失极为严重，具有着黄土高原多沙河流的基本特征。水库原设计年侵蚀模数为$9600t/km^2$，设计多年平均径流量620万m^3，多年平均径流深32.5mm，多年平均含沙量$29.5kg/m^3$，多年平均年推移质输沙量6.5万t，多年平均年悬移质输送量131万t。

本文选择锦屏水库上何家坡水文站的资料进行模型的模拟应用，何家坡站控制流域面积$100km^2$，属于小流域范围，通过其流域内六个雨量站（后头湾、陈家坡、三水岔、草牙沟、马营和何家坡）1978—2004年间时段降雨资料和何家坡站25场洪水泥沙资料进行模型的模拟计算，在这27年资料收集中，由于有些雨量站资料的缺失，将借助临近地区雨量站采取插补或替换的方法进行资料的整理。

10.4.2 模型建立

这里采用的模型，产流为垂向混合产流，坡面汇流为线性水库，沟道汇流为Muskingum法。坡面和沟道产沙采用文献[12]的概念性产沙模型，也可采用美国通用土壤流失方程；坡面和沟道汇沙均采用式（10.52）和式（10.53），只不过坡面汇沙，取$x_s=0$，$q_s=0$。

在一个流域上建立模型，首先要确定其参数。本模型需要率定的参数有15个，见表10.11。

模型参数率定采用人机交互率定，分产流、汇流、产沙和汇沙四步率定。其中产流和产沙是量的估计，主要比较实测与计算的次洪径流深和产沙模数，目标函数分别为

$$FR = \sum_{i=1}^{n} |RO_i - RC_i| \tag{10.70}$$

$$FMS = \sum_{i=1}^{n} |MS_i - MSC_i| \tag{10.71}$$

式中 RO、RC——观测和计算次洪径流深，mm；

MS、MSC——实测和计算的次洪产沙模数，t/km^2；

n——洪水次数。

汇流和汇沙是变化过程的估计，主要比较实测、计算的流量过程和输沙速率过程，目标函数分别为

$$FQ = \sum_{i=1}^{m} (Q_i - QC_i)^2 \tag{10.72}$$

$$FS = \sum_{i=1}^{m} (S_i - SC_i)^2 \tag{10.73}$$

式中 Q、QC——实测和计算的流量；

S、SC——实测和计算的输沙速率；

m——时段数。

经研究[23]，四部分之间的参数相对独立，参数率定可遵照先水流模拟参数，后泥沙模拟参数，水流模拟先率定产流参数，后率定汇流参数，泥沙模拟中也类似，按先产沙后汇沙的次序率定。率定的参数见表 10.11。

表 10.11　概念性水沙模型参数

参数	种类	意义	取值
FC/(mm/h)	水流模拟	流域稳定下渗率	4
KF		下渗渗透系数	1
WM/mm		土壤蓄水上限	230
BF		流域下渗率分布曲线指数	0.3
CS		地面径流线性水库汇流系数	0.15
k_e/h		沟道水流传播时间	1
x_e		沟道流量比重系数	0.48
REM/kg	泥沙模拟	流域平均坡面抗侵蚀能力	1670
BS		坡面土壤抗侵蚀能力流域分布曲线指数	0.75
α_0		坡面土壤抗侵蚀能力为零的面积比	0.3
CM/(kg/m^3)		坡面水流挟沙浓度上限	15
BW		土壤含水量对 α_0 影响指数	0.8
CGM/(kg/m^3)		沟道水流达平均流速时的沟道产沙浓度	18
k_s/h		泥沙的传播时间	0.5
x_s		泥沙速率比重系数	0.35
BV	预定	流速关系指数	0.7
A/km^2		流域面积	100

10.4.3 模型模拟结果

为检验模型各部分结构的合理性，模拟分次洪径流深、流量过程、次洪产沙模数和输沙率过程。表 10.12 和表 10.13 列出了何家坡流域次洪水流和泥沙模拟结果。

表 10.12　何家坡次洪模拟结果统计

洪号	P/mm	RO/mm	RC/mm	Q_{mo}/(m^3/s)	Q_{mc}/(m^3/s)	峰现时差/h	DC_Q
990710	12.6	2.9	2.6	29	24	0	0.93
980823	24	4.7	5.4	90	87	−1	0.12
970814	4.4	2	2.3	34	33	1	−0.15
960720	2.5	1	1.2	14	12	0	0.72
950805	16.1	6	6.1	65	65	−1	0.52
950718	13.6	6.5	7.8	109	92	0	0.84
920811	17.2	7.2	6.6	45	46	0	0.71
920809	20.8	6.3	8.4	99	95	0	0.74
910819	8.8	6.3	6.2	90	82	0	0.92
890712	8.1	2.4	2.8	31	30	1	0.8
880807	25.7	4.8	4.1	27	26	−1	0.59
880804	2.9	1.6	1.6	23	22	0	0.87
880803	13	3.1	2.5	33	36	−1	0.20
830815	83	8.2	12.7	48	48	1	0.39
820808	3.7	2.2	2.3	25	30	−1	0.16
820709	5.5	0.4	0.5	5	6	0	0.47
800807	6.4	2.4	4.2	45	40	0	0.4
800723	77	48.1	50	407	443	−2	0.09
040725	28.7	1.3	1.2	5	5	4	−1.4
030827	47.7	42.5	46.2	135	137	−1	0.64
030825	46.2	18.4	19.3	95	180	0	−1.6
000827	19.8	16.4	14.9	128	129	−2	0.36
000816	35.9	20	28.3	327	277	−1	0.69
000603	9.5	4.4	5.5	70	66	0	0.71
平均	22.2	9.1	10.1	82.5	83.8	−0.2	0.363

注　峰现时差中＋表示计算提前，－表示计算迟后。

表 10.12 中 DC_Q 为流量过程模拟的有效性系数，定义为

$$DC_Q = 1 - \sum_{i=1}^{m}(Q_i - QC_i)^2 \Big/ \sum_{i=1}^{m}(Q_i - \overline{Q})^2 \tag{10.74}$$

式中　Q、QC——实测和计算的流量；

$\overline{Q}$——Q_i 的平均值；

m——时段数。

表 10.13 何家坡站泥沙模拟结果统计

洪号	$MS/(t/km^2)$	$MSC/(t/km^2)$	ER/%	$S_{mo}/(t/s)$	$SC_{mc}/(t/s)$	峰现时差/h	DC_S
000603	713.07	759.00	6.4	10.55	9.23	−1	0.71
000816	3266.82	3369.00	3.1	60.32	49.16	0	0.46
000827	1791.06	2026.09	13.1	14.82	13.96	0	0.97
800723	23590.26	27165.80	15.2	272.17	231.16	−1	0.78
800807	525.79	537.94	2.3	11.33	9.30	0	0.95
820709	221.94	278.78	25.6	3.39	2.97	0	0.75
820803	704.66	681.74	3.3	9.75	8.17	0	0.94
820808	668.64	715.38	7.0	8.03	8.36	−1	0.94
830815	1870.06	2282.24	22.0	19.36	16.31	0	0.85
880803	539.51	613.25	13.7	7.13	5.85	0	0.86
880804	231.22	270.14	16.8	4.15	3.09	−1	0.69
880807	888.15	807.28	9.1	8.48	7.34	0	0.87
890712	543.56	544.22	0.1	8.39	6.97	0	0.69
910818	1755.93	1592.17	9.3	21.63	26.51	−1	0.66
920809	1703.46	2061.04	21.0	32.79	23.51	−1	0.60
920811	1148.35	1265.79	10.2	9.87	12.00	−1	0.60
950718	2236.98	2533.43	13.3	47.55	37.69	0	0.88
950805	1048.45	1088.30	3.8	11.45	13.22	−1	0.91
960720	367.15	286.10	22.1	6.77	4.10	−1	0.62
970814	421.80	437.24	3.7	8.25	7.99	0	0.96
980823	1017.22	1885.61	85.4	19.73	14.89	−2	0.77
990710	812.02	757.85	6.7	9.72	7.31	0	0.91
平均	2093.91	2361.75	9.6	27.53	23.60	−0.5	0.72

表 10.13 中 DC_S 为泥沙过程模拟的有效性系数，定义为

$$DC_S = 1 - \sum_{i=1}^{m}(S_i - SC_i)^2 \Big/ \sum_{i=1}^{m}(S_i - \overline{S})^2 \tag{10.75}$$

式中 S、SC ——实测和计算的流量；

$\overline{S}$ —— S_i 的平均值；

m ——时段数。

ER 为产沙模数相对误差，定义为

$$ER = \frac{|MS - MSC|}{MS} \times 100(\%) \tag{10.76}$$

式中 MS、MSC ——实测和计算的产沙模数。

从表 10.12 和表 10.13 可以看出，模拟总的说来效果是好的，产流、汇流、产沙和汇

沙模拟均具有一定的精度。次洪合格率达到88%，次洪产沙模数相对误差小于30%的达91%，泥沙过程模拟的平均有效性系数达0.72。相对来说，汇流的模拟效果要差些，这可能是由于降雨资料在面上不同步所致。

另外，在资料的替换和插值中出现很多误差给洪水的模拟带来影响，降雨分布不均匀和雨量站密度过低以及观测值误差都能成为水流和泥沙计算的主要误差来源，另外资料的时段长短也影响到了模型的模拟精度，因此加大流域内雨量站的布设和观测资料的精度将会对模型计算误差的降低有很大的作用。

参 考 文 献

[1] Ekern，PC. Raindrop impact as the force initiating soil erosion [J]. Proc. Soil Sci. Soc. Amer.，1951，15：7-15.

[2] Ekern，PC. Problems of raindrops impact erosion [J]. Agri. Eng.，1953，34：23-35.

[3] 黄委会绥德水土保持科学试验站. 黄丘（一）副区水土流失规律及水土保持减水减沙效益试验研究报告，1989.

[4] 贾志伟，江忠善，刘志. 降雨特征与水土流失关系的研究 [J]. 中国科学院，水利部西北水土保持研究所集刊，1990，12：9-15.

[5] Woodburn R. The effect of structural condition on soil detachment by raindrop action [J]. Agric. Eng.，1948，29：154-164.

[6] 蔡强国，陈浩. 降雨历时和前期土壤含水量对溅蚀的影响. 陈永宗. 黄河粗泥沙来源及侵蚀产沙机理研究文集. 北京：气象出版社，1988，48-56.

[7] 陈浩，蔡强国. 坡度影响坡面产流、产沙过程的试验研究. 陈永宗. 黄河粗泥沙来源及侵蚀产沙机理研究文集. 北京：气象出版社，1988，27-40.

[8] Ellison，WD. Studies of raindrop erosion [J]. Agri. Eng.，1944，25：131-136.

[9] Musgrave，GW. Estimating land erosion-sheet erosion [J]. Int. Assoc. Sci. Hydrol. Pub.，1954，1：207-215.

[10] Wischmeier，WH and Smith DD. Predicting rainfall erosion losses from cropland east of the Rocky Mountains [J]. Agri. Handbook No. 282，United States Dept. of Agri.，Washington，D. C.，1965：47-50.

[11] 江忠善，刘志，贾志伟. 地形因素与坡地水土流失关系的研究 [J]. 中国科学院、水利部西北水土保持研究集刊，1990，12：1-8.

[12] 包为民. 黄土地区小流域产沙概念性模型研究 [J]. 水科学进展，1993，4（1）：42-48.

[13] 龚时旸. 黄河流域黄土高原突然侵蚀的特点 [J]. 中国水土保持，1998，9：2-9.

[14] 四川省电力学校. 土质及土力学 [M]. 北京：水利出版社，1980.

[15] 殷鹤仙，唐芳明. 黄河流域水土保持 [M]. 上海：上海教育出版社，1988.

[16] Wischmeier，WH，Mannering，JW. Relation of soil properties to its erodibility [J]. Proc. Soil Soc. Am，1969，33：131-137.

[17] 蔡强国，陈浩. 植被覆盖对降雨溅蚀的影响. 陈永宗. 黄河粗泥沙来源及侵蚀产沙机理研究文集. 北京：气象出版社，1988，52-64.

[18] Smith，DD，Wischmeier，WH. Factors affecting sheet and rill erosion. Trans [J]. Am Geophys. Union，1957，38：889-896.

[19] Wischmeier，WH，Smith，DD. Rainfall energy and its relation to soil loss. Trans [J]. Am Geophys. Union，1958，39：285-291.

[20] Wischmeier，WH，Smith，DD，Uhland，RE. Evaluation of factors in the soil loss equation [J]. Trans. Am Geophys. Union，1958，39：458-462.

[21] Wischmeier，WH，Smith，DD. Predicting rainfall erosion losses. A guide to conservation planning [J]. U. S. Department of Agriculture，Agriculture Handbook. 1978：537.

[22] 包为民. 概念性汇沙模型初探 [J]. 河海大学学报，1990，18 (6)：24-29.

[23] 包为民. 模型参数估计研究 [D]. 南京：河海大学，1989.

[24] 水利电力部水文水利调度中心. SD 138—85 水文情报预报规范 [S]. 北京：水利电力出版社，1983.

第 11 章　水文预报结果评定

水文预报是一项直接服务于国家安全和国民经济建设不可或缺的重要基本工作，是帮助人类有效地防御洪水、减少洪灾损失，有效利用水资源的非工程措施之一。随着经济、社会发展及其全球化进程的需要，水文预报的服务面进一步拓展，对水文预报提出了更高的要求。水文预报结果的准确率与可信程度是衡量服务质量的前提，为了更好地为国家安全和国民经济建设服务，必须对水文预报结果的可靠性和有效性进行评定和检验。

1964 年由原水利电力部水文局编写了《水文情报预报服务规范（草案）》，提出了对水文预报结果评定与检验的技术标准；1985 年，原水利电力部颁布了《水文情报预报规范》(SD 138—85)[1]。上述两个规范对推动水文工作的开展发挥了重要的作用。为了统一水文情报预报技术标准，加强科学管理，在认真总结执行原规范的实践经验和汲取科学研究成果以及国际先进经验的基础上，依据《中华人民共和国水法》《中华人民共和国防洪法》《中华人民共和国标准化法》《水文管理暂行办法》等法规，水利部于 2000 年对原规范进行了修订，颁布了新的《水文情报预报规范》(SL 250—2000)。本章将重点介绍新规范中有关水文预报结果评定的主要内容[2]。

11.1　预报误差原因分析

水文要素预报值与实测值之间往往存在一定的误差，通常称之为预报误差。预报误差是客观存在的，预报误差产生的原因主要有以下三方面。

1. 量测误差

实测的降水、蒸散发、水位、流量、冰情、气温、辐射、风速、湿度、日照和云量等水文气象信息及地形、地貌、土壤、植被以及河流、湖泊、沼泽特性等下垫面信息是研制预报模型或编制洪水预报方案或进行作业预报的主要依据，在现有站网、仪器设备、观测技术条件下，各种信息的时空变化是难以准确反映的，加上受自然因素等客观条件的影响，势必会造成各种信息的量测误差。

2. 预报方法误差

由于流域水文系统的复杂性，使普遍适用的预报模型或预报方法（以下简称“预报方案”）几乎难于寻觅到，现有的预报方案仅能模拟客观现象的主要规律。因此，某些次要因素往往在建立预报方案时根据人们对水文规律的认识与了解，或多或少地加以近似、概化，甚至被忽略。用近似或概化后的结构和相应的数学表达式去描述某层次的水文过程，必然产生预报误差。比如可能将非线性现象概化为线性现象；将某些随机因子近似作为确定因子描述等所带来的误差。另外，在进行水文气象要素计算过程中，由于采用的计算方法不够严密等原因也会产生误差，如进行水文资料整编中，因为水位-流量关系曲线的误差使流量的计算值产生误差。

3. 资料代表性误差

虽然在编制预报方案时，人们一般都会选择既具有代表性，又有足够样本容量的实测水文资料系列，但由于强烈的、日新月异的人类活动的作用，随时随地在改变着水文的自然规律，使观测到的水文气象资料代表性不够，有些资料还可能受到“污染”，由有限资料或受到“污染”的资料分析得出的水文规律，确定的模型参数以及相应的预报方案，难以充分反映总体的和未来的水文规律，会产生误差。

由上述可知，造成水文要素预报值与实测值之间误差的因素很多，若针对某一个单一的因素，它们一般是难于描述和预见的，故水文上通常将预报误差作为综合性偶然误差。随着高新技术在水文水资源和水利工程领域的推广应用，水文科学基本理论的不断发展，预报精度将会不断提高，预报误差会逐渐减小，但要完全消除误差几乎是不可能的[3]。

11.2 评定和检验的目的与方法

预报方案的可靠性、预报精度以及预报误差是否超过了允许的范围，是衡量其服务质量的前提，为了使预报方案更好地为水资源的综合利用和管理服务，需要对水文预报精度的可靠性和有效性进行评定和检验。

11.2.1 评定和检验目的

水文预报精度评定和检验目的如下：

(1) 通过对预报方案的评定与检验，了解其效果以及所采用的结构、相应技术、方法是否合理和适用，预报精度是否满足生产实际的要求。

(2) 了解和掌握预报方案的适用范围、误差大小及其分布情况，使技术人员能合理使用，有关单位能正确应用预报精度。

(3) 通过不同预报方案之间实际效果的对比分析，发现存在的主要问题，找出解决或减小误差的方法。

11.2.2 评定和检验方法

预报方案效果评定和有效性检验，一般是将具有良好代表性的资料系列分为率定期和检验期。评定是采用率定期所有可利用的资料编制方案、估计参数、确定预报方案，再用预报方案进行模拟，通过模拟与实测水文要素间的比较，分析预报方案在率定期的效果与有效性；检验则是采用检验期预报环境可利用的资料，用预报方案进行模拟，通过模拟结果与实测水文要素间的比较，检验预报方案的效果与有效性。新的《水文情报预报规范》(SL 250—2000) 规定：评定和检验方法采用统一的许可误差和有效性标准对预报方案进行评定和检验。

由于预报误差出现是随机的，率定期和检验期的评定精度指标显然不会完全一致。因此，对两种精度的成果应仔细地分析，看它们的差别是否存在规律性、必然性的因素，从中发现外延误差的问题，并在率定中加以改进。

一般来说，方案的精度指标和等级应以率定期的结果为准，检验期的精度等级也应与率定期基本相同（等级不同只出现在正好处于跨级边界的上、下限的小幅度之内），当出现检验期精度大大低于率定期精度时，则应增加新资料再进行检验，否则只能将方案降级使用。

11.3　洪水预报结果评定[2]

洪水预报的对象一般是江河、湖泊及水利工程控制断面的洪水要素，包括洪峰流量（水位）、洪峰出现时间、洪量（径流量）和洪水过程等[4]。短期洪水预报有河段洪水预报、流域降雨径流预报和河段洪水预报与流域降雨径流预报两者的结合三种基本类型。

11.3.1　编制方案资料要求

洪水预报方案的可靠性取决于编制方案使用的水文资料的质量和代表性。洪水预报方案要求使用样本数量不少于10年的水文气象资料，其中应包括大、中、小水各种代表性年份，并保证有足够代表性的场次洪水资料，湿润地区不少于50次，干旱地区不少于25次，当资料不足时，应使用所有年份洪水资料。对于代表性年份中大于样本洪峰中值的洪水资料应全部采用，不得随意舍弃。

洪水预报方案编制完成后，应进行精度评定和检验，衡量方案的可靠程度，确定方案的精度等级。方案的精度等级按合格率划分。精度评定必须用参与洪水预报方案编制的全部资料。精度检验应引用未参与洪水预报方案编制的资料（参照国际通行的下限要求为2年，当资料充分时，应使用更多一些的资料）。

11.3.2　精度评定

洪水预报精度评定包括预报方案精度评定、作业预报的精度等级评定和预报时效等级评定等。评定的项目主要有洪峰流量（水位）、洪峰出现时间、洪量（径流量）和洪水过程等。

洪量（径流量）预报有不同的实现形式，在降雨径流预报中直接预报次洪水的径流量；在预报水库入库流量过程时，也就预报了入库洪量；在预报河道洪水流量过程时，也就预报了洪水的洪量。洪水过程预报是指以固定的时段长 Δt 采样，将洪水的变化过程预报出来，过程预报的特点是一次发布多种预见期（Δt，$2\Delta t$，$3\Delta t$，…）的洪水要素预报。由于一次洪水过程预报包含多个不同预见期的水文要素预报，而预见期越长，预报误差一般也越大。因此，评定过程的预报精度时，其精度都需与对应的预见期联系起来，一般预报精度评定只对预见期内的预报结果有效，超过洪水预见期的预报结果不作精度评定。

11.3.2.1　误差指标

洪水预报的误差指标采用以下3种。

1. 绝对误差

水文要素的预报值减去实测值为预报的绝对误差。多个绝对误差绝对值的平均值表示多次预报的平均误差水平。

2. 相对误差

绝对误差除以实测值为相对误差，以百分数表示。多个相对误差绝对值的平均值表示多次预报的平均相对误差水平。

3. 确定性系数

洪水预报过程与实测过程之间的吻合程度可用确定性系数作为指标，按下式计算：

$$DC = 1 - \frac{\sum_{i=1}^{n}[y_c(i) - y_o(i)]^2}{\sum_{i=1}^{n}[y_o(i) - \overline{y_o}]^2} \tag{11.1}$$

式中　DC——确定性系数（取两位小数）；

y_c——预报值，m^3/s；

y_o——实测值，m^3/s；

$\overline{y_o}$——实测值的均值，m^3/s；

n——资料系列长度。

11.3.2.2　许可误差

许可误差是依据预报精度的使用要求和实际预报技术水平等综合确定的误差允许范围。由于洪水预报方法和预报要素的不同，对许可误差规定亦不同。

1. 洪峰预报许可误差

降雨径流预报以实测洪峰流量的20%作为许可误差；河道流量（水位）预报以预见期内实测变幅的20%作为许可误差。当流量许可误差小于实测值的5%时，取流量实测值的5%，当水位许可误差小于实测洪峰流量的5%所相应的水位幅度值或小于0.10m时，则以该值作为许可误差。

2. 峰现时间预报许可误差

峰现时间以预报根据时间至实测洪峰出现时间之间时距的30%作为许可误差，当许可误差小于3h或一个计算时段长，则以3h或一个计算时段长作为许可误差。

3. 径流深预报许可误差

径流深预报以实测值的20%作为许可误差，当该值大于20mm时，取20mm；当小于3mm时，取3mm。

4. 过程预报许可误差

过程预报许可误差规定如下：

(1) 取预见期内实测变幅的20%作为许可误差，当该流量小于实测值的5%，当水位许可误差小于以相应流量的5%对应的水位幅度值或小于0.10m时，则以该值作为许可误差。

(2) 预见期内最大变幅的许可误差采用变幅均方差$\sigma\Delta$，变幅为零的许可误差采用$0.3\sigma\Delta$，其余变幅的许可误差按上述两值用直线内插法求出。

当计算的水位许可误差$\sigma\Delta > 1.00m$时，取1.00m，计算的$0.3\sigma\Delta < 0.10m$时，取0.10m。算出流量许可误差$0.3\sigma\Delta$小于实测流量的5%时，即以该值作为许可误差。

变幅均方差用下式计算：

$$\sigma\Delta = \sqrt{\frac{\sum_{i=1}^{n}[\Delta(i) - \overline{\Delta}]^2}{n-1}} \tag{11.2}$$

式中 $\Delta(i)$ ——预报要素在预见期内的变幅，m；

$\overline{\Delta}$ ——变幅的均值，m；

n ——样本个数；

$\sigma\Delta$ ——变幅均方差。

11.3.2.3 预报项目精度评定

预报项目的精度评定规定如下：

(1) 一次预报的误差小于许可误差时，为合格预报。合格预报次数与预报总次数之比的百分数为合格率，表示多次预报总体的精度水平。合格率按下式计算：

$$QR=\frac{n}{m}\times 100\% \tag{11.3}$$

式中 QR ——合格率（取 1 位小数）；

n ——合格预报次数；

m ——预报总次数。

(2) 预报项目精度等级。预报项目的精度按合格率或确定性系数的大小分为三个等级，见表 11.1。

表 11.1 预报项目精度等级表

精度等级	甲	乙	丙
合格率/%	$QR\geqslant 85.0$	$85.0>QR\geqslant 70.0$	$70.0>QR\geqslant 60.0$
确定性系数	$DC>0.90$	$0.90\geqslant DC\geqslant 0.70$	$0.70>DC\geqslant 0.50$

11.3.2.4 预报方案精度评定

1. 预报方案包含多个预报项目

当一个预报方案包含多个预报项目时，预报方案的合格率为各预报项目合格率的算术平均值。其精度等级仍按表 11.1 的规定确定。

2. 主要项目合格率低于各预报项目合格率的算术平均值

当主要项目的合格率低于各预报项目合格率的算术平均值时，以主要项目的合格率等级作为预报方案的精度等级。

11.3.2.5 作业预报精度评定

1. 作业预报精度评定方法

作业预报精度评定方法与预报方案精度评定方法相同。用预报误差与许可误差之比的百分数作为作业预报精度分级指标，划分的精度等级见表 11.2。

表 11.2 作业预报精度等级表

精度等级	优 秀	良 好	合 格	不 合 格
分级指标/%	分级指标≤25.0	25.0<分级指标≤50.0	50.0<分级指标≤100.0	分级指标>100.0

2. 洪峰预报时效性评定

洪峰预报时效用时效性系数描述，按下式计算：

$$CET=\frac{EPF}{TPF} \tag{11.4}$$

式中 CET ——时效性系数（取 2 位小数）；

EPF ——有效预见期，指发布预报时间至本站洪峰出现的时距（取 1 位小数），h；

TPF ——理论预见期，指主要降雨停止或预报依据要素出现至本站洪峰出现的时距（取 1 位小数），h。

当 $CET>1.00$ 时为超前预报，它是在洪峰预报依据要素尚未出现时发布的洪峰预报。

经精度评定后，洪水预报方案精度达到甲、乙两个等级者，可用于正式发布预报；方案精度达到丙级者，可用于参考性预报；丙级以下者，只能用于参考性预报。

洪峰预报时效等级见表 11.3。

表 11.3 洪峰预报时效等级表

时效等级	甲（迅速）	乙（及时）	丙（合格）
时效性系数	$CET \geqslant 0.95$	$0.95>CET\geqslant 0.85$	$0.85>CET\geqslant 0.70$

11.4 其他水文预报结果评定

11.4.1 潮位预报

潮位预报主要包括沿海地区受天文潮、风暴潮影响的水位预报，以及江河河口和感潮河段在河道水流、天文潮顶托、风暴潮增水作用下的水位预报。主要预报项目有正常潮位短期预报、增水预报、最高潮位及出现时间预报等。正常潮位短期预报是指在天文潮位基础上考虑江河来水和风浪的影响，预报实际出现的潮水位，一般以预报高潮高和低潮高的潮水位为主；增水预报是指在强烈气旋影响下潮水位的净增加值的预报，在一次气旋发展过程中，以预报最大的增水水位幅度为主。

11.4.1.1 方案编制使用资料

编制潮位预报方案所用的实测潮位资料、正常潮位预报资料、风暴潮现场调查资料、气象资料和其他资料应具有代表性。正常潮位预报资料应包括：高、低潮位与潮时。风暴潮现场调查资料应包括：气旋路径、强度和范围，沿海风力分布情况，气旋引起的风暴潮，伴随风暴潮而来的气旋浪高概况，风暴潮灾和造成的损失等。气象资料包括：气旋中心气压、最大风速半径、移动路径和速度、外围气压等。其他资料包括：计算区域的站网分布、潮位站的特征值、当地岸段海塘高程、区域测深资料、水域的特征和海岸的几何形状等。正常潮位预报方案应选用不少于一年的逐时连续潮位资料（包括高、低潮位值与潮时）；增水预报方案选用不少于 10 次热带（温带）气旋资料；潮位预报方案的预见期应不少于 6h。

11.4.1.2 精度评定

1. 许可误差

（1）正常潮位许可误差。正常潮位（高潮高和低朝高）取±0.30m。

(2) 风暴潮过程最大增水许可误差。风暴潮过程最大增水取增水值的20%，并不超过0.75m；当该值<0.10m时，取0.10m。

(3) 风暴潮最高潮位许可误差。风暴潮最高潮位预报的许可误差与预见期有关，通常是预见期短，许可误差小；反之，许可误差大。最高潮位的许可误差按（11.5）式计算且不超过1.00m；当该值<0.15m时，取0.15m。

$$\delta = k\sqrt{\frac{\Delta_t}{12}}h_1 + h_2 \tag{11.5}$$

式中　δ——许可误差（取2位小数）；

Δ_t——预见期，h；

h_1——实测最高潮位时增水，m；

h_2——常数，取正常潮位预报许可误差的$\frac{1}{2}$，即0.15m；

k——系数，根据经验取0.20。

(4) 潮位及最大增水出现时间的许可误差。因为最大增水预报仅预报水位增幅，不涉及出现时间和其他影响潮位因素的预报，故它的预报误差略小于预报气旋增水影响下的最高潮位的预报误差。最大增水出现时间，属于半日潮和混合潮类型的取±1.0h；属于全日潮类型的取±2.0h。

2. 预报方案精度评定

预报方案的精度按合格率进行评定。

(1) 用经验方法建立的预报方案，按上述许可误差和表11.1中的精度等级分别计算潮位和潮时的合格率。

(2) 用数值方法建立的单站正常潮位预报方案，按上述许可误差和表11.1中的精度等级分别评定一个日历年正常高低潮位和高低潮时的合格率；各站单项合格率（计算域边界站可不统计）累加后除以站数即为单个项目的合格率。

(3) 预报方案的合格率，取各单项合格率的算术平均值，当潮位单项合格率低于平均合格率的值时，以潮位单项合格率作为预报方案的合格率。

通过精度评定的预报方案，可分别用于发布正式预报或参考性预报。

11.4.2　水库及水利水电工程施工期预报

11.4.2.1　水库预报

1. 预报项目

水库水文预报的项目包括入库洪峰、洪量、洪水过程、水库最高水位、最大泄量以及各运行期的入库径流。

2. 预报方案

水库水文预报方案除了产流、汇流方案外，还应有调洪演算、各运行期的入库径流方案等。位于城镇上游、对防洪有重要意义和威胁铁路、桥梁、公路安全的重要的中、小型水库应有入库洪水总量预报方案和简易调洪查算图表。

水库洪水预报方案编制和作业预报中应重视以下3个技术问题：①入库控制站以下或设计最高洪水位回水末端以下的水库汇水区与库面产汇流对流域产汇流的影响和建库后水

库以下河段的平均河宽、水深、流速、糙率、滩地变迁、传播时间、行洪能力等发生的变化；②动库容改正是指为提高入库流量计算精度与调洪演算精度，依据库面形状与大小、入流条件、洪水量级和回水长度而进行的改正；③水库水位-库容、水位-泄流量、水位-面积三种特性曲线的审查和水位-泄流量曲线的率定。

3. 精度评定

水库水文预报要素的许可误差及精度评定与11.3节中洪水预报精度评定标准相同。

11.4.2.2 水利水电工程施工期预报

1. 预报项目

水利水电工程施工期预报项目随施工阶段和施工地区不同而有所差异，主要有：最高、最低水位（流量）；龙口、围堰处水位、流速、流量、跌水或壅水高度；回水区及水库最高水位。

2. 预报方案

预报方案除上述预报项目建立的方案之外，还应有：不同预见期的中长期水文预报方案；不同施工阶段的径流总量、特征水位和流量预报方案；凌汛严重河流的冰情、春汛预报方案；宽阔水体的浪高计算。

3. 精度评定

流速预报取实测值的20%作为许可误差；其余要素的许可误差及精度评定与11.3节中洪水预报精度评定标准相同。

通过精度评定的预报方案，可分别用于发布正式预报或参考性预报。

11.4.3 冰情及春汛预报

11.4.3.1 预报项目

冰情预报按照冰情现象的不同阶段分为封冻期预报和解冻期预报。封冻期预报项目有河槽蓄量、流凌日期、封冻日期、冰厚、河段最大冰量和断面流冰量（冰花），以及不稳定封冻河段的封冻趋势；解冻期主要预报项目有解冻日期和解冻形势。

春汛预报的预报项目有最高水位（最大流量）、春汛出现时间和总水量等。

11.4.3.2 预报方案

根据上述预报项目，采用预报指标法、点聚图法等经验方法或回归分析方法建立冰情和春汛预报方案。由于经验方法或回归分析方法与预报因子的选择密切相关，所以在编制预报方案时，选用的气候、气象、水文因子应符合冰情、春汛的物理成因，以保证预报方法的有效性和合理性。

11.4.3.3 精度评定

1. 预报方案的精度评定

(1) 对于要素属离散类型的预报方案，取拟合正确的点据占总点据比例的百分数作为合格率。

(2) 对于要素属数值类型的预报方案，取预报要素在预见期内实测变幅的25%作为许可误差，按小于等于许可误差计算合格率。

(3) 预报方案分为三个等级，见表11.4。

表 11.4　　预报方案精度等级表

预报方案	甲　等	乙　等	丙　等
合格率/%	$QR \geqslant 80.0$	$70.0 \leqslant QR < 80.0$	$60.0 \leqslant QR < 70.0$

(4) 预报要素出现时间的许可误差。预报要素出现时间的许可误差见表 11.5。

表 11.5　　预报要素出现时间的许可误差表

预见期/d	≤2	3～5	6～10	1～13	14～15	>15
许可误差/d	1	2	3	4	5	7

2. 作业预报的精度评定

对于属离散类型的预报要素，按合格、不合格两个等级评定；对于属数值类型的预报要素，根据每次作业预报误差的大小，按 11.3 节中洪水预报精度评定标准评定。

通过精度评定的预报方案，可分别用于发布正式预报或参考性预报。采用中长期气象预报成果编制的冰情和春汛预报，对因气象预报误差导致较大偏差的，可以不作精度评定。

11.4.4　枯季径流预报

11.4.4.1　预报项目

枯季径流预报对象是江河、湖泊及水利工程控制断面的水文要素，预报项目包括水位、流量和径流总量。

11.4.4.2　预报方案

江河枯季径流的变化是由江河所控制的流域蓄水的消退和枯季降雨补给径流的增加，二者共同作用的结果。流域蓄水消退包括地面径流（槽蓄量消退）和地下径流消退，其主要特点是径流消退过程相对稳定，持续时间较长。根据上述预报项目和枯季径流的特点，可采用水文学中的退水曲线法、前后期径流（流量）相关法、河网蓄水量法建立枯季径流预报方案；枯季降雨径流方案可采用类似于洪水预报的方法编制预报方案。编制预报方案选用资料可参照洪水预报方案对资料的要求。

11.4.4.3　精度评定

1. 许可误差

(1) 江河水位、流量过程预报取预见期内实测变幅的 20%作为许可误差，当该流量小于实测值的 5%，当水位许可误差小于以相应流量的 5%对应的水位幅度值或小于 0.10m 时，则以该值作为许可误差。

(2) 某时段径流总量，可用实测值的 20%作为许可误差。

2. 预报方案精度评定

参照洪水预报方案评定的规定。

3. 作业预报精度评定

参照洪水预报作业精度评定的规定。

11.4.5　中长期水文预报

目前，对长、中、短期预报的划分尚无明确的规定。一般说来，中长期预报是指预见期较长，必须在降雨尚未发生，甚至降雨的天气过程尚未形成之前作出的预报。

11.4.5.1 预报项目

中长期水文预报的项目包括最高（大）、最低（小）水位（流量）及出现时间、平均水位（流量）等，各预报要素在时间尺度上有年、季、月和旬之分。

11.4.5.2 预报方案

在我国，中长期预报开展的时间不很长，预报方法亦不很成熟。根据上述预报项目和中长期水文预报的特点，目前主要采用天气学法、数理统计方法、宇宙-地球物理分析方法和中长期水文预报模型法建立预报方案。天气学方法是根据大气环流的历史演变规律，充分应用大气环流资料寻找前期环流与水文要素之间的关系，由前期环流形势预报未来水文要素的方法；数理统计方法是依据大量历史资料，运用数理统计方法分析水文要素自身的统计规律或要素与有关因子之间的统计关系，然后应用这些规律或关系制作预报的方法；宇宙-地球物理分析方法是基于水文要素与有关宇宙-地球物理因子之间存在着能量的相互交换，找出要素与因子之间的相互关系，利用前期能量因子对未来水文情势作出预报的方法。

中长期水文预报既可根据水文要素距平值进行定性预报，还可对水文要素数值，如年、季、月和旬的水量、最大流量（最高水位）进行定量预报。距平值计算见式（11.6），定性预报分级见表11.6。

$$\beta=\frac{y(i)-\overline{y}}{\overline{y}}\times 100\% \tag{11.6}$$

$$\overline{y}=\frac{\sum_{i=1}^{n}y(i)}{n}$$

式中 β——水文要素距平值；

y——水文要素；

$\overline{y}$——水文要素多年平均值。

表11.6 中长期定性水文预报等级表

分级	枯（低水）	偏枯（中低水）	正常（中水）	偏丰（中高水）	丰（高水）
要素距平值/%	$\beta<-20$	$-20\leqslant\beta<-10$	$-10\leqslant\beta\leqslant10$	$10<\beta\leqslant20$	$\beta>20$

11.4.5.3 精度评定

1. 定性预报

定性预报精度评定分为合格和不合格两个等级。当预报值与实测值在同一量级时为合格，否则为不合格。

2. 定量预报

水位（流量）按多年变幅的10%、其他要素按多年变幅的20%，要素极值的出现时间按多年变幅的30%作为许可误差，根据所发布的数值或变幅的中值进行评定。

11.4.6 水质警报及预报

随着工农业生产的发展，江河湖库的水污染日益加重，已严重影响到水资源的开发利用和国民经济的可持续发展。为了加强水资源的统一监督管理，有效保护水资源，必须及时作出水质警报及预报。

11.4.6.1　预报项目

水质警报及预报项目包括化学需氧量、高锰酸盐指数、五日生化需氧量等指标和氰化物、汞、砷、氨氮等有毒有害物质含量以及水温、悬浮物、电导率物理指标等。水质警报及预报是根据污染物进入江河水体后水质的物理、化学和生物化学迁移以及转化规律预测水体水质时空变化情势。由于各地排放到水体的污染源种类各不相同，发生突发性污染事故时，水质要素的变化更为复杂，因此，水质警报及预报的项目应根据具体情况和要求加以选择。

11.4.6.2　预报方案

根据上述预报项目和水质预报特点，采用经验相关法或水质模型法建立预报方案。经验相关方法包括水质～流量相关法、上下游水质相关法和多元线性相关法等。水质模型则是用数学函数或逻辑关系描述污染物在水体中运动变化规律，按系统信息完备程度可分为黑色、白色和灰色三种；按输入输出变量间的数学关系可分为确定性模型和随机模型；按使用参数的时变性质可分为稳态模型和动态模型；按污染过程的变化性质水质预报模型可分为生化模型、纯输移模型、纯反应模型和输移与反应模型以及生态模型。预报方案中所涉及的有关参数可由实测资料率定或在实验室中通过实验确定。

11.4.6.3　精度评定

1. 水质预报

水质预报取实测值的30%作为许可误差。

2. 预报方案

预报方案用合格率进行评定。合格率≥70%的，可用于作业预报；60%≤合格率<70%的，可用于参考性预报；合格率<60%的，不能用于作业预报。

3. 作业预报

作业预报的精度评定按预报误差的大小分为合格和不合格两级，并计算合格率。

11.4.6.4　水质警报及预报的发布

若出现下面的情况，均应以公报、简报等形式及时发布水质警报及预报：

（1）发生化肥、农药、油类及其他污染物质或有毒有害物质流入江、河、湖、库等突发性事件。

（2）污染严重河段的闸坝在关闭较长时间后开启泄水。

（3）入河排污口的污水量或污染物质含量明显增加，或污水积累时间较长后集中排放。

（4）污水库溃坝或污染源改道排放。

（5）每年第一次洪水发生或发生大洪水。

（6）因其他原因造成水质明显恶化。

11.5　水文情报预报效益评估

11.5.1　水文情报预报效益特点

水文情报预报是通过其时效性和准确性为国家安全服务，并通过防洪减灾取得间接的社会效益、环境效益和经济效益的。例如，根据水文情报预报，有关部门就能制定各种防洪减灾方案，也能获得较长的预见期，使得灾前准备和防洪减灾措施的实施有了更充裕的时间，可事先组织当地工矿企业和人民群众撤离避险，转移财物，保护人身财产安全；根据水文情报预报结果，可以有效管理水库、闸坝、行蓄洪区、堤防等水利工程，发挥水利工程调洪削峰或错峰功能，保护水利工程下游地区的公共安全；根据水文情报预报，人们可得知不同区域的水资源总量及其时间变化，以规划工农业生产、人民生活和生态用水，适当分配水资源；根据水质或枯水情报预报，有关部门可及时发布水质警报或枯水预报，工业、农业、生活、生态和环境用水等用户就可按对水量水质的不同要求，来水的特点，选择地表水或地下水、本地水或过境水、海水或污水回用，保护了当地生产、生活、生态和环境安全。

由上可知，水文情报预报效益的特点是：通过由其产生的相应决策为国家安全服务，并间接取得社会效益、环境效益和经济效益[5]。

11.5.2 水文情报预报效益评估

水文情报预报效益评估是一个涉及社会、经济、生态环境的复杂系统。不同子系统、不同层面之间具有多维协调或相关关系，是一个典型的半结构化、多层次、多目标的评价问题。不同子系统、不同层面其效益评价指标体系和准则不同。

11.5.2.1 社会效益评价指标

社会效益除了可折算成经济效益的一些因素外，它们具有何种社会效益？定性的讲，可用三级制来表示，即有一般效益、明显效益和显著效益。随着经济、社会发展及其全球化进程的需要，水文情报预报的服务面拓展得更为广泛。水文情报预报是通过其产生的相应决策解决由洪旱灾害造成的社会、经济、生态环境等问题。从广泛意义上讲，反映水文情报预报社会效益的指标主要有：国土安全、公共安全、水资源安全、生态安全、环境安全、能源安全等。

11.5.2.2 生态环境效益评价指标

从生态系统的功效和效用出发，生态环境效益除了可折算成经济效益的一些因素外，也可分为一般效益，有明显效益和有显著效益。一般是以水文情报预报利用前的生态环境为基础点来评价由于水文情报预报的利用对原来的生态环境可能带来的改善或损害。主要评价指标有：流域或水库水质达标率，植被覆盖率，土壤持留功能，浸润灾害发生率，陆地上和水体中的野生动物或植物受到水文情势影响而引起的生态环境的变化。

11.5.2.3 经济效益评价指标

以经济学为基础，评价水文情报预报利用后可转化为产品或服务的总体能力以及所付出的投资成本或代价评价。主要评价指标有：经济合理性评价准则以经济学为基础，评价水库洪水资源利用后可转化为产品或服务的总体能力以及为水文情报预报所付出的投资成本或代价评价。主要评价指标有：直接经济效益、防洪减灾受益单位减少（或避免）的经济损失和防洪减灾受益单位等。

11.5.2.4 评价方法

在上述评价指标的基础上，收集流域的社会、经济、生态环境等方面的属性，建立水文情报预报评价指标的初始集。对所收集的资料进行可靠性、一致性分析，并采用指标筛选技术挑选出适合要求的评价指标集，并制定评价标准。

目前常用的评价方法有：综合评判法、时间序列法、模糊综合评判法、层次分析法和空间分析法等。美国运筹学家萨迪教授提出的层次分析法（AHP 法），AHP 法是一种定性与定量相结合、将人的主观判断数量形式表达和处理的评价与决策方法。根据 AHP 法，将水文情报预报评价体系分为目标层，准则层和指标层三个层次（图 11.1），综合评价指数按下式计算：

$$E=\sum_{i=1}^{3}\lambda_i\sum_{j=1}^{n}\beta_{ij}M_{ij} \tag{11.7}$$

式中 n ——某准则层选取的具体指标数；

λ_i ——第 i 个准则层的权重；

β_{ij} ——第 i 个准则层选取的第 j 个指标在该准则层所占的权重；

M_{ij} ——第 i 个准则层中选取的第 j 个指标的质量值（评分）。

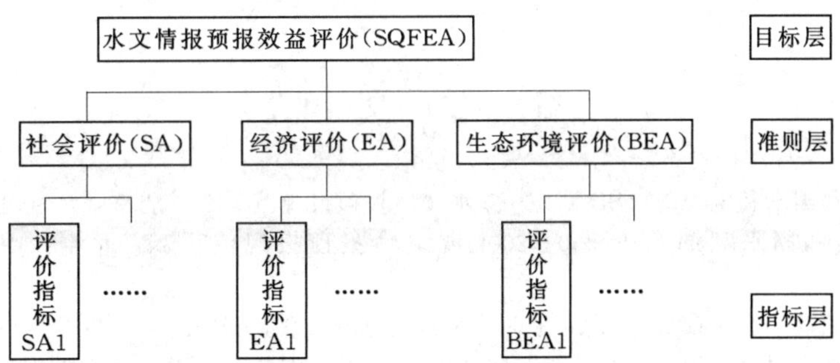

图 11.1 水文情报预报评价层次结构图

11.5.2.5 社会效益和环境效益

理论上说，水文情报预报的社会效益和环境效益是可以采用某种方法进行评价，但水文情报预报在维护国家安全与稳定，避免人民群众生命财产损失和构建和谐社会，国民经济建设中所取得的社会效益和环境效益是难于用数字来描述的。水文情报预报效益的分析计算在国内外均是一个热点，也是一个难题，至今没有一个统一的有章可循的方法。

11.5.2.6 经济效益

经济效益是指人们在经济生活中所花费的活动消耗和物化劳动消耗与所得的有用成果的对比关系。近年来，世界气象组织（WMO）曾对一些发达国家水文情报预报效益与投入进行了调查和分析。美国、英国等发达国家防御洪涝灾害的技术较为先进，投入大量经费开展突发洪水研究、雷达预警、洪水预报、洪水量化预报、面向流域可能的河流洪水预报及洪水预警系统研究。美国 20 世纪 80 年代水文情报预报效益投资比为 4∶1；英国 20 世纪 80 年代水文情报预报效益投资比为 3∶1；国内近年来对防洪减灾的投入虽逐年增加，但远不及发达国家，据资料统计，浙江、江西和湖南三省的投资比分别为：1∶20、1∶41 和 1∶44。由此可见，与发达国家相比，国内水文情报预报效益与投资比更大。

据国外资料统计和有关专家的估算，及时、准确的水文情报预报可以将洪水造成的经济损失减轻到 10%～15%；国内学术界有关专家论证水文情报预报的经济效益时，通常使用的分摊系数为 10%，即

$$水文情报预报效益=直接经济效益\times 10\% \tag{11.8}$$

按《水文情报预报规范》(SL 250—2000)中规定，式(11.8)中防洪减灾直接经济效益按下式计算：

$$B=\sum_{i=1}^{n}k_i b_i \tag{11.9}$$

式中　k——水文情报预报的直接经济效益在防洪减灾受益单位减少(或避免)的经济损失中所占的比例系数，可对各受益单位水文情报预报工作在防洪减灾中的实际作用等进行调查研究后确定，但一般情况下宜采用5%～15%；

b——防洪减灾受益单位减少(或避免)的经济损失，元；

n——防洪减灾受益单位数。

水文情报预报的社会效益、环境效益和经济效益是很显著的，但又难以进行定量评估。直接经济效益的评估方法也不成熟，需要加强调查研究，在实践中不断总结提高，逐步完善。

参　考　文　献

[1]　中华人民共和国水利电力部. SD 138—85水文情报预报规范［S］. 北京：水利电力出版社，1985.

[2]　中华人民共和国水利部. SL 250—2000水文情报预报规范［S］. 北京：中国水利水电出版社，2000.

[3]　庄一鸰，林三益. 水文预报［M］. 北京：水利电力出版社，1986.

[4]　刘志强. 水文观测预报技术与标准规范实务手册［M］. 银川：宁夏大地音像出版社，2003.

[5]　程琳. 试论水文预报在减灾中的效益评估［J］. 全国水文预报与减灾学术讨论会论文集. 南京：河海大学出版社，1997. 178-180.